农情和灾害遥感监测关键参数反演技术及应用研究

毛克彪 著

中国农业科学技术出版社

图书在版编目（CIP）数据

农情和灾害遥感监测关键参数反演技术及应用研究 / 毛克彪著. -- 北京：中国农业科学技术出版社，2024. 11. -- ISBN 978-7-5116-7194-3

Ⅰ. S42

中国国家版本馆CIP数据核字第 2024ZF2233 号

责任编辑 贺可香 张诗瑶
责任校对 李向荣
责任印制 姜义伟 王思文

出 版 者 中国农业科学技术出版社
北京市中关村南大街 12 号　　邮编：100081
电　　话（010）82106625（编辑室）　（010）82106624（发行部）
（010）82109709（读者服务部）
网　　址 https: // castp.caas.cn
经 销 者 各地新华书店
印 刷 者 北京建宏印刷有限公司
开　　本 210 mm × 297 mm　1/16
印　　张 22.5
字　　数 663 千字
版　　次 2024 年 11 月第 1 版　　2024 年 11 月第 1 次印刷
定　　价 138.00 元

毛克彪，博士，研究员/教授，博士生导师，全国优秀科技工作者，全国神农英才，中国农业科学院杰出青年英才，贺兰山特聘学者，中国农业科学院农业资源与农业区划研究所优秀青年一级人才。主要从事农业大数据、农业和草地遥感及气候变化等方面的研究。主持和参与各类国家重大、重点等科研项目近20项。在国内外期刊和国际会议发表论文150余篇，专著4部（独著2部），获得授权发明专利20余项。利用自己的研究成果在国家重大自然灾害监测中做出突出贡献，2018年通过灾害时空变化分析和预测，提出了“新时期的‘三藏战略（藏粮于民、藏粮于技和藏粮于地）’理论与方法，以确保我国粮食安全”的建议，被中央和地方采纳，该建议的实施在新冠疫情期间发挥了重要作用，得到了国内外各界人士的高度认可。提出了人工智能地球物理参数反演范式理论和判定条件，提出了热红外遥感多参数反演范式理论和一体化反演技术，同时给出了遥感参数（地表温度、发射率、近地表空气温度、土壤水分、大气水汽含量）等反演范式条件。通过天体运行轨道、全球二氧化碳、全球温度变化、全球大气水汽和全球植被变化分析，提出了地球温度变化主要由地球在太阳系中的轨道能级位置决定，气象（天气）和生态系统时空变化是地球内部系统为适应天体运行（太阳系和银河系）轨道位置变化的主要内在调节形式理论。通过建立太阳系围绕银河系的运行简单模型图，提出地球磁场逆转或者大的变化主要是由于太阳和其他星体运行轨道位置临界点转换而形成（类似地球的春分、夏至、秋分和冬至），地球等星体运行轨道呈椭圆形主要是由于太阳同时也在运动造成。地球各板块运动、地球上不同时期各种生物的出现、迁移和消失主要是由天体运行轨道位置决定。在此基础上提出建立以开普勒定律和万有引力定律以及广义相对论为基础的全球气候变化和生态系统研究理论。这两个理论的提出为大时空尺度空间气候变化和生态系统模型研究开辟了新的研究途径和新的学科研究方向，对空间气候变化和灾害预测以及生态物种时空演化等研究具有非常重大意义。

前　言

温度和土壤水分是表征地球各圈层（岩石圈、水圈、大气圈和生物圈）之间能量传输的两个重要的物理量，地面温度（包括地表和近地表）和土壤水分是研究地表和大气之间物质和能量交换、全球海洋环流、气候变化异常等方面不可或缺的重要参数，涉及众多基础学科和重大应用领域。运用卫星遥感技术快速准确地获取大面积、长时间序列的地表温度和土壤水分，是顺应当前科学技术发展趋势，是应对多种自然灾害等诸多问题迫切需要开展的研究课题，研究成果既具有重大的科学意义，同时也具有重要的社会经济价值。

地表温度和土壤水分是陆地植物、土壤生物赖以生存的重要物质源泉。陆地植物赖以生存的水分、各种矿物质等主要来源于土壤水和溶解在土壤水中的各种营养物质。土壤中的水分可以直接被植物的根系吸收。土壤水是植物所需的各种营养物的主要载体，土壤水分的适量增加有利于各种营养物质的溶解和移动，有利于磷酸盐的水解和有机磷的矿化，这些都能改善植物的营养状况，促进营养物的循环。地表温度和土壤水分可以作为干旱预报、农作物估产等的两个重要指标。在干旱半干旱地区，监测地表土壤水分和地表温度的时空变化特性对理解土壤-植被相互作用过程，提高土壤和植被的有效利用率尤为必要。在干旱半干旱地区土壤水分蒸发一般是一种极其不利的过程，可使土壤干旱缺水，导致土壤盐渍化等，从而引起土壤沙化、水土流失、植被退化等生态环境恶化现象。在绿洲和沙漠的交错地带由于干旱少雨，土壤水分低，荒漠化的现象比较严重。同时，土壤水分和地表温度是农作物长势监测和估产的主要参数，准确、快速、大范围的土壤水分测量是作物生长状态监测和估产模型所必需的。

本书汇集了著者20多年的研究成果，其中大部分内容已经在国际权威遥感期刊《环境遥感》（*Remote Sensing of Environment*）、《地球系统科学数据集》（*Earth System Science Data*）、《国际遥感》（*International Journal of Remote Sensing*）、《地球物理研究》（*Journal of Geophysical Research-atmosphere*）、*IEEE Transactions on Geoscience Remote Sensing*等，以及中国科学和国内核心期刊上发表。特别是在地表温度计算上，著者从高分辨率的ASTER数据，中分辨率的MODIS/VIIRS数据，到低分辨率的被动微波AMSR-E都提出了自己的独创算法（至少有10个算法），算法的反演精度和实用性得到了国内外热红外及相关领域的专家认可。根据著者多年的研究经验，无论是早期的原始统计经验方法，还是很多现在大家公认的物理模型方法，或者是随机森林，甚至深度学习神经网络等方法，从不同层次上看，都可以归结为不同层次或者认知上的统计方法。很多物理模型只不过是在广大科研人员的努力下赋予了相关变量物理含义，应称为物理统计方法，这个方法比最初的原始统计方法适用于更大的范围和满足更多的条件而已，而且大部分物理统计方法也不能描述所有的情况。机器学习方法本质上也是统计方法，特别是目前使用比较多的深度学习神经网络算法是一种更高级的统计优化算法。如果使用得当，深度算法可以耦合统计方法和物理方法各自的优点，克服它们各自的缺陷。当前使用深度学习方法的人分两种：一种是把深度学习神经网络当作一个黑箱，这部分人就是简单构造训练和测试数据集，没有真正理解深度学习使用的内在要求和充分必要条件，目前这部分人占了很大一部分；另外一种就是把深度学习当作是一种优化计算方法。使用深度学习神经网络是有充分必要条件的，本人认为如果想取得高精度结果，必要条件就是输入参数（节点）必须能理论上唯一确定输出参数（输出节点），二者必须存在因果关系；充分条件就是输入和输出的参数之间能从理论上构造方程计算得到方程解的函数。满足充分必要条件后，使用深度学习方法就不再是黑箱了，而是优化计算。训练和测试数据其实就是理论方程组的解，训练的过程只是在逼近解的空间曲线函数。使用深度学习只不过是利用获得的有代表性解优化计算模拟解的空间曲线，从而达到优化解方程的目的。因此，无论是原始统计方法或者物理模型，还是深度学习计算，本质上就是为了得到求解方程解的曲线函数。只不过采取的手段不同而已，人们对事物规律变化认识的层次不同而已。当然，当把深度学习神经网络当作黑箱时，如果恰好输入的参数能满足深度学习所需要的充分必要条件，也可以取得好的精度，但如果输入的节点参数不能唯一确定输出变量，则精度一般不会太好。若要使深度学习神经网络变得通用，输入和输出参数就要满足充分且必要条件，这就是研究中要进行物理逻辑推理先证明使用深度学习的充分且必要条件的原因。本人认为这个方法可以很好地解决热红外和被动微波地表温度、发射率和大气水汽含量以及土壤水分反演方程不足的问题，在理论和技术上堪称完美，精度也可以达到最高。2008年本人在*Journal of Geophysical Research-atmosphere*上发表的地表温度和发射率反演研究［Kebiao Mao，et al.，2007. An RM-NN algorithm for retrieving land surface temperature and emissivity from EOS/MODIS data. Journal of Geophysical Research-atmosphere，112（D21102）：1-17］已阐述了相关理念和思想，但10多年来一直没有得到大家认可或者大家还没有认识到这种反演理念和思想的优越性。特别是在本人历经的国家杰出青年科学基金项目申报中，这种利用深度学习耦合物理模型反演地表温度、发射率和大气水汽含量以及土壤水分的理念和思想一直没有得到评审专家的认可。但本人认为这一方法和理念最终一定会被认可，这种参数反演理念和思想在热红外和被动微波参数反演史上具有里程碑的意义。未来国内外卫星的绝大部分的参数反演方法都将被深度学习耦合物理和统计的方法所取代，而且最近几年有一些研究人员已经有意或无意地做了一些工作，只是大家现在还没有系统地认识到这种方法在理论和技术上的优势。记得早年（2001.9—2004.7）在南京大学计算机系和电子系中学习神经网络时，教材中没有讲使用神经网络的充分必要条件。如果前人没有提及，那么本人针对地球物理参数反演提出深度学习的使用需要考虑满足充分必要条件，只有满足充分必要条件才能保证深度学习具有物理意义和可解释性以及移植性。其实人工智能（深度学习）只是一种更高层次的优化计算方法，通过遍历迭代优化能够大大提高人们的认知效率。在ChatGPT的推动下，2023年全国有357项目研究成果申请“中国国际大数据产业博览会领先科技成果奖”。由近30位国内权威专家组成评审专家委员会，根据科学性、创新性、前瞻性、引导性等指标进行评分，通过严谨的初审、终审筛选，我们的研究成果（基于人工智能的地球物理参数反演范式理论和技术）从357个申报项目中脱颖而出，荣获中国国际大数据产业博览会20项“2023领先科技成果奖”之一。该技术终于得到了大家的认可。

本人用被动微波土壤水分和地表温度反演作为一个案例对基于人工智能反演地球物理参数进行了系统的阐述［Kebiao Mao，et al.，2013. A general paradigm for retrieving soil moisture and surface temperature from passive microwave remote sensing data based on artificial intelligence. Remote Sensing，15，（1793）：1-20］。后来在国内众多学者要求和《智慧农业》期刊主编的邀请下，本人再次用深度学习从热红外遥感数据联合反演地表温度、近地表空气温度、发射率和大气水汽，并对基于人工智能地球物理参数反演理论做了更加精细的阐述和分析［毛克彪，等，2023. 基于人工智能的地球物理参数反演范式理论及判定条件. 智慧农业，5（2）：1-11］。这个反演框架理论除适用于目前的农业气象关键参数反演（地表温度、近地表空气温度、发射率、大气水汽和土壤水分等）外，也适用于其他参数反演，特别是对提高复杂地表类型，包括山地和城市等，甚至对复杂混合像元的反演精度都有其独到的优势。本人在新冠疫情期间做了好几个讲座视频，并将讲座视频放到了网络上共享给全国的研究生，希望年轻一代尽快掌握这一套遥感参数反演理论，学会从物理的角度去观测现象（统计方法）、从数学的角度去描述物理现象（物理方法），然后通过工程优化计算（深度学习）的方式去解决问题。进一步通过本书与大家分享本人的认识，期待大家相互交流共同提高地球物理遥感参数反演精度，从而提高我国以及全球热红外和微波遥感参数反演的理论和技术水平。

研究生夏浪主要参与撰写了本书第四章、第八章、第十三章，谭建灿参与了第七章的撰写，赵冰参与了第十章的撰写，孟祥金参与了第十一章的撰写，杨艳颖参与了第十二章的撰写，郭晶鹏参与写了第十四章。著者在第十五章中对全球二氧化碳、全球温度变化、全球大气水汽和全球植被变化进行了分析，分析结果表明全球水汽分布与温度变化同时影响植被时空分布，水汽变化和植被时空变化影响着全球温度变化，同时调节或者部分抵消了二氧化碳“温室效应”的影响，使得地球对温度变化具有自我调节功能。通过天体运行轨道分析，提出了地球温度变化主要由地球在太阳系中的轨道能级位置决定，气象（天气）和生态系统时空变化是地球内部系统为适应天体运行（太阳系和银河系）轨道位置变化的主要内在调节形式的理论。通过建立太阳系围绕银河系的运行简单模型图，提出地球磁场逆转或者大的变化主要是由于太阳和其他星体运行轨道位置临界点转换而形成（类似地球的春分、夏至、秋分和冬至），地球等星体运行轨道呈椭圆形主要是由于太阳同时也在运动造成。地球各板块运动、地球上不同时期各种生物的出现、迁移和消失是由天体运行轨道位置决定。在此基础上提出了建立以开普勒定律和万有引力定律以及广义相对论为基础的全球气候变化和生态系统理论。这两个理论的提出为大时空尺度空间气候变化和生态系统模型研究开辟了新的研究途径和新的学科研究方向，对空间气候变化和灾害预测以及生态物种时空演化等研究具有重大意义。这部分研究主要由研究生曹萌萌通过研究分析星球轨道对地球温度变化的影响来证明这一点。人类可以在赤道或者其他区域上空中的太空零星地铺设一些反光膜调节地球的温度变化，但这会引起多大的连锁反应需要进一步的研究。地球上不同时期出现的生命物种，在某种程度是由天体运行轨道位置决定，物种的迁移和消失总体上也是由天体运行轨道位置变化决定。生物物种的出现和消失主要由天体运行轨道决定，“一岁一枯荣”就是最好的例证，因此星球轨道位置变化就是气候变化、生命和物种演化的密码。虽然通过分析发现星球轨道变化会影响地球温度变化，但在未来30年内轨道变化的影响（略有负贡献）依然不能改变整体变暖的趋势，因此建议及早研究在赤道上空部署太阳能驱动并且与太阳同步的太阳光反射材料，减少输入地球的热量，通过调节太空中太阳能量输入从而控制地球温度和改变地球局部气候。特别是在我国新疆地区上空减少热量输入和制造冷源，从而增加降水改变局部气候，使沙漠变良田。

在2008年中国南方大雪冰冻灾害监测中，雪情复杂导致常规监测算法失效。在国内各个国家自然灾害监测中心无法获得地面雪灾信息情况下，本人应遥感地理学家、中国科学院院士李小文的邀请，参加冰雪灾害监测工作。本人综合利用自己提出的算法做出的灾情图件提交到了国务院和农业部等相关部门，得到了国家相关部门和李小文院士的高度赞扬，为遥感界争得了荣誉，为防灾减灾提供了有力的支撑信息，凸显了遥感在大尺度灾害监测中的作用。

这里特别要感谢硕士导师覃志豪教授、博士导师施建成教授和博士后导师陈镜明教授多年的指导，同时得到了唐华俊院士、郭华东院士、童庆禧院士、傅伯杰院士、龚健雅院士、陈发虎院士、黄建平院士、吴国雄院士、夏军院士和周成虎院士等很多老师的指导和帮助。本研究工作部分得到了宁夏回族自治区科学技术厅自然科学基金重点项目“人工智能地表温度遥感参数反演范式模型研究”（2024AAC02032）、中国农业科学院杰出青年英才、北方干旱半干旱耕地高效利用全国重点实验室和全国神农英才计划等专项资金的支持，在这里表示感谢。由于写作匆忙，难免有疏漏之处，请各位同行包涵和批评指正。

著　者

2024年9月

目　录

第一章　绪　论

第一节　研究目的和意义

温度和水分是表征地球各圈层（岩石圈、水圈、大气圈和生物圈）之间能量传输的两个重要物理量，地面温度（包括地表和近地表）是研究地表与大气之间物质和能量交换、全球海洋环流、气候变化异常等方面不可或缺的重要参数，涉及众多基础学科和重大应用领域。运用卫星遥感技术快速准确地获取大面积、长时间序列的地表温度，是顺应当前科学技术发展趋势，是应对多种自然灾害等诸多问题迫切需要开展的研究课题，研究成果既具有重大的科学意义，同时也具有重要的社会和经济价值。

地表温度和土壤水分是地表能量平衡的决定因素之一。由于土壤水分含量对土壤发射率的变化影响很大，而且土壤水分的蒸发对能量交换影响很大，因此土壤水分含量变化是影响地表温度变化和地表能量交换的一个最主要的因素之一。获取区域地表温度和土壤水分时空差异，并进而分析其对区域资源环境变化的影响，是区域资源环境动态监测的重要内容。传统的做法是通过地面有限观测点的观测数据来分析区域地表温度和土壤水分的时空差异。这种地面观测方法不仅艰难而且非常昂贵。近20年来，遥感技术的飞速发展为快速获取区域地表温度和土壤水分的时空差异信息提供了新的途径。地表温度和土壤水分在区域资源环境研究中的重要性已经使热红外和被动微波遥感成为遥感研究的一个重要领域，目前已经开发了很多针对热红外数据的实用地表温度遥感反演方法，如热辐射传输方程法、单窗算法、劈窗算法和多通道算法。但热红外遥感受大气和云的影响特别严重，因此在有云的情况下，被动微波在地表温度反演中具有独特的优势。由于地球表面的复杂性，陆地表面温度的反演精度受到限制，特别是在土壤水分含量变化较大的地区。因此，为了更准确地分析区域热量空间差异，在研究地表温度的过程中考虑土壤水分含量变化是很必要的。大量的研究表明，微波在监测土壤水分含量的变化过程中具有非常大的优势，而被动微波遥感是大尺度土壤水分含量变化监测的一个非常理想的工具。光学遥感和微波利用各自的优势联合反演地表参数是遥感领域一个重要的研究主题。

随着现代遥感技术的发展，获取的遥感数据越来越多。高分辨率的热红外遥感数据如Landsat TM等，其监测周期长且价格昂贵，只适合对小范围的精确研究。1999年搭载ASTER（Advanced Spaceborne Thermal Emission and Reflection Radiometer）遥感器的对地观测卫星（Terra）发射成功，为全球和区域资源环境动态监测开辟了又一新的途径。ASTER由日本通产省（METI）提供，主要用于解决土地利用与覆盖、自然灾害、短期天气变动、水文等方面的问题。其轨道高度705 km，为太阳同步近极地轨道，地面重复访问周期16 d，设计运行时间为6年。ASTER是一个拥有15个波段的高分辨率传感器，在ASTER的15个波段中有5个是高分辨率的热红外波段，因而非常适合于城市和小区域的地表热量空间差异分析。按照ASTER项目的计划，其数据应用于全球变化研究中，如提升自然灾害的监测和预报能力，短期气候变化和水循环等。

中分辨率的遥感数据如MODIS、NOVAA/AVHRR，其中NOVAA/AVHRR主要应用于气象服务。MODIS为全球资源、环境、气候变化等提供综合服务。MODIS传感器可以同时接收来自大气、海洋、陆地表面的信息。每1～2 d获得一次全球观测数据，比较适合中大区域尺度的动态监测。MODIS是一个拥有36个波段的具有中等地面分辨率的地球观测卫星，其1～2波段的星下像元为250 m、3～6波段为500 m、7～36波段为1 km。在36个波段中，有20个可见光-近红外波段和16个热红外波段。MODIS卫星的飞行与太阳同步，每天同一区域至少可获得昼夜两景图像，并且可以免费接收，因此非常适合中大尺度的地表动态监测。对全球地温监测而言，MODIS数据是一个非常合适的选择。研究开发利用MODIS的热红外波段来进行全球地表温度动态变化监测，具有很高的现实应用意义。

热红外地表温度反演算法受天气的影响非常大，在实际应用中精度有时难以得到保证。而且，热红外遥感受云的影响很大，从NASA提供的温度产品分析可知大部分的温度产品，60%以上的地区受到云的影响，这对实际应用产生了很大的局限性。由于被动微波能穿透云层，并且受大气的影响非常小，可以克服热红外遥感的缺点。因此，研究如何利用被动微波数据来反演地表温度就显得非常迫切。

AMSR是改进型多频率、双极化的被动微波辐射计。2001年AMSR搭载在日本的对地观测卫星ADEOS-Ⅱ上升空。AMSR-E微波辐射计是在AMSR传感器的基础上改进设计的，它搭载在NASA对地观测卫星Aqua上并于2002年发射升空。AMSR和AMSR-E这两个传感器的仪器参数基本一致。最大区别在于AMSR是在10:30左右穿过赤道，而AMSR-E则是在13:30左右。这2个传感器的传输基本相同，因此本书主要介绍AMSR-E。AMSR-E辐射计在6.9～89 GHz的6个频率，以双极化方式12个通道的微波辐射计。AMSR-E通过测量来自地球表面的微波辐射来研究全球范围的水循环变化。在水文应用研究中，为了取得两个降水事件前后的土壤水分含量变化，频繁地获得研究区的数据是非常重要的。卫星的时间分辨率主要取决于刈宽度、卫星高度和倾角。对于AMSR而言，除极地地区外，在不到2 d的时间内，升轨和降轨都可以将全球覆盖一次。

目前，针对AMSR-E被动微波遥感数据的地表温度和土壤湿度反演算法的研究报道还很少，其主要原因是对于微波的地表辐射机理研究尚不成熟，而且由于空间分辨率的影响，使得地面实测资料的获得非常困难，因此研究如何综合利用对地观测卫星多传感器的优势是今后的一个重要研究方向。Aqua对地观测卫星同时拥有MODIS和AMSR-E传感器。相对而言，用MODIS的热红外波段反演地表温度的算法已经比较成熟。可以通过MODIS的地表温度产品来代替AMSR-E所需要的地表数据，通过建立AMSR-E各通道亮温和MODIS地表温度产品的关系，从而分析不同地表地物类型在微波波段的辐射机制，最后建立微波地表温度的反演算法。从而克服需要测试AMSR-E过境的同步地表温度数据的困难，并为多传感的参数反演相互校正和传感器的综合利用提供理论依据。在用被动微波数据反演得到地表温度的同时，可以通过利用微波波段的发射率和土壤水分的关系，进一步反演土壤水分和雪水当量等其他参数。

第二节　国内外研究现状

从第一台热红外仪器算起，已经有50多年的发展历史。这里介绍几个主要的热红外传感器。Landsat是美国的陆地卫星。NASA的陆地卫星（Landsat）计划（1975年前称“地球资源技术卫星——ERTS”），1972年7月23日以来，已发射7颗（第6颗发射失败）。目前Landsat 1～4均相继失效，Landsat 5仍在超期运行（1984年3月1日发射至今）（http://edc.usgs.gov/guides/landsat_tm.html）。NOAA卫星是美国发射的极轨气象卫星，1970年12月发射了第一颗，近30年来连续发射了16颗。NOAA气象卫星系列采用的是双星系统，为太阳同步近极地圆形轨道，以确保同一地点、同一地方时的上午、下午成像。轨道平均高度分别为833 km和870 km，轨道倾角分别为98.7°和98.9°。自1958年起，NASA就开始致力于地球及环境演变的观察和研究（http://www.noaa.gov/wx.html）。1991年开始实施ESE（Earth Science Enterprise）项目，在1999年12月开始的ESE二期任务中，发射了首颗地球观测系统（Earth Observing System）卫星Terra（原AM-1）（http://eospso.gsfc.nasa.gov/）。它是第一个能提供整体观察地球变化信息的观测系统，主要用于地表、生物圈、固体地球、大气和海洋的长期全球范围的观测。Terra是EOS系列的第一颗承载多传感器的卫星，星载传感器一共有5个：中分辨率成像光谱仪（MODIS）、多角度成像光谱辐射计（MISR）、云与地球辐射能系统（CERES）、对流层污染测量仪（MOPITT）和高级星载热发射反照辐射计（ASTER）。MODIS（Moderate Resolution Imaging Spectroradiometer，中分辨率成像光谱辐射计）是搭载于美国EOS系列卫星之上的一个重要遥感传感器（http://modis.gsfc.nasa.gov/about/）。MODIS具有36个可见光-红外的光谱波段，空间分辨率为250～1 000 m。MODIS遥感数据是新一代的卫星遥感信息源，在生态学研究、环境监测、全球气候变化以及农业资源调查等诸多研究中具有广泛的应用前景。ASTER是第一台用于制图和温度精确测量的星载高空间分辨率多通道热红外成像仪（http://asterweb.jpl.nasa.gov/）。它由3个光学子系统组成，即可见光近红外（VNIR）、短波红外（SWIR）和热红外（TIR）。ASTER数据具有高空间、波谱和辐射分辨率，每景幅宽60 km × 60 km。VNIR在近红外波段（0.78～0.86 μm）提供能生成立体像对的后视影像数据。

我国发射了风云系列（http://www.cma.gov.cn/qxxdh/qxwx/）。风云1号（FY-1）气象卫星是我国首次自行设计和发射的实验型极轨气象卫星。FY-1A、1B分别于1988年9月7日和1990年9月3日在太原卫星发射中心先后发射升空。FY-1C、FY-1D分别于1999年5月10日、2002年5月15日成功发射。FY-1D是我国第一代太阳同步轨道业务应用气象卫星。风云2号（FY-2）是我国自行研制的第一颗静止气象卫星，于1997年6月10日从我国西昌卫星发射中心，由长征三号运载火箭成功发射，送入地球准同步轨道；卫星从西向绕地球公转角速度与地球自转角速度相等，故对地相对静止，定位于东经105°的赤道上空。FY-2采用自旋稳定方式（卫星每分钟自旋约105圈）通过卫星的姿态控制系统使卫星的自旋扫描保持与地轴平行。星上携带多重仪器，既有对地观测功能，又有广播、通信功能。其主要遥感器为3通道扫描辐射计——可见光、红外和水汽自旋扫描辐射计（VIWSSR），可获得白天的可见光云图、昼夜红外云图和水汽分布图像，可见光-近红外通道为0.55～1.05 μm，星下点分辨率为1.25 km；水汽通道为6.2～7.6 um，用于获得对流层中上部水汽分布图像；红外通道为10.5～12.5 μm，用于获得昼夜云和下垫面辐射信息。水汽和红外通道图像的星下点分辨率为5 km，每0.5 h可以获得一幅全景原始云图。星上还带有3个卫星云图转发器，可转发高、低分辨率云图，并进行天气图传播等；数据收集系统可提供133个通道的数据传输（其中100个国内通道、33个国际通道），用于收集地球表面监测台站的气象、水文、海洋等数据；空间环境监测器用于监测太阳活动和空间环境。此外，风云3号系列也相继发射。

中巴资源1号（CBERS-1）卫星已于1999年10月14日发射成功，这标志着我国有了自己的地球资源卫星（http://www.cresda.com/cn/default.asp）。中巴资源1号卫星（CBERS-1）是中国与巴西合作研制的数据传输型遥感卫星。轨道高度778 km（与太阳同步轨道），重复覆盖周期26 d，设计工作寿命2年。中巴资源1号卫星主要应用于地球资源和环境监测，其携带的高分辨率CCD相机接收的数据，地面分辨率可达20 m。中巴资源1号卫星上搭载了3台成像传感器，即广角成像仪（WFI）、高分辨率CCD相机、红外多光谱扫描仪（IR-MSS）。中巴资源1号卫星集4种功能于一体：高分辨率CCD相机具有几个与Landsat卫星的TM类似的波段，且空间分辨率高于TM；CCD相机具有侧视立体观测功能，这与SPOT的侧视立体功能类似；以不同的空间分辨率覆盖观测区域的能力，WFI的空间分辨率为

256 m、IR-MSS可达80 m和160 m、CCD为20 m；3种成像传感器组成从可见光、近红外到热红外整个波谱域覆盖观测地区的组合能力。

我国的热红外遥感研究报道比较多。刘玉洁等（2001）在MODIS遥感信息处理原理与算法中介绍了MODIS遥感影像在大气、陆地、海洋反演的参数的各种算法和MODIS数据的应用。李小文等（2001）在多角度与热红外对地遥感中主要介绍了二向性反射的几何光学模型和定量遥感的“病态”反演理论，并对非同温混合像元热辐射尺度效应模型进行了分析和验证，而且对多阶段目标决策反演策略的参数的不确定性和敏感性进行了分析。李小文等（2001）对热红外的遥感机理做了比较深入的研究，他们在多角度与热红外对地遥感和地表非同温像元发射率的定义问题中讨论了地表非同温像元的发射率的定义问题及对分离真实温度和发射率的影响，同时强调了先验知识在反演中的作用。苏理宏（2000）在热红外辐射方向性与尺度效用研究中对非同温的混合像元和发射率的方向性进行了研究。徐希孺等（2000，2002）探讨了热红外多角度遥感问题，认为只有当扫描方向与作物垄向相垂直时才最有利于作物叶冠和土壤温度的反演，并提出了混合像元组分温度的反演方法。陈良富等（1999a）研究了热红外遥感中大气下行辐射的近似计算及通道间信息相差性对陆面温度反演的影响。孙毅义等（2001）分析了地面发射率随观测角度而变化，认为热红外辐射具有方向性特征。陈良富等（1999b）提出了非同温混合像元热辐射组分有效发射率的概念，并验证该发射率与组分温度无关。李召良等（2000）利用白天和晚上中红外和热红外的数值差异提出了一种用于提取方向发射率的物理方法。覃志豪等（2001a，2001b，2003）也对热红外遥感原理，特别是地表温度的反演方法做了大量的研究。毛克彪等（2005a，2005b，2005c，2006a，2006b，2006c）同时也针对对地观测卫星（Terra）多传感器的特点，提出了适合于MODIS和ASTER数据的地表温度和发射率反演算法。

国外热红外遥感研究比国内要早。真正的地表温度算法是从20世纪80年代开始的。按照使用的热红外通道来划分，可以分为单窗算法、劈窗算法和多波段算法。比较典型的单窗算法是覃志豪等（2001b）针对只有一个热红外波段的Landsat TM/ETM数据提出来的地表温度反演方法。Jiménez-Muñoz和Sobrino（2003）提出了一个普适性单通道算法。相对而言，劈窗算法比较成熟，目前为止，已经提出了至少18个劈窗算法。这些算法的主要区别在于对各参数的计算方法不同，因此可以把这些算法归纳为四大类发射率模型，即两基本参数模型、复杂模型、热辐射量模型和简单模型。同时，反演地表温度和发射率的算法相对而言不是非常的成熟。其中具有代表性的多波段算法是李召良等（2000）提出来的独立指数法（TISI），以及Wan和Li针对MODIS在提取出来的同时利用白天/黑夜数据的多波段算法，其特点是对地表温度和地表发射率的同时反演，但需要昼夜两景图像才能进行反演。针对MODIS数据的多波段算法需要14个方程，计算过程比较复杂，并且是在利用大气模型来确定若干参数的情况下才能进行求解。由于白天和晚上同一地区的天气变化较大，很多时候白天晴朗的地区晚上则有云，况且由于卫星轨道的变化，只有进行几何校正才能使白天和晚上两景图幅形成匹配，但几何校正的像元数值重采样又使像元数值发生变化，从而带来误差。毛克彪等（2005d）通过构造邻近波段发射率之间的局部方程消除多余未知数，从而在理论上解决了地表温度和发射率反演方程不足的难题，并且通过辐射传输模型和深度学习相结合，很好地解决了多波段反演计算的问题。

虽然热红外遥感技术的飞速发展为快速地获取区域地表温度空间差异信息提供了新的途径。但热红外地表温度反演算法受天气的影响非常大，特别是基于热惯量的土壤水分反演算法在实际应用中精度有时难以得到保证。而且，热红外遥感受云和大气水汽的影响很大，从NASA提供的温度产品分析可知大部分的温度产品，在60%以上的地区受到云的影响，这对实际应用产生了很大的局限性。由于被动微波能穿透云层，并且受大气的影响非常小，可以克服热红外遥感的缺点。因此，研究如何利用被动微波数据来反演地表温度就显得非常迫切。在微波波段，土壤水分和介电常数密切相关，土壤的介电特性明显地依赖于土壤水分的变化，而地表的辐射信号又由土壤的介电特性所决定。更重要的是微波传感器具有全天候、全天时监测潜力，因为在微波的低频波段，它可以穿透云雾、雨雪，对地物也具有一定的穿透能力，它不依赖于太阳辐射，不论白天黑夜都可以工作。各种研究分析表明被动微波遥感是土壤水分反演的最好方法之一。

微波遥感的发展可以追溯到第二次世界大战，但微波遥感在地学中的应用起始于20世纪60年代，初期研究是以地面和航空应用为主。随着微波遥感技术的迅猛发展，微波遥感已经成为获取遥感信息的重要手段（本研究主要是针对被动微波，因此本书以介绍被动微波的发展历程为主）。最早发射的星载微波辐射计是1962年美国发射的近距离观测金星的水手2号（Marina 2）飞船搭载的双频道微波辐射计，其工作频率为15.8 GHz、22.2 GHz，主要目的是为了测量金星大气深处的温度。从卫星上用被动式微波观测的有效记录是从1978发射的“雨云7号”卫星（Nimbus-7）上的SMMR（扫描式多通微波扫辐射仪）开始的，自1979运行至1987年，它每6 d对全球进行一次观测。美国国防气象卫星计划DMSP系列卫星上的微波辐射计SMM/I在1987年取代了SMMR，SMM/I每3 d对全球进行一次观测。这些微波辐射测量包括了4个频率微波的水平极化与垂直极化观测。对湿地研究来说，其较高频率的37 GHz（SMMR和SMM/I）与85.5 GHz（仅SMM/I）提供的高空间分辨率数据（37 GHz分别为30 km和85.5 GHz为15 km）。被动微波观测的主要优点在于提供频繁的全球性观测以及能够揭示云层和植被下的地面特征。其较低的空间分辨率能减少数据量是进行全球性和区域研究的一个优势。高级微波探测器（AMSU）搭载在第三代美国海洋卫星（NOAA）上，AMSU由2台仪器组成：1台是用于温度探测的15通道AMSU-1、1台是着重湿度探测的5通道AMSU-B。AMSU是一种全天候的温度、湿度遥感仪器，可以改善有云状态下的大气温湿度分布的探测，探测大气温度廓线（包括有云情况下的大气温度）；由原始探测资料反演出精度较好的湿度廓线；探测陆地和海洋上的降水；海冰分类（多年冰和1年冰）；探测雪覆盖的范围和雪的厚度以及雪的状况（包括融化程度和坚实程度）；并探测土壤湿度。热带降雨测量卫星TRMM（Tropical Rainfall Measuring Mission）是1997年11月美国和日本联合发射的，第一次用于量化测量热带降雨的空间卫星计划，目的是更多地了解热带降水对全球气候系统的影响。卫星上搭载的探测器包括微波成像仪TMI（TRMM Microwave Image）、降水雷达PR、可见-红外辐射仪VIRS、雷电探测器LIS以及地球辐射探测器CERES。TMI的观测目的是海上降水强度，它的扫描宽度760 km，有5个观测频率，其中频率为85.5 GHz的水平分辨率为4.4 km，它是专门为探测中小尺度的对流性降水而设计的。高级微波扫描辐射计增强型AMSR-E已经于2002年搭载EOS（Earth Observation System）Aqua升空，高级微波扫描辐射计AMSR也于2002年搭载日本的环境观测技术卫星ADEOS-Ⅱ升空，AMSR和AMSR-E在波段上的选择继承了以往微波辐射计的优势波段，波段明显增多，数据的空间分辨率有较大提高，可以提供从6.9～89 GHz频率范围内的双极化和多频亮温数据。我国也在已经发射的神舟四号飞船上搭载了多模态微波遥感器，其中的微波辐射模态的最低频率为6.6 GHz，可以用来反演土壤水分，类似的传感器还将会出现在我国计划发射的风云3号及海洋2号卫星上面。在土壤水分和海洋盐分（SMOS）的观测计划中，针对微波辐射计空间分辨率比较低的缺陷，提出了一种基于两维天线合成概念的具有较高分辨率的被动微波传感器，这种微波辐射计能以一种多角度的方式提供双极化的L波段被动微波辐射测量。

目前针对被动微波遥感数据的地表温度反演算法的研究已经有不少，但还没有通用的地表温度反演物理算法公开发表。其主要原因是对于微波的地表辐射机理研究还不成熟，而且受空间分辨率的影响，使得地面实测资料的获得非常困难。虽然微波受大气的影响很小，但地表温度的反演本身是个病态反演。主要原因是土壤地表发射率在微波波段并不是一个稳定的常数，而是随土壤水分的变化而变化。地表发射率在热红外波段变化非常的小，但受大气的影响非常大，热红外影像的空间分辨率要比微波高，因此微波和热红外存在一些互补性。早期的被动微波反演土壤水分的研究主要是利用微波辐射计SMMR和SMM/I提供的微波亮温数据，但SMM/I的最低频率为19 GHz，受大气影响严重，不利于土壤水分反演。随着微波波长的增加，其穿透地物的能力增强，在长波段（大于10 cm）范围内，植被和地表粗糙度的影响就会变小，此时，对于低矮稀疏植被覆盖情况，土壤水分对观测亮度温度的影响有着主导作用，有可能较好地反演出土壤水分。另外，相对裸地，植被和粗糙度对地表亮度温度受频率和极化的影响。如何综合利用可见光、热红外、主动微波等传感器获取的遥感信息，以及土地利用图、土壤类型图、地形图等来提高土壤水分反演精度是一个重要的研究课题。

在被动微波传感器技术发展的过程中，许多研究表明被动微波遥感是反演土壤水分中最有效的方法之一。同时伴随着传感器的发展，人们针对不同的条件提出了不同的反演算法。早期的土壤水分反演方法是由携带单配置传感器在航空平台上发展起来的，比如单极化、单频率以及天底观测，由于微波辐射机理的研究不成熟，加上传感器波段设置和分辨率的限制，这些算法主要以统计和经验关系为主。

在20世纪70年代初，NASA在亚历山大农田进行的航空微波辐射计飞行试验，同步观测了0～15 cm的土壤湿度，Schmugge等（1974）对亮度温度与土壤湿度进行了回归分析，结果表明，在一定的范围和地表粗糙度条件下，亮度温度和土壤湿度之间存在简单的线性关系。另一个有关统计方法的典型应用是，利用降雨指数API和微波极化差指数MPDI等作为土壤湿度和植被生物量的指示因子，建立了土壤湿度或者生物量和微波指数之间的统计关系。Paloscia和Pampaloni（1988）用微波极化指数（10 GHz和36 GHz）对植被生长进行变化监测，分析结果表明当植被生长的时候，极化改变非常的大。Paloscia和Pampaloni（1992）通过理论模型和实验分析表明，微波指数可以用来监测农作物的生物量和水分条件。被动微波遥感也可以用于反演地面温度及植被含水量等地表参数，但其相对光学遥感最大的优势还在于其反演土壤水分的能力上，因此，被动微波遥感对地表参数的反演研究重点通常是围绕着土壤水分的反演展开的，但地表温度和植被含水量是土壤水分反演的重要参数。在植被覆盖的地区，土壤水分的反演精度还远没有达到实用要求。幸运的是，土壤水分能够通过植被反映出来。许多研究证明不同频率或者同频率不同极化的亮温差（ΔT）与土壤水分的变化呈正相关的。由于被动微波的像元分辨率较低，绝大多数像元都是混合像元，这使得对植被覆盖地区的土壤水分反演更加困难。随着多频率双极化多角度传感器（如SMMR、SSM/I等传感器）技术的发展，土壤水分反演的算法也开始向综合利用多个通道不同极化的方式来消除土壤粗糙度和植被的影响。AMSR和AMSR-E传感器系统的升空，大大促进了被动微波遥感土壤水分反演算法的发展。Njoku（1999）针对AMSR-E提出了迭代算法，该算法基于辐射传输方程，建立了亮温和土壤水分等参数的非线性方程，然后利用迭代法反演土壤水分和其他地表参数。另外一种比较实用的方法是使用理论模型和神经网络联合进行反演，具体操作是用理论模型或者实际测量一组合适训练数据集；然后，利用该数据集对神经网络进行训练，然后通过测试数据对神经网络进行调整。通过反复训练和测试得到最佳的神经网络反演结构，一旦训练完成，就可以用训练好的网络进行参数反演。在微波遥感领域，神经网络已经有许多用于土壤水分反演的例子。毛克彪等研究发现在土壤水分和地表温度这两个关键参数相互纠缠，在反演土壤水分时需要以地表温度作为先验知识，在反演地表温度时则需要以土壤水分作为先验知识。因此，要准确地反演地表温度或者土壤水分，则利用优化计算方法迭代解缠。

我国从20世纪70年代开始就非常重视微波遥感技术的发展，经过30多年的努力，已经取得了一系列的成绩。我国的微波遥感发展大概经历了从理论到实验，再到应用的阶段。理论阶段主要是概念设计研究阶段，微波遥感正式成为国家科技攻关重要项目，进行了基础研究及基本型遥感器研制并开始了若干应用研究；实验阶段主要是航天遥感阶段，在这一时期研制了星载遥感设备，发展新的遥感器，继续进行了基础研究和信息处理方法研究，同时利用国外数据进行应用处理，为以后数据处理做准备。这一阶段具有划时代意义的事件是在神舟四号飞船上首次搭载了我国的多模态微波遥感器，成功实现了我国航天微波遥感零的突破；应用阶段主要是指我国微波遥感已成为多个型号卫星的主要载荷，风云三号（FY-3）、嫦娥工程、海洋二号（HY-2）及其他卫星上都将装载微波遥感器。

算法精度评价对一个算法的实际应用非常重要，是算法推广应用的前提。在发射新传感器和开发新的土壤水分反演算法的同时，制订和完成了大量的土壤水分监测计划，主要目的是发展和验证被动微波遥感土壤水分的反演算法。美国在1980年开始实施的用遥感技术进行农业和资源调查的AgRISTARS计划，该计划内容包括一系列野外航空遥感实验，定量地研究了如植被、粗糙度、观测角、土壤纹理结构、大气等对微波遥感土壤湿度的影响，Schmugge对此进行了综述。另外，于1987—1989年在美国堪萨斯州中部进行的第一次国际卫星地表气候计划（ISLSCP）的野外实验（FIFE）；在1990年夏季在美国南部亚利桑那州的干旱地区进行的Monsoon' 90野外实验；1992年在美国俄克拉何马州小沃希托河分水岭附近进行的WASHITA92实验，以及1992年在西非尼日尔进行的HAPEX-Sahel实验，在这些实验中，主要搭载了L波段的1.4 GHz微波辐射计。为了评价TMI、SSM/I、AMSR/E等星载传感器数据反演土壤水分的能力，美国水文和遥感实验室于1997年在美国南部大平原进行了SGP97实验，1999年进行的SGP99实验，其中美国南部大平原SGP99实验目的是研究微波遥感探测土壤水分的机理，一些机载的微波辐射计，包括C、S、L波段参与了Oklahoma的地面实验，并将星载传感器TMI和SSM/I观测数据反演的土壤水分与机载反演结果及地面观测的土壤水分进行了对比。2002—2005进行的（SMEX02-SMEX05）（http://nsidc.org/data/amsr_validation/）土壤水分野外实验强调多学科和多传感器土壤水分遥感监测，这个实验的目的是要为水文过程和陆地—大气交互作用研究提供一套数据集，并对从星上（特别是AMSR-E）土壤水分反演进行验证，并对新的传感器进行评价。与SMEX相关的AMSR-E的校正主要是评价AMSR-E的土壤水分反演精度。具体的校正包括：评价和提高土壤水分反演算法能力，校正土壤水分的精度，并对植被、地表温度、地形、土壤纹理对土壤水分精度反演的影响。

第三节 主要研究内容和技术路线

一、主要研究内容

热红外和微波遥感在海面温度、陆面温度、大气温度、大气水汽、云顶温度和土壤水分反演中具有非常重要的地位。但每种传感器的设计都具有很强的针对性，几乎每个通道的研究对象都是非常明确的。本书将研究并提出适合于高分辨率ASTER数据的地表温度和发射率反演算法；提出适合于中分辨率MODIS数据的地表温度和发射率反演算法；提出适合于低分辨率被动微波数据AMSR-E的地表温度算法；利用微波指数来反演土壤水分，并分析发射率对土壤水分反演的影响。对于这3个传感器上文中已经有一些介绍，不再赘述。

地表热辐射在通过大气达到卫星传感器的过程中，主要受地表类型和土壤水分，近地表空气温度和大气水汽含量的影响。地表温度反演算法推导是基于地表热辐射传导及其通过大气到达传感器的传送过程，其反演方程通常表达为式1所示，式中左侧为卫星接收的星上辐射，右侧第一项为大气辐射影响，右侧第二项为地表辐射。其中$B_\lambda(T_\lambda)$为卫星上接收到的星上辐射（已知数）、$\tau_\lambda(\theta)$为大气透过率（未知数）、T_s为地表温度（未知数）、T_a为近地表空气温度（未知数）、ε_λ为地表发射率（未知数），即一个方程4个未知数，其关系如图1-1所示。

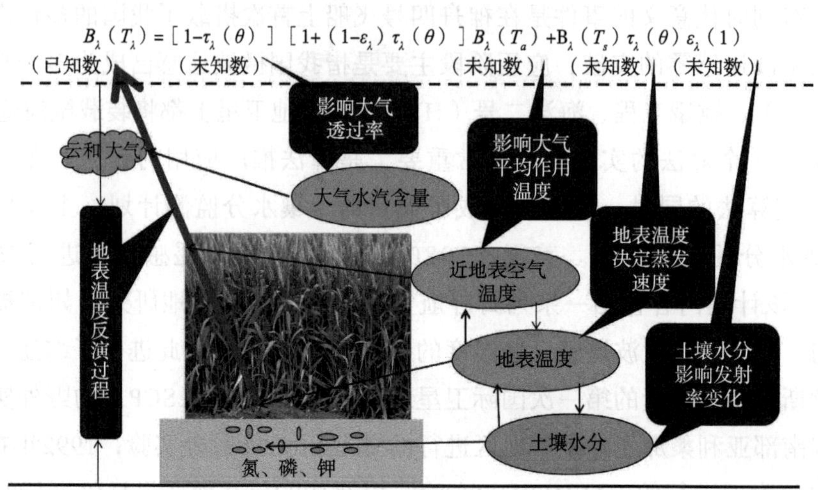

图1-1　地表温度反演过程影响因素（土壤水分、地表温度、近地表空气温度和大气水汽含量影响整个辐射传输过程）

从图1-1中可以看出，氮、磷、钾溶解在土壤水分里面，土壤水分的变化影响介电常数变化，从而改变发射率，发射率变化影响地表的辐射效率，而地表温度变化决定土壤水分的蒸发速度，从而影响与近地表空气的能量交互，改变近地表空气温度；近地表空气温度的变化影响大气剖面，从而决定大气平均作用温度；在地表热辐射经过大气时，被大气水汽吸收，然后达到卫星传感器。因此，在利用单波段热红外传感器准确计算地表温度过程中，必须满足3个条件：获取大气水汽含量计算大气透过率；获取近地表空气温度估算大气平均作用温度；已知地表类型和土壤水分准确估算地表发射率。以往大部分研究人员只集中在辐射传输方程中某一个部分的改进以提高反演精度，本研究为了系统性提高地表温度反演精度，在3个关键参数获取方面都做了大量创新研究工作。一是提出新的微波极化指数构建土壤水分方法，提高了土壤水分估算精度和实用性；发明了一套利用GPS地面反射信号估算土壤水分的仪器和方法，填补了国内高空大面积估算土壤水分仪器的空白，提出了利用卡曼滤波迭代优化方法来提高大气水汽含量估算精度。二是首次提出利用先验知识和人工智能方法使得直接大面积地从遥感数据反演近地表空气温度成为可能，提高了算法普适性。三是在晴天条件下针对中高分辨率热红外遥感数据分别提出了新的地表温度反演方法，提高了反演精度与实用性，简化了反演过程。为了克服热红外遥感的地表温度反演的缺陷，研究还提出了全天候的被动微波数据地表温度反演方法，克服了热红外遥感受云影响的缺陷。

在研究农业气象遥感关键参数的基础上，对1949—2015年中国典型自然灾害及粮食灾损特征，特别是旱灾做了时空变化分析。通过对全球地表温度、水汽、植被和二氧化碳分析，研究了星体轨道与全球气候和生态系统变化关系。

二、主要研究技术路线

图1-2是针对ASTER数据的地表温度反演的劈窗算法技术路线。首先，通过ASTER的可见光和近红外对地表进行分类并得到发射率；然后，通过MODIS近红外波段反演得到大气水汽含量，并进一步计算得到透过率；最后，利用ASTER的热红外波段建立辐射传输方程和劈窗算法。

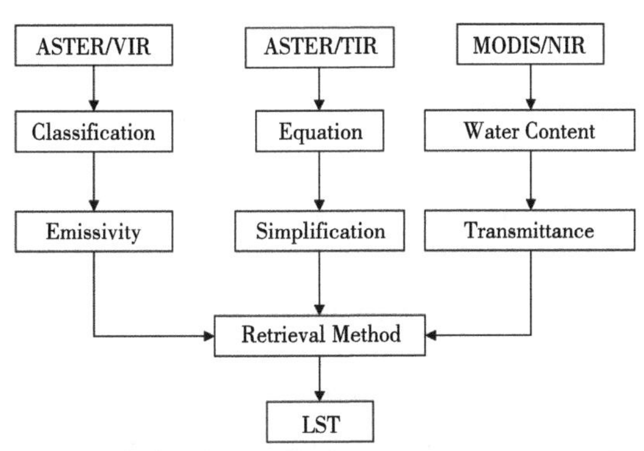

图1-2　针对ASTER数据的劈窗算法技术路线

图1-3是针对ASTER数据的同时反演地表温度和发射率的多波段算法。首先对多波段算法进行推导，然后用神经网络进行优化反演计算。即通过ASTER1B做大气校正，得到AST09产品，用ASTER的4个热红外波段分别建立热辐射平衡方程，利用邻近波段发射率局部线性关系，建立额外的2个方程，形成波段算法。然后用神经网络进行优化反演计算，即通过MODTRAN模拟得到训练和测试数据库，对神经网络进行训练和测试，最后，通过补充可靠的ASTER产品（AST09/AST08/ASR05）作为补充训练数据集。

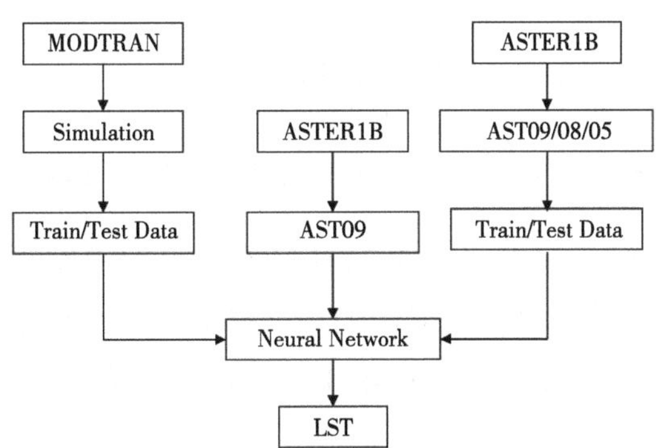

图1-3　针对ASTER数据同时反演地表温度和发射率的多波段算法技术路线

图1-4是针对MODIS数据反演地表温度的劈窗算法的技术路线。首先，通过MODIS的NDVI指数计算得到相应的发射率；然后，通过MODIS近红外波段反演得到大气水汽含量，并进一步计算得到透过率；最后，利用MODIS的热红外波段建立辐射传输方程和劈窗算法。

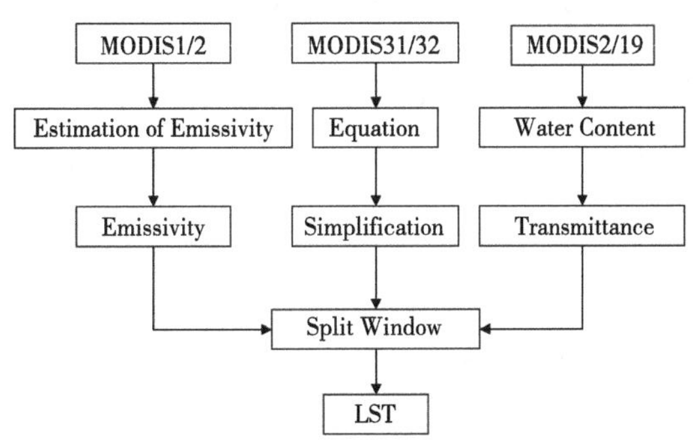

图1-4　针对MODIS数据的地表温度反演的劈窗算法技术路线

图1-5是针对MODIS数据同时反演地表温度和发射率的RM-NN算法技术路线。首先，对地球物理参数之间的关系进行分析；然后，通过MODTRAN模拟训练和测试数据；最后，利用训练好的神经网络进行地表温度和发射率的反演。

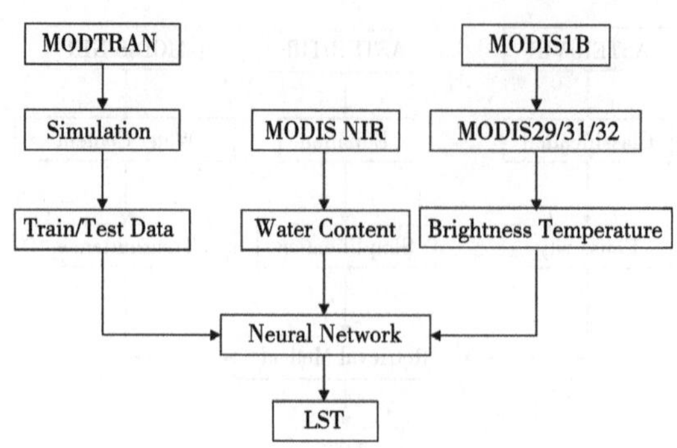

图1-5　针对MODIS数据同时反演地表温度和发射率的多波段算法

图1-6是针对AMSR-E数据反演地表温度的物理统计算法的技术路线。首先，利用AMSR-E的亮温和MODIS地表温度产品进行回归分析，并找出最佳反演主通道；然后，通过AIEM模型模拟分析得到消除大气影响的方法；最后，形成物理统计算法。

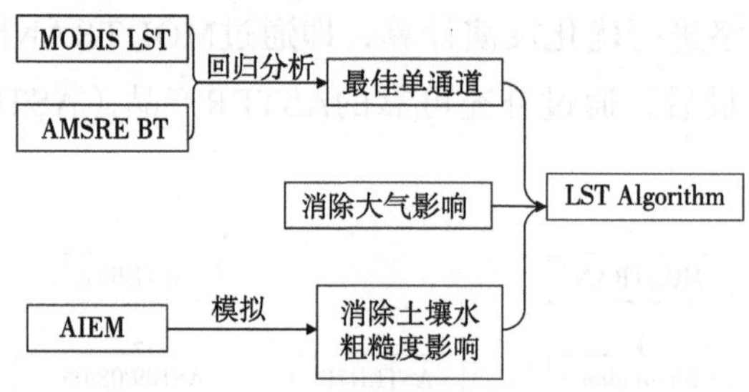

图1-6　针对AMSR-E地表温度反演算法（经验）

图1-7是针对AMSR-E数据反演地表温度的神经网络反演算法的技术路线。具体的做法是将MODIS地表温度产品作为AMSR-E亮度温度对应的地表温度数据，通过经纬度控制获得训练和测试数据。通过反复的测试和训练神经网络，形成AMSR-E的地表温度反演神经网络算法。

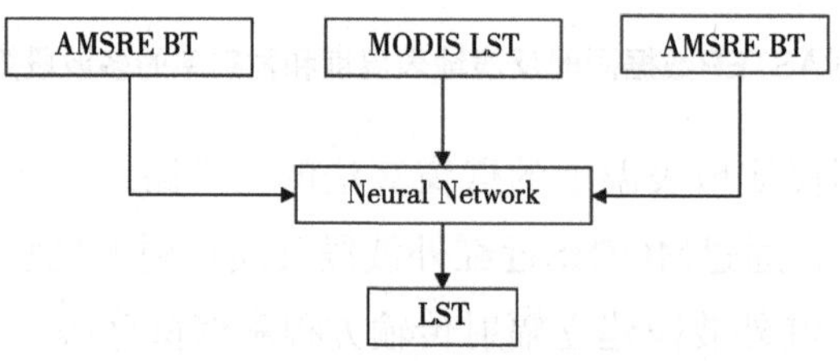

图1-7　针对AMSR-E地表温度反演算法（神经网络）

图1-8是针对AMSR-E数据反演土壤水分反演算法的技术路线。具体的做法是用AIEM分析微波指数与土壤水分的关系，并分析粗糙度的影响，找到影响最小的微波指数，通过实际地表数据的校正形成针对AMSR-E的土壤水分反演算法。

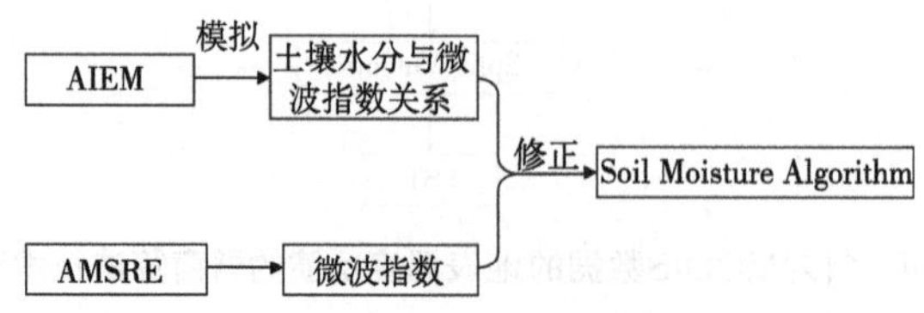

图1-8　AMSR-E土壤水分反演算法（指数）

本书主要介绍了水热参数反演的算法，在反演算法的基础上，将进一步对水热参数产品在时空分布上的应用研究做进一步的分析。为了避免冗余，不做详细介绍。

第四节 小 结

本章对本书的研究目的和意义、国内外研究现状、主要研究内容和方法、研究的技术路线做了简要的介绍。本书的研究将针对ASTER/MODIS/VIIRS/AMSR-E数据提出近10个不同的算法。由于针对不同的传感器反演地表参数的基本理论相同，在后面章节的介绍和推导过程中可能存在一些重复内容，但为了保持每个算法的独立性，仍以其完整形式表述。

参考文献：

陈良富，徐希孺，1999a. 热红外遥感中大气下行辐射效应的一种近似计算与误差估计[J]. 遥感学报，3（3）：165-170.

陈良富，庄家礼，徐希孺，1999b. 热红外遥感中通道间信息相关性及其对陆面温度反演的影响[J]. 科学通报，44（19）：2122-2127.

陈良富，庄家礼，徐希孺，2000. 非同温像元热辐射有效比辐射率概念及其验证[J]. 科学通报，45（1）：22-29.

姜景山，2005. 微波遥感信息科技发展若干问题的讨论[J]. 遥感技术与应用，20（1）：1-5.

李海涛，田庆久，2004. ASTER数据产品的特性及其计划介绍[J]. 遥感信息（3）：52-55.

李小文，汪骏发，王锦地，2001. 多角度与热红外对地遥感[M]. 北京：科学出版社.

李小文，王锦地，1999. 地表非同温像元发射率的定义问题[J]. 科学通报，44（15）：1612-1617.

李召良，PETITCOLIN F，张仁华，2000. 一种从中红外和热红外数据中反演地表比辐射率的物理算法[J]. 中国科学E辑，30（z1）：18-26.

刘玉洁，杨忠东，2001. MODIS遥感信息处理原理与算法[M]. 北京：科学出版社.

毛克彪，施建成，李召良，等，2005a. 用被动微波AMSR数据反演地表温度及发射率方法研究[J]. 国土资源遥感（3）：14-18.

毛克彪，施建成，覃志豪，等，2006a. 一个针对ASTER数据同时反演地表温度和比辐射率的四通道算法[J]. 遥感学报（4）：593-599.

毛克彪，覃志豪，李满春，等，2005b. AMSR被动微波数据介绍及主要应用研究领域分析[J]. 遥感信息（3）：63-66.

毛克彪，覃志豪，施建成，2005c. 用MODIS影像和劈窗算法反演山东半岛的地表温度[J]. 中国矿业大学学报（自然科学版）（1）：46-50.

毛克彪，唐华俊，陈仲新，等，2006b. 一个针对ASTER数据的劈窗算法[J]. 遥感信息（5）：7-11.

毛克彪，2004. 针对MODIS数据的地表温度反演方法研究[D]. 南京：南京大学.

毛克彪，施建成，覃志豪，等，2005d. 从MODIS数据中同时反演地表温度和比辐射率的多波段算法研究[J]. 兰州大学学报（自然科学版）（专辑）（6）：49-55.

毛克彪，施建成，李召良，等，2006c. 一个针对被动微波数据AMSRE数据反演地表温度的物理统计计算法[J]. 中国科学D辑，36（12）：1170-1176.

毛克彪，覃志豪，刘伟，2004. 用MODIS影像和单窗算法反演环渤海地区的地表温度[J]. 空间与测绘（6）：23-25.

毛克彪，覃志豪，施建成，等，2005e. 针对MODIS数据的劈窗算法研究[J]. 武汉大学学报（信息科学版）（8）：703-708.

毛克彪，覃志豪，徐斌，2005f. 针对ASTER的单窗算法研究[J]. 测绘学院学报（1）：40-43.

毛克彪，杨军，韩秀珍，等，2018. 基于深度动态学习神经网络和辐射传输模型地表温度反演算法研究[J]. 中国农业信息，30（5）：47-57.

苏理宏，2000. 热红外辐射方向性与尺度效用研究[D]. 北京：中国科学院遥感应用研究所.

孙毅义，李治平，2001. 地面热红外发射率的天顶角变化效应[J]. 气象学报，59（3）：373-376.

覃志豪，LI W，ZHANG M，等，2003. 单窗算法的基本大气参数估计方法[J]. 国土资源遥感，2（56）：37-43.

覃志豪，ZHANG M H，KARNIELI A，2001a. 用NOAA-AVHRR热通道数据演算地表温度的劈窗算法[J]. 国土资源遥感，2（48）：33-41.

覃志豪，ZHANG M，KARNIELI A，等，2001b. 用陆地卫星TM6数据演算地表温度的单窗算法[J]. 地理学报，56（4）：456-466.

田国良，1991. 土壤水分的遥感监测方法[J]. 环境遥感，6（2）：89-98

徐希孺，陈良富，2002. 关于热红外多角度遥感扫描方向的问题[J]. 北京大学学报（自然科学版），38（1）：98-103.

徐希孺，庄家礼，陈良富，2000. 热红外多角度遥感和反演混合像元组分温度[J]. 北京大学学报自然科学版，36（4）：555-560.

徐希孺，陈良富，庄家礼，2002. 基于多角度热红外遥感的混合像元组分温度演化反演方法[J]. 中国科学D辑，31（1）：81-88.

赵开广，2004. 基于IEM的随机粗糙地表的辐射模拟以及裸露地表土壤水分含量反演[D]. 北京：北京师范大学.

赵英时，2003. 遥感应用分析原理与方法[M]. 北京：科学出版社.

钟若飞，2005. 神舟四号微波辐射计数据处理与地表参数反演研究[D]. 北京：中国科学院遥感应用研究所.

AHMED N U，1995. Estimating soil moisture from 6. 6 GHz dual polarization，and/or satellite derived vegetation index[J]. *Int. J. Remote Sens.*，16（4）：687-708.

AIRES F，PRIGENT C，ROSSOW W，et al.，2001. A new neural network approach including first guess for retrieval of atmospheric watervapor，cloud liquid water path，surface temperature，and emissivities over land from satellite microwaves observations[J]. *J. Geophys. Res.*，106，D14：14887-14907.

BASIST A，GRODY N，PETERSON T，et al.，1998. Using the Special Sensor Mi-crowave/Imager to monitor land surface temperatures，wetness，and snow cover[J]. *J. Appl. Meteorol.*，37：888-911.

BECKER F，LI Z L，1990. Towards a local split window method over land surface[J]. *Int. J. Remote Sens.*，3：369-393.

BECKER F，LI Z L，1995. Surface temperature and emissivity at various scales：definition，measurement and related problems[J]. *Remote Sens. Rev.*，12：225-253.

CALVET J C，CHANZY，ANDRÉ，et al.，1996. Surface tempeature and soil moisture retrieval in the Sahel from Airborn multifrequency microwave radiometry[J]. *IEEE Trans. Geosci. Remote Sens.*，34（2）：588-600.

CALVET J C，WIGNERON J P，MOUGIN E，et al.，1994. Plant water content and temperature of Amazon forest from satellite microwave radiometry[J]. *IEEE Trans. Geosci. Remote Sens.*, 32（2）: 397–408.

CHOUDHURY B J, MAJOR E R, SMITH E A, et al., 1992. Atmospheric effects on SMMR and SSM/I 37 GHz polarization difference over the Sahel[J]. *Int. J. Remote Sens.*, 13: 3443–3463.

CHOUDHURY B J, TUCKER C J, 1987. Monitoring global vegetation using Nimbus-7 37 GHz data some emrical relation[J]. *Int. J. Remote Sens.*, 9: 1085–1090.

CMAILLO P T, SCHMUGGE T S, 1983. Estimating soil moisture storage in the root zone from surface measurements[J]. *Soil Scienc.*, 135: 245.

COLL C, CASELLES V, SOBRINO A, et al., 1994. On the atmospheric dependence of the split-window equation for land surface temperature[J]. *Int. J. Remote Sens.*, 15: 105–122.

DASH P, GÖTTSCHE F M, OLESEN F S, et al., 2002. Land surface temperature and emissivity estimation from passive sensor data: theory and practise-current trends[J]. *Int. J. Remote Sens.*, 23: 2563–2594.

FILY M, ROYER A, GOÏA, et al., 2003. A simple retrieval method for land surface temperature and fraction of water surface determination from satellite microwave brightness temperatures in sub-arctic areas[J]. *Remote Sens. Environ.*, 41: 328–338.

FRANÇA G B, CRACKNELL A P, 1994. Retrieval of land and sea surface temperature using NOAA-11 AVHRR data in northeastern Brazil[J]. *Int. J. Remote Sens.*, 15: 1695–1712.

FRANÇOIS C, OTTLÉ C, 1996. Atmospheric corrections in the thermal infrared: Global and water vapor dependent split window algorithms - applications to ATSR and AVHRR data[J]. *IEEE Trans. Geosci. Remote Sens.*, 34（2）: 457–470.

GILLESPIE A R, ROKUGAWA S, 1998. Matsunaga. A Temperature and emissivity separation algorithm for Advanced Spaceborne Thermal Emission and Reflection Radiometer（ASTER）images[J]. *IEEE Trans. Geosci. Remote Sens.*, 36: 1113–1126.

GIVRI J R, 1997. The extension of the split window technique to passive microwave surface temperature assessment[J]. *Int. J. Remote Sens.*, 18: 335–353.

GOUTORBE J P, 1993. HAPEX-Sahel: A large scale observational study of land atmosphere interactions in the semi-arid tropics[J]. *Analysis Geophysical.*, 12: 53–64.

HARRIS A R, MASON I M, 1992. An extension to the split-window technique giving improved atmospheric correction and total water vapour[J]. *Int. J. Remote Sens.*, 13: 881–892.

HOOK S J, GABELL A R, GREEN A A, et al., 1992. A comparison of techniques for extracting emissivity information from thermal infrared data for geologic studies[J]. *Remote Sens. Environ.*, 42: 123–135.

JACKSON T J, LE VINE D M, HSU A Y, et al., 1999. Soil moisture mapping at regional scales using microwave radiometry: The southern great plains hydrology experiment[J]. *IEEE Trans. Geosci. Remote Sens.*, 37（5）: 2136–2151.

JACKSON T J, LE VINE D M, SWIFT C T, et al., 1995. Large area mapping of soil moisture using the ESTAR passive microwave radiometer in Washita'92[J]. *Remote Sens. Environ.*, 53: 27– 37.

JACKSON T J, 1993. Measuring surface soil moisture using passive microwave remote sensing[J]. *Hydrological Processes*, 7: 139–152.

JACKSON T J, SCHMUGGE T, WANG J, 1982. Passive microwave remote sensing of soil moisture under vegetation canopies[J]. *Water Resources Res.*, 18: 1137–1142.

JIMÉNEZ-MUÑOZ J C，SOBRINO J A，2003. A generalized single-channel method for retrieving land surface temperature from remote sensing data[J]. *J. Geophys. Res.*，108（D22）：4688.

KEALY P S，HOOK S，1993. Separating temperature and emissivity in thermal infrared multispectral scanner data：Implication for recovering land surface temperatures[J]. *IEEE Trans. Geosci. Remote Sens.*，31：1155-1164.

KERR Y H，LAGOUARDE J P，IMBERNON J，1992. Accurate land surface temperature retrieval from AVHRR data with use of an improved split window algorithm[J]. *Remote Sens. Environ.*，41：197-209.

KERR Y H，NJOKU E G，1993. On the use of passive microwaves at 37 GHz in remote sensing of vegetation[J]. *Int. J. Remote Sens.*，14：1931-1943.

KUSTAS W P，GOODRICH D C，MORAN M S，et al.，1991. An interdisciplinary study of the energy and water fluxes in the atmosphere-biosphere system over semiarid rangelands：description and some preliminary results[J]. *Bull. Am. Meteorol. Soc.*，72：1683-1705.

KUSTAS W P，GOODRICH D C，1994. Preface to the special section on MONSOON，90[J]. *Water Resources Res.*，30：1211- 1225.

LI Z L，BECKER F，1993. Feasibility of land surface temperature and emissivity determination from AVHRR data[J]. *Remote Sens. Environ.*，43：67-85.

LIANG S L，2001. An optimization algorithm for separating land surface temperature and emissivity from multispectral thermal infrared imagery[J]. *IEEE Trans. Geosci. Remote Sens.*，39：264-274.

LIOU Y A，TZENG Y C，CHEN K S，1999. A neural-network approach to radiometric sensing of land-surface parameters[J]. *IEEE Trans. Geosci. Remote Sens.*，37：2718- 2724.

MAO K，QIN Z，SHI J，GONG P，2005. A practical split-window algorithm for retrieving land surface temperature from MODIS data[J]. *Int. J. Remote Sens.*，26：3181-3204.

MCFARLAND M J，MILLER R L，NEALE C M U，1990. Land surface temperature derived from the SSM/I passive microwave brightness temperatures[J]. *IEEE Trans. Geosci. Remote Sens.*，28（5）：839-845.

MENG X，MAO K，MENG F，et al.，2021. A fine-resolution soil moisture dataset for China in 2002-2018[J]. *Earth Syst. Sci. Data*，13，3239-3261.

MORLAND J C，GRIMES D I F，HEWISON T J，2001. Satellite observations of the microwave emissivity of a semi-arid land surface[J]. *Remote Sens. Environ.*，77：149-164.

NJOKU E G，JACKSON T J，VENKATARAMAN L，et al.，2003. Soil moisture retrieval from AMSR-E[J]. *IEEE Trans. Geosci. Remote Sens.*，41（2）：215-229.

NJOKU E G，LI L，1990. Retrieval of land surface parameters using passive microwave measurements at 6 -18 GHz[J]. *IEEE Trans. Geosci. Remote Sens.*，37（1）：79-93.

OTTLÉ C，VIDAL-MADJAR D，1992. Estimation of land surface temperature with NOAA-9 Data[J]. *Remote Sens. Environ*，40：27-41.

PALOSCIA S，GIOVANNI M，EMANUELE S，et al.，2001. A multifrequency algorithm for the retrieval of soil moisture on a large scale using microwave data from SMMR and SSM/I satellites[J]. *IEEE Trans. Geosci. Remote Sens.*，39：1655-1661.

PALOSCIA S，PAMPALONI P，1984. Short communications microwave remote sensing of plant water stress[J]. *Remote Sens. Environ.*，16：249-255.

PALOSCIA S, PAMPALONI P, 1988. Microwave polarization index for monitoring vegetation growth[J]. *IEEE Trans. Geosci. Remote Sens.*, 26: 617−621.

PALOSCIA S, PAMPALONI P, 1992. Microwave vegetation indexes for detecting biomass and water conditions of agriculture crops[J]. *Remote Sens. Environ.*, 1: 15−26.

PAMPALONI P, PALOSCIA S, 1985. Experimental relationship between microwave emission and vegetation feafures[J]. *Int. J. Remote Sens.*, 6: 315−323.

PRATA A J, 1993. Land surface temperature derived from the advanced very high resolution radiometer and the along-track scanning radiometer 1. Theory[J]. *J. Geophys. Res.*, 98: 16689−16702.

PRICE J C, 1984. Land surface temperature measurements from the split window channels of the NOAA 7 advanced very high resolution radiometer[J]. *J. Geophys. Res.*, 89: 7231−7237.

PRIGENT C, AIRES F, ROSSOW W B, 2003. Land surface skin temperature from a combined analysis of microwave and infrared satellite observations for an all-weather evaluation of the differences between air and skin temperatures[J]. *J. Geophys. Res.*, 108 (D10): 4310.

PRINCE S D, KERR Y H, GOUTORBE J P, et al., 1995. Geographical biological and remote sensing aspects of the hydrologic atmosphere pilot experiment in the sahel (HAPEX-Sahel) [J]. *Remote Sens. Environ.*, 51: 215−234.

PULLIAINEN J T, GRANDELL J, HALLIKAINEN M T, 1997. Retrieval of surface temperature in Boreal Forest Zone from SSM/I data[J]. *IEEE Trans. Geosci. Remote Sens.*, 35 (5): 1188−1200.

QIN Z H, G D O, 2001. Arnon Karnieli, Derivation of split window algorithm AVHRR data[J]. *J. Geophys. Res.*, 106: 22655−22670.

QIN Z H, KARNIELI A, 1990. Progress in the remote sensing of land surface temperature and ground emissivity using NOAA-AVHRR data[J]. *Int. J. Remote Sens.*, 20: 2367−2393.

QIN Z, KARNIELI A, BERLINER P, 2001. A mono-window algorithm for retrieving land surface temperature from Landsat TM data and its application to the Israel-Egypt border region[J]. *Int. J. Remote Sens.*, 22 (18): 3719−3746.

SCHMUGGE T J, O'NEILL P E, WANG J R, 1986. Passive microwave soil moisture research[J]. *IEEE Trans. Geosci. Remote Sens.*, GE-24 (1): 12−20.

SCHMUGGE T, FRENCH A, RITCHIE J C, et al., 2002. Temperature and emissivity separation from multispectral thermal infrared observations[J]. *Remote Sens. Environ.*, 79 (2−3): 189−198.

SCHMUGGE T, GLOERSEN P, WILHEIT T T, et al., 1974. Remote sensing of soil moisture with microwave radiometer s[J]. *J. Geophys. Res.*, 79 (2): 317− 323.

SCHMUGGE T, HOOK S J, COLL C, 1998. Recovering surface temperature and emissivity from thermal infrared multispectral data[J]. *Remote Sens. Environ.*, 65 (2): 121−131.

SOBRINO J A, COLL C, CASELLES V, 1991. Atmospheric correction for land surface temperature using NOAA-11 AVHRR channels 4 and 5[J]. *Remote Sens. Environ.*, 38: 19−34.

SOBRINO J A, LI Z L, STOLL M P, et al., 1994. Improvements in the split-window technique for land surface temperature determination[J]. *IEEE Trans. Geosci. Remote Sens.*, 32 (2): 243−253.

SOBRINO J A, RAISSOUNI N, 2000. Toward remote sensing methods for land cover dynamic monitoring: application to Morocco[J]. *Int. J. Remote Sens.*, 21 (2): 353−366.

SUSSKIND J，ROSENFIELD J，REUTER D，et al.，1984. Remote sensing of weather and climate parameters from HIRS2/MUS on Tiros-N[J]. *J. Geophys. Res.*，89（D3）：4677–4697.

ULIVIERI C，CASTRONUOVO M M，FRANCIONI R，et al.，1996. A split-window algorithm for estimating land surface temperatures from satellites[J]. *Advan. Space Res.*，14：1279–1292.

VIDAL A，1991. Atmospheric and emissivity correction of land surface temperature measured from satellite using ground measurements or satellite data[J]. *Int. J. Remote Sens.*，12：2449–2460.

WAN Z M，LI L Z，1997. A physics-based algorithm for retrieving land-surface emissivity and temperature from EOS/MODIS data[J]. *IEEE Trans. Geosci. Remote Sens.*，35（4）：980–996.

WANG H，MAO K，YUAN Z，et al.，2021. A method for land surface temperature retrieval based on model-data-knowledge-driven and deep learning[J]. *Remote Sen. Environ.*，265：1–19.

WANG J R，CHOUDHURY B J，1981. Remote sensing of soil moisture content over bare field at 1. 4 GHz frequency[J]. *J. Geophys. Res.*，86：5277–5282.

WANG J R，O'NEILL P E，JACKSON T J，et al.，1983. Multifrequency measurements of the effects of soil moisture，soil texture，and surface roughness[J]. *IEEE Trans. Geosci. Remote Sens.*，1983，21：44– 51.

WANG J R，SHIUE J C，SCHMUGGE T J，et al.，1990. The L band PBMR measurements of surface soil moisture in FIFE[J]. *IEEE Trans. Geosci. Remote Sens.*，GE-28：906– 913.

WATSON K，1992. Spectral ratio method for measuring emissivity[J]. *Remote Sens. Environ.*，42：113–116.

WENG F，GRODY N，1998. Physical retrieval of land surface temperature using the special sensor microwave image[J]. *J. Geophys. Res.*，103（D8）：8839–8848.

WIGNERON J P，CALVET J C，PELLARIN T，et al.，2003. Retrieving near-surface soil moisture from microwave radiometric observations：current status and future plans[J]. *Remote Sens. Environ.*，85：489–506.

第二章　热红外和被动微波地表温度反演的基本理论与方法

遥感的物理基础是地物对电磁波的反射、吸收和发射特性，遥感研究的最终目的是应用。遥感技术及其应用实质上是一个地物电磁波谱特性成像与反演问题。因此，遥感的科学定义是：利用电磁波与地球表面物质的相互作用而具有不同的性质作为基础来探测、分析和研究目标的性质。遥感是获取地表热状况信息的一种非常重要的手段，从第一台机载热红外遥感仪器算起，目前对遥感的研究已经有50多年的历史。根据平台的不同可分为地面遥感、机载遥感、星载遥感；根据遥感的性质可分为主动遥感和被动遥感；根据电磁波长可分为光学遥感、热红外遥感、微波遥感。目前，对遥感的研究已经渗入各个领域。本章简要介绍遥感，特别是热红外遥感和微波遥感在地表温度和土壤水分反演方面的一些基本概念、模型及算法。

第一节　电磁波谱

遥感的主要研究对象是电磁波信号，而波长和频率是电磁波特性的主要因子。因此，通常将以电磁波的波长为横轴（X）、将电磁波经过大气层后的透过率为纵轴（Y）的分布称为电磁波谱。如图2-1所示，由于大气对电磁波有吸收作用，因此形成了“大气窗口”。在实际应用研究中，根据研究选取不同的电磁波谱区。对于遥感而言，人们习惯上将电磁波段人为地划分类别如表2-1所示，通常将遥感分成4种类型：可见光遥感、热红外遥感、被动微波遥感和主动微波遥感（雷达）。它们各自的优点与缺点见表2-2。

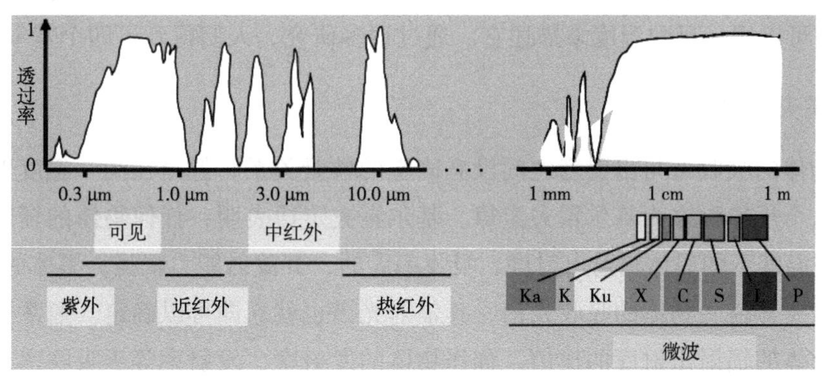

图2-1　电磁波谱

表2-1　遥感波谱区域分类

名称	波长范围	主要辐射源	表面性质
可见光	0.24~0.76 μm	太阳	发射率
近红外	0.76~3 μm	太阳	反射率
中红外	3~6 μm	太阳、热辐射	反射率、温度

续表

名称	波长范围	主要辐射源	表面性质
远红外	6~15 μm	热辐射、太阳	温度
微波	1 mm~1 m	热辐射（被动） 人造（主动）	温度（被动） 粗糙度（主动）

表2-2　不同地表土壤水分遥感测量手段的对比

遥感测量手段	传感器获取地表参数	优点	缺点
可见光	地表反射率	分辨率高、数据易获取	受云的影响大
热红外	地表温度、发射率	空间分辨率高、温度和土壤水压力之间的关系独立于土壤类型	受云、地形、气候条件影响较大，测量深度仅限于土壤表层
被动微波	地表温度、土壤温度、发射率、介电常数	全天候、分辨率低、对植被覆盖下土壤水分变化敏感性较高	空间分辨率低、在植被覆盖度很高时影响大
主动微波	地表后向散射系数、介电常数	全天候、高分辨率、低分辨率	受土壤表面粗糙度、植被、地形影响

数据来源：杨虎，2003。

第二节　热辐射的基本定律及基本概念

一、四个基本定律

空间所有的物体都通过辐射方式交换能量，如果没有其他方式的能量交换，则一物体热状态的变化就决定于放射与吸收辐射能量的差值。当物体的辐射能量等于吸收的外来辐射能量时，该物体处于热平衡状态，因而可以用一函数温度来描述它。通过很多研究，人们得到了四个基本定律。

（一）基尔霍夫定律

不同温度下物体的吸收率与出射度之间没有确定的数量关系，但是在同一温度下，它们之间严格呈正比例关系，这个规律称之为基尔霍夫定律。基尔霍夫定律表明，任何物体的辐射出射度和其吸收率之比都等于同一温度下的黑体辐射出射度，吸收率大的，其放射能力就强。黑体的吸收率等于1，其放射能力最大。只要知道一物体的吸收光谱，其辐射光谱也就立即可以确定。通常把物体的辐射出射度与相同温度下黑体的辐射出射度的比值，称作物体的发射率，发射率等于吸收率，是物体发射能力的表征。地表与大气耦合面能量交换过程很复杂，一般在几个微米的表层内，处于非热平衡状态。

（二）普朗克定律

绝对黑体的辐射光谱对于研究一切物体的辐射规律具有根本的意义。1900年普朗克引进量子概念，将辐射当作不连续的量子发射，成功地从理论上得出了与实验精确符合的绝对黑体辐射出射度随波长的分布函数。黑体辐射公式是由普朗克于1900年导出的，其工作基础是维恩公式与瑞利–琴斯公式。

$$E_{\lambda T}=\frac{2\pi c^2 h}{\lambda^5}(e^{\frac{ch}{k\lambda T}}-1)^{-1} \tag{2-1}$$

式中：$E_{\lambda T}$是分谱辐射通量密度，单位W/（$m^2 \cdot \mu m$）；λ是波长，单位μm；h是普朗克常数（$6.625\,6\times10^{-34}$ J·s）；c是光速（3×10^8 m/s）；k是玻尔兹曼常数（1.38×10^{-23} J/K）；T是绝对温度（K）。

（三）斯特藩–玻尔兹曼定律

1879年斯特藩由实验发现，绝对黑体的积分辐射能力与其温度的4次方成正比。1884年，玻尔兹曼由热力学理论得出了如下公式。

$$W=\frac{2\pi^5 k^4}{15c^2 h^3}T^4=\sigma T^4 \tag{2-2}$$

式中：σ为斯特藩–玻尔兹曼常数，$\sigma=5.67\times10^{-8}$ W/m^2·K^4。

（四）维恩位移定律

1893年维恩从热力学理论导出黑体辐射光谱的极大值对应的波长，温度越高，峰值波长越小。对于6 000 K黑体，（对应蓝色光），对于300 K的黑体，公示如下。

$$\frac{\partial W_\lambda}{\partial \lambda}=\frac{-2\pi hc^2[5\lambda^4(\frac{ch}{e^{k\lambda}}-1)+\lambda^5 e^{\frac{ch}{kT\lambda}}(-\frac{ch}{kT\lambda^2})]}{\lambda^{10}(\frac{ch}{e^{k\lambda}}-1)^2}=0 \tag{2-3}$$

地球环境的代表性温度为300 K，它对应的峰值波长接近10 μm，正处在热红外大气窗口区内，地物的热辐射谱是很宽的，虽然其主要能量集中在热红外波段，对微波波段而言，其能量已下降了许多数量级，然而微波传感器的测量灵敏度高于热红外光谱仪，补偿了能量不足的缺点，使利用微波辐射计接收来自目标的微波波段热辐射噪声同样可以达到测量目标温度的目的。所以热红外遥感与微波被动遥感的应用有很多相似之处，但由于微波与地物相互作用机理与热红外辐射与地物的相互作用机理有些差别。由于微波的波长比热红外波段要长，受云和大气的影响比较小，但受地表粗糙度的影响要大一些。对于中红外波段窗区（3.5～5.0 μm）白天地表反射太阳辐射的中红外波段的能量在数量级上与地物自身发射的中红外波段热辐射相当，目前还很难从传感器所接收的辐射能量中将这两部分加以区分，因此白天中红外波段应用受到了限制。

二、发射率

黑体是一种理想物体，自然界中并不存在这样的物体，大多数是灰体。因此地表温度的反演需要考虑发射率的影响。发射率通常用ε表示，定义为：物体在温度T、波长λ处的辐射强度$B_{S\lambda}(T)$与同温度、同波长下的黑体辐射强度$B_{B\lambda}(T)$的比值。

$$\varepsilon=\frac{B_{S\lambda}(T)}{B_{B\lambda}(T)} \tag{2-4}$$

发射率是一个比值，因此没有单位，ε取值在0～1，但发射率是波长λ的函数。对于大多数的地面物体，在波段8～14 μm范围内，地表发射率在0.91～0.98。如果没有大气的影响，地物的真实温度可以直接用式2-4求解。但是，地物的辐射能通常是被搭载在高空平台上观测到的。其间要受到大气的影响，从而使得地面温度的反演变得复杂。

发射率是物体热辐射能力的量度。发射率的测量主要受物体的表面状态，如表面粗糙度等，以及物理性质，介电常数、含水量、温度等因素的影响。并随着所测定的辐射能的波长、观测角度等条件的变化而变化。随着热红外遥感研究的深入，人们已积累了不同物质的发射率的测量经验，而且还探索地表热辐射及发射率各向异性的产生机理。赵英时等根据发射率的大小及其与波长的关系把物体的热辐射分为三类：一是接近于黑体的物体，许多物质在某一特定的波长范围内的辐射如同黑体；二是发射率与波长无关的灰体，发射率小于1；三是接近于黑体的灰体，发射率随波长变化的物体，称为选择性辐射体。

三、地表温度

地表温度通常被定义为地表的皮肤温度。一般来说，地面不是同质的，而是异质的，比如包含各种植被和土壤。对于植被茂密的地表，遥感反演所得到的地表温度是指植被叶冠的表面温度。对于稀疏的地表，地表温度是地面、植被叶冠等温度的混合平均值。因此，地表的非同质性使地表温度的遥感反演成为一个很复杂的问题。

四、辐射温度

辐射温度被定义为所测量的物体的辐射能量所对应的温度。对于黑体而言，物体的辐射温度等于它的真实温度。但对于真实物体而言，热遥感器所记录的辐射温度与物体的地表温度之间的关系可以近似地表示为：

$$T_{rad} = \varepsilon^{1/4} T_{kin} \quad (0 \leqslant \varepsilon \leqslant 1) \tag{2-5}$$

式中：ε为发射率。由于$\varepsilon<1$，地物的辐射温度总小于它的热力学温度。因此，对于任何给定的地物，热遥感器所记录的辐射温度小于它的真实温度。从式2-5可以看出，如果地物的发射率未知，则无法估算其真实温度。表2-3列出了5种典型地物的真实温度与辐射温度之间的对应关系。这5种地物为黑体、植物、湿土、干土、水体。虽然真实温度相同，但因发射率不同，其辐射温度也各异。

表2-3　典型地物的热力学温度和辐射温度之间的比较

对象	发射率	真实温度/K	辐射温度/K
黑体	1.000	303	303
植被	0.985	303	298.455
湿地	0.956	303	289.668
干燥地	0.925	303	280.275
水体	0.99	303	299.97

五、亮度温度

亮度温度通常被定义为星上遥感器获得的辐射能所对应的温度。亮度温度是衡量物体温度的一个指标，但也不是物体的真实温度。它与辐射温度是一致的。主要差别在于亮度温度是通过星上遥感器获得，而辐射温度是通过地面遥感器测得。

第三节　大气窗口与热红外遥感

由于热辐射传输是个很复杂的过程，有些波长的热红外谱段能量没有达到传感器就已经被大气吸收。有些谱段受大气影响很小，形成了一些大气窗口。热红外谱段区间主要有3～5 μm和8～14 μm两个大气窗口。因此，在热红外遥感波段选择中，既要考虑地表物质温度的特性，也要考虑大气的影响。地表温度通常在-45～45℃，大部分地区平均为27℃。根据维恩位移定律，地面物体的热辐射峰值波长在9.26～12.43 μm，恰好位于8～14 μm的大气窗口内。因此这个谱段区间通常被用来调查地表一般物体的热辐射特性，探测常温下的温度分布和目标的温度场，进行热制图等。随温度升高，热辐射谱段峰值波长向短波方向移动。对于地表高温目标，如火燃等，其温度达600 K，热辐射谱段峰值在4.8 μm，位于热红外谱段3～5 μm的大气窗口内。所以为了对火灾、活火山等高温目标识别，通常把热红外遥感波段选择在这个区间内。

由于影响热辐射的大气的变化因素不确定，例如，大气、气溶胶、云、风、水汽以及海拔等随时空变化，使得很多变量实时测定非常困难。在热辐射能的地-气辐射传输过程中，地面和大气都是热辐射源。热辐射能多次被大气吸收、散射与折射。同时地表也不是黑体。因此，通过遥感影像研究地面热辐射必须考虑大气和地表的双重影响。考虑到大气和地表影响因素的复杂性和不确定性，热辐射过程可表达如下。

$$B_i(T_i) = \tau_i(\theta)\{\varepsilon_i(\theta)B_i(T_s) + [1-\varepsilon_i(\theta)]I_i^{\downarrow}\} + I_i^{\uparrow} \qquad (2-6)$$

式中：τ_i（θ）是在视角θ大气透过率，ε_i（θ）是在视角θ方向的发射率，T_s是地表温度，T_i是星上亮度温度，$I_i^{\downarrow}$是大气下行辐射，$I_i^{\uparrow}$是大气上行辐射。Planck函数是热辐射传输方程的核心组成部分。

第四节　热红外地表温度和发射率反演的常用方法

从热遥感器获得的是地物的亮度温度。但是在许多热红外遥感应用研究中，需要的是地物的真实温度。为了获得地表温度，许多研究者已经做了许多工作并且取得了很大的成果，形成了一系列的地表温度反演方法。按反演过程中所用的波段数来划分，基本上分为四种方法：第一种是传统的辐射传输方程法；第二种是单通道算法；第三种是两通道算法；第四是多通道算法。另外，还有伴随着这些方法的多角度算法。这些方法是针对不同的条件和环境提出来的，各有优缺点。

辐射传输方程法是最基本的地表温度反演方法。由于这个方法考虑的影响因素最多，理论上讲是最好的方法。但其需要的大气参数比较多，而大气参数很难实时获取，一般是用大气模型模拟计算来代替，所以反演的精度很难得到保证。

单一热红外通道法最早是Kahle等在假定发射率为常数和大气参数已知条件下提出的一种单通道地表温度反演算法。但这种方法由于假定的条件太多，是一种非常原始的单通道算法。实用单通道算法是覃志豪等（2001）针对TM6热红外数据提出来的。该算法是根据辐射传输方程推导出来的，它的优点在于仅需要3个参数，即地表发射率、大气透过率和有效大气平均作用温度，就可从仅有一个热红外波段的遥感数据中反演出真正的地表温度。同时，覃志豪等（2001）提出了在大气实时资料缺乏的情况下，对大气透过率和有效大气平均作用温度估计的实用方法。

两通道算法主要是针对NOAA的两个热红外通道提出来的。相对而言，是一个发展得比较完善的方法。它的主要思想是利用两个通道对水汽吸收和发射率的差异来分别建立方程，通过解方程组获得地表温度的反演。很多研究对两通道算法做了大量的研究工作，形成了许多版本不同的反演算法。现在国际上公开发表的算法有18种以上。这些算法的主要区别在于参数估计和计算形式的不同。研究者把这些算法归纳为四种类型：简单算法、发射率模型、两因素模型和复杂模型。对于劈窗算法，地表温度的反演关键在于地表发射率和大气透过率这两个基本参数的获取。发射率订正非常困难。因为发射率不仅依赖于地表物体的组成成分、物体的表面状态和物理性质，而且还与辐射能的波长、观测角度有关，从而使得对发射率的精确测量难度相当大。这一直也是地表温度反演中的一个难点。影响大气透过率精确估计的主要因素是大气水汽吸收和气溶胶的实时剖面资料难以获取，往往用标准大气来模拟求解，使精度难以得到保证。

多通道算法是利用多个热红外通道数据来反演地表温度的方法，被广泛得到应用的是Li和Becker（2013）、Wan和Li（1997）分别提出了针对AVHRR和MODIS数据的多通道反演方法。但这两个方法至少需要同一个地方的两景影像（白天/晚上）。当天气变化比较大的地方，这使得反演精度不是非常稳定。

地表温度是遥感反演中一个典型的“病态”的反演问题，因为根据遥感器的波段所能建立的方程数小于方程的未知数。所以，要想从遥感数据中求解出地表温度，必须对某些未知数进行假设，使其成为已知的参数，而这种参数的估计需要获取许多先验的知识，比如地面气象资料等，才能使其估计精度和接着进行的地表温度反演精度有所保证。本书探讨地球物理参数之间关系，研究如何高精度地从ASTER/MODIS热红外数据中反演地表温度和发射率。

第五节　微波模型

陆地微波遥感模型主要分成两类：地表（裸地）模型和植被覆盖模型。相对而言，地表模型发展要成熟一些，主要是因为植被覆盖变化类型比较大，通常发展的模型只能适用某种特定的植被。研究覆盖植被的地表散射或辐射问题时，研究对象包括大气、植被和地表。由于大气对微波信号的衰减作用非常小，通常忽略其影响，这也是当今植被覆盖地区土壤水分反演不高的一个原因。地表模型可以看作是植被模型的一种特殊情况，主动的微波遥感手段（雷达）对植被的结构和类型的测量很有意义，可以获得植被整体或者其组成部分如叶、枝、树木的生物特性。被动微波遥感中的辐射信号包括覆盖的植被层和地表辐射。无论是主动还是被动微波遥感，它们的联系是很紧密的。很多被动微波模型中发射率的计算，是借助主动微波中散射系数积分的方式求出散射效果，然后根据能量守恒定理得到发射率。因此植被微波遥感模型中经常把两种方式放在一起讨论，其模型可以相互借用。总体来说，地表和植被模型分为两类：半经验模型和物理模型。国内已有很多介绍，不再一一列举。

一、裸露地表模型

地表的微波遥感模型包括物理模型和半经验模型。物理模型是基于电磁场理论和辐射传输理论，而经验模型通常是根据实际测量数据分析得到。半经验模型是综合经验模型和物理模型的优点产生的，既考虑模型的定性物理含义，又采用经验参数建模。

（一）物理模型

主要包括几何光学模型，它是基尔霍夫散射模型（Kirtchhoff）在驻留相位（stationary-phase

approximation）近似下得到的解析解。物理光学模型（POM）是Kirchhoff模型在标量近似下得到的地表后向散射解析解。小挠动模型（SPM）主要是针对小尺度粗糙度开发的，SPM模型要求表面标准离差小于电磁波波长的5%左右。积分方程模型（IEM，Integrated Equation Model）是由Fung等（1992）提出，该模型是基于电磁波辐射传输方程的地表散射模型，能在一个很宽的地表粗糙度范围内再现真实地表后向散射情况，已经被广泛应用于微波地表散射、辐射的模拟和分析，并经过了很多实验研究验证。近年来，IEM模型经过不断改进和完善，模型模拟结果和精度得到不断提高。积分方程模型由于其模拟的范围更接近于真实的自然地表而被广泛地应用，但是，积分方程模型还存在着一些不足。其主要原因有两个方面：一是模型中对实际地表粗糙度刻画得不准确；二是模型中对不同粗糙地表条件下Fresnel反射系数的处理过于简单。新近发展的改进的积分方程模型主要对AIEM模型中粗糙度谱和Fresnel反射系数计算形式进行了改进。

（二）半经验模型

Choudhury等（1979）提出了半经验的Q/H模型，其中参数Q描述了正交极化波在表面粗糙度影响下的发射情况，H度量了表面粗糙度对增加面散射的影响效应。在模型适用的范围内H参数主要取决于频率。其他研究者以AIEM模型为基础，提出了Q/P模型通过AIEM模拟和实验数据比较，Q/P模型比Q/H模型有更广泛的实用性。

二、植被模型

植被模型也主要分为两类：经验和半经验模型、物理模型。

（1）经验和半经验模型。半经验模型的典型代表是Richards等（1987）研究L波段针叶林时提出的一种两层模型。被动微波中半经验模型的代表是广泛使用的ω-τ模型，ω是植被层的单散射反照率（single scattering albedo），τ是植被层的光学厚度。这种模型中植被看作是均匀的介质，忽略了多次散射作用。ω数值通常很小。植被的衰减的光学厚度τ被认为是与植被含水量w_c呈线性关系：$\tau = bw_c/\cos\theta$，其中θ是观察角度，系数b依赖于植被的结构和频率。理论和实验数据表明，对于给定的植被类型，在C波段以下b正比于频率。不过在更高的频率，b对频率的依赖性下降，而对植被结构的依赖性增强。

（2）物理模型。物理模型是基于电磁波和植被层的相互作用，通过辐射传输方程来求解散射系数。物理模型可以根据植被层的连续与离散特性分为离散植被模型和连续植被模型。离散模型中将植被层看作是自由分布的离散散射体的集合体。植被覆盖地表的后向散射模型，总的来说，可以分成两种不同的方法，即连续模型和离散模型。

第六节 被动微波地表温度反演算法

目前，还没有针对被动微波遥感数据的通用地表温度物理反演算法（McFarland，1990），其主要原因是对于微波的地表辐射机理研究还不是很成熟，而且由于空间分辨率的影响，使得地面实测资料的获得非常困难。虽然微波受大气的影响很小，但地表温度的反演本身是个病态反演。主要原因是土壤地表发射率射率在微波波段并不是一个稳定的常数，而是随土壤水分的变化而变化。地表发射率在热红外波段变化非常小，但受大气的影响非常大。热红外空间分辨率比微波要高，因此微波和热红外存在一些互补性。本研究通过AIEM物理模型模拟分析表明，干燥土壤的发射率变化很小，土壤的粗糙度和土壤水分变化引起发射率的变化，可以通过不同通道的发射率（亮温）之差与土壤水分含量的关系得到消除。因此，可以近似地把土壤发射率看作是干燥土壤和土壤水分发射率的合成。利用对地观测卫星多传感器的特点，即Aqua对地观测卫星同时拥有MODIS和AMSR-E传感器。相对而言，用MODIS的热红外波段反演地表温度的算法已经比较成熟。可以通过MODIS的地表温度产品来代替AMSR-E所需要的地表实测数据，通过建立AMSR-E各通道亮温和MODIS地表温度产品的关系，可以分析出不同地表地物类型在微波波段的辐射机制，最后建立微波地表温度的反演算法，从而克服需要测试AMSR-E过境的同步地表温度数据的困难，将进一步通过利用模型+数据驱动与深度学习的结合分析，从理论上为解决微波地表温度和土壤水分的最佳方案，并为多传感的参数反演相互校正和传感器的综合利用提供理论依据。

第七节　小　结

本章简要介绍了遥感的理论基础和地表温度反演的基本概念，比如黑体、发射率、Planck方程、热辐射定律、辐射传输方程、热红外波段的选择等，分析了常用的地表温度反演方法及其关键参数估计问题。简要介绍了利用微波反演地表温度和土壤水分反演的算法。

参考文献：

陈述彭，赵英时，1990. 遥感地学分析[M]. 北京：测绘出版社.

董彦芳，2005. 基于ENVISAT ASAR的水稻参数反演和面积测算研究[D]. 北京：中国科学院遥感应用研究所.

建明，2005. 基于ERS散射计的青藏高原地表土壤水分估算方法研究[D]. 北京：中国科学院遥感应用研究所.

蒋玲梅，2005. 被动微波雪水当量研究[D]. 北京：北京师范大学.

刘伟，2005. 植被覆盖地表极化雷达土壤水分反演与应用研究[D]. 北京：中国科学院遥感应用研究所.

毛克彪，施建成，李召良，等，2005. 用被动微波AMSR数据反演地表温度及发射率方法研究[J]. 国土资源遥感（3）：14-18.

毛克彪，施建成，李召良，等，2006. 一个针对被动微波数据AMSRE数据反演地表温度的物理统计算法[J]. 中国科学，36（12）：1170-1176.

毛克彪，施建成，覃志豪，等，2006. 一个针对ASTER数据同时反演地表温度和比辐射率的四通道算法[J]. 遥感学报（4）：593-599.

毛克彪，唐华俊，陈仲新，等，2006. 一个针对ASTER数据的劈窗算法[J]. 遥感信息（5）：7-11.

毛克彪，2004. 针对MODIS数据的地表温度反演方法研究[D]. 南京：南京大学.

覃志豪，ZHANG M H，KARNIELI A，2001. 用NOAA-AVHRR热通道数据演算地表温度的劈窗算法[J]. 国土资源遥感，48（2）：33-41.

徐希孺，2005. 遥感物理[M]. 北京：北京大学出版社.

杨虎，2003. 植被覆盖地表土壤水分变化雷达探测模型和应用研究[D]. 北京：中国科学院遥感应用研究所.

张钟军，2004. 覆盖植被的地表微波辐射模型研究[D]. 北京：北京师范大学.

钟若飞，2005. 神舟四号微波辐射计数据处理与地表参数反演研究[D]. 北京：中国科学院遥感应用研究所.

AIRES F，PRIGENT C，ROSSOW W，et al.，2001. A new neural network approach including first guess for retrieval of atmospheric watervapor，cloud liquid water path，surface temperature，and emissivities over land from satellite microwaves observations[J]. *J. Geophys. Res.*，106（D14）：14887–14907.

ATTEMA E P W，ULABY F T，1978. Vegetation modeled as a water cloud[J]. *Radio Sci.*，13：357–364.

Basist A，Grody N，Peterson T，et al.，1998. Using the special sensor microwave/imager to monitor land surface temperatures，wetness，and snow cover[J]. *J. Appl. Meteorol.*，37：888–911.

BECKER F，LI Z L，1990. Towards a local split window method over land surface[J]. *Int. J. Remote Sens.*，3：369–393.

BECKER F，LI Z L，1995. Surface temperature and emissivity at various scales：definition，measurement and related problems[J]. *Remote Sens. Rev.*，12：225–253.

BUSH T F，ULABY F T，1976. Radar return from a continuous vegetation canopy[J]. *IEEE T. Antenn. Propag.*，2：269–276.

CALVET J C，CHANZY A，WIGNERON J P，1996. Surface tempeature and soil moisture retrieval in the Sahel from Airborn multifrequency mircrowave radiometry[J]. *IEEE Trans. Geosci. Remote Sens.*，34（2）：588–600.

CALVET J C，WIGNERON J P，MOUGIN E，et al.，1994. Plant water content and temperature of Amazon forest from satellite microwave radiometry[J]. *IEEE Trans. Geosci. Remote Sens.*，32（2）：397–408.

CHEN K S，WU T D，TSANG L，et al.，2003. The emission of rough surfaces calculated by the integral equation method with a comparison to a three-dimensional moment method simulations[J]. *IEEE Trans. Geosci. Remote Sens.*，41（1）：1–12.

CHOUDHURY B J，MAJOR E R，SMITH E A，et al.，1992. Atmospheric effects on SMMR and SSM/I 37 GHz polarization difference over the Sahel[J]. *Int. J. Remote Sens.*，13：3443–3463.

CHOUDHURY B J，SCHMUGGE T J，CHANG A，et al.，1979. Effect of surface roughness on the microwave emission from soils [J]. *J. Geophysi. Res.*，84：5699–5706.

COLL C，CASELLES V，SOBRINO A，et al.，1994. On the atmospheric dependence of the split-window equation for land surface temperature[J]. *Int. J. Remote Sens.*，15：105–122.

DASH P，GÖTTSCHE F M，OLESEN F S，et al.，2002. Land surface temperature and emissivity estimation from passive sensor data：theory and practise-current trends[J]. *Int. J. Remote Sens.*，23：2563–2594.

DE ROO D，YANG DU，ULABY F W，2001. A semi-empirical backscattering model at L-band and C-band for a soybean canopy with soil moisture inversion[J]. *IEEE Trans. Geosci. Remote Sens.*，39：864–872.

ENGMAN E T，CHAUHAN N，1995. Status of microwave soil moisture measurements with remote sensing[J]. *Remote Sens. Environ.*，51（1）：189–198.

EOM H J，FUNG A K，1986. Scattering from a random layer embedded with dielectric needles[J]. *Remote Sens. Environ.*，19：139–149.

FILY M，ROYER A，GOÏA K，et al.，2003. A simple retrieval method for land surface temperature and fraction of water surface determination from satellite microwave brightness temperatures in sub-arctic areas[J]. *Remote Sens. Environ.*，41：328–338.

FRANÇA G B，CRACKNELL A P，1994. Retrieval of land and sea surface temperature using NOAA-11 AVHRR data in northeastern Brazil[J]. *Int. J. Remote Sens.*，15：1695–1712.

FRANÇOIS C, OTTLÉ C, 1996. Atmospheric corrections in the thermal infrared: global and water vapor dependent split window algorithms - applications to ATSR and AVHRR data[J]. *IEEE Trans. Geosci. Remote Sens.*, 34（2）: 457–470.

FUNG A K, CHEN K S, 1992. Dependence of the surface backscattering coefficients on roughness, frequency and polarization states[J]. *Int. J. Remote Sens.*, 13（9）: 1663–1680.

GILLESPIE A R, ROKUGAWA S, MATSUNAGA A, 1998. Temperature and emissivity separation algorithm for advanced spaceborne thermal emission and reflection radiometer（ASTER）images[J]. *IEEE Trans. Geosci. Remote Sens.*, 36: 1113–1126.

GIVRI J R, 1997. The extension of the split window technique to passive microwave surface temperature assessment[J]. *Int. J. Remote Sens.*, 18: 335–353.

HARRIS A R, MASON I M, 1992. An extension to the split-window technique giving improved atmospheric correction and total water vapour[J]. *Int. J. Remote Sens.*, 13: 881–892.

HOEKMAN D H, KRUL L, E P W, 1982. Attema, a multilayer model for radar backscattering from vegetation canopies[M]. *IGRASS*: TA-1, 4. 1–4. 7.

JACKSON T J, SCHMUGGE T J, 1991. Vegetation effects on the microwave emission from soils[J]. *Remote Sens. Environ.*, 36: 203–210.

KARAM M A, FUNG A K, 1988. Electromagnetic scattering from a layer of finite length, randomly oriented, dielectric, circular cylinders over a rough interface with application to vegetation[J]. *Int. J. Remote Sens.*, 9: 1109–1134.

KEALY P S, HOOK S, 1993. Separating temperature and emissivity in thermal infrared multispectral scanner data: Implication for recovering land surface temperatures[J]. *IEEE Trans. Geosci. Remote Sens.*, 31: 1155–1164.

KERR Y H , NJOKU E G, 1993. On the use of passive microwaves at 37 GHz in remote sensing of vegetation[J]. *Int. J. Remote Sens.*, 14: 1931–1943.

KERR Y H, LAGOUARDE J P, IMBERNON J, 1992. Accurate land surface temperature retrieval from AVHRR data with use of an improved split window algorithm[J]. *Remote Sens. Environ.*, 41: 197–209.

KERR YANN H, NJOKU ENI G, 1990. A semi-empirical model for interpreting microwave emission from semiarid land surfaces as seen from spaces[J]. *IEEE Trans. Geosci. Remote Sens.*, 28: 384–393.

LANG R H , SIDHU J S, 1983. Electromagnetic backscattering from a layer of vegetation: a discrete approach[J]. *IEEE Trans. Geosci. Remote Sens.*, GE-21: 62–71.

LI Z L, BECKER F, 1993. Feasibility of land surface temperature and emissivity determination from AVHRR data[J]. *Remote Sens. Environ.*, 43: 67–85.

LIANG S L, 2001. An optimization algorithm for separating land surface temperature and emissivity from multispectral thermal infrared imagery[J]. *IEEE Trans. Geosci. Remote Sens.*, 39: 264–274.

MAO K, QIN Z, SHI J, et al., 2005. A practical split-window algorithm for retrieving land surface temperature from MODIS data[J]. *Int. J. Remote Sens.*, 26: 3181–3204.

MCFARLAND M J, MILLER R L, NEALE C M U, 1990. Land surface temperature derived from the SSM/I passive microwave brightness temperatures[J]. *IEEE Trans. Geosci. Remote Sens.*, 28（5）: 839–845.

MORLAND J C, DAVID, GRIMES I F, et al., 2001. Satellite observations of the microwave emissivity of a semi-arid land surface[J]. *Remote Sens. Environ.*, 77: 149–164.

NJOKU E G, JACKSON T J, VENKATARAMAN L, et al., 2003. Soil moisture retrieval from AMSR-E[J]. *IEEE Trans. Geosci. Remote Sens.*, 41（2）: 215–229.

NJOKU E G, LI L, 1999. Retrieval of land surface parameters using passive microwave measurements at 6 -18 GHz[J]. *IEEE Trans. Geosci. Remote Sens.*, 37（1）: 79–93.

NJOKU ENI G, JACKSON T G, 2003. Soil Moisture Retrieval from AMSR-E[J]. *IEEE Trans. Geosci. Remote Sens.*, 41: 215–229.

OTTLE C, VIDAL-MADJAR D, 1992. Estimation of land surface temperature with NOAA-9 data[J]. *Remote Sens. Environ.*, 40: 27–41.

PEAKE W H, 1959. Theory of radar return from terrain[J]. *IRE Convention Record*, 7: 27–41.

PRATA A J, 1993. Land surface temperature derived from the advanced very high resolution radiometer and the along-track scanning radiometer 1[J]. *Theory. J. Geophys. Res.*, 98: 16689–16702.

PRICE J C, 1984. Land surface temperature measurements from the split window channels of the NOAA 7 Advanced Very High Resolution Radiometer[J]. *J. Geophys. Res.*, 89: 7231–7237.

PRIGENT C, AIRES F, ROSSOW W B, 2003. Land surface skin temperature from a combined analysis of microwave and infrared satellite observations for an all-weather evaluation of the differences between air and skin temperatures[J]. *J. Geophys. Res.*, 108（D10）: 4310.

PULLIAINEN J T, GRANDELL J, HALLIKAINEN M T, 1997. Retrieval of surface temperature in Boreal Forest Zone from SSM/I data[J]. *IEEE Trans. Geosci. Remote Sens.*, 35（5）: 1188–1200.

QIN Z H, DALL'OLMO G, KARNIELI A, 2001. Derivation of split window algorithm AVHRR data[J]. *J. Geophys. Res.*, 106: 22655–22670.

QIN Z, KARNIELI A, BERLINER P, 2001. A mono-window algorithm for retrieving land surface temperature from landsat TM data and its application to the Israel-Egypt border region[J]. *Int. J. Remote Sen.*, 22（18）: 3719–3746.

RICHARDS J A, SUN G Q, SIMONETT D S, 1987. L-band radar backscattering modeling of forest stands[J]. *IEEE Trans. Geosci. Remote Sens.*, 23: 487–498.

SCHMUGGE T, FRENCH A, RITCHIE J, et al., 2002. Temperature and emissivity separation from multispectral thermal infrared observations[J]. *Remote Sens. Environ.*, 79（2/3）: 189–198.

SCHMUGGE T, HOOK S J, COLL C, 1998. Recovering surface temperature and emissivity from thermal infrared multispectral data[J]. *Remote Sens. Environ.*, 65（2）: 121–131.

SHI J C, LING M J, ZHANG L, et al., 2005. A parameterized multifrequency-polarization surface emission model [J]. *IEEE Trans. Geosci. Remote Sens.*, 43: 2831–2841.

SOBRINO J A, COLL C, CASELLES V, 1991. Atmospheric correction for land surface temperature using NOAA-11 AVHRR channels 4 and 5[J]. *Remote Sens. Environ.*, 38: 19–34.

SOBRINO J A, LI Z L, STOLL M P, et al., 1994. Improvements in the split-window technique for land surface temperature determination[J]. *IEEE Trans. Geosci. Remote Sen.*, 32（2）: 243–253.

SOBRINO J A, RAISSOUNI N, 2000. Toward remote sensing methods for land cover dynamic monitoring: application to Morocco[J]. *Int. J. Remote Sens.*, 21（2）: 353–366.

SUSSKIND J, ROSENFIELD J, REUTER D, et al., 1984. Remote sensing of weather and climate parameters from HIRS2/MUS on Tiros-N[J]. *J. Geophys. Res.*, 89（D3）: 4677–4697.

ULABY F T，SARABANDI K，MCDONALD K，et al.，1990. Michigan microwave canopy scattering model[J]. *Int. J. Remote Sens.*，28：477–491.

ULIVIERI C，CASTRONUOVO M M，FRANCIONI R，et al.，1996. A split-window algorithm for estimating land surface temperatures from satellites[J]. *Advan. Space Res.*，14：1279–1292.

VIDAL A，1991. Atmospheric and emissivity correction of land surface temperature measured from satellite using ground measurements or satellite data[J]. *Int. J. Remote Sens.*，12：2449–2460.

WAN Z M，LI Z L，1997. A physics-based algorithm for retrieving land-surface emissivity and temperature from EOS/MODIS data[J]. *IEEE Trans. Geosci. Remote Sens.*，35（4）: 980–996

WANG J R，CHOUDHURY B J，1981. Remote sensing of soil moisture content over bare field at 1. 4 GHz frequency [J]. *J. Geophys. Res.*，86：5277–5282.

WATSON K，1992. Spectral ratio method for measuring emissivity[J]. *Remote Sens. Environ.*，42：113–116.

WENG F，GRODY N，1998. Physical retrieval of land surface temperature using the special sensor microwave imager[J]. *J. Geophys. Res.*，103（D8）: 8839–8848.

WU T D，CHEN K S，SHI J，2001. A transition model for the reflection coefficient in surface scattering[J]. *IEEE Trans. Geosci. Remote Sens.*，39（9）: 2040–2050.

ZRIBI M，PAILLEÁ J，CIARLETTI V，et al.，1998. Modelisation of roughness and microwave scattering of bare soil surfaces based on fractal Brownian geometry[J]. *IGARSS*，98：1213–1215.

第三章　实验数据的选择与分析

热红外和微波遥感在海面温度、陆面温度、大气温度、大气水汽、云顶温度的反演中具有非常重要的地位。但每种传感器的设计都具有很强的针对性，几乎每个通道的研究对象都是非常明确的。就本书地表温度和土壤水分的反演方法而言，几乎每种具体的反演方法都是针对特定的遥感数据开发的。因此，研究和选择地表温度反演算法时，首先要了解热红外遥感系统的特点。无论是在空间分辨率，还是时间分辨率方面，热红外和微波遥感系统的研究发展十分迅速。现在使用和即将投入使用的热红外传感器达几十种之多。为了建立分析反演算法方便，把将要用到的热红外和微波传感器进行简要介绍。

第一节　ASTER数据

1999年搭载ASTER遥感器的对地观测卫星（Terra）发射成功，为全球和区域资源环境动态监测开辟了又一新的途径。ASTER由日本通产省（METI）提供，主要用于解决土地利用与覆盖、自然灾害、短期天气变动、水文等几个方面的问题。轨高705 km，为太阳同步近极地轨道，运行周期98.88 min，下行过赤道地方时为中午10:30开始的15 min，地面重复访问周期16 d，设计运行时间为6年。ASTER是一个拥有15个波段的高分辨率传感器，在ASTER的15个波段中有5个是高分辨率的热红外波段，因而非常适合于城市和小区域的地表热量空间差异分析。按照ASTER项目的计划，其数据应用于全球变化研究中，如提升自然灾害的监测和预报能力，短期气候变化和水循环等。ASTER1B数据及其产品在更广范围都得到了很好的应用，而且在科研工作中也起到了很好的促进作用，ASTER使用情况至今一直很好，高空间分辨率、多波段、立体像对等3个主要特点为研究人员在更广的研究领域中使用提供有效支持。

ASTER是第一台用于制图和温度精确测量的星载高空间分辨率多通道热红外成像仪。它由三个光学子系统组成：可见光近红外（VNIR）、短波红外（SWIR）和热红外（TIR）。ASTER数据具有高空间、波谱和辐射分辨率，每景幅宽60 km × 60 km。VNIR在近红外波段（0.78～0.86 μm）提供能生成立体像对的后视影像数据。表3-1中列出了各个子系统的相关参数。

表3-1　ASTER光学子系统

光学子系统	波段	谱段范围/μm	空间分辨率/m	量化级
可见光近红外（VNIR）	1	0.520～0.600	15	8 bits
	2	0.630～0.690		
	3N	0.780～0.860		
	3B	0.780～0.860		

续表

光学子系统	波段	谱段范围/μm	空间分辨率/m	量化级
短波红外（SWIR）	4	1.600~1.700	30	8 bits
	5	2.145~2.185		
	6	2.185~2.225		
	7	2.235~2.285		
	8	2.295~2.365		
	9	2.360~2.430		
热红外（TIR）	10	8.125~8.475	90	12 bits
	11	8.475~8.825		
	12	8.925~9.275		
	13	10.250~10.950		
	14	10.950~11.650		

ASTER数据除去未经处理的原始数据Level0以外，其他的数据都经过了不同程度的处理。目前用户可以申请到的数据产品有Level1、Level2、Level3三个级别。其中使用最多的是Level1产品。Level1类数据产品包括两种：Level1A（L1A）和Level1B（L1B）。L1A数据是经过重构的未经处理的仪器数据，保持了原有分辨率。L1A数据产品文件中包含了数据字典、类属头文件、云量覆盖表、辅助数据以及三个子系统的数据，子系统数据中包括各子系统的专门头文件、各个波段的影像数据、辐射计校正表、几何校正表和补充数据。

L1B数据在L1A的基础上，使用L1A自带的参数完成辐射计反演和几何重采样后生成的。所以在子系统文件中少了辐射计矫正表和几何矫正表两项内容。在生产时用户可以根据需要选择采样方法，默认情况下采用UTM投影，Cubic Convolution重采样方法。ASTER每天能获得并处理650幅左右L1A数据，L1B数据的最大产量为310幅左右。更高级别的数据产品还有16种之多，是在L1数据产品的基础上进行处理后生成的，这些处理包括了更细致全面的辐射校正等。

ASTER数据在地表发射率、温度反演等的应用潜力很大，利用SWIR数据来判断水体的浑浊度、水体表面的运动情况以及地表岩石的判别等。ASTER还与MODIS合作形成一种新的用于地球科学研究的仪器MASTER（MODIS/ASTER Airbone Simulator），用于辅助星上ASTER仪器的反演和其他校准工作。

第二节　MODIS数据

MODIS（Moderate Resolution Imaging Spectroradiometer）是美国国家航空航天局、日本国际贸易与工业厅和加拿大空间局、多伦多大学共同合作发射的卫星Terra上的一个中分辨率传感器。MODIS具有36个可见光-红外的光谱波段，空间分辨率为250～1 000 m。36个波段分别针对陆地、海洋、水汽、气溶胶等来设计的。MODIS遥感数据是新一代的卫星遥感信息源，在生态学研究、环境监测、全球气候变化以及农业资源调查等诸多研究中具有广泛的应用前景。为了更好地理解地球表面所有全球的系统，EOS将提供表面动力学温度，而且指定海洋上分辨率为0.3 K、陆地上为1 K。国际TOGA（Tropical Ocean Global Atmosphere）项目已确定全球尺度气候数值模式要求洋面温度反演精度达到0.3 K。与NOAA卫星AVHRR资料0.7 K的反演精度相比，这就要求EOS的传感器和反演方法有较大的改进空间。MODIS将作为研究大气、陆地和海洋过程的关键探测仪。星下点扫描角为±55°，它每1～2 d将提供地球上每点的白天可见光和白天/夜间红外图像。所有通道都用12 bits记录。

MODIS各波段特性如表3-2所示。从表3-2中的参数可以看出，MODIS在若干热红外波段都有较高的校正精度。在星下点，热红外通道的有效视场约为1 km。为了获得高于1%的红外绝对校正精度，MODIS探测仪在对地扫描前和之后都对冷空和黑体进行探测。其中波段26可用于卷云探测，热红外波段20、22、23、29和31～33可用于大气削弱订正及反演地表发射率和温度反演。波段2、5、17、18和19可用于大气水汽含量监测。大气中的水汽含量对热辐射影响最大，由此可以通过建立大气水汽含量与透过率的关系来订正大气影响。位于中红外波段的多个波段将为精确订正太阳辐射效应提供机会，以便使太阳辐射可以作为MODIS数据反演地表发射率时的热红外源。MODIS数据可以覆盖全球，具有较合适的探测精度以及较宽的动态范围，因而可以用来探测多种地表类型。因此，MODIS数据有利于发展地表温度LST产品。这是由于它可以覆盖全球，具有较合适的探测精度以及较宽的动态范围，使其可以探测多种地表类型，而且为了反演SST、LST及大气特性，它在若干热红外通道都有较高的校正精度。与NOAA卫星AVHRR和TM遥感数据相比，MODIS数据具有更高的光谱分辨率和时间分辨率，因而更适用于中大尺度的区域动态变化监测研究。MODIS数据的主要特点如下。

（1）36个光谱通道（0.4～14.3 μm）其中可见光-短波红外20个通道，热红外16个通道；谱带窄，可见光-短波红外通道除0.659 μm和2.1 μm外，谱带宽度10～35 nm；有许多大气纠正的特征波段，便于大气参数的反演。

（2）空间分辨率：通道1、2为250 m；通道3～7为500 m，其余为1 000 m；像元大小随视角而增加，边缘像元可比星下点像元大4倍。

（3）宽视域（扫描角±55°），太阳天顶角与观测天顶角变化大，扫描宽度为2 330 km，考虑到地球曲率，在轨道边缘，地面实际视角越位±（60°～65°）；太阳天顶角也会有20°的变化，且此变化与纬度、季节有关。由于太阳-目标-遥感器之间几何关系的变化、大气和目标的方向反射特征，使后向散射较前向散射有更大的太阳天顶角。

（4）MODIS在对地观测中，每秒可同时获得6.1 MB的来自大气、海洋、陆地表面的信息。每1～2 d可获得1次全球观测数据（包括白天的可见光图像及白天/夜间的红外图像）。

（5）具有较高的辐射分辨率，数据的量化等级为2 048，即所有通道都有12 bits记录。MODIS探测仪在对地扫描的同时，都对冷空和黑体进行探测，有较高的校正精度和灵敏度。

表3-2　MODIS技术参数

光谱范围/nm	光谱带宽/nm	地面分辨率/m	信噪比/snr	主要应用领域
620~670	50	250	128	植被叶绿素吸收
841~876	35		201	云和植物、土地覆盖
459~479	20	500	243	土壤、植被差异
545~565	20		228	绿色植物
1 230~1 250	20		74	叶子/冠层差异
1 628~1 652	20		275	雪/云差异
2 105~2 135	50		110	土地和云特性

续表

光谱范围/nm	光谱带宽/nm	地面分辨率/m	信噪比/snr	主要应用领域
405~420	15		880	海洋水色 浮游生物
438~448	10		8 380	
483~493	10		802	
526~536	10		754	
546~556	10		750	海洋水色，沉积物
662~672	10		910	沉积物，大气
673~683	10		1 087	叶绿素荧光
743~753	10		586	气溶胶特性
862~877	15		516	气溶胶/大气特性
890~920	30		167	云/大气特性
931~941	10		57	
915~956	50		250	
3 660~3 840	180		0.05 NE Δ T	海面温度
3 929~3 989	50		2.00 NE Δ T	林火/火山
3 929~3 989	50	1 000	0.07 NE Δ T	云/表面温度
4 020~4 080	50		0.07 NE Δ T	
4 433~4 498	50		0.25 NE Δ T	大气湿度/云
4 482~4 549	50		0.25 NE Δ T	
1 360~1 390	30		1504 NE Δ T	卷云、气溶胶
6 535~689	360		0.25 NE Δ T	大气湿度
7 175~7 475	300		0.25 NE Δ T	
8 400~8 700	300		0.05 NE Δ T	表面温度
9 580~9 880	300		0.25 NE Δ T	臭氧
10 780~11 280	500		0.05 NE Δ T	云/表面温度
11 770~12 270	500		0.05 NE Δ T	云顶高度/表面温度
13 185~13 485	300		0.25 NE Δ T	云顶高度
13 485~13 785	300		0.25 NE Δ T	
13 785~14 085	300		0.25 NE Δ T	
14 085~14 385	300		0.25 NE Δ T	

第三节　AMSR-E数据

当前主要的被动微波遥感数据有SMM、SSM、AMSR。三种传感器的参数特征如表3-3所示。其中SMMR传感器是1978年搭载Nimbus-7卫星上天，空间分辨率为150 km，最低频率为6.6 GHz。通过研究表明6.6 GHz和10.7 GHz通道在低植被情况下对土壤水分比较敏感。SSM/I在1987年发射升空，最低频率为19.3 GHz，这个波段主要是用来监测植被的信息。这两个传感器主要是研究海洋和大气。Wang（1985）第一次对6.6 GHz和10.7 GHz通道对土壤湿度的估计做了一些研究工作。Sippel等（1994）研究表明，SMMR可用于季节灾害研究。Choudhury等（1987）针对SMMR在植被监测方面应用做了大量的研究。McFarland等（1990）、Calvet等（1994）、Njoku等（1999）通过研究表明37 GHz可用于陆地表面温度反演。这两个传感器的空间分辨率大约在140 km。就其空间分辨率而言，SMM和SSM对陆地的监测还不是非常的理想。AMSR-E是在SMM和SSM传感器研究的基础上，针对其在应用中的优缺点来设计的，并在空间分辨率上有了很大的提高。因此，AMSRE将是第一个为在全球尺度上研究水文和气候变化上提供比较合适的土壤湿度变化的数据。

表3-3　SMMR、SSM、AMSR-E主要仪器参数比较

项目	SMMR（Nimbus7）	SSM/I（DMSP）	AMSR-E
频率/GHz	6.6，10.7，18，21，37	19.3，22.3，37，85.5	6.9，10.7，18.7，23.8，36.5，89
高度/km	955	860	705
入射角/°	50.3	53.1	55
刈幅/km	780	1 400	1 445
发射年份/年	1978	1987	2002

一、AMSR-E仪器特征

AMSR是改进型多频率、双极化的被动微波辐射计。2001年AMSR搭载在日本的对地观测卫星ADEOS-Ⅱ上升空。AMSR-E微波辐射计是在AMSR传感器的基础上改进设计的，它搭载在NASA对地观测卫星Aqua于2002年发射升空。AMSR和AMSR-E这两个传感器的仪器参数基本一致。最大区别在于AMSR是在10:30左右穿过赤道，而AMSR-E则是在13:30左右。这两个传感器的传输基本相同，因此主要介绍AMSR-E。AMSR-E辐射计在6.9～89 GHz范围内的6个频率，以双极化方式12个通道的微波辐射计。主要仪器参数如表3-4所示。

AMSR-E通过测量来自地球表面的微波辐射来研究全球范围的水循环变化。在水文应用研究中，为了取得两个降水事件前后的土壤水分含量变化，频繁地获得研究区的数据是非常重要的。卫星的时间分辨率主要取决于刈宽度、卫星高度和倾角。对于AMSR而言，除极地地区外，在不到2 d的时间内，在升轨和降轨都可以将全球覆盖一次。AMSR-E降轨的亮度温度合成图在高纬度和低纬度地区，数据覆盖比较全。在中纬度地区，由于受地球形状的影响，相对低纬度和高纬度地区覆盖的周期可能相对要长。具体地说，在降轨时，AMSR-E基本是2 d覆盖1次，有的地方是1 d或者3 d。但在纬度55°以上的地区是1 d覆盖1次。

表3-4 AMSR-E的主要仪器参数特征

项目	6.925 GHz	10.65 GHz	18.7 GHz	23.8 GHz	36.5 GHz	89.0 GHz	
						A	B
空间分率/km	50		25		15	5	
波段宽度/MHz	350	100	200	400	1 000	3 000	
极化方式				垂直和水平			
入射角/°			55				54.5
交叉极化/dB				<20			
刈宽度/km				1 445			
检测范围/K				2.7~340			
精度/K				1			
敏感性/K	0.34	0.7	0.7	0.6	0.7	1.2	
量化位数/bit	12			10			

二、AMSR-E数据的主要应用研究领域

目前AMSR-E数据主要用于土壤湿度、表面温度、植被等方面的研究。在数字天气预报模型四维数据同化系统里面，大尺度的土壤水分含量参数是非常重要的。以往对这一参数的取得主要是通过API（Antecedent Precipitation Index）指数作为土壤湿度指数。Owe和Van de Gried（1990）通过建立一个陆地表面模型建立了大尺度的土壤水分反演模型，使用的微波数据是SMMR-6.6 GHz。这个模型土壤湿度的估计依赖于稀疏气象站点数据是否和卫星过境时土壤表层的状态一致。但是，研究表明，空间微波数据测量与土壤湿度呈现出了很好的相关性，但其精度和验证有待进一步提高。

AMSR-E数据也被用来反演地表温度，主要的算法主要是线性回归法和迭代方法。但目前的精度在2~3℃，相对用热红外地表反演的地表温度精度要低。其主要原因在于，目前对被动微波的机理研究还不够深入。对于AMSR-E在植被方面的研究主要利用频率37 GHz的水平和垂直极化的亮度温度的差值指数来植被进行研究。虽然该指数在计算上和频率37 GHz上的空间分辨率具有优势，但该指数不能和植被的物理量直接关联。另外，由于植被的透过率是辐射传输方程中的一个重要参数，而6~10 GHz与植被含水量近似呈线性关系。因此，用低频来研究生物量是非常有前景的。

事实上，各种地球物理参数，特别是与水相关的参数都可以用AMSR-E来研究，因为被动微波对水特别敏感。在土壤湿度的反演中都牵涉这些参数（植被穿透率、土壤温度等），裸露地表只是植被覆盖地表的一种特例。目前在这方面的研究主要集中理论模型和统计模型上，其反演的精度还没有达到实用要求。因此需要进一步研究，尤其是要结合光学、热红外的优势。

第四节 VIIRS数据

一、Suomi NPP卫星介绍

Suomi NPP是已取消的美国国家极轨运行环境卫星系统（NPOESS）计划的预备项目（National Polar-orbiting Operational Environmental Satellite System Preparatory Project），全名为Suomi国家极轨

合作伙伴（Suomi National Polar-orbiting Partnership），由NASA为NOAA设计制造。NPOESS计划的历史可追溯到美国国家空间委员会在1992年的调研，以及1993年9月国家绩效评论提出的合并民用气象卫星和国防卫星系统的建议。该计划原本是美国21世纪监测全球环境，收集大气、海洋、陆地和近太空环境数据的卫星计划，但由于其成本超支和研发进度滞后，2010年美国将NPOESS计划进行了重组，NOAA承担下午时段的极地环境卫星轨道，美国国防部（U.S. Department of Defense，简称DoD）承担上午时段的轨道，其中NOAA承担的部分重新命名为JPSS（Joint Polar Satellite System），DoD承担的部分为国防气象卫星系统（Defense Weather Satellite System）。在JPSS计划中，第一颗JPSS-1卫星将于2016年发射，Suomi NPP作为其预备项目，主要为JPSS计划提供相应的设备、算法、地面处理的前期验证，以减少相应的风险。此外，在JPSS计划正式运行之前，NOAA将使用NPP的相应数据来代替因检修失败的NOAA19卫星数据，以保持气象预报的准确性。在NASA的EOS计划方面，NPP作为下一代EOS卫星将取代上一代EOS计划中的Terra、Aqua和Aura任务（这三颗卫星分别发射于1999年、2002年、2004年），保证EOS计划中全球变化观测数据的连续性。Suomi NPP卫星的部分参数如表3-5所示。

表3-5 Suomi NPP卫星轨道参数

项目	参数
轨道类型	近极地太阳同步
轨道高度/km	824
运行周期/min	102
降交点时间	13:30
倾角/°	98.703 ± 0.05
重复周期/d	16（重复观测为每天2次）
姿控	三轴

Suomi NPP卫星共搭载5个科学仪器：臭氧剖面制图仪（Ozone Mapper Profiler Suite，OMPS）、高级微波探测器（Advanced Technology Microwave Sounder，ATM）、可见光/红外辐射成像仪（Visible Infrared Imaging Radiometer Suite，VIIRS）、云和地球辐射能量系统（Cloud and the Earth's Radiant Energy System，CERES）、红外探测器（Cross-track Infrared Sounder，CrIS）。这5个仪器分别用于臭氧含量（特别是极地地区）监测，全球近地表温度和湿度剖面的获取，火灾、冰、云、洋面温度等地表变化的监测，地表反射和地球发射辐射探测，大气监测（特别是湿度和压力）。Suomi NPP卫星采用降轨方式运行，一天（24 h）绕地运行约14圈，可以观察地球表面2次，卫星的重复周期（重新回到原来位置）为16 d，数据发布的格式采用HDF5。Suomi NPP卫星设计寿命为7年，其中所搭载的5个观测仪器中，除CERES传感器是沿用上一代EOS计划中的CERES传感器外，其他4个传感器均为最新研制，并且其数据产品将会与上一代EOS计划的数据产品类似。

二、VIIRS和MODIS传感器比较

VIIRS作为美国第二代中分辨率影像辐射计，主要用于监测陆地、大气、冰和海洋在可见光和红外波段上的辐射变化，为监测移动火、植被、海洋水色、洋面温度和其他地表变化提供数据。VIIRS传感器共22个波段，可见光和近红外波段9个、中红外和远红外波段共12个、DNB（Day/Night Band）波段

1个，每个像元用12 bits量化，总数据速率为10.5 Mbps。为了更加详细地比较分析MODIS和VIIRS这2个传感器的异同，便于在实际工作中更好地发挥各自的优势，达到最好的使用效果，本书对两者之间进行了一个简短的对比分析。表3-6给出了VIIRS各个波段的部分情况以及与MODIS的一些对比。

表3-6 VIIRS各个波段介绍

名称	波段号	波长/μm	近地点分辨率/m	主要用途	对应MODIS波段
可见光和近红外	M1*	0.412	750	海洋水色、气溶胶	8
	M2*	0.445	750	海洋水色、气溶胶	9
	M3*	0.488	750	海洋水色、气溶胶	3或10
	M4*	0.555	750	海洋水色、气溶胶	4或12
	I1	0.640	370	对地成像	1
	M5*	0.672	750	海洋水色、气溶胶	13或14
	M6*	0.746	750	大气	15
	I2	0.865	370	植被指数	2
	M7*	0.865	750	海洋水色、气溶胶	16或2
CCD	DNB	0.7	750	对地成像	
中红外	M8	1.24	750	云粒子大小	5
	M9	1.378	750	卷云、云覆盖	26
	I3	1.61	370	云图	6
	M10	1.61	750	雪	6
	M11	2.25	750	云	7
	I4	3.74	370	对地成像	20
	M12	3.70	750	洋面温度	20
	M13	4.05	750	洋面温度、火灾	21或22
远红外	M14	8.55	750	云顶性质	29
	M15	10.763	750	洋面温度	31
	I5	11.450	370	云成像	31或32
	M16	12.013	750	洋面温度	32

注：*表示双增益波段。

VIIRS继承和发展了MODIS的一些特性，两者之间有一定的相似性和差异性。在光谱范围上，MODIS的光谱观测范围是0.4～14.4 μm共36个波段、VIIRS的光谱范围为0.412～12.013 μm共22个波段，其中增益波段8个。在短波和中红外范围内，两者的波段设置类似。在长波红外，VIIRS没有检测水汽的7 μm的波段和检测CO_2的13 μm波段。除此之外，VIIRS没有监测海洋水色的荧光通道，但VIIRS相比于MODIS添加了DNB波段，该波段继承于DMSP卫星上的OLS（线性扫描业务系统）仪器，分辨率750 m，能够昼夜24 h连续地对地进行观测。该波段对夜间火灾，城市扩张、城市不透水面、电力消耗，甚至是区域经济发展监测均有重要的意义。

在近地点分辨率上，VIIRS有16个750 m的中分辨率的波段、5个375 m分辨率的影像波段、1个750 m分辨率的DNB波段，MODIS有2个250 m、5个500 m、29个1 000 m分辨率的波段，VIIRS在分辨率上总体相对MODIS有一定提升。在辐射性能上，VIIRS的大部分波段的SNR和NEdT值要好于MODIS。在观测范围上，MODIS的刈幅为2 330 km，VIIRS的刈幅有所增加，达到了3 000 km。由于

MODIS刈幅相对较小，其在一天的观测范围内在赤道附近存在空白间隙，而VIIRS则能完整地覆盖赤道区域，不存在间隙，这对于保持监测的连续性有十分重要的意义。

VIIRS相对于MODIS最为重要的一个改进在于：VIIRS在扫描方向通过使用采样合并的方式来抑制空间分辨率随扫描角增大而增长，这样使得DNB波段在任意扫描角下的沿扫描方向的分辨率均保持在750 m，M和I波段在扫描方向的分辨率也仅仅增加1倍，而MODIS却增加了5倍，这一改进使得刈幅边缘区域数据的观测精度有较大提高、数据可用性得到了巨大的提升。

总体来说，VIIRS作为MODIS的继承和发展，其并没有在波段数和分辨率上有显著的提高，而是在数据的质量和观测范围上有较大的提升。由于对于全球变化监测和气象预报而言，数据分辨率的小幅度提升，并不是最重要的影响因子，而数据的质量和可用性对于观测结果和气象预报的准确性具有重大的意义。

第五节　小　结

本章对ASTER、MODIS、VIIRS和AMSR-E遥感器做了简要的介绍，为后面算法的介绍提供了方便。大尺度的地表温度和土壤水分变化对于建立全球的水循环模型很重要，进而可以预测气候变化和洪涝监测。传统的地面测量站网络不能满足大尺度地表温度和土壤水分的时间、空间变化研究的需要，而热红外和微波在土壤水分反演方面具有独特的优势。因此本书对ASTER和MODIS/VIIRS热红外传感器和被动微波AMSR-E做了简要介绍外，还对其主要研究应用做了简要分析。

参考文献：

李海涛，田庆久，2004. ASTER数据产品的特性及其计划介绍[J]. 遥感信息（3）：52-55.

毛克彪，施建成，李召良，等，2005. 用被动微波AMSR数据反演地表温度及发射率方法研究[J]. 国土资源遥感（3）：14-18.

毛克彪，施建成，李召良，等，2006. 一个针对被动微波数据AMSRE数据反演地表温度的物理统计算法[J]. 中国科学D辑，36（12）：1-7.

毛克彪，覃志豪，李满春，等，2005. AMSR被动微波数据介绍及主要应用研究领域分析[J]. 遥感信息（3）：63-66.

毛克彪，2004. 针对MODIS数据的地表温度反演方法研究[D]. 南京：南京大学.

毛克彪，覃志豪，2004. 用MODIS影像反演环渤海地区的大气水汽含量[J]. 遥感信息（4）：47-49.

毛克彪，覃志豪，王建明，等，2005. 针对MODIS数据的大气水汽含量及31和32波段透过率计算[J]. 国土资源遥感（1）：26-30.

夏浪，毛克彪，孙知文，等，2013. Suomi Npp VIIRS数据介绍及其在云检测上的应用分析[J]. 地球科学前沿（3）：1-6.

BRUCE GUENTHER，FRANK DE LUCCIA，JAMES MCCARTHY，et al.，2011. Performance Continuity of the A-Train MODIS Observations：Welcome to the NPP VIIRS[EB/OL]. http://www. star. nesdis. noaa. gov/jpss/documents/meetings/2011/AMS_Seattle_2011/Poster/A-TRAIN%20%20Perf%20Cont%20%20MODIS%20Observa%20-%20Guenther%20-%20WPNB. pdf.

CALVET J C，WIGNERON J P，MOUGIN E，et al.，1994. Plant water content and temperature of the Amazon forest from satellite microwave radiometry[J]. *IEEE Trans. Geosci. Remote Sens.*，32：397–408.

CHOUDHURY B J，TUCKER C J，GOLUS R E，et al.，1987. Monitoring vegetation using Nimbus-7 scanning multichannel microwave radiometer's data[J]. *Int. J. Remote Sens.*，8：533–538.

GAO B C，GOETZ A F H，1990. Column atmospheric water vapor and vegetation liquid water retrievals from airborne imaging spectrometer data[J] *J. Geophys. Res.*，4（95）：3549–3564.

JOHN R G TOWNSHEND，CHRISTOPHER O. JUSTICE，2002. Towards operational monitoring of terrestrial systems by moderate-resolution remote sensing[J]. *Remote Sens. Environ.*，83：351–359.

KAUFMAN Y J，GAO B C，1992. Remote sensing of water vapor in the near IR from EOS/MODIS[J]. *IEEE Trans. Geosci. Remote Sens.*，5（30）：871–884.

KING M D，MENZEL W P，KAUFMAN Y J，et al.，2003. Cloud and aerosol properties，precipitable water，and profiles of temperature and water vapor from MODIS[J]. *IEEE Trans. Geosci. Remote Sens.*，2（41）：442–458.

MCFARLAND M J，MILLER R J，NEALE C M U，1990. Land surface temperature derived from the SSM/I passive microwave brightness temperatures[J]. *IEEE Trans. Geosci. Remote Sens.*，28：839–845.

NJOKU E G，1999. AMSR land surface parameters algorithm theoretical basis document version3. 0[M/OL]. http://eospso. gsfc. nasa. gov/eos_homepage/for_scientists/atbd/docs/AMSR/atbd-amsr-land. pdf.

NJOKU E G，LI L，1999. Retrieval of land surface parameters using passive microwave measurements at 6–18 GHz[J]. *IEEE Trans. Geosci. Remote Sens.*，37（1）：79–93.

OWE M，VAN DE GRIEND A A，1990. Daily surface soil moisture model for large area semi-arid land application with limited climate data[J]. *J. Hydrology*，121：119–132.

ROSSOW B，GARDER C，1993. Cloud detection using satellite measurements of infrared and visible radiances for ISCCP[J]. *J. Climate*，6（12）：2341–2369.

SIPPEL S J，HAMILTON S K，MELACK J M，et al.，1994. Determination of inundation area in the Amazon river floodplain using the SMMR 37 GHz polarization difference[J]. *Remote Sens. Environ.*，48：70–76.

WANG J R，1985. Effect of vegetation on soil moisture sensing observed from orbiting microwave radiometers[J]. *Remote Sens. Environ.*，17：141–151.

第四章　针对VIIRS数据的云检测方法研究

为了获得新型红外成像辐射仪套件（Visible Infrared Imager Radiometer Suite，VIIRS）传感器准确的云掩码数据，克服当前VIIRS云检测算法在中国区域存在的部分缺陷。本研究通过分析当前较为成熟的中分辨率光谱成像仪（Moderate Resolution Imaging Spectroradiometer，MODIS）云掩码算法，结合VIIRS传感器的波段特性，提出了适合中国区域的云检测算法。针对1.38 μm波段高（卷）云检测算法在高海拔区域存在的限制，本研究使用BT_{11}亮温进行辅助检测，降低因低水汽含量造成的误报；针对当前VIIRS M12-M13云检测阈值在我国存在误报的问题，对M12-M13差值云检测在我国适用范围和阈值进行了分析讨论，并使用BT_{11}亮温辅助M12-M13进一步克服地表二项性反射造成的干扰。使用中国区域的两景数据进行应用分析表明，BT_{11}亮温辅助1.38 μm波段高（卷）云检测能够较好地抑制地表污染，BT_{11}亮温辅助M12-M13差值云检测比当前VIIRS M12-M13云检测能更好地清除误报。通过人工解译，将检测结果和解译结果作了对比分析，实例数据检测精度均高于85%，能够满足当前云检测对精度的要求。

第一节　引　言

辐射是地球保持自身能量平衡的唯一方式，云可以通过遮挡太阳和地表辐射来改变能量传输的过程，因而云在辐射收支平衡研究中扮演着重要的角色。另外，云能够影响天气状况，在短期内主要表现在小范围的天气变化，在较长的时间尺度上影响大区域的气候变化。因此，对覆盖全球超过70%的云进行相应的监测，对于地球辐射收支平衡、天气预报和全球气候变化的研究具有非常重要的意义。在20世纪前，人们对云进行观测仅仅限于人工目视观测，这种方式受人的主观性影响大、观测范围小的限制，到20世纪50年代出现了地基自动观测方法，该方法具有观测时间周期短、精度高的特点，但是其观测范围较小的限制并没有得到完全的解决。气象卫星一般具有较大的刈幅、较高的时间分辨率，因此利用卫星数据进行云监测能够弥补前两者观测范围小的缺陷，也便于在大尺度区域上对云进行监测。

1978年随TIROS-N卫星升空的第一代甚高分辨率辐射仪（Advanced Very High Resolution Radiometer，AVHRR）传感器因其具有良好的观测性能，且较上一代扫描辐射计（Scan Radiometer，SR）有更好的空间分辨率，研究者对使用该数据进行云监测做了大量的研究。从第一代AVHRR传感器的出现到现在，研究者针对AVHRR提出APOLLO（AVHRR Processing Scheme over Land，Clouds and Ocean）、CLAVR（Clouds from AVHRR）等一些比较具有代表性的云检测算法。搭载在Terra和Aqua卫星上的MODIS传感器因其具高光谱分辨率、高空间分辨率的特性，在云检测中受到很大的重视。当前针对MODIS的各种云检测方案中，以NASA MODIS云检测小组提出的云检测算法最具有代表性。成立于1982年的国际卫星云气候学计划（International Satellite Cloud Climatology Project，ISCCP）针对各种卫星数据提出了ISCCP算法，此外，还有针对CO_2的薄片法和其他卫星的云检测方法，在国内有针对风云卫星、基于纹理、统计特征等的云检测方案。总体上来说，至1988年Saunders

和Kriebel第一次阐述多光谱自动云检测算法之后，针对极轨卫星的云检测逐渐形成了围绕AVHRR和MODIS这两个具有代表性传感器的研究体系。

现阶段，针对VIIRS进行云检测的研究还不多，Hutchison等针对VIIRS传感器各通道的参数，结合MODIS云掩码算法，于2005年发布了首个VIIRS云检测算法；2012年Hutchison等通过使用全球合成数据（Global Synthetic Data）对VIIRS云检测算法进行相应的调整。本书通过对MODIS云检测算法和VIIRS数据特性进行分析研究，设计了相应的云检测方案，最后针对中国区域使用了VIIRS数据对本研究结果进行了检测。

第二节　云检测方法的数据介绍及理论原理

一、VIIRS数据介绍

2011年10月28日，发射升空的Suomi NPP卫星为美国新一代极轨运行环境卫星系统预备项目（National Polar-orbiting Operational Environmental Satellite System Preparatory Project）的首颗卫星，NPP同时也是美国下一代对地观测卫星，用来接替服役超期的Terra、Aqua等，其携带包含VIIRS在内的5个对地观测仪器，运行在升交点为13:30（地方时）的太阳同步轨道上。VIIRS传感器共22个波段，其中5个分辨率为375 m的影像波段、分辨率为750 m的DNB波段1个、16个分辨率为750 m的可见光和红外通道，总体上与MODIS传感器较为相似。

二、云检测原理

在可见光和近红外波段，传感器接收的辐射能可用式4-1表示。

$$I = I_{rg} + I_{rc} + I_s \tag{4-1}$$

式中：I为传感器入口处的辐射能；I_{rg}、I_{rc}、I_s分别代表地物反射、云层反射辐射、大气粒子和云层的散射。云检测以云和地物对不同波长电磁波有不同的反射和发射特性为基础，结合不同的下垫面类型和地理位置，综合运用各种方法对云和地物进行相应的区分识别，下面结合相应的波段分别阐述检测原理。

（1）1.38 μm高（卷）云检测。在以往的研究中，高（卷）云的检测一般使用1.38 μm、6.7 μm、11 μm、13.9 μm等波段来进行。其中利用1.38 μm波段进行云检测的原理如下。1.38 μm处于水汽的强吸收处，当大气中有一定的可降水量时，来自地表和中低云的辐射被大气水汽吸收，进入传感器的部分为高云反射的1.38 μm辐射能。但是对于一些高海拔、地表类型为沙漠的区域，大气可降水量较少的情况下，此波段检测高云会出现大量的误报。针对高云的温度一般低于地表的特性，采用BT_{11}通道来减少误报，具体的做法是先利用1.38 μm通道检测高云，对检测结果为高云的区域进行BT_{11}通道亮温检查，如果该区域BT_{11}通道亮温符合高云特性（这里要区分温度较低的冰雪区域），那么认为此像元为高云。

（2）紫光波段云检测。VIIRS M1波段波长0.412 μm，处于紫光范围。如图4-1所示，云和雪比草地、土壤、沙粒在此波段具有更高的反射率（数据来源ASTER SPECTRAL LIBRARY）。根据该反射特性，MODIS云检测算法将此波段用来检测沙漠地区的云，盛夏等用此波段来辅助海岸线附近云检测。此波段受散射影响较强，当空气分子粒径$\alpha \ll \lambda$时，根据瑞利散射$I \propto \frac{1}{\lambda^4}$，此时波长较短的蓝紫光比红光所受的散射强约5倍，但在实际测试中，瑞利散射并不会影响检测结果。大气中气溶胶对可见光产生米氏散射，对于不同粒径的气溶胶粒子，蓝紫光有不同的散射强度，总体上是气溶胶含量越高，其散射越强，因此使用M1波段在气溶胶含量高的区域容易造成误报。此外，雪在该波长处反射率和云较为相似，两者不易区分，该波段也不适用于雪覆盖区域的云检测。

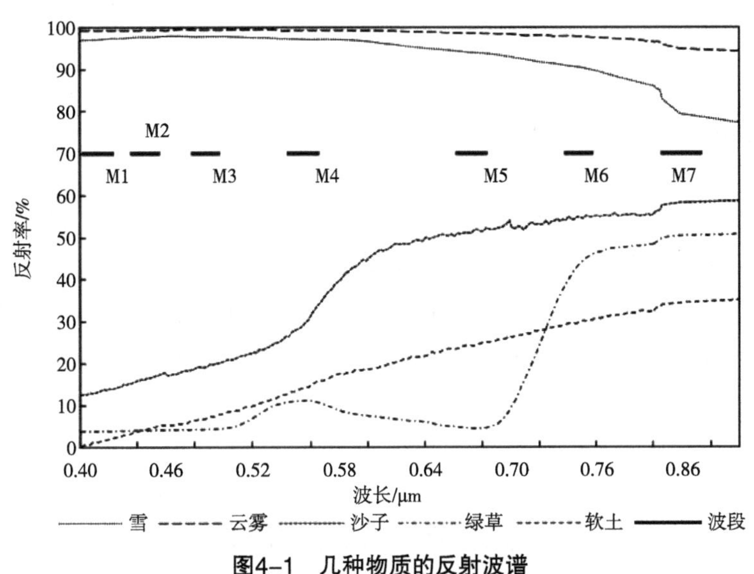

图4-1　几种物质的反射波谱

（3）M12-M13云检测。3.7 μm和4.0 μm位于中红外区段，白天传感器接收到的辐射较为复杂，既包含地物和云的发射辐射，也包含反射的太阳辐射。在3.7 μm波段处，由于反射的二向性存在以及反射辐射随太阳方位角变化而变化，单一地使用3.7 μm通道进行云检测较为困难。VIIRS M12和M13波段中心波长分别为3.74 μm和4.05 μm，其波段间隔较短，同一地物的反射和发射特性较为相似，如果将两者相减，则能降低因太阳方位角变化而造成的阈值确定困难这一问题。Hutchison等（2012）通过对VIIRS进行GSD（Global Synthetic Data）模拟后，给出了M12-M13云检测阈值，但在实际应用中发现，按照其给定的阈值进行云检测会出现较大的漏检和误报，因此本章对实际数据进行相应分析处理，统计了不同地类的M12-M13差值数据。表4-1是中国区域2013年1—3月不同地表类型M12-M13波段的差值，其中方差表示采样区域的均一性。对比分析可知，M12-M13差值在高原区域、冰雪、湖泊的差值较云的差值小，并且差距明显，因此适合该区域的云检测；在沙漠、植被覆盖率低的平原区域，M12-M13差值与云相比并不大，因此在这些区域使用此差值进行云检测可能会出现较大误报。

表4-1　不同下垫面M12-M13差值

地物类型	海拔/m	差值	方差
沙漠	1 492.15	18.9	0.35
高原冰雪	2 535.40	7.47	1.99
高山积雪	4 871.54	8.40	0.89
平原湖泊、太湖	0.00	6.49	0.62
高原湖泊、青海湖	3 242.54	7.58	3.92
云、下垫面为高原	5 056.20	29.86	1.72

续表

地物类型	海拔/m	差值	方差
云、下垫面为平原	15.10	17.09	1.20
平原、植被覆盖好	280.00	10.96	0.814
丘陵、植被覆盖一般	287.00	11.34	2.57

注：由于沙漠地区二向反射存在，沙漠地区差值可达30（例如位于罗布泊区域的沙漠在太阳和传感器的天顶角分别为57.47°和54.41°，此时M12-M13的差值为32.04）。

（4）反射率比值云检测。云在0.86 μm和0.7 μm处的反射特性差别不大（图4-1），因此M7/M5比值大约为1。在水面区域，由于分子散射和气溶胶散射使得短波的后向散射增强，M7/M5约为0.5；在海岸线附近，由于水中泥沙含量增加，0.86 μm反射增强使得M7/M5上升，有可能达到0.9，而海岸线上空的云，由于地表在0.86 μm反射增加，M7/M5下降，最终造成M7/M5在海岸线附近检测云容易出现漏检，此外，M7/M5也不适用于沙漠、冰雪等区域。

第三节　算法流程

根据云检测原理，本研究所使用的云检测波段如表4-2，算法处理流程如下。第一步，进行地表分类，得到沙漠、冰雪区域（高原）、高原、平原和海洋共五类地区。第二步，通过1.38 μm波段进行高云检测，对检测结果按不同的下垫面分别选取不同的BT_{11}阈值进行误判检测，排除因高海拔、沙漠区域的可降水量少而导致的地表辐射进入传感器造成的误判。第三步，利用M12-M13对高原地区、冰雪覆盖区域进行云检测，为减少高原冰雪区域中沙漠和二向性反射造成的误判，对检测结果与BT_{11}通道亮温进行比对，减少干扰；使用M1波段和BT_{11}进行沙漠地区的云检测，通过M12-M13排除沙漠地区河流、云阴影等亮温较低区域的干扰。第四步，综合使用M1波段、M7/M5、M12-M13对平原地区进行云检测，在海岸线区域使用M1波段辅助M7/M5进行检测，去除海岸线对比值检测的影响。第五步，使用M12-M13波段对海洋区域进行云检测。第六步，输出云检测结果。检测中使用的阈值根据不同地类区域通过人工目视解译结合自动分类得到动态阈值。

表4-2　云检测算法使用的波段

云	波段	波长/μm	适用范围
高云	M9	1.378	有足够大气水汽区域
中低云	M1	0.412	非冰雪区域，不适用于较薄的云
	M12-M13	3.70~4.05	冰雪高原、海洋、湖面，低植被覆盖平原检测不理想
	M7/M5	0.86~0.67	平原地区，不适用于沙漠，冰雪覆盖等区域
	M15	10.763	辅助高云、M12-M13冰雪、沙漠地区检测

第四节　应用分析和精度评价

选取中国区域两景VIIRS数据进行检测验证。第一个数据成像于2013年2月1日，北京时间14:00，地理坐标为30.946854°～50.734489°N、80.311111°～121.326874°E，大致位置包括蒙古高原、青藏高原、华北平原部分和塔里木盆地，如图4-2所示。第二个测试数据成像于2013年3月3日，北京时间12:55，地理坐标为22°2′50.25″～46°21′77″N、98°55′24.02″～138°4′53.06″E，包含我国东部区域、东海、朝鲜半岛、日本海等。具体遥感图像分析请参见文献［夏浪，毛克彪，孙知文，等，2014. 基于DNB验证的VIIRS夜间云检测方法. 国土资源遥感，26（3）：74-79；夏浪，毛克彪，马莹，等，2014. 基于可见光红外成像辐射仪数据的地表温度反演. 农业工程学报，8（4）：109-116；夏浪，毛克彪，孙知文，等，2014. 针对NPP VIIRS数据的云检测方法研究. 中国环境科学，34（3）：574-580］

在认定人工解译结果为实际云量情况下，表4-3是本检测方案的检测精度分析，其中表4-3中检测精度的计算公式如式4-2。

$$P = N_d / N_r \tag{4-2}$$

式中：P代表检测精度，N_d和N_r分别代表检测出的有云像元数量和实际像元数量，如$N_d>N_r$，则检测结果为误报，否则是漏检。需要指出的是，表中最后一列的精度并不代表整体检测精度，其受每地类像元比例以及漏检和误报比例的影响，在此列出仅供参考。从表4-3中可知，高原冰雪区域漏检较多，原因在于在高海拔地区云层边缘区域或较薄的云层其亮温和高云中心区域亮温差别较大造成的漏检；沙漠地区误报率较高；海洋地区整体检测效果较好。从总体精度和各个地类检测精度上来看，本云检测方案精度较高。

表4-3　云检测精度评价

项目	平原	高原	冰雪区域	沙漠	海洋	总值
数据一检测结果	31 589	40 723	221 191	28 158	0	321 661
数据一真实结果	29 801	45 248	254 243	24 700	0	353 992
准确度	误报6%	漏检10%	漏检13%	误报14%	0	
数据二检测结果	612 703	184	38 847	0	1 390 226	2 041 960
数据二真实结果	600 690	200	43 649	0	1 336 756	1 981 295
准确度	误报2%	漏检8%	漏检11%	0	误报4%	

第五节　基于DNB验证的VIIRS夜间云检测方法

针对夜间云检测验证、低云和雾难以区分的困难，提出了针对南方山区有效的云检测和验证方案。通过分析可见光红外成像辐射仪套件（visible infrared imager radiometer suite，VIIRS）传感器数据的新特性和云检测的原理，给出了适合VIIRS夜间云检测的方法。对白天/夜间波段（DNB）数据在云检测验证的适用性进行了分析，在月亮天顶角小于60°时DNB波段能够较好地用于夜间云检测验证。

应用分析表明，本研究在扫描角小于15°时，云检测精度不低于91%；使用VIIRS的M12和M13通道的亮温差值$BT_{M12}-BT_{M13}$辅助M12和M15通道的亮温差值$BT_{M12}-BT_{M15}$进行低云检测，能够去除大部分山谷中雾的影响；检测阈值对扫描角大小变化敏感，当扫描角较大时，本研究设定的阈值在检测精度上不如扫描角较小时理想。

地球的辐射收支和气候响应依赖于云的反馈辐射和几何形态，云能够有效地反射太阳入射辐射和吸收地球的长波辐射。一方面，这种反馈辐射效应使得云在宏观尺度上对地球能量辐射平衡、气候变化有重要影响；另一方面，在微观尺度上，夜间云对于区域农业冻害、降水、干旱均有较大影响，因此及时准确地获取夜间云的相关参数是十分必要的。

研究者已经对云监测做了许多研究，提出了一些有代表性的云检测方法，这些算法主要是利用可见光、近红外和热红外数据进行综合判断。白天卫星可获取可见光、近红外与红外通道数据，检测可使用的通道多、信息丰富，因此检测精度较高，并且可以直接通过目视观察对检测结果进行初步验证；由于晚上卫星很难获得近红外和可见光信息、可用波段少，以及下垫面比辐射率变化、检测结果验证难，这使得夜间云检测相对白天具有一定的难度，方法相对较少并且精度相对较低。尽管研究者们对MODIS夜间云检测进行了一些研究，提高了相应区域的检测精度，但总体上夜间检测精度比白天的低，还有待提高。

2011年10月28日发射升空的美国新一代极轨运行环境卫星系统预备卫星Suomi NPP搭载了包括可见光红外成像辐射仪套件（visible infrared imager radiometer suite，VIIRS）在内的5个对地观测仪器。VIIRS将用来替代工作年限已超期的MODIS，其数据分辨率较MODIS有一定的提升（表4-4），数据信噪比和沿水平方向的采样间隔也有较大提高。另外，由于观测刈幅由MODIS的2 030 km增加到3 000 km，在1 d的观测范围内VIIRS在赤道附近不存在类似于MODIS出现的不连续空白间隙。但VIIRS波段数不如MODIS丰富，特别是VIIRS没有可用于晴空测试的6.7 μm通道、缺少位于水汽吸收区的7.3 μm水汽通道、没有可用于检测高云的13.9 μm通道（CO_2薄片法），这一系列的缺失对于获得精确的夜间云掩码提出了更大的挑战。因此本研究针对VIIRS传感器的特点进行了相应的研究，提出了基于DNB图像验证的夜间云检测方法。

表4-4 VIIRS传感器参数以及与MODIS，AVHRR，OLS的比较

传感器	通道	波长/μm	主要用途	对应MODIS波段	星下点分辨率/km^2	边缘分辨率/km^2	采样合并方向
VIIRS	DNB	0.7	对地成像	无	0.74×0.74	0.74×0.74	扫描和轨道
	M1	0.412	海洋水色、气溶胶	8	0.75×0.75	1.6×1.6	扫描
	M2	0.445	海洋水色、气溶胶	9	0.75×0.75	1.6×1.6	扫描
	M3	0.488	海洋水色、气溶胶	3或10	0.75×0.75	1.6×1.6	扫描
	M4	0.555	海洋水色、气溶胶	4或12	0.75×0.75	1.6×1.6	扫描
	M5	0.672	海洋水色、气溶胶	13或14	0.75×0.75	1.6×1.6	扫描
	M6	0.746	大气	15	0.75×0.75	1.6×1.6	扫描
	M7	0.865	海洋水色、气溶胶	16或2	0.75×0.75	1.6×1.6	扫描
	M8	1.24	云粒子大小	5	0.75×0.75	1.6×1.6	扫描

续表

传感器	通道	波长/μm	主要用途	对应MODIS波段	星下点分辨率/km^2	边缘分辨率/km^2	采样合并方向
VIIRS	M9	1.378	卷云、云覆盖	26	0.75 × 0.75	1.6 × 1.6	扫描
	M10	1.61	雪	6	0.75 × 0.75	1.6 × 1.6	扫描
	M11	2.25	云	7	0.75 × 0.75	1.6 × 1.6	扫描
	M12	3.70	洋面温度	20	0.75 × 0.75	1.6 × 1.6	扫描
	M13	4.05	洋面温度、火灾	21或22	0.75 × 0.75	1.6 × 1.6	扫描
	M14	8.55	云顶性质	29	0.75 × 0.75	1.6 × 1.6	扫描
	M15	10.763	洋面温度	31	0.75 × 0.75	1.6 × 1.6	扫描
	M16	12.013	洋面温度	32	0.75 × 0.75	1.6 × 1.6	扫描
	I1	0.64	对地成像	1	0.375 × 0.375	0.8 × 0.8	扫描
	I2	0.865	植被指数	2	0.375 × 0.375	0.8 × 0.8	扫描
	I3	1.61	云图	6	0.375 × 0.375	0.8 × 0.8	扫描
	I4	3.74	对地成像	20	0.375 × 0.375	0.8 × 0.8	扫描
	I5	11.45	云成像	31或32	0.375 × 0.375	0.8 × 0.8	扫描
MODIS	1～2				0.25 × 0.25	0.75 × 0.5	无
	3～7				0.50 × 0.50	2.4 × 1.0	无
	8～36				1.0 × 1.00	6.0 × 2.0	无
AVHRR					1.0 × 1.10	6.5 × 2.5	无
OLS					2.20 × 2.20	5.4 × 5.4	无

第六节　VIIRS数据新特性和夜间云检测原理

一、VIIRS数据新特性

VIIRS传感器共22个波段：370 m空间分辨率的5个I波段、750 m空间分辨率的1个DNB波段和16个M波段。扫描角 ± 56°，每天可获得全球2次观测数据。VIIRS除继承MODIS和AVHRR等传感器的波段特性、提升数据信噪比和空间分辨率外，其最突出的特点是对随扫描角增加而增加的空间分辨率进行了有效控制，而这也是VIIRS对极轨环境卫星数据质量的最大改进。表4-4列出了OLS、MODIS、AVHRR及VIIRS在星下点和扫描边缘的分辨率（分别为沿扫描方向和沿轨道方向）。VIIRS扫描边缘分辨率（以下简称边缘分辨率）的增长最大仅为2倍，远小于MODIS、AVHRR的最大6倍，OLS的2.5倍（OLS有精细和平滑2种扫描模式，精细模式对应的采样间隔是0.56 km × 0.56 km，但其实际空间分辨率在2.2～5.4 km内变化）。DNB波段在任何扫描角的沿轨道和沿扫描角方向的分辨率都保持不变，这种特性是由于VIIRS传感器采用了合并采样点的方式来控制边缘分辨率的增长。

如图4-2所示，对于DNB波段，单个CCD在地表的分辨率约为11 m × 18 m，当扫描角|SA|<32°时，在扫描方向和轨道方向（图4-2中未绘出轨道方向的合并像元）分别通过合并66个和42个CCD像

元来获得740 m × 740 m分辨率的像元（对应图4-2中的11 m × 66 m和18 m × 42 m，以下均相同）。随着扫描角的增大，单个CCD代表的地面分辨率降低，为保持分辨率不变则需要减少CCD的合并数量。因此，NASA将合并算法设计为：当32°<|SA|<45°、45°<|SA|<56°时，沿扫描和沿轨道方向分别合并27像元 × 28像元、11像元 × 20像元以保持分辨率的恒定，M波段和I波段只在沿扫描方向进行了像元合并，根据不同扫描角分别合并3个、2个、1个像元。

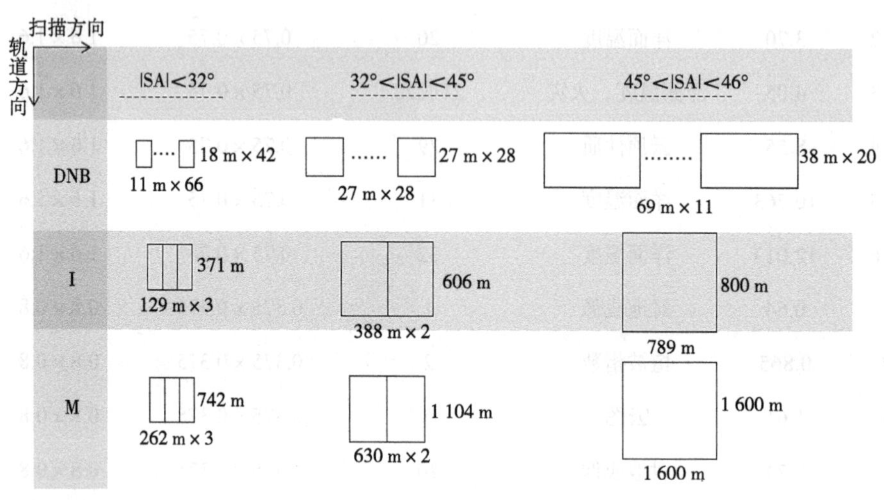

注：SA扫描角，单位度。

图4-2　VIIRS传感器亚像元合并

DNB由高、中、低敏感区域3部分组成，在光照充足的条件下，DNB使用低敏感区域获取数据，该区域没有使用时间延迟累积（time delay and integration，TDI）模式来提高信噪比。中等敏感区域使用3个亚像元工作在TDI模式下来提高信噪比，高敏感区域使用250个亚像元工作在TDI模式下来提高信噪比。电子模块（electronics module，EM）根据不同光照来选择不同的敏感区域来获取数据，当高敏感区域即将饱和时，立刻切换到中敏感区域，在默认的情况下是使用高敏感区域来获取数据。此外，需要合并的亚像元数量是根据外界辐射强度来进行选择的，例如，在最低光照条件下（无月光的夜间），高敏感区域的250个亚像元将被同时合并来提升信噪比，在夜间有月光条件下，可能将只合并250个亚像元中的部分。

二、夜间云检测原理

在进行适当简化后，夜间大气辐射传输可以表达为式4-3。

$$L_\lambda(\theta)=\tau_\lambda(\theta)\varepsilon_\lambda(\theta)B_\lambda(T)+L_\lambda^{\uparrow}(\theta)+\tau_\lambda(\theta)\left[1-\varepsilon_\lambda(\theta)\right]L_\lambda^{\downarrow}(\theta), \qquad (4\text{-}3)$$

式中：$L_\lambda(\theta)$为传感器接收到的辐亮度；$B_\lambda(T)$为波长为λ的地物的辐亮度；T为地物亮温；$\tau_\lambda(\theta)$和$\varepsilon_\lambda(\theta)$分别为波长为$\lambda$的大气透过率和地物发射率；$L_\lambda^{\uparrow}(\theta)$和$L_\lambda^{\downarrow}(\theta)$分别为大气的上行和下行辐射；$\theta$为传感器观测的天顶角。传感器接收到的辐射由地物自身辐射、大气上行辐射和大气下行辐射作用于地物后，又经地物反射、吸收、发射后通过大气到达传感器的这3部分组成。在实际的云检测计算中，为简化计算将大气的上行和下行辐射进行忽略，得到式4-4。

$$L_\lambda(\theta)=\tau_\lambda(\theta)\varepsilon_\lambda(\theta)B_\lambda(T) \qquad (4\text{-}4)$$

云能改变地表的辐射传输路径，具体表现在云对来自不同波段λ的地表辐射有不同的吸收和反射

（散射）作用。在相同的地表类型下，有云时大气的透过率$\tau_{\lambda}(\theta)$与无云时是不同的，根据这一特性可以使用式4-4粗略地计算不同波段传感器接收到的$L_{\lambda}(\theta)$的差值，从而用来区分云和地表。

（一）卷云检测和高云检测

在晴空条件下，波长12 μm波长处水汽的吸收要强于11 μm，因此二者的差值可以用来识别云。由于红外发射率的方向性存在，用于薄卷云检测的11 μm波长处的传感器亮温BT_{11}与12 μm处传感器亮温BT_{12}的差值$BT_{11}-BT_{12}$的阈值，随BT_{11}和传感器观测的天顶角的变化而变化，但对于薄卷云，一般情况下为$BT_{11}-BT_{12}>0$。

水和冰在12 μm波段处吸收远强于3.9 μm。当有高云存在时，传感器接收到的12 μm辐射由于高云的吸收而衰减，此时3.9 μm波长处的传感器亮温和BT_{12}的差值$BT_{3.9}-BT_{12}>0$因此利用此原理，可以使用$BT_{3.9}-BT_{12}$来判识高云。在晴空条件下，一般$BT_{3.9}-BT_{12}<2$；而云高存在时，一般$BT_{3.9}-BT_{12}>4$，且该差值随高云的光学厚度的增加而增加，因此通过设定合理的阈值可以对高云进行较好的判识。

（二）低云和雾的区分

一方面，夜间低厚云发射率低，因此在有低厚云的图像上，3.7 μm波长处的传感器亮温$BT_{3.7}$和BT_{11}的差值会出现负值。另一方面，低植被覆盖的干旱区地表发射率和低云的发射率较相似，这样会将地表识别为云而出现误判。在我国南方等多山地区的植被覆盖较好、水汽含量高、夜间山谷容易形成雾。雾在3.7 μm的发射率随雾的厚度变化而变化，但总体上发射率与低云相当，根据式4-4计算也会出现负值，并影响检测结果。

VIIRS M13波段（4.05 μm）和M12波段（3.75 μm）发射率较为相似，对于同一地物，$BT_{3.7}$和4.0 μm波长处传感器亮温$BT_{4.0}$的差值$BT_{3.7}-BT_{4.0}$的大小主要由透过率决定，水汽并不是影响3.7 μm透过率的主要因素，故只有当云层达到一定厚度时，传感器接收到的辐射能才全为云层发射辐射，此时$BT_{3.7}-BT_{4.0}$差值较小，该值一般<1，因此$BT_{3.7}-BT_{4.0}$可用于判断低厚云。

城市下垫面等植被覆盖度较低的区域的发射率较低，$BT_{3.7}-BT_{4.0}$差值与厚云较为相似，会造成误判，但$BT_{3.7}-BT_{11}$几乎不受该类型下垫面的影响。雾的红外发射特性和低云相似，但在实际检测当中，$BT_{3.7}-BT_{4.0}$与低厚云有较大差异，对于低厚云，$BT_{3.7}-BT_{4.0}<2$；对于山谷区域的雾，$BT_{3.7}-BT_{4.0}>2$，因此结合$BT_{3.7}-BT_{11}$和$BT_{3.7}-BT_{4.0}$对植被覆盖较好的区域（纬度<30°）进行低厚云检测能取得较好的效果。

（三）DNB波段云检测

DNB波段探测来自地球表面的自发光物体，如人造灯光、森林火灾及闪电等。当地球表面反射的月光强度大到能够被传感器感测到时，非自发光的地物和云层也能被探测到，此时DNB波段可以被用来进行云检测。从参考文献［Xia L，Zhao F，Ma Y，et al.，2015. An improved algorithm for the detection of cirrus clouds in the Tibetan Plateau using VIIRS and MODIS data. Journal of Atmosphere and Oceanic Technology，32：2125–2129；Xia L，Zhao F，Chen L，et al.，2018. Performance comparison of the MODIS and the VIIRS 1.38 μm cirrus cloud channels using libRadtran and CALIOP data. Remote Sensing of Environment，206：363–374］中的遥感图像分析可知，DNB波段观测获得新月、上弦月、满月、下弦月和残月共5种不同月相时的图像。在新月和残月时，月亮照度较低，此时图像中云与地物背景差别不大，对于有地面灯光的区域，不同厚度的云使得该区域模糊化的程度不同，整体图像中噪点较多，另外当传感器扫描角|SA|>50°时图像基本全为噪点所覆盖；在上弦月和下弦月时，月亮照度增强，此时还是不能较好地区分云和背景地物；当在满月条件下，云和背景地物都能够较好地区分，

但是此时还不易识别薄卷云，这是因为其厚度低、反射也弱，在图像上和背景地物的反差较小。

因此，当月亮天顶角θ_m<60°（农历每月十三至十九）时，DNB夜间图像去除地面灯光影响后可用于检测厚度较厚的云，同时也可用于云检测的精度鉴定。DNB波段在1个月中可用于云检测的天数约为7 d，没有很好的可持续性和稳定性，因此在实际云检测业务中并未使用DNB波段进行云检测，而是用于验证检测结果的精度和辅助阈值的选择。

三、应用分析和评价

选择的测试数据成像于2013年3月28日17:50，地理坐标18.42°～42.69°N、100.68°～138.19°E，包含中国大部分区域和部分海洋。在DNB夜间图像的辅助下，云检测的阈值如表4-5所示（BT_{M12}、BT_{M13}、BT_{M15}和BT_{M16}分别为VIIRS传感器M12、M13、M15和M16通道的亮温）。

表4-5　云检测算法阈值

	卷云	高云	低厚云
陆地	$0.5<BT_{M15}-BT_{M16}<2.5$	$4<BT_{M13}-BT_{M16}$	纬度<30°：$BT_{M12}-BT_{M13}<2$，$BT_{M12}-BT_{M15}>-6$ 其他：$-6<BT_{M12}-BT_{M15}<-2$
海洋	$1<BT_{M15}-BT_{M13}$，$-6<BT_{M12}-BT_{M15}<-2$		

从参考文献［Xia L，Zhao F，Ma Y，et al.，2015. An improved algorithm for the detection of cirrus clouds in the Tibetan Plateau using VIIRS and MODIS data. Journal of Atmosphere and Oceanic Technology，32：2125-2129；Xia L，Zhao F，Chen L，et al.，2018. Performance comparison of the MODIS and the VIIRS 1.38 μm cirrus cloud channels using libRadtran and CALIOP data. Remote Sensing of Environment，206：363-374］对比分析可知，所有遥感图像是同一时间获取的DNB夜间图像，包含灯光、云及地物等信息。通过比对分析可知，陆地检测精度较高（有些比较薄的云层因DNB图像缩小后基本不可见），海洋和陆地区域的漏检一般发生在边缘区域，如海洋区域的朝鲜半岛以东出现部分漏检，陆地区域右上角也有部分漏检。漏检大多出现在边缘区域的原因可能为阈值随观测天顶角变化而变化，从而导致了漏检，因此部分阈值还需要细调。

分析区域在湖南西部和贵州相交区域，其中风云卫星雾产品（分辨率为1 km）的观测时间和NPP卫星DNB波段成像时间约有10 min的间隔，表明该区域有雾的发生。DNB图像中雾和云在纹理和色调上有较大不同，云比雾亮度更大，山谷中的雾有明显的条纹状，DNB波段图像中大量的白色山脉状纹理较明显的区域为雾或者是低云与雾的混合。通过对比图像可知，在NOAA提供的云产品中没有区分出低云和雾，雾覆盖的区域被识别为云，而本方案通过使用$BT_{M12}-BT_{M13}$进行了相应优化，去除了山谷中大部分雾对监测造成的干扰，但同时也应该指出的是，如果云层过于薄，$BT_{M12}-BT_{M13}$会造成部分漏检。

根据对VIIRS数据新特性的分析，DNB波段在扫描方向和沿轨道方向分辨率保持不变，而M波段数据在扫描角SA＝32°时分辨率已经大于750 m。另一方面，由于M波段数据的蝴蝶结（Bow Tie）效应的存在，在扫描角较大时每2次扫描之间存在将近一半的重复像元，因此如果单纯将2幅图像检测结果的像元数进行统计将产生很大误差，如果选择较小扫描角内的数据，分辨率虽然得到控制，但是有效像元数减少，包含地类少，精度检验结果不具有代表性。综合考虑有效像元数和分辨率，本研究选择-15°<SA<15°范围内的像元数进行精度评价。由于VIIRS L1数据中并未包含扫描角数据，因此本研

究通过式4-5来计算扫描角。

$$\theta = \sin^{-1}\left(\frac{\sin\theta_{zen}}{R_{earth}+H_{sat}}R_{earth}\right) \tag{4-5}$$

式中：θ为扫描角；θ_{zen}为卫星传感器天顶角；R_{earth}为地球半径；H_{sat}为卫星高度。去除灯光和高反射地物后的有效云DNB图像的像元数为1 230 646，云检测像元数为1 130 122，在−15°<SA<15°范围内，本检测方案的扫描精度约为91.83%，当然随着扫描角的增长，检测精度略有所下降，但相对而言，其精度还是较高。

第七节　小　结

通过使用中国区域的实际数据对检测方案进行验证，结果表明，利用BT_{11}辅助高云检测能够抑制低水汽含量对1.38 μm高云检测造成的误报，尽管存在一定漏检，但总体上能取得较好的检测效果；M12-M13波段差值在一定程度上能够削弱二向性反射的影响，从而使得阈值的确定简单化，BT_{11}辅助该差值在高原区域进行云检测能够进一步地抑制二项性反射造成的影响；从各个地类检测精度上看，本研究方案在沙漠地区误报较高，高原区域存在一定漏检，其他地区检测精度较高，总体检测精度均高于85%，满足美国极轨运行环境卫星系统（National Polar-orbiting Operational Environmental Satellite System，NPOESS）对检测精度不低于85%的要求。

本研究仅针对中国区域数据进行了验证，其他区域并未进行相应的分析和真实数据检测验证，因此下一步将对本研究在其他区域的检测效果进行相应的研究，使得本算法能够更好地为气候变化和辐射收支平衡研究提供更为精准的云掩码数据。

通过对真实数据的应用分析，结合DNB夜间图像对检测结果进行了验证，分析表明：

（1）本研究提出的夜间云监测方案在扫描角较小时检测精度不低于91%，但检测精度随扫描角变化而降低。

（2）DNB夜间图像可用于夜间云检测以及对云检测算法精度的验证。

（3）对于夜间南方山区的雾，通过使用$BT_{M12}-BT_{M13}$辅助$BT_{M12}-BT_{M15}$进行低云检测可以降低云监测算法对雾的误判，提高检测精度。

（4）本研究提出的检测方案在大扫描角下检测精度上不如扫描角较小时理想，因此在后续研究中，如何确定大扫描角下的阈值是重要的研究方向。

参考文献：

陈勇航，白鸿涛，黄建平，等，2008. 西北典型地域云对地气系统的辐射强迫研究[J]. 中国环境科学，28（2）：97–101.

韩杰，杨磊库，李慧芳，等，2012. 基于动态阈值的HJ-1B图像云检测算法研究[J]. 国土资源遥感，24（2）：12–18.

侯岳，刘培洵，陈顺云，等，2008. 基于MODIS影像的夜间云检测算法研究[J]. 国土资源遥感，20（1）：34–37.

刘向培，王毅，石汉青，等，2010. 基于统计特征的中国东南沿海区域云检测[J]. 中国图象图形学报，15（12）：1783–1789.

盛夏，孙龙祥，郑庆梅，2004. 利用MODIS数据进行云检测[J]. 解放军理工大学学报（自然科学版），5（4）：98-102.

王家成，杨世植，麻金继，等，2006. 东南沿海MODIS图像自动云检测的实现[J]. 武汉大学学报：信息科学版，31（3）：270–273.

郁文霞，曹晓光，徐琳，等，2006. 遥感图像云自动检测[J]. 仪器仪表学报，27（6）：2184–2186.

DERRIEN M，LE GLEAU H，2010. Improvement of cloud detection near sunrise and sunset by temporal-differencing and region-growing techniques with real-time SEVIRI[J]. *Int. J. Remote Sens.*，31（7）：1765–1780.

FREY R A，ACKERMAN S A，LIU Y，et al.，2008. Cloud detection with MODIS，Part I：Improvements in the MODIS cloud mask for collection 5[J]. *J. Atmos. Ocean. Tech.*，25（7）：1057–1072.

GAO B C，GOETZ A F H，1993. Cirrus cloud detection from Airborne imaging spectrometer data using the 1.38 Water Vapor Band[J]. *J. Geophys. Res. Lett.*，20（4）：301–304.

GUFFIE K MC，HENDERSON-SELLERST A，1989. Almost a century of couds cover the whole-sky Dome[J]. *B. Am. Meteorol. Soc.*，70（10）：1243–1253.

HE Q J，2011. A daytime cloud detection algorithm for FY-3A/VIRR data[J]. *Int. J. Remote Sens.*，32（21）：6811–6822.

HUTCHISON K D，IISAGER B D，HAUSS B，2012. The use of global synthetic data for pre-launch tuning of the VIIRS cloud mask algorithm[J]. *Int. J. Remote Sens.*，33（5）：1400–1423.

HUTCHISON K D，ROSKOVENSKY J K，JACKSON J M，et al.，2005. Automated cloud detection and classification of data collected by the visible infrared imager radiometer suite（VIIRS）[J]. *Int. J. Remote Sen.*，26（21）：4685.

KAZANTZIDIS A，ELEFTHERATOS K，ZEREFOS C S，2011. Effects of cirrus cloudiness on solar irradiance in four spectral bands[J]. *Atmos. Res.*，102（4）：452–459.

KNUDBY A，LATIFOVIC R，POULIOT D A，2011. Cloud detection algorithm for AATSR data，optimized for daytime observations in Canada[J]. *Remote Sens. Environ.*，115（12）：3153–3164.

KRIEBEL K T，GESELL G，KAESTNER M，et al.，2003. The cloud analysis tool APOLLO：Improvements and validations[J]. *J. Remote Sens.*，24（12）：2389–2408.

LIU Y，ACKERMAN S A，MADDUX B C，et al.，2010. Errors in cloud detection over the Arctic using a satellite imager and implications for observing feedback mechanisms[J]. *J. Climate*，23（7）：1894–1907.

LIU，Y H，2004. Nighttime polar cloud detection with MODIS[J]. *Remote sens. Environ.*，92（2）：181–194.

RANDALL D A，CORSETTI T G，1989. Earth radiation budget and cloudiness simulations with a general circulation model[J]. *J. Atmos. Sci.*，46（13）：1922–1922.

ROSSOW B，GARDER C，1993. Cloud detection using satellite measurements of infrared and visible radiances for ISCCP[J]. *J. Climate*，6（12）：2341–2369.

SAUNDERS R W，KRIEBEL K T，1988. An improved method for detecting clear sky and cloudy radiances from AVHRR data[J]. *Int. J. Remote Sens.*，9（1）：123–150.

SCHUELER C F，LEE T F，MILLER S D，et al.，2013. VIIRS constant spatial-resolution advantages[J]. *Int. J.*

Remote Sens.，34（16）：5761–5777.

SOSPEDRA F，CASELLES V，VALOR E，et al.，2004. Night-time cloud cover estimation[J]. *Int. J. Remote Sens.*，25（11）：2193–2205.

STOWE，DAVIS P A，MCCLAIN E P，1999. Scientific basis and initial evaluation of the CLAVR-1 global clear cloud classification algorithm for the advanced very high resolution radiometer[J]. *J. Atmos. Ocean. Tech.*，16：656–681.

STRABALA K I，ACKERMAN S A，1994. Cloud Properties inferred from 8–12 μm Data[J]. *Appl. Meteor.*，33：212–229.

WYLIE D P，MENZEL W P，1994. Four years of global cirrus cloud statistics using HIRS[J]. *J. Climate*，7（12）：1972–1986.

XIONG X，STORVOLD R，STAMNES K，et al.，2004. Derivation of a threshold function for the advanced very high resolution radiometer 3. 75 mm channel and its application in automatic cloud discrimination over snow/ice surfaces[J]. *Int. J. Remote Sens.*，25（15）：2995–3017.

第五章　针对ASTER数据的地表温度和发射率反演算法研究

ASTER分辨率很高，可以用于解决土地利用与覆盖、自然灾害、短期天气变动、水文等几个方面的问题。ASTER数据在地表发射率、温度反演等方面的应用潜力很大，可以用来研究城市热岛效应、地表岩石的判别等。本章针对ASTER数据和对地观测卫星的特点，提出适合ASTER数据的地表温度和发射率的反演算法，并对反演结果进行分析。由于有两个不同的算法，为了保持每个算法的独立性，在介绍和推导的过程中可能存在一些重复。

第一节　引　言

1999年搭载ASTER和MODIS遥感器的对地观测卫星（EOS）发射成功，为全球和区域资源环境动态监测开辟了又一新的途径。MODIS是一个拥有36个波段的中分辨率传感器。MODIS每1～2 d可获得一次全球观测数据，其飞行与太阳同步，每天同一区域至少可获得昼夜两景图像，并且是免费接收，因此非常适合于中大尺度的区域资源环境动态监测。ASTER是一个拥有15个波段的高分辨率传感器，其中有5个是高分辨率的热红外波段，非常适合于城市和小区域的地表热量空间差异分析。但是，目前针对ASTER遥感数据的地表温度反演算法还很少，其主要原因是获得大气参数非常困难。现有研究很多是直接应用ASTER的星上亮度温度来进行分析。由于受大气的影响，星上亮度温度与真正的地表温度有很大差距。在晴空时其差距为3～6℃；在大气水分含量较高情况下，这种差异可以超过10℃。因此，为了更准确地分析区域热量空间差异，很有必要对ASTER所观测到的亮度温度进行大气校正，反演出真正的地表温度。针对这种情况，本研究提出了适合于ASTER数据的地表温度和发射率反演算法。

第二节　劈窗算法

劈窗算法是热红外地表温度反演中比较经典的方法。在地表发射率和大气水汽已知的情况下，这个算法还是比较实用的。本节利用EOS/Terra多传感器的特点，提出了一个适合于ASTER数据的劈窗算法。

一、劈窗算法设计思想

劈窗算法的技术路线可以概括如图5-1所示。一方面是对ASTER的波段特征进行分析，因为ASTER的第10波段受大气的影响比较大，选择第11～14波段建立辐射传输方程来反演地表温度。同时，对辐射传输方程中的Planck函数进行线性简化。另一方面是利用MODIS来求算ASTER热波段需要的大气透过率，即利用MODIS的中红外波段数据反演大气水汽含量，并进而估计大气透过率。大气透过率是地表温度反演中的基本参数，对反演精度有重要的影响。现有的做法大多是利用研究地区内地面气象观测点的数据来对大气水汽含量进行估计，并进而估计大气透过率。由于地面气象观测是点状数据，并且观测时间与ASTER数据的成像时间难以匹配，所以用地面气象观测数据来估计大气透过率通常有较大误差，从而影响地表温度反演精度。本研究利用MODIS的近红外波段数据对大气水汽含量非常敏感的特性，提出从同一颗星上MODIS影像数据中反演大气水汽含量的方法，并进而估计ASTER各像元的大气透过率，从而克服了过去地表温度反演中同一景图像只用一个大气透过率的问题，把大气透过率的估计由一个点扩大到整个图像的各个像元上，即空间差异上，使地表温度反演的参数估计更加符合实际情况。这为多传感器的综合利用提供了思路。对于发射率则是利用可见光和近红外（NIR/VIR）对地表分类和JPL提供的ASTER光谱数据获得（URL：http://speclib.jpl.nasa.gov）。

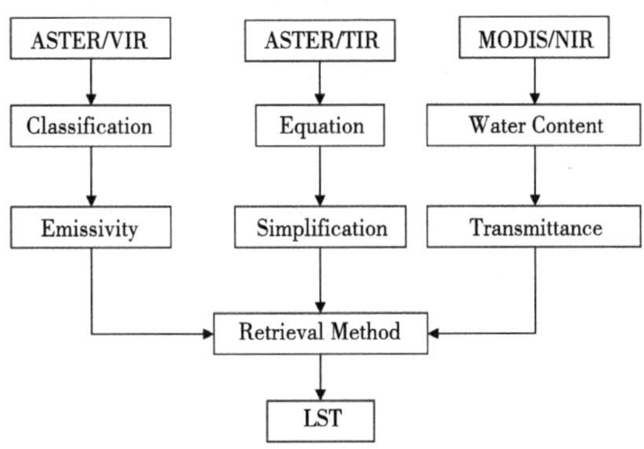

图5-1　劈窗算法的技术路线示意

二、Planck函数的线性简化

热辐射传输方程是热红外遥感和地表温度反演的基础。从地表辐射经过大气达到传感器简单地可以描述成式5-1。

$$B_i(T_i)=\tau_i(\theta)\{\varepsilon_i(\theta)B_i(T_s)+[1-\varepsilon_i(\theta)]I_i^{\downarrow}\}+I_i^{\uparrow} \quad (5-1)$$

式中：$\tau_i(\theta)$是在视角θ大气透过率，$\varepsilon_i(\theta)$是在视角θ方向的发射率，T_s是地表温度，T_i是星上亮度温度，$I_i^{\downarrow}$是大气下行辐射，$I_i^{\uparrow}$是大气上行辐射。Planck函数是热辐射传输方程的核心组成部分。热辐射传输方程（式5-1）中每项都包括了Planck函数。在地表温度反演计算的过程中，需要对Planck方程进行线性简化。这一点无论是对辐射传输方程，劈窗算法、单窗算法和多波段算法都是关键的一步。Price、Franca、Coll和Qin等均通过对Planck函数进行泰勒展开。本研究分别用Planck函数对ASTER的第13、14波段的热辐射与温度在273～322 K区间内的变化关系进行计算。对4个波段作温度T（273～322 K）对应辐射强度关系的散点图。如图5-2所示，热辐射强度随温度的变化近似线性关系。进行线性回归得到如下方程。

$$B_{11}(T)=0.175\ 63T_{11}-42.790\ 01,\ R^2=0.993\ 7 \quad (5-2a)$$

$$B_{12}(T)=0.170\ 96T_{12}-41.199\ 59,\ R^2=0.994\ 6 \quad (5-2b)$$

$$B_{13}(T)=0.146\ 3T_{13}-33.981\ 37,\ R^2=0.996\ 6 \quad (5-2c)$$

$$B_{14}(T)=0.133\ 01T_{14}-30.364\ 69,\ R^2=0.997\ 2 \quad (5-2d)$$

从相关系数可以看出，由线性近似引起的误差非常小。在实际应用中，为了提高精度，应该分段线性近似并建立查找表（表5-1）。

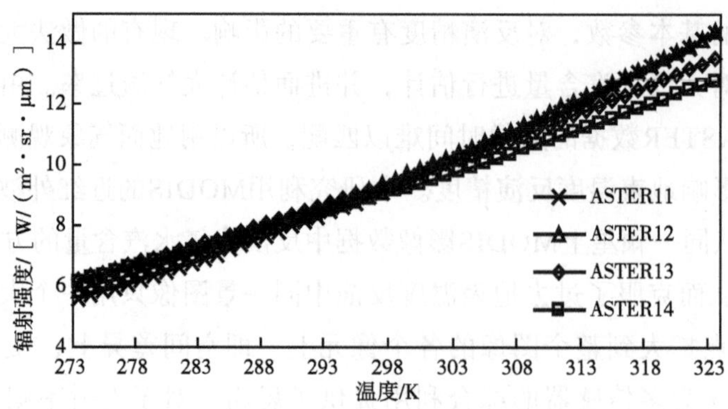

图5-2 ASTER第11/12/13/14波段辐射强度随温度的变化关系

表5-1 辐射强度和温度关系的查找表

温度/℃	Planck函数方程	R^2
-20～-10	$B_{11}=0.097\ 98T_{11}$-21.355 43	0.999 4
	$B_{12}=0.099\ 51T_{12}$-21.483 8	0.999 5
	$B_{13}=0.095\ 3T_{13}$-19.939 5	0.999 7
	$B_{14}=0.090\ 3T_{14}$-18.611	0.999 8
-10～0	$B_{11}=0.116\ 48T_{11}$-26.228 25	0.999 6
	$B_{12}=0.116\ 87T_{12}$-26.055 85	0.999 7
	$B_{13}=0.107\ 7T_{13}$-23.204 3	0.999 8
	$B_{14}=0.100\ 9T_{14}$-21.397 6	0.999 8
0～10	$B_{11}=0.133\ 41T_{11}$-30.851 39	0.999 7
	$B_{12}=0.132\ 57T_{12}$-30.342 8	0.999 7
	$B_{13}=0.120\ 4T_{13}$-26.669 1	0.999 8
	$B_{14}=0.111\ 6T_{14}$-24.319 2	0.999 9
10～20	$B_{11}=0.154\ 29T_{11}$-36.751 56	0.999 7
	$B_{12}=0.151\ 71T_{12}$-35.754 11	0.999 7
	$B_{13}=0.133\ 3T_{13}$-30.313 4	0.999 8
	$B_{14}=0.122\ 3T_{14}$-27.357 6	0.999 9
20～30	$B_{11}=0.175\ 13T_{11}$-42.859 67	0.999 7
	$B_{12}=0.170\ 63T_{12}$-41.296 86	0.999 8
	$B_{13}=0.146\ 3T_{13}$-34.116 3	0.999 9
	$B_{14}=0.133\ 1T_{14}$-30.495 5	0.999 9
30～40	$B_{11}=0.196\ 79T_{11}$-49.421 56	0.999 8
	$B_{12}=0.190\ 09T_{12}$-47.193 79	0.999 8
	$B_{13}=0.159\ 3T_{13}$-38.057 5	0.999 9
	$B_{14}=0.143\ 7T_{14}$-33.716 1	0.999 9
40～50	$B_{11}=0.219\ 12T_{11}$-56.411 24	0.999 8
	$B_{12}=0.209\ 97T_{12}$-53.418 38	0.999 8
	$B_{13}=0.172\ 3T_{13}$-42.117 3	0.999 9
	$B_{14}=0.154\ 2T_{14}$-37.003 9	0.999 9

三、大气透过率与地表发射率的估算

大气透过率是地表温度反演过程中的关键参数，许多研究者针对不同的条件，提出了不同的参数估计方法。通常是使用大气模型软件（如6S、MODTRAN、LOWTRAN等）模拟透过率与大气水汽含量之间的关系，然后通过地面观测结果，首先估计大气水汽含量，再运用这种关系式来估计大气透过率。本研究根据近红外波段对大气水汽含量的敏感性，首先利用MODIS的近红外波段反演大气水汽含量，然后再进一步求算热红外波段的大气透过率。在MODIS的36个波段中，有5个近红外波段（2、5、17、18、19）被设计用来反演大气中的水汽含量。根据MODIS波段设置特点，可以用式5-3近似计算第19波段的大气透过率。

$$\tau(19)=\rho(19)/\rho(2) \tag{5-3}$$

式中：τ表示透过率。对于大气透过率与水汽含量的关系，可以通过MODTRAN、LOWTRAN来模拟得到。Kaufman和Gao（1992）通过许多模拟计算，给出了如下表达式：

$$\tau(19/2)=\exp(\alpha-\beta w^{-1/2}) \tag{5-4}$$

对于复杂地表，式5-4中$\alpha=0.02$，$\beta=0.651$。式5-4的左边τ可以从影像算出，因此，对式5-4求解水汽含量w，得到式5-5。

$$w=\left(\frac{\alpha-\ln\tau}{\beta}\right)^2 \tag{5-5}$$

Sobrino（2003）等为了提高大气水汽含量反演算法的实用性，对算法进行了改进。

$$G_{17}=L_{17}/L_2 \tag{5-6a}$$

$$G_{18}=L_{18}/L_2 \tag{5-6b}$$

$$G_{19}=L_{19}/L_2 \tag{5-6c}$$

式中：L_i是用MODTRAN3.5模拟得到的MODIS第2、17、18和19通道的辐射强度。用G_i和MODTAN模拟设置的大气水汽含量进行回归分析得到。

$$W_{17}=26.314-54.434G_{17}+28.449G_{17}^2 \tag{5-7a}$$

$$W_{18}=5.012-23.017G_{18}+27.884G_{18}^2 \tag{5-7b}$$

$$W_{19}=9.446-26.887G_{19}+19.914G_{19}^2 \tag{5-7c}$$

式中：W_{17}、W_{18}、W_{19}是分别利用MODIS第2、17、18、19通道反演得到的大气水汽含量。MODIS17、18、19对大气水汽的敏感性是不一样的，在干燥的情况下，波段18对大气水汽含量最敏感；在潮湿的情况下，波段17对大气水汽含量最敏感（Kaufman等，1992）。为了提高大气水汽含量反演的实用性，Sobrino等（2001）给出了式5-8。

$$W=0.192W_{17}+0.453W_{18}+0.355W_{19} \tag{5-8}$$

在用MODIS数据反演得到大气水汽含量后，需要进一步获得大气水汽含量和ASTER热红外波段透过率的关系。因此，首先用MODTRAN4对ASTER热红外波段的大气透过率随大气水汽含量的变化进行模拟，然后建立大气水汽含量和热红外波段大气透过率的关系表达式。本研究分别针对ASTER的第11、12、13、14波段进行了模拟，得到数据如表5-2所示。

表5-2　大气水汽含量与透过率模拟结果

大气水汽含水量/（g/cm^2）	透过率			
	ASTER11	ASTER12	ASTER13	ASTER14
0.4	0.916 3	0.916 9	0.939 5	0.955 6
0.6	0.903 2	0.904 4	0.931 0	0.942 5
0.8	0.889 3	0.892 4	0.921 7	0.928 6

续表

大气水汽含水量/（g/cm^2）	透过率			
	ASTER11	ASTER12	ASTER13	ASTER14
1.0	0.878 2	0.880 5	0.911 4	0.913 6
1.2	0.865 3	0.868 5	0.900 1	0.897 5
1.4	0.851 3	0.856 2	0.887 7	0.880 1
1.6	0.838 9	0.843 5	0.874 2	0.861 5
1.8	0.825 5	0.830 5	0.859 6	0.841 8
2.0	0.813 6	0.818 9	0.845 9	0.822 9
2.2	0.797 7	0.803 3	0.827 6	0.799
2.4	0.783 3	0.789 1	0.809 9	0.776 2
2.6	0.768 3	0.774 5	0.792 1	0.752 5
2.8	0.753 1	0.759 5	0.773 1	0.728 1
3.0	0.737 6	0.744 2	0.753 5	0.703 2
3.2	0.722	0.728 6	0.733 2	0.677 6

对大气透过率和大气水汽含量作散点图，得到如图5-3所示的结果。该图显示，大气透过率和大气水汽含量呈现线性关系。得到ASTER第11、12、13、14波段的大气透过率与大气水汽含量之间的关系如下。

$$\tau_{11}=0.946\,75-0.068W，R^2=0.998\,3 \quad (5\text{-}9a)$$

$$\tau_{12}=0.947\,5-0.066W，R^2=0.997\,5 \quad (5\text{-}9b)$$

$$\tau_{13}=0.984-0.074W，R^2=0.984\,5 \quad (5\text{-}9c)$$

$$\tau_{13}=1.011-0.1W，R^2=0.989\,9 \quad (5\text{-}9d)$$

大气透过率与大气水汽含量的线性相关系数非常高，因此在已知大气水汽含量的情况下，可以用上面的表达式来近似估计大气透过率，而大气水汽含量又可以运用式5-9a～d求算。因此，通过同一颗星上的传感器MODIS，可以估计得ASTER第11、12、13、14波段的大气透过率。为了进一步提高近似计算精度，可以建立大气水汽含量与透过率之间的查找表（表5-3）。

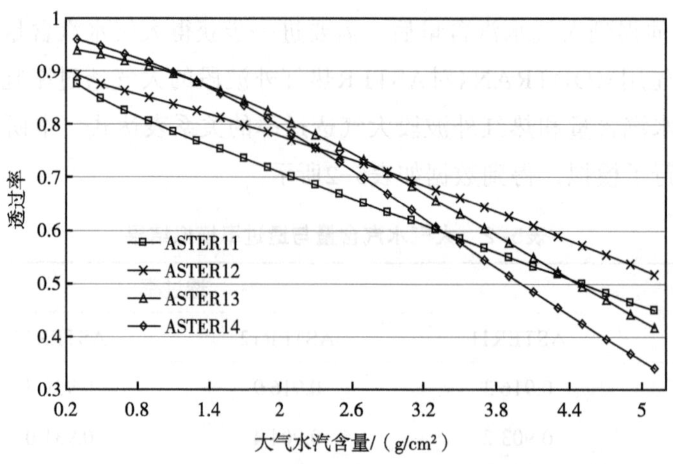

图5-3　ASTER的第11、12、13、14波段大气透过率随大气水汽含量在中纬度大气情况下的变化关系

表5-3　透过率与大气水汽含量关系的查找表

大气水汽含量/（g/cm^2）	方程	R^2
0.2~1.0	$\tau_{11}=0.893\ 96-0.109\ 7w$	0.992 5
	$\tau_{12}=0.904\ 65-0.067\ 85w$	0.997 5
	$\tau_{13}=0.953\ 88-0.056\ 9w$	0.993 6
	$\tau_{14}=0.976\ 91-0.076\ 45w$	0.996 6
1.0~2.0	$\tau_{11}=0.870\ 4-0.084\ 2w$	1
	$\tau_{12}=0.906\ 44-0.067\ 45w$	0.999 7
	$\tau_{13}=0.995\ 74-0.095\ 2w$	0.998 2
	$\tau_{14}=1.023\ 94-0.1192w$	0.998 5
2.0~3.0	$\tau_{11}=0.870\ 85-0.084\ 25w$	1
	$\tau_{12}=0.929\ 42-0.078\ 4w$	0.999 7
	$\tau_{13}=1.053\ 03-0.122\ 95w$	0.999 6
	$\tau_{14}=1.084\ 05-0.148\ 45w$	0.999 8
3.0~4.0	$\tau_{11}=0.873\ 82-0.085\ 25w$	1
	$\tau_{12}=0.955\ 04-0.086\ 75w$	0.999 9
	$\tau_{13}=1.088\ 82-0.134\ 85w$	1
	$\tau_{14}=1.102\ 28-0.154\ 8w$	1
4.0~5.0	$\tau_{11}=0.868\ 1-0.083\ 9w$	1
	$\tau_{12}=0.969\ 53-0.090\ 35w$	1
	$\tau_{13}=1.072\ 73-0.131\ 15w$	0.999 9
	$\tau_{14}=1.044\ 2-0.140\ 9w$	0.999 7

地表发射率是地表温度反演中最关键的参数之一，它主要由地球表面结构和波长范围决定。Sobrino等（2001）、Salisbury等（1992）、Labed等（1991）分析了地物在波长8~14 μm范围内变化非常的小。在劈窗算法地表温度反演中，地表发射率通常假定为已知。对ASTER提供的发射率波谱库的分析表明，在ASTER13/14（10.15~10.95 μm和10.95~11.65 μm）波段范围内，绝大多数地物的发射率高于0.9，并且变化非常小。由于ASTER的热红外波段的分辨率比较高，以往假定地表主要由几大地物类型构成的方法已经不太适用。建议利用ASTER的可见光和近红外对地表类型分类，然后利用JPL提高的光谱数据库（URL:TTTThttp://speclib.jpl.nasa.gov）对每种地表类型给定相应的发射率。

四、劈窗算法的推导

在式5-1中，$I_i^{\downarrow}$，$I_i^{\uparrow}$分别是大气向下和向上的辐射强度。向上的辐射强度$I_i^{\uparrow}$通常按式5-10进行计算。

$$I_i^{\uparrow}=\int_0^Z B_i(T_z)\frac{\partial\tau_i(\theta,z,Z)}{\partial z}dz \tag{5-10}$$

式中：T_z为高程z的气温，Z为遥感器的高度，$\tau_i(z,Z)$为高程z到高程Z之间的大气向上透过率。大气的向上热辐射公式可用中值定律近似求解（Qin等，2001；Franc等，1994）。

$$B_i(T_a)=\frac{1}{1-\tau_i(\theta)}\int_0^z B_i(T_z)\frac{\partial\tau_i(\theta,z,Z)}{\partial z}dz \tag{5-11}$$

式中：T_a为大气的向上平均作用温度（又称大气平均作用能温度），$B_i(T_a)$为大气向上平均作用温度为T_a时的大气热辐射强度。因此，可以有近似解。

$$I_i^{\uparrow}=[1-\tau_i(\theta)]B_i(T_a) \quad (5\text{-}12)$$

热辐射传导方程（式4-1）的大气向下辐射总强度可视作来自一个半球状方向的大气热辐射之积分，因此，通常可用如下公式表示（Qin等，2001）。

$$I_i^{\downarrow}=2\int_0^{\pi/2}\int_{\infty}^{0}B_i(T_z)\frac{\partial\tau_i'(\theta',z,0)}{\partial z}\cos\theta'\sin\theta' dzd\theta' \quad (5\text{-}13)$$

式中：θ'为大气向下辐射的方向角，∞为地球大气顶端高程，$\tau'(\theta', z, 0)$为从高程为z到地表大气向下的透过率。当天空晴朗时，对于整个大气的每一个薄层（如1 km）而言，一般可合理地假定$\partial\tau_i(z, Z)\approx\partial\tau'_i(\theta', z, 0)$（Franca et al.，1994），即每个薄层的向上和向下的透过率相等。以这个假定为依据，把中值定理应用到式5-5中，得到式5-14。

$$I_i^{\downarrow}=2\int_0^{\pi/2}(1-\tau_i)B_i(T_a^{\downarrow})\cos\theta'\sin\theta' dzd\theta \quad (5\text{-}14)$$

式中：$T_a^{\downarrow}$为大气的向下平均作用温度，对该方程的积分项积分进行求解，得到式5-15。

$$\int_0^{\pi/2}\cos\theta'\sin\theta' d\theta=1 \quad (5\text{-}15)$$

因此，大气的向下热辐射强度可以近似地表示为式5-16。

$$I_i^{\downarrow}=(1-\tau_i)B_i(T_a^{\downarrow}) \quad (5\text{-}16)$$

将$I_i^{\uparrow}$和$I_i^{\downarrow}$代入地表的热辐射传导方程（式5-1），得到式5-17。

$$B_i(T_i)=\varepsilon_i\tau_i(\theta)B_i(T_s)+[1-\tau_i(\theta)][1-\varepsilon_i(\theta)]\tau_i(\theta)B_i(T_a^{\downarrow})+[1-\tau_i(\theta)]B_i(T_a) \quad (5\text{-}17)$$

为了解式5-17，Qin等（2001）通过分析比较得出结论，用T_a替代$T_a^{\downarrow}$对方程的计算不产生实质性的影响。经过化简，方程简化如下。

$$B_i(T_i)=\varepsilon_i\tau_i(\theta)B_i(T_s)+[1-\tau_i(\theta)]\{1+[1-\varepsilon_i(\theta)]\tau_i(\theta)\}B_i(T_a) \quad (5\text{-}18)$$

对ASTER波段11/12/13/14，辐射传输方程可以写成如下。

$$B_{11}(T_{11})=\tau_{11}(\theta)\varepsilon_{11}B_{11}(T_s)+[(1-\tau_{11}(\theta)][1+(1-\varepsilon_{11})\tau_{11}(\theta)]B_{11}(T_a) \quad (5\text{-}19a)$$

$$B_{12}(T_{12})=\tau_{12}(\theta)\varepsilon_{12}B_{12}(T_s)+[(1-\tau_{12}(\theta)][1+(1-\varepsilon_{12})\tau_{12}(\theta)]B_{12}(T_a) \quad (5\text{-}19b)$$

$$B_{13}(T_{13})=\tau_{13}(\theta)\varepsilon_{13}B_{13}(T_s)+[(1-\tau_{13}(\theta)][1+(1-\varepsilon_{13})\tau_{13}(\theta)]B_{13}(T_a) \quad (5\text{-}20a)$$

$$B_{14}(T_{14})=\tau_{14}(\theta)\varepsilon_{14}B_{14}(T_s)+[(1-\tau_{14}(\theta)][1+(1-\varepsilon_{14})\tau_{14}(\theta)]B_{14}(T_a) \quad (5\text{-}20b)$$

在式5-20a和式5-20b中，Planck函数使得方程很复杂。本研究利用简化的线性方程$B_i(T_i)=a_i+b_iT_i$（$i=11,12,13,14$）和$B_j(T_j)=a_j+b_jT_j$（$j=11,12,13,14$）查找表来代替Planck函数，得到劈窗算法的计算公式。

$$a_i\varepsilon_i\tau_iT_s=a_iT_i-b_i\varepsilon_i\tau_i-(1-\tau_i)[1+(1-\varepsilon_i)\tau_i](a_iT_a+b_i)+b_i \quad (5\text{-}21a)$$

$$a_j\varepsilon_j\tau_jT_s=a_jT_j-b_j\varepsilon_j\tau_j-(1-\tau_j)[1+(1-\varepsilon_j)\tau_j](a_jT_a+b_j)+b_j \quad (5\text{-}21b)$$

为了便于计算，我们将方程组（式5-21a、式5-21b）的系数简化如下。

$$A_i = a_i \varepsilon_i \tau_i$$

$$B_i = a_i T_i - b_i \tau_i \varepsilon_i + b_i$$

$$C_i = (1-\tau_i)[1+(1-\varepsilon_i)\tau_i]a_i$$

$$D_i = -(1-\tau_i)[1+(1-\varepsilon_i)\tau_i]b_i$$

$$A_j = a_j \varepsilon_j \tau_j$$

$$B_j = a_j T_j - b_j \tau_j \varepsilon_j + b_j$$

$$C_j = (1-\tau_j)[1+(1-\varepsilon_j)\tau_j]a_j$$

$$D_j = -(1-\tau_j)[1+(1-\varepsilon_j)\tau_j]b_j$$

式5-21a和式5-21b能够被简化成式5-22a和式5-22b。

$$A_i T_s = B_i - C_i T_a + D_i \tag{5-22a}$$

$$A_j T_s = B_j - C_j T_a + D_j \tag{5-22b}$$

解方程组（式5-22a、式5-22b），地表温度可以通过式5-23计算得到。

$$T_s = [C_j(D_i + B_i) - C_i(D_j + B_j)]/(C_j A_i - C_i A_j) \tag{5-23}$$

式中：系数A、B、C、D能够通过透过率和发射率计算得到。

五、算法验证

算法精度评价对一个算法的实际应用非常重要。对于地表温度反演算法的精度评价，通常采用2种方法。大气模拟数据法和地面测量数据法。大气模拟数据法是用大气模型软件如LOWTRAN、MODTRAN等在假定地表温度和发射率和大气状态已知的情况下，对大气辐射传导进行模拟，即首先求算卫星高度观测到的热辐射，其中包括大气影响辐射的影响，将其转变为亮度温度；然后，用劈窗算法在这些已知的参数情况下来反演地表温度；最后，比较两者之间的差距可知算法的精度。地面测量数据法是指实地测量卫星飞过天空时的实际地表温度和相应大气条件，然后根据卫星数据用上述方法推算地表温度，两者比较可知其误差。但测试的同步性以及匹配等问题使得这种方法在实际应用中比较困难。

采用MODTRAN对中纬度地区进行了模拟计算，主要的大气模拟参数和结果如表5-4所示。其模拟的地面温度是20～50℃，大气水汽是0.5～2.5 g/cm^2。共有4组在种不同情况下的大气辐射情况（下式中$N=16$）。表中第一列为大气模型设定地表温度；第二列为设定的大气水汽含量；第三列为大气模型在设定大气条件下的大气透过率；第四列为利用我们提出的劈窗算法利用大气模型模拟的数据进行反演得到的地表温度；第五列为用大气透过率与大气水汽含量的关系（式5-9a～d）计算得到大气透过率；第六列为用第五列的大气透过率反演得到的地表温度。用公式$[\sum|T_r - T_s|/N]$来计算得到平均精度，用$[\sum(T_r - T_s)^2/N]^{½}$计算均方根误差（RMS）。在对Planck函数优化简化后（即分段模拟）的反演结果表明，当用大气模型模拟得到的大气透过率时，平均精度为0.56℃，均方根误差为0.76℃；当利用大气水汽含量计算透过率反演的算法平均精度为0.58℃，均方根误差为0.83℃。利用大气水汽含量计算得到的透过率比用模拟得到的透过率反演得到的精度低了0.02℃。其主要原因在于大气透过率实际上除是大气水汽含量的函数外，还受大气温度剖面等其他因素的影响，但主要是大气水汽含量的影响。分析表明忽略其他因素（气溶胶、臭氧和其他气体），其引起的误差不大，表明此方法是可行的。

表5-4 中纬度地区大气辐射模拟数据表

地表温度 Ts/℃	大气水汽含量/（g/cm^2）	模拟大气透过率		反演结果 Tr/K	线性关系计算透过率		反演结果 Tr′/K
		Band13	Band14		Band13	Band14	
293	0.5	0.925 8	0.939 1	292.78	0.940 38	0.903 908	292.77
303	0.5	0.925 8	0.939 1	302.750 4	0.940 38	0.903 908	302.54
313	0.5	0.925 8	0.939 1	312.67	0.940 38	0.903 908	312.29
323	0.5	0.925 8	0.939 1	322.58	0.940 38	0.903 908	322.05
293	1.0	0.894 6	0.898	292.68	0.893 49	0.908 738	292.58
303	1.0	0.894 6	0.898	302.17	0.893 49	0.908 738	302.12
313	1.0	0.894 6	0.898	313.84	0.893 49	0.908 738	314.08
323	1.0	0.894 6	0.898	322.29	0.893 49	0.908 738	322.44
293	2.0	0.803 5	0.783 3	293.18	0.799 71	0.922 219	293.23
303	2.0	0.803 5	0.783 3	304.72	0.799 71	0.922 219	304.79
313	2.0	0.803 5	0.783 3	313.59	0.799 71	0.922 219	313.66
323	2.0	0.803 5	0.783 3	324.18	0.799 71	0.922 219	324.27
293	2.5	0.746 2	0.712 8	293.34	0.752 82	0.930 505	293.29
303	2.5	0.746 2	0.712 8	303.45	0.752 82	0.930 505	303.41
313	2.5	0.746 2	0.712 8	313.73	0.752 82	0.930 505	313.69
323	2.5	0.746 2	0.712 8	324.12	0.752 82	0.930 505	324.09

对不同的波段组合，计算得到的精度如表5-5所示，从表中可以看到，当波段13和14组合时，精度最高。

表5-5 不同组合时的精度

Combination	Average LST Error/℃			RMS/℃		
Transmittance	AT11/12	AT12/13	AT13/14	AT11/12	AT12/13	AT13/14
Simulation	1.01	1.26	0.65	1.29	1.7	0.83
Linear	3.48	1.94	0.61	4.94	2.92	0.74

六、参数敏感性分析

为了评价参数对地表温度反演精度的影响，需要对算法进行敏感性分析。通常用式5-24来评价参数的误差导致反演温度的误差大小。

$$\Delta T=|Ts(x+\Delta x)-Ts(x)| \qquad (5\text{-}24)$$

式中：x是地表温度反演算法中的参数，Δx是可能的参数误差。在本研究中，对辐射传输方程作了一些简化，所以即使用真实的（没有误差的）参数，反演得到的结果和真实设定的值仍能有一定的误差。为了评价方程简化和参数误差对反演精度的影响。用$Ts(x+\Delta x)$和真实地表温度对比

（式5-25）。

$$\Delta T = |Ts\ (x+\Delta x) - Ts| \tag{5-25}$$

此算法中，大气水汽含量是对反演算法最主要的影响因素。用标准大气（敏感性分析基于表3模拟数据）来分析大气水汽对算法的敏感性。表5-6是通过改变大气水汽含量的误差反演计算得到的部分结果。表中第一列是大气水汽含量相对于真值的误差（倍数）。地表温度反演误差代表了真值和反演结果之间的平均误差。RMS表示的是均方根误差。由表5-6可见，当大气水汽含量误差变化在-20%～20%时，地表温度的反演误差在0.5～1.2℃。Kaufman等（1992）分析验证表明，在晴朗的条件下，大气水汽的反演误差为±13%。从这里可以看出，算法对大气水汽含量不敏感，因此，从反演的大气水汽含量计算得到大气透过率能够提高劈窗算法的适用性。从上面的分析可知，大气水汽含量的变化对劈窗算法的反演结果不是很敏感。所以可以得到一个结论，该算法计算在MODIS大气水汽含量反演精度不太高的情况下，也能得到比较高的反演精度。

表5-6　大气水汽含量敏感性分析

Water content error/%	Average LST Error/℃	RMS/℃
-20	1.130 3	1.703 3
-10	0.781 5	1.173 6
0	0.584 5	0.839 6
10	1.094 2	2.010 5
20	0.711 3	1.168 9

第三节　多波段算法

目前，针对ASTER遥感数据的地表温度反演算法还很少（Gillespie et al.，1998），其主要原因是获得大气参数非常的困难。在以往的单窗和劈窗算法中，通常假定发射率已知，这使得地表温度的反演精度在先验知识不够的地区受到限制。由于发射率在8.475～11.650 μm范围内变化很小，而且在局部范围内近似线性，因此本研究针对这情况，用ASTER的第11、12、13和14波段建立辐射方程组，同时对相应的发射率建立线性方程组，并联立方程，从而形成针对ASTER数据的地表温度和发射率同时反演的多波段算法。

一、多波段算法的推导

通过对ASTER的热红外波段特征的分析，选取最适合地表温度反演的4个波段（11、12、13、14）分别建立辐射传输方程，这样得到了6个未知数（4个波段的发射率、地表温度和大气平均作用温度）。由于遥感反演通常是病态反演，因此，需要利用其他先验知识来建立新的方程。分析发现，在不同的热红外波段之间发射率可以建立局部线性关系，从而可以减少未知数。

地表温度反演是以地表热辐射传导方程为基础，即通过建立能量平衡方程来反演地表温度。辐射传输方程描述了卫星所观测到的辐射总强度，不仅有来自地表的辐射，而且还有来自大气的向上和向下的路径辐射。这些辐射成分在穿过大气层到达遥感器的过程中，还受到大气层的吸收作用的影响而削减。同时，地表和大气的辐射也在这一过程中产生不可忽略的影响。因此，地表温度的演算实际上是一个复杂的求解问题。根据（Sobrino et al.，2001），地表温度的反演公式可以简化表示如下。

$$B_i(T_i)=\tau_i(\theta)\{\varepsilon_i(\theta)B_i(T_s)+[1-\varepsilon_i(\theta)]R_i^{\downarrow}\}+R_i^{\uparrow} \tag{5-26}$$

式中：T_i表示星上亮度温度，$\tau_i(\theta)$表示在θ方向的透过率，$\varepsilon_i(\theta)$表示在θ方向的发射率，T_s表示地表温度，$R_i^{\downarrow}$、$R_i^{\uparrow}$分别是大气向下和向上的辐射强度。如果对$R_i^{\uparrow}$向上的辐射强度做完大气校正后，式5-26可以简化为式5-27。

$$B_i(T_{gi})=\varepsilon_i(\theta)B_i(T_s)+[1-\varepsilon_i(\theta)]R_i^{\downarrow} \tag{5-27}$$

$R_i^{\downarrow}$可以表示如下。

$$R_i^{\downarrow}=(1-\tau_i(\theta))B_i(T_a^{\downarrow}) \tag{5-28}$$

式中：T_a为大气平均作用温度，$R_i^{\downarrow}$对地表温度的反演影响非常的小，AST09产品提供了大气下行辐射强度（$R_i^{\downarrow}$）。事实上，这一项能够通过比值作为误差项目消除。在这里用$f_i(T_a^{\downarrow})$代替$R_i^{\downarrow}$。式5-27能够写成式5-29。

$$B_i(T_{gi})=\varepsilon_i(\theta)B_i(T_s)+[1-\varepsilon_i(\theta)]f_i(T_a^{\downarrow}) \tag{5-29}$$

由于ASTER有15个波段，其中适合于反演地表的热红外波段就有5个。都可以用于反演地表温度反演。本研究选择位于大气窗区8.475～11.650 μm范围内的4个波段（11、12、13、14）来建立方程。

$$B_{11}(T_{11})=\varepsilon_{11}(\theta)B_{11}(T_s)+[1-\varepsilon_{11}(\theta)]f_{11}(T_a^{\downarrow}) \tag{5-30a}$$

$$B_{12}(T_{12})=\varepsilon_{12}(\theta)B_{12}(T_s)+[1-\varepsilon_{12}(\theta)]f_{12}(T_a^{\downarrow}) \tag{5-30b}$$

$$B_{13}(T_{13})=\varepsilon_{13}(\theta)B_{13}(T_s)+[1-\varepsilon_{13}(\theta)]f_{13}(T_a^{\downarrow}) \tag{5-30c}$$

$$B_{14}(T_{14})=\varepsilon_{14}(\theta)B_{14}(T_s)+[1-\varepsilon_{14}(\theta)]f_{14}(T_a^{\downarrow}) \tag{5-30d}$$

这样，得到包含6个未知数的4个方程组。为了解方程，只需建立另外2个方程。

发射率是由地球表面的物质结构和波段范围决定的。同种地物在不同的波段的发射率是变化的。Sobrino等（2001）、Salisbury等（1992）、Labed等（1991）、Li等（1993）和Wan等（1997）等在这个方面做了不少的工作。在以往反演地表温度的劈窗和单窗算法中，通常认为发射率是个常数。即先对地表进行分类，然后将各类地物的发射率附上去。这种做法在环境变化（主要指温度和湿度）比较小且具备地面先验知识时比较实用。但地物的发射率并不是一个常数，它是随环境变化的，特别是在湿度变化比较大的地方尤其明显。当然热红外波段在8.475～11.65 μm范围内发射率变化很小。对地物在8.55～13.4 μm范围内发射率特性的分析表明，在此变化范围内，ASTER的第11、12、13、14的关系近似线性关系。这里对地球表面4种主要类型（包括人造地物）进行分析，即土壤、植被、雪-水和岩石。

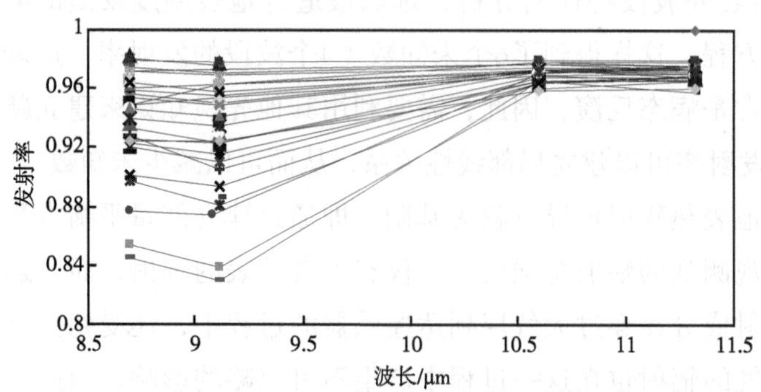

图5-4　4个ASTER热红外波段的土壤发射率

ASTER波谱数据库提供了大约40种土壤类型的波谱曲线，如图5-4所示。从图5-4可以看出，邻近波段之间的局部线性关系非常的好。对于波段12和14，近似的线性关系可以用式5-31a、式5-31b表示，其近似误差如表5-7所示。

$$\varepsilon_{12}=1.071\varepsilon_{11}-0.072 \tag{5-31a}$$

$$\varepsilon_{14}=0.699\,8\varepsilon_{13}+0.291\,2 \tag{5-31b}$$

表5-7　波段12和14发射率的近似误差（土壤）

土壤	均分差	RMS	范围
ε_{12}	0.003 9	0.005 7	0.000 02~0.017 6
ε_{14}	0.002 3	0.002 9	0.000 07~0.004 8

ASTER光谱库提供了4种具有代表类型的植被光谱曲线，如图5-5所示。对于波段12和波段14，近似的线性关系可以表示成式5-31c、式5-31d，误差表如表5-8所示。

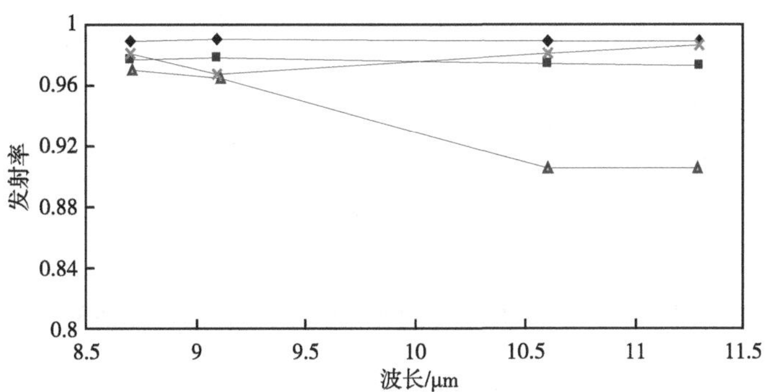

图5-5　4个ASTER热红外波段的植被发射率

$$\varepsilon_{12}=1.081\,8\varepsilon_{11}-0.084\,1 \tag{5-31c}$$

$$\varepsilon_{14}=1.013\,3\varepsilon_{13}-0.011\,4 \tag{5-31d}$$

表5-8　波段12和14发射率的近似误差（植被）

植被	均方差	RMS	范围
ε_{12}	0.004 8	0.005 9	0.000 4~0.009 6
ε_{14}	0.000 5	0.002 4	0.000 1~0.003 6

ASTER光谱库提供了大约9种典型的雪和水的光谱曲线，如图5-6所示。对于波段12和波段14，线性近似关系可以写成式5-31e、式5-31f，误差近似如表5-9所示。

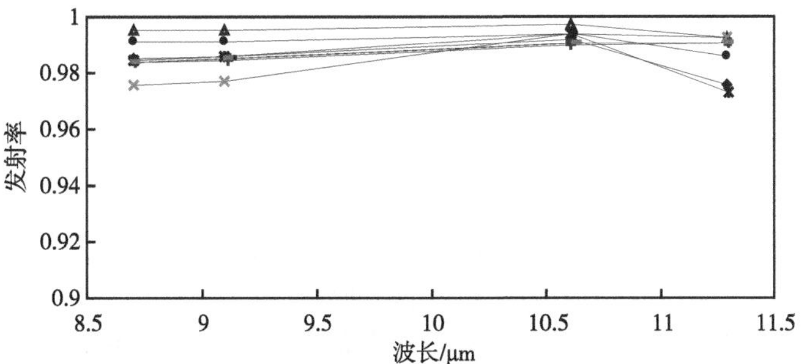

图5-6　4个ASTER热红外波段的水-雪发射率

$$\varepsilon_{12}=0.934\,8\varepsilon_{11}+0.065 \tag{5-31e}$$

$$\varepsilon_{14}=0.312\,6\varepsilon_{13}+0.677 \tag{5-31f}$$

表5-9　波段12和14发射率的近似误差（雪-水）

雪-水	均方差	RMS	范围
ε_{12}	0.000 1	0.000 2	0.000 003～0.000 8
ε_{14}	0.005 8	0.006 8	0.004 3～0.011

对于第4种类型岩石，光谱曲线比较复杂，本研究主要介绍其中的3种类型，即粉末状火成岩、固体状火成岩和变质岩。第一类是粉末状火成岩（图5-7）。对于波段12和波段14，近似线性关系如式5-31g、式5-31h，误差如表5-10所示。

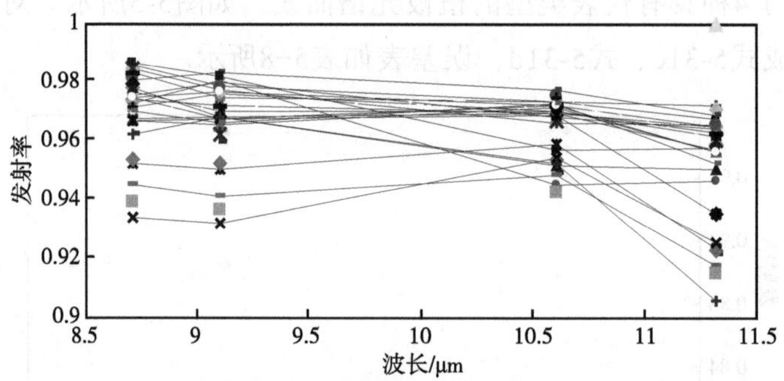

图5-7　4个ASTER热红外波段的粉末状火成岩发射率

$$\varepsilon_{12}=0.847\,8\varepsilon_{11}+0.144\,2 \tag{5-31g}$$

$$\varepsilon_{14}=1.532\,9\varepsilon_{13}-0.527\,6 \tag{5-31h}$$

表5-10　波段12和14发射率的近似误差［火成岩（粉末）］

火成岩（粉末）	均方差	RMS	范围
ε_{12}	0.004 3	0.005 6	0.000 02～0.015 5
ε_{14}	0.007 4	0.010 2	0.000 1～0.024 8

第二类是固体状火成岩（图5-8）。对于波段12和波段14，近似线性关系可以描述成式5-31i、式5-31j，误差如表5-11所示。

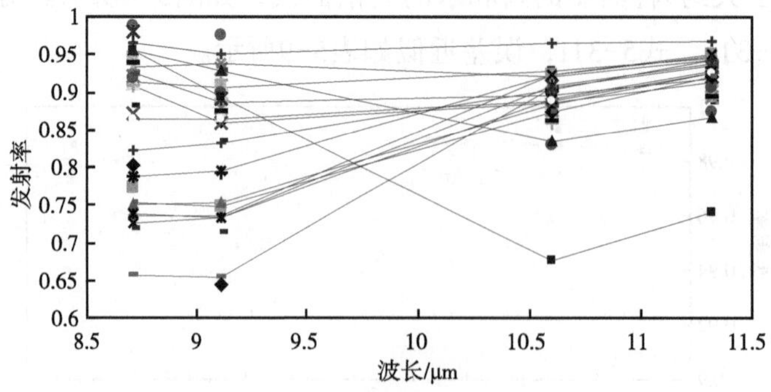

图5-8　4个ASTER热红外波段的固体状火成岩发射率

$$\varepsilon_{12}=0.8864\varepsilon_{11}+0.0755 \quad (5\text{-}31i)$$

$$\varepsilon_{14}=0.8281\varepsilon_{13}+0.1834 \quad (5\text{-}31j)$$

表5-11　波段12和14发射率的近似误差［火成岩（固体）］

火成岩（固体）	均方差	RMS	范围
ε_{12}	0.021 9	0.032 2	0.000 3~0.035
ε_{14}	0.007 7	0.009 1	0.000 5~0.015

第三类是变质岩（图5-9）。对波段12和波段14，近似线性关系可以表示成式5-31k、式5-31l，误差如表5-12所示。

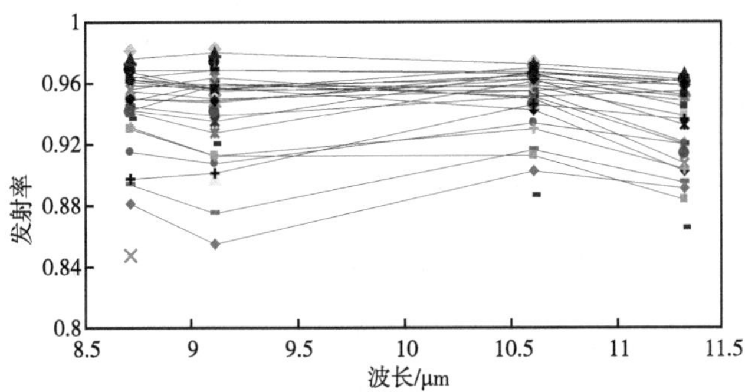

图5-9　4个ASTER热红外波段的变质岩发射率

$$\varepsilon_{12}=1.1119\varepsilon_{11}-0.1059 \quad (5\text{-}31k)$$

$$\varepsilon_{14}=1.1702\varepsilon_{13}-0.1772 \quad (5\text{-}31l)$$

表5-12　波段12和14发射率的近似误差（变质岩）

变质岩	均方差	RMS	范围
ε_{12}	0.012 5	0.028 7	0.000 2~0.119 9
ε_{14}	0.009 7	0.012	0.000 09~0.027 2

岩石的类型有很多，本研究只分析了其中3种。但从上面的分析可知，对每种大类除了极少数种类外，其近似误差都非常小。另外，人造地物的光谱曲线比上面的分析到的光谱曲线要更复杂。许多研究已经证明了ASTER的热红外波段能够被用来对地表类型分类。Yamaguchi和Naito（2003），Rowan等（2003，2005），Ninomiya等（2005），Vaughan等（2005）利用ASTER数据的可见光、近红外和热红外波段对岩石和矿物进行了分类，并取得了很好的分类结果。

选择80种最常见的地表类型，包括土壤、植被、水体、岩石（Wan et al.，1997），对这些常见地物的发射率光谱曲线进行统计回归分析得到4个波段的近似线性关系如下。

$$\varepsilon_{11}=0.30055+0.6935\varepsilon_{12} \quad (5\text{-}32a)$$

$$\varepsilon_{14}=0.0771+0.91851\varepsilon_{13} \quad (5\text{-}32b)$$

第11波段和第12波段的波谱位置非常靠近，对于同一种地物而言，地物的发射率曲线线性关系非常的好；第13和14波段的波谱位置靠得更近，线性关系更好。对于第11波段的发射率，用第12波段的平均线性近似误差为0.005 1；对于第14波段，用第13波段的平均线性近似误差为0.004 3。对于80多种常见地物而言，第11和14波段的发射率的最大误差都在0.01以下，因此用波段12和13来近似表达波段11和14是可行的。联立方程组（式5-30a～d、式5-31a～1）就可以得到地表温度和发射率。为了更加精确地描述不同波段之间的发射率关系，可以把地表分成3种类型，即土壤和植被、水和雪、人造地物。如果利用指数（比如NDVI）对ASTER图像进行合适的分类的基础上，对不同的地物类型的发射率进行线性近似，将大大提高算法的精度和实用性。

二、算法求解

针对ASTER数据同时反演地表温度和发射率的多波段算法。即利用ASTER数据的第11、12、13、14热红外波段建立热辐射传输方程，并同时通过对于地表发射率分析可知，ASTER4个热红外波段的发射率可以用近似线性方程表示，得到了6个方程6个未知数，从而形成了针对ASTER数据的同时反演地表温度和发射率的多通道算法。有3种方法可以用来求解方程：第一是先分类，然后进行数学计算；第二是利用最小二乘法；第三是利用神经网络来求解方程。

（一）数学方法

由于普朗克函数可以用泰勒展开的一阶近似，可以将式5-30a～d简化为线性方程，如式5-33。

$$T_i = A_i\varepsilon_i T_s + B_i\varepsilon_i(\theta)T_a^{\downarrow} + C_i T_a^{\downarrow} + w_i \tag{5-33}$$

式中：T_i波段i（11、12、13、14）的星上亮度温度，T_s是陆地表面温度，ε_i是发射率，A_i、B_i、C_i是系数，w_i为偏移常数项（此项里面包含了发射率和透过率项）。对于ASTER数据的第11、12、13、14波段，具体方程组如下。

$$T_{11} = A_{11}\varepsilon_{11}(\theta)T_s + B_{11}\varepsilon_{11}(\theta)T_a^{\downarrow} + C_{11}T_a^{\downarrow} + w_{11} \tag{5-34a}$$

$$T_{12} = A_{12}\varepsilon_{11}(\theta)T_s + B_{12}\varepsilon_{11}(\theta)T_a^{\downarrow} + C_{12}T_a^{\downarrow} + w_{12} \tag{5-34b}$$

$$T_{13} = A_{13}\varepsilon_{13}(\theta)T_s + B_{13}\varepsilon_{13}(\theta)T_a^{\downarrow} + C_{13}T_a^{\downarrow} + w_{13} \tag{5-34c}$$

$$T_{14} = A_{14}\varepsilon_{13}(\theta)T_s + B_{14}\varepsilon_{13}(\theta)T_a^{\downarrow} + C_{13}T_a^{\downarrow} + w_{14} \tag{5-34d}$$

可以通过两步来获得方程中的系数：第一步，用大气模型软件（6S、LOWTRAN、MODTRAN等）模拟陆地表面辐射传输并构建一个大的模拟数据库；第二步，利用统计回归方法求式5-33中的系数。方程组（式5-34a～d）中，是4个未知数的一次线性方程组，因此可以通过分别计算得到发射率和地表温度。事实上，式5-32a、式5-32b并不能很好地描述所有的情况，从而使得方程的解不稳定。如果通过分类并对不同的类型建立不同的近似方程，从而使得解更稳定。

（二）最小二乘法

在地球物理参数反演中，最小二乘法是经常采用的一种方法。主要原因是地球物理参数的反演是一个病态反演，目的是将误差转移到非目标参数上。对于式5-33，可以将其描述成式5-35。

$$Min = \sum_{j=1}^{n}[T_i(j) - A_i T_s(j) - B_i\varepsilon_i T_a^{\downarrow} - C_i T_a^{\downarrow} - W_i]^2 \tag{5-35}$$

通过大气模型软件（6S、LOWTRAN、MODTRAN等）构建一个大的模拟数据库，然后用统计回归获得系数。这个工作需要花费比较多的时间，但只需要做一次。但这个方法仍然存在不稳定性。

（三）神经网络方法

对于传统的反演算法，必须对反演方程进行精确地推导。这比较耗费时间，因为地球物理参数之间内在的制约关系往往是一种非线性关系，这种关系很难找出来或者很难描述出来。神经网络方法和传统的算法不一样，神经网络不需要具体的推导公式，它是通过许多神经元并行处理具体的问题，精度主要取决于训练数据。神经网络已经在地球物理参数中已经得到了一些广泛的应用，本研究主要是利用神经网络的分类和优化计算功能来使得算法更稳定和反演精度更高。因此，神经网络能够被看成是一组最小二乘法对式5-35的近似。如式5-36所示，每个神经元都是根据使全局误差最小来调整权重，从而优化计算。

$$Error = \frac{1}{2}\sum_{j}\sum_{i}[T_{ji} - O_{ji}]^2 \tag{5-36}$$

式中：T_{ji}是第i个希望的输出，O_{ji}是第i个输出。

利用大气模型和神经网络参数反演参数。用辐射传输模型MODTRAN4模拟需要的数据：根据地物的波谱发射率特征，对各波段在模型中的参数输入严格按照图5-4所示来输入；训练神经网络。本研究选用动态神经网络（DL）来解反演方程。这个神经网络使用了卡曼滤波来增加训练时的收敛速度并且提高了解非线性问题的能力，具体的过程如下。

（1）根据发射率曲线（图5-4），详细的光谱库信息可以参见ASTER光谱库（URL：http://speclib.jpl.nasa.gov）。本研究使用大约160种地物的作为MODTRAN4模拟的输入参数。陆地表温度的变化范围是270～320 K，大气水汽含量的变化范围为0.2～4 g/cm^{2}变化。

（2）随机地将模拟数据分成两部分。训练数据是7 387组，测试数据1 505组。

（3）训练神经网络。通过尝试，两个隐含层每个800节点时精度最高。节点的数据可能主要由地表类型、普朗克函数决定。测试数据的信息见表5-13。

表5-13 反演信息总结表

隐含层节点数	LST		EM11		EM12		EM13		EM14	
	R	SD	R	SD	R	SD	R	SD	R	SD
100～100	0.995	1.59	0.93	0.024	0.941	0.024	0.915	0.022	0.667	0.016
200～200	0.997	1.23	0.954	0.021	0.961	0.02	0.947	0.017	0.841	0.013
300～300	1	0.37	0.996	0.007	0.996	0.007	0.995	0.006	0.982	0.005
400～400	1	0.51	0.992	0.009	0.994	0.008	0.991	0.008	0.969	0.008
500～500	0.999	0.82	0.959	0.02	0.981	0.015	0.965	0.015	0.924	0.011
600～600	1	0.45	0.993	0.008	0.995	0.008	0.994	0.006	0.974	0.007
700～700	1	0.41	0.994	0.008	0.996	0.007	0.994	0.006	0.978	0.006
800～800	1	0.35	0.997	0.007	0.997	0.006	0.995	0.006	0.983	0.005

注：R为相关系数；SD为标准偏差。

图5-10是地表温度和发射率的反演误差的直方图。图中x轴表示模拟的地表真实数据和反演数据的差值，y轴表示像元数。从表5-13和图5-11可以看出，反演结果非常好。

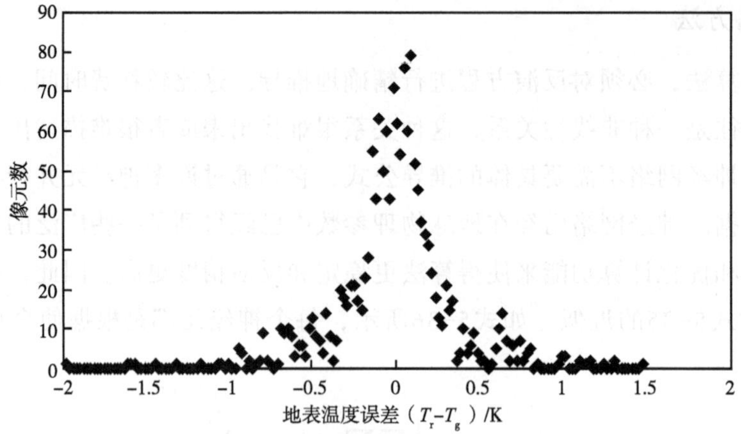

图5-10　陆地表面温度误差直方图

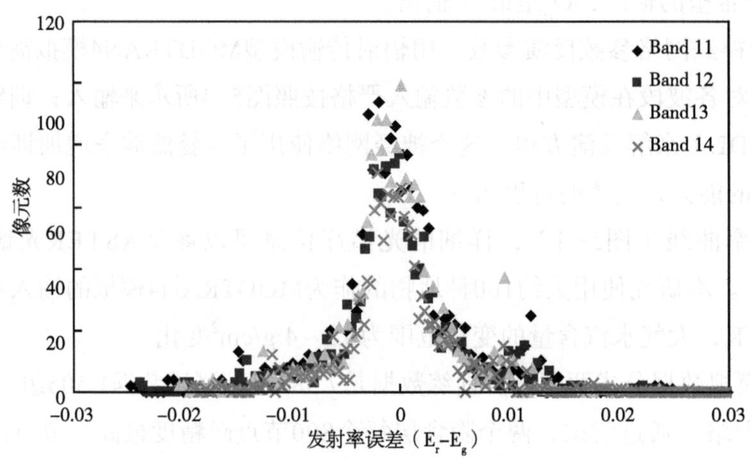

图5-11　发射率反演误差直方图

三、实际反演分析与评价

为了提供一个应用实例子，用训练好的动态学习神经网络从AST09数据中反演地表温度和发射率。以ASTER的3种产品（AST09、AST08和AST05）的同一个地区（中国，黑龙江省，2005/9/9）为例，遥感图像反演对比分析请参见文献［Mao K，Shi J，Tang H，et al.，2008. A neural network technique for separating land surface emissivity and temperature from ASTER imagery. IEEE Transactions on Geoscience and Remote Sensing，46（1）：200-208］。其地表温度相对误差分布直方图如5-12中LST_SM_C-AST08，相对于产品AST08，误差在0.1℃以下。波段11/12/13/14的相对误差分别在0.001以下。发射率相对误差分布如图5-13所示。事实上，可以用神经网络直接从ASTER1B数据中反演地表温度，这个推导与MODIS同时反演地表温度和发射率的算法相似，不同的是当有4个热红外波段时，不需要大气水汽含量作为输入参数，可以利用4个或者5个热红外波段同时反演地表温度/发射率和大气水汽含量。

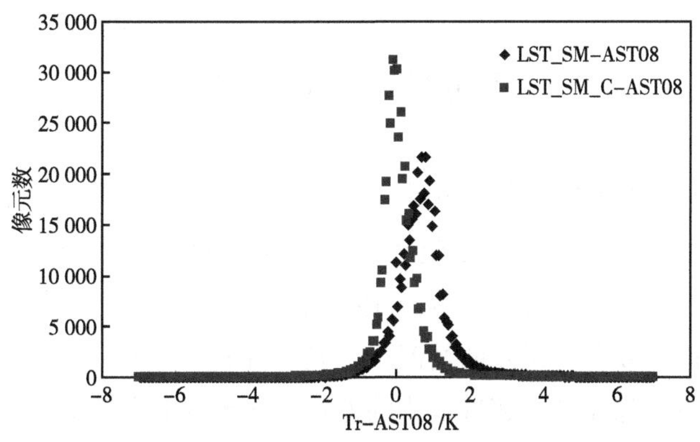

图5-12　相对误差分布直方图

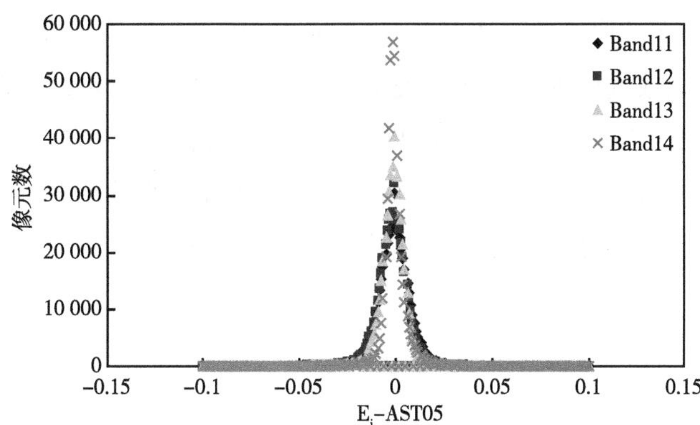

图5-13　相对于AST05发射率误差直方图

由于地表的温度不均一，而且地面测量只可能是点状测量，因此获得卫星过境时与像元分辨率一致的地面数据非常困难。另外，即使获得了实测数据，实时大气剖面数据、地表发射率的测量以及影像和实测数据的配准仍然存在误差。由于这些原因，使得用实地测量法验证算法精度非常困难。选择ASTER波段彩色图像中的4个气象数据和小汤山地区测到的2个数据，对相应的ASTER影像进行了反演分析，对比结果如图5-14所示，平均误差大概为1.3 K。事实上，精确的陆地表温度验证是一件非常困难的事情，因为地表测量是点测量，而且需要测量地表发射率。地表发射率的确定是非常困难的，几乎不同的地物发射率都不一样，而且受环境的影响很大。因此，这并不代表算法的真正精度，需要在实际应用中做更多的分析评价。

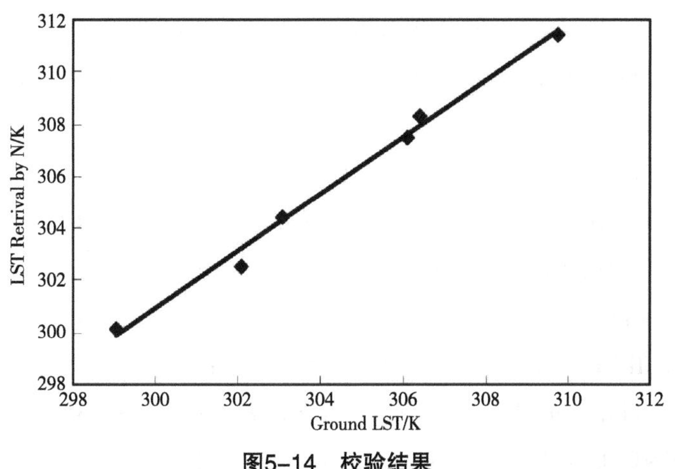

图5-14　校验结果

第四节 小 结

利用对地观测卫星多传感器的特点，提出了适合于ASTER数据的地表温度的劈窗算法。即从MODIS的近红外波段反演大气水汽含量，通过建立大气水汽含量与ASTER热红外波段透过率的关系，从而可以从同一颗星上计算得到透过率，保证了透过率求算的实时性。最后用大气模拟校正法对算法的验证表明该算法可行，在参数没有误差的情况下，精度在1℃以下。

对于高分辨率的ASTER影像而言，邻近地物的差别会导致发射率给定的误差比较大，继而影响地表温度反演误差，从而使得劈窗算法不太实用。针对这种情况，选择ASTER的第11、12、13和14建立辐射传输方程组，然后根据邻近波段发射率之间的特点建立局部线性方程，从而形成了针对ASTER数据的同时反演地表温度和发射率的多波段算法。为了解反演方程组和优化反演结果，利用神经网络来进行优化计算。利用MODTRAN4模拟数据精度分析评价表明精度很高。最后进行实例应用分析，在使用AST09、08、05产品作为补充训练数据集后，相对于AST08产品，地表温度误差在0.1℃以下，相对于AST05产品，波段11/12/13/14发射率的误差在0.001以下。实际上，当热红外波段不少于4个时，可以用神经网络从ASTTER1B数据中直接反演地表温度和发射率，这样就无须大气校正。

参考文献：

毛克彪，唐华俊，陈仲新，等，2006. 一个针对ASTER数据的劈窗算法[J]. 遥感信息（5）：7-11.

毛克彪，2004. 针对MODIS数据的地表温度反演方法研究[D]. 南京：南京大学.

毛克彪，施建成，覃志豪，等，2006. 一个针对ASTER数据同时反演地表温度和比辐射率的四通道算法[J]. 遥感学报（4）：593-599.

毛克彪，覃志豪，徐斌，2005. 针对ASTER的单窗算法研究[J]. 测绘学院学报（1）：40-43.

AIRES F，PRIGENT C，ROSSOW W B，et al.，2001. A new neural network approach including first guess for retrieval of atmospheric water vapor，cloud liquid water path，surface tempeature，and emissivities over land from satllite microwave observations[J]. *J. Geophys. Res.*，106（D14）：14887-14907.

BISCHOF H，SCHNEIDER W，PINZ A J，1992. Multiplespetral classification of landsat images using neural networks[J]. *IEEE Trans. Geosci. Remote Sens.*，28（3）：482-489.

BLACKWELL W J，2005. A neural-network technique for the retrieval of atmospheric temperature and moisture profiles from high specrtral resolution sounding data[J]. *IEEE Trans. Geosci. Remote Sens.*，43（11）：2535-2546.

CHEN K S，TZENG Y C，CHEN C F，et al.，1995. Land-cover classification of multispectral imagery using a dynamic learing neural network[J]. *Photogrammet. Eng. Remote Sens.*，61（4）：403.

COLL C，CASELLES V，SOBRINO A，et al.，1994. On the atmosphereic dependence of the split-window equation for land surface temperature[J]. *Remote Sens. Environ.*，15：105-155.

FAURE T，ISAKA H，GUILLEMET B，2001. Neural network retrieval of cloud parameters of inhomogeneous and fractional clouds feasibility study[J]. *Remote Sens. Environ.*，77：123-138.

FRANCA G B，CRACKNELL A P，1994. Retrieval of land and sea surface temperature using NOAA-11 AVHRR data in northeastern Brazil[J]. *Remote Sens. Environ.*，15：1695- 1712.

GILLESPIE A, ROKUGAWA S, TSUNEO M, et al., 1998. Temperature and emissivity separation algorithm for advanced spaceborne thermal emission and reflection radiometer (ASTER) images[J]. *IEEE Trans. Geosci. Remote Sens.*, 36: 1113-1126.

HAYKIN S, STEHWIEN W, DENG C, 1991. Classification of radar clutter in an air traffic control envionment[J]. *Pro. IEEE*, 79 (6) : 742-772.

HERRMANN P D, KHAZENE N, 1992. Classification of multiplespectral remote sensing data using a back-propagation neural network[J]. *IEEE Trans. Geosci. Remote Sens.*, 30 (1) : 81-88.

HORNIK K M, STINCHCOMBE M, WHITE H, 1989. Multilayer feedforward networks are universal approximators[J]. *Neual Netw.*, 4 (5) : 359-366.

HSU S Y, MASTERS T, OLSON M, et al., 1992. Comparative analysis of five neural networks models[J]. *Remote Sens. Reviews*, 6: 319-329.

JIN Y Q, LIU C, 1997. Biomass retrieval from high-dimensional active/passive remote sensing data by using artificial neural network[J]. *Int. J. Remote Sens.*, 18 (4) : 971-979.

KAUFMAN Y J, GAO B C, 1992. Remote sensing of water vapor in the near IR from EOS/MODIS[J]. *IEEE Trans. Geosci. Remote Sens.*, 30: 871-884.

LABED J, STOLL M P, 1991. Spatial variability of land surface emissivity in the thermal infrared band: spectral signature and effective surface temperature[J]. *Remote Sens. Environ.*, 38: 1-17.

LI Z L, BECKER F, 1993. Feasibility of land surface temperature and emissivity determination from AVHRR data[J]. *Remote Sens. Environ.*, 43: 67-85.

LIANG S L, 2001. An optimization algorithm for separating land surface temperature and emissivity from multispectral thermal infrared imagery[J]. *IEEE Trans. Geosci. Remote Sens.*, 39 (2) : 264-274.

MAO K, QIN Z, SHI J, et al., 2005. A practical split-window algorithm for retreiving land surface temperature from MODIS data[J]. *Int. J. Remote Sens.*, 26: 3181-3204.

NINOMIYA Y, FU B, THOMAS J, et al., 2005. Detecting lithology with advanced spaceborne thermal emission and reflection radiometer (ASTER) multispectral thermal infrared "radiance-at-sensor" data[J]. *Remote Sens. Environ.*, 99: 127-139.

PRICE J C, 1983. Estimating land surface temperature from satellite thermal infrared data-A simple formation for the atmospheric effect[J]. *Remote Sens. Environ.*, 13: 353-356 .

QIN Z H, KARNIELI A, 2001. Derivation of split window algorithm AVHRR data[J]. *J. Geophys. Res.*, 106: 22655-22670.

ROWAN L C, JOHN C M, 2003. Lithologic mapping in the Mountain Pass, California area using advanced spaceborne thermal emission and reflection radiometer (ASTER) data[J]. *Remote Sens. Environ.*, 84: 350-366.

ROWAN L C, JOHN C M, COLIN J S, 2005. Lithologic mapping of the Mordor, NT, Australia ultramafic complex by using the advanced spaceborne thermal emission and reflection radiometer (ASTER) [J]. *Remote Sens. Environ.*, 99: 105-126.

SALISBURY J W, D'ARIA D M, 1992. Emissivity of terrestrial materials in the 8~14 mm atmospheric window[J]. *Remote Sens. Environ.*, 42: 83-106.

SOBRINO J A, RAISSOUNI N, LI Z L, 2001. A comparative study of land surface emissivity retrieval from

NOAA data[J]. *Remote Sens. Environ.*, 75: 256–266.

TANG L, CHEN Z, OH S, et al., 1992. Inversion of snow parameters from passive microwave remote sensing measurements by a neural network trained with a multiple scattering model[J]. *IEEE Trans. Geosci. Remote Sens.*, 30（5）: 1015–1024.

TEDESCO M, PULLIAINEN J, TAKALA M, et al., 2004. Artificial neural network-based techniques for the retrieval of SWE and snow depth from SSM/I data[J]. *Remote Sens. Environ.*, 90: 76–85.

TZENG Y C, CHEN K S, KAO W L, et al., 1994. A Dynamic learning nerual network for remote sensing applications[J]. *IEEE Trans. Geosci. Remote Sens.*, 32（5）: 1096–1102.

VAUGHAN R G, SIMON J H, WENDY M C, et al., 2005. Surface mineral mapping at Steamboat Springs, Nevada, USA, with multi-wavelength thermal infrared images[J]. *Remote Sens. Environ.*, 99: 140–158.

WAN Z M, LI Z L, 1997. A physics-based algorithm for retrieving land-surface emissivity and temperature from EOS/MODIS data[J]. *IEEE Trans. Geosci. Remote Sens.*, 35: 980–996.

YAMAGUCHI Y, NAITO C, 2003. Spectral indices for lithologic discrimination and mapping by using the ASTER SWIR bands[J]. *Int. J. Remote Sens.*, 24（22）: 4311–4323.

第六章　针对MODIS数据的地表温度和发射率反演算法研究

MODIS是一个拥有36个波段的传感器，由于其覆盖全球、高的辐射分辨率和观测周期以及波段分辨率，并且能同时对大气、海洋、陆地进行监测，这些特性使得MODIS在全球变化研究中具有非常重要的地位。目前，NASA已经提供了针对MODIS数据陆地表面温度产品。采用的算法是万正明先生提出的劈窗算法和多波段算法（Wan et al.，1996，1997）。劈窗算法的发射率是通过地表类型和发射率库匹配得到；多波段算法使用了白天和晚上的MODIS数据，同时假定了白天和晚上同一个地方的发射率不变。两个算法经过实地数据验证表明（Wan et al.，2002，2004），其精度在1 K以下。但需要说明的是，这个精度是在参数（发射率和大气水汽含量等）误差很小的情况得到的。事实上，在实际中，遥感的地表分类很难保证劈窗算法所要求的精度，特别是对于MODIS这种大尺度的像元，我们需要将发射率的估计精确到亚像元；另外，对于多波段算法，在天气变化（下雨、降雪以及土壤水分含量的变化等）比较大的情况下，白天和晚上的发射率并不相等。这会导致有些时候算法的精度并不稳定。在本章中，将针对MODIS数据的特点提出适合于MODIS数据的地表温度反演算法，即通过理论推导和构造邻近波段发射率之间的方程关系消除方程不足的难题，并进一步利用辐射传输模型和深度学习进行优化计算，从工程的角度解决地表温度和发射率分离的难题。由于有两个不同的算法，为了保持每个算法的独立性，在介绍和推导的过程中可能存在一些重复。

第一节　引　言

近20年来，热红外遥感技术的飞速发展为快速地获取区域地表温度空间差异信息提供了新的途径。地表温度在区域资源环境研究中的重要性已经使热红外遥感成为遥感研究的一个重要领域，目前已经开发了很多实用的地表温度遥感反演方法，如热辐射传输方程法、劈窗算法、单窗算法和多通道算法。许多算法是针对具体的传感器开发的，例如劈窗算法是用来从具有2个热红外波段的NOAA/AVHRR数据中反演地表温度，而单窗算法则主要是用于只有一个热红外波段的Landsat TM数据。1999年、2002年搭载MODIS遥感器的对地观测卫星发射成功，为全球和区域资源环境动态监测开辟了又一新的途径。MODIS是一个拥有36个波段的中分辨率遥感系统，每1～2 d可获得一次全球观测数据，其飞行与太阳同步，每天同一区域至少可获得昼夜两景图像，并且是免费接收，适合于中大尺度的区域资源环境动态监测。在MODIS的36个波段中有8个是热红外波段，适合于区域尺度的地表热量空间差异分析。但是，目前针对MODIS遥感数据的地表温度反演算法还很少。有些应用研究还在利用针对NOAA/AVHRR数据开发的反演算法反演地表温度。由于大气的影响，星上亮度温度与真正的地表温度有很大差距。在晴空时其差距为3～6℃；在大气水分含量较高情况下，这种差异可以超过10℃。因此，为了更准确地分析区域热量空间差异，很有必要对MODIS所观测到的亮度温度进行大气校正，反演出真正的地表温度。

目前，已经开发了很多针对NOAA/AVHRR数据中两个热红外波段（第4和5波段）的劈窗算法。

劈窗算法的主要原理是利用两个相邻热红外波段对大气的不同吸收性质来校正大气的影响（Price，1984；Wan et al.，1989；Becker et al.，1990；Sobrino et al.，1991；Vidal，1991；Kerr et al.，1992；Otlle et al.，1993；Prata，1994；Wan et al.，1996；Qin et al.，2001）。虽然，劈窗算法的形式基本一致，但由于其参数的计算不同而形成了不同的劈窗算法。Price（1984）假定地表为黑体，即发射率为1，后面对此又有一些改进。在Price的算法的基础上，Coll等（1994）考虑了太阳天顶角（θ）和不同波段之间的发射率（ε）。Sobrino等（1991）对大气透过率和发射率进行了订正。Franca等（1994）建立了2个大气校正模型来反演地表温度，在这个算法中，需要大气水汽含量参数。Qin等（2001）提出了一个劈窗算法，该算法也需要卫星过境时的大气水汽含量资料。Wan等（1996）提出了一个针对MODIS的劈窗算法，该算法考虑了视角提高了算法精度，但仍然需要大气水汽含量作为先验知识。Sobrino等（2004）、Mao等（2005）针对MODIS也各提出了一个劈窗算法。Mao等（2005）利用Terra多传感器的特点，针对ASTER数据提出了一个优化的劈窗算法。在假定已知大气水汽含量和发射率的前提下，上述算法的精度都非常高。Harris等（1992）、Sobrino等（1993）、Coll等（1994）研究指出在劈窗算法中引进大气水汽含量能够提高海面温度的反演精度。同时，反演地表温度和发射率的研究也比较多，在后面针对同时反演地表温度和发射率的算法时还会具体介绍。

第二节　劈窗算法

本节分析了MODIS波段特征，即在MODIS热波段1 km尺度下，像元基本上是由3种地物类型（植被、水体、裸土）构成，因此可以通过MODIS近红外波段和可见光波段比较精确地估算地表发射率；另外，影响热辐射传输的主要是大气水汽含量，可以通过MODIS的近红外波段反演得到大气水汽含量，然后利用LOWTRAN/MOTRAN模拟并建立大气水汽含量与热波段透过率的关系，进而可以求算出大气透过率。在获得2个关键参数（大气透过率和发射率）情况下，用MODIS的第31和32波段建立辐射传输方程组，形成针对MODIS地表温度反演的劈窗算法。

一、劈窗算法技术路线

本算法的技术路线可以概括如图6-1所示。针对MODIS数据做了一些研究，在这里主要是对前面工作了一些改进或更进一步的分析评价。一方面是对现有的算法进行分析，提出一个适合于MODIS数据的地表温度反演方法，其中关键的一点是对现有算法中的Planck函数线性简化进行分段简化并建立查找表。另一方面是探讨适合于MODIS数据的地表温度反演基本参数估计方法，即大气透过率和地表发射率的估计，其中关键的一点是利用MODIS的中红外波段数据反演大气水汽含量，并进而估计大气透过率。大气透过率是地表遥感反演的基本参数，对地表温度反演精度有重要的影响。现有的做法大多是利用研究地区内地面气象观测点的数据来进行大气水汽含量估计，并进而估计大气透过率。由于地面气象观测是点状数据，并且观测时间与MODIS的成像时间难以匹配，所以用地面气象观测数据来估计大气透过率通常有较大误差，从而影响地表温度反演精度。本研究利用MODIS的近红外波段数据对大气水汽含量非常敏感的特征，提出从同一景MODIS影像数据中反演大气水汽含量的方法，并进而估计各像元的大气透过率，从而克服了过去地表温度反演中同一景图像只用一个大气透过率的问题，把大气透过率的估计由一个点扩大到整个图像的各个像元上，即在空间差异上，使地表温度反演的参数估计更加符合实际情况。为了提高精度，建立了查找表。对于另一个参数发射率，本研究在针对MODIS热波段像元1 km尺度的特点，认为在1 km尺度下，像元基本上是由3种地物类型，即植被、水体、裸土构成。在总结前人发射率估算的基础上，本研究将对发射率的估算精确到了亚像元。

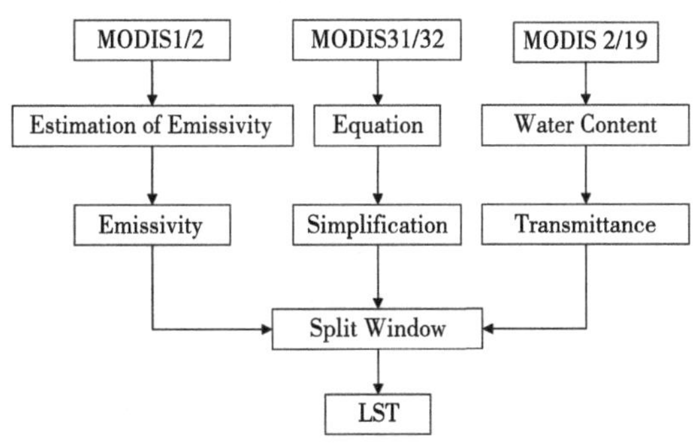

图6-1　劈窗算法的技术路线示意

二、Planck函数的线性简化、大气透过率及地表发射率的估计

热辐射传输方程是热红外遥感和地表温度反演的基础。Planck函数是热辐射传输方程的核心组成部分。对Planck函数进行线性简化，是从热辐射传输方程中推导地表温度反演方法的前提。本研究通过对MODIS第31波段和32波段的热辐射强度与温度之间的关系进行模拟，对Planck函数进行线性简化。大气透过率和地表发射率是地表温度反演的2个关键参数。许多研究者针对不同的条件，提出了不同的参数估计方法。对于大气透过率的估计，通常是使用大气模型软件（如6S、MODTRAN、LOWTRAN等）模拟计算，建立大气水汽含量与大气透过率之间的关系方程，然后通过地面观测首先估计大气水汽含量，再运用这种关系式来估计大气透过率。本研究根据近红外波段对大气水汽含量的敏感性，首先，利用MODIS的近红外波段反演大气水汽含量，然后，再进一步求算热红外波段的大气透过率。地表发射率主要是根据MODIS热波段像元的尺度特征及地表覆盖特征来估计。

（一）Planck函数的线性简化

地表温度反演算法的推导是基于地表的热辐射传导及其通过大气到达传感器的传送过程。通常来说，地表不是黑体，因此，在地表热辐射传输的过程中需要考虑地表发射率。大气对热辐射的传输也有重要的影响。考虑到这些因素，Qin等（2001）将热辐射传输方程描述为如下。

$$B_i(T_i)=\varepsilon_i(\theta)\tau_i(\theta)B_i(T_s)+[1-\tau_i(\theta)][1-\varepsilon_i(\theta)]\tau_i(\theta)B_i(T_a^{\downarrow})+[1-\tau_i(\theta)]B_i(T_a) \tag{6-1}$$

式中：T_s代表地表温度，T_i代表波段i的星上亮度温度，$\tau_i(\theta)$代表波段i的大气透过率，$\varepsilon_i(\theta)$代表波段i的在观察方向θ的地表发射率，$B_i(T_s)$代表地表辐射强度，$I_i^{\uparrow}$和$I_i^{\downarrow}$分别代表向上和向下的路径辐射。热辐射传输方程（式6-1）中每项都包含了Planck函数。要解方程，需要对Planck函数进行线性简化。这一点无论是对辐射传输方程，还是劈窗算法、单窗算法和多波段算法都是关键的一步。Price（1984）、Franca等（1994）、Coll等（1994）和Qin等（2001）均通过对Planck函数进行泰勒展开。通过分析表明，针对特定的热红外波段和温度区间，可将Planck函数简化为如下线性方程（式6-2）。

$$L_i=a_i+b_iT_i \tag{6-2}$$

本研究分别用Planck函数对MODIS的第31波段（10.780～11.280 μm）和32波段（11.770～12.270 μm）的热辐射与温度在273～322 K区间内的变化关系进行计算，得到如图6-2所示的计算结果。从图6-2中可以看出，热辐射强度随温度的变化接近于线性关系。因此，对散点图建立线性回归方程，得到以下2个公式。

$$B_{31}(T)=0.137\ 87T_{31}-31.656\ 77,\ R^2=0.997\ 1 \tag{6-3a}$$

$$B_{32}(T)=0.11849T_{32}-26.50036, R^2=0.9978 \quad (6-3b)$$

从图6-2和相关系数（R^2）可以看出，线性近似的精度非常的高。为了提高精度，可以对温度区间进行分段并分区线性近似。

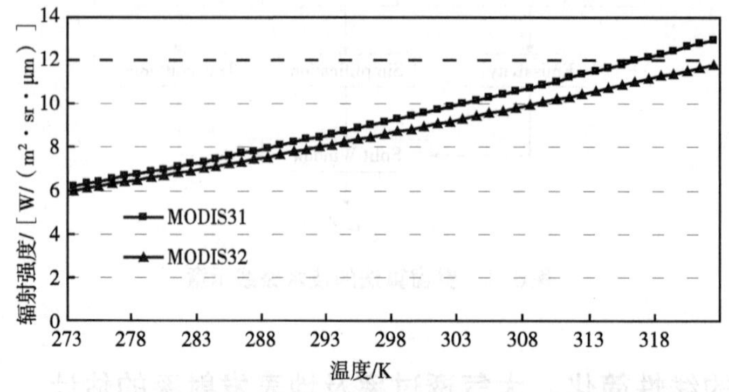

图6-2　第31和32波段辐射强度随温度的变化关系

为了提高算法的反演精度和适用范围，本研究将Planck函数在-40～60℃范围内分成5个区间，分别近似简化如表6-1所示。甚至可以将温度范围分成更多的区间并建立查找表，从而可以使得近似误差接近于0。

表6-1　Planck函数分段简化查找表

温度/℃	Planck函数线性简化	相关系数（R^2）
-40~20	$B_{31}=0.07553T_{31}-14.90898$	0.998 4
	$B_{32}=0.07052T_{32}-13.64348$	0.998 8
-20~0	$B_{31}=0.09873T_{31}-20.78484$	0.995 7
	$B_{32}=0.08915T_{32}-18.35876$	0.996 1
0~20	$B_{31}=0.12101T_{31}-26.87588$	0.999 4
	$B_{32}=0.10645T_{32}-23.08835$	0.999 5
20~40	$B_{31}=0.14413T_{31}-33.65068$	0.999 6
	$B_{32}=0.12392T_{32}-28.20664$	0.999 7
40~60	$B_{31}=0.16698T_{31}-40.80187$	0.999 7
	$B_{32}=0.14118T_{32}-33.61312$	0.999 8

（二）大气水汽含量与大气透过率关系

地面的辐射能在大气传输之后才能抵达空中的遥感器。由于大气对辐射能的削弱作用，往往只有部分辐射能最后抵达遥感器。这种削弱作用一般用大气透过率（τ）来描述。大气中的水汽是影响大气透过率的主要因素，特别是在热红外波段，大气水汽对热辐射的影响更加显著，相对而言，其他气体的影响比较稳定。因此，在地表温度反演过程中，水汽是估计大气透过率的主要考虑因素。许多劈窗算法在大气透过率的计算过程中主要考虑大气水汽含量的影响（Sobrino et al.，1991，2004；Franca et al.，1994；Coll et al.，1994）。

由于技术上的原因，大气透过率很难实时获取。通常的做法是用实时大气资料，特别是大气水汽含量通过MODTRAN、6S和LOWTRAN等大气模型软件模拟计算得到大气透过率。Qin等（2001）用LOWTRAN模拟热红外波段和大气水汽含量的关系并给出了其线性关系表达式。但由于很难获得实时大气水汽含量，从而使得这个方法在实际应用受到了限制。因为实时的大气剖面资料很难获得，所以这种模拟的结果精度有时难以得到保证。然而，MODIS提供了5波段用来反演大气水汽含量，使得透过率的计算可以精确到每个像元，从而克服了这个困难。

1. 大气水汽含量的遥感反演方法

为了提高大气透过率的估计精度，许多研究者（Chesters et al.，1983；Fraser et al.，1985；Grant，1990；Kaufman et al.，1992；King et al.，1992；Sobrino et al.，2004）已经致力于大气水汽含量的遥感反演研究。他们主要是利用热红外波段和微波发射波段来反演大气水汽含量，进而估算大气透过率。

在MODIS的36个波段中，有5个波段是近红外，分别是0.865 μm、0.905 μm、0.936 μm、0.940 μm、1.24 μm。中间的3个波段是水汽吸收波段，而0.865 μm、1.24 μm是大气窗口波段。这样设计的主要目的是利用MODIS的某些波段来反演大气中的水汽含量。本研究直接从遥感影像上反演大气水汽含量，再进一步估计大气透过率，从而大大提高参数的精度和实时性。

Kaufman等（1992）做了大量的实验之后，发现利用比值法来求大气水汽含量是可行的。MODIS传感器上设计了5个近红外波段，其中第17、18和19波段为大气吸收波段，第2和5波段为大气窗口波段。

$$T_{obs\,(0.936\,\mu m)}=\rho_{(0.936\,\mu m)}/\rho_{(0.865\,\mu m)} \tag{6-4}$$

$$T_{obs\,(0.936\,\mu m)}=\rho_{(0.936\,\mu m)}\left[C_1\rho_{(0.0.865\,\mu m)}+C_2\rho_{(1.24\,\mu m)}\right] \tag{6-5}$$

式中：C_1等于0.8，C_2等于0.2。这两种比值法的思想基本是一致的，都是利用大气水汽吸收波段与大气窗口波段的比值与大气水汽含量的关系来估计大气水汽含量。对于大气透过率与大气水汽含量的关系，可以通过MODTRAN、LOWTRAN来模拟，进而建立大气水汽含量与大气透过率之间的关系表达式。Kaufman等（1992）利用LOWTRAN模拟两波段比值与水汽含量的关系图。Kaufman等（1992）给出了如下表达式。

$$T_{w(940/865)}=\exp(\alpha-\beta\sqrt{w}),\quad R^2=0.999 \tag{6-6}$$

对于复杂地表，式6-6中$\alpha=0.02$、$\beta=0.651$。

式6-6的左边T_w可以从影像算出，因此，对式6-7求解水汽含量w。

$$w=\left(\frac{\alpha-\ln T_w}{\beta}\right)^2 \tag{6-7}$$

2. 从大气水汽含量模拟计算大气透过率

大气透过率可通过MODTRAN、LOWTRAN和6S等大气模拟软件来模拟估计。这种模拟需要大气剖面数据作为数据输入。然而，实时大气剖面资料难以获取，往往用标准大气代替，再加以地面资料修正。但天气状况变化无常，所以用标准大气模拟往往精度不高。根据MODIS波段的特点等提出了大气透过率的估计方法。首先是用MODTRAN来模拟大气透过率随大气水汽含量的变化，然后建立通过大气水汽含量来估计大气透过率的方法。对MODIS的第31和32波段的中心波长进行了模拟计算，得到如图6-3所示的模拟结果。从图6-3可以看出，在相同的大气水汽含量下，MODIS的第31和32波段的大气透过率有明显的差别。随着大气水汽含量的升高，这种差异更加显著。当大气水汽含量增多时，大气透过率明显下降。对大气透过率和大气水汽含量作散点图。图6-3显示了大气透过率和大气水汽含量呈近似线性关系。

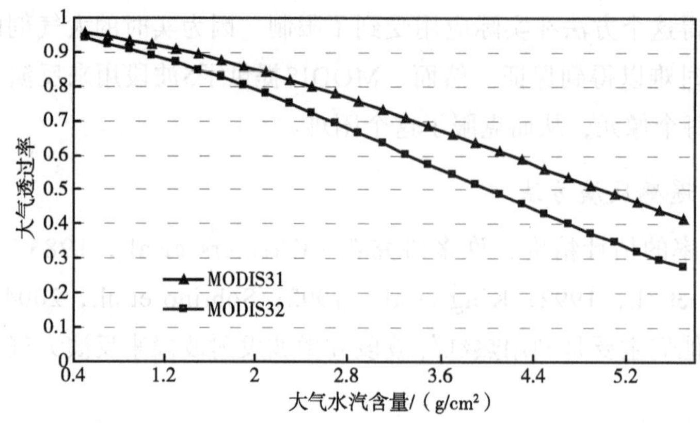

图6-3　MODIS的第31和32波段大气透过率随大气水汽含量在夏季中纬度大气情况下的变化关系

对模拟数据进行线性回归，得到MODIS第31和32波段的大气透过率与大气水汽含量之间的关系，线性方程如下。

$$\tau_{31}=-0.106\ 71w+1.040\ 15,\ R^2=0.995 \tag{6-8a}$$

$$\tau_{32}=-0.125\ 77w+0.992\ 29,\ R^2=0.996 \tag{6-8b}$$

对模拟数据进行指数回归，得到MODIS第31和32波段的大气透过率与大气水汽含量之间的关系，方程如下。

$$\tau_{31}=2.897\ 98-1.88366e^{\frac{w}{21.22704})},\ R^2=0.997 \tag{6-9a}$$

$$\tau_{32}=-3.592\ 89+4.60414e^{\frac{w}{-32.70639}},\ R^2=0.997 \tag{6-9b}$$

大气透过率与大气水汽含量的线性相关非常高，因此在已知大气水汽含量的情况下，可以用上面的表达式来近似估计大气透过率，而大气水汽含量又可以运用式6-9a和式6-9b求算。因此，通过同一景MODIS图像，可以估计得第31和32波段的大气透过率。从上面的2种近似关系可以看出，指数近似要比线性近似精度要高。从相关系数可以看出，其近似精度非常高。但可以通过分段模拟（表6-2）来提高其精度和算法的适用性。在算法的推广应用中，可以通过ERDAS软件中MODEL建立查找表（LUT）来实现。

表6-2　大气透过率与大气水汽含量关系分段查找表

大气水汽含量/（g/cm²）	线性关系	相关系数（R^2）
0.2~1.0	$\tau_{31}=0.973\ 66-0.054\ 68w$	0.998 4
	$\tau_{32}=0.962\ 1-0.089\ 91w$	0.999 4
1.0~2.0	$\tau_{31}=0.999\ 78-0.078\ 04w$	0.999 3
	$\tau_{32}=0.990\ 43-0.115\ 28w$	0.999 2
2.0~3.0	$\tau_{31}=1.051\ 73-0.103\ 69w$	0.999 5
	$\tau_{32}=1.039\ 98-0.140\ 27w$	0.999 9
3.0~4.0	$\tau_{31}=1.093\ 52-0.117\ 43w$	0.999 9
	$\tau_{32}=1.050\ 92-0.144\ 21w$	1.000 0

（三）地表发射率的估计

地表发射率也是地表温度反演的关键参数之一，许多研究者（Becker，1987；Becker et al.，

1990；Griend et al.，1993；Li et al.，1993；Göita et al.，1997；Wan et al.，1997；Sobrino et al.，2001）在这方面做了许多工作。特别是Li等（1993）TISI（Temperature-independent spectral indices）方法反演发射率得到比较高的精度。在劈窗算法中，发射率通常根据先验知识以常数给出。在1 km尺度下，MODIS的像元可以认为是由3种地物类型构成，即土壤、植被、水体。这样可以根据先验知识更加准确地估计发射率。发射率主要决定于地表类型及光谱区间（发射率是随光谱的变化而变化）。Salisbury等（1992）、Sobrino等（2001）、Labed等（1991）分析了常见地物的发射率在波谱区间8～14 μm的变化非常的小。对ASTER（URL：http://speclib.jpl.nasa.gov）提供的常见地物发射率做了分析，在MODIS31/32（10.780～11.280 μm和11.770～12.270 μm）波谱范围内，绝大多数地物的发射率高于0.97并且变化非常的小。虽然陆地表面很复杂，但是主要类型（土壤、植被、水体）都能被区分开来。通常来讲，MODIS影像可以划分有2个主要类型：水体和陆地。对于水体，可以直接用水体的发射率来反演温度；对于陆地，则可以根据发射率与植被的比率关系来进行估计。

三、劈窗算法推导

劈窗算法主要是针对AVHRR的第4和5热红外波段提出来的。这个技术开始主要用来推算海洋表面温度（SST），其精度可达0.7℃。海洋表面温度（SST）的反演为建立地面温度（LST）的反演方法提供了基础。但是由于大气和地表发射率的校正都存在一定的困难，所以要得到精确的LST反演结果很难。大气校正的精度受多种因素的影响，如辐射传输方法、大气中分子（尤其是水汽）吸收系数和气溶胶吸收/散射系数的不确定性，以及作为辐射传输模式输入参数的大气廓线的不确定性。在以往的SST和LST反演算法中，通常是用LOWTRAN、6S或MODTRAN等来模拟，以便获得大气参数的估计方程，但大气参数的估计还需要另外的地面观测（大气水分含量）才能用所建立的大气方程来实现。由于MODIS波段具有高光谱特点，使得从影像反演大气参数估计所需要的大气水分含量成为可能。

劈窗算法的推导是基于热辐射传输方程（式6-1），由于地面物体通常不是黑体，所以要反演真正的地表温度，必须考虑地表发射率。Qin等（2001）中对 $I_i^{\uparrow}$ 和 $I_i^{\downarrow}$ 的求算做了详细的推导。对于 $I_i^{\uparrow}$ 可以有近似解：

$$I_i^{\uparrow}=[1-\tau_i(\theta')]B_i(T_a) \tag{6-10}$$

$$I_i^{\downarrow}=[1-\tau_i(\theta')]B_i(T_a^{\downarrow}) \tag{6-11}$$

式中：T_a为大气向上平均温度，$T_a^{\downarrow}$为大气向下的平均作用温度。将 $I_i^{\uparrow}$ 和 $I_i^{\downarrow}$ 代入地表的热辐射传导方程（式6-1），得式6-12。

$$B_i(T_i)=\tau_i(\theta)\{\varepsilon_i(\theta)B_i(T_s)+[1-\varepsilon_i(\theta)][1-\tau_i(\theta)]\}B_i(T_a^{\downarrow})+[1-\tau_i(\theta')]B_i(T_a) \tag{6-12}$$

为了解式6-12，Qin等（2001）中通过分析比较得出结论，用T_a替代$T_a^{\downarrow}$对方程的计算不产生实质性的影响，因而方程简化如式6-13。

$$B_i(T_i)=\tau_i(\theta)\varepsilon_i(\theta)B_i(T_s)+[1-\tau_i(\theta)]\{1+[1-\varepsilon_i(\theta)]\tau_i(\theta)\}B_i(T_a) \tag{6-13}$$

对于MODIS的第31和32波段，方程可写成如式6-14。

$$B_{31}(T_{31})=\tau_{31}(\theta)\varepsilon_{31}(\theta)B_{31}(T_s)+[1-\tau_{31}(\theta)]\{1+[1-\varepsilon_{31}(\theta)]\tau_{31}(\theta)\}B_{31}(T_a) \tag{6-14a}$$

$$B_{32}(T_{32})=\tau_{32}(\theta)\varepsilon_{32}(\theta)B_{32}(T_s)+[1-\tau_{32}(\theta)]\{1+[(1-\varepsilon_{32}(\theta)]\tau_{32}(\theta)\}B_{32}(T_a) \tag{6-14b}$$

在方程组中，温度T和辐射强度$B(T)$的函数关系式表达非常复杂。因此在解方程的过程中，非常的麻烦，所以必须对此进行化简。在以往的方程求解算法中，通常是对Planck方程进行泰勒展开，取一次项进行化简。这里用对Planck方程的简化方法，把第31和32波段的简化方程（式6-3a和式6-3b）分别代入式6-14a和式6-14b，得到：

$$0.137\,87\varepsilon_{31}\tau_{31}T_s=0.137\,87T_{31}+31.656\,77\varepsilon_{31}\tau_{31}-(1-\tau_{31})[1+(1-\varepsilon_{31})\tau_{31}](0.137\,87T_a-31.656\,77)-31.656\,77 \quad (6\text{-}15a)$$

$$0.11849\varepsilon_{32}\tau_{32}T_s=0.11849T_{32}+26.50036\varepsilon_{32}\tau_{32}-(1-\tau_{32})[1+(1-\varepsilon_{32})\tau_{32}](0.11849T_a-26.50036)-26.50036 \quad (6\text{-}15b)$$

为了便于计算，将式6-15a和式6-15b中的系数分别记为：

$$A_{31}=0.137\,87\varepsilon_{31}\tau_{31}$$

$$B_{31}=0.137\,87T_{31}+31.656\,77\tau_{31}\varepsilon_{31}-31.656\,77$$

$$C_{31}=(1-\tau_{31})[(1+(1-\varepsilon_{31})\tau_{31}]0.137\,87$$

$$D_{31}=(1-\tau_{31})[1+(1-\varepsilon_{31})\tau_{31}]31.656\,77$$

$$A_{32}=0.118\,49\varepsilon_{32}\tau_{32}$$

$$B_{32}=0.118\,49T_{32}+26.500\,36\tau_{32}\varepsilon_{32}-26.500\,36$$

$$C_{32}=(1-\tau_{32})[(1+(1-\varepsilon_{32})\tau_{32}]0.118\,49$$

$$D_{32}=(1-\tau_{32})[1+(1-\varepsilon_{32})\tau_{32}]26.500\,36$$

式6-15a和式6-15b可以写成：

$$A_{31}T_S=B_{31}-C_{31}T_a+D_{31} \quad (6\text{-}16a)$$

$$A_{32}T_S=B_{32}-C_{32}T_a+D_{32} \quad (6\text{-}16b)$$

解方程组式6-16a和式6-16b，陆地表面温度的计算公式如下。

$$T_s=[C_{32}(B_{31}+D_{31})-C_{31}(D_{32}+B_{32})]/(C_{32}A_{31}-C_{31}A_{32}) \quad (6\text{-}17)$$

要用式6-17来反演地表温度，其参数A、B、C和D的估计需要大气透过率τ和地表发射率ε为已知，这2个参数的求取是利用从MODIS影像中反演大气水汽含量，然后通过水汽含量与透过率的关系求得第31和32波段的大气透过率，使对透过率的求算精确到每个像元。对于发射率的求算也是用发射率的估计方法来获取。

四、参数敏感性分析及算法评价

在实际应用中，参数引起的误差对算法的影响是非常重要的。因此，算法对参数的敏感性分析是算法开发的一部分。对本研究提出劈窗算法的关键参数（发射率和透过率）进行敏感性分析。特别是大气水汽含量的影响，因为大气水汽含量是计算透过率的关键。

算法精度评价对一个算法的实际应用也是非常重要的。对于地表温度反演算法的精度评价，通常采用2种方法：大气模拟数据法和地面测量数据法。大气模拟数据法是用大气模型软件如LOWTRAN、MODTRAN等在假定地表温度和发射率和大气状态已知的情况下，对大气辐射传导进行模拟，即首先求算卫星高度观测到的热辐射，其中包括大气影响辐射的影响，将其转变为亮度温度，然后用提出的劈窗算法在这些已知的参数情况下来反演地表温度，最后比较两者之间的差距可知算法的精度。因模拟过程中有关参数均已知，所以通常将这一误差代表算法的绝对精度（但由于现实情况非常复杂，绝非大气模型所能全部描述）；地面测量数据法是指实地测量卫星飞过天空时的实际地表温度和相应大气条件，然后根据卫星数据用上述各算法推算地表温度，两者比较可知其误差。但测试的同步性以及匹配等问题使得这一方法在实际应用中比较困难。本书用大气模拟数据法来对劈窗算法进行精度评价，并用NASA提供的MODIS温度产品与使用本研究算法反演结果进行比较分析。

（一）敏感性分析

为了评价参数误差对反演结果（地表温度）的影响，需要对算法进行敏感性分析。在以往的敏感性分析中，通常用式6-18计算参数引起的误差。

$$\Delta T=|Ts(x+\Delta x)-Ts(x)| \tag{6-18}$$

式中：x参数，Δx是参数误差。在本书提出的算法中，对辐射传输方程做了一些近似。因此，即使参数没有误差，反演结果也会有些误差。为了评价方程近似和参数误差的影响，我们用$Ts(x+\Delta x)$与地表真实温度比较。用式6-19代替式6-18。

$$\Delta T=|Ts(x+\Delta x)-Ts| \tag{6-19}$$

在本研究算法中，大气水汽含量是主要的影响因素。用大气模拟数据（表6-3）来分析大气水汽的敏感性。表6-4是通过改变大气水汽含量误差得到的反演的一部分。第2行表示大气水汽含量相对真实大气水汽含量的误差。*LST error*表示反演的地表温度与真实地表温度之差，*RMS*表示均方根。从表6-3可以看出，反演结果的最高精度不是在真实大气水汽含量的地方。为了分析得更清楚，对大气水汽含量的影响做了更详细的分析，模拟分析结果如图6-4。其中，MODIS31/32的透过率分别是用$\tau_{31}=2.897\,98-1.88366\varepsilon^{\frac{w}{21.22704}}$和$\tau_{32}=-3.592\,89+4.60414\varepsilon^{\frac{w}{-32.70639}}$（$w$大气水汽含量）计算得到。从图6-4看出，大气水汽含量相对真实大气水汽含量越少，反演的结果精度越高。当大气水汽含量的误差大约为60%时，相应的MODIS31/32的平均透过率的误差是0.09和0.12，反演结果（地表温度）精度最高（平均温度误差为0.18℃，*RMS*是0.26）。当大气水汽含量没有误差时，相应的MODIS31/32的平均透过率的误差是0.013和0.015，反演结果（地表温度）精度为平均为0.37℃。当大气水汽含量的误差为-80%～130%时，相应的透过率变化范围为0.014～0.310，地表温度的反演误差变化范围为0.18～1.1℃。Kaufman等（1992）对从MODIS反演大气水汽的反演精度评价为-13%～13%。因此，可以看出算法对大气水汽含量不敏感，从大气水汽含量中计算透过率能够提高劈窗算法的实用性。这个原因可能是大气水汽含量控制了MODIS31/32的透过率的误差变化趋势，从表6-3可以看出，适当地利用先验知识可以提高反演精度。从图6-4可知，最高精度是在大气水汽含量相对真实大气水汽含量的误差为60%时，反演结果精度最高，这个原因可能是由于辐射方程的简化，Planck函数的简化和透过率是由大气水汽含量计算得到。事实上，透过率不仅仅是大气水汽含量的函数，同时也受大气温度、观测角度、其他气体、其他因素（大气其他成分）的影响。以上只是从大气模拟数据中分析得到的结论，为了进一步验证这个结论，对MODIS影像数据进行了反演计算和分析。首先，利用MODIS的第2和19波段反演得到大气水汽含量，然后，进一步通过大气水汽含量计算透过率，最后，反演得到地表温度。假定反演的大气水汽含量没有误差，然后按照10%的梯度改变大气水汽含量的误差，重复反演计算过程得到了如图6-5所示的结果（在此，只列出了部分数据）。为了更好地分析，本研究对各种反演结果的温度的最大值和平均值进行了统计分析，如图6-6所示。从图6-6可以看出，改变大气水汽含量误差得到的地表温度差别非常小，这进一步证明了本研究提出的算法对大气水汽含量分析的不敏感。图6-7是改变大气水汽含量反演误差后反演得到的地表温度剖面图。

从图6-6可以看出，当大气水汽含量误差在-50%～10%之间时，其最大和平均温度值的变化很小，只有零点几摄氏度。另外，需要说明的是，最大和平均温度相差10℃以上主要原因是图像中受到一些云的影响。在大气水汽含量误差在-70%和20%时候，变化比较大。与大气模拟数据分析的反演结果稍微有点不一致，其主要原因是从MODIS数据反演出来的大气水汽含量已经存在误差，本研究是在假定没有误差的情况下计算得到的；另外，就是大气模拟数据法不能模拟所有的情形，因此其模拟结果也有一定的局限性。总的来说，这并不影响本研究得到的结论，即本研究提出的劈窗算法对水汽含量不敏感。因此可以得出结论在大气水汽含量反演误差-13%～13%范围内，本研究提出的劈窗算法是可行的，而且利用合适的先验知识可以提高劈窗算法的反演精度。

表6-3 大气水汽含量敏感性分析

大气水汽含量误差					LST误差				
-40%	-20%	0%	20%	40%	-40%	-20%	0%	20%	40%
0.6	0.8	1	1.2	1.4	0.124 2	0.097 89	0.085 25	0.080 59	0.081 35
0.6	0.8	1	1.2	1.4	0.034 29	−0.036 1	−0.078 7	−0.106 0	−0.123 7
0.6	0.8	1	1.2	1.4	−0.102 1	−0.197 5	−0.256 5	−0.295 5	−0.322 1
0.6	0.8	1	1.2	1.4	−0.239 1	−0.348 9	−0.416 5	−0.461 0	−0.491 2
1.2	1.6	2	2.4	2.8	0.087 01	0.050 66	0.033 02	0.027 1	0.029 62
1.2	1.6	2	2.4	2.8	−0.020 3	−0.123 0	−0.195 9	−0.252 6	−0.3
1.2	1.6	2	2.4	2.8	−0.203 4	−0.336 1	−0.432 0	−0.508 9	−0.575
1.2	1.6	2	2.4	2.8	−0.562 6	−0.726 0	−0.845 8	−0.943 3	−1.028 8
1.5	2	2.5	3	3.5	0.083 98	0.032 7	0.001 35	−0.018 2	−0.030 4
1.5	2	2.5	3	3.5	0.004 02	−0.136 9	−0.249 9	−0.350 8	−0.448 4
1.5	2	2.5	3	3.5	−0.185 3	−0.365 9	−0.513 2	−0.647 0	−0.778 3
1.5	2	2.5	3	3.5	−0.843 9	−1.078 1	−1.272 7	−1.452 7	−1.631 8
平均LST误差					0.207	0.294	0.365	0.428	0.486
RMS					0.316	0.422	0.511	0.59	0.665

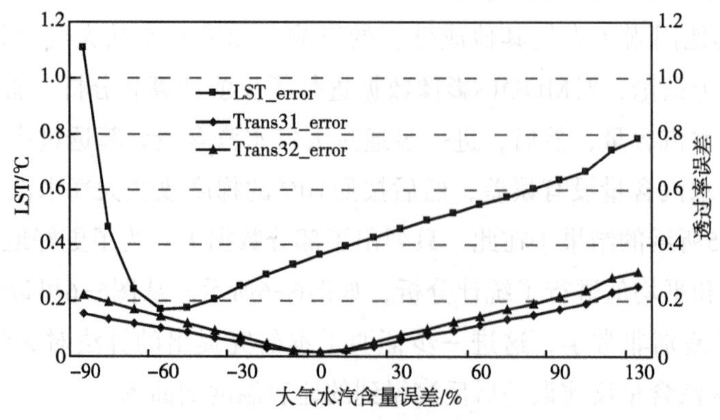

图6-4 大气水汽含量误差变化引起透过率变化和地表温度反演精度变化

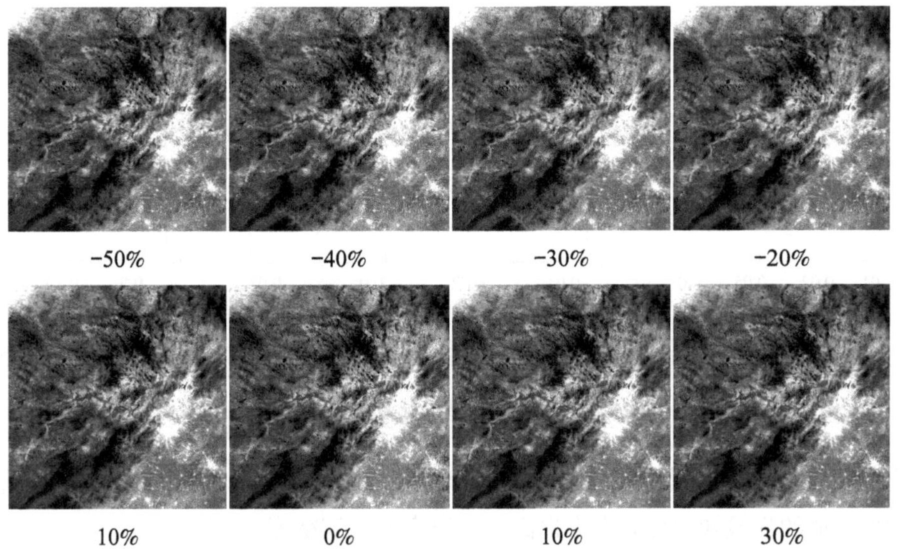

图6-5　改变大气水汽含量误差反演得到的地表温度图

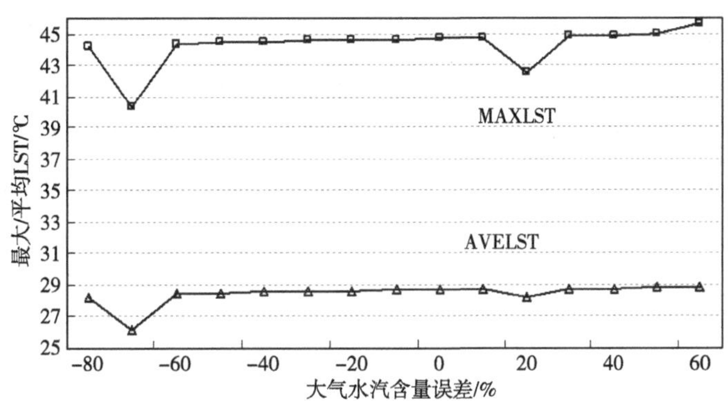

图6-6　改变大气水汽含量误差反演得到的最大和平均温度变化

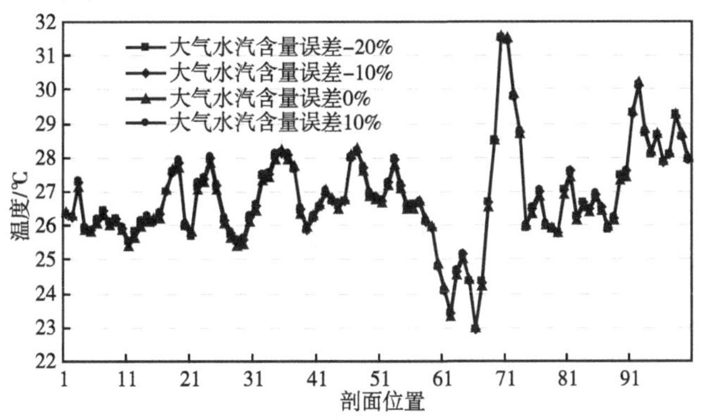

图6-7　改变大气水汽含量反演结果的剖面图

为了进一步了解大气透过率和大气水汽含量的敏感性，对大气透过率进行分析。当以相同的比率改变MODIS31/32的透过率误差（-0.07～0.08）时，得到了图6-8A所示的地表温度的误差图（0.13～0.92℃）；当固定MODIS32的透过率误差变化不变，只改变MODIS31的透过率误差（-0.01～0.08时），得到了如图6-8B所示的地表温度误差图（0.13～0.92℃）；同理，图6-8C是固定MODIS31的透过率时，改变MODIS32的透过率误差（-0.2～0.02）得到的地表温度误差图（0.32～0.96℃）。从图6-8中可以看出，相对大气水汽含量而言，算法对参数透过率是敏感的。

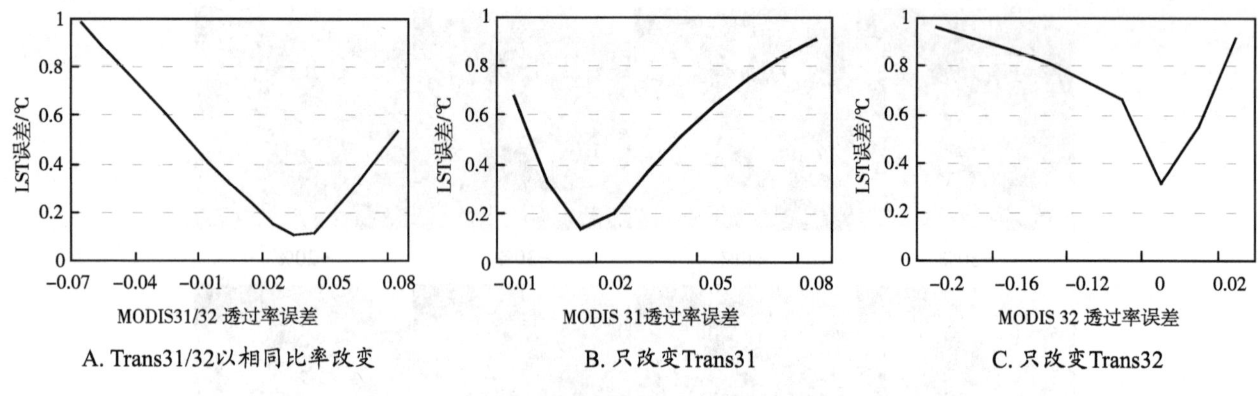

A. Trans31/32以相同比率改变　　B. 只改变Trans31　　C. 只改变Trans32

图6-8　透过率误差引起反演温度误差

从以上的分析可得出结论，提出的算法对大气水汽含量是不敏感的，引入大气水汽含量提高了算法的实用性，而且利用合适的先验知识可以大大提高地表温度的反演精度。

发射率的变对算法的反演精度影响也是非常重要的，对发射率的敏感性也做了分析。图6-9A是同时改变MODIS31/32的发射率误差（-0.01～0.02）时得到的温度误差（0.168～1.116℃）变化图；从图6-9B可以看出，只改变MODIS31发射率误差（-0.004～0.009）时反演结果误差为0.173～1.210℃；图6-9C是只改变MODIS32发射率误差（-0.014～0.008）时的反演结果误差图（0.204～1.135℃）。另外，分析了大多数地表在MODIS31/32（10.780～11.280 μm和11.770～12.270 μm）发射率的波谱变化情况发现大多数地物的发射率高于0.97，而且变化非常小。因此，可以得出结论，本研究提出的算法对参数发射率是不敏感的。当然，由于陆地表面的复杂性，土壤的误差相对其他2种地物的误差要大一些。

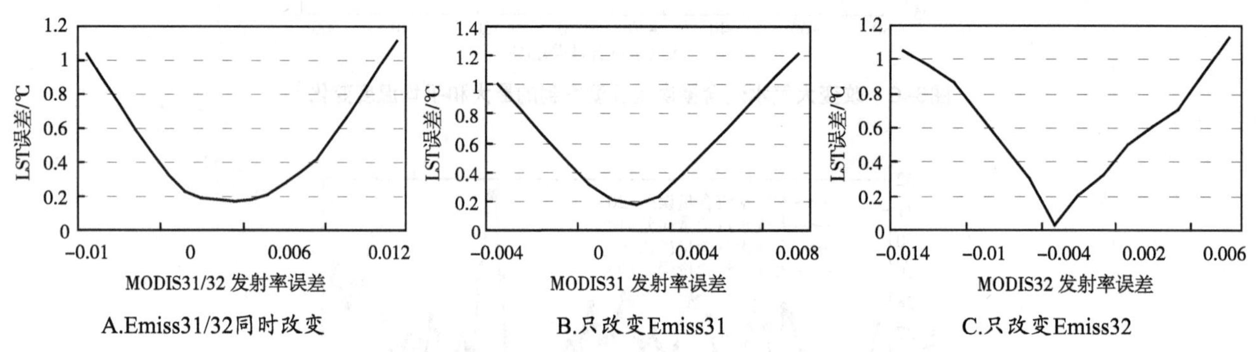

A.Emiss31/32同时改变　　B.只改变Emiss31　　C.只改变Emiss32

图6-9　发射率误差引起的地表温度误差

（二）算法评价

算法精度评价对一个算法的实际应用也是非常重要。对于地表温度反演算法的精度评价，许多研究者（Sobrino and Caselles，1991；Qin et al.，2001）通常用大气模型软件LOWTRAN、MODTRAN模拟标准大气的模拟数据来对算法进行评价。因为很难获得与卫星同步的观测资料，用LOWTRAN模拟数据来对算法进行评价，最后，还用NASA提供的MODIS温度产品与本研究算法反演结果进行比较分析。

1. 气模拟数据算法评价

大气模拟数据法是用大气模型软件如LOWTRAN、MODTRAN等在假定地表温度和发射率以及大气状态已知的情况下，对大气辐射传导进行模拟。即首先求算卫星高度观测到的热辐射，其中包括大气影响辐射的影响，将其转变为亮度温度，然后用劈窗算法在这些已知的参数情况下来反演地表温度，最后比较两者之间的差距可知算法的精度。因模拟过程中有关参数均已知，所以通常将这一误差代表算法的绝对精度（但由于现实情况非常复杂，绝非大气模型所能全部描述）。

在这里，本研究采用MODTRAN对中纬度地区进行模拟计算。表6-4是大气模拟的数据的主要参数表。其模拟的地面温度是20～50℃，大气水汽是1～2.5 g/cm^2。表6-4中给出了用MODTRAN模拟的部分模拟数据；表6-5是用本研究算法反演的部分结果数据；表6-6是用不同的方法计算透过率得到的部分反演结果。RMS代表均方根误差，计算公式为$[\sum(T_t-T_s)^2/N]^{½}$（T_t表示反演结果），平均温度误差用公式$\sum|T_t-T_s|/N$计算。表6-6中Linear fit是用：$\tau_{31}=-0.106\,71w+1.040\,15$；$\tau_{32}=-0.125\,77w+0.992\,29$，（$w$代表大气水汽含量）；Exponent fit是用：$\tau_{31}=2.897\,98-1.88366e^{\frac{w}{21.22704}}$，$\tau_{32}=-3.592\,89+4.60414e^{\frac{w}{-32.70639}}$。表6-5中是用标准大气模拟的反演结果，即大气透过率和发射率用的是模拟真实值，平均反演结果温度为0.32℃，RMS是0.39。表6-6也是用标准大气模拟反演得到的结果，不同的是透过率是从大气水汽含量计算得到。当用指数关系计算时候，平均精度为0.37℃，RMS为0.51；当用线性关系计算时，平均精度为0.49℃，RMS为0.71。这些结果表明，当用真实模拟参数时，反演精度最高；当透过率用指数关系从大气水汽含量计算得到时，精度次之；精度最差是当用线性关系从大气水汽含量计算得到透过率时。

表6-4　中纬度地区大气辐射模拟数据

大气水汽含量/（g/cm^2）	发射率		透过率		LST	高温/K	
	Em31	Em32	Tran31	Tran32	Ts C	MODIS31	MODIS32
1	0.97	0.974	0.913	0.862	20	290.87	290.74
	0.97	0.974	0.915 8	0.867	30	300.34	299.98
	0.97	0.974	0.918 4	0.871	40	309.97	309.49
	0.97	0.974	0.920	0.875	50	319.68	319.14
2	0.97	0.974	0.817	0.722	20	290.47	290.10
	0.97	0.974	0.830	0.741	30	299.56	298.77
	0.97	0.974	0.843	0.759	40	309.06	308.07
	0.97	0.974	0.853	0.767	50	318.72	317.52
2.5	0.97	0.974	0.756	0.640	20	290.20	289.69
	0.97	0.974	0.774	0.665	30	299.03	298.01
	0.97	0.974	0.793	0.689	40	308.43	307.15
	0.97	0.974	0.814	0.703	50	318.14	316.53

表6-5　中纬度地区劈窗算法地表温度反演数据

A31	A32	B31	B32	C31	C32	D31	D32	T/K	T/℃	T_t-T_s/℃
0.122	0.1	36.5	30.22	0.012 3	0.016 6	2.823	3.716 1	293.1	20	0.045
0.122	0.1	37.9	31.43	0.011 9	0.016 1	2.737	3.596 7	303.3	30	−0.19
0.123	0.101	39.3	32.67	0.011 5	0.015 5	2.652	3.477 3	313.6	40	−0.41

续表

A31	A32	B31	B32	C31	C32	D31	D32	T/K	T/℃	T_t-T_s/℃
0.123	0.101	40.7	33.92	0.011 3	0.015	2.589	3.364 7	323.8	50	−0.63
0.109	0.083	33.5	26.52	0.025 8	0.033 5	5.931	7.490 4	293.1	20	0.036
0.111	0.086	35.1	28.03	0.024	0.031 3	5.508	6.991 5	303.4	30	−0.2
0.113	0.088	36.9	29.61	0.022 1	0.029	5.085	6.494 1	313.6	40	−0.42
0.114	0.089	38.5	30.94	0.020 7	0.028	4.758	6.272 2	323.8	50	−0.62
0.101	0.074	31.6	24.35	0.034 3	0.043 3	7.88	9.689 3	293.1	20	0.029
0.104	0.077	33.4	25.98	0.031 8	0.040 4	7.294	9.029 8	303.4	30	−0.21
0.106	0.08	35.2	27.7	0.029 2	0.037 4	6.707	8.369 4	313.6	40	−0.43
0.109	0.081	37.2	29.18	0.026 2	0.035 7	6.023	7.989 8	323.8	50	−0.62
平均误差						0.32				
RMS						0.39				

注：透过率采用大气模型模计算得到的透过率。

表6-6　中纬度地区劈窗算法地表温度反演数据

Linear fit					Exponent fit				
Trans31	Trans32	T_s	T_t-T_s	R^2	Trans31	trans32	T_s	T_t-T_s	R^2
0.933	0.866	293	0.194	0.037 7	0.923 458	0.872 6	293.1	0.085	0.007 2
0.933	0.866	303	0.170	0.028 9	0.923 458	0.872 6	303.2	−0.080	0.006 1
0.933	0.866	313.1	0.076	0.005 8	0.923 458	0.872 6	313.4	−0.260	0.065 7
0.933	0.866	323.2	−0.030	0.001 0	0.923 458	0.872 6	323.6	−0.420	0.173 4
0.826	0.740	293.2	−0.020	0.000 2	0.828 213	0.738 1	293.1	0.033	0.001 0
0.826	0.740	303.5	−0.300	0.087 5	0.828 213	0.738 1	303.4	−0.200	0.038 3
0.826	0.740	313.7	−0.560	0.311 7	0.828 213	0.738 1	313.6	−0.430	0.186 6
0.826	0.740	324.2	−1.000	0.998 2	0.828 213	0.738 1	324.0	−0.850	0.715 4
0.773	0.677	293.3	−0.170	0.030 0	0.778 881	0.672 4	293.2	0.001	0.000 01
0.773	0.677	303.8	−0.590	0.351 3	0.778 881	0.672 4	303.4	−0.250	0.062 4
0.773	0.677	314.1	−0.940	0.888 7	0.778 881	0.672 4	313.7	−0.510	0.263 3
0.773	0.677	325.0	−1.810	3.286 0	0.778 881	0.672 4	324.4	−1.270	1.619 8
平均LST误差			0.49				0.37		
RMS			0.71				0.51		

注：透过率采用本研究模拟方程求算。

2. 与MODIS产品比较

因为地表的温度不是均一的，而且地面测量只可能是点状测量，因此获得卫星过境时与像元分辨率（1 km × 1 km）一致的地面数据非常的困难。另外，即使获得了实测数据，实时大气剖面数据、地表发射率的测量以及影像和实测数据的配准仍然存在误差。由于这些原因，使得用实地测量法验证算法精度非常的困难。仍然Wan等（2002，2004）克服了很多困难，对MODIS产品进行了实际测量验证，其测试数据表明：MODIS产品在实验区的精度在1℃以内。在这里，用NASA提供的北京地区的MODIS产品（400 m × 400 m）与反演结果进行相对评价。时间为2003年8月11日的L3 ISIN grid级MODIS温度产品，如图6-10所示，平均温度为28.77℃。图6-11为使用本算法反演的结果，平均温度为28.70℃。两者的平均温度相差只有0.07℃。从图6-10和图6-11中可以看出，MODIS产品的温度变化比本研究的反演结果变化明显，其中主要的原因是受云的影响特别大，导致灰度级别分布很大，图6-11影响相对较小。图中颜色比较深的地方是温度基本在0℃以下，经统计分析表明，在没有云影响的地方，本研究算法反演结果与MODIS产品基本一致。

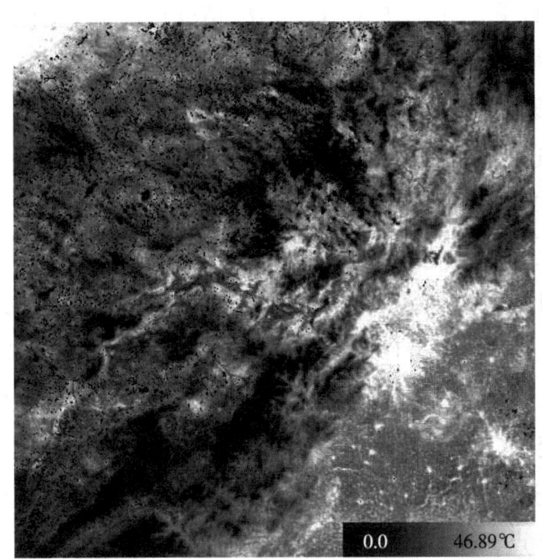

图6-10　NASA提供的MODIS温度产品

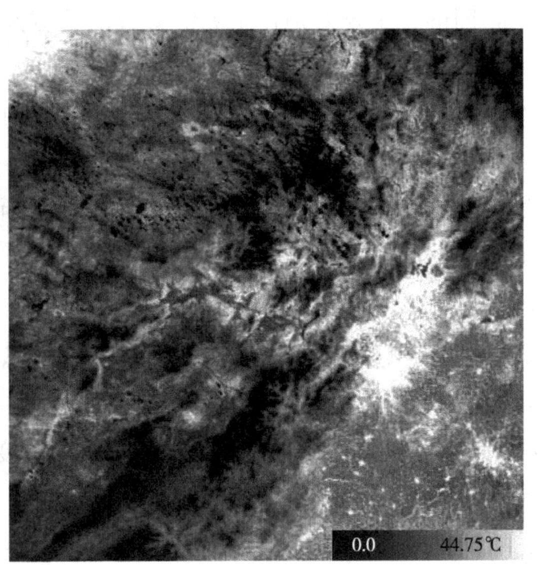

图6-11　用本研究算法反演结果

五、算法应用

本研究用到的MODIS影像是摄取于2003年8月中旬，对环渤海地区而言，这是个炎热的季节，正是夏季植被生长最繁茂之时。通过分别利用劈窗算法对31通道和32通道进行地面温度反演发现，31和32通道的星上亮度温度非常接近，小于1℃。用劈窗算法反演得到地表温度图，遥感反演结果图请参见文献［Mao K，Qin Z，Shi J，et al.，2005. A practical split-window algorithm for retrieving land surface temperature from MODIS data. International Journal of Remote Sensing，26：3181-3204］。分析表明，最高温度为45.1℃，平均温度为22.2℃，这是与该地区的气温变化是一致的。平均温度相对夏季偏低，这主要是影像中包含了渤海地区，海上的温度相对较低，而且部分地方受云的影响，从而使平均温度与最高温度相差23.9℃，这是可以理解的。结果显示，城市热岛效应和海陆温度差异非常明显。这种大面积温度分布规律在高分辨率的TM和ASTER影像上体现不出来，反映大区域的温度分布差异是MODIS影像的一个优势。

第三节 从MODIS数据中同时反演地表温度和发射率的RM-NN算法

最近几十年，大尺度上环境研究和管理活动对温度信息的需求已经使得利用遥感手段反演地表温度和发射率的技术有了很大的进步。许多人致力于寻找新方法从遥感数据中反演地表温度。

MODIS是一个对地观测卫星（EOS）上的一个传感器，它拥有36波段。由于其能够覆盖全球、辐射分辨率非常高、动态范围以及精确的校正使得MODIS传感器在海面温度、陆地表面温度和大气参数反演方面具有非常大的潜力。

许多劈窗算法已经被开发来从NOAA/AVHRR和MODIS数据中反演海面温度和地表温度。这些方法主要是利用相邻热红外波段对水汽的敏感性不一样来校正大气的影响（Price，1984；Becker et al.，1990；Sobrino et al.，1991，1994，2004；Coll et al.，1994；Vidal，1991；Kerr et al.，1992；Otlle et al.，1993；Prata，1994；Wan et al.，1996；Qin et al.，2001；Mao et al.，2005。这些算法的形式基本上是相同的，主要差别在于关键参数的获取及计算。虽然大多数的算法精度都很高，但它们仍然需要做一些假定和利用发射率和大气状态（特别是大气水汽含量）作为已知的先验知识。

从多个热红外波段的测量中同时反演地表温度和发射率是非常困难的，因为N个波段至少拥有$N+1$个未知数（N个波段的发射率和地表温度），这是一个非常典型的病态反演问题。如果不利用任何先验知识，几乎不可能同时从多个热红外数据中反演地表温度和发射率。Kahle等（1992），Hook等（1992）、Watson（1992）、Kealy等（1993）、Schmugge等（1998，2002），Liang（2001）在地表温度和发射率反演方面做了许多工作。Li等（1993）利用TISI技术和白天/晚上的影像数据反演地表温度和发射率，这个反演方法需要大气剖面信息。Wan等（1997）提出了一个多波段算法来同时从EOS/MODIS传感器中同时反演地表温度和发射率，这个方法受地面的光学性质和大气状态的影响，这2个方法都假定了白天和晚上同一地点的发射率不变。Gillespie等（1998）提出了一个方法对已作大气校正的ASTER影像的地表温度和发射率进行分离，这个方法的精度在很大程度上取决于大气校正的精度。Mao等（2005）也针对MODIS/ASTER数据的特点，也提出了针对MODIS/ASTER数据的同时反演地表温度和发射率的多波段算法。

事实上，地球上各种成分不是独立的，而是彼此相互联系的。以全球作为基础来监测和评价地球物理信息是非常必要的，所以开发新方法从卫星遥感数据中提取具体的信息变得越来越重要。反演和分类是遥感反演这些信息经常采用的方法。在本研究中，将探索地球物理参数之间，具体包括不同波段的发射率之间，地表温度、大气平均作用温度、星上亮度温度之间，大气透过率与大气水汽含量之间的关系。

同时，本研究还将探讨怎么样利用辐射传输模型和神经网络来同时从MODIS1B数据中反演地表温度和发射率。从某种程度上讲，神经网络能够克服先前算法的缺点，因为神经网络不要具体地推导反演方程，并且复合了一些分类信息。神经网络（NN）能够通过辐射传输模型（RM）直接决定反演函数的映射关系。传统的反演方法需要对具体反演公式进行推导，这些推导往往是非常耗费时间的，并且在简化的过程中带来了误差。RM-NN技术能够克服这些缺点，它能比较容易地实现并且获得比较高的精度。这种优势在以往的热红外遥感中没有得到充分的利用。在后面详细介绍利用辐射传输模型（MODTRAN4）训练和测试用来作为真实反演的神经网络（NN）；确定反演的有效范围。RM-NN技术被用来反演将是当前地球物理参数反演的一个重要进步，辐射传输模型和神经网络的复合使得更高精度和更实用的反演成为可能。

一、同时从MODIS数据中反演地表温度和发射率的病态问题

陆地表面温度和发射率反演是基于辐射传输方程，它描述了地表热辐射从地表途经大气达到传感器的过程。通常讲，地表不是一个黑体，在计算地表热辐射时需要考虑地表发射率，同时，大气对传感器接收到的能量也有贡献。考虑到这些因素，通用的辐射传输方程可以成式6-20。

$$B_i(T_i)=\tau_i(\theta)[\varepsilon_i(\theta)B_i(T_s)+(1-\varepsilon_i)I_i^{\downarrow}]+I_i^{\uparrow} \tag{6-20}$$

式中：T_s是地表温度，T_i是通道i的星上亮度温度，$\tau_i(\theta)$是通道i在θ角时的透过率，$\varepsilon_i(\theta)$是在θ方向的地表发射率。$B_i(T_s)$是地表辐射强度，$I_i^{\uparrow}$和$I_i^{\downarrow}$分别是大气向上和向下的辐射强度。$I_i^{\uparrow}$和$I_i^{\downarrow}$可以分别表示如下。

$$I_i^{\uparrow}=[1-\tau_i(\theta')]B_i(T_a) \tag{6-21a}$$

$$I_i^{\downarrow}=[1-\tau_i(53^o)]B_i(T_a^{\downarrow}) \tag{6-21b}$$

式中：T_a是向上的大气平均作用温度，$T_a^{\downarrow}$是向下的大气平均作用温度。用$I_a^{\uparrow}$和$I_a^{\downarrow}$代入式6-20可得。

$$B_i(T_i)=\varepsilon_i(\theta)\tau_i(\theta)B_i(T_s)+[1-\tau_i(\theta')][1-\varepsilon_i(\theta)]\tau_i(\theta)B_i(T_a^{\downarrow})+[1-\tau_i(\theta)]B_i(T_a) \tag{6-22}$$

为了简化等式，Qin等（2001）作了一些分析和合理的简化。他们得到的结论用T_a代替$T_a^{\downarrow}$对反演方程不会有太大的影响，所以反演方程可以描述成式6-23。

$$B_i(T_i)=\varepsilon_i(\theta)\tau_i(\theta)B_i(T_s)+[1-\tau_i(\theta')][1-\varepsilon_i(\theta)]\tau_i(\theta')B_i(T_a)+[1-\tau_i(\theta)]B_i(T_a) \tag{6-23}$$

对于MODIS 29、31、32波段，方程可以写成：

$$B_{29}(T_{29})=\varepsilon_{29}(\theta)\tau_{29}(\theta)B_{29}(T_s)+[1-\tau_{29}(\theta')][1-\varepsilon_{29}(\theta)]\tau_{29}(\theta)B_{29}(T_a)+[1-\tau_{29}(\theta)]B_{29}(T_a) \tag{6-24a}$$

$$B_{31}(T_{31})=\varepsilon_{31}(\theta)\tau_{31}(\theta)B_{31}(T_s)+[1-\tau_{31}(\theta')][1-\varepsilon_{31}(\theta)]\tau_{31}(\theta)B_{31}(T_a)+[1-\tau_{31}(\theta)]B_{31}(T_a) \tag{6-24b}$$

$$B_{32}(T_{32})=\varepsilon_{32}(\theta)\tau_{32}(\theta)B_{32}(T_s)+[1-\tau_{32}(\theta')][1-\varepsilon_{32}(\theta)]\tau_{32}(\theta)B_{32}(T_a)+[1-\tau_{32}(\theta)]B_{32}(T_a) \tag{6-24c}$$

在方程组（式6-24a ~ c）的3个方程中，有5个未知数（3个波段的发射率、地表温度和大气平均作用温度），这是一个典型的病态反演问题。如果大气水汽含量不能确定，透过率也是一个未知参数。为了反演地表温度和发射率，不得不构造其他的方程和限制条件。

二、地球物理参数之间相互联系

地球物理参数彼此之间不是独立的，而是相互联系的。在以往的算法中，没有充分地利用地球物理参数之间的关系。在这里，将利用JPL（URL：http://speclib.jpl.nasa.gov）探讨MODIS 29、31、32不同波段发射率之间的关系，并利用大气模型软件（MODTRAN4）对地表温度、星上亮度温度与大气平均作用温度之间的关系，以及大气透过率与大气水汽含量之间的关系进行模拟分析。

（一）不同波段之间发射率的关系

在劈窗算法里面，发射率往往被当作一个常数。一个原因是方程式数量不够，另一个原因是不

同的地物在热红外波段的发射率几乎是个常数。热红外波段的发射率是由地物特性决定的，并且随波段范围变化而变化的。分析JPL提供的160余种地物的波谱数据（URL：http://speclib.jpl.nasa.gov），在MODIS 29-33（8.55～13 μm），绝大多数的发射率都高于0.65，而且变化非常的小。由于发射率曲线是连续并且稳定的，因此能够用线性方程来描述局部发射率之间的关系。在分析了发射率的波谱曲线后，发现MODIS 29/31/32的发射率变化很小。特别是对于波段31和32，波段范围非常短而且几乎是连续了。在MODIS像元1 km尺度下，陆地表面主要是由4种地物类型构成（土壤、植被、水和岩石），后面将会进行详细的分析。对于第1种类型土壤，光谱库提供了大约41种土壤类型，如图6-12所示。从图6-12可以知道，41种土壤的发射率在波段31和32之间的发射率的区别非常小且变化趋势基本相同，但波段29与波段31和32区别比较大，对波段31和32的发射率做回归分析，得到式6-25a。对于第2种类型植被，由于不同植被的光谱差别不是太大，光谱库只提供了4种典型的代表类型（如图6-13），对4种地物在波段31和32之间的发射率做回归分析，得到式6-25b。对于第3种类型雪-水，光谱库提供了9种类型，光谱曲线的趋势基本是相同的（图6-14），对波段31和32的发射率做回归分析，得到式6-25c。

$$\varepsilon_{32}=0.581\,3+0.408\,2\varepsilon_{31} \tag{6-25a}$$

$$\varepsilon_{32}=-0.124+1.129\varepsilon_{31} \tag{6-25b}$$

$$\varepsilon_{32}=-2.110\,5+3.122\,6\varepsilon_{31} \tag{6-25c}$$

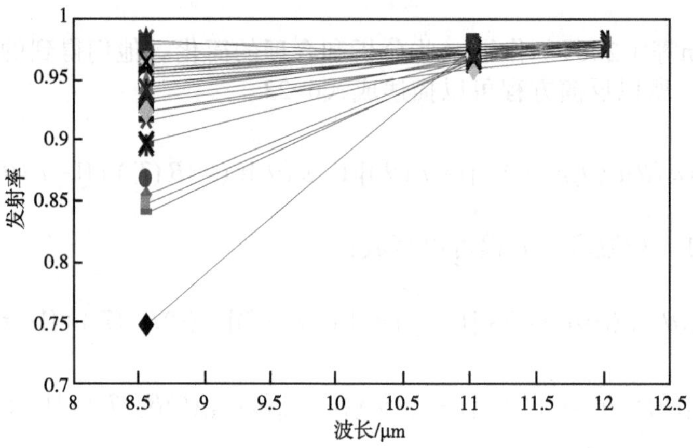

图6-12　不同土壤在MODIS三个波段（29/31/32）的发射率

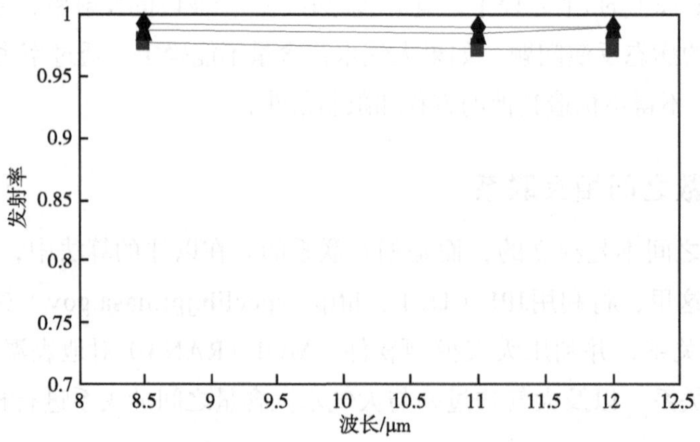

图6-13　不同植被在MODIS三个波段（29/31/32）的发射率

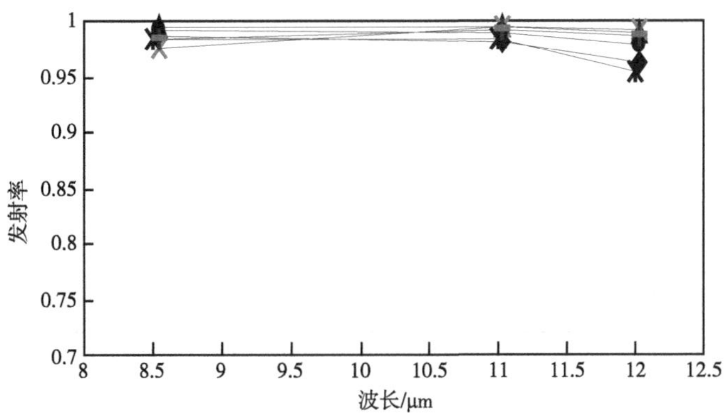

图6-14　不同雪-水在MODIS三个波段（29/31/32）的发射率

第4种类型岩石与上面的3种主要类型有些差别，相对来说，不同岩石的光谱曲线变化要大一些。这里主要分析3种类型的岩石（粉末状火成岩、固体火成岩和变质岩）。第1种是粉末状火成岩，光谱库提供了大约35类型（图6-15）；第2种固体状火成岩大约是35种；第3种变质岩大约是23种。同样，对波段31和32的发射率做回归分析，得到了式6-25d ~ f。从图6-15至图6-17中可以看出，波段29和31之间的关系可能更好。具体的波段回归近似误差可以参考表6-7。

$$\varepsilon_{32}=0.6177+0.3678\varepsilon_{31} \tag{6-25d}$$

$$\varepsilon_{32}=0.2959+0.6844\varepsilon_{31} \tag{6-25e}$$

$$\varepsilon_{32}=-0.2367+1.2461\varepsilon_{31} \tag{6-25f}$$

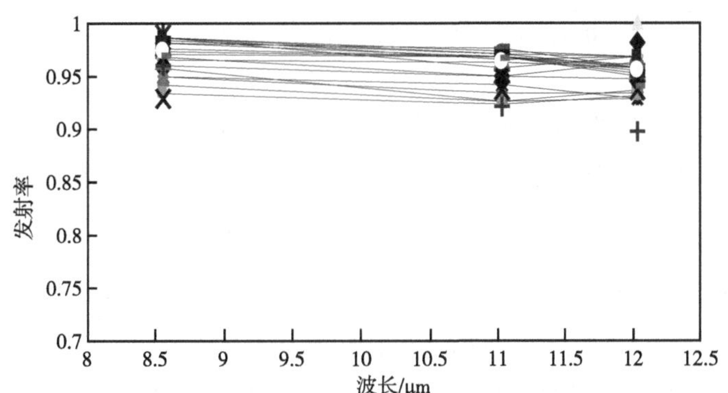

图6-15　不同粉末状火成岩在MODIS三个波段（29/31/32）的发射率

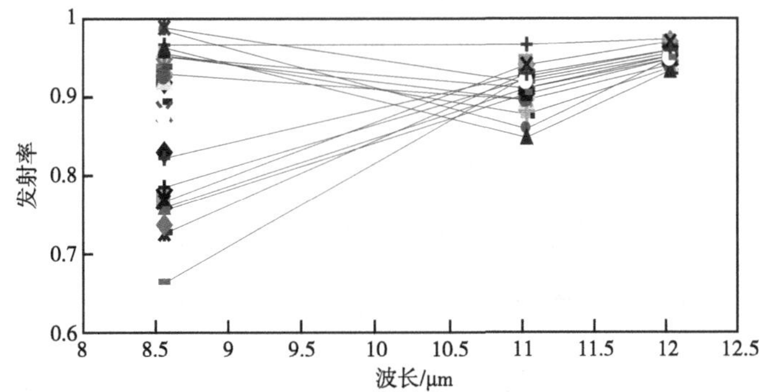

图6-16　不同固体状火成岩在MODIS三个波段（29/31/32）的发射率

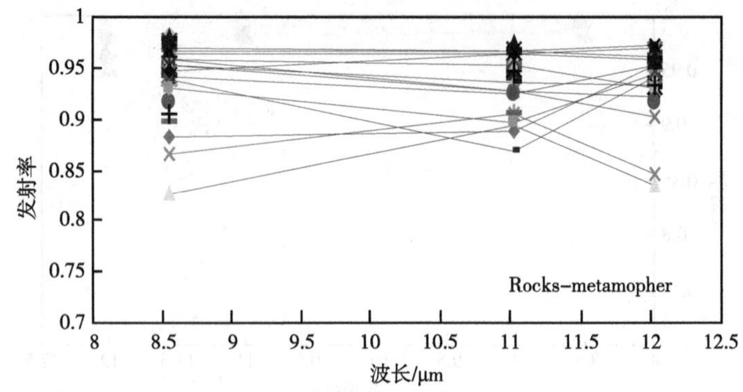

图6-17　不同变质岩在MODIS三个波段（29/31/32）的发射率

表6-7　波段32通过线性近似误差

土壤类型	平均误差	RMS	范围
土壤	0.002 7	0.008 0	0.000 1~0.008 8
植被	0.001 5	0.002 0	0.000 7~0.002 2
雪-水	0.003 0	0.004 0	0.000 2~0.005 3
粉末状火成岩	0.003 6	0.004 6	0.000 2~0.008 0
固体状火成岩	0.007 1	0.010 6	0.000 1~0.007 6
变质岩	0.018 0	0.024 2	0.001 0~0.058 6

注：对于粉末状火成岩有一种大于0.014；有5种固体状火成岩大于0.010。

在1 km尺度下，分析了大约80种地面常见的地物类型。在分析之后，基本上可以将上述的各种地物分成2组，一组是非雪-水的地表类型，波段31与波段29和31之间的关系可以写成式6-26。

$$\varepsilon_{31}=0.074\,9+0.057\varepsilon_{29}+0.862\varepsilon_{32} \qquad (6\text{-}26)$$

第2种类型是雪-水覆盖的地表，波段31与波段29和31之间的关系可以写成式6-27。

$$\varepsilon_{31}=0.683\,6+0.035\,7\varepsilon_{29}+0.276\,3\varepsilon_{32} \qquad (6\text{-}27)$$

对于非雪-水覆盖的地表，波段31的近似误差在0.003 1以下；对于雪-水覆盖的地表，波段31的近似误差在0.001 1以下。

虽然地表类型非常复杂（如人造地物），但在1 km尺度下，地物主要是由4种类型构成（土壤、植被、水和岩石）。事实上，从上面的光谱曲线分析可知，能够利用热红外波段来对地物进行分类，因为不同地物的发射率的信息包含在里面了。另外，如果可以利用可见光和近红外对于地物进行分类，就可以用更多的等式去描述不同地物发射率之间的关系，从而可以克服方程不足的困难。

（二）地表温度、星上亮度温度以及大气平均作用温度的相互关系

在式6-20中，Sobrino等（1991）将有效大气平均作用温度（T_a）定义如式6-28a所示。

$$T_a=\frac{1}{w}\int_0^Z T_z\,dw(z,Z) \qquad (6\text{-}28a)$$

式中：w是从0到Z高度的大气水汽总量，$dw(z,Z)$是在z高度的大气水汽含量，T_z是z高度的大气温度。实际上，大气平均作用温度还受其他吸收气体（二氧化碳、气溶胶、臭氧等）的影响，当其他的

气体吸收比较大时，用式6-28a计算大气平均作用温度必须考虑其他气体吸收的影响。显然，大气在不同波长时吸收是不一样的。因此，严格地来说，对不同的波段，大气平均作用温度应考虑波长变化，如式6-28b所示。

$$T_{a\lambda}=\frac{1}{w}\int_0^Z T_{z\lambda}dw(z,Z)+\frac{1}{w_o}\int_0^z T_{z\lambda}dw_o(z,Z) \quad (6\text{-}28b)$$

式中：$T_{a\lambda}$表示等效波长λ的大气平均作用温度，$T_{z\lambda}$表示z高度等效波长λ的大气温度，w_o表示是从0到Z高度其他气体（除大气水汽）总量，$dw_o(z, Z)$是在z高度其他大气（除水汽外）的含量。其他参数同式6-28a。热红外波段主要受大气水汽含量的影响，当其他气体的影响不是很大时，通常用一个来代替，其引起的误差不是很大（比如MODIS的第31和32波段可以不考虑，但第29波段就需要考虑波长影响）。在这里，用标准大气对一般的情况（不考虑波长和其他吸收气体的变化影响）进行分析。

在13 km以下，大气温度是随地面温度（1～2 m）变化而变化的，具体如图6-14所示，各种模式下的标准大气压的温度剖面的形状基本是稳定的。另外，改变大气水汽含量，可以发现虽然每层的大气水汽含量变化，但是每层的大气水汽含量的比率基本不变（表6-8）。Qin等（2001）用LOWTRAN7作过类似的分析。

从图6-18和表6-8以及根据式6-28a和式6-28b，通过改变地表温度（2 m高）和大气水汽含量，计算有效大气平均作用温度。有效大气平均作用温度和地表温度（2 m高）之间的关系如图6-19所示。

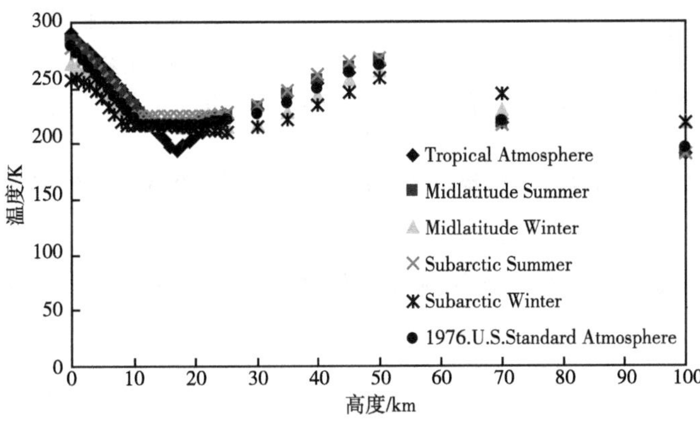

图6-18　6个标准大气剖面

表6-8　不同剖面的大气水汽含量比率

海拔/m	热带大气	中纬度夏季	中纬度冬季	亚北极夏季	亚北极冬季	USA，1976
0	0.369 0	0.380 0	0.337	0.354	0.249	0.341
1	0.253 0	0.253 0	0.241	0.234	0.249	0.243
2	0.181 0	0.160 0	0.174	0.164	0.196	0.167
3	0.091 3	0.089 5	0.116	0.105	0.141	0.104
4	0.042 7	0.051 5	0.063 6	0.066 1	0.085 1	0.0637
5	0.029 1	0.027 1	0.036 6	0.038 9	0.041 6	0.037
6	0.016 6	0.016 6	0.020 2	0.021	0.020 4	0.022
7	0.009 13	0.01	0.008 22	0.011 3	0.011 2	0.012 1
8	0.004 86	0.005 7	0.003 37	0.005 08	0.002 29	0.006 93

续表

海拔/m	热带大气	中纬度夏季	中纬度冬季	亚北极夏季	亚北极冬季	USA，1976
9	0.002 33	0.003 25	0.001 54	0.001 47	0.001 74	0.002 66
10	0.000 972	0.001 74	0.000 722	0.000 426	0.001	0.001 04
11	0.000 33	0.000 596	0.000 209	0.000 115	0.000 428	0.000 474
12	0.000 116	0.000 163	0.000 108	0.000 0445	0.000 219	0.000 214
13	0.000 035	0.000 039 1	0.000 077 1	0.000 028 4	0.000 139	0.000 104
14	0.000 0194	0.000 020 9	0.000 063 4	0.000 021 9	0.000 12	0.000 048 4
15	0.000 0109	0.000 012 1	0.000 053 3	0.000 018 9	0.000 104	0.000 035

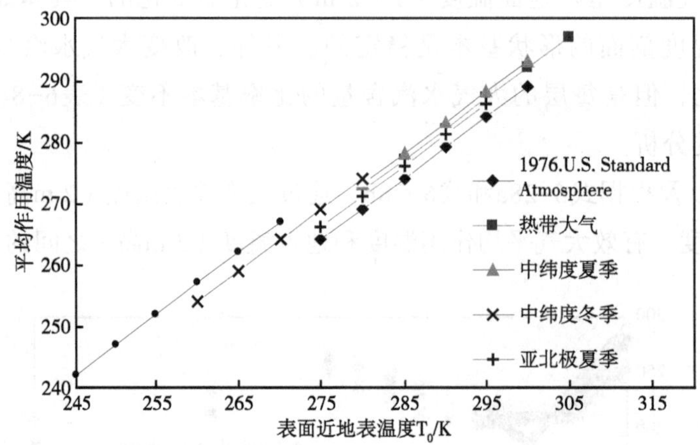

图6-19 大气有效平均作用温度和表面近地表（大概2 m）温度之间的关系

从图6-19可以看出，有效大气平均作用温度与近地表温度有很好的线性关系。它们之间的关系可以描述为式6-29。

$$T_a = A_i + B_i T_0 \quad (6\text{-}29)$$

式中：T_0是近地面（2 m高左右）温度，T_a是大气平均作用温度，A_i是常数，B_i是系数。对不同的大气模式，不同的波段，系数是不一样的。这里不考虑波长的影响，用标准大气分析。通过模拟分析，建立查找表（表6-9）。

表6-9 大气有效平均作用温度和近地表（大约2 m高）温度之间的关系

大气模型	方程	R^2
热带大气	$T_a = T_0 - 8.333$	0.997 0
中海拔夏季	$T_a = 0.98T_0 - 1.6$	0.995 4
中海拔冬季	$T_a = 0.94T_0 + 9.8$	0.998 6
亚北极夏季	$T_a = 1.02T_0 - 14.5$	0.997 3
亚北极冬季	$T_a = T_0 - 3$	1.000 0
USA.1976	$T_a = T_0 - 11$	1.000 0

虽然在很多情况下，地表温度和近地表温度相差不大，但由于它们之间存在潜热交换，地表温度和近地面温度还是有差异的（特别是当气温变化比较大时）。如果能从气象站准确获得近地表的温度，那么有可能准确地计算出有效大气平均作用温度。但遗憾的是，不可能获得如此多的气象站点，另外，地表是点测量，很难用一个或几个气象站的测量来代表1 km范围内的气温。假定地表温度和近地表温度之间的差别在-5 K<T_s-T_0<5 K之间变化。图6-20是当地表温度和近地表温度在 ± 5 K之间变化时，用大气模型模拟得到。表6-10给出了当地表温度和近地表温度分别在 ± 0 K和 ± 5 K之间变化时，用地表温度代替近地表温度计算得到有效大气平均作用温度的误差。计算方法是用地表温度（T_s）作为第一层近地表温度（T_0），而其他的仍然按照模式计算。事实上，由于近地表层占第一层（1 km）的大气水汽含量比值很小，所以大气水汽含量比率和地表温度的乘积对整个大气平均作用温度的影响并不大。从表6-10可以看出，当用地表温度代替近地表温度（-5 K<T_s-T_0<5 K）计算有效大气平均作用温度时，最大的误差不超过3 K。如果将近地表2 m高度从第一层分离出来，因为水汽含量比重小，误差将会在1 K以下，所以当-5 K<T_s-T_0<5 K，有效大气平均作用温度和地表温度之间的关系可以近似表示成式6-30。

$$T_a \approx A_2 + B_2 T_s \tag{6-30}$$

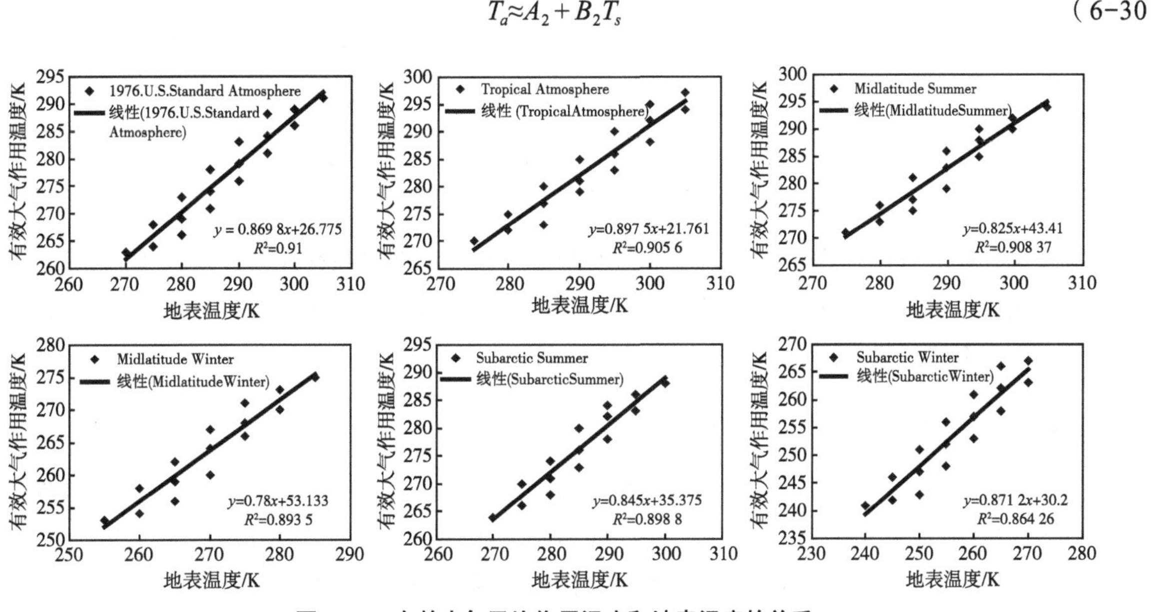

图6-20 有效大气平均作用温度和地表温度的关系

当|T_s-T_0|>5 K，由于近地表2 m高大气水汽占第一层1 km的比率不是很大。假定在1 km范围内是均匀分布的，那么近地表层的大气水汽含量比率在1%（2 m/1 000 m）以下。用式6-28a和6-28b估算的大气平均作用温度误差不会太大，但T_a与T_s之间不是很好的线性关系。另外，根据相易原理，如果把卫星高度的辐射亮度当作发射源，即使忽略掉地表温度和近地表温度的差异影响，有效大气平均作用温度可能与星上亮温有更好的线性关系。有效大气平均作用温度和星上亮温之间关系可以表示成式6-31。

$$T_a \approx A_3 + B_3 T_i \tag{6-31}$$

式中：T_i是星上亮度温度。这样引起的误差可能更小，而且从式6-31可以看到，大气平均作用温度前的系数小于1，所以有效大气平均作用温度引起的误差对地表温度影响不会太大。从某种程度上讲，地表温度、星上亮度温度与大气平均作用温度之间是彼此联系的，但这种关系不能用数学公式具体严格地描述出来，如果用具体的数学公式计算，有时会引起比较大的误差。当地球物理参数之间的关系不能具体描述时，最小二乘法和神经网络将是最好的选择。

表6-10　有效大气平均作用温度误差（当用地表温度估计时）

T_s-T_0	误差	热带大气	中纬度夏季	中纬度冬季	亚北极夏季	亚北极冬季	USA，1976
±5 K	Ave	2.20	1.85	1.85	2.00	2.60	2.22
	RMS	2.52	2.14	2.19	2.31	3.00	2.58
±4 K	Ave	1.72	1.65	1.58	1.67	1.98	1.65
	RMS	1.95	1.89	1.78	1.83	2.29	1.87
±3 K	Ave	1.2	1.26	1.31	1.34	1.36	1.27
	RMS	1.38	1.45	1.5	1.53	1.57	1.53
±2 K	Ave	1.11	0.95	0.91	0.97	1.03	0.96
	RMS	1.23	1.08	1.04	1.11	1.29	1.12
±1 K	Ave	0.48	0.61	0.48	0.53	0.68	0.39
	RMS	0.49	0.7	0.61	0.58	0.81	0.45
±0 K	Ave	0.33	0.4	0.48	0.2	0	0
	RMS	0.333	0.42	0.58	0.24	0	0

总的来说，在大气平均作用温度、地表温度和星上亮度温度之间存在某种线性关系。从式6-23可知，在对普朗克函数线性简化后，大气平均作用温度、地表温度以及星上亮度温度之间的线性关系是被发射率、透过率控制着，而透过率是大气水汽的函数。

（三）大气水汽含量与透过率的关系

大气透过率是地表温度反演过程中的一个关键参数，它经常是通过大气模拟软件（6S、LOWTRAN、MODTRAN等）模拟得到。由于技术上的困难，大气透过率往往很难实时获取。经常使用的方法是使用大气模拟软件利用当地的大气水汽含量模拟得到。在MODIS的36个波段中，有5个近红外波段：2（0.865 μm）、17（0.905 μm）、18（0.936 μm）、19（0.940 μm）、5（1.24 μm）。其中，17、18、19是3个大气吸收波段，而2和5是大气窗口波段。这样设计的目的是利用MODIS近红外波段反演大气水汽含量。从近红外波段反演大气水汽含量的算法具体可以详细参见。

因为热红外波段的大气透过率主要受大气水汽含量的影响，我们可以通过MODTRAN4模拟得到MODIS19、31、32波段透过率与大气水汽含量的关系。图6-21是模拟结果。

本研究做了一个统计回归，透过率与大气水汽含量关系具体如下。

$$\tau_{29} = 1.548e^{\frac{w}{-14.489}} - 0.663\text{，} R^2 = 0.999 \tag{6-32a}$$

$$\tau_{31} = 2.9 - 1.88e^{\frac{w}{21.23}}\text{，} R^2 = 0.998 \tag{6-32b}$$

$$\tau_{32} = 4.6e^{\frac{w}{-32.71}} - 3.59\text{，} R^2 = 0.997 \tag{6-32c}$$

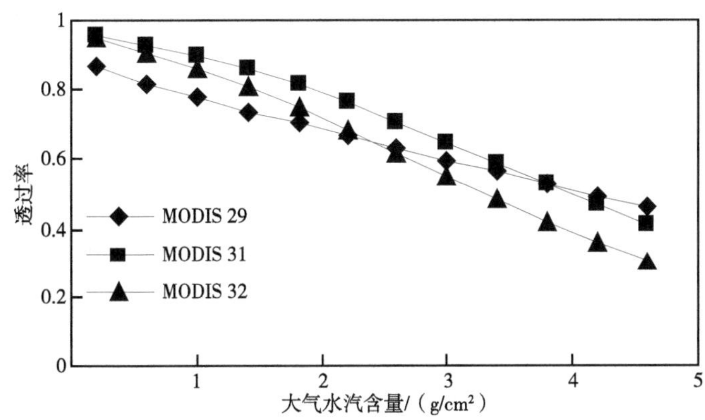

图6-21　MODIS29/31/32大气透过率与大气水汽含量的关系

从上面的分析可知，有3个辐射传输方程，发射率之间存在局部线性关系，大气平均作用温度、地表温度与星上亮度之间存在某种线性关系（至少是控制条件）。地球物理参数之间的关系决定了神经网络是解病态问题的最好方法之一。神经网络是优化算法，能使参数反演误差达到最小。

三、RM-NN解病态反演问题

从上面的分析可知，陆地表面温度和发射率能够通过3个热红外波段以及地球物理参数之间的关系来反演。在本研究中，主要利用辐射传输模型（MODTRAN4）和神经网络来解反演问题。许多研究已经证明：神经网络具备函数近似、分类和优化计算的能力（Hsu等，1992），因此认为神经网络是解病态反演问题的最好方法。许多研究已经证明神经网络能够很好地被用来反演地表参数。

（一）为什么使用神经网络

由于神经网络具备从复杂的和不精确的数据中提取信息，所以神经网络能够被用来提取模式预测。神经网络与传统的方法不一样，它不需要准确地知道反演算法（规则）。对于从遥感数据中反演地球物理参数，对于其中非线性的关系和相互作用的因素很难描述清楚。但神经网络与传统的方法不一样，神经网络不需要准确地知道输入参数和输出参数之间的具体关系。神经网络通过训练数据直接决定了输入数据和输出数据之间的关系。

（二）多层神经网络

如图6-22所示，多层神经网络包含了多层基本处理单元，最小的基本单元被称为神经元。单个的神经元是神经网络每层的基本构成单元。单个神经元是处理一个或多个输入信号的基本单元：输入信号与权重（w）相乘加上偏差（σ）通过激励函数产生输出信号。

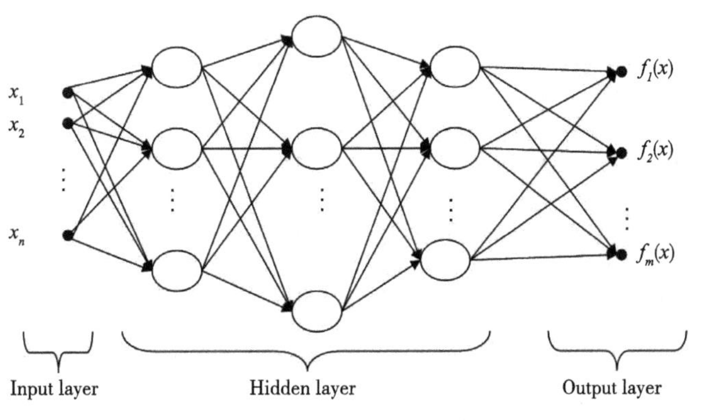

图6-22　多层神经网络

$xw+\theta$是神经元计算得到的值。图6-18是单个神经网络的基本结构。神经元的输入信息是系统的输入信号或者上一层的输出信号（图6-23）。

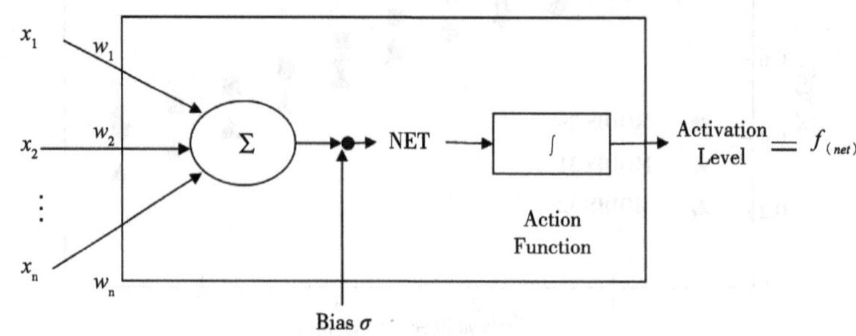

图6-23　多层神经网络

激励函数$f(Net)$有许多种形式，最常见的激励函数是非线性的sigmoid函数，如式6-33所示。

$$f(Net)=\frac{1}{1+e^{-Net}}=\frac{1}{1+e^{-(w\cdot x+\theta)}} \tag{6-33}$$

通过输出对输入的响应来获得模拟的函数。在网络的监督训练阶段，训练的模式被内化到网络里。在所有的训练模式被输入后，神经元的权重通过输出和期望输出之间的误差全局最小调整来获得。误差调整的等式如式6-34所示。

$$Error=\sum_p E_p=\frac{1}{2}\sum_p\sum_i[T_{pi}-a_{pi}]^2 \tag{6-34}$$

式中：T_{pi}是第pi个模式的第ith神经元期望输出，a_{pi}是第p个模式的第i神经元的输出。在式6-34中，i是输出单元的和。可以认为训练的神经网络是由一组离散数据集分组得到的多个最小二乘法构成的内插方程组。很明显，方程近似的精度很大程度上取决于训练数据。

四、RM-NN地表温度和发射率反演

从以上分析可知，虽然反演方程比未知数少，但地球物理参数之间的相互关系是已知的。在热红外波段，发射率基本上是稳定的，它们（MODIS29/31/32）（8～13.4 μm）之间存在局部线性关系，所以模拟数据通过辐射传输模型能够被很好地被确认。这意味着每种地物之间发射率的关系能够被很好地保持。在本研究中，用MODTRAN4来模拟MODIS 29/31/32的辐射过程，这些模拟数据可以被当作真实的地表数据。MODIS29/31/32的发射率（式6-24a～c）被作为MODTRAN4的输入参数。地表温度的变化范围从270 K到320 K，大气水汽含量的变化范围从0.2 g/cm^{2}到4.5 g/cm^2。随机地将模拟数据分为两部分：训练数据7 760组和测试数据634组。然后用动态学习神经网络（DL）解反演问题。根据表面类型和反复的尝试，具体的信息可以参见表6-11。

表6-11　反演误差结果

隐含层节点数/个	LST		EM29		EM31		EM32	
	R	SD	R	SD	R	SD	R	SD
100～100	0.995	1.63	0.955	0.018	0.922	0.016	0.906	0.020
200～200	0.996	1.50	0.958	0.017	0.938	0.014	0.938	0.015
300～300	0.996	1.45	0.958	0.017	0.942	0.013	0.938	0.015

续表

隐含层节点数/个	LST		EM29		EM31		EM32	
	R	SD	*R*	SD	*R*	SD	*R*	SD
400~400	0.998	0.95	0.975	0.013	0.968	0.010	0.968	0.010
500~500	0.994	1.77	0.961	0.016	0.951	0.013	0.953	0.013
600~600	0.999	0.55	0.984	0.010	0.978	0.008	0.976	0.009
700~700	1	0.51	0.988	0.009	0.985	0.007	0.986	0.007
800~800	1	0.48	0.988	0.009	0.984	0.007	0.984	0.008
900~900	1	0.52	0.986	0.010	0.983	0.008	0.983	0.008

注：*R*为相关系数；SD为标准偏差。

从表6-11可知，当隐含层是2层，每层节点是800个时，反演的精度最高。本研究认为层数和节点数据主要由地表类型、Planck函数简化，以及大气水汽含量和透过率之间的关系决定的。对反演结果和真实地表数据进行对比，从图6-25可以看出，反演误差非常小：地表温度的反演误差在0.4℃以下；波段29发射率反演误差在0.008以下；波段31在0.006以下；波段32也是在0.006以下。

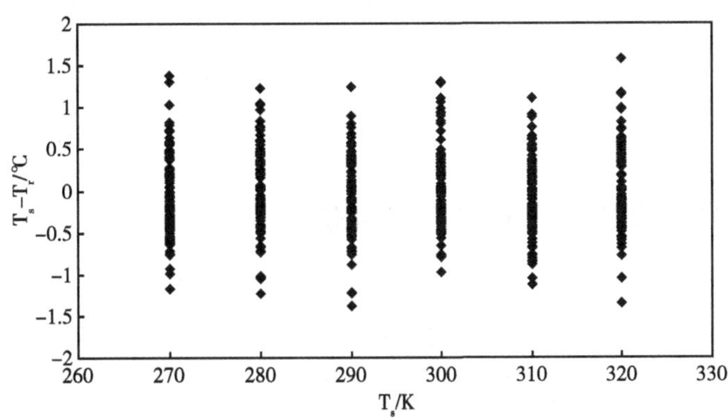

图6-24　地表温度反演误差分布

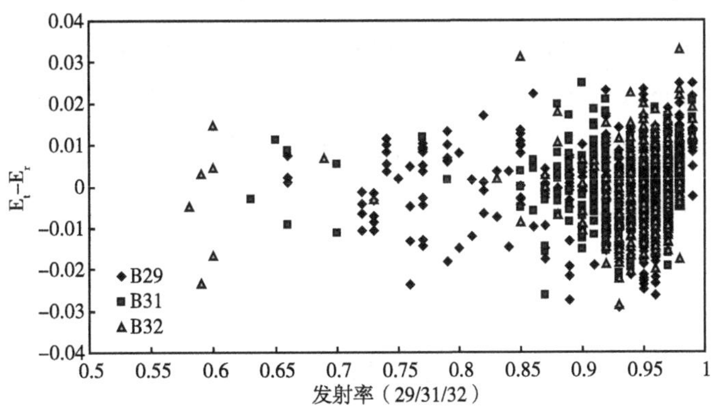

图6-25　发射率反演误差分布

在辐射传输方程（式6-20）中，透过率是一个重要的参数，而透过率主要是由大气水汽含量决定，因此对大气水汽参数进行敏感性分析是必要的。Kaufman等（1992）分析了从MODIS 2/5/17/18/19波段中反演大气水汽含量在晴朗天气条件下的最大反演误差是±13%。在本研究中，对大气水汽含量反演误差在±15%时对神经网络进行敏感性分析。逐步改变大气水汽含量的反演误差，参数反演结果误差如表6-12所示。

表6-12 大气水汽含量敏感性分析

大气水汽含量误差	LST		EM29		EM31		EM32	
	R	SD	*R*	SD	*R*	SD	*R*	SD
15%	0.997	1.230	0.941	0.019	0.93	0.015	0.917	0.017
13%	0.998	1.050	0.958	0.016	0.949	0.013	0.938	0.015
10%	0.999	0.850	0.973	0.013	0.966	0.010	0.960	0.012
7%	0.999	0.690	0.98	0.011	0.976	0.009	0.974	0.010
5%	0.999	0.610	0.983	0.010	0.98	0.008	0.979	0.009
2%	0.999	0.530	0.986	0.010	0.983	0.008	0.983	0.008
0	1.000	0.480	0.988	0.009	0.984	0.007	0.984	0.008
−2%	1.000	0.510	0.986	0.009	0.983	0.008	0.983	0.008
−5%	0.999	0.586	0.984	0.010	0.982	0.008	0.980	0.009
−7%	0.999	0.664	0.982	0.010	0.980	0.008	0.977	0.009
−10%	0.998	0.810	0.977	0.012	0.977	0.009	0.972	0.010
−13%	0.998	0.970	0.970	0.014	0.973	0.010	0.967	0.011
−15%	0.998	1.090	0.965	0.015	0.970	0.010	0.963	0.012

从表6-12可以看出，当大气水汽反演误差在±13%时，神经网络对反演结果不敏感。另外，如果在训练数据中增加大气水汽含量的误差，这样可以使得神经网络反演更加稳定。

五、与MODIS LST产品比较分析及精度评价

为了给出一个应用实例，用上面训练好的动态学习神经网络从MODIS1B数据中反演地表温度和发射率。神经网络的输入数据是MODIS19/31/32的星上亮度温度（T_i，i = 29/31/32）和从MODIS2/5/17/18/19波段中反演得到的大气水汽含量，输出结果是地表温度和各波段的发射率。我们选择MODIS/Terra影像做反演分析（中国山东半岛，2005年9月9日），最后将反演结果和MODIS产品做比较。部分研究区受云的影响，遥感反演结果分析请参见文献［Mao K，Shi J，Li Z，et al.，2007. An RM-NN algorithm for retrieving land surface temperature and emissivity from EOS/MODIS data，Journal of Geophysical Research-atmosphere，112（D21102）：1-17］。从图6-26可以看出，用RM-NN反演的结果比MODIS地表温度产品要高，值得注意的是，绝大多数的值都偏高。

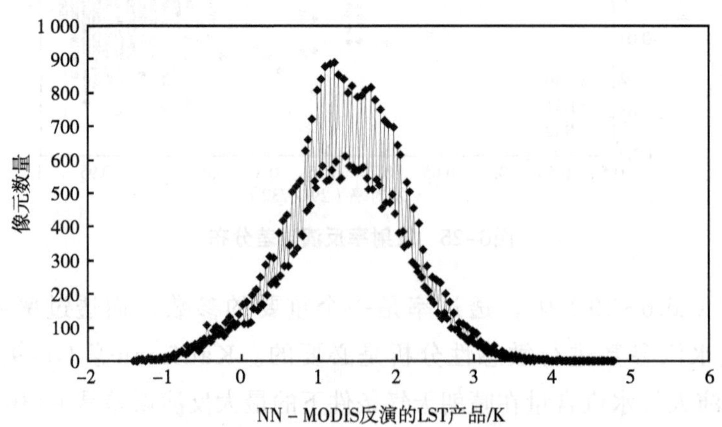

图6-26 RM-NN反演结果(地表温度)与MODIS1KM产品相对误差直方图

从统计分析看，用RM-NN反演得到的结果更加接近于5 km产品，但5 km产品有些像元的精度不是很稳定。对于RM-NN算法来讲，另外一个优点就是可以通过补充一些更多实际测量的地表数据和高精度的MODIS地表温度产品数据来提高精度。以劈窗算法反演的结果作为参照，可以做一个回归校正，校正后的相对误差为0.36℃。在本研究中，主要是证明RM-NN是能够用来精确地反演地表温度和发射率，毛克彪等（2018）利用不同的波段组合针对白天和晚上进行了很多模拟分析，分析结果表明：3个以上的热红外波段加水汽波段能够同时反演地表温度和发射率，4个以上的热红外波段也可以同时反演地表温度和发射率。2021年，研究组进一步从理论和反演技术上作了更多的完善，提出了通过模型＋数据＋专家知识和深度学习神经网络结合来解决地球物理参数反演的统一框架，使得这一模式或框架不仅适用于平地，同时适用于复杂的山地和城市，甚至对混合像元也同样有效，这里不做过多的描述，请参见https://doi.org/10.1016/j.rse.2021.112665。

Wang和Liang（2005）利用美国通量（http://public.ornl.gov/ameriflux/datahandler.cfm）观测到的地表实测数据和MODIS1KM地表温度产品进行了比较，分析结果表明：劈窗算法的地表发射率需要调整。韩丽娟（2006）比较了MODIDS地表温度产品和地表实测数据，结果也表明MODIS1KM产品在很多情况下都低估了地表温度。这里利用2004年在小汤山地区测到的数据和利用RM-NN从MODIS数据中反演结果进行了比较（图6-27），平均精度是1.03 K。事实上，精确的陆地表温度验证是一件非常困难的事情，因为地表测量是点测量，而且需要测量地表发射率。地表发射率的确定是非常困难的，几乎不同的地物发射率都不一样，而且受环境的影响很大，将进一步进行分析评价。

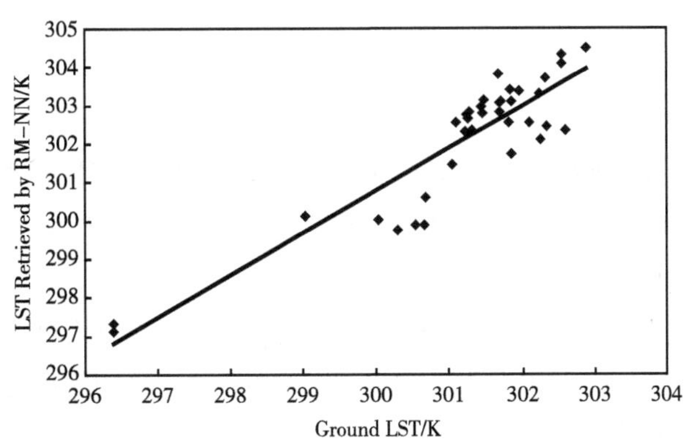

图6-27　反演与实测数据比较

第四节　小　结

针对MODIS/EOS数据的特点，提出了一个实用的劈窗算法。这个算法包含了2个必要的参数大气透过率和发射率。大气透过率是通过MODIS近红外波段反演大气水汽含量，然后建立大气水汽含量与透过率之间的关系得到。这种大气透过率估计方法保证了地表温度反演过程中所需大气参数的同步获取。对于地表发射率的估计，也是从同一景MODIS数据的红波段和近红外波段来进行估计。因此，通过MODIS的可见光波段、近红外和中红外波段数据，完全可以获得地表温度反演所需要的基本参数。最后用大气模拟验证法对文中的方法进行了参数敏感性分析，分析表明，该算法对大气水汽含量和发射率都不敏感，特别是大气水汽含量的误差在-80%～130%时，地表温度的反演误差在0.19～1.1℃，并且从实际影像反演中确认了这一结论。最后对算法精度进行了评价，当用大气模拟得到的透过率时，精度为0.32℃；当透过率是从大气水汽含量的指数关系计算得到时，精度为0.37℃；当透过率是从大气水汽含量的线性关系计算得到时，精度为0.49℃。

针对地表温度反演存在的问题，本研究简单地讨论了从MODIS1B数据中同时反演地表温度和发射率的病态问题，并分析了地球物理参数（邻近波段发射率、地表温度、大气平均作用温度和星上亮度温度）之间的关系。由于地球物理参数之间存在着相互关系，这些关系不能严格地用数学方法来描述，这就决定了大气辐射传输模型和神经网络的集成是解决地球物理参数（地表温度和发射率）病态反演问题的最好方法之一。用MODTRAN4来生成模拟数据训练和测试神经网络。测试结果表明：RM-NN能够很好地解决病态反演的问题。对于MODIS数据，当使用2个隐含层和每个隐含层节点数为800时精度最高。用训练好的神经网络对山东半岛地区的MODIS1B数据进行了地表温度和发射率反演。与MODIS产品比较表明MODIS1KM产品高估了发射率和低估了地表温度，MODIS5KM产品低估了发射率和高估了地表温度。RM-NN反演结果更接近于MODIS5KM产品。以MODIS1KM产品为参照，进行回归修正后RM-NN反演结果与MODIS1KM产品的平均误差大约是0.36℃。本研究的主要目的是要证明RM-NN能够被用来精确地同时反演地表温度和发射率。本研究的算法克服了以往反演中方程不足的缺点（N emissivities、LST）。当然，更多验证分析需要做更多的野外工作，从而使得本研究的算法适用更多的情况。最后，补充一点，当有4个或者更多的热红外波段时，不需要大气水汽含量作为输入参数，可以用神经网络直接从星上亮温（比如ASTER1B）数据中同时精确地反演地表温度和发射率。

参考文献：

毛克彪，唐华俊，陈仲新，等，2006. 一个针对ASTER数据的劈窗算法[J]. 遥感信息（5）：7-11.

毛克彪，覃志豪，施建成，2005. 用MODIS影像和劈窗算法反演山东半岛的地表温度[J]. 中国矿业大学学报（自然科学版）（1）：46-50.

毛克彪，2004. 针对MODIS数据的地表温度反演方法研究[J]. 南京：南京大学.

毛克彪，杨军，韩秀珍，等，2018. 基于深度动态学习神经网络和辐射传输模型地表温度反演算法研究[J]. 中国农业信息，30（5）：47-57.

毛克彪，施建成，覃志豪，等，2005. 从MODIS数据中同时反演地表温度和比辐射率的多波段算法研究[J]. 兰州大学学报（自然科学版）（6）：49-55.

毛克彪，施建成，覃志豪，等，2006. 一个针对ASTER数据同时反演地表温度和比辐射率的四通道算法[J]. 遥感学报（4）：593-599.

毛克彪，覃志豪，施建成，等，2005. 针对MODIS数据的劈窗算法研究[J]. 武汉大学学报：信息科学版（8）：703-708.

毛克彪，覃志豪，2004. 用MODIS影像反演环渤海地区的大气水汽含量[J]. 遥感信息（4）：47-49.

毛克彪，覃志豪，王建明，等，2005. 针对MODIS数据的大气水汽含量及31和32波段透过率计算[J]. 国土资源遥感（1）：26-30.

毛克彪，覃志豪，宫鹏，等，2005. 劈窗算法精度评价及参数敏感性分析[J]. 中国矿业大学学报（3）：318-322.

韩丽娟，2006. 同化MODIS地表温度产品和陆面过程模型研究地表蒸散[D]. 北京：北京师范大学.

AIRES F，PRIGENT C，ROSSOW W B，et al.，2001. A new neural network approach including first guess for retrieval of atmospheric water vapor，cloud liquid water path，surface tempeature，and emissivities over land from satllite microwave observations[J]. *J. Geophys. Res.*, 106（D14）: 14887–14907.

BECKER F , LI Z L, 1990. Temperature-independent spectral indices in thermal infrared bands[J]. *Remote Sens. Environ.*, 32: 17–33.

BECKER F, 1987. The impact of spectral emissivity on the measurement of land surface temperature from a satellite[J]. *Int. J. Remote Sens.*, 8: 1509–1522.

BECKER F, LI Z L, 1995. Surface temperature and emissivity at various scales: definition, measurements and related problems[J]. *Remote Sens. Reviews*, 12: 225–253.

BISCHOF H, SCHNEIDER W, PINZ A J, 1992. Multiplespetral classification of landsat images using neural networks[J]. *IEEE Trans. Geosci. Remote Sens.*, 28（3）: 482–489.

BLACKWELL W J, 2005. A neural-network technique for the retrieval of atmospheric temperature and moisture profiles from high specrtral resolution sounding data[J]. *IEEE Trans. Geosci. Remote Sens.*, 43（11）: 2535–2546.

CARLSON T N , RIPLEY D A, 1997. On the relation between NDVI, fractional vegetation cover, and leaf area index[J]. *Remote Sens. Environ.*, 62: 241–252.

CHEN K S, TZENG Y C, CHEN C F, et al., 1995. Land-cover classification of multispectral imagery using a dynamic learing neural network[J]. *Photogrammet. Eng. Remote Sens.*, 61（4）: 403–406.

CHESTERS D, UCCELLINI L W, ROBINSON W D, 1983. Low level water vapor fields from the VISSR atmospheric sounder（VAS）split window channels[J]. *J. Climate Appl. Meteorol.*, 22: 725–743.

COLL C, CASELLES V, SOBRINO A, et al., 1994. On the atmospheric dependence of the split-window equation for land surface temperature[J]. *Int. J. Remote Sens.*, 27: 105–122.

FAURE T, ISAKA H, GUILLEMET B, 2001. Neural network retrieval of cloud parameters of inhomogeneous and fractional clouds feasibility study[J]. *Remote Sens. Environ.*, 77: 123–138.

FRANCA G B, CRACKNELL A P, 1994. Retrieval of land and sea surface temperature using NOAA-11 AVHRR data in northeastern Brazil[J]. *Int. J. Remote Sens.*, 15: 1695–1712.

FRASER R S , KAUFMAN Y J, 1985. The relative importance of scattering and absorption in remote sensing[J]. *IEEE Trans. Geosci. Remote Sens.*, 23: 625–633.

GILLESPIE A R, ROKUGAWA S, MATSUNAGA, 1998. A temperature and emissivity separation algorithm for advanced spaceborne thermal emission and reflection radiometer（ASTER）images[J]. *IEEE Trans. Geosci. Remote Sens.*, 36: 1113–1126.

GÖITA K , ROYER A, 1997. Surface temperature and emissivity over land surface from combined TIR and SWIR AVHRR data[J]. *IEEE Trans. Geosci. Remote Sens.*, 35: 718–733.

GRANT W B, 1990. water vapor absorption coefficient in the 8–13 μm spectral region: A critical review[J]. *Appl. Opt.*, 29: 451–462.

GRIEND A A, OWE M, 1993. On the relationship between thermal emissivity and the normalized difference vegetation index for natural surfaces[J]. *Int. J. Remote Sens.*, 14: 1119–1131.

HARRIS A R , MASON I M, 1992. An extension to the split-window technique giving improved atmospheric correction and total water vapour[J]. *Int. J. Remote Sens.*, 13: 881–892.

HAYKIN S, STEHWIEN W, DENG C, et al., 1991. Classification of radar clutter in an air traffic contronl envionment[J]. *Pro. IEEE*, 79（6）: 742–772.

HERRMANN P D, KHAZENE N, 1992. Classification of multiplespectral remote sensing data using a back-propagation neural network[J]. *IEEE Trans. Geosci. Remote Sens.*, 30（1）: 81–88.

HOOK S J, GABELL A R, GREEN A A, et al., 1992. A comparison of techniques for extracting emissivity information from thermal infrared data for geologic studies[J]. *Remote Sens. Environ.*, 42: 123–135.

HORNIK K M, STINCHCOMBE M, WHITE H, 1989. Multilayer feedforward networks are universal approximators[J]. *Neual Netw.*, 4（5）: 359–366.

HSU S Y, MASTERS T, OLSON M, et al., 1992. Comparavtive analysis of five neural networks models[J]. *Remote Sens. Reviews*, 6: 319–329.

JIN Y Q, LIU C, 1997. Biomass retrieval from high-dimensional active/passive remote sensing data by using artificial neural networ[J]. *Int. J. Remote Sens.*, 18（4）: 971–979.

KAHLE A B, ALLEY R E, 1992. Separation of temperature and emittance in remotely sensed radiance measurements[J]. *Remote Sens. Environ.*, 42: 1–20.

KAUFMAN Y J, GAO B C, 1992. Remote sensing of water vapor in the near IR from EOS/MODIS[J]. *IEEE Trans. Geosci. Remote Sens.*, 30: 871–884.

KEALY P S, HOOK S, 1993. Separating temperature and emissivity in thermal infrared multispectral scanner data: implication for recovering land surface temperatures[J]. *IEEE Trans. Geosci. Remote Sens.*, 31: 1155–1164.

KERR Y H, LAGOUARDE J P, IMBERNON J, 1992. Accurate land surface temperature retrieval from AVHRR data with use of an improved split window algorithm[J]. *Remote Sens. Environ.*, 41: 197–209.

KEVIN P C, SAMUEL N G, DAVID S, et al., 2002. Thermal remote sensing of near-surface water vapor[J]. *Remote Sens. Environ.*, 79: 253–265.

KING M D, KAUFMAN Y J, MENZEL W P, et al., 1992. Remote sensing of cloud, aerosol and water vapor properties from the moderate resolution imaging spectrometer（MODIS）[J]. *IEEE Trans. Geosci. Remote Sens.*, 30: 2–27.

LABED J, STOLL M P, 1991. Spatial variability of land surface emissivity in the thermal infrared band: spectral signature and effective surface temperature[J]. *Remote Sens. Environ.*, 38: 1–17.

LI Z L, BECKER F, 1993. Feasibility of land surface temperature and emissivity determination from AVHRR data[J]. *Remote Sens. Environ.*, 43: 67–85.

LIANG S L, 2001. An optimization algorithm for separating land surface temperature and emissivity from multispectral thermal infrared imagery[J]. *IEEE Trans. Geosci. Remote Sens.*, 39: 264–274.

MAO K B, QIN Z H, SHI J C, et al., 2005. A practical split-window algorithm for retrieving land surface temperature from MODIS data[J]. *Int. J. Remote Sens.*, 26: 3181–3204.

OTLLE C, STOLL M, 1993. Effect of atmospheric absorption and surface emissivity on the determination of land temperature from infrared satellite data[J]. *Int. J. Remote Sens.*, 14: 2025–2037.

PRATA A J, 1994. Land surface temperatures from derived from the advanced very high resolution radiometer and the along-track scanning radiometer 2 experimental results and validation of AVHRR algorithms[J]. *J. Geophys. Res.*, 99: 13025–13058.

PRICE J C, 1984. Land surface temperature measurements from the split-window channels of the NOAA-7 AVHRR[J]. *J. Geophys. Res.*, 79: 5039–5044.

QIN Z H, OLMO G D, KARNIELI A, 2001. Derivation of split window algorithm and its sensitivity analysis for retrieving land surface temperature from NOAA-advanced very high resolution radiometer data[J]. *J. Geophys. Res.*, 22: 655–670.

SALISBURY J W, D'ARIA D M, 1992. Emissivity of terrestrial materials in the 8–14 mm atmospheric window[J]. *Remote Sens. Environ.*, 42: 83–106.

SCHMUGGE T, FRENCH A, RITCHIE J C, et al., 2002. Temperature and emissivity separation from multispectral thermal infrared observations[J]. *Remote Sens. Environ.*, 79 (2/3) : 189–198.

SCHMUGGE T, HOOK S J, COLL C, 1998. Recovering surface temperature and emissivity from thermal infrared multispectral data[J]. *Remote Sens. Environ.*, 65 (2) : 121–131.

SOBRINO J A, COLL C, CASELLES V, 1991. Atmospheric corrections for land surface temperature using AVHRR channel 4 and 5[J]. *Remote Sens. Environ.*, 38: 19–34.

SOBRINO J A, KHARRAZ J E, LI Z L, 2004. Surface temperature and water vapour retrieval from MODIS data[J]. *Int. J. Remote Sens.*, 24: 5161–5182.

SOBRINO J A, LI Z L, STOLL M P, 1993. Impact of the atmospheric transmittance and total water vapor content in the algorithms for estimating satellite sea temperature[J]. *IEEE Trans. Geosci. Remote Sens.*, 31: 946–952.

SOBRINO J A, LI Z L, STOLL M P, et al., 1994. Improvements in the split window technique for land surface temperature determination[J]. *IEEE Trans. Geosci. Remote Sens.*, 32: 243–253.

SOBRINO J A, RAISSOUNI N, LI Z L, 2001. A comparative study of land surface emissivity retrieval from NOAA data[J]. *Remote Sens. Environ.*, 75: 256–266.

TANG L, CHEN Z, OH S, et al., 1992. Inversion of snow parameters from passive microwave remote sensing measurements by a neural network trained with a multiple scattering model[J]. *IEEE Trans. Geosci. Remote Sens.*, 30 (5) : 1015–1024.

TeDESCO M, PULLIAINEN J, TAKALA M, et al., 2004. Artificial neural network-based techniques for the retrieval of SWE and snow depth from SSM/I data[J]. *Remote Sens. Environ.*, 90: 76–85.

TZENG Y C, CHEN K S, KAO W L, et al., 1994. A dynamic learning nerual network for remote sensing applications[J]. *IEEE Trans. Geosci. Remote Sens.*, 32 (5) : 1096–1102.

VIDAL A, 1991. Atmosphere and emissivity correction of land surface temperature measured from satellite data[J]. *Int. J. Remote Sens.*, 12: 2449–2460.

WAN Z , DOZIER J, 1996. A generalized split-window algorithm for retrieving land surface temperature measurement from space[J]. *IEEE Trans. Geosci. Remote Sens.*, 34: 892–905.

WAN Z, DOZIER J, 1989. Land surface temperature measurement from space: physical principles and inverse modeling[J]. *IEEE Trans. Geosci. Remote Sens.*, 27: 268–278.

WAN Z, LI Z L, 1997. A physics-based algorithm for retrieving land-surface emissivity and temperature from EOS/MODIS data[J]. *IEEE Trans. Geosci. Remote Sens.*, 35: 980–996.

WAN Z, ZHANG Y L, ZHANG Q C, et al., 2002. Validation of the land-surface temperature products retrieved from Terra Moderate Resolution Imaging Spectroradiometer data[J]. *Remote Sens. Environ.*, 83: 163–180.

WAN Z, ZHANG Y, ZHANG Q, 2004. Quality assessment and validation of the MODIS global land surface temperature[J]. *Int. J. Remote Sens.*，25：261–274.

WANG H，MAO K B，YUAN Z J，et al.，2021. A method for land surface temperature retrieval based on model-data-knowledge-driven and deep learning[J]. *Remote Sens. Environ.*，265：1–19.

WATSON K，1992. Spectral ratio method for measuring emissivity[J]. *Remote Sens. Environ.*，42：113–116.

第七章　针对被动微波数据AMSR-E的土壤水分反演研究

土壤水分是地球科学中各个分支中一个重要的参数，尤其是在水文学和气象学中，它是许多模型所涉及的基本参数。因而，反演土壤含水量和研究土壤水分分布有着特别重要的意义。遥感特别是微波遥感是监测土壤含水量最有效的手段之一，它为短周期、不同区域尺度土壤水分制图提供了可能，这些都是传统的地面土壤水分测量无法做到的。微波遥感土壤水分工作早已广泛展开。近年来，随着传感器技术的进步，为更高精度地监测土壤水分提供了新的物理平台。现今，已经有许多不同的算法利用被动微波遥感来反演土壤水分。但是由于植被和地形以及各种因素的影响，目前通过遥感反演得到的土壤水分还没有达到实用要求，为了提高土壤水分的反演精度，人们仍然在不断地努力。通过对微波辐射机理的分析，将微波模型和深度学习相结合把土壤水分遥感反演推到了一个新的高度。特别是本研究提出将地表温度和土壤水分相互作为先验知识，利用深度学习进行优化计算，从理论上进一步完善了微波地表温度和土壤水分反演算法，在工程技术上达到了一个新的高度。本章探讨并研究了利用微波指数从AMSR-E/AMSR2中反演土壤水分。

第一节　引言

土壤水分是水文、气象、农业和环境灾害等研究中的一个重要参数。随着微波传感器技术的发展、对地表微波辐射机理的深入理解及反演模型和算法的完善，被动微波遥感监测土壤水分将会有越来越广阔的应用前景。大尺度的土壤水分变化对于建立全球的水循环模型很重要，进而可以预测气候变化和洪涝监测。传统的地面测量站网络不能满足大尺度土壤水分的时间、空间变化研究的需要。而微波在土壤水分反演方面具有独特的优势。可以说，通过被动微波遥感技术监测地表温度和土壤水分时空变化规律，将大大提高和完善水文和气象模型的预报精度，并为农业生产和灾害监测提供准确的数据。目前，被动微波遥感土壤水分反演仍然是当前的一个研究热点和难点，至今还没有一种实用的土壤水分监测方法达到实用要求，现今这个领域的大部分工作都是实验性的或研究性的，特别是植被覆盖地区需要进一步加强研究。

AMSR-E是改进型多频率、双极化的被动微波辐射计。2001年AMSR-E搭载在日本的对地观测卫星ADEOS-Ⅱ上升空。AMSR-E微波辐射计是在AMSR传感器的基础上改进设计的，它搭载在NASA对地观测卫星Aqua于2002年发射升空。AMSR和AMSR-E这两个传感器的仪器参数基本一致。AMSR-E辐射计在6.9～89 GHz范围内的6个频率，以双极化方式12个通道的微波辐射计。本章主要针对AMSR-E数据进行模拟分析，对被动微波土壤水分反演进行研究。

第二节　被动微波土壤水分反演的理论基础

土壤水分能用发射率来直接反演是由于土壤水分的变化直接影响土壤介电常数的变化，而介电常数是决定发射率变化的最主要因素。对于微波传感器来说，只有通过获得的能量建立辐射传输方程来反演地表信息。因此，被动微波的土壤水分反演是建立在辐射传导方程基础上，即通过卫星传感器获得的地表能量与地表辐射能建立能量平衡方程的关系来反演土壤水分。辐射传输方程描述了卫星的微波辐射计所观测到的辐射总强度，不仅有来自地表的辐射，而且还有来自大气的向上和向下的路径辐射。这些辐射成分在穿过大气层到达遥感器的过程中，还受到大气层的吸收作用的影响而削减。因此，微波辐射的能量平衡实际上是一个复杂的求解问题。根据在微波波段区间的Ralleigh-Jeans近似，热辐射传输方程可简化为式7-1。

$$T_{BT}=\tau_p\varepsilon_pT_s+(1-\tau_p)\tau_p(1-\varepsilon_p)T_a^{\downarrow}+(1-\tau_p)T_a^{\uparrow} \tag{7-1}$$

式中：τ_p表示透过率，ε_p表示发射率，T_{BT}表示星上亮度温度，T_s表示地表温度，$T_a^{\downarrow}$为大气向下平均作用温度，$T_a^{\uparrow}$是大气平均向上作用温度。p表示极化垂直极化（V）或者水平极化（H）。在式（7-1）中，$T_a^{\downarrow}$与$T_a^{\uparrow}$近似相等，因此发射率可以表示成式7-2。

$$\varepsilon_p=\frac{T_{BT}-(1-\tau_p)T_a-(1-\tau_p)\tau_fT_a}{\tau_pT_s-(1-\tau_p)\tau_pT_a} \tag{7-2}$$

在低频波段，微波受大气的影响非常小，即使大气水汽含量达到5 g/cm^{2}时，其透过率仍能近似等于1。因此，通常在微波波段，其发射率可以用式7-3来计算。

$$\varepsilon_p=\frac{T_{BT}}{T_s} \tag{7-3}$$

土壤发射率的变化主要受土壤水分含量和粗糙度的影响，因此可以通过发射率的变化来直接反演土壤水分含量。式7-3中土壤温度是一个非常关键的参数，但由于发射率不稳定的特点使得地表温度的反演非常的复杂。目前，还没有通用的针对被动微波地表温度反演的算法（不计迭代算法）公开发表。虽然L（1.4 GHz）波段已经被证明非常适合于反演土壤水分，但植被仍然是土壤水分反演中最大的难题。目前存在三个主要的问题：第一，低频的数据分辨率很低；第二，以往的被动微波数据没有L波段的数据，而需要了解过去土壤水分的变化情况；第三，虽然L波段能穿透植被获得较多的地表信息，但它仍然受植被的影响。许多小尺度的地面和航空实验已经进行并且许多模型和算法提出来了，但还没有一个被证明在大尺度（星上）非常的实用。许多研究人员用ω-τ模型来消除植被的影响。这种方法有很大的局限性，因为目前绝大多数陆地被动微波像元（几十千米×几十千米）都是混合像元。举一个例子，假设一个被动微波影像里面有2000个像元的NDVI都是0.3，但每个像元的植被类型都不一样，而且分布状态（从随机分布到集中）也不一样，用同一种方式来处理植被的影响显然是不合适的。在土壤水分反演的过程中，需要同时利用尽可能多的低频和高频数据。因为低频能够获得植被下面的土壤水分信息，而高频则能获得植被的信息，另外，多个频率信息的组合能够反映大尺度的像元里面的植被分布状态以及植被结构特征，使得每个像元能够被唯一确定。由于目前星上数据的低频波段非常的少，像AMSR-E 6.9 GHz信号并不稳定，受手机信号的影响比较大，所以要获得植被下面的信息非常的困难。幸运的是，土壤水分能够通过植被反映出来。许多研究证明，不同频率或者同频率不同极化的亮温差（ΔT）和土壤水分的变化是正相关的。从某种程度上讲，目前利用这种信息来反演大尺度土壤水分是一种比较好的选择。所以本研究假定土壤水分与植被的水分变化是正相关的，这意味着可以近似地把植被当作裸露地表来处理。本研究目的是回避关键参数地表温度和尽可能地消除粗糙度的影响，并且利用发射率与土壤水分的关系来反演土壤水分含量。第一，利用理论模型模拟地表上绝大多数的情况并建立数据库；第二，利用模拟数据库构建反演算法；第三，利用地表实测数据对算法进行修正，从而提高算法的精度和适用性。

第三节　针对AMSR-E数据的AIEM模拟分析

IEM（Integrated Equation Model）模型是由Fung等于1992年提出，该模型是基于电磁波辐射传输方程的地表散射模型，能在一个很宽的地表粗糙度范围内再现真实地表后向散射情况，已经被广泛应用于微波地表散射、辐射的模拟和分析，并经过了大量的验证。积分方程模型（IEM）在地表散射和辐射模拟中被证明是最好的模型之一。近年来，IEM模型经过不断改进和完善，模型模拟结果和精度得到不断提高。积分方程模型由于其模拟的范围更接近于真实的自然地表而被广泛地应用，新近发展的改进的积分方程模型AIEM（Advanced IEM）对粗糙度谱的计算和Fresnel反射系数计算形式进行了改进，使得模型模拟更接近真实情况。本研究利用AIEM模型针对AMSR-E数据的6个频率的微波数据进行了模拟分析。

为了更好地分析各参数的关系，先固定一些参数对AMSR-E的6个频率通道的数据进行模拟分析。图7-1显示了在不同频率通道下土壤水分与发射率之间的关系，取均方根（相关）高度（sig）为1 cm、相关长度（cl）为6 cm、入射角为55°。从图7-1可以看出，在同样的土壤水分含量和极化状态下，频率越高，其发射率也越高；水平极化（H）随土壤水分变化较垂直（V）极化要快，可见H极化的亮温对土壤水分的敏感性要高于V极化。从对应的土壤水分和发射率的变化情况来看，低频对土壤水分更加敏感。因此，频率越低越适宜于土壤水分反演。对于AMSR-E数据来说，最好的频率选择是6.9 GHz、10.7 GHz，其次是18.7 GHz。为了分析粗糙度对发射率的影响，选择频率10.7 GHz作为分析频段。图7-2显示相关长度等于6 cm、入射角为55°时，在不同土壤水分情况下，发射率随均方根高度的变化情况。从图7-2可以看出，垂直极化发射率随均方根高度的增加而下降，而水平极化则相反。大约在均方根高度等于1.3 cm时，均方根高度对发射率（无论是垂直还是水平）的影响减小。图7-3则显示固定均方根高度为1时，发射率随相关长度的变化情况。从图7-3可以看出，垂直极化发射率随相关长度的增加而增加，而水平极化则相反。大约在均方根高度等于15 cm时，均方根高度对发射率（无论是垂直，还是水平）的影响减小。

从图7-2和图7-3可以看出，在土壤水分含量越大的情况下，均方根高度对发射率的影响比相关长度要大。在不同土壤水分含量条件下，发射率的递减趋势基本一致，这说明土壤水分含量对发射率的影响受粗糙度的影响不大。通过图7-1至图7-3可以看出，发射率对土壤水分含量是最为敏感的，然后是均方根高度，最后是相关长度。

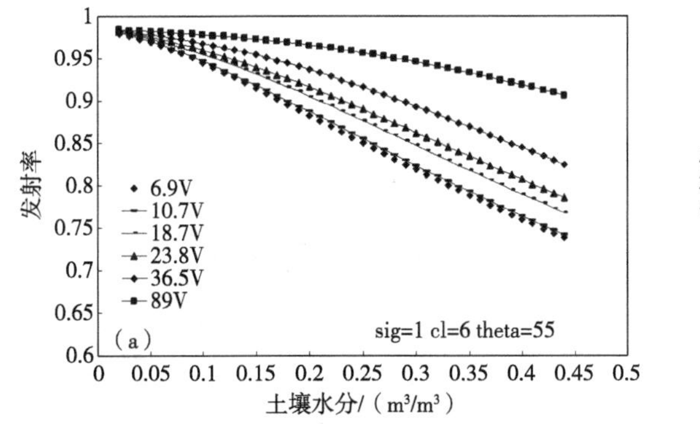

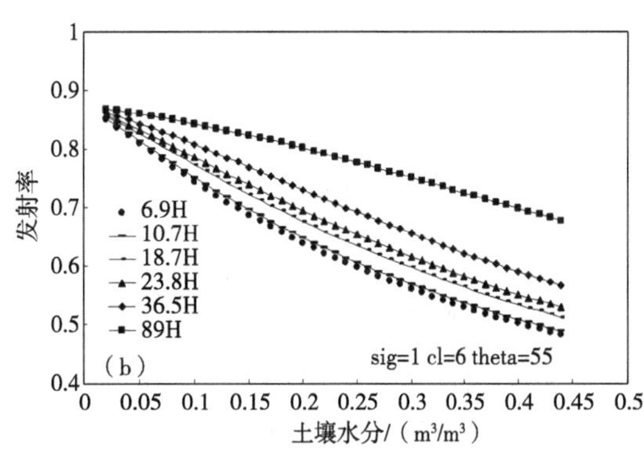

图7-1　土壤水分与不同频率发射率的关系（固定粗糙度情况下）

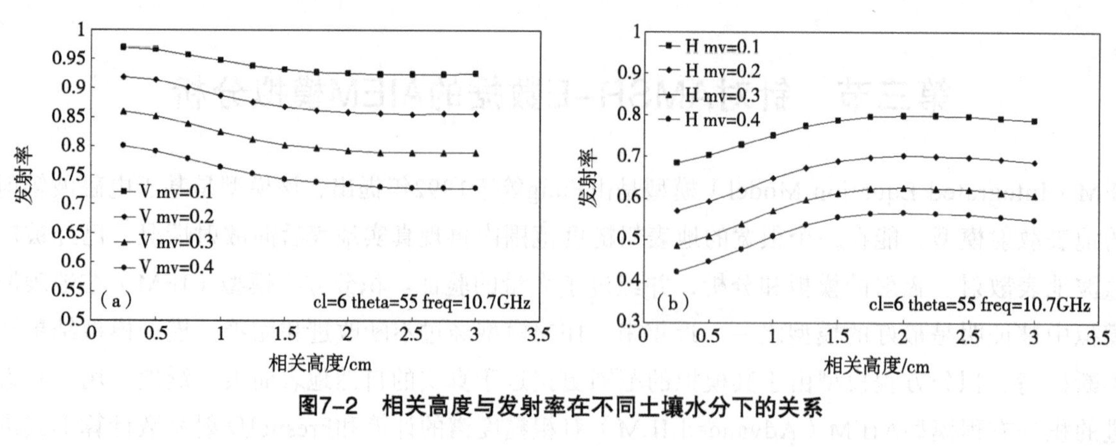

图7-2 相关高度与发射率在不同土壤水分下的关系

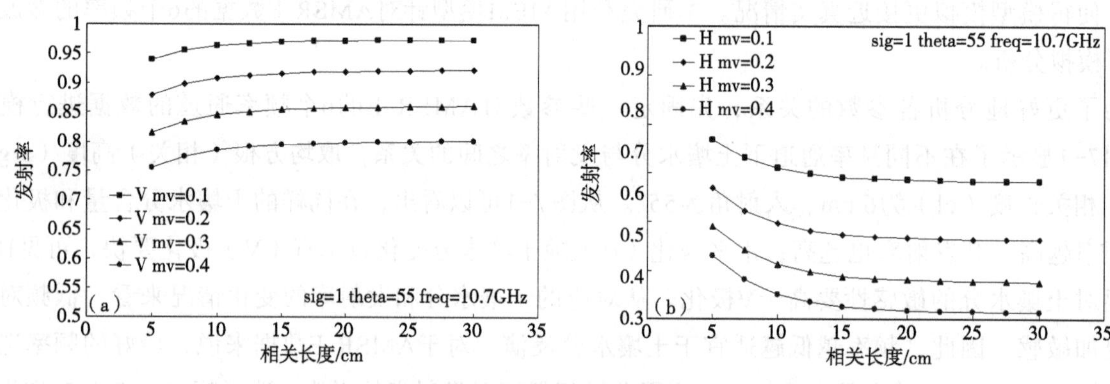

图7-3 相关长度与发射率在不同土壤水分下的关系

第四节 土壤水分反演算法及敏感性分析

从上面的模拟分析可知，水平极化比垂直极化对土壤水分更加敏感，但受粗糙度的影响也更大。在给定的粗糙度条件下，能够建立土壤水分与发射率之间的关系。由于发射率和亮度温度之间存在一种线性关系，因此，许多算法是建立在这种基础之上的。但由于不同地方的粗糙度是变化的，而且即使是同一个区域，随着季节的变化或者天气（降水）的影响，粗糙度也是变化的。因此这些算法是经验性的，局部适用的。为了得到一个更加实用的算法。在设定粗糙度通常的范围（相关高度为0.25～3.1 cm，相关长度为5～31 cm）情况下，针对AMSRE数据的6.9 GHz、10.7 GHz和19.7 GHz进行模拟，入射角为55°。模拟结果如图7-4所示。

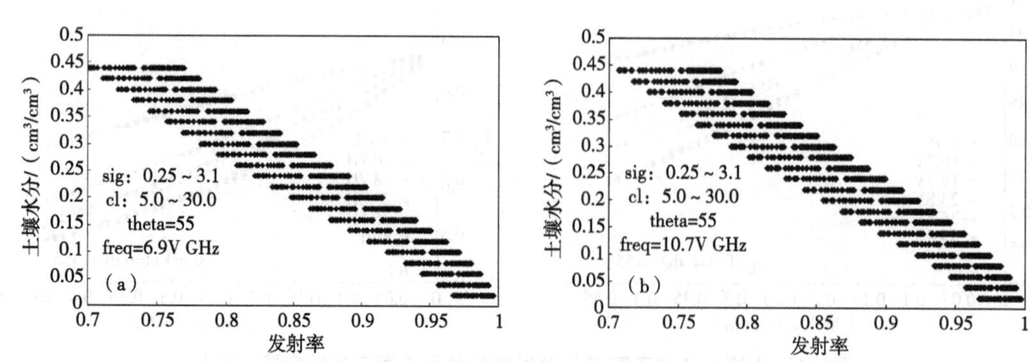

图7-4 土壤水分与不同频率发射率的关系（粗糙度在一定范围内变化）

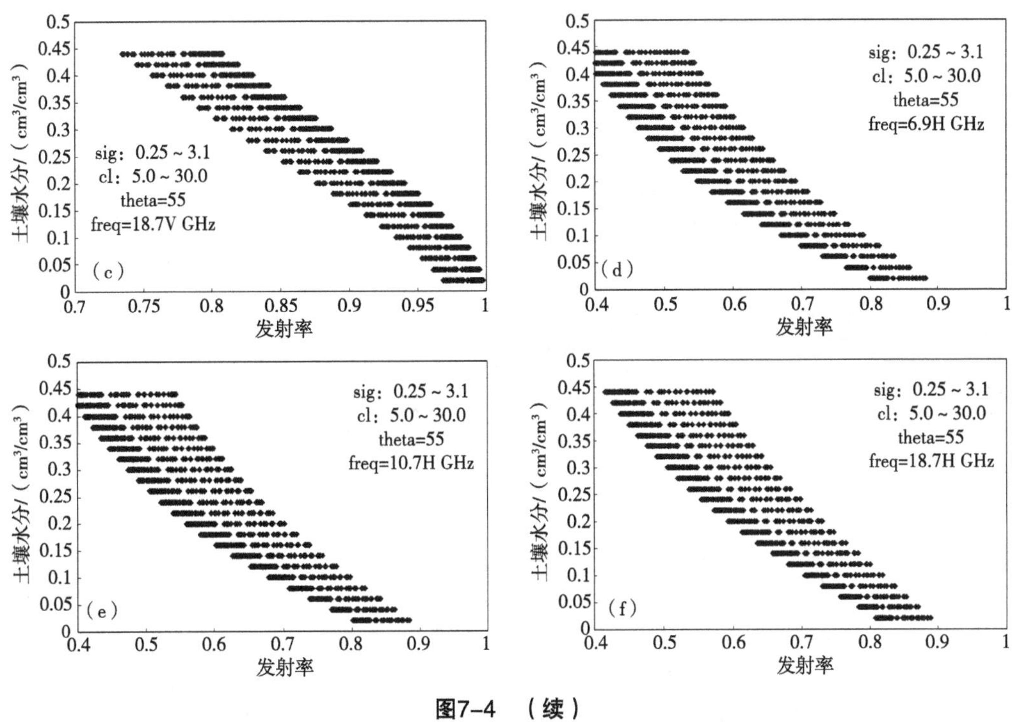

图7-4　（续）

从图7-4可以看出，土壤水分与发射率之间存在一种近似线性关系，但受粗糙度的影响比较大。对模拟数据进行了回归分析，得到了如表7-1所示的关系。

表7-1　土壤水分与发射率之间的关系

频率/GHz	集合数量	模拟方程	R^2
6.9 V	1 584	$SM=0.455\,83+1.072\,83\times ET_{6.9V}-1.514\,67\times ET^2_{6.9V}$	0.939
6.9 H	1 584	$SM=0.932\,51-1.455\,63\times ET_{6.9H}+0.436\,83\times ET_{6.9H}{}^2$	0.846
10.7 V	1 584	$SM=0.088\,73+1.976\,04\times ET_{10.7V}-2.049\,88ET^2_{10.7V}$	0.931
10.7 H	1 584	$SM=0.934\,07-1.419\,44\times ET_{10.7H}+0.395\,88ET^2_{10.7H}$	0.849
18.7 V	1 584	$SM=-0.975\,97+4.569\,81ET_{18.7V}-3.575\,41ET^2_{18.7V}$	0.919
18.7 H	1 584	$SM=0.920\,05-1.240\,56ET18.7H+0.214\,53ET^2_{18.7H}$	0.851

注：ET代表发射率ε。

从表7-1中的相关系数R^2可以看出，垂直极化更加适合土壤水分反演。事实上，如果能够计算得到土壤发射率，就可以直接用表7-1计算公式计算得到土壤水分。当然，反演仍然受粗糙度的影响比较大。从式7-3可以看出，要计算发射率，必须知道土壤温度。而土壤温度的测量和反演是非常难的，特别是在大尺度的情况下。微波地表温度反演比较困难，主要原因是受土壤水分、粗糙度以及植被不确定性影响。因此，怎样避免这个参数就显得非常关键，将标准化微波指数定义如下。

$$NDE_{i-j}=\frac{\varepsilon_i-\varepsilon_j}{\varepsilon_i+\varepsilon_j}=\frac{\frac{T_i}{T_s}-\frac{T_j}{T_s}}{\frac{T_i}{T_s}+\frac{T_j}{T_s}}=\frac{T_i-T_j}{T_i+T_j} \quad (7\text{-}4)$$

从式7-4可以看出，通过比值法可以回避计算发射率的关键参数地表温度。用式7-4对图7-4中的模拟数据进行了计算得到了图7-5。从图7-5可以看出，18.7 VGHz和10.7 VGHz垂直极化收敛得非常好，而其他的则相反。

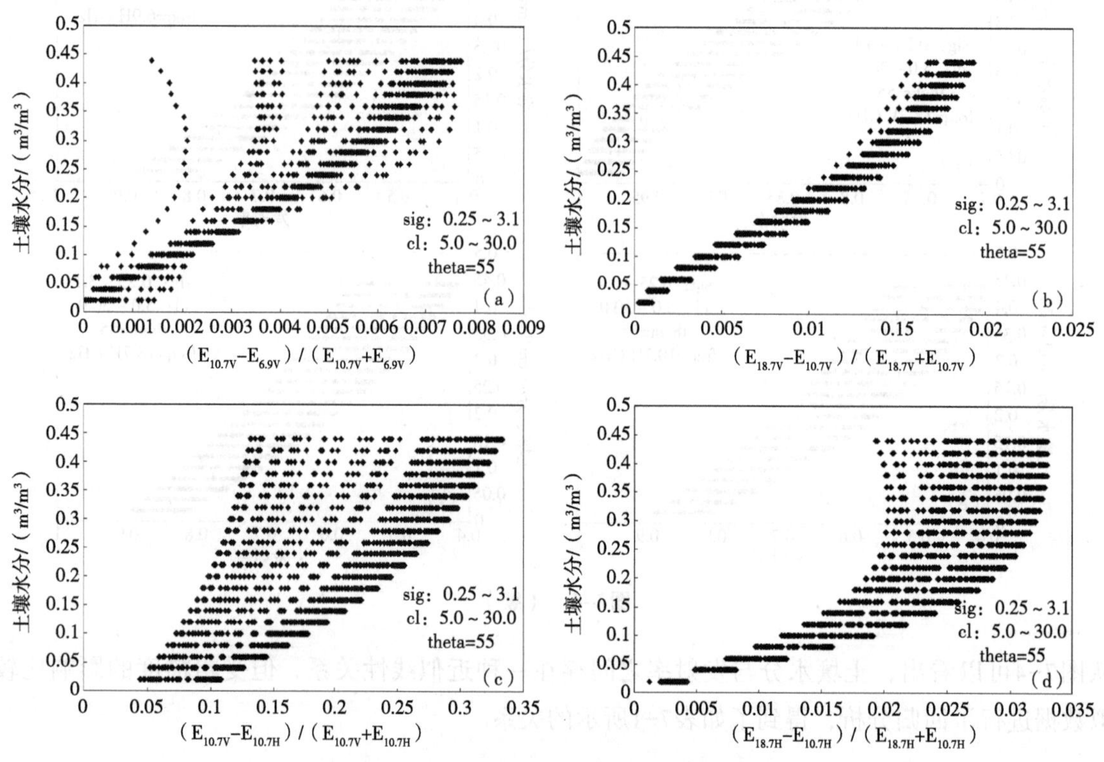

图7-5　土壤水分与不同极化指数差的关系

对图7-5进行回归分析得到了表7-2，从表7-2可以看出，18.7 GHz与10.7 GHz垂直极化的R^2达到了0.98，而其他的则不是太好。从这点就可以看出，18.7 GHz与10.7 GHz垂直极化的比值不仅有效地消除了关键参数地表温度，而且部分地消除了粗糙度的影响。改变土壤成分得到的模拟结果和图7-5类似。因此，用标准化垂直极化反演土壤水分是可行的。对于高于10 GHz频率微波信号，获得的植被下面的信息非常少。改变土壤成分得到的模拟结果和图7-5类似。因此用标准化垂直极化指数反演土壤水分是可行的。当频率10.7 GHz以上时，很难直接获得植被覆盖下土壤水分信息。土壤水分能够通过植被反映出来。Paloscia等（1984）、Pampaloni等（1985）、Choudhury等（1987）研究表明，微波指数可以用来监测土壤水分的变化。假定植被为裸露地表，然后通过实测数据进行修正来反演土壤水分。另外，对于被动微波的大尺度像元来讲，几乎每个像元都是混合像元。因此，通过理论推导的经验算法，根据当地的实际情况进行合理的修正是非常必要的。

表7-2　土壤水分与不同极化指数关系

频率/GHz	集合数量/个	模拟方程	R^2
10.7 V~6.9 V	1 584	$SM=0.021\,63+46.289\,37NDE1+892.302NDE1^2$	0.865
18.7 V~10.7 V	1 584	$SM=0.033+10.999\,47NDE2+563.806\,28NDE2^2$	0.978
10.7 V~10.7 H	1 584	$SM=0.011\,75+0.970\,19NDE3+0.663\,98NDE3^2$	0.506
18.7 H~10.7 H	1 584	$SM=-0.025\,44+8.503\,06NDE4+119.12NDE4^2$	0.687

$$SM = 0.33 + 10.999\ 47NDE_{18.7\ \mathrm{GHz}-10.7\ \mathrm{GHz}} + 563.806\ 28NDE^2_{18.7\ \mathrm{GHz}-10.7\ \mathrm{GHz}} \tag{7-5}$$

式中：SM表示土壤水分，$NDE_{18.7\ \mathrm{GHz}-10.7\ \mathrm{GHz}}$就是式7-4。式7-5的参数敏感性取决于式7-4。从式7-4可以看出，由于分母比较大，稍微一点误差是不会对NDE_{i-j}产生多大的误差，引起算法的误差主要在于其分子。由于微波波段的透过率非常的高，即使大气中的水汽含量高达5 g/cm^2，对于18.7 GHz和10.7 GHz近似等于1（Ulaby et al.，1986）。由于18.7 GHz的波长比10.7 GHz的波长要长，因此受大气的影响大一些。因此当大气中的水汽非常多或者存在云的时候，式7-4的计算值要偏低，从而导致反演值比实际值偏低。所以，在实际反演中要对反演结果做一些修正。特别是当云层含水比较多的时候，大气校正还是有必要的。另外，18.7 GHz对降雨比较敏感，10.7 GHz次之，因此18.7 GHz能够被用来监测降雨。当有降雨时，反演值的误差比较大，算法可能已经不太适用。因此，对有降雨时的土壤水分反演需要进一步研究。

第五节　算法验证及应用

算法精度评价也是非常重要的，目前对土壤水分反演算法的实际精度评价是反演方法研究中的一个难点，其主要原因在于很难用地面的一个或者几个点的观测数据来代表一个像元对应的地表几十千米范围的土壤湿度；其次是实测数据与影像成像时的同步性问题、几何配准问题和尺度效应等问题。算法精度评价对一个算法的实际应用非常重要，是算法推广应用的前提。在发射新传感器和开发新的土壤水分反演算法的同时，人们建立了许多典型的算法验证区域。其中SMEX02主要致力于AMSR-E的土壤水分反演算法的验证，实验区域为美国艾奥瓦州Walnut Creek watershed地区，侧重于高生物量的植被，如成熟期的大豆和玉米。SMEX02的目标是局限于使用微波遥感测量农业区的土壤水分（http://nsidc.org/data/amsr_validation/soil_moisture/smex02/）。该区域地面在经历了6月25日至7月4日较为干燥的阶段，在7月11日经历了一场大降雨，降水量平均为35 mm。因此只选择了6月25日至7月4日的实测数据，为了进行修正，还排除了几个明显不对的数据。反演结果和实测比较如图7-6所示。

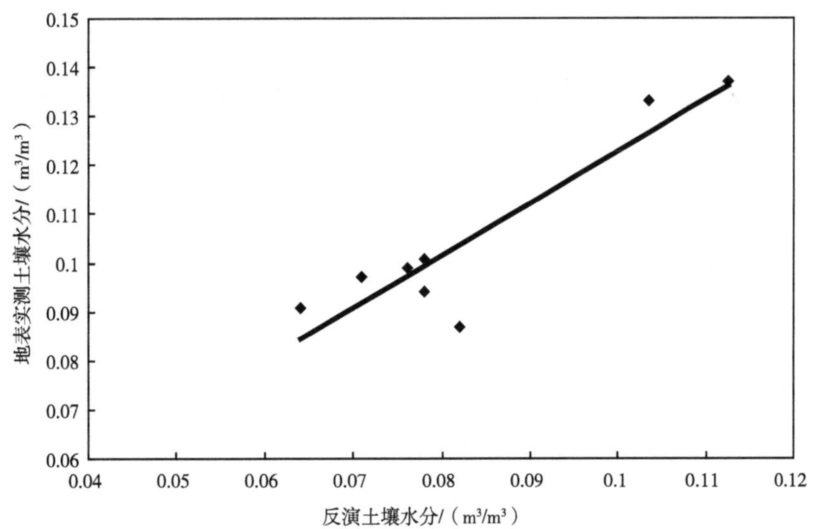

图7-6　地表实测土壤水分与反演土壤水分关系

反演结果和地表实测数据表明算法明显地低估了土壤水分含量，进行回归分析得到式7-6。

$$SM_G = 1.065\ 5SM_R + 0.016\ 3 \quad R^2 = 0.836\ 8 \tag{7-6}$$

因此，通常在用表7-2中18.7 GHz与10.7 GHz反演得到土壤水分后，需要根据当地的实际情况进行修正。

为了进一步说明上述算法的实际应用潜力，利用中国地区两景AMSR-E（2005年8月25日）数据进行了实际反演。为了看土壤水分的分布情况，等间隔地划分土壤水分的区间。土壤水分遥感分布分析请参见文献［毛克彪，2017. 农业气象遥感关键参数反演算法及应用研究. 北京：中国农业科学技术出版社；毛克彪，胡德勇，黄健熙，等，2010. 针对被动微波数据AMSR-E数据的土壤水分反演算法. 高技术通讯，20（6）：651-659］。结果分析表明，土壤水分的分布趋势是比较合理的。在沿海地区、长江流域、黄河流域，以及一些大湖泊周围的土壤水分特别高，这与实际情况是相符合的。另外，在青藏高原，特别是西藏，有一小块地方的土壤水分也比较高。从表7-3中可以看出，绝大部分地区在土壤水分在20%以下，另外，需要说明的是本研究算法主要适用于裸露地表地区以及没有降雨的情况，对于NDVI比较大或者有降雨和云层比较厚的地区，反演结果要根据地面实际情况（不同的地表和不同的环境）需要进一步修正。

表7-3　统计土壤水分分布情况

项目	土壤水分				
	0~0.1	0.1~0.2	0.2~0.3	0.3~0.4	>0.4
图像像素	8 609	3 349	773	305	363
比例/%	64.25	25.00	5.80	2.27	2.70

对TRMM/TMI数据也做了同样的分析，并得到了相似的算法。用TRMM/TMI（1998/09/01）对西藏地区的土壤水分进行了反演。具体请参加文献［Mao K，Tang H，Zhang L，et al.，2008. A Method for Retrieving Soil Moisture in Tibet Region by Utilizing Microwave Index from TRMM/TMI Data. International Journal of Remote Sensing，29（10）：2905-2925］。

第六节　基于卷积神经网络的土壤水分反演

一、数据来源

深度学习卷积神经网络的土壤水分反演精度主要取决于训练和测试数据库的精度。以下将详细介绍本研究所使用的数据，包括遥感数据、模拟数据、同化产品和地面观测数据。

（一）遥感数据

本研究使用AMSR2微波辐射计亮温数据作为土壤水分反演算法的自变量。AMSR2是第二代先进微波辐射成像仪，搭载于“第一轮卫星计划——全球水圈变化观测卫星（GCOM-W1）”，由日本宇航局（Japan Aerospace Exploration Agency，JAXA）于2012年5月18日成功发射。AMSR2是一种圆锥式扫描微波辐射成像仪，包括主反射镜、微波辐射接收机，在轨运行期间与地表观测站点的垂直入射角为55°。AMSR2的轨道离地面700 km，其扫描宽度为1 450 km，共14个水平/垂直极化观测通道，分别是6.9 GHz、7.3 GHz、10.65 GHz、18.7 GHz、23.8 GHz、36.5 GHz和89.0 GHz，主要用于监测全球水分分布及能量循环（Imaoka et al.，2010；Zabolotskikh et al.，2015）。与AMSR-E传感器相比，AMSR2的天线反射器扩展到2.0 m，微波亮度温度采样的空间分辨率从25 km提高到10 km。为了避免地面无线电频率干扰，增加了2个7.3 GHz的垂直和水平极化信道，因此可以获得更可靠的微波辐射计数据（Njoku et al.，2003）。AMSR2每日亮度温度3级产品和土壤水分产品可从JAXA网络（gportal.jaxa.jp）下载。

（二）模型模拟数据

先进的积分方程模型（AIEM）和M-D模型基于微波辐射的物理过程，可模拟地表的亮温和土壤水分。AIEM是基于积分方程模型（IEM）开发的，并且在很宽的粗糙度范围内显示出单次散射和发射率预测的显著改进，特别是在中间土壤粗糙度的区域（Chen et al.，2003），适合模拟裸地地表。双矩阵（M-D）模型在模拟低矮植被覆盖地表的土壤水分方面具有一定的准确性，因为该算法充分考虑了植被内和植被与表面之间的多次散射（Ferrazzoli et al.，1995，1996）。本研究使用以上2个模型来模拟亮温和地表土壤湿度作为CNN中的训练和测试数据。

（三）同化产品数据

中国气象局的CLDAS产品为覆盖亚洲区域（0～65°N，60～160°E）。CLDAS利用数据融合和同化技术整合和吸收多源数据，如地面观测数据、卫星遥感数据和数值模型产品，并获得气象要素，如温度、压力、湿度、风速、降水和辐射。中国气象局采用共同地表模式（Community Land Model 3.5）来获取CLDAS中陆地表面的土壤水分。该数据集研制技术和精度与国际同类产品（如GLDAS、NLDAS产品）相当，在中国区域质量优于国际同类产品，且时空分辨率更高。该数据产品基于CLDAS-V2.0业务系统进行历史回算以及实时产品生成，通过中国气象数据网对公众发布。CLDAS数据集包括东亚地区5～200 cm的土壤体积含水量，每小时数据和空间分辨率为0.062 5°×0.062 5°。为了匹配AMSR2数据的分辨率（0.1°×0.1°），将CLDAS土壤水分数据重新采样至10 km的分辨率，并提取0～5 cm土壤水分数据以接近地表土壤水分。CLDAS土壤水分数据是每日逐小时整点数据，为了匹配AMSR2的过境时间，采用13:30（升轨）和1:30（降轨）前后相邻时间点的平均值。

（四）地面观测数据

全国气象站点土壤水分监测站提供了每日每小时不同深度土壤水分监测数据，其中包括土壤体积含水量（%）。AMSR2卫星每日过境中国的时间为13:30和1:30，因此地面监测站点土壤水分数据选取当日13:00和14:00的平均值，以及1:00和2:00的平均值。站点数据观测的最浅土壤深度是10 cm，所以选取地下10 cm探头的数据，以更好接近地面表层的土壤水分。地面实测站点数据有较多空值和明显偏差的值，本研究选取2015年6月至2016年8月所在位置地势平坦、地物类型均一、无明显偏差和空值的土壤水分实测站点18个，共提取数据492个。

二、卷积神经网络反演土壤水分适用性评价

（一）基于AIEM模拟数据的CNN反演分析

当前研究者对于微波辐射传输模型使用较广的是IEM（Integrated Equation Model，IEM），由Fung等于1992年提出，该模型能够在一个很宽的地表粗糙度和介电常数范围内，真实再现地表发射率。Chen等（2003）对IEM模型中粗糙度谱的计算和Fresnel反射系数计算形式进行了改进得到AIEM

（Advance IEM），使得模型模拟更接近真实状况。相比于IEM模型，AIEM具有更高的精度，已被广泛应用于微波地表散射、辐射的模拟和分析，并经过大量科学的验证（Chen et al.，2003）。为了证明CNN能够被用来从被动微波数据AMSR2中精确地反演土壤水分，本研究针对AMSR2数据的6.93 GHz、7.3 GHz、10.65 GHz、18.7 GHz、23.8 GHz、36.5 GHz和89.0 GHz，用AIEM模拟裸露地表辐射，设置入射观测角为55°，从而得到训练和测试数据集。这些模拟数据可当作是已知的地表真实数据。AIEM的主要输入参数如表7-4所示，通过改变步长，得到的模拟数据分布是非常均一的。模拟数据随机分成13 440个训练数据集和3 360个测试数据集。6.93～89.0 GHz（V/H）的亮温是通过温度和发射率的乘积得到的，相应于亮温模拟出来的土壤水分值作为目标数据，它们被作为CNN的输入数据。

表7-4 AIEM模型输入参数

参数	最小值	最大值	步长
相关高度/cm	0.2	3.3	0.5
相关长度/cm	5	32	1
土壤水分/%	0.02	0.48	0.05
亮温/K	180	310	1
频率/GHz	6.9	89.0	—

对于AMSR2数据来说，最好的频率选择可能是6.93 GHz、7.3 GHz、10.65 GHz，其次是18.7 GHz、23.8 GHz。36.5 GHz和89.0 GHz的波长更长，易受大气水汽影响，AIEM模型没有考虑大气水汽的影响，因此以36.5和89.0 GHz的模拟数据作为输入数据可能会影响土壤水分反演的精度。为了分析不同通道组合的CNN反演效果，在不同迭代次数下汇总了不同通道组合的反演信息如下表7-5。经过不断的尝试，发现7个频率（14个通道V/H）的组合使得CNN反演最稳定和精度最高。7个频率的组合在1 500～3 500的迭代次数下，相关系数R^2均能达到0.99以上，平均误差普遍在3%以内。去掉89.0 GHz后的6个频率组合在1 500～3 500的迭代次数下，相关系数R^2有所减少，平均误差普遍超过3%。当选择5个频率（去掉36.5 GHz和89.0 GHz）的组合，精度相对更低，R^2普遍低于0.985，平均误差普遍超过5%。随着高频通道的减少，CNN反演的精度越低，这说明通道越多，CNN能够提取微波辐射信号的特征信息越充分，则反演土壤水分的精度越高。

表7-5 不同通道组合下CNN反演和AIEM模拟土壤水分的误差

迭代次数	6.9，7.3，10.7，18.7，23.8，36.5，89.0 V/H			6.9，7.3，10.7，18.7，23.8，36.5 V/H			6.9，7.3，10.7，18.7，23.8 V/H		
	R^2	A/%	RMSE	R^2	A/%	RMSE	R^2	A/%	RMSE
1 500	0.997 3	2.40	0.007 7	0.987 6	6.47	0.016 5	0.983 8	5.55	0.018 4
2 000	0.997 7	2.05	0.007 3	0.989 5	5.68	0.014 8	0.968 1	8.89	0.025 6
2 500	0.997 2	1.91	0.008 8	0.994 7	5.26	0.011 0	0.983 4	5.74	0.019 2
3 000	0.996 7	2.10	0.009 2	0.995 4	3.36	0.009 9	0.983 0	5.50	0.017 9
3 500	0.994 0	3.02	0.011 8	0.993 5	4.50	0.012 8	0.984 6	7.13	0.019 2

注：A为平均误差。

对不同通道组合的反演误差进行分析，分别选取3种组合中反演效果最好的测试数据作散点图（图7-7），计算各自的误差概率分布（图7-8）。从图7-7可以看出，7个频率组合比6个和5个频率组合的土壤水分分布值更趋向于1∶1线。从图7-8可以看出，7个频率组合反演的误差为0占测试数据量的50%以上，而6个频率组合和5个频率组合的为30%和15%左右。这表明选择7个频率组合更有利于提高CNN反演的精度。

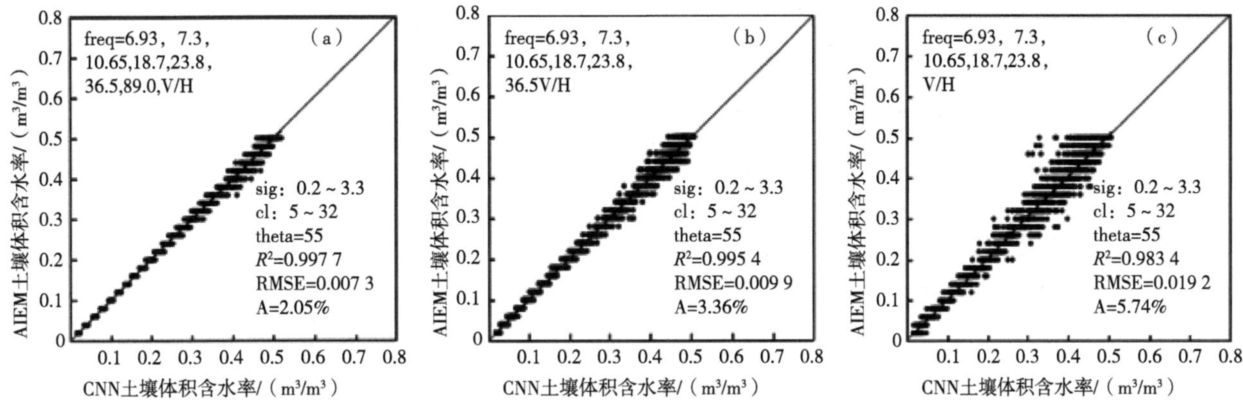

图7-7　不同通道组合的CNN反演土壤体积含水率误差分布

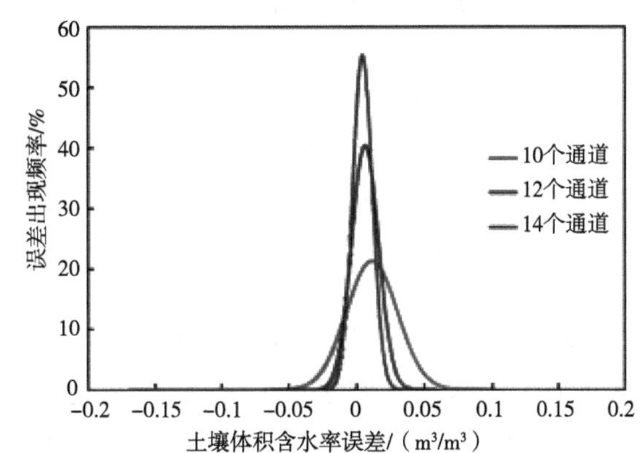

图7-8　不同通道组合的CNN反演土壤体积含水率误差分布

对比3种组合的误差分布，有些数据的误差超过了0.05 m^3/m^3，主要原因是波长越长（特别是18.7 GHz以上），越受大气水汽影响，而AIEM模型没有考虑大气水汽的影响。3个散点图均反映了土壤水分含量越大的情况下，CNN反演的土壤水分含量与AIEM模拟的土壤水分含量之间的差值越大。这说明了在土壤水分含量较高的条件下，CNN以AIEM模拟数据作为训练数据反演的效果不够稳定。这主要由于AIEM模型假定的地表是土壤水分不高的裸露地表，对于土壤水分含量较高条件下（如植被覆盖地区的地表）的模拟效果会有所偏差。因此，除针对裸土地面外，为了证明CNN能广泛适用于土壤水分反演，采用被动微波遥感技术对覆盖植被的地表进行土壤水分反演同样非常必要。

（二）基于M-D模拟数据的CNN反演分析

植被是影响地表辐射最重要的因素之一，这是由于植被不仅具有自身向上的辐射，还要对地表辐射起衰减作用。以往研究者把基于光线跟踪原理的双矩阵法（Matrix Doubling）应用到覆盖植被的地表辐射问题中，发展出了一套频率范围适用广泛的亮度温度模型。Matrix-Doubling模型是由Ferrazzoli等于1995年和1996年提出的，该模型是基于辐射传输理论和M-D双矩阵算法。在模型中植被主要被分为3部分：枝叶、枝干、土壤，假设这些散射体均匀分布在植被层内且具有经典的几何形状。M-D算法充分考虑植被内部，以及植被与地表之间的多次散射。当频率高于C波段时，植被内部的多次散射效果不能忽略。在M-D模型中将植被层分成多个子层，如图7-9所示，并且认为每个子层的方位角都是对称的。在一个子层上将入射角和反射角分成许多个间隔，间隔越小，就能更多地考虑植被内的各个方向，但是，同时计算量也会增加。对于某个入射方向来说相邻子层的散射矩阵S、传输矩阵T用式7-7表示。

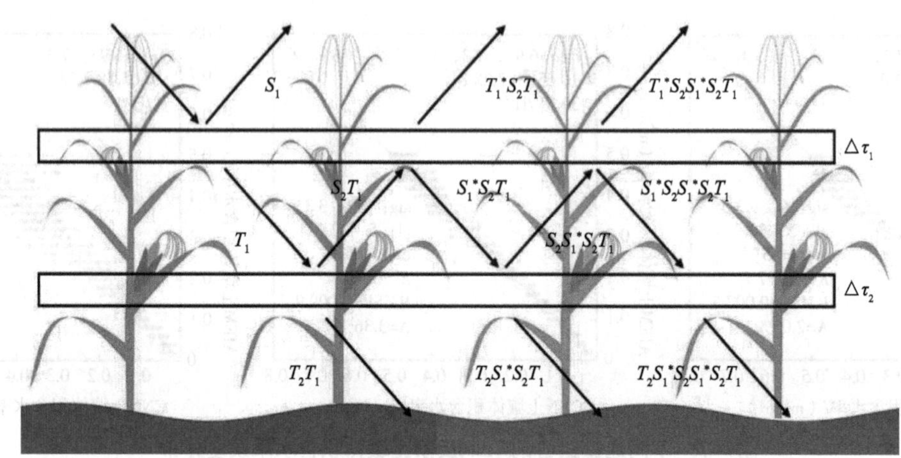

图7-9　双矩阵算法模型

$$\begin{aligned} S &= S_i + T_1^* S_2 T_1 + T_1^* S_2 S_1^* S_2 T_1 \cdots \\ &= S_1 + T_1^* S_2 (1 - S_1^* S_2)^{-1} T_1 \\ T &= T_2 [1 + S_1^* S_2 + (S_1^* S_2)^2 + \cdots] T_1 \\ &= T_2 (1 - S_1^* S_2)^{-1} T_1 \end{aligned} \tag{7-7}$$

式中：S_1、S_2分别表示从上面入射时子层向上的散射矩阵；T_1、T_2分别表示子层向下的传输矩阵；公式中带*号的符号表示从下向上的入射。将子层Δ_1、Δ_2合并成一个新的Δ与下一个子层Δ_3继续进行上面的运算，重复N次这样的运算就可以计算出包括地表在内的微波散射。然后，再根据能量守恒减去散射即可得到微波辐射。

针对93 GHz、7.3 GHz、10.65 GHz、18.7 GHz、23.8 GHz、36.5 GHz，用M-D模型模拟低矮植被覆盖地表辐射，设置入射观测角为55°，从而得到训练和测试数据集。这些模拟数据可当作是已知的地表真实数据。Matrix Doubling模型的主要输入参数如表7-6所示，通过改变步长，得到的模拟数据分布是非常均一的。模拟数据随机分成5 280个训练数据集和1 320个测试数据集。6.93～36.5 GHz（V/H）的亮温是通过温度和发射率的乘积得到的，相对应于亮温模拟出来的土壤水分值作为目标数据，它们被作为CNN的输入数据。

表7-6　M-D模型输入参数

参数	最小值	最大值	步长
相关高度/cm	0.2	1.4	0.2
相关长度/cm	5	30	5
土壤水分/%	0.05	0.5	0.05
频率/GHz	6.9	36.5	

为了分析不同通道组合的CNN反演效果，在不同迭代次数下汇总了不同通道组合的反演信息如下表7-7。经过不断的尝试，发现6个频率（14个通道V/H）的组合使得CNN反演最稳定和精度最高。6个频率的组合在1 500～3 500的迭代次数下，相关系数R^2均能达到0.99以上，平均误差普遍在4%以内。去掉36.5 GHz后的5个频率组合在2 500的迭代次数下，相关系数R^2有所减少，平均误差普遍超过3%。在迭代2 000次时，6个频率的组合CNN反演精度达到最优，R^2达到0.993 9。当选择5个频率（去掉36.5 GHz）的组合，精度相对变低，在迭代2 500次时达到最优的精度，R^2达到0.991 1，平均误差为5.26%。当选择4个频率（去掉36.5 GHz和23.8 GHz）的组合，同样在迭代2 500次时达到最优的精度，R^2达到0.981 0，平均误差为6.24%。

表7-7 不同通道组合下的CNN反演和M-D模型模拟土壤水分误差

迭代次数	6.9，7.3，10.7，18.7，23.8，36.5 V/H			6.937，7.3，10.7，18.7，23.8 V/H			6.9，7.3，10.7，18.7 V/H		
	R^2	A/%	RMSE	R^2	A/%	RMSE	R^2	A/%	RMSE
1 500	0.993 4	2.90	0.046 7	0.987 1	6.97	0.066 5	0.969 4	7.57	0.058 9
2 000	0.993 9	2.55	0.048 8	0.988 9	5.79	0.058 4	0.975 1	8.39	0.055 6
2 500	0.992 7	2.94	0.049 3	0.991 1	5.26	0.056 8	0.981 0	6.24	0.048 8
3 000	0.992 4	2.86	0.049 2	0.990 3	6.36	0.069 9	0.983 7	6.50	0.057 3
3 500	0.991 0	3.52	0.051 8	0.986 5	7.05	0.067 8	0.985 2	7.93	0.059 1

注：A为平均误差。

对不同通道组合的反演误差进行分析，分别选取了3种组合中反演效果最好的测试数据作散点图（图7-10），计算各自的误差分布（图7-11）。从图7-11可以看出，3种频率组合的土壤水分散点分布非常接近1：1线，并且从图7-11可以看出，3种频率组合的CNN反演误差在-0.025～0.025 m³/m³内，说明以Matrix Doubling模拟数据训练数据时，CNN反演土壤水分有较高的精度。6个频率组合比5个和4个频率组合的土壤水分分布更趋向于1：1线，这表明选择6个频率组合更有利于提高CNN反演的精度。随着高频通道的减少，CNN反演的精度越低，这说明通道越多，CNN能够提取微波辐射信号的特征信息越充分，反演土壤水分的精度越高。

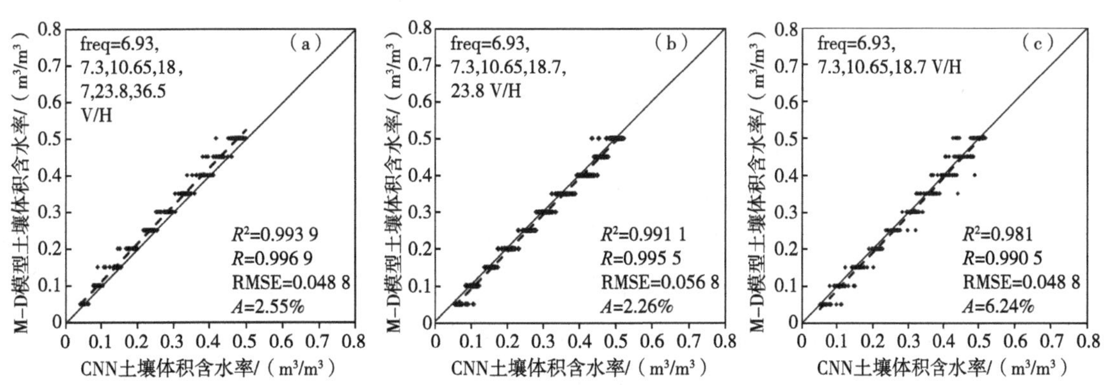

图7-10 不同通道组合下CNN反演与AIEM模拟土壤体积含水率散点图

注：（a）12通道；（b）10通道；（c）8通道。

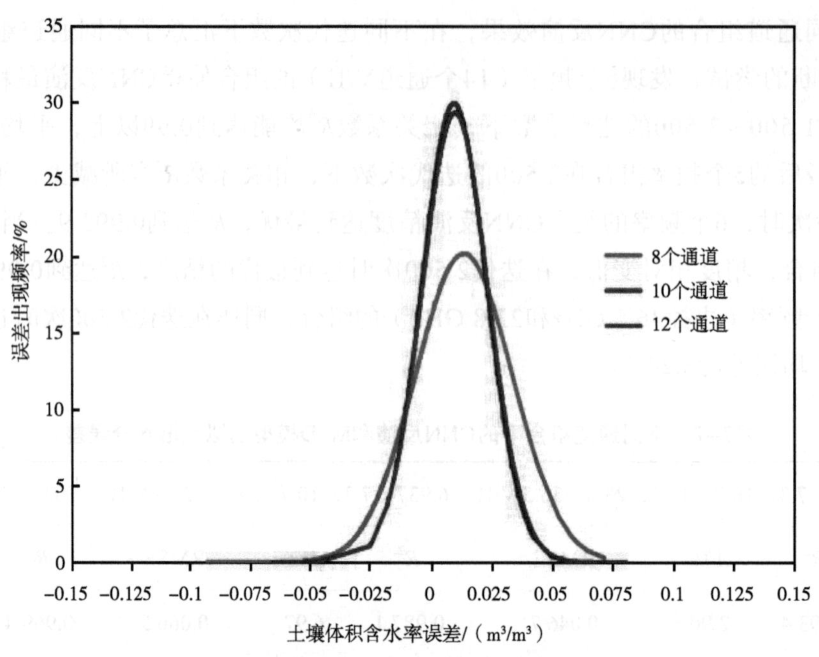

图7-11　不同通道组合的CNN反演土壤体积含水率误差分布

（三）基于CLDAS土壤水分产品的CNN反演分析

对于大尺度的微波像元，地表是非常复杂的，几乎所有的像元都是混合像元。地表不同的土地利用类型组合会得到相同和不同的信号，而且受大气及地形的影响，这使得真实地表的信号远比理论模型模拟的信号要复杂得多。因此从不同地表类型中测量大量训练和测试数据集很有必要。分区域选择地表时应尽量均一，以CLDAS土壤水分产品作为参照来获取地面同步数据，从而克服地面同步观测数据的难题。首先选择所在位置附近地势平坦、地物类型均一的区域，然后参照MODIS数据选择天气较为晴朗云量较少的日期（2015年内），匹配AMSR2卫星过境中国的时间，将同一经纬度的CLDAS土壤水分像元值当作AMSR2卫星对应的地面同步实测数据，克服了同步实测数据带来的困难。共选取21 245组亮温-土壤水分样本数据，土壤水分样本分布如图7-12所示。所采取土壤水分样本大部分集中在0.1～0.3 m^3/m^3区间，这是由于CLDAS中国土壤水分的值集中分布在0.1～0.3 m^3/m^3区间。样本数据集随机分成16 996组训练数据和4 249组测试数据。

为了分析不同通道组合的CNN反演效果，在不同迭代次数下汇总了不同通道组合的反演信息见表7-8。经过不断的尝试，发现当含有89.0 GHz时，CNN网络只反演出无效值，训练无效。当5个频率（去掉89.0 GHz和36.5 GHz，剩下10个通道V/H）的组合训练2 500次迭代次数下，CNN反演最稳定和精度最高，相关系数$R=0.936\ 2$，$R^2=0.876\ 6$，平均误差为10.8%，均方根误差RMSE＝0.036 3 m^3/m^3。只去掉89.0 GHz，保留6个频率组合训练时，精度有所下降，在2 500次迭代条件下，相关系数$R=0.901\ 2$，$R^2=0.812\ 2$，平均误差为19.8%，均方根误差$RMSE=0.048\ 8$ m^3/m^3。这充分说明，36.5 GHz和89 GHz等高频波段因对降雨较为敏感，易受大气水汽影响，反演的误差比较大，并不适应于土壤水分反演。尽管理论上波段组合越多，深度学习方法可以挖掘的数据特征越多，更有利于提高训练精度，但实际表明被动微波土壤水分反演需排除波长较长的波段，采用5个频率10个波段（6.9 GHz、7.3 GHz、10.7 GHz、18.7 GHz、23.8 GHz）的组合训练精度最高。这样能更好地消除地表粗糙度、大气和其他因素的影响。

表7-8　不同通道组合下CNN反演土壤水分和CLDAS土壤水分的误差

迭代次数	6.9，7.3，10.7，18.7，23.8，36.5 V/H				6.9，7.3，10.7，18.7，23.8 V/H			
	R^2	R	A/%	RMSE	R^2	R	A/%	RMSE
1 500	0.805 6	0.897 6	18.5	0.040 9	0.859 2	0.926 9	12.3	0.042 1
2 000	0.811 7	0.900 9	19.5	0.047 5	0.871 2	0.933 9	10.2	0.034 1
2 500	0.812 2	0.901 2	19.8	0.048 8	0.876 6	0.936 2	10.8	0.036 3
3 000	0.810 3	0.900 2	19.2	0.046 9	0.874 1	0.934 9	10.6	0.031 2
3 500	0.809 8	0.899 9	18.7	0.041 2	0.866 7	0.930 9	11.8	0.040 1

注：A为平均误差。

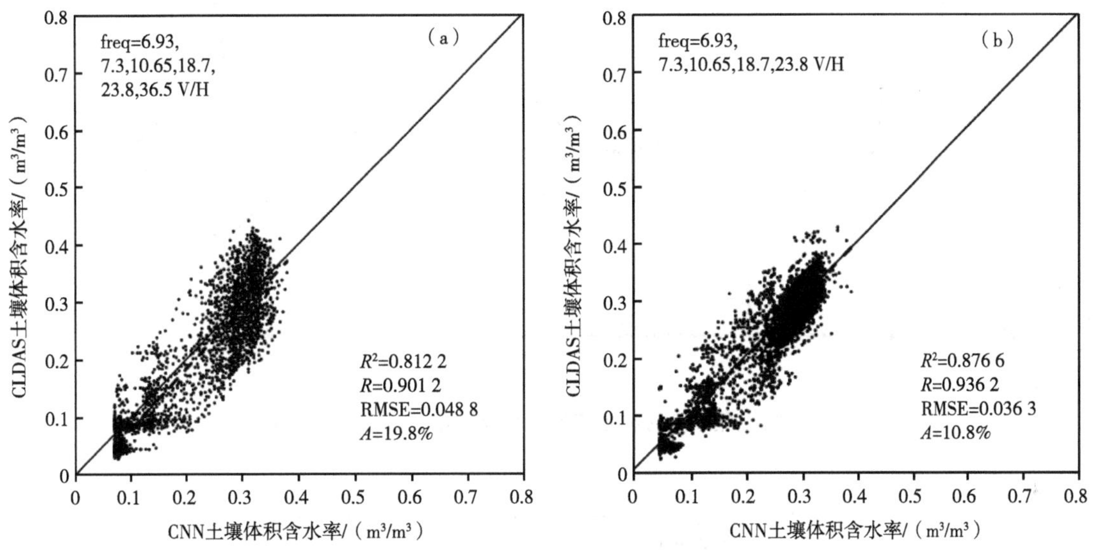

图7-12　不同组合下CNN反演与CLDAS产品模拟土壤体积含水率散点图

注：（a）12个通道；（b）10个通道。

三、多源样本数据库的CNN土壤水分反演精度验证

经过卷积神经网络反演土壤水分适用性评价表明，针对裸露地表的AIEM模型模拟数据，针对植被地表的双矩阵模型模拟数据，以及CLADAS土壤水分同化产品，作为CNN输入的样本数据，CNN反演土壤水分的精度都比较高。为了让CNN适用于不同地表类型的被动微波土壤水分反演，综合AIEM模型模拟数据、双矩阵模型（Matrix-Double）模拟数据、CLDAS 2.0土壤水分产品和部分实测数据为CNN的输入样本，构建多数据源样本数据库的CNN土壤水分反演模型（图7-13），从而提高被动微波遥感土壤水分反演的精度。

地面验证是土壤水分反演模型投入实际应用的关键。目前，对土壤水分反演模型的实际精度验证是反演方法研究中的一个难点，其主要原因在于地面点实测数据与大尺度的遥感反演结果在表达的空间尺度上无法准确对接。地面验证对方法的实际应用和推广至关重要，因此需利用实测站点的土壤水分数据与集成CNN反演结果进行验证分析。考虑到被动微波对东北森林和青藏高原地区土壤水分反演的异常情况，以及地面实测站点数据有较多空值和明显偏差的值，本研究选取2015年6月至2016年8月

所在位置地势平坦、地物类型均一、无明显偏差和空值的土壤水分实测站点18个，共提取数据492个。向训练完成的CNN输入时间相对应的AMSR2亮温影像反演土壤水分，并按站点的经纬度位置提取反演结果像元的土壤体积含水率值，将CNN反演的数据与地面实测数据进行对比验证。从图7-14可以看出，CNN反演土壤水分值与地面同步观测数据的均方根误差RMSE为0.038 4 m^3/m^3，相关系数R^2为0.894 5，两者保持了较高相关性，说明集成框架下的CNN被动微波土壤水分反演模型的精度较高。

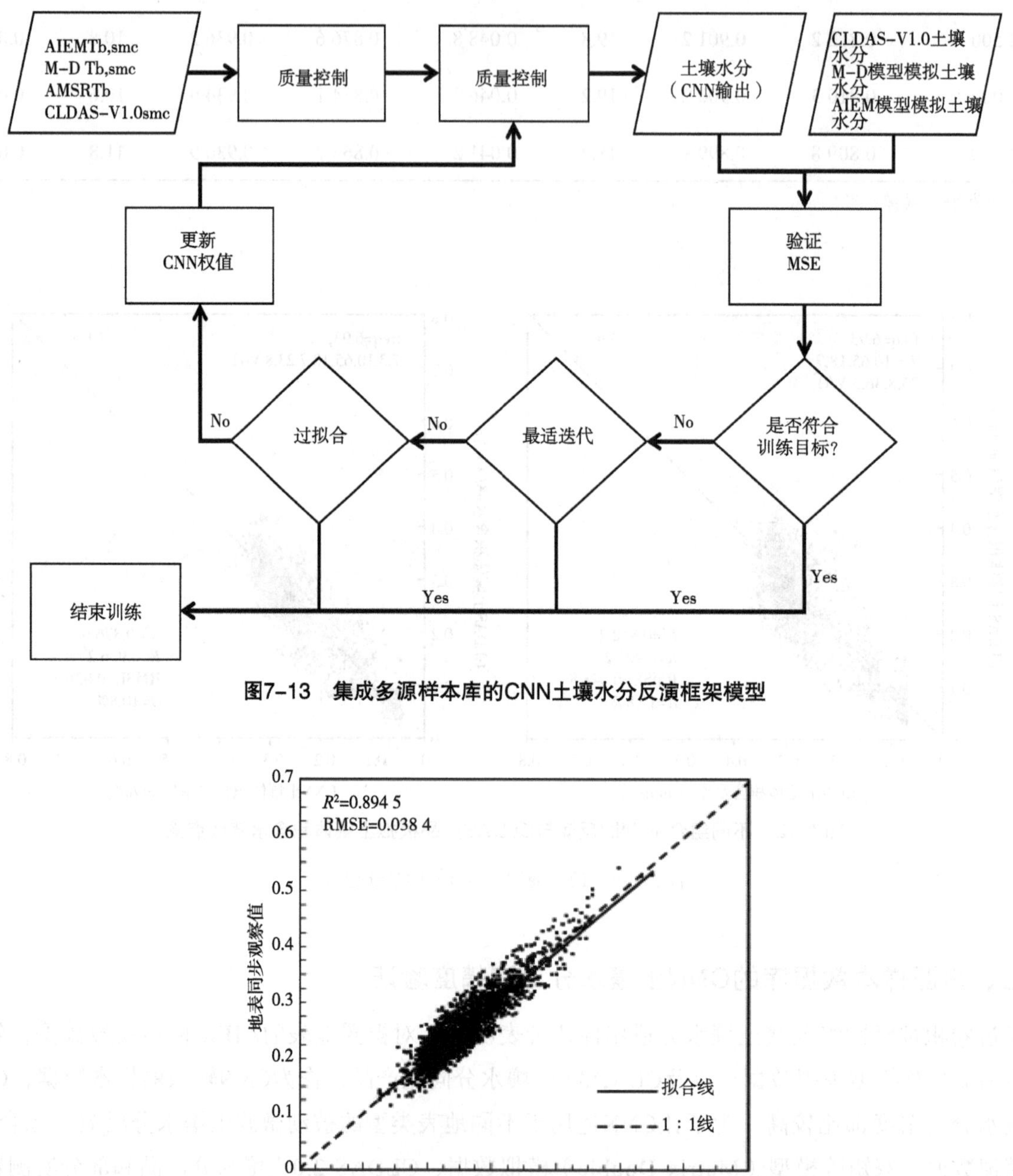

图7-13　集成多源样本库的CNN土壤水分反演框架模型

图7-14　CNN反演与实测土壤体积含水率散点图

为了提供一个应用实例来确认本研究算法的实用性，向集成框架CNN土壤水分反演模型输入2015年8月1日的AMSR2亮温数据，反演中国主要陆地地区当天的土壤体积含水率，并生成空间分布图。反演结果请参见文献［谭建灿，毛克彪，左志远，等，2018. 基于卷积神经网络和AMSR2微波遥感的土壤水分反演研究. 高技术通讯，28（5）：399-408］，中国土壤水分的分布趋势比较合理，反演结果与中国南北干湿分布状况基本一致。中国地表的土壤水分从中国西北向东南方向逐渐增加，整体上表现为“西北干，东北、东南湿”的空间分布格局。土壤水分低值区主要分布在新疆塔里木盆地至阿拉善高原一带的沙漠、戈壁，土壤水分平均值基本在0.08 m^3/m^3以下。这些地区属于温带大陆性气候，降水少、辐射强，因植被覆盖程度低而导致地表固水能力差。土壤水分高值区主要分布在东北平原、黄淮海平原和长江流域及以南的地区，土壤水分基本在0.13 m^3/m^3以上。这些地区多属于季风气候，夏季高温多雨，植被覆盖程度高，水系发达，地表固水能力较好。

第七节　小　结

本章对土壤水分反演的理论基础进行了简要介绍，并用AIEM模型针对被动微波数据AMSR-E进行了模拟分析。模拟结果表明，在给定粗糙度条件下，土壤水分与发射率存在很好的线性关系；在不同的土壤水分条件下，均方根高度和相关长度对发射率的影响基本相同。本研究定义了极化指数，模拟数据表明，18.7 GHz与10.7 GHz的垂直极化指数与土壤水分有很好的关系，而且部分地消除了土壤粗糙度的影响，R^2大约为0.98。同时，推导标准化微波指数近似等于标准化亮温指数，分析表明：通过标准化发射率指数和标准化微波指数建立土壤水分反演算法是可行的。同时，对算法进行了敏感性分析，分析表明，当有降雨时，算法比较敏感。用SMEX02的实验数据验证分析表明，相对于实验数据，算法精度大约为25.9%，该算法低估了土壤水分，因此需要用实测数据对反演结果做进一步修正。修正后的精度为6.5%。最后，对中国地区的两景AMSR-E进行了实际反演分析，结果表明，微波指数可以用来监测土壤水分的变化。假定植被为裸露地表，然后通过实测数据进行修正来反演土壤水分。另外，对于被动微波的大尺度像元来讲，几乎每个像元都是混合像元。因此，通微波指数的经验算法能反演土壤水分，并且应根据当地的实际情况进行合理的修正是非常必要的。

针对传统算法的局限性，本章继续采用深度学习的CNN克服了土壤水分反演的不足之处。为了评估CNN土壤水分反演的准确性和实用性，选择针对裸地地表经典的AIEM模型模拟数据、针对低矮植被地表的双矩阵（M-D）模型模拟数据，以及CLDAS土壤水分数据分别建立样本数据库。经过CNN方法对AIEM数据样本训练和测试后，结果表明，发现7个频率（14个通道V/H）的组合使得CNN反演最稳定且精度最高。7个频率的组合在1 500～3 500的迭代次数下，相关系数R^2均能达到0.99以上，平均误差普遍在3%以内。去掉89.0 GHz后的6个频率组合在1 500～3 500的迭代次数下，相关系数R^2有所下降，平均误差普遍超过3%。当选择5个频率（去掉36. 5 GHz和89.0 GHz）的组合，精度相对更低，R^2普遍低于0.985，平均误差普遍超过5%。随着高频通道的减少，CNN反演的精度越低，这说明通道越多，CNN能够提取微波辐射信号的特征信息越充分，反演土壤水分的精度越高。为了证明CNN能广泛适用于土壤水分反演，采用被动微波遥感技术对覆盖植被的地表进行土壤水分反演同样非常必要。M-D模型模拟数据反演的3种频率组合的土壤水分散点分布非常接近1∶1线。3种频率组合的CNN反演误差在-0.025～0.025 m^3/m^3内，说明以Matrix Doubling模拟数据训练数据时，CNN反演土壤水分有较高的精度。6个频率组合比5个和4个频率组合的土壤水分分布更趋向于1∶1线，这表明选择6个频率组合更有利于提高CNN反演的精度。随着高频通道的减少，CNN反演的精度越低，这说明通道越多，CNN能够提取微波辐射信号的特征信息越充分，反演土壤水分的精度越高。另外，我们分区域选择地表尽量均一，以CLDAS土壤水分产品作为参照来获取地面同步数据，从而克服地面同步观测数据的难题。首先选择所在位置附近地势平坦、地物类型均一的区域，然后参照MODIS数据选择天气较为晴朗云量较少的日期（2015年内），匹配AMSR2卫星过境中国的时间，将同一经纬度的CLDAS土壤水分像元值当作AMSR2卫星对应的地面同步实测数据，克服了同步实测数据带来的困难。当5个频率（去掉89.0 GHz和36.5 GHz，剩下10个通道V/H）的组合训练2 500次迭代次数下，CNN反演最稳定和精度最高，相关系数$R=0.936\,2$，$R^2=0.876\,6$，平均误差为10.8%，均方根误差$RMSE=0.036\,3\ m^3/m^3$。为了使CNN土壤水分反演更符合地表实际情况，本研究综合采用模型模拟数据、CLDAS土壤湿度产品和可靠的地面测量数据样本，组成多元的训练数据库，测试样本显示：基于多源数据库框架的CNN反演结果和地面观测数据之间均方根误差（RMSE）为0.038 4 m^3/m^3，精度较高（$R^2=0.894\,5$）。

参考文献：

陈修治，苏泳娴，李勇，等，2013. 基于被动微波遥感的中国干旱动态监测[J]. 农业工程学报，29（16）：151-158.

邓坤枚，石培礼，谢高地，2002. 长江上游森林生态系统水源涵养量与价值的研究[J]. 资源科学，24（6）：68-73.

傅斌，徐佩，王玉宽，等，2013. 都江堰市水源涵养功能空间格局[J]. 生态学报，33（3）：789-797.

贾艳昌，谢谟文，姜红涛，2017. 全球36 km格网土壤水分逐日估算[J]. 地球信息科学学报，19（6）：854-860.

李彦冬，郝宗波，雷航，2016. 卷积神经网络研究综述[J]. 计算机应用，36（9）：2508-2515.

李月臣，刘春霞，闵婕，等，2013. 三峡库区生态系统服务功能重要性评价[J]. 生态学报，33（1）：168-178.

刘璐璐，邵全琴，刘纪远，等，2013. 琼江河流域森林生态系统水源涵养能力估算[J]. 生态环境学报（3）：451-457.

陆峥，柴琳娜，张涛，等，2017. AMSR2土壤水分产品在黑河流域中上游的验证[J]. 遥感技术与应用，32（2）：324-337.

马雪华，1993. 森林水文学[M]. 北京：中国林业出版社.

毛克彪，胡德勇，黄健熙，等，2010. 针对被动微波AMSR-E数据的土壤水分反演算法[J]. 高技术通讯，20（6）：651-659.

毛克彪，施建成，李召良，等，2005. 用被动微波AMSR数据反演地表温度及发射率方法研究[J]. 国土资源遥感（3）：14-18.

毛克彪，施建成，李召良，等，2006. 一个针对被动微波数据AMSRE数据反演地表温度的物理统计算法[J]. 中国科学D辑，36（12）：1170-1176.

毛克彪，覃志豪，李满春，等，2005. AMSR被动微波数据介绍及主要应用研究领域分析[J]. 遥感信息（3）：63-66.

聂忆黄，龚斌，衣学文，2009. 青藏高原水源涵养能力评估[J]. 水土保持研究，16（5）：210-212.

沈润平，郭佳，张婧娴，等，2017. 基于随机森林的遥感干旱监测模型的构建[J]. 地球信息科学学报，19（1）：125-133.

施建成，杜阳，杜今阳，等，2012. 微波遥感地表参数反演进展[J]. 中国科学：地球科学（6）：814-842.

施建成，蒋玲梅，张立新，2006. 多频率多极化地表辐射参数化模型[J]. 遥感学报，10（4）：502-514.

司今，韩鹏，赵春龙，2011. 森林水源涵养价值核算方法评述与实例研究[J]. 自然资源学报（12）：2100-2109.

唐玉芝，邵全琴，2016. 乌江上游地区森林生态系统水源涵养功能评估及其空间差异探究[J]. 地球信息科学学报，18（7）：987-999.

香宝，任华丽，马广文，等，2011. 成渝经济区生态系统服务功能重要性评价[J]. 环境科学研究，24（7）：722-730.

余凯，贾磊，陈雨强，等，2013. 深度学习的昨天、今天和明天[J]. 计算机研究与发展，50（9）：1799-1804.

翟建青，占明锦，苏布达，等，2014. 对IPCC第五次评估报告中有关淡水资源相关结论的解读[J]. 气候变化研究进展，10（4）：240-245.

张堡宸，胡建荣，李新军，等，2014. 基于遥感数据的森林水源涵养估测研究[J]. 中国农学通报，30（1）：98-102.

张灿强，李文华，张彪，等，2012. 基于土壤动态蓄水的森林水源涵养能力计量及其空间差异[J]. 自然资源学报（4）：697-704.

张桂欣，郝振纯，祝善友，等，2016. AMSR2缺失数据重建及其土壤湿度反演精度评价[J]. 农业工程学报，32（20）：137-143.

郑兴明，赵凯，李晓峰，等，2015. 利用微波遥感土壤水分产品监测东北地区春涝范围和程度[J]. 地理科学，35（3）：334-339.

周飞燕，金林鹏，董军，2017. 卷积神经网络研究综述[J]. 计算机学报，40（6）：1229-1251.

AHMED N U，1995. Estimating soil moisture from 6. 6 GHz dual polarization，and/or satellite derived vegetation index[J]. *Int. J. Remote Sens.*，16（4）：687-708.

BOUMANS R，COSTANZA R，FARLEY J，et al.，2002. Modeling the dynamics of the integrated earth system and the value of global ecosystem services using the GUMBO model[J]. *Ecological Economics*，41（3）：529-560.

CHEN K S，WU T D，TSANG L，et al.，2003. Emission of rough surfaces calculated by the integral equation method with comparison to three-dimensional moment method simulation[J]. *IEEE Trans. Geosci. Remote Sens.*，41：90-101.

CHO E，MOON H，CHOI M，2015. First assessment of the advanced microwave scanning radiometer 2（AMSR2）soil moisture contents in Northeast Asia[J]. *J. Meteorol. Soc. JPN*，93（1）：117-129.

CHOUDHURY B J，TUCKER C J，1987. Monitoring global vegetaion using Nimbus-7 37 GHz data some emrical relation[J]. *Int. J. Remote Sens.*，9：1085-1090.

CMAILLO P T ，SCHMUGGE T S，1983. Estimating soil moisture storage in the root zone from surface measurements[J]. *Soil Sci.*，135：245.

COSTANZA R，D'ARGE R，GROOT R D，et al.，1997. The value of the world's ecosystem services and natural capital[J]. *World Environ.*，25（1）：3-15.

DENG L，YU D，2014. Deep Learning：methods and applications[J]. *Found. Trends Signal*，7（3/4）：197-387.

FERRAZZOLI P，GUERRIERO L，1996. Passive microwave remote sensing of forests：a model investigation，[J]. *IEEE Trans. Geosci. Remote Sens.*，34：433-443.

FERRAZZOLI P，GUERRIERO L，MODELING X，et al.，1995. Band emission from leafy vegetation[J]. *J. Electromagnet. Wave.*，9（3）：393-406.

FUNG A K，LI Z ，CHEN K S，1992. Backscattering from a randomly rough dieletric surface[J]. *IEEE Trans.*

Geosci. Remote Sens.，30：356-369.

GOLDSTEIN J H，CALDARONE G，DUARTE T K，et al.，2012. Integrating ecosystem-service tradeoffs into land-use decisions[J]. *P. Nat. Acad. Sci. USA*，109（19）：7565-7570.

GRIEND A A，OWE M，RUITER J D，et al.，1996. Measurement and behavior of dual-polarization vegetation optical depth and single scattering albedo at 1. 4 and 5 GHz microwave frequencies[J]. *IEEE Trans. Geosci. Remote Sens.*，34：957-965.

HABOUDANE D，MILLER J R，PATTEY E，et al.，2004. Hyperspectral vegetation indices and novel algorithms for predicting green LAI of crop canopies[J]. *Remote Sens. Environ.*，90（3）：337-352.

HINTON E G，SALAKHUTDINOV R R，2006. Reducing the dimensionality of data with neural networks[J]. *Science*，313（5786）：504.

IMAOKA K，KACHI M，FUJII H，et al.，2010. Global change observation mission（GCOM）for monitoring carbon，water cycles，and climate change[J]. *P. IEEE*，98（5）：717-734.

JACKSON T J，SCHMUGGE T J，1991. Vegetation effects on the microwave emission from soils[J]. *Remote Sens. Environ.*，36：203-219.

JACKSON T J，SCHMUGGE T，WANG J，1982. Passive microwave remote sensing of soil moisture under vegetation canopies[J]. *Water Resour. Res.*，18：1137-1142.

JACKSON T J，O'NEILL P E，1990. Attenuation of soil microwave emission by corn and soybeans at 1. 4 and 5 GHz[J]. *IEEE Trans. Geosci. Remote Sens.*，28：978-980.

KERR Y H，NJOKU E G，1993. On the use of passive microwaves at 37 GHz in remote sensing of vegetation[J]. *Int. J. Remote Sens.*，14：1931-1943.

KIM S，LIU Y Y，JOHNSON F M，et al.，2015. A global comparison of alternate AMSR2 soil moisture products：why do they differ?[J]. *Remote Sens. Environ.*，161：43-62.

LECUN Y，BOTTOU L，BENGIO Y，et al.，1998. Gradient-based learning applied to document recognition[J]. *P. IEEE*，86（11）：2278-2324.

MAO K B，TANG H J，MA Y，et al.，2012. The monitoring analysis for the drought in China by using an improved MPI method[J]. *J. Integr. Agr.*，11（6）：1048-1058.

MAO K B，TANG H J，ZHANG L X，et al.，2008. A method for retrieving soil moisture in Tibet Region by utilizing microwave index from TRMM/TMI data[J]. *Int. J. Remote Sens.*，29（10）：2905-2925.

MÄTZLER C，1990. Seasonal evolution fo microwave radiation from an oat field[J]. *Remote Sens. Environ.*，31：161-173.

MCFARLAND M J，MILLER R L，NEALE C M U，1990. Land surface temperature derived from the SSM/I passive microwave brightness temperatures[J]. *IEEE Trans. Geosci. Remote Sens.*，28：839-845.

MIKE S，CHRISTIAN M，MASSIMO G，et al.，2005. L-band radiometer measurements of soil water under growing clover grass[J]. *IEEE Trans. Geosci. Remote Sens.*，43：2225-2237.

NJOKU E G，LI L，1999. Retrieval of land surface parameters using passive microwave measurements at 6~18 GHz[J]. *IEEE Trans. Geosci. Remote Sens.*，37：79-93.

NJOKU E G，THOMAS J J，VENKATARAMAN L，et al.，2003. Soil moisture retrieval from AMSR-E[J]. *IEEE Trans. Geosci. Remote Sens.*，41：215-229.

PALOSCIA S，MACELLONI G，EMANUELE S，et al.，2001. A multifrequency algorithm for the retrieval of soil moisture on a large scale using microwave data from SMMR and SSM/I satellites[J]. *IEEE Trans. Geosci. Remote Sens.*, 39: 1655–1661.

PALOSCIA S, PAMPALONI P, 1984. Short communications microwave remote sensing of plant water stress[J]. *Remote Sens. Environ.*, 16: 249–255.

PAMPALONI P, PALOSCIA S, 1985. Experimental relationship between microwave emission and vegetation feafures[J]. *Int. J. Remote Sens.*, 6: 315–323.

PARINUSSA R M, HOLMES T R H, WANDERS N, et al., 2013. A preliminary study toward consistent soil moisture from AMSR2[J]. *J. Hydrometeorol.*, 16（2）: 932–947.

QIN Z H, GIORGIO D O, KARNIELI A, 2001. Derivation of split window algorithm and its sensitivity analysis for retrieving land surface temperature from NOAA-advanced very high resolution radiometer data[J]. *J. Geophys. Res.*, 22655–22670.

SCHMUGGE T J, O NEILL P E, WANG J R, 1986. Passive microwave soil moisture research[J]. *IEEE Trans. Geosci. Remote Sens.*, GE-24（1）: 12–20.

ULABY F T, MOORE R K, FUNG A K, 1986. Microwave remote sensing: active and passive dedham[M]. MA: Artech House.

WANG J R, SCHMUGGE T J, 1980. An empirical model for the complex dielectric permittivity of soil as a function of water content[J]. *IEEE Trans. Geosci. Remote Sens.*, 39: 288–295.

WIGNERON J P, PARDE M, WALDTEUFEL P, et al., 2004. Characterizing the dependence of vegetation model parameters on crop structure, incidence angle, and polarization at L-band[J]. *IEEE Trans. Geosci. Remote Sens.*, 42: 416–425.

WU T D, CHEN K S, SHI J, et al., 2001. A transition model for the reflection coefficient in surface scattering[J]. *IEEE Trans. Geosci. Remote Sens.*, 39: 2040–2050.

YU S, SHANG J, ZHAO J, et al., 2003. Factor analysis and dynamics of water quality of the Songhua River, Northeast China[J]. *Water Air Soil Poll.*, 144（1–4）: 159–169.

ZABOLOTSKIKH E, MITNIK L, REUL N, et al., 2015. New possibilities for geophysical parameter retrievals opened by GCOM-W1 AMSR2[J]. *IEEE J. STARS*, 8（9）: 4248–4261.

ZAI S M, GUO D D, HAN Q B, et al., 2011. Soil moisture prediction based on artificial neural network model[J]. *Chinese Agri. Sci. Bull.*, 27（8）: 280–283.

ZENG J Y, LI Z, CHEN Q, et al., 2015. Method for soil moisture and surface temperature estimation in the Tibetan Plateau using spaceborne radiometer observations[J]. *IEEE Geosci. Remote Sens. Lett.*, 12（1）: 97–101.

ZHANG B, HUA L W, DI X G, et al., 2009. Water conservation function and its measurement methods of forest ecosystem[J]. *Chinese J. Ecology*, 28（3）: 529–534.

ZHOU B, XIN-XIAO Y U, CHEN L H, et al., 2010. Soil erosion simulation in mountain areas of Beijing based on InVEST model[J]. *Res. Soil Water Conse.*, 17（6）: 9.

第八章　基于可见光红外成像辐射仪数据的地表温度反演算法研究

本章针对可见光红外成像辐射仪（VIIRS）传感器缺乏水汽通道的特点，联合Aqua卫星搭载的中分辨率成像光谱仪（MODIS）数据，提出了基于分裂窗算法的VIIRS地表温度反演方法。对地表发射率和大气透过率这2个关键参数的获取进行了详细分析，选取了处于作物生长期的2013年6月4日的VIIRS数据进行实例验证分析。

第一节　引　言

地表温度作为地气之间长波辐射和湍流热通量交换的直接驱动力，是地表能量变化的物理过程和全球尺度下局部水量平衡的最重要参数之一，因此及时、准确地获取地表温度参数对农业旱灾、作物长势监测和产量预测等影响粮食安全的农情信息监测应用具有重大意义。基于卫星数据的地表温度监测方法较传统的气象站点监测方法有观测范围大、受地理条件限制少的优点，因此发展较为迅速。

现今在卫星数据上被较多使用的遥感地表温度反演方法主要有单通道算法、双通道算法（分裂窗算法）和多通道（角度）算法。单通道的热红外算法首先于20世纪80年代提出，此后Qin等（2001b）提出了针对TM实用的单通道算法，该算法仅需要地表发射率、大气透过率和有效大气平均作用温度3个参数就可以反演地表温度。McMillin（1975）提出针对海洋的分裂窗算法，此后Sobrino等（2001）、Becker等（1990）和Li等（2003）、Wan（2008）、Qin等（2001a）、Mao等（2005）对SWA算法做出了相应的研究改进。SWA的主要原理是使用波长相邻的2个热红外波段来组建2个方程，2个方程求解2个未知数即可获得地表温度。Wan（2008）和Li等（2013）针对MODIS数据提出了多通道算法，主要原理是假定白天和晚上同一个地方发射率不变，建立多个方程，通过迭代同时反演得到地表温度和发射率。以上各种算法针对不同的数据特征开发，由于大气参数获取存在差异，因而各有优缺点。

1999年搭载在Terra卫星平台升空的中分辨率成像光谱仪（MODIS）数据因免费接收、观测刈幅大、重复观测周期短等优点，被广泛运用到农业灾害监测和作物产量估算研究中。由于MODIS仪器服役年限已超出设计年限，MODIS数据可持续性风险逐渐增大，NASA于2011年10月28日发射了下一代对地观测卫星——Suomi国家极轨合作伙伴（Suomi NPP），接替Terra、Aqua和Aura卫星的对地观测任务。NPP卫星携带了用于取代MODIS的新一代对地观测仪器——可见光红外成像辐射仪（VIIRS），该传感器继承和发展于MODIS，与MODIS传感器具有一定的相似性，因此对VIIRS传感器数据进行研究分析有利于农业应用中由使用MODIS数据向VIIRS数据平稳过渡。本研究先介绍了VIIRS传感器数据，然后推导了适用于VIIRS传感器地表温度反演的分裂窗算法，最后用处于作物生长期关键期的6月VIIRS数据对本文提出的算法进行了真实数据验证分析。

第二节　VIIRS数据介绍

VIIRS传感器共22个波段，分辨率为750 m的DNB波段1个、370 m分辨率的影像波段5个、16个分辨率750 m的M波段，扫描角 ± 56°，观测刈幅3 000 km。VIIRS相对于MODIS传感器最突出的特点是对随扫描角增加而增加的空间分辨率进行了有效控制，而这也是VIIRS对极轨环境卫星数据质量的最大改进。另外，数据信噪比和观测刈幅均有所提升，但VIIRS波段数不如MODIS丰富，尤其是缺少位于水汽吸收区的7.3 μm、0.9 μm和0.95 μm等水汽通道，因此从VIIRS获取大气水汽参数变得十分困难。本研究在不能直接从VIIRS传感器获取成像时水汽参数的情况下，探讨了基于Aqua和NPP双星分裂窗算法的VIIRS地表温度反演算法，使用的VIIRS相应通道的部分参数见表8-1。M5和M7通道分别是归一化植被指数（NDVI）计算中所需的植被吸收强烈的红色波段和植被散射强烈的近红外波段，M15和M16是分裂窗算法所需的2个热红外波段。

表8-1　本研究使用的VIIRS传感器通道

波段	波长/μm	分辨率/m	应用范围	对应MODIS波段
M5	0.672	750	海洋水色、气溶胶	13或14
M7	0.865	750	海洋水色、气溶胶	16或2
M15	10.763	750	洋面温度	31
M16	12.013	750	洋面温度	32

第三节　算法推导

截至目前，分裂窗算法已经有几十个不同改进算法，但大多是对辐射传输方程进行推导简化得出，辐射传输方程如式8-1所示。

$$B_\lambda(T_\lambda)=\tau_\lambda(\theta)\{\varepsilon_\lambda B_\lambda(T_s)+(1-\varepsilon_\lambda)[1-\tau_\lambda(\theta)]B_\lambda(T_a^\downarrow)\}+[1-\tau_\lambda(\theta)]B_\lambda(T_a) \tag{8-1}$$

式中：$B_\lambda(T_\lambda)$为大气层顶传感器接收到波长λ的辐亮度，单位为W/（m^2 · sr · μm）；$\tau_\lambda(\theta)$代表波长为λ地物发射辐射通过大气的透过率；ε_λ代表地物在波长λ处的发射率；$B_\lambda(T_s)$、$B_\lambda(T_a^\downarrow)$和$B_\lambda(T_a)$分别为地物发射辐射、大气下行辐射和大气上行辐射，单位为W/（m^2 · sr · μm）；其中T_s、$T_a^\downarrow$和T_a分别代表地表温度、大气下行辐射温度和大气上行辐射温度，单位为K；θ为传感器观测天顶角，单位为°。Qin等（2001b）通过分析后认为使用大气上行辐射T_a代替大气下行辐射$T_a^\downarrow$对整个反演的影响较小，因此可对式8-1进行简化得到式8-2。

$$B_\lambda(T_\lambda)=\tau_\lambda(\theta)\varepsilon_\lambda B_\lambda(T_s)+[1-\tau_\lambda(\theta)][1+(1-\varepsilon_\lambda)\tau_\lambda(\theta)]B_\lambda(T_a) \tag{8-2}$$

将VIIRS的M15和M16通道代入式8-2，用T_s表示T_a即可得到只含T_s的等式，即最终的地表温度计算公式。由于普朗克函数较复杂，若直接将其代入式8-2，则最后的T_s计算公式将非常复杂，因此有必要对普朗克函数进行简化。Mao等（2005）通过普朗克函数模拟计算发现，在温度比较小的变化范围内，辐射亮度与温度之间可以用线性关系来近似描述。但由于VIIRS的波段特性与MODIS有一定的差异，针对MODIS数据31和32通道的普朗克函数线性简化公式不适用于VIIRS M15和M16波段，因此本研究对参数进行了重新计算。式8-3和式8-4分别是VIIRS M15、M16波段的普朗克函数线性简化公式。

$$B_{15}(T) = 0.1494T - 34.934 \quad R^2 = 0.996 \tag{8-3}$$

$$B_{16}(T) = 0.1239T - 28.083 \quad R^2 = 0.997 \tag{8-4}$$

式中：$B_{15}(T)$和$B_{16}(T)$代表M15、M16通道对应波长下温度为T的辐亮度；R^2为线性相关系数。

将简化后的普朗克函数代入式8-2后可以得到简化后的地表温度，如式8-5所示。

$$T_s = [C_{16}(B_{15}+D_{15}) - C_{15}(D_{16}+B_{16})] / (C_{16}A_{15} - C_{15}A_{16}) \tag{8-5}$$

其中：

$$A_{15} = 0.1494\tau_{15}\varepsilon_{15}$$

$$B_{15} = 0.1494T_{15} + 34.934\tau_{15}\varepsilon_{15} - 34.934$$

$$C_{15} = (1-\tau_{15})[1+(1-\varepsilon_{15})\tau_{15}]0.1494$$

$$D_{15} = (1-\tau_{15})[1+(1-\varepsilon_{15})\tau_{15}]34.934$$

$$A_{16} = 0.1239\tau_{16}\varepsilon_{16}$$

$$B_{16} = 0.1239T_{16} + 28.083\tau_{16}\varepsilon_{16} - 28.083$$

$$C_{16} = (1-\tau_{16})[1+(1-\varepsilon_{16})\tau_{16}]0.1239$$

$$D_{16} = (1-\tau_{16})[1+(1-\varepsilon_{16})\tau_{16}]28.083$$

式中：τ_{15}和τ_{16}为M15和M16波段透过率；ε_{15}和ε_{16}为M15和M16波段对应地物的发射率。因此，通过确定M15和M16波段对应的大气透过率和发射率地表即可确定地表温度T_s。

第四节　透过率和发射率参数获取

一、发射率估计

本研究根据国际地圈生物圈计划（International Geosphere Biosphere Program，IGBP）全球植被分类方案数据获取地表覆盖类型，对植被覆盖区域的混合像元采用混合加权模型估计像元发射率，如下式8-6所示。

$$\varepsilon = P_V R_V \varepsilon_V + (1-P_W-P_V) R_S \varepsilon_S \tag{8-6}$$

式中：ε为像元发射率；P_V代表植被在像元中所占比例；ε_V为对应植被类型的发射率；ε_S为非植被发射率（土壤、沙漠、水体等）；R_V和R_S分别代表像元中植被和非植被地物在像元中所占辐射量比例；P_W为像元中水体所占比例，当$P_W = 1$时该像元为水体，当$P_W = 0$时该像元为陆地像元。P_V由植被指数定义，如式8-7所示。

$$P_V = (NDVI - NDVI_s) / (NDVI_V - NDVI_S) \tag{8-7}$$

式中：NDVI为植被指数；$NDVI_S$和$NDVI_V$代表地表类型为植被和土壤的NDVI值，其值分别取$NDVI_S = 0.65$和$NDVI_V = 0.05$。

二、透过率获取

大气水汽是影响热红外波段透过率的重要影响因素。在不能直接从卫星传感器上获取大气水汽时，分裂窗算法往往使用气象站点的水汽数据作为大气水汽数据的输入，然后再计算透过率。但由于气象站点数量的限制，不同区域水汽分布可能存在潜在的差异，使用气象站点水汽数据可能会对温度反演的精度造成一定的影响。MODIS传感器携带了对水汽敏感的通道，因此，针对MODIS数据的分裂窗算法可以直接反演得到同步水汽参数，但VIIRS传感器并没有相应的通道，不能直接获取水汽数据。表8-2列出了Aqua、Terra和NPP卫星的部分参数，从表8-2中可知Aqua和NPP卫星共同运行在升交点为13:30的同步轨道上，故可以使用Aqua MODIS传感器反演获取的水汽数据代替VIIRS所缺失的水汽通道数据进行温度反演。

表8-2　Terra、Aqua和NPP卫星部分轨道参数

卫星	轨道高度/km	交点时间	周期/min	传感器	刈幅/km
Aqua	705	13:30（ascending）	99	MODIS	2 330
Terra	705	10:30（descending）	99	MODIS	2 330
NPP	824	13:30（ascending）	101	VIIRS	3 000

Qin等（2001b）对AVHRR 4、5通道，Mao等（2005）对MODIS 31、32通道大气透过率和水汽含量相关性研究发现两者之间存在较好的线性关系。本研究在大气辐射模拟软件MODTRAN对VIIRS M15和M16通道水汽含量和透过率进行了相应模拟。从图8-1中可以看出，M15和M16通道水汽和透过率均具有较好的线性关系，并且M16通道透过率随水汽变化的线性关系（$R^2 = 0.998\ 4$）比M15通道的线性关系（$R^2 = 0.9907$）更好。但仔细观察M15通道水汽和透过率之间的关系发现，尽管R^2值高达0.9907，但水汽含量<1.2 g/cm²、1.8 g/cm²<水汽含量<2.2 g/cm²时，通过线性模拟得到的透过率与MODTRAN模拟获取的透过率有较大差异，因此本研究使用查找表的方式来获取大气水汽。通过MODTRAN软件模拟不同水汽含量下的大气透过率，制作成查找表，实际反演中只需要在查找表中查找相同水汽含量下的大气透过率即可获取透过率。

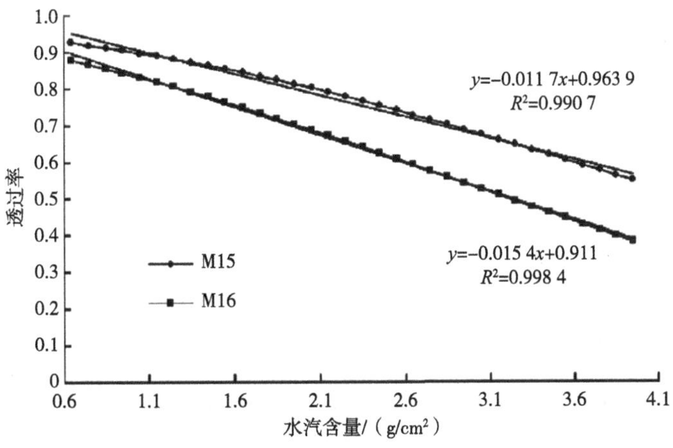

图8-1　中纬度夏季大气状态下M15和M16通道不同水汽含量与透过率的关系

第五节 算法精度分析

一、基于MODTRAN模型的精度分析

极轨卫星观测范围大，空间分辨率较低，每个像元所代表的地物组成复杂，获取一个数据像元代表范围的地表温度存在很大的困难，研究者在验证AVHRR和MODIS地表温度反演精度时，多数会使用标准大气模型（LOWTRAN、MODTRAN）来进行相应的精度分析。如表8-3所示，在中纬度夏季大气状态下，地表温度为295 K、310 K和325 K、水汽含量为1.0 g/cm^2、2.2 g/cm^{2}和3.4 g/cm^{2}时，M15和M16通道发射率分别为0.963和0.974（旱土）和水汽含量分别为2.5 g/cm^{2}和3.5 g/cm^2，M15和 M16通道发射率分别为0.984和0.992（植被）时，通过MODTRAN模拟分析了本研究的反演精度。由表8-3可知，$|T_s-T_m|$均小于1 K，这表明在不同大气水汽含量和地表温度下，本研究提出的反演算法精度较高。同时反演的平均误差为0.431 K，标准偏差为0.247 K，说明反演精度波动性不大，本算法在不同水汽和地表温度条件下能较稳定地反演地表温度。

表8-3 基于MODTRAN的精度验证结果

地类	水汽/（g/cm^2）	透过率		通道亮温/K		T_m/K	T_s/K	$\|T_s-T_m\|$/K
		M15	M16	M15	M16			
土壤	1.0	0.898	0.830	0.974	292.988	295.000	294.349	0.651
		0.898	0.830	0.974	306.686	310.000	309.653	0.347
		0.898	0.830	0.974	320.547	325.000	325.045	0.045
	2.2	0.777	0.656	0.974	292.799	295.000	294.365	0.635
		0.777	0.656	0.974	304.777	310.000	309.658	0.342
		0.777	0.656	0.974	317.036	325.000	325.162	0.162
	3.4	0.618	0.460	0.974	292.487	295.000	294.501	0.499
		0.618	0.460	0.974	302.148	310.000	309.935	0.065
		0.618	0.460	0.974	312.193	325.000	325.819	0.819
植被	2.5	0.740	0.608	293.718	294.056	295.000	294.252	0.748
		0.740	0.608	305.28	304.025	310.000	309.324	0.676
		0.740	0.608	317.162	314.339	325.000	324.646	0.353
	3.5	0.604	0.445	293.256	293.128	295.000	294.581	0.418
		0.604	0.445	302.825	300.562	310.000	309.821	0.179
		0.604	0.445	312.788	308.366	325.000	325.523	0.523

注：T_m代表输入MODTRAN软件的地表温度；T_s为将相应的水汽和地表发射率代入本算法得到的地表温度；$|T_s-T_m|$代表本算法反演地表温度T_s和实际地表温度T_m的差值。

二、与传统分裂窗算法比较

传统分裂窗算法的基本原理是利用水汽对2个热红外波段辐射的吸收不同来消除大气影响。通常反演算法方程如式8-8所示。

$$T_s=a_0+a_1（B_i-B_j）+a_2B_i \quad （8-8）$$

式中：T_s代表地表温度；a_0、a_1和a_2为方程系数；B_i和B_j分别为相邻两热红外通道亮温；a_1（B_i-B_j）为消除大气特别是水汽的影响；a_2B_i为反演主通道。

从式8-8可知，地表温度T_s的反演精度取决于系数a_0、a_1和a_2。对于传统的分裂窗算法，上述系数通常在特定的大气状态和地表参数下通过对卫星模拟数据进行回归获取，或者通过分析与卫星观测区域对应的地表温度来获取经验参数。由于同步实时获取卫星观测区域对应的地表温度和大气参数非常困难，因而先通过MODTRAN等辐射传输模型模拟相应的卫星数据和参数，然后再回归统计方程系数是最有效的方法。本研究使用MODTRAN模型对地表类型为旱土和植被的VIIRS M15、M16通道的相应参数进行了回归计算，其中水汽范围为0。4~4.0 g/cm^2，T_s为290~325 K，发射率同本章第四节，式8-9和式8-10分别为下垫面类型为土壤和植被的地表温度反演公式。

$$T_{\text{soil}}=-5.924+2.106\ (M_{15}-M_{16})+1.032M_{15}\quad R^2=0.998\tag{8-9}$$

$$T_{\text{veg}}=-5.697+2.017\ (M_{15}-M_{16})+1.027M_{15}\quad R^2=0.997\tag{8-10}$$

式中：T_{soil}和T_{veg}分别为土壤和植被的地表温度；M_{15}和M_{16}为VIIRS M15、M16通道亮温，单位为K。在该反演方程下，使用表8-3的参数分别计算了本研究算法和传统回归方法的精度，如表8-4所示。从表8-4中可以看出，在对应的地表类型下，本研究算法和传统分裂窗算法误差均小于1 K。对于土壤，本研究算法和传统分裂窗算法平均误差分别为0.396 K和0.393 K，标准差为0.275和0.327 K；对于植被，平均误差分别为0.483 K和0.460 K，标准差为0.211 K和0.248 K，本研究算法精度要好于传统分裂窗算法，且本研究算法反演误差的波动性更小，在对应的地物下，反演的稳定性更好。

表8-4　本研究与传统分裂窗算法反演精度比较

地类	水汽/（g/cm^2）	$\|T_s-T_m\|$/K					
		T_m=295 K		T_m=310 K		T_m=325 K	
		本研究算法	传统算法	本研究算法	传统算法	本研究算法	传统算法
土壤	1.0	0.661	0.490	0.358	0.177	0.028	0.192
	2.2	0.643	0.169	0.349	0.474	0.155	0.977
	3.4	0.506	0.834	0.07	0.176	0.814	0.046
植被	2.5	0.748	0.270	0.676	0.357	0.353	0.722
	3.5	0.418	0.735	0.179	0.131	0.523	0.545
土壤误分为植被	1.0	0.651	1.640	0.347	1.442	0.045	1.181
	2.2	0.635	1.018	0.342	0.892	0.162	0.563
	3.4	0.499	0.392	0.065	1.277	0.819	1.727

注：T_m代表输入地表温度；$|T_s-T_m|$为输入地表温度和反演地表温度的差值。

传统分裂窗算法系数通过统计回归得到，在某种程度上讲，实际应用的精度取决于统计样本数据与实际反演数据是否具有一致性或者相似性，因此算法有时不具备普适性。另外，由于需要对不同地表类型回归建立不同的反演方程，传统的分裂窗算法强烈地依赖地表分类。例如，本研究只分析了旱土的反演方程，实际上土壤有很多种，发射率变化幅度很大，不同土壤类型的发射率对反演精度表现差异很大。在实际地表温度反演中，极轨气象卫星存在大量的混合像元，如果直接使用按地表类型回归得到的方程反演地表温度，可能对正确的地表使用错误的反演方程，如表8-4中将土壤误分为植被后，其反演出现较大误差。本研究则考虑NDVI这一变量，动态地对地表发射率进行计算，此外水汽的获取也是动态的，但如果MODIS和VIIRS传感器对同一区域成像时差较大，则可能会对反演的精度造成一定影响。

第六节　实例应用分析

遥感反演结果分析请参见文献［Xia L，Mao K，Ma Y，et al.，2014. An algorithm for retrieving land surface temperature using VIIRS data in combination with multi-sensors. Sensors，14：21385-21408.］，用的VIIRS遥感数据成像于2013年6月4日05:53至2013年6月4日T05:59，Aqua MODIS数据获取时间为2013年6月4日05:40至2013年6月4日05:50。由反演结果分析可知，水汽在沿海地区含量较高，达到了3～4 g/cm^2，内陆地区水汽相对较低，但水汽的分布并不均匀，存在较大的跳跃性，因此如果仅用固定的水汽含量来代替实际水汽值则会出现较大的误差，影响反演精度。该时刻中国区域的地表温度大部分处于30～35℃，沿海和东北区域温度不高于30℃，大于45℃的高温主要分布在河南、陕西和内蒙古区域。从14:00对应区域的空气温度可知，东部沿海地区温度较低，靠近内陆温度升高，高温区域主要分布在河南、陕西和内蒙古西部区域。尽管近地表空气温度的获取时间和卫星过境时间不相对应，且近地表空气温度与地表温度在数值上也不相等，但在14:00左右近地表气温和地表温度一般达到相对稳定的最大值，两者反映的温度覆盖区域的大小是相当的。通过对比分析本研究提出的算法反演的地表温度在大致轮廓上和近地表空气温度的分布相似，因此从整体上本研究提出的算法在大尺度区域上能够较好地获取中国地区地表温度。在地表温度为45～50℃的区域，整体上两图反演的地表温度分布较为一致，同样在30～45℃范围内，两者的反演结果较为相似，从总体上看，两者对地表温度的反演结果相当。由于两者成像时间存在部分差异，地表风速等相应参数存在差异，因此两图对地表温度反演存在部分差异，例如在45～50℃的区域，西北部区域本研究算法反演获取的地表温度略高于MODIS温度产品。

一、与MODIS温度产品高温监测精度对比

高温对农作物生长发育有一定的影响，准确监测高温分布范围对农业旱灾的防范具有较大的作用，为验证本研究对地表高温监测的准确性，本研究与MODIS地表温度产品进行了对比分析，主要选择高温区域（图像中部的河南南阳、陕西关中粮区和西北商品粮基地的宁夏平原）进行对比分析。表8-5列出了3个高温区域等面积采样监测对比结果（VIIRS数据分辨率高于MODIS，相同面积下VIIRS像元数多），其中标准差为采样像元温度的标准差。从表8-5中可以看出，本研究算法和MODIS地表温度产品反演获取的地表温度数据在中国地区几个有高温分布的粮食产区较为相似，均值差值小于1℃，说明本研究提出的算法在反演精度上较高，能够满足地表温度监测的需要。这里需要说明的是本研究选用的MODIS数据与VIIRS数据成像时间有8 min的时差，在短期时间内地表温度一般不会发生较大改变，若两种数据的时差较大则不适合用于精度的对比验证。

表8-5　基于MODIS数据的高温区域反演精度结果验证

区域	像元数		标准差		均值/℃	
	MODIS数据	本研究算法	MODIS数据	本研究算法	MODIS数据	本研究算法
河南南阳	1 662	4 505	1.715	1.790	47.023	46.805
陕西关中	402	912	1.132	1.788	46.594	46.033
宁夏平原	453	1 204	0.822	2.227	47.343	46.505

第七节　小　结

通过对VIIRS数据反演地表温度的分裂窗算法进行验证分析表明：

（1）联合Aqua MODIS水汽数据进行VIIRS地表温度反演能够弥补VIIRS分裂窗算法反演温度缺少的水汽通道，本研究反演获取的地表温度参数与MODIS数据温度产品精度较为一致。

（2）在比较小的水汽含量范围内，VIIRS M15和M16通道水汽含量和大气透过率的关系可用线性化来近似表述，但在水汽含量变化较大时M15通道的线性关系不稳定，因此使用水汽查找表替代线性简化能够更加准确地获取大气透过率。

（3）通过实测数据与全国近地表大气温度的对比分析表明，本研究算法反演得到的温度能够较好地获取地表温度；与MODIS温度产品在全国有高温分布的河南南阳、陕西关中、宁夏平原区域对比显示本研究算法反演温度精度较高，与MODIS数据温度差<1 K；通过使用MODTRAN进行精度分析表明，本研究反演误差为0.431 K，*RMS*为0.247 K，表明反演的精度较高，反演的波动性不大，一般精度>1 K；通过与传统分裂窗算法进行精度对比分析，本研究算法反演精度的稳定性更好，能够满足中国地区农情监测中地表温度的监测需求。

（4）但需要指出的是，由于Aqua卫星和NPP卫星存在一定的轨道时差，在短期内天气发生较大变化，从Aqua MODIS获取水汽数据失败或与真实值存在较大差距时可能会对本反演算法有一定的影响。

参考文献：

甘甫平，陈伟涛，张绪教，等，2006. 热红外遥感反演陆地表面温度研究进展[J]. 国土资源遥感，18（1）：6-11.

刘云，孙丹峰，宇振荣，等，2008. 基于NDVI-Ts特征空间的冬小麦水分诊断与长势监测[J]. 农业工程学报，24（5）：147-151.

毛克彪，施建成，覃志豪，等，2006. 一个针对ASTER数据同时反演地表温度和比辐射率的四通道算法[J]. 遥感学报，90（4）：593-599.

毛克彪，覃志豪，施建成，2005. 针对MODIS影像的劈窗算法研究[J]. 武汉大学学报：信息科学版，30（8）：703-707.

孙灏，陈云浩，孙洪泉，2012. 典型农业干旱遥感监测指数的比较及分类体系[J]. 农业工程学报，28

（14）：147-154.
覃志豪，高懋芳，秦晓敏，等，2005. 农业旱灾监测中的地表温度遥感反演方法[J]. 自然灾害学报，14（4）：64-71.
徐剑波，赵凯，赵之重，等，2013. 利用HJ-1B遥感数据反演西北地区近地表气温[J]. 农业工程学报，29（22）：145-153.
BECKER F，LI Z L，1990. Towards a local split window method over land surfaces[J]. *Remote Sens.*，11（3）：369-393.
DUAN S B，LI Z L，TANG B H，et al.，2014. Generation of a time-consistent land surface temperature product from MODIS data[J]. *Remote Sens. Environ.*，140：339-349.
LI Z L，TANG B H，WU H，et al.，2013. Satellite-derived land surface temperature：current status and perspectives[J]. *Remote Sens. Environ.*，131：14-37.
MAO K，TANG H J，WANG X F，et al.，2008. Near-surface air temperature estimation from ASTER data using neural network[J]. *Int. J. Remote Sens.*，29（20）：6021-6028.
MAO K，QIN Z，SHI J，et al.，2005. A practical split-window algorithm for retrieving land-surface temperature from MODIS data[J]. *Int. J. Remote Sens.*，26（15）：3181-3204.
MCMILLIN L M，1975. Estimation of sea surface temperature from two infrared window measurements with different absorptions[J]. *J. Geophys. Res.*，80，5113-5117.
QIN Z，DALL'OLMO G，KARNIELI A，et al.，2001a. Derivation of split window algorithm and its sensitivity analysis for retrieving land surface temperature from NOAA - advanced very high resolution radiometer data[J]. *J. Geophys. Res.*，106（D19）：22655-22670.
QIN Z，KARNIELI A，BERLINER P A，2001a. mono-window algorithm for retrieving land surface temperature from Landsat TM data and its application to the Israel-Egypt border region[J]. *Int. J. Remote Sens.*，22（18）：3719-3746.
SCHUELER C F，LEE T F，MILLER S D，et al.，2013. VIIRS constant spatial-resolution advantages[J]. *Int. J. Remote Sens.*，34（16）：5761-5777.
SOBRINO J A，RAISSOUNI N，LI Z L，2001. A comparative study of land surface emissivity retrieval from NOAA data[J]. *Remote Sens. Environ.*，75（2）：256-266.
WAN Z，2008. New refinements and validation of the MODIS land-surface temperature/emissivity products[J]. *Remote Sens. Environ.*，112（1）：59-74.
WAN Z，LI Z L，1997. A physics-based algorithm for retrieving land-surface emissivity and temperature from EOS/MODIS data[J]. *IEEE Trans. Geosci. Remote Sens.*，35（4）：980-996.

第九章　针对被动微波数据AMSR-E的地表温度反演研究

热红外遥感已经被广泛地应用于地表温度反演，但热红外遥感受天气的影响非常大，在实际应用中有时难以保证精度。从美国宇航局（NASA）提供的温度产品分析，可知大部分的温度产品60%以上的地区受到云的影响，这对其实际应用带来了很大的局限。由于被动微波能穿透云层，并且受大气的影响非常小，可以克服热红外遥感的一些缺点。因此，研究如何利用被动微波数据来反演地表温度就显得非常的迫切。本章针对对地观测卫星多传感器的特点，借助MODIS地表温度产品来从被动微波数据中反演地表温度。研究适合于被动微波数据的地表温度反演算法。另外，微波的发射率是土壤水分反演的关键参数，在对微波地表温度反演的基础上，可以对发射率做进一步研究。由于有3个不同的算法，为了保持每个算法的独立性，在介绍和推导的过程中可能存在一些重复。

第一节　引　言

许多研究表明，陆地表面温度是数字天气预报的一个重要参数，在复合地面—大气相互作用和大气—地面的辐射通量后，在区域和全球尺度的陆面过程模拟精度大大提高了（Njoku et al.，1999）。近20年来，热红外遥感技术的飞速发展为快速获取区域地表温度空间差异信息提供了新的途径。但热红外地表温度反演算法受天气的影响非常大，在实际应用中有时难以保证精度。从美国宇航局（NASA）提供的温度产品分析，可知大部分的温度产品60%以上的地区受到云的影响，这给实际应用带来了很大的局限。由于被动微波能穿透云层，并且受大气的影响非常小，可以克服热红外遥感的缺点。因此，研究如何利用被动微波数据来反演地表温度就显得非常的迫切。

在热红外遥感领域，有许多针对热红外数据（比如MODIS、NOAA/AVHRR、ASTER、TM）反演海面温度和地表温度的算法已经被提出来了。相对于被动微波，这些算法是比较成熟的。热红外遥感受云和大气水汽含量的影响很大。在MODIS地表温度产品里面，超过了60%的面积受天气特别是云的影响。但是微波在这一方面有优势，这主要是由于微波具有穿透能力，能克服热红外遥感的缺点。

在微波辐射计应用发展的过程中，地表温度的反演算法非常的少。Susskind等（1984）开发了一个针对卫星温度探测器系统，这个系统包含了HIRS2（一个具有20个通道的红外探测器）和MSU（一个具有4个通道的微波探测器）来获取大气剖面温度、全球海面、陆地表面温度的反演。McFarland等（1990）利用DMSP/SSM-I对地表温度反演做了许多研究。这些研究和结论大部分都是经验的，其主要原因是由于被动微波的分辨率非常的低，获得对应的地面实测数据非常的困难。另外，在辐射计视场里的复杂因子是变化的，比如大气里或者土壤水分的各种状态会改变发射和吸收以及散射。

McFarland等（1990）发现在北美的干山脉和草原，SMMR的18和37 GHz的水平极化和垂直极化之间存在非常好的相关性。许多研究表明被动微波数据能够被用来估计地表温度（McFarland et al.，1990；Calvet et al.，1994；Fily et al.，2003；Mao et al.，2005）。Choudhury等（1992）、Kerr等（1993）调查了大气对用37 GHz测量地表温度的影响，他们的研究表明：在没有陆地表面发射率、吸收以及散射先验知识的条件下，被动微波能够用来反演陆地表面温度。Njoku等（1999，2003）提出了采用迭代方法来量化湿度、温度和植被参数，但这个方法需要一个非常好的前向模型，目前还没有一个模型能够非常好地模拟大尺度下微波辐射传输过程。

AMSR-E和MODIS是对地观测卫星EOS/Aqua上的2个传感器。AMSR-E是微波辐射计，它能被用来观测大气、陆地、海洋，其他参数，包括降雨、海洋表面温度、冰的浓度、雪水当量、湿度、风速、云中水的含量以及大气水汽含量。MODIS具有36个波段，可以被用来反演海洋表面温度、陆地表面温度以及大气性质。MODIS传感器具有高分辨率，但受云的影响很大。在晴朗的天气条件下，地表温度反演算法精度比较高。而被动微波分辨率很低，受云的影响很小。由于缺乏相应的地表实测数据，地表温度反演算法的发展非常困难。因此，这2个传感器在优势上能互补。在有云的情况下，被动微波亮温反演地表温度具有优势。因此，怎样利用多传感器的和多分辨率的优势是遥感里面的一个重要方法学。

目前，针对AMSR-E被动微波遥感数据的地表温度反演算法的研究还很少，还没有针对AMSR-E数据的通用的地表温度反演物理算法（不计辐射传输方程的迭代反演算法）公开发表。其主要原因是对于微波的地表辐射机理研究还不成熟，而且受空间分辨率的影响，使得地面实测资料的获得非常困难。McFarland等（1990）对被动微波数据的SSM/I反演地表温度做了一些研究，虽然受到数据获取的限制，但仍能得到许多有用的结论，对于有水存在的陆地表面，水的影响必须校正。水的高介电常数降低了19 GHz的发射率，而且由于水面的辐射是高极化的，所以陆表水的效应造成亮温减小和极化差异增加。37 GHz和19 GHz两通道亮温差异可以用来校正这一影响，同时水汽对37 GHz也有较大的影响，所以可用37 GHz和22 GHz垂直极化的差异来校正大气水汽的辐射影响。虽然微波受大气的影响很小，但地表温度的反演本身是个病态反演，主要原因是土壤地表发射率在微波波段并不是一个稳定的常数，而是随土壤水分的变化而变化。地表发射率在热红外波段变化非常小，但受大气的影响非常大。热红外影像的空间分辨率要比微波高，因此微波和热红外存在一些互补性。本研究通过AIEM物理模型模拟分析表明，干燥土壤的发射率变化很小，土壤粗糙度和土壤水分变化引起发射率的变化可以通过不同通道的发射率（与亮温呈线性关系）之差与土壤水分含量的关系得到部分消除。对地观测卫星Aqua同时拥有MODIS和AMSR-E传感器，相对而言，用MODIS的热红外波段反演地表温度的算法已经比较成熟。我们可以用MODIS的地表温度产品来代替AMSR-E所需要的地表数据，通过建立AMSR-E各通道亮温和MODIS地表温度产品的关系，从而可以分析不同地表地物类型在微波波段的辐射机制，最后建立微波地表温度的反演算法。从而克服需要测试AMSR-E过境的同步地表温度数据的困难，并为多传感的参数反演相互校正和传感器的综合利用提供理论依据。

第二节　被动微波地表温度反演的理论基础

被动微波地表温度反演以热辐射传导方程为基础，通过建立能量平衡方程来反演地表温度。辐射传输方程描述了卫星的微波辐射计所观测到的总辐射强度，不仅有来自地表的辐射，而且还有来自大气的向上和向下的路径辐射。这些辐射成分在穿过大气层到达遥感器的过程中，还受到大气层的吸收影响而削减。因此，地表温度的演算实际上是一个复杂的求解问题。在微波波段，热辐射平衡可以用下面的大气辐射传输方程描述。

$$B_f(T_f)=\tau_f(\theta)\varepsilon_f(\theta)B_f(T_s)+[1-\tau_f(\theta)][1-\varepsilon_f(\theta)]\tau_f(\theta)B_f(T_a^{\downarrow})+[1-\tau_i(\theta)]B_f(T_a^{\uparrow}) \qquad (9\text{-}1)$$

式中：$\tau_f(\theta)$表示频率f的透过率，$\varepsilon_f(\theta)$表示频率f发射率，$B_f(T_f)$表示星上辐射强度，T_f表示星上亮度温度，$B_f(T_s)$表示地表辐射强度，T_s表示地表温度，$B_f(T_a^{\downarrow})$表示大气向下的总辐射强度，$T_a^{\downarrow}$为大气向下平均作用温度，$B_f(T_a^{\uparrow})$表示大气向上的总辐射强度，$T_a^{\uparrow}$是大气平均向上作用温度。$B_f(T)$为Planck函数。

$$B_f(T)=\frac{2hf^3}{c(e^{hf/kT}-1)} \tag{9-2}$$

式中：$B_f(T)$黑体谱亮度，单位为W/（$m^2 \cdot sr^1 \cdot Hz$），h是谱朗克常数6.63×10^{-34} J，f单位为Hz，k是玻尔兹曼常数1.38×10^{-23} JK，T是绝对温度，单位是K，c是光速，$c=2.992\,458\times10^8$ m/s，根据在微波波段区间的Ralleigh-Jeans近似，式9-2可以简化为式9-3。

$$B_f(T)=\frac{2kT}{\lambda^2} \tag{9-3}$$

因此可将式9-1化简为式9-4。

$$T_f=\tau_f\varepsilon_f T_s+(1-\tau_f)\tau_f(1-\varepsilon_f)T_a^{\downarrow}+(1-\tau_f)T_a^{\uparrow} \tag{9-4}$$

从上式可以看出，可以用亮温度的线性组合来建立反演方程。很显然，对于单通道的辐射传输式9-4至少包含了2个未知数，即地表温度（T_s）和地表发射率（ε_f），另外大气的影响（T_a）也需要消除。而且即使增加1个通道，也会增加1个未知数，因此要反演地表温度必须消除发射率这个未知数。在微波波段，地表的发射率受土壤水分影响很大，因此发射率通常不是一个稳定的常数（发射率对土壤水分变化敏感也是用微波反演土壤水分的主要原因）。微波的发射率受土壤水分的影响变化很大的这种性质和热红外有很大差别，这就给地表温度反演带来了困难。幸运的是，通过AIEM模拟发现，对于干燥土壤，不同频率的发射率几乎是相同的，而且是稳定的。随着土壤水分的增加，不同频率的发射率改变不一样。因此，反演地表温度的关键在于怎样消除土壤水分变化和其他因素（粗糙度）引起的发射率变化。

第三节　地表温度反演传统经验方法

针对微波数据来反演地表温度的算法和研究目前还很少。还没有针对AMSRE数据的地表温度反演算法公开发表。McFarland等（1990）对被动微波数据的SSM/I反演地表温度做了许多研究，并且得到了一些有用的结论。低频受大气中水汽、云粒子和雨的散射和吸收的影响最小，37 VGHz的亮温最适宜用来反演地表温度。在没有大气散射和再辐射的情况下，高频与低频相比，对水有较低的介电常数和浅的辐射厚度，而且分析89 VGHz与MODIS的地表温度相关性最高，所以高频的垂直极化亮温能够提高反演地表温度的精度。对于有水存在的陆地表面，水的影响必须校正。水的高介电常数降低了19 GHz的发射率，而且由于水面的辐射是高极化的，所以陆表水的效应造成亮温的减小和极化差异的增加。37 GHz和19 GHz两通道亮温差异可以用来校正这一影响。22 GHz通道位于水汽的吸收通道，同时水汽对37 GHz也有较大的影响，所以可用37 GHz和22 GHz垂直极化的差异来校正大气水汽辐射的影响。对于AMSRE数据，地表温度的反演写成如下方程。

$$T_s=A_0+A_1\times T_{36.5V}-A_2\times T_{23.8V}-A_3\times T_{18.7H}+A_4\times T_{89V} \tag{9-5}$$

式中：A_0、A_1、A_2、A_3和A_4是系数，T_s是地表温度，$T_{36.5V}$、$T_{23.8V}$、$T_{18.7H}$和T_{89V}分别是AMSRE的亮度温度。T_s和T_i的单位为K。这个算法也可以用式9-6表示。

$$T_s = C_0 + C_1 \times T_{36.5V} + C_{2} \times (T_{36.5V} - T_{23.5V}) + C_3 \times (T_{36.5V} - T_{18.7H}) + C_4 \times T_{89V} \quad (9-6)$$

式9-6的物理意义：$T_{36.5V}$是主要的地表温度反演通道，$T_{36.5V}-T_{23.5V}$用来消除大气水汽含量的发射影响；$T_{36.5V}-T_{18.7H}$用来消除地表水分对微波的极化影响，T_{89V}用来消除其他大气的平均影响。由于被动微波数据的分辨率很低，而且地表比较复杂，加上地面同步实测非常的困难，所以至今针对被动微波数据的地表温度反演方法很少。McFarland等（1990）只是针对几个地物比较均一的实验区做了研究分析，其得出的结论具有经验性，在实际应用中有局限性。MODIS的温度产品经验证，其实验区验证精度在1℃以下。由于MODIS和AMSRE在同一颗星上，因此如何充分利用不同传感器的优势成为遥感应用研究中的一个重要方法学。将同步的MODIS地表温度产品作为AMSRE对应的地面数据，从而克服了同步实测数据带来的困难。选择3个具有代表性的地表类型作为研究区：中国东北（森林）；北非（沙漠）；西藏（冰雪）。其数据采集训练样本信息如表9-1所示。通过回归分析表明，当将3个典型区域的样本数据放在一起回归分析时，引起的误差比较大；当把西藏地区和其他2个地区分别回归时，能够获得比较高的精度。主要原因是青藏高原受雪和冻土的影响，雪和冻土的辐射机理和其他地表类型的辐射机理差别比较大。对非洲和中国东北地区的训练数据进行回归分析得到式9-7，在这2个地区（中国东北和非洲北部）的模拟精度（指相对于MODIS地表温度产品的平均误差）分别为1.73℃和1.52℃。

$$T_s = 252.369\,03 + 0.295\,09 \times T_{36.5V} - 0.072\,94 \times T_{23.8V} - 0.079\,32 \times T_{18.7H} + 0.030\,67 \times T_{89V} \quad (9-7)$$

对西藏地区进行回归得到式9-8，模拟精度为2.64℃。

$$T_s = 64.582\,71 - 2.204\,73 \times T_{36.5V} + 2.371\,12 \times T_{23.8V} - 0.007\,97 \times T_{18.7H} + 0.629\,04 \times T_{89V} \quad (9-8)$$

从式9-7和式9-8的系数可以看出，冰雪覆盖地表和非冰雪覆盖地表的地表温度表达式的各通道的系数差别很大，说明各通道的辐射能量对地表温度贡献不一样，从某种程度上说明了其辐射机理差别比较大。同时，由于不同的微波波段对地表和植被的穿透能力不一样，从而造成卫星接收到的不同地表层面的地表辐射能量不一样。

表9-1　中国东北、非洲北部及西藏AMSRE数据和MODIS温度训练数据

地点	时间	像元数	温度范围/K	相对误差变化范围/℃	相对近似精度/℃
中国东北	2003年8月26日	65	296~306	0.04~3.10	1.52
北非	2003年3月7日	57	303~314	0.10~4.20	1.76
西藏	2003年5月5日	59	253~278	0.15~6.80	2.08

目前，对地表温度反演算法的实际精度评价是反演方法研究中的一个难点，其主要原因在于实测数据与影像成像时的同步性问题，另外，还存在几何配准问题和尺度效应等问题。很难用地面的一个点的观测数据来代表一个像元对应的地表几十千米范围的地表温度。对于热红外，国际上通常采用大气模拟数据法对反演算法进行精度评价。对于微波波段，目前还没有好的方法对地表温度反演算法进行验证。然而，MODIS温度产品为用微波反演地表温度算法提供了较好的条件，克服了以往获取同步测试数据的困难。同样，在非洲、中国东北和西藏、印度采集了验证数据，采集数据信息如表9-2

所示。对于非洲北部，其验证精度为1.76℃、1.76℃、2.08℃。结果表明，以MODIS温度产品作为标准，用AMSR-E反演精度还是比较高的。相对热红外而言，微波不需要太多大气先验知识，主要原因在于微波的波长较长，对大气和云有穿透作用。

表9-2　中国东北、非洲北部及西藏AMSRE数据和MODIS温度验证数据

地点	时间	像元数	温度范围/K	相对误差变化范围/℃	相对近似精度/℃
中国东北	2003年8月26日	95	295～304	0.04～4.30	1.76
北非	2003年3月7日	78	301～314	0.01～4.90	1.73
西藏	2003年5月5日	57	255～287	0.80～5.70	2.64

第四节　针对被动微波AMSR-E数据反演地表温度物理统计算法

上述是利用传统研究方法，分析得到的经验反演方法。本节进一步分析AMSR-E被动微波数据反演地表温度的特点。首先，针对对地观测卫星Aqua具有多传感器的优势，利用MODIS地表温度产品和AMSR-E的各亮度温度数据分析，找到最佳反演通道；然后，利用地表辐射模型AIEM进行模拟分析，从而找到消除土壤水分以及大气水分影响的最佳途径。

一、MODIS LST与AMSR-E亮度温度数据统计分析

由于地表温度不是均一的，而且地面测量只可能是点状测量，因此很难获得卫星过境时与像元分辨率（25 km × 25 km）一致的地面数据。另外，即使获得了实测数据，实测数据与星上亮度温度的配准仍然存在误差。由于这些原因，使得针对被动微波数据的地表温度反演算法开发和验证变得非常困难。MODIS的温度产品经验证，其实验区验证精度在1℃以下。由于MODIS和AMSR-E在同一颗星上，因此如何充分利用不同传感器的优势成为遥感应用研究中的一个重要方法学。将同步的MODIS地表温度产品作为AMSR-E对应的地面实测数据，从而克服了同步实测数据带来的困难。选择中国西部地区（主要是青藏高原）作为研究区，青藏高原作为世界上平均海拔最高、面积最大、地形最为复杂的高原，其能量与水分循环过程对亚洲季风、东亚大气环流及全球气候变化均有极大的影响。准确持续地获取青藏高原地表温度数据一直是科学家研究青藏高原地气相互作用过程的努力方向之一。选择经纬度范围为24°～40°N、75°～100° E；时间为2004年2月2—9日和2004年8月1—15日共20 799个像元。

对MODIS温度产品和AMSR-E亮度温度做散点图（部分数据如图9-1所示），对其分别做回归分析得到如表9-3所示的结果。从表9-3中的相关系数可以看出，随着频率的升高，相关性越好。89V GHz的R^2达到0.88。误差在4℃以下。从表9-3中可以看出，对于温度很低时，低频的数据与MODIS地表温度产品的关系很差，其中的部分原因可能是因为热红外测量的温度主要来自地球表层，而高频（89 GHz）测量得到的亮温更加接近热红外测量的温度。频率越低，能量可能来自不同表层的贡献就不一样。因此，在无云的情况下，89V GHz是AMSR-E数据最好的反演地表温度的单通道。

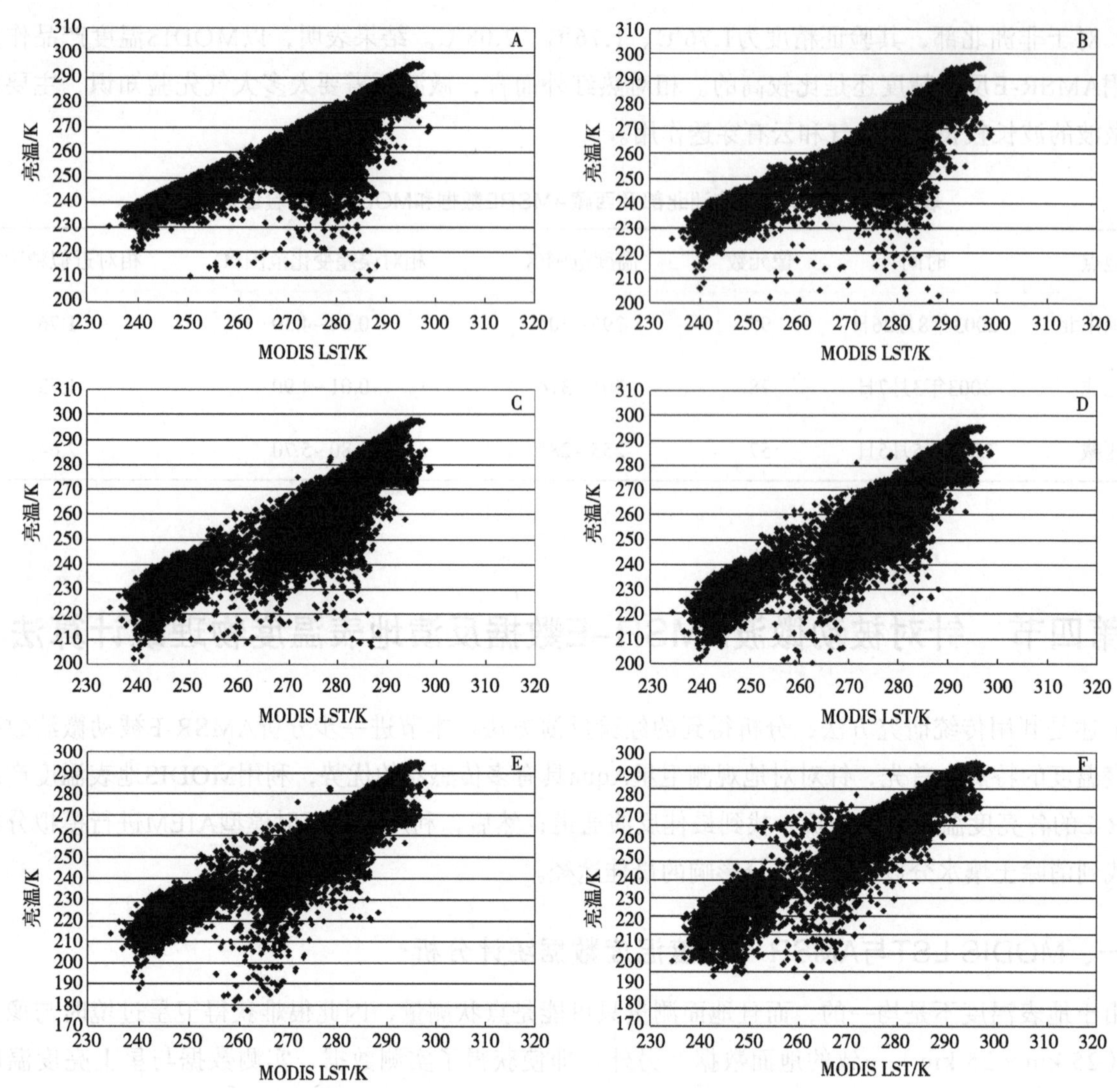

图9-1 MODIS地表温度产品和AMSR-E亮度温度

表9-3 MODIS温度产品和AMSR-E亮温的关系

频率/GHz	像元数	关系方程式	地表温度误差/℃	R^2
6.9 V	207~99	$LST=49.013+0.852\,9T_{6.9V}$	5.71	0.704
10.7 V	207~99	$LST=63.677+0.804\,7T_{10.7V}$	5.34	0.734
18.7 V	207~99	$LST=76.399+0.759\,1T_{18.7V}$	4.61	0.805
23.8 V	207~99	$LST=83.633+0.733\,5T_{23.8V}$	4.04	0.847
36.5 V	207~99	$LST=96.713\,1+0.694T_{36.5V}$	4.17	0.832
89 V	207~99	$LST=121.63+0.597\,1T_{89V}$	3.7	0.876

二、AIEM模拟分析及被动微波地表温度反演算法

潮湿程度不同的土壤介电常数不同，导致发射率不同，进而影响亮度温度，因此被动微波遥感成为估计土壤水分的最主要手段。微波遥感模型旨在建立电磁参数与地表物理和几何参数之间的数学关系。土壤的介电常数的变化反映了土壤水分含量的变化。但通常遥感器不能直接测得土壤的介电常

数，而是获得土壤的亮温信息。因此要反演土壤水分就需要建立亮温信息与介电常数的关系。为了研究方便，人们用与亮温联系紧密的发射率来建立与介电常数的关系。事实上，物体的散射和辐射是有直接关系的，它们之间的定量关系能够通过研究物体的散射问题来解决相应的辐射问题。发射率是被动微波中间接获取的参数，而它可以由粗糙表面的双站散射系数求出，因此研究微波的散射问题成为微波遥感的基础。对于粗糙表面的散射的研究主要有几何光学模型（GO）、物理光学模型（POM）、小波绕模型（SPM）。这些模型各有各的适应范围，其中几何光学模型和物理光学模型都是基于基尔霍夫模型，只是前者是在驻留相位近似下得到的，后者是在标量的近似下得到的。基尔霍夫模型要求地表相关长度大于一个电磁波波长。而小波绕模型是针对当表面相关长度小于波长时提出来的。

由于实际地表是连续的，上述模型都不能很好地描述地表的真实状态。近些年，人们意识到SPM、POM以及GO模型在粗糙度方面都有一定的局限性。自然地表的真实状况超越了这些模型粗糙度的范围。为了更好地模拟地表的散射和辐射，Fung等（1992）提出了IEM模型（积分方程模型），该模型是基于原始的积分方程，能够很好地模拟地表的真实状况，可以适应更广的粗糙度范围，涵盖了从Kirchhoff到SPM模型。已经被广泛地用于微波的散射和辐射模拟。Fung等（1992）的研究结果表明，Kirchhoff和SPM分别是IEM在高频和低频区域的特例，IEM跟SPM和Kirchhoff的结果一致。在实际应用中，人们针对IEM的某些缺陷做了修正，已经发展成为AIEM模型。该模型比IEM模型考虑了更多的影响因素，能更好地模拟地表的真实状况。因此本研究将采用AIEM模型作为地表辐射模型，即用AIEM模型模拟土壤水分与发射率的关系。以AMSR-E的观测角度55°，相关长度为5.5 cm，均方根高度为2 cm作为模型的输入值。为了分析方便，对模拟数据土壤水分和发射率做散点图（图9-2）。图9-2是土壤水分与频率6.9 GHz、10.7 GHz、3.8 GHz、36.5 GHz、89 GHz，在固定粗糙度情况下垂直极化发射率与土壤水分的关系。从图9-2中可以看出，当土壤水分低于2%时候，不同频率的发射率几乎交于一点，而且是一种近似的线性关系。由于发射率在微波波段与亮温是线性关系，因此发射率与土壤水分的关系实际上也反映了亮温与土壤水分的变化关系。在图9-3中，McFarland等（1990）用37 VGHz和19 VGHz极化之差一次线性关系来消除土壤水分的影响是有一定的物理意义的。但由于当时对于土壤辐射模型的研究还处于初步发展阶段，从而造成这种描述不是十分准确。在图9-3中，将不同频率的发射率相减与土壤水分的关系可以明显地看出，不同频率的亮温（发射率）之差和土壤水分之间不是严格的线性关系，用二次关系模拟的近似精度要远远高于一次近似精度。因此，对于用微波的不同频率之间的亮温差来消除土壤水分，甚至大气水分的影响应该用二次以上的关系来描述，从而可以提高算法的精度和实用性。

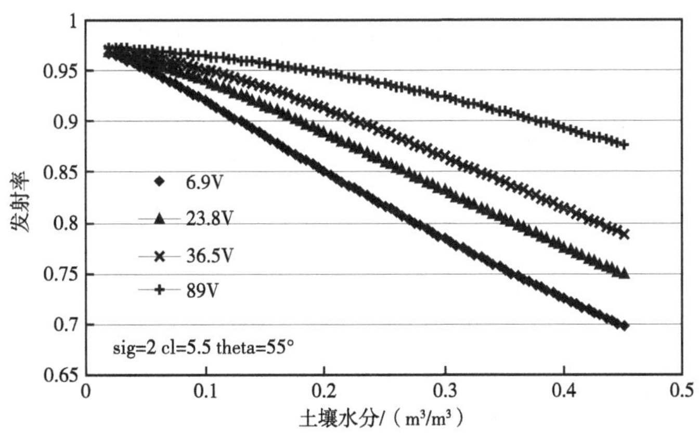

图9-2　AIEM模拟土壤水分和不同频率发射率之间的关系

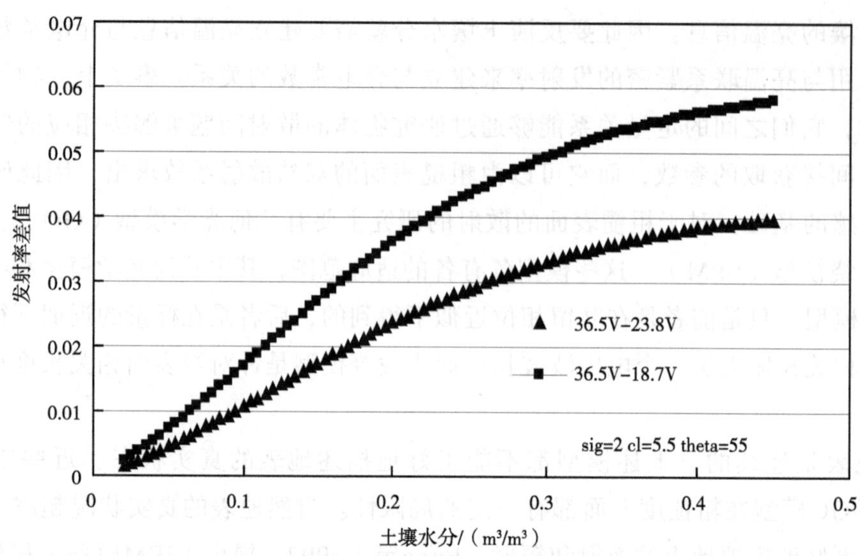

图9-3　AIEM模拟土壤水分和不同频率发射率差值之间的关系

对表9-3中MODIS地表温度产品和AMSR-E的各亮度温度分析可知，89 GHz是最适宜用来作为单通道反演地表温度的。在局部分析中，当地表温度不同时，由于不同的地表层微波各频率的辐射稍微变化。特别是当地表温度小于273 K时候，其辐射机制有很大的差异。因此，为了更加精确地反演地表温度，需要对反演算法进行分段处理。如图9-4所示，将地表温度基本上分为2个区间，即大于273 K和小于273 K。算法的思路：先用表9-3中89 V的近似公式计算得到初步的地表温度；第二将得到的温度在其所属的温度区间内进一步通过消除土壤水分和大气水分的影响来提高其精度。对表9-1中的数据进行回归分析得到如表9-4所示的地表温度反演公式。在这里，需要说明的是当在第一步用89 VGHz计算的初步地表温度时，误差可能落在第二步的分区间边缘，比如，用89 VGHz计算得到的地表温度是270 K，反演误差是4℃，实际应该用大于273 K区间的计算公式，而用了小于273 K的公式。在实际应用中，需要将这个区间的计算范围都延伸，形成边缘重叠。这样对于边缘的部分，2个公式都适用，不至于误差很大。通过分析，得到了如表9-2所示的地表温度计算公式。其近似精度在3℃以下。

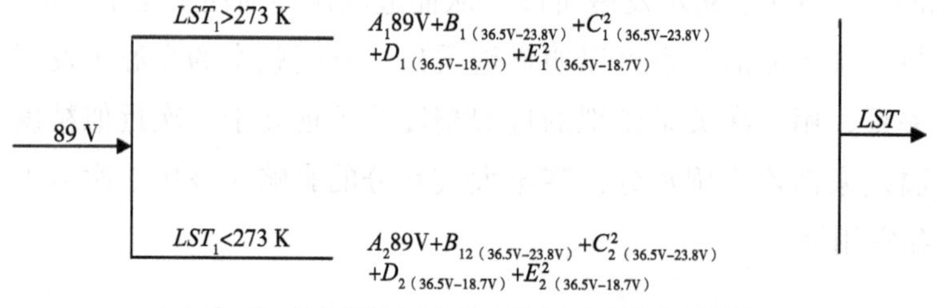

图9-4　被动微波地表温度反演方法流程图

表9-4　对不同温度范围的地表温度反演的计算方法

时间跨度	温度范围/K	像元数	地表温度计算方程	地表温度反演误差/℃
2004年2月2日	<279	15 563	$LST=0.632\,9T_{89V}-1.938\,9T_{(36.5V-23.8V)}+0.029\,2T^2_{(36.5V-23.8V)}+0.526\,5T_{(36.5V-18.7V)}-0.008\,4T^2_{(36.5V-18.7V)}+106.395$	2.78
2004年8月15日	>270	12 520	$LST=0.509T_{89V}+0.313T_{(36.5V-23.8V)}+0.021T^2(_{36.5V-23.8V)}-0.871\,2\mathrm{T}_{(36.5V-18.7V)}+0.005\,8T^2(_{36.5V-18.7V)}+142.645\,2$	2.61

三、算法验证及应用

目前，对地表温度反演算法的实际精度评价是反演方法研究中的一个难点，其主要原因在于实测数据与影像成像时的同步性问题；其次很难用地面的一个或者几个点的观测数据来代表一个像元对应的地表几千米范围的地表温度、几何配准问题和尺度效应等问题。对于热红外，国际上通常采用大气模拟数据法对反演算法进行精度评价。对于微波波段，目前还没有好的方法对地表温度反演算法进行验证。用MODIS温度产品作为微波反演地表温度算法验证所需要的地表温度实测数据，克服了同步测试数据的困难。同样，在青藏高原采集了验证数据，采集数据信息如表9-5所示。对不同的温度区间，其验证精度相对MODIS温度产品分别为2.69℃、1.89℃。结果表明，相对MODIS温度产品，用AMSR-E反演精度还是比较高的。事实上，在验证的过程中，去掉少数偏差比较大像元。因为有些数据明显有些问题，比如有些通道的值为0。另外，还有2个主要的原因：一是MODIS地表温度产品有的地方本身精度并不高，比如像元中有部分云的影响；二是AMSR-E数据的信号质量有些时候存在问题，比如有些像元的信号有些是时候为0值，像元分辨率低，从而受云的影响更严重。再者算法本身还需要进一步提高精度，比如还没有考虑被云覆盖的时候的情况，而采集的样本验证数据中有些像元可能含有部分云。相对热红外而言，微波不需要太多地表先验知识，主要原因在于微波的波长较长，除土壤水分含量和粗糙度外，受地表的影响较小，而且对大气和云有穿透作用。

表9-5　AMSR-E数据和地表温度验证数据

时间跨度	温度范围/K	像元数	相对误差变化范围/℃	相对近似精度/℃
2004年3月1日至2004年6月4日	<273	10 407	0~8.38	2.69
	>273	9 702	0~17.50	1.89

为了更好地分析微波与热红外反演地表温度的机理差异，选择中国西部地区的AMSR-E影像（2005年8月25日20:00），该影像包含了西藏、青海、新疆和甘肃的大部分地区。通过利用上述方法反演得到地表温度。反演结果请参见文献［毛克彪，施建成，李召良，等，2006. 一个针对被动微波数据AMSRE数据反演地表温度的物理统计算法. 中国科学D辑，36（12）：1170-1176］，从反演结果可以看出，温度的分布成块状，其主要原因是AMSR-E的分辨率很低（本研究用到的是255 km × 25 km）。这种大面积温度分布规律在高分辨率的TM影像上体现不出来，反映大区域的全球温度分布差异是AMSR-E影像的一个优势。

另外，对东部沿海地区的AMSR-E影像反演发现温度最高的地方分布在有水的边缘（海岸线和长江流域），这是不准确的。原因在于，对于水覆盖的陆地表面，其反演方法与陆地表面相差很大，这个误差主要是由于反演算法中2个平方修正项引起的，这对于水面来说是不成立的。因此完整的地表温度反演算法应该至少将陆地表面分成：水覆盖的陆地、雪和冻土（0℃以下）覆盖的陆地以及裸土和植被。由于被动微波的分辨率比较低，对于陆地与海洋交界等过渡地带存在大量的混合像元，在这些地方反演的结果可能存在较大误差。在这些地方（混合像元），地表温度的反演精度需要进一步提高。这也是土壤水分反演需要集中研究的地方。

用AMSRE反演地表温度的另外一个重要的意义就是，就是通过地表温度计算发射率。地表发射率也是微波反演土壤水分的关键参数之一，反演地表温度可以解决以往反演土壤水分含量算法需要通过比值法消除发射率参数的困难。由于微波受云和大气的影响很小，因此对于发射率的计算通常可以近似用$\varepsilon_f = T_i/T_s$。

第五节 利用神经网络从被动微波数据AMSR–E中反演地表温度

从被动微波遥感数据中反演地表温度是非常难的，因为N个频率的热辐射测量总有（$N+1$）个未知数（N个发射率和一个地表温度），这是一个典型的病态反演问题。而且，微波发射率主要是由介电常数决定，而介电常数是物理温度、盐度、水分含量、土壤纹理及其他因素（植被的结构和类型）的函数。这些使得开发一个通用的物理算法非常困难。

本研究分析地球物理参数之间的关系并利用神经网络来从被动微波数据AMSR-E中反演地表温度。这个研究最有意义的是利用多传感器和多分辨率的优势，即MODIS地表温度产品能够被用来当作对应的大尺度（25 km × 25 km）AMSR-E像元的地表温度。而且，多分辨率使得当大尺度AMSR-E像元存在云时，用部分MODIS温度产品的像元的平均值来代替，这就克服了当有云存在时获得地面数据的困难。

一、微波辐射计

微波辐射计是测量地面的热辐射，以及在地面热辐射在传输过程中大气的热辐射。根据Raleigh-Jeans对Planck函数的简化，辐射计观测到的热辐射能够被简单地描述成式9–9。

$$T_{bp}(\tau,\mu)=(1-w)(1-e^{-\tau/\mu})T_c+\varepsilon_p T_s e^{-\tau/\mu}+t(1-t)(1-\varepsilon_p)T_a^{\downarrow}+(1-t)T_a^{\uparrow} \tag{9–9}$$

式中：p代表水平极化（H）或者垂直极化（V），$\mu=\cos\theta$，ε_p是发射率，τ（等效光学厚度）和ω（单次散射反照率）是描述植被吸收和散射的2个重要参数，T_s是陆地表面温度，T_c是植被的平均温度，$T_{bp}(\tau,\mu)$植被在角度θ的亮度温度，t是大气透过率，$T_a^{\uparrow}$是平均大气向上作用温度，$T_a^{\downarrow}$是大气平均向下的作用温度。微波受大气的影响非常小，即使当水汽含量达到5 g/cm^2，透过率（t）非常的高（接近于1）（Ulaby et al.，1986），所以式9–9能够被简化为式9–10。

$$T_{bp}(\tau,\mu)=(1-w)(1-e^{-\tau/\mu})T_c+\varepsilon_p T_s e^{-\tau/\mu} \tag{9–10}$$

在植被覆盖的地表，植被温度T_c通常假定等于地表温度T_s（Paloscia et al.，1988，Njoku et al.，2003）。对于裸露地表，光学厚度$\tau\approx 0$，式9–10能够被简化为式9–11。

$$T_{bp}(\tau,\mu)=\varepsilon_p T_s \tag{9–11}$$

由式9–11可见，利用单个的热辐射通道反演地表温度是非常困难的，因为反演方程中多一个未知数。在地球物理参数反演中，这是一个典型的病态反演。在热红外地表温度反演中，不同的地物类型的发射率在热红外波段基本上是稳定的。在微波波段，发射率主要是由介电常数决定，而介电常数又受物理温度、盐度、水分、土壤纹理以及其他因素的影响（Hallikainen et al.，1984，Dobson et al.，1985）。最复杂的是，地表温度本身也影响发射率。发射率和主要影响因素土壤水分（sm）、粗糙度（roughness）和物理温度（T_s）能够被描述成式9–12。

$$\varepsilon_p=f(sm,roughness,T_s) \tag{9–12}$$

土壤水分、粗糙度以及陆地表面温度是随天气、时间和地点变化，这使得反演变得更加复杂，因为这些影响因素的不同组合能够得到相同或不同的发射率。

二、利用神经网络从AMSR-E数据中反演地表温度

地球物理参数之间不是彼此独立的。在以往的地表温度反演算法中，没有充分地利用地球物理参数之间的关系。在本研究中，将分析粗糙度、发射率、反射率以及频率之间的关系。如果充分利用地球物理参数之间的关系，就能够建立新的方程，从而克服病态反演。

通常，反演方程是非常复杂，而且解方程非常的困难。幸运的是，神经网络与传统的反演算法不一样，它不需要精确地刻画反演方程。对于从遥感数据中反演地球物理参数，往往存在许多非线性关系和不确定因子，这可能会由于对非线性关系的构造和不确定因子的理解不好会造成反演非常的困难。神经网络包含了大量的相互联系的“神经元”，它们可以并行地来解一个非线性的具体问题。神经网络不需要针对具体的问题编程，主要是通过训练数据来学习。许多研究证明，在地球物理参数反演中，神经网络是一个非常好方法，特别是当地球物理参数之间的关系非常复杂且不好描述的时候，这是最佳的选择。

（一）利用神经网络的原因

在式9-12中，对发射率的影响因子非常的多。Shi等（2005）用AIEM（advanced integral equation model）（Chen et al.，2000）证明发射率、反射率以及粗糙度之间的相互关系是相互影响的，并且提出了Q/P模型。

$$E_p = Q_p t_q + (1 - Q_p) t_p \qquad (9\text{-}13)$$

式中：E_p是发射率，$t_p = 1 - r_p$是非涅尔透射系数。粗糙度参数Q_p连接着有效发射率和发射率。对于每个频率，Q_p可以表示成式9-14。

$$\log[Q_p(f)] = a_p(f) + b_p(f)\log(s/l) + c_p(f)(s/l) \qquad (9\text{-}14)$$

式中：s为均方根高度，l是相关长度。参数a、b和c依赖于频率f和极化，这几个参数能够通过AIEM模拟数据库和多元回归分析得到（Shi et al.，2005）。对于AMSR-E传感器，在10.7 GHz的Q_p参数与其他频率的参数可以表示成式9-15。

$$Q_p(f) = \alpha_p(f) + \beta_p(f) Q_p(10.7GHz) \qquad (9\text{-}15)$$

式中：α和β能够通过模拟分析得到（Shi et al.，2005）。这个模型表现非常好，具体可以参见Shi等（2005）。在实际生活中，地表的情况远比理论模型复杂，例如，其他复杂因子的影响，如地形、大气和植被（包括类型、结构及分布）。这些影响因素使得开发一个通用的物理算法非常困难。Mcfarland等（1990）3种地面类型（农作物、湿土、干土）的地表温度反演做了一些研究，并分别得到了不同的反演等式。他们通过用SSM/I 37和22 GHz通道的差来消除大气水汽含量的影响和37与19 GHz差来消除土壤水分的影响，反演了美国中部平原的地表温度。Mao等（2005）对AMSR-E亮温数据和MODIS地表温度产品做了分析，研究表明，陆地表至少要分成两大类：非雪覆盖的陆地表和雪覆盖的地表。如果要更加准确地反演地表温度，需要对不同的温度段建立不同的反演方程。在这2个研究中的反演方程都是经验的，也是局部适用的。事实上，土壤水分、粗糙度、和地表温度对辐射的影响不能通过简单的线性组合来消除。这一点能够从Q/P模型（Shi et al.，2005）和Q/H模型（Choudhury et al.，1979；Wang et al.，1981）得知，需要4个通道建立4个方程来反演地表温度。解方程是非常复杂的，对于一般的数学方法是非常难的。而且，对于大尺度的真实地表，地面更加复杂。通过理论模型得到的模拟数据在实际应用中存在一些局限性，因为理论模型没有考虑实际的地

形、大气以及植被的类型、结构及分布。被动微波的分辨率非常低，通常是几十千米，这使得获得地面实测数据非常的困难。幸运的是，MODIS地表温度产品给我们提供了机会。由于MODIS温度产品比较高，而且2个传感器在一颗星上，因此可以将MODIS地表温度产品当作与AMSR-E数据对应的地表实测数据。在本研究中，将借助于MODIS地表温度产品和使用神经网络来从AMSR-E数据中反演地表温度。从某种程度上讲，神经网络能够克服先前算法的缺点，即需要推导反演规则，训练数据直接决定了神经网络反演的映射关系和函数关系。最重要的是，神经网络能够复合分类信息和优化计算，这使得神经网络成为地球物理参数反演的最佳方法之一。

（二）多层神经网络

如图9-5所示，一个简单的多层神经网络具备一个输入层，一个输出层以及一个或多个隐含层。多层神经网络是由一些最基本的处理单元——神经元构成。如图9-5所示，这些单个的神经元被看作是通过与权重矢量w乘积，以及与偏移量θ之和来处理一个或者多个输入信号x，然后通过一个非线性的激励函数得到一个单个的输出项。

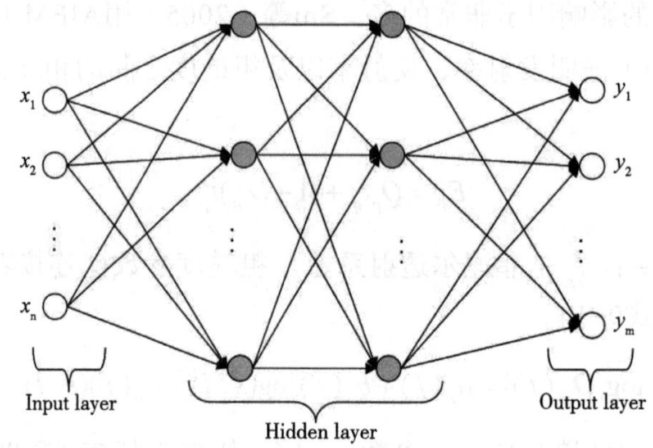

图9-5　多层神经网络

$xw+\theta$被看作是神经网络单元。神经元的输入可能是系统输入信号或者上一层其他神经元的输出结果（图9-6）。

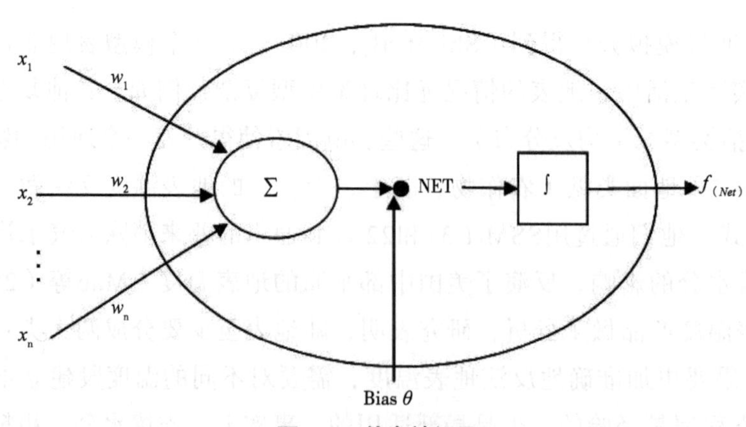

图9-6　单个神经元

激励函数f（Net）有许多形式。最一般的激励函数是非线性sigmoid函数。

$$f(Net)=\frac{1}{1+e^{-(wx+\theta)}} \tag{9-16}$$

神经网络代表的反演函数是通过一组训练数据（输出响应输入）训练得到的。在监督训练阶段，训练的模式已经内化到神经网络。在所有的模式被训练好后，神经元之间的权重被调整，通过使得输出结果和期望输出结果之间的全局最小（式9-17）而使得反演结果达到最优。

$$Error = \frac{1}{2}\sum_{p}\sum_{k}[T_{pk} - O_{pk}]^2 \quad (9-17)$$

式中：T_{pk}第kth的第pth个期望输出，O_{pk}是相应的激励层的第kth输出。在式9-17中，k是输出单元的和。把训练的神经网络看成是一组非线性运用最小二乘法对离散数据内插的结果。从某种程度上讲，近似的精度决定于训练数据。

（三）利用神经网络反演地表温度

从式9-17的推导来看，发射率和影响因子（粗糙度、地表温度和土壤湿度）之间的关系是非常复杂的。有4个未知数和需要建立4个方程。为了提高解的精度，用神经网络来解反演问题。在这个研究中，用动态学习神经网络（DL）（Tzeng et al.，1994）来解反演方程。这个神经网络使用了卡尔曼滤波算法来增加训练的收敛速度和提高非线性问题边界问题的处理能力。

1. 模拟数据反演分析

为了证明神经网络能够被用来从被动微波数据AMSR-E中精确地反演地表温度，用AIEM模拟裸露地表的辐射，从而得到训练和测试数据集。这些模拟数据能够被看作是已知的地表真实数据，具体的过程如下。

（1）AIEM的主要输入参数如表9-6所示，得到5 040组训练数据集和840个测试数据集。通过改变步长，测试数据集分布是非常均一的。10.7和18.7（V和H）亮温是通过地表温度和发射率的乘积得到的，它们被作为神经网络的输入节点的输入数据。

表9-6 AIEM模型输入参数

参数	最小值	最大值	生长
均方相关高度/cm	0.5	3.2	0.3
相关长度/cm	5	30	4
土壤水分/%	0.02	0.45	0.04
地表温度/K	270	320	8
频率/GHz	10.7	18.7	—

（2）训练和神经网络。通过使用训练数据和测试数据反复地尝试后，2个隐含层，每个隐含层具有800个节点时，神经网络表现得非常好。这个节点数目在很大程度上是由式9-9至式9-15决定的，这也在一定程度上表现出反演方程的复杂性。测试数据集的详细信息可以参见表9-7。

事实上，当模拟数据的步长变小，能够得到更高的精度。从表9-7可以看出，土壤水分反演的精度最高，地表温度次之，均方根高度的精度最差。主要原因是粗糙度在不同的频率是变化的，地表温度的标准偏差在2℃以下。

表9-7 反演误差

隐含层结点数/个	LST		土壤水分		均方根高度		相关长度	
	R	SD	*R*	SD	*R*	SD	*R*	SD
100~100	0.928	5.11	0.989	0.018	0.544	0.593	0.741	4.51
200~200	0.954	4.09	0.991	0.016	0.570	0.581	0.762	4.34
300~300	0.978	2.86	0.996	0.011	0.695	0.509	0.776	4.23
400~400	0.964	3.63	0.992	0.015	0.593	0.570	0.761	4.35
500~500	0.989	1.98	0.998	0.008	0.731	0.483	0.788	4.13
600~600	0.986	2.29	0.998	0.008	0.650	0.538	0.775	4.25
700~700	0.991	1.79	0.999	0.006	0.667	0.528	0.777	4.23
800~800	0.992	1.68	0.999	0.006	0.558	0.588	0.659	5.05
900~900	0.990	1.91	0.998	0.007	0.661	0.531	0.762	4.35
1 000~1 000	0.984	2.41	0.997	0.010	0.584	0.575	0.688	4.87

注：*R*为相关系数；SD为标准偏差。

2. 利用MODIS地表温度产品从AMSR-E中反演地表温度

众所周知，对于大尺度的微波像元，地表是非常复杂的，几乎所有的像元都是混合像元。不同的组分组合（特别是植被类型和结构）会得到相同和不同的信号。而且受到大气以及地形的影响，这使得真实地表的信号远比理论模型模拟的信号要复杂得多。最好的方法是，从不同地表类型中测得大量的训练和测试数据集。但测量大尺度像元（24 km × 24 km）的地面对应的数据是非常困难的。一般来说，地表不同的地方温度是不一样，而且地表温度测量是点测量，要测得与AMSR-E像元相对应的地表数据是非常困难的。另外，AMSR-E观测是55°，但在单个像元里面地形是变化的，而且配准也是一个问题。

幸运的是，MODIS地表温度产品为AMSR-E提供了相应的可以替代的地表温度数据。MODIS有2种温度产品：一种是用劈窗算法反演的1 km产品（MOD11_L2LST_1 km），这个产品提供了每个像元的温度和发射率，温度单位是K，是用劈窗算法计算得到，发射率则是通过地表类型和发射率库获得；另一种产品是MOD11B1（MODIS_Grid_Daily_5 km_LST），这个产品是通过白天/晚上的地表温度反演算法计算得到（Wan，1999）。在天气晴朗的条件下，地表温度产品的精度非常高，在验证区域的精度在1℃以下（Wan等，2002，2004）。为了获得在有云情况下AMSR-E像元的对应的地表温度，选择高分辨率的MOD11_L2 LST_1 km产品，因为这样可以用部分MODIS产品的值去替代AMSR-E像元的地表温度。本研究选择3个典型的研究区（非洲、青藏高原、中国东北及俄罗斯部分地区）作为数据采集区。一个AMSR-E像元与1 km产品的MODIS地表温度的关系可以用图9-7来表示，对于一个几十千米的被动微波像元来讲，它可能同时包括了不同种类的云以及不同强度降雨的影响。

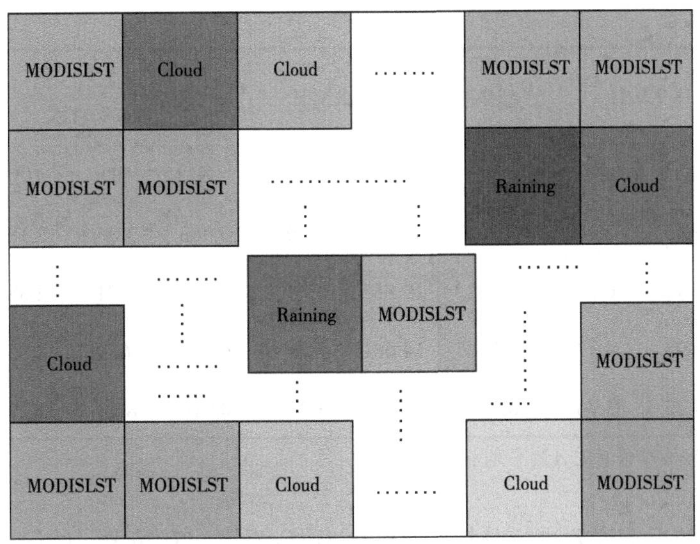

图9-7　AMSR-E像元与MODIS地表温度像元的关系

MODIS产品的平均值作为对应的AMSR-E像元的地面值。本研究定义了式9-18来从MODIS产品计算AMSR-E的陆地表面温度数据。

$$T_{\mathrm{AMSRE}}=\frac{\sum_{i=1}^{N\geqslant 20}T_{\mathrm{MODIS}}^{i}}{N} \tag{9-18}$$

式中：T_{MODIS}^{i} 是MODIS陆地产品温度值，T_{AMSRE}是代表相应的AMSR-E的地面像元温度值。本研究编写了一个以经纬度为控制条件，从AMSR-E和MODIS温度产品中读取相对应数据的程序。为了使反演方法能适用有云的情况，设定当AMSR-E像云中对应的MODIS产品像元超过20个无云值时，将其平均值作为了对应的AMSR-E像元对应的地表温度值。这就意味着采集的数据中，由于受云和降雨的影响，许多MODIS像元值为0。这将克服有云情况下获得地表数据的困难。

本研究采集24 319组数据集，并且随机地将其分成2个部分：训练数据是17 308组；测试数据是7 011组。然后训练神经网络。在不断地尝试后，5个频率（10个通道V/H）的组合使得反演最稳定和精度最高。通道越多，就越容易克服大气水汽含量、粗糙度、地形以及植被的结构和分布。不同通道组合反演的信息可以参见表9-8。

表9-8　不同通道组合的反演误差总结

隐含层结点数	10.7，18.7 V/H			10.7，18.7，23.8 V/H			10.7，18.7，23.8，36.5 V/H			10.7，18.7，23.8，36.5，89 V/H		
	R	SD	A/℃	R	SD	A/℃	R	SD	A/℃	R	SD	A/℃
100～100	0.972	4.94	3.20	0.978	4.38	3.10	0.980	4.21	3.03	0.990	2.92	2.26
200～200	0.982	3.97	2.92	0.985	3.65	2.62	0.988	3.27	2.40	0.992	2.74	2.14
300～300	0.976	4.63	2.76	0.987	3.37	2.39	0.980	4.21	2.50	0.993	2.54	1.98
400～400	0.951	6.51	2.80	0.748	13.98	2.96	0.889	9.62	2.61	0.992	2.62	1.99
500～500	0.958	6.01	2.63	0.969	5.20	2.42	0.989	3.14	2.31	0.992	2.62	1.96
600～600	0.879	10.03	2.91	0.939	7.24	2.52	0.989	3.09	2.10	0.985	3.63	1.95

续表

隐含层结点数	10.7，18.7 V/H			10.7，18.7，23.8 V/H			10.7，18.7，23.8，36.5 V/H			10.7，18.7，23.8，36.5，89 V/H		
	R	SD	*A*/℃	*R*	SD	*A*/℃	*R*	SD	*A*/℃	*R*	SD	*A*/℃
700～700	0.785	13.05	3.15	0.956	6.17	2.50	0.983	3.86	2.18	0.986	3.50	1.91
800～800	0.114	20.92	6.21	0.333	19.85	3.25	0.975	4.71	2.38	0.984	3.70	1.97
900～900	0.302	20.08	4.37	0.718	14.66	2.89	0.630	16.36	2.85	0.962	5.77	1.98
1 000～1 000	0.538	17.75	3.76	0.568	17.33	3.25	0.916	8.43	2.29	0.955	6.28	2.03

注：*R*为相关系数；*SD*为标准偏差；*A*为平均相对误差。

对不同通道的组合的反演误差进行分析。从图9-8可以看出，有些像元的误差超过了8℃。这主要是由3个原因引起的：一是当AMSR-E像元中有云时，部分MODIS像元的平均值不能代表对应AMSR-E像元的地表实际值；二是AMSR-E像元中存在大量的水体，因为水体的辐射特性与土壤和植被的差别非常大；三是有些像元存在降雨影响。

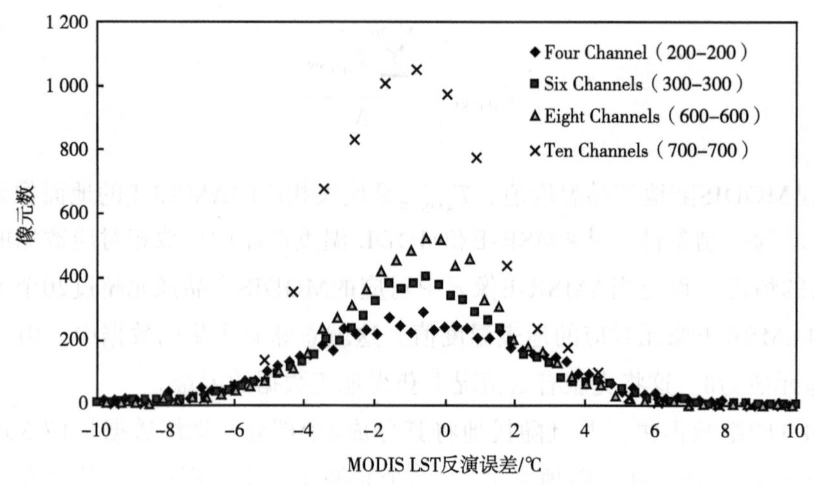

图9-8 不同通道组合时的反演误差直方图

（四）与MODIS地表温度比较及精度评价分析

为了提供一个应用实例来确认本研究算法的实用性，利用训练好的神经网络对中国西部地区的一景AMSR-E（2004年5月2日）进行了反演。在反演的结果中，有少量的像元值非常高或者低。主要原因可能是这些像元存在降雨或者包含了大面积的湖泊，我们将这些值设为0。为了分析地表温度反演结果的合理性，将反演的地表温度做成了一个彩图。具体遥感反演分析结果请参见文献［Mao K，Shi J，Tang H，et al.，2007. A neural-network technique for retrieving land surface temperature from AMSR-E passive microwave data. International Geoscience and Remote Sensing Symposium（IGARSS07），7：4422-4425］，从反演结果图可以看出，AMSR-E的地表温度反演结果和MODIS1KM产品分布基本相同，而且从常识来看，反演结果是非常合理的。青藏高原地区的温度是最低的，塔克拉玛干沙漠的温度最高。在卫星过境时，塔克拉玛干沙漠恰好被云覆盖。云和降水对MODIS产品影响是非常大的，大约超过了50%的地区受到了云和降雨的影响，这也恰恰展示了被动微波遥感反演地表温度的优势。与MODIS数据产品交叉分析对比如图9-9和图9-10所示。

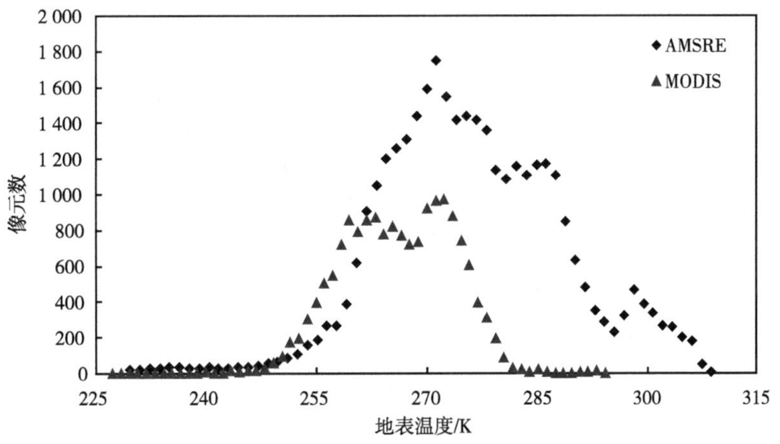

图9-9　图9.9像元数分布直方图

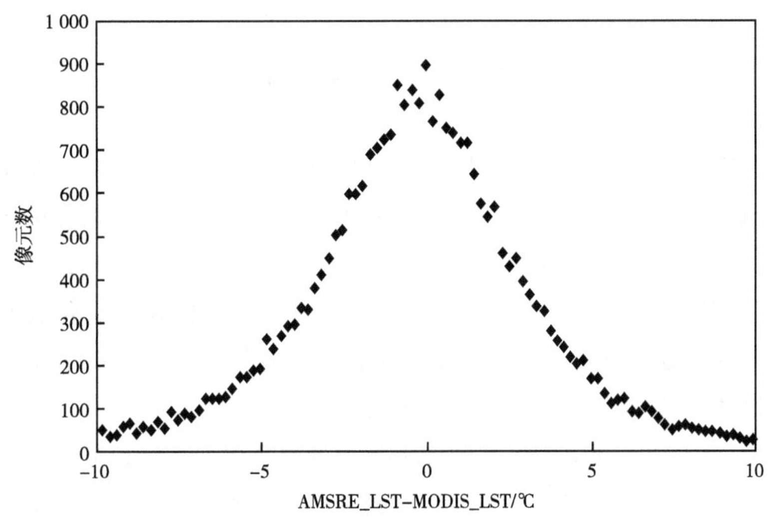

图9-10　相对误差直方图

获得实际地表测量数据对反演算法进行精度评价是一件非常困难的事情。因为AMSR-E的像元分辨率很低（大约24 km × 24 km），地表测量通常是点测量。很难用几个点测量的数据的平均值来代表一个大尺度的像元，而且是要在卫星过境时同时获取。本研究用美国通量网数据来对算法进行评价。通量数据库（http://public.ornl.gov/ameriflux/datahandler.cfm）是一个全球微气象观测网络，主要是用来监测二氧化碳交换、水蒸气、陆地生态系统和大气能量交换，也被用来对MODIS地表温度产品进行验证（Wang and Liang，2005）。这里选择6个地表比较平坦且均一站点（Brookings、Audubon、FortPeck、Canaan、BlackHills、Bondville）的地表温度作为实测量数据。具体介绍请参考（http://public.ornl.gov/ameriflux/site-select.cfm）。从AMSR-E反演地表温度和通量站点数据比较如图9-11所示。平均精度大约是2.6℃。从图9-11中可以看出，神经网络反演的结果和实际比有点偏低，这可能跟地表温度数据是由MODIS地表温度产品获得有关系。因为热红外和被动微波探测的地表温度还是有些区别的，被动微波探测的地表温度比热红外探测的地表温度要深一些。因此，这需要在实际反演中对反演结果作适当的修正。需要说明的是，本研究去掉了一些反演误差比较大像元，因为可能受到降雨或者其他因素的影响。事实上，精确的陆地表温度验证是一件非常困难的事情，地表测量是点测量，而且需要测量地表发射率。地表发射率的确定是非常困难的，几乎不同的地物发射率都不一样，而且受环境的影响。我们将会进一步作更多的分析评价。

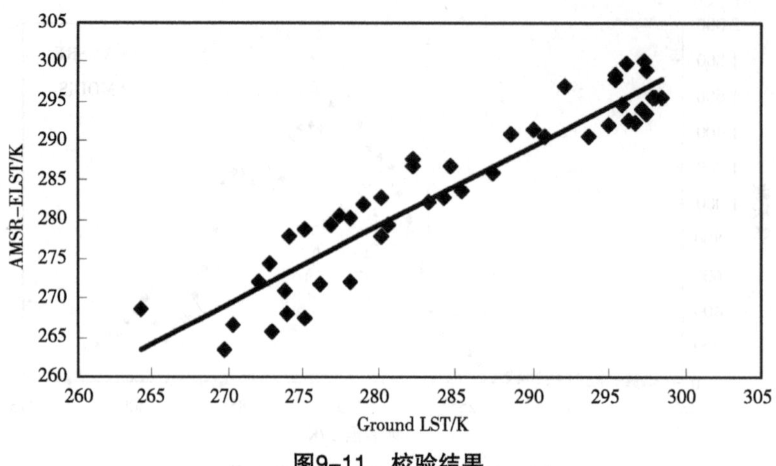

图9-11　校验结果

第六节　小　结

本章在分析Aqua卫星多传感器特征的基础上，利用MODIS的温度产品和AMSR-E不同通道之间的亮度温度建立反演地表温度的反演方程，从而克服了以往需要测量同步数据的困难。并为不同传感器之间的参数反演的相互校正和综合利用多传感器的数据提供实际应用和理论依据。通过各通道的回归系数分析表明，不同的地表覆盖类型的辐射机制是不同的。要精确地反演地表温度，至少对地表分成3种覆盖类型，即雪覆盖的地表、非雪覆盖的地表和水覆盖的地表。以MODIS地表温度产品作为评价标准，对于验证的样本数据，本研究建立的统计方法的平均精度在2～3℃。为了提高算法的实用性，还需要进一步对云覆盖和不同辐射机制的地表类型的混合像元进行研究。另外，微波的发射率是土壤水分反演的关键参数，在对微波地表温度反演的基础上，可以进一步对发射率做研究并反演土壤水分。

从被动微波遥感中精确地反演地表温度是非常难的，因为N个频率的热辐射测量总有（$N+1$）个未知数（N个发射率和一个地表温度），这是一个典型的病态反演问题。而且，微波发射率主要是由介电常数决定，而介电常数是物理温度、盐度、水分含量、土壤纹理及其他因素（植被的结构和类型）的函数。这些使得开发一个通用的物理算法非常困难。本研究利用对地观测卫星（EOS/Aqua）多传感器/多分辨率的特点和神经网络来从被动微波AMSR-E数据中反演地表温度。通过AIEM模拟数据和神经网络反演表明，神经网络能够被用来从被动微波反演地表温度，而且误差在2℃以下。MODIS地表温度产品被作为地表温度数据，而且部分MODIS温度产品的平均温度能够被用来代替对应AMSR-E像元的温度，从而克服由于云的影响而难以获得地表实测数据的困难。反演结果和分析表明神经网络能够被用来精确地从AMSR-E中反演地表温度。当使用5个频率（10个通道）作为反演通道时，精度最高和解最稳定，说明通道越多能更好地消除土壤水分、粗糙度、大气和其他因素的影响。相对于MODIS温度产品，反演的精度在2℃以下。最后，我们提供了一个应用实例，并且与MOD11_L2 LST_1 km产品进行了比较。最后，本研究提供了一个反演的应用实例，并确认了本研究算法的实用性。用训练好的神经网络和AMSR-E影像对中国西部地区的地表温度进行了反演，分析表明反演结果非常的合理。当然，还需要做进一步的实际调查，以确认AMSR-E反演结果和MOD11_L2 LST_1 km产品之间的差异。

参考文献：

毛克彪，施建成，李召良，等，2005. 用被动微波AMSR数据反演地表温度及发射率方法研究[J]. 国土资源遥感（3）：14–18.

毛克彪，施建成，李召良，等，2006. 一个针对被动微波数据AMSRE数据反演地表温度的物理统计算法[J]. 中国科学D辑，36（12）：1170–1176.

毛克彪，王道龙，李滋睿，等，2009. 利用AMSR-E被动微波数据反演地表温度的神经网络算法[J]. 高技术通讯，19（11）：1195–1200.

AIRES F，PRIGENT C，ROSSOW W B，et al.，2001. A new neural network approach including first guess for retrieval of atmospheric water vapor，cloud liquid water path，surface tempeature，and emissivities over land from satllite microwave observations[J]. *J. Geophys. Res.*，106（D14）：14887–14907.

BECKER F，LI Z L，1990. Towards a local split window method over land surface[J]. *Int. J. Remote Sens.*，11：369–393.

BISCHOF H，SCHNEIDER W，PINZ A J，1992. Multiplespetral classification of landsat images using neural networks[J]. *IEEE Trans. Geosci. Remote Sens.*，28（3）：482–489.

BLACKWELL W J，2005. A neural-network technique for the retrieval of atmospheric temperature and moisture profiles from high specrtral resolution sounding data[J]. *IEEE Trans. Geosci. Remote Sens.*，43（11）：2535–2546.

CALVET J C，WIGNERON J P，MOUGIN E，et al.，1994. Plant water content and temperature of Amazon forest from satellite microwave radiometry[J]. *IEEE Trans. Geosci. Remote Sens.*，32：397–408.

CHEN K S，TZENG Y C，CHEN C F，et al.，1994. Land-cover classification of multispectral imagery using a dynamic learing neural network[J]. *Photogrammet. Eng. Remote Sens.*，61（4）：403–410.

CHEN K S，WU T D，FUNG A K，2000. A note on the multiple scattering in an IEM model[J]. *IEEE Trans. Geosci. Remote Sens.*，38：249–256.

CHEN K S，WU T D，TSANG L，et al.，2003. Emission of rough surfaces calculated by the integral equation method with comparison to three-dimensional moment method simulation[J]. *IEEE Trans. Geosci. Remote Sens.*，41：90–101.

CHOUDHURY B J，MAJOR E R，SMITH E A，et al .，1992. Atmospheric effects on SMMR and SSM/I 37 GHz polarization difference over the Sahel[J]. *Int. J. Remote Sens.*，13：3443–3463.

CHOUDHURY B J，SCHMUGGE T J，CHANG A，et al.，1979. Effect of surface roughness on the microwave emission from soil[J]. *J. Geophys. Res.*，84：5699–5706.

COLL C，CASELLES V，SOBRINO A，et al.，1994. On the atmospheric dependence of the split-window equation for land surface temperature[J]. *Int. J. Remote Sens.*，27：105–122.

DOBSON M C，ULABY F T，HALLIKAINEN M T，et al.，1985. Microwave dielectric behavior of wet soil-Part Ⅱ：dielectric mixing models[J]. *IEEE Trans. Geosci. Remote Sens.*，23（1）：35–46.

FAURE T，ISAKA H，GUILLEMET B，2001. Neural network retrieval of cloud parameters of inhomogeneous and fractional clouds feasibility study[J]. *Remote Sens. Environ.*，77：123–138.

FILY M，ROYER A，GOÏA K，et al.，2003. A simple retrieval method for land surface temperature and fraction of water surface determination from satellite microwave brightness temperatures in sub-arctic areas[J].

Remote Sens. Environ.，41：328−338.

FRANCA G B，CRACKNELL A P，1994. Retrieval of land and sea surface temperature using NOAA-11 AVHRR data in northeastern Brazil[J]. *Int. J. Remote Sens.*，15：1695−1712.

FUNG A K，LI Z，CHEN K S，1992. Backscattering from a randomly rough dieletric surface[J]. *IEEE Trans. Geosci. Remote Sens.*，30：356−369.

GILLESPIE A R，ROKUGAWA S，MATSUNAGA，1998. A temperature and emissivity separation algorithm for advanced spaceborne thermal emission and reflection radiometer（ASTER）images[J]. *IEEE Trans. Geosci. Remote Sens.*，36：1113−1126.

HALLIKAINEN M T，ULABY F T，1984. Microwave dielectric behavior of wet soil-Part I：empirical models and experimental observations[J]. *IEEE Trans. Geosci. Remote Sens.*，23（1）：25−34.

HARRIS A R，MASON I M，1992. An extension to the split-window technique giving improved atmospheric correction and total water vapour[J]. *Int. J. Remote Sens.*，13：881−892.

HAYKIN S，STEHWIEN W，DENG C，et al.，1991. Classification of radar clutter in an air traffic control envionment[J]. *Pro. IEEE*，79（6）：742−772.

HERRMANN P D ，KHAZENE N，1992. Classification of multiplespectral remote sensing data using a back-propagation neural network[J]. *IEEE Trans. Geosci. Remote Sens.*，30（1）：81−88.

HORNIK K M，STINCHCOMBE M，WHITE H，1989. Multilayer feedforward networks are universal approximators[J]. *Neual Netw.*，4（5）：359−366.

HSU S Y，MASTERS T，OLSON M，et al.，1992. Comparavtive analysis of five neural networks models[J]. *Remote sens. reviews*，6：319−329.

JIN Y Q，LIU C，1997. Biomass retrieval from high-dimensional active/passive remote sensing data by using artificial neural network[J]. *Int. J. Remote Sens.*，18（4）：971−979.

KERR Y H，LAGOUARDE J P，IMBERNON J，1992. Accurate land surface temperature retrieval from AVHRR data with use of an improved split window algorithm[J]. *Remote Sens. Environ.*，41：197−209.

KERR Y H，NJOKU E G，1993. On the use of passive microwaves at 37 GHz in remote sensing of vegetation[J]. *Int. J. Remote Sens.*，14：1931−1943.

LI Z，BECKER F，1993. Feasibility of land surface temperature and emissivity determination from AVHRR data[J]. *Remote Sens. Environ.*，43：67−85.

LIANG S L，2001. An optimization algorithm for separating land surface temperature and emissivity from multispectral thermal infrared imagery[J]. *IEEE Trans. Geosci. Remote Sens.*，39：264−274.

MAO K，QIN Z，SHI J，et al.，2005. A practical split-window algorithm for retriving land surface temperature from MODIS data[J]. *Int. J. Remote Sens.*，15：3181−3204.

MCFARLAND M J，MILLER R L，Christopher M，1990. Land surface temperature derived from the SSM/I passive microwave brightness temperature[J]. *IEEE Trans. Geosci. Remote Sens.*，28：839−845.

NJOKU E G，JACKSON T J，VENKATARAMAN L，et al.，2003. Soil moisture retrieval from AMSR-E，*IEEE Trans. Geosci. Remote Sens.*，41（2）：215−229.

NJOKU E G，LI L，1999. Retrieval of land surface parameters using passive microwave measurements at 6~18 GHz[J]. *IEEE Trans. Geosci. Remote Sens.*，37：79−93.

OWE M，RICHARD D J，WALKER J，2001. A methodology for surface soil moisutre and vegetation optical depth retrieval using the microwave polarization difference index[J]. *IEEE Trans. Geosci. Remote Sens.*，39：

1643–1654.

PALOSCIA S，PAMPALONI P，1988. Microwave polarization index for monitoring vegetation growth[J]. *IEEE Trans. Geosci. Remote Sens.*，26：617–621.

PRATA A J，1994. Land surface temperatures from derived from the advanced very high resolution radiometer and the along-track scanning radiometer 2 experimental results and validation of AVHRR algorithms[J]. *J. Geophys. Res.*，99：13025–13058.

PRICE J C，1984. Land surface temperature measurements from the split-window channels of the NOAA-7 AVHRR[J]. *J. Geophys. Res.*，79：5039–5044.

QIN Z H，GIORGIO D O，ARNON K，2001. Derivation of split window algorithm and its sensitivity analysis for retrieving land surface temperature from NOAA-advanced very high resolution radiometer data[J]. *J. Geophys. Res.*，105：22655–22670.

SHI J C，JIANG L M，ZHANG L X，et al.，2005. A parameterized multifrequency-polarization surface emission model[J]. *IEEE Trans. Geosci. Remote Sens.*，43：2831–2841.

SOBRINO J A，COLL C，CASELLES V，1991. Atmospheric corrections for land surface temperature using AVHRR channel 4 and 5[J]. *Remote Sens. Environ.*，38：19–34.

SOBRINO J A，LI Z L，STOLL M P，et al.，1994. Improvements in the split window technique for land surface temperature determination[J]. *IEEE Trans. Geosci. Remote Sens.*，32：243–253.

SUSSKIND J，ROSENFIELD J，REUTER D，et al.，1984. Remote sensing of weather and climate parameters from HIRS2/MUS on Tiros-N[J]. *J. Geophys. Res.*，89：4677–4697.

TANG L，CHEN Z，OH S，et al.，1992. Inversion of snow parameters from passive microwave remote sensing measurements by a neural network trained with a multiple scattering model[J]. *IEEE Trans. Geosci. Remote Sens.*，30（5）：1015–1024.

TEDESCO M，PULLIAINEN J，TAKALA M，et al.，2004. Artificial neural network-based techniques for the retrieval of SWE and snow depth from SSM/I data[J]. *Remote Sens. Environ.*，90：76–85.

TZENG Y C，CHEN K S，KAO W L，et al.，1994. A Dynamic learning nerual network for remote sensing applications[J]. *IEEE Trans. Geosci. Remote Sens.*，32（5）：1096–1102.

ULABY F T，MOORE R K，FUNG A K，1986. Microwave remote sensing：active and passive dedham[M]. MA：Artech House.

WAN Z，DOZIER J A，1996. Generalized split-window algorithm for retrieving land surface temperature measurement from space[J]. *IEEE Trans. Geosci. Remote Sens.*，34：892–905.

WAN Z，LI Z L A，1997. Physics-based algorithm for retrieving land-surface emissivity and temperature from EOS/MODIS data[J]. *IEEE Trans. Geosci. Remote Sens.*，35：980–996.

WAN Z，ZHANG Y，ZHANG Q，et al.，2002. Validation of the land-surface temperature products retrieved from terra moderate resolution imaging spectroradiometer data[J]. *Remote Sens. Environ.*，83：163–180.

WAN Z，ZHANG Y，ZHANG Q，et al.，2004. Quality assessment and validation of the MODIS global land surface temperature[J]. *Int. J. Remote Sens.*，25：261–274.

WANG J R，CHOUDHURY B J，1981. Remote sensing of soil moisture content over bare fields at 1. 4 GHz frequency[J]. *J. Geophys. Res.*，86：5277–5282.

WU T D，CHEN K S，SHI J，et al.，2001. A transition model for the reflection coefficient in surface scattering[J]. *IEEE Trans. Geosci. Remote Sens.*，39：2040–2050.

第十章　地表温度时间序列重建及驱动因素分析

地表温度是高温干旱监测、气候变化等研究中的关键变量，在农作物蒸散及长势监测、水循环、气候变化等应用研究中发挥着重要作用。当前热红外遥感技术已成为在大范围内快速获取地面温度的重要手段。但热红外遥感获取地表温度易受云的影响，云层覆盖导致的影像中的缺值是制约热红外地表温度数据应用和发展的重要因素之一。本章主要研究重建云覆盖和低质量像元的地表温度值。

第一节　引　言

地表温度（Land Surface Temperature，LST）受陆地-大气相互作用和能量通量的控制，是区域和全球尺度上地表能量平衡和水循环物理过程的重要参数。在农业气象研究、区域气候变化、地表能量相互作用及全球环流模式等研究中发挥着重要作用。因此，区域和全球尺度的地表温度研究对于进一步改进和完善自然灾害监测、城市气候和环境研究，以及水文气候预测模型等具有重要意义。如何准确获取地表温度这一重要的地球物理参量一直是许多学者研究的热点。

地表温度资料通常由气象站或地面测量观测得到，具有可靠性高、时间序列长等优点。然而，作为单点观测数据收集的气象站数据空间覆盖非常有限，而且通常稀疏和/或不规则分布，特别是在偏远崎岖的地区。与有限的可用性和离散的空间信息的气象站点观测数据相比，卫星遥感热红外传感器凭借其详细的空间化表面和近实时数据访问以及不受地面观测条件限制的优势，已成为地表温度数据的可靠的替代数据源。特别是在区域和全球等大尺度空间均匀连续地表温度的研究中，卫星遥感是唯一高效、可行的方法。从20世纪70年代最早开始使用卫星遥感反演地表温度开始，反演算法已经趋于成熟，根据不同传感器对热红外遥感数据获取的差异，基于辐射传输方程和地表发射率的不同假设表示和近似简化（地表发射率和大气效应参数化），当前已经发展了多种地表温度反演算法获取地表温度值，如单通道算法、多通道算法、多角度算法、多时相算法、高光谱反演算法等。热红外遥感不具有穿透力，在有云状况时无法探测地表的比辐射率信息，只能在晴空条件下进行，造成反演得到的地表温度数据时空分布不完整且不连续，制约着热红外地表温度后续的应用和发展。因此，为了满足多种研究的需要，必须进行云覆盖像元的重建，以获取能够反映云覆盖下真实地表温度信息的长时间序列的地表温度数据。

气候变化与人类的生存和发展息息相关，不仅众多学者在使用当前的先进技术密切关注气候的变化，公众对气候变化的关注度也在逐渐提高。其中，地表温度作为重要的陆地和大气交互过程的构成要素，近年来也经历了明显的升温过程。然而，地表温度影响因素十分复杂，是多种因素综合作用后的表现。因此，了解不同驱动因素对地表温度的作用关系，对于区域气候模式的研究等具有非常重要的应用价值。

一、国内外研究进展

（一）地表温度重建的研究进展

地表温度（LST）是高温和干旱监测、气候和生态环境研究的关键变量。由于基于站点的观测数据的离散性，通过地表辐射信息反演地表温度的热红外遥感技术已成为在大尺度上快捷获取地面温度的重要补充。但受云层遮挡的影响，只能探测到云顶的信息而无法获取地表信息，使得仅天空晴朗无云时获取的地表温度可用。然而，在全球和区域尺度进行的气候变化以及地表能量平衡模型等研究中均需要长时间序列，空间连连续的地表温度数据。因此，如何去除云及其他因素的干扰，恢复影像中云层覆盖下真实的地表温度信息也是目前热红外遥感地表温度反演和应用亟待完善的难题。

由于云层覆盖频繁且位置随机给云覆盖下地表温度的重建带来很大困难。平均而言，在任何时候，大约65%的地球表面被云层覆盖，直接导致热红外遥感影像中大面积分布不均的缺值。同时，薄云通过云掩膜产品或者云检测方法难以检测，然而薄云的存在会造成传感器获取地表信息的部分缺失，导致获取的是云顶的亮温；或者附加了云效应后的亮温值，导致反演后的遥感影像中许多异常值出现。自20世纪80年来以来，国内外众多研究者就已开始从热红外数据中重建云覆盖像元的地表温度的研究。这些方法可归纳为3类：基于时空信息重建法、结合多源辅助信息的回归模型重建法和结合不同传感器数据的重建法。

1. 基于时空信息重建法

基于时空信息重建的方法包括使用在时间和空间维度上具有高度相似性的邻近信息直接重建云覆盖像元的方法。Xu等（2013）借鉴NDVI的插值算法时间序列谐波分析（HANTS）将缺值补齐。Na等（2014）将基于移动窗口加权平均的Savitzky-Golay滤波器用于重建过程中，可以得到一致性较高的MODIS地表温度数据。Sun等（2016）认为距离越近的像元具有更高的相似性，根据空间距离定义相似像元，越邻近的像元则对重建过程贡献更大。Yu等（2015）通过建立相似函数用于识别相似像元，建立了相似像元与缺失像元间的传递函数以重建缺失像元。

这些使用地表温度数据可用的时空信息估计地表温度缺值的方法，利用了相邻像元的时间/空间的相似性和相互依赖性，因此具有简单和可操作性强的优点。但是有限的信息可能无法满足大面积缺值对信息量的需求，造成承建结果的不同程度的平滑，难以捕获极端温度和突然发生的剧烈变化。而且这些方法只考虑了晴空像元的信息而忽略了云层覆盖在不同情况下会对地表温度的增温/减温效应。因此，根据晴空条件下获取的信息不能重建反映Terra/Aqua-MODIS卫星过境时的云下地表温度的真实值。

2. 结合多源辅助信息的回归模型重建法

结合多源辅助信息重建的方法是通过建立云污染像元和相应辅助数据像元的相关回归模型来解决数据缺值问题。Ke等（2013）通过建立了包含多个辅助预测因子［纬度、经度、海拔和归一化植被指数（NDVI）］的回归模型，估算了8 d复合地表温度产品。也有研究者增加了更多预测因子，采用太阳辐射、时间、海拔、海洋距离和其他因素为回归模型的输入参量以重建MODIS地表温度时间序列，也取得了良好的精度。Fan等（2014）使用多个辅助影像，包括地表覆盖，NDVI和MODIS的第7波段，在平坦地区重建了地表温度数据。其他类似的算法也是通过采用许多影响地表温度的因素用于地表温度的重建，并获得了具有连续时空信息的地表温度数据。

考虑到地形的复杂性和大规模地表温度的空间分布的不均匀性，结合多源辅助信息的回归模型重建的模型能够为缺值像元提供丰富的参考信息，从而可以提高插值结果的准确性。但与上一类方法一样，这些方法仍然存在无法获取Terra/Aqua-MODIS卫星过境时刻云层下地表温度值的问题。

3. 结合不同传感器数据的重建法

上述研究大大提高了MODIS地表温度数据的可用性，并为长期地表温度趋势分析提供了行之有效的方法。虽然目前有很多基于卫星遥感数据进行地表温度重建的方法，但现有技术集中于对晴空下地表温度的假设重建，而不是反映云覆盖下真实的地表温度状况，这不能满足获得地表实际情况的需要。针对这一问题，一些学者还使用了微波温度亮度（TB）数据（主要来自高频通道）来获取云下的真实地表温度。微波遥感技术不受云辐射强迫效应的影响，可以获得云覆盖下的辐射信息反演云层下的地表温度。但是，当前微波地表温度反演模型的物理机制还不是很成熟，经常面临与热红外地表温度时相匹配度不高的问题。此外，由于地表特性的差异，微波检测到的辐射信号受地表特征效应影响大，在反演地表温度值时会偏离热红外遥感的反演结果。

（二）地表温度驱动机制研究进展

在陆地生态系统中，驱动地表温度变化的因素有很多，它是受多种因素复杂作用后的反映结果。总的来说，包括了自然因素和人类活动2个面的影响，反映了地表能量的平衡状态。

对于自然因素对地表温度的驱动作用，前人已经开展了许多研究。主要包括地表吸收太阳辐射能量、地表覆盖、风和土壤湿度等因素。地表温度具有较显著的时空变化的特点，这种变化是地球内部、地球表层以及大气层，甚至包括太阳活动在内的多个系统综合作用的结果，同时又深刻地影响着这些圈层和系统的平衡与稳定。作为多种模型的重要输入参量，众多学者从未停止对地表温度变化幅度和速率的研究，以及其变化的驱动因素的探索。已有研究表明，全球增温情景下，地表温度和气温都呈现升高的趋势，且地表温度的升温速度要快于气温，并呈现出不对称增温形式。地表温度的形成不仅受太阳辐射强度、日照时间的控制，而且还受地表高程、纬度、坡度、坡向、植被覆盖、季风环流的影响；不仅与云、气溶胶等大气条件有关，而且还与厄尔尼诺等海洋事件有关。因此，地表温度的复杂变化是多种因素综合作用后的表现。地表温度在空间和时间上具有的异质性，全面而深入认识地表温度的变化机制非常困难。近年来，地表温度的影响因素的研究已经取得了一些进展，但大多集中于城市范围等小区域，而对大尺度的研究相对较少。考虑到地表温度会受许多宏观性地带性因素的影响，开展大尺度地表温度驱动因素的研究，量化不同驱动因素对地表温度的影响，进一步了解其空间变化特征及响应机制，对于整体全面地掌握地表温度空间和时间变化动态，将其应用到农业旱灾监测和环境监测等实际工作中，对农业生产活动、气候变化等的研究具有非常重要的实用价值。

二、研究内容与总体技术路线

（一）研究内容

为了克服热红外地表温度只能在晴空条件下进行地表温度反演的局限性，本研究基于2种时间分辨率的MODIS地表温度数据、气象数据以及DEM数据构建了基于多源数据融合的地表温度重建模型，生成了2003—2018年的地表温度数据集。基于重建后的高精度数据对近16年来的地表温度时空分布及变化情况进行分析。进一步讨论了NDVI、云量、大气水汽、气溶胶和土壤水分多个地表温度的驱动因子与地表温度影响的定量关系，以及对地表温度的影响程度，最后比较了海洋驱动因素厄尔尼诺/南方涛动（El Niño/Southern Oscillation，ENSO）事件与地表温度变化之间的关系，以期加强对地表温度变化机制的理解，为地表温度的形成与变化机制、农作物生产、农业干旱监测等相关的研究提供有效的技术支撑。

（二）总体技术路线

本章的技术路线如图10-1所示。

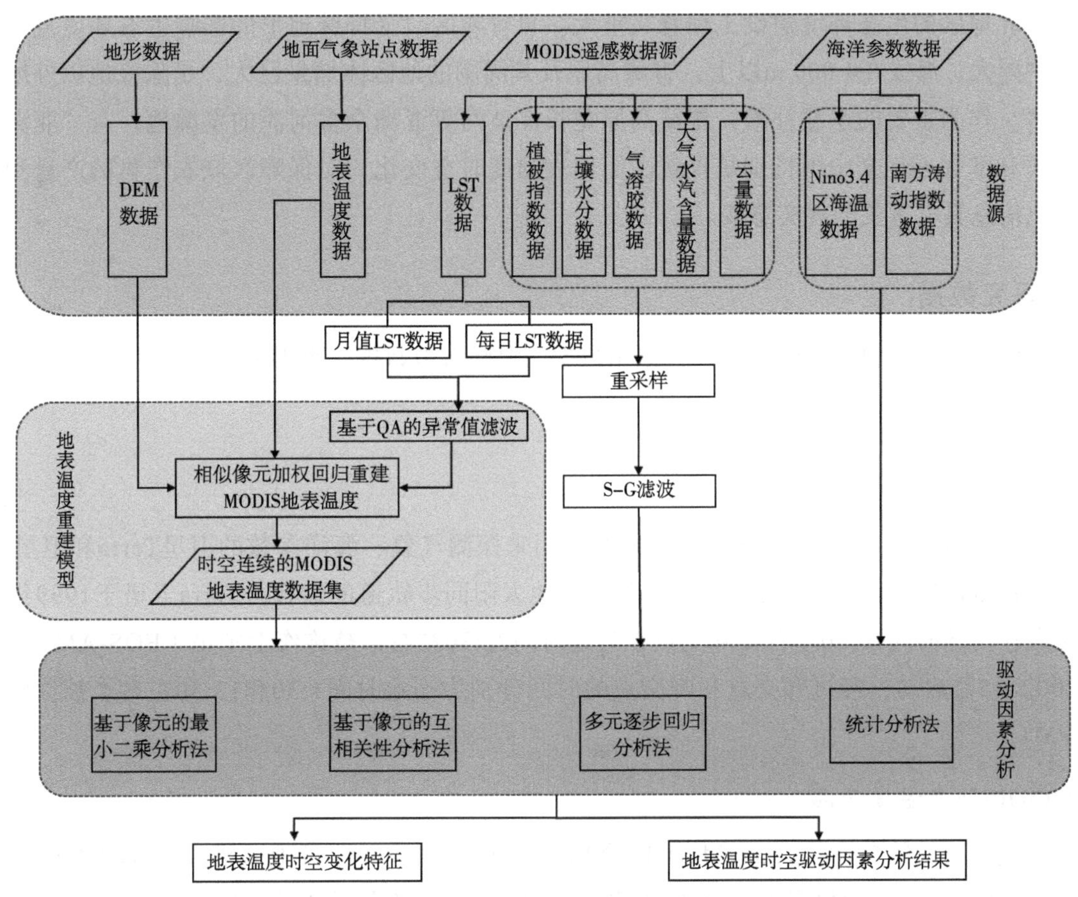

图10-1　地表温度时间序列重建及驱动因素分析技术路线

第二节　研究区域及数据源

一、研究区概况

为了更清楚地了解地表温度的时空分异格局，将研究区中国以三大自然地理分区为基础，根据气候条件、地貌类型等将研究区划分成6个区域深入探究（图10-2）。

对于东部地区，其从南到北横跨多个季风气候区，地形以平原和丘陵为主。由于距海较近，东部地区的温度和降雨受海陆热力差异造成东亚季风影响显著，季风的强度和进程影响旱涝分布的时空变化。本研究将东部地区划分为以下4个区域，具体划分参见文献［严毅博，2021. 基于重构遥感数据的中国地表温度时空变化与驱动因素研究. 北京：中国农业科学院；毛克彪，严毅博，赵冰，等，2023. 中国地表温度时空变化及驱动因素分析. 灾害学，38（2），60-73］。Ⅰ东北区，为大兴安岭以东的地区，该区主要为温带季风性气候，冬季寒冷少雨，夏季温暖的气候。Ⅱ华北区，南起内蒙古高原、北至秦岭—淮河、东到青藏高原以东，该区主要为温带季风性和大陆性气候，四季分明，地势平坦，平原和高原地形广布。Ⅲ华中-西南区：包括秦岭淮河南部，青藏高原的东部地区，以亚热带季风气候为主，温暖湿润。Ⅳ华南区，位于日平均气温≥10℃积温7 500℃・d等值线以北，气候炎热多雨。

西部地区分为2个子区域，Ⅴ西北区，西北地区深居内陆，干旱少雨，属于资源型缺水区，以干旱半干旱的中温带气候为主，该地区植被稀疏，大多是荒漠和戈壁，荒漠化土地面积为218.3万km²，占中国荒漠化土地的81.6%。由于自然环境恶劣，极端干旱事件频发，西北地区的植被对降水和温度敏感的变化非常敏感。了解地表温度的变化情况及其驱动机制，对于维持西北地区生态环境的稳定，更好地开展西北地区的生态环境建设工程意义重大。Ⅵ青藏区，受特殊地形的影响生态环境复杂，邻近地区地势差异大，海拔在4 000 m以上，青藏高原及其周围的地区冰储量巨大，是除极地以外冰川储量最多的地区。作为重要的水源补给，青藏高原是长江黄河等亚洲众多河流的发源地，有"亚洲水塔"之称。了解和掌握近年来中国特别是青藏高原地表温度时空变化，对保障区域农作物的产量和及时掌握环境变化信息具有重要的现实意义。

二、研究数据

本研究的研究数据包括遥感数据、气象站数据、海洋参数数据、地形数据。

（一）遥感数据

1. MODIS探测器背景简介

中分辨率成像光谱仪（MODIS）是装载在可用来探测气象、海洋参数的卫星Terra和卫星Aqua上的传感器。Aqua和Terra均为低轨卫星，按照近极地太阳同步轨道的运行。Terra卫星于1999年12月发射，升交点在当地时间10:30左右，降交点在当地时间22:30左右，被称作上午星（EOS-AM1）。Aqua卫星于2002年5月启动，经过升交点和降交点的时间分别为当地时间1:30和13:30左右，被称作下午星（EOS-PM1）。

2. MODIS地表温度产品

本研究选用的2种Terra/Aqua-MODIS全球地表温度数据，即日地表温度数据（MOD11C1和MYD11C1）和月地表温度数据（MOD11C3和MYD11C3），其空间分辨率为0.05°×0.05°（赤道处高约5 600 m），时间序列为2003—2018年，它们分别包括日间和夜间地表温度数据，由美国国家航空航天管理局（NASA）提供，数据下载自NASA的陆地过程分布式数据档案中心（https://search.earthdata.nasa.gov）。

MODIS共有7种不同分辨率、不同成像方式的地表温度产品，它们分别为MOD11_L2、MOD11A1、MOD11A2、MOD11B1、MOD11C1、MOD11C2以及MOD11C3（表10-1）。本研究使用的地表温度数据包括每日产品（MOD11C1）和月产品（MOD11C3），为最新的第6版V006产品，包括地表温度、发射率数据和质量验证信息，不同于之前的使用2个波段的表面发射率差异进行求解的分裂窗算法的第5版本V005产品，它是由一种多波段算法——日/夜算法生成。

日/夜算法考虑了地表反射率和大气状况的复杂性，使用了多通道数据反演地表温度，包括辐射定标数据、大气温度和水汽数据、云层和地理位置信息，以及来自MOD07_L2的7个热红外波段（波段20、22、23、29、31、32、33）的数据。波段j的辐射强度可以表示为式10-1。日/夜算法在反演地表温度方面有很大的优势，因为它不需要高精度大气温度和水汽廓线参数，基于日/夜地表温度物理模型，利用日/夜MODIS两次观测数据，从MODIS 1B产品中构造14个非线性方程组反演地表温度和发射率。该算法经过了全面的误差和灵敏度分析，结果表明：该算法的精度非常高，平均误差为1～2 K。

$$L_j = t_{j,1}\varepsilon_j \varepsilon B_j(T_s) + L_{j,a} + L_{j,s} + \frac{1-\varepsilon_j}{\pi}\left[t_{j,2}\alpha\mu_0 E_{j,0} + t_{j,3}E_{j,d} + t_{j,4}E_{j,t}\right] \quad (10\text{-}1)$$

式中：L_j为j波段的辐射强度，ε_j表示j波段的地表发射率，$\varepsilon B_j(T_s)$是地表温度值T_s时对应的黑体辐射率，$L_{j,a}$是路径热辐射，$L_{j,s}$是太阳辐射散射产生的路径辐射，$E_{j,d}$和$E_{j,t}$分别为地表太阳辐射和大气向下辐射的波段均值。

表10-1 MODIS地表温度数据种类列表

类型	行列号	空间分辨率	时间分辨率	地图投影
MOD11_L2	2 030 × 1 354	1 km	swath（scene）	None.（lat，lon referenced）
MOD11A1	1 200 × 1 200	1 km	daily	Integerized Sinusoidal
MOD11A2	1 200 × 1 200	1 km	eight days	Integerized Sinusoidal
MOD11B1	240 × 240	6 km	daily	Sinusoidal
MOD11C1	360° × 180°	0.05° × 0.05°	daily	equal-angle geographic
MOD11C2	360° × 180°	0.05° × 0.05°	eight days	equal-angle geographic
MOD11C3	360° × 180°	0.05° × 0.05°	monthly	equal-angle geographic

3. 其他遥感数据

本研究选用了5种地表温度驱动数据包括归一化植被指数（Normalized Difference Vegetation Index，NDVI）数据、气溶胶光学厚度（Aerosol Optical Depth，AOD）数据、云量（Cloud fraction）数据、大气水汽含量（Atmospheric Water Vapour Content，Atmosphere WV）数据和土壤水分（Soil Moisture，SM）数据，探讨了地表温度对植被、土壤水分、云量、大气水汽含量、气溶胶等因子的响应。数据的基本介绍如表10-2所示。

表10-2 其他遥感数据介绍

数据类型	名称	范围	时间分辨率	空间分辨率
NDVI	MOD13A3	Global	Month	1 km
SM	AMSR-E，SOMS，AMSR-2	中国	Month	1 km
AOD	MOD08_M3	Global	Month	1°
Cloud fraction	MOD08_M3	Global	Month	1°
Atmosphere WV	MOD08_M3	Global	Month	1°

NDVI数据采用的是时间跨度为2003—2018年MODIS的MOD13A3三级月标准植被指数产品，分辨率是1 km。该数据集是基于16 d的NDVI数据采用月平均的算法获取的，针对有云的像元，用对应的最小值以去除云影响。

土壤水分数据是由被动微波传感器AMSR-E、SMOS、AMSR2的数据。其中，AMSR-E由AQUA运载，每日可获得赤道过境时间为1:30和13:30的两景数据，服务期限为2002年5月至2011年10月。AMSR-E因为微波信号受植被衰减影响较小，受大气影响也很小，在土壤水分相关的研究中具有明显的优势。AMSR-E数据是源自日本宇宙航空研究开发机构（Japan Aerospace Exploration Agency，JAXA）的AMSR-E SMs三级土壤水分产品，是基于查找表法反演得到，分辨率为25 km。AMSR2数据是由搭载在日本“GCOM-W1”卫星上AMSR2被动微波遥感器探测得到的土壤水分产品，分辨率为10 km，时间序列为2012年7月至2018年12月。由于AMSR-E和AMSR2数据之间存在由于卫星服务时间间断造成的观测数据的缺测期，为了保证长时间序列数据的完整性，使用时间跨度为2011年10月至2012年6月SMOS数据替换。SMOS数据是通过搭载的合成孔径微波成像仪（MIRAS）探测土壤水分的三级土壤水分产品，分辨率为25 km。由于3种土壤水分数据的空间分辨率不一致，可以通过借助温度植被干旱指数增加时土壤水分会降低的特点，建立了空间权重分解的模型，生成空间分辨率为5.6 km、时间跨度为2003—2018年的土壤水分时间序列。

本研究还使用了MODIS大气标准产品MOD08_M3，它是包含了全球水汽、气溶胶和云3种数据的月合成的标准产品，从中提取了气溶胶光学厚度数据、云量数据、大气水汽含量数据，空间分辨率为1°的月产品，时间序列长度为2003—2018年。

（二）气象站数据

气象站的温度数据集来自中国气象局（CMA），采用2003—2018年中国2 399个气象地面站每日逐小时0 m的地表温度记录，并由中国气象局进行严格的审核和质量控制，数据质量良好。自2000年以来，大多数气象站增加了对地表温度数据的观测，其中，部分气象站点包含少量缺测值，本文采用线性内插法补齐用于下一步的研究。

为了保证地面站数据与MODIS反演的数据时间一致性，分别提取了Terra和Aqua两颗卫星过境时刻（01:30、10:30、13:30和22:30）相邻2个整点时刻的气象站地表温度数据，计算2时刻均值用作卫星过境时刻对应的地面站数据。同时，为保证数据重建和精度验证过程的独立性，气象站数据被随机分成2个完全独立的子集。子集1用于重建过程地面站，数量为1 919个，占地面站总数的80%；子集2用于验证的站点为480个，占总数的20%。

在数据的验证过程中，选择了变暖/冷趋势最为明显的6个代表性区域，即图10-2和中的红色椭圆a-f所示用于验证过程，以更好地反映LST数据的准确性。站点的基本信息如表10-3所示。

表10-3 关键区气象站的基本信息

子区	关键区	编号	纬度/°	经度/°	高程/m
Ⅰ东北区	a	50758	47.10	125.54	249
Ⅰ东北区	a	50658	48.03	125.53	237
Ⅰ东北区	a	50756	47.26	126.58	239
Ⅰ东北区	a	50656	48.17	126.31	278
Ⅰ东北区	a	50548	49.05	123.53	282
Ⅱ华北区	b	54525	117.28	39.73	5
Ⅱ华北区	b	54527	117.05	39.08	3
Ⅱ华北区	b	54518	116.39	39.17	8
Ⅱ华北区	b	54511	116.19	39.57	52
Ⅱ华北区	b	54624	117.21	38.22	7
Ⅱ华北区	b	54623	117.43	38.59	6
Ⅳ华南区	c	59431	22.63	108.22	122
Ⅳ华南区	c	59242	23.45	109.08	85
Ⅳ华南区	c	59037	23.93	108.10	170
Ⅳ华南区	c	59228	23.32	107.58	108
Ⅳ华南区	c	59446	22.42	109.30	66
Ⅴ西北区	d	53336	41.40	108.48	1 275
Ⅴ西北区	d	53446	40.34	109.50	1 044
Ⅴ西北区	d	53602	38.52	105.34	1 561
Ⅴ西北区	d	53513	40.48	107.30	1 039
Ⅴ西北区	d	51730	40.33	81.19	1 012
Ⅴ西北区	d	51716	39.48	78.34	1 117

续表

子区	关键区	编号	纬度/°	经度/°	高程/m
Ⅴ西北区	e	51810	38.56	77.40	1 178
Ⅴ西北区	e	51811	38.26	77.16	1 231
Ⅵ青藏区	f	55279	31.48	89.40	4 700
Ⅵ青藏区	f	55591	29.42	91.08	3 648
Ⅵ青藏区	f	55598	29.15	91.47	3 560
Ⅵ青藏区	f	56106	31.53	93.48	4 022

（三）海洋参数数据

本研究使用NINO3.4区的海表温度异常指数（SSTA）和南方涛动指数（Southern Oscillation Index，SOI）数据用于探究ENSO对中国地表温度时空变化的影响。2种参数均来源于美国国家海洋大气局（NOAA）气候预测中心（CPC），具体介绍如表10-4所示。

NINO3.4区的海表温度指数是国际上通用的ENSO事件关键区的指数，SOI可以反映太平洋东西两侧大气压力变化，与一系列气候异常现象有明确的对应关系，是标志ENSO现象的重要指数。

表10-4　海洋指数介绍

名称	数据来源	时间分辨率	时间范围
NINO3.4 SST指数	CPC	Month	2003—2018年
SOI	CPC	Month	2003—2018年

（四）地形数据

数字高程模型（Digital Elevation Model，DEM）数据分辨率为1 km，下载自美国地质调查局（USGS）发布的NASA航天飞机雷达地形任务V4.1（SRTM）（下载地址：https://lpdaac.usgs.gov/）的高程测量数据，用于云污染的像元的重建。

三、数据预处理

MODIS地表温度产品存储在包含17个科学数据集HDF格式文件中。利用MODIS重投影软件MRT（MODIS Reprojection Tools）提取地表温度及相应的质量控制（QC）文件，按照研究区的经纬度位置裁剪地理子集，并将数据重新投影成等面积圆锥投影（Albers），UTM-WGS84坐标系。随后将数据进行了系数校正，并转换为“℃”表示的地表温度值。

第三节　MODIS地表温度重建

一、地表温度重建方法

地表温度重建模型分为2个部分：对地表温度进行逐像元滤波和地表温度低质量和空值像元的重建。图10-2显示了用于重建MODIS每月地表温度数据的流程图。

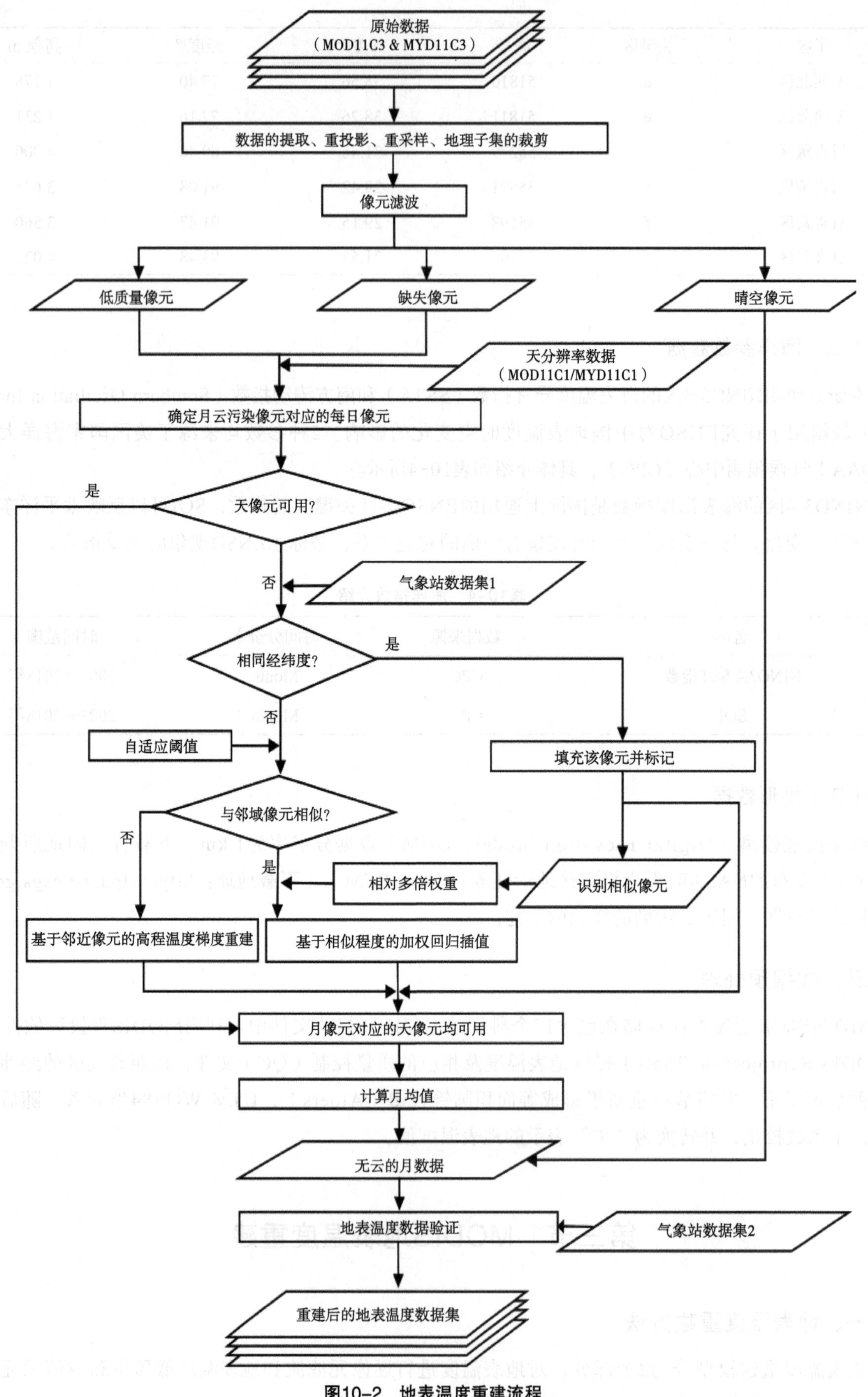

图10–2　地表温度重建流程

MODIS地表温度像元滤波主要是利用其质量控制（QC）信息进行云污染像元的识别。对于地表温度空值像元的重建，首先根据MODIS的QC图层过滤并删除低质量像元。对于每个空值像元，遍历相应的每日像元并重建当月质量较差的每日像元。本研究通过以下几个子步骤进行重建：第一步，根据经度和纬度信息将与目标像元时空信息匹配的站点数据填充目标像元；第二步，自适应阈值识别邻域相似像元；第三步，确定站点填充后的相似像元与邻域晴空下的相似像元的权重系数；第四步，根据相似程度的加权回归重建云污染像元；第五步，根据海拔温度梯度的回归来重建无足够相似像元的云污染像元；第六步，最后，计算重建后的每日地表温度像元的平均值作为重建的每月像元值。

（一）云污染像元滤波

MODIS地表温度数据是从热红外通道信息反演得到的，由于热红外遥感仅限于晴朗无云条件，其中包含许多由于云覆盖和其他大气干扰而造成的缺值和异常值。通常情况下，薄云或混合像元难以检测，其探测结果为云顶温度或增加了辐射强迫后的值。此外，其他因素也可能污染观测信号导致数据不可用，例如大气扰动、几何变形和仪器问题等。因此，在重建过程中有必要识别和过滤由未检测到的薄云引起的地表温度反演中的异常低值以及其他低质量的值，以确保数据的准确性。

通常情况下，云覆盖频繁且广泛存在。以Terra卫星为例，具体的遥感图像分析请参见文献［严毅博，2021. 基于重构遥感数据的中国地表温度时空变化与驱动因素研究. 北京：中国农业科学院；毛克彪，严毅博，赵冰，等，2023.中国地表温度时空变化及驱动因素分析. 灾害学，38（2）：60-73］。分析表明，2017年1月1日和2017年7月1日研究区上午云覆盖像元的比率分别达到44.9%和51.7%。与每日和8 d复合的包含大量缺值的地表温度数据相比，月值地表温度数据的时空完整性和一致性得到了极大的改善。但对于许多地区，即使在月值数据中，由于云覆盖造成的低质量和缺失的数据仍然很普遍。因此有必要识别和重建所有云污染的像元。MODIS地表温度数据的质量控制（QC）图层提供了足够的信息识别低质量的像元，是具有指示性判定指标。数据质量控制信息是通过8位无符号二进制整数表示，取值范围为0~255，记录在相应的QC图层中，与MODIS地表温度数据一起存储在科学数据集（MOD11C3和MYD11C3）的HDF文件中。因此，QC被作为掩膜图层消除时间序列中所有低质量较差的像元，以确保地表温度数据的质量。最后，QC具有“平均地表温度误差≤2 K”“地表温度产生，质量好”和“平均发射率误差≤0.01”的像元被认为是晴空无云条件下高质量数据保留，其余的低质量像元被设为空值。

以2017年为例，2017年1月和2017年7月的云污染像元的比例分别为19.68%和23.45%。总体而言，夏季7月的缺值高于冬季1月的缺值。夏季缺值主要集中在炎热多云的华南地区，而东北地区寒冷的冬季的缺值较夏季多，这可能是由于冬季大面积的积雪和云造成的混合影响。同时，对2017年月值地表温度数据中云污染像元的数量进行了统计，如图10-3所示，其中每月昼夜缺失值的数量是将Terra和Aqua卫星缺值数量平均后得到。由图可知，2017年平均白天和晚上云污染的像元比例分别为21.95%和15.33%，其中，7月云污染像元的比例最高，白天和晚上分别为26.47%和18.49%。

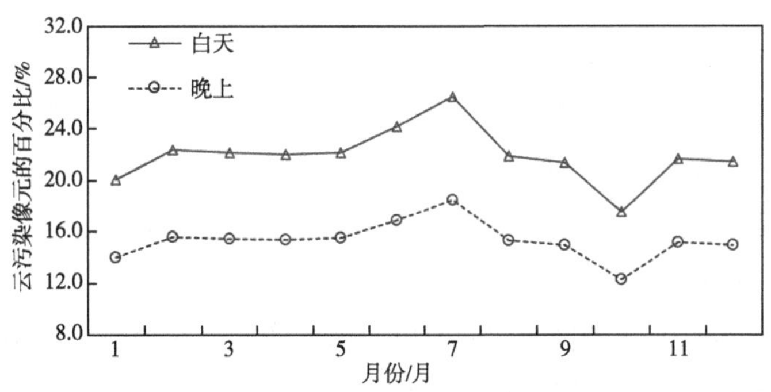

图10-3　中国区域2017年白天和晚上QC滤波后每月云污染像元的比例

（二）地表温度重建的方法

云覆盖造成的缺值一直是热红外地表温度数据应用的一个重要限制因素。对于日地表温度数据，由于缺值的广泛存在，使得利用有限的信息重建云覆盖像元的缺失信息非常困难，造成目前还未有长时间序列全天候的地表温度产品发布。也有许多研究致力于缺值数据的重建，但大多忽略了云对太阳辐射的阻挡作用，基于晴空条件下的理论值进行。为了获得能反映云层覆盖下真实地表温度值，而不是在假定晴空条件下，本研究利用站点数据的高精度的优点与热红外遥感数据广泛的空间覆盖力的优势对地表温度重建。

平均而言，在任何时刻都有大约65%的地球表面被云层覆盖，直接导致遥感热红外影像中大面积分布不均的缺值（图10-4）。特别是在气候条件复杂的地区，大量缺值的出现使得难以使用当前技术重建以表示云下真实地表温度的高精度重建结果。由于某些地方并不总是被云覆盖，与日分辨率地表温度产品（MOD11C1和MYD11C1）相比，月地表温度产品（MOD11C3和MYD11C3）的完整性得到很大改善，为重建能代表云覆盖下真实的地表温度值提供了可能。同时，考虑到月地表温度数据是由相应的日数据得到，被判定为云污染的月值像元对应的日值像元中仍包括晴空下反演的高精度结果。因此，考虑到这些高质量日值像元的继承性，本研究将这些晴空条件下的日像元用于重建缺失的月值数据。因此，通过结合MODIS的日、月数据和气象站数据构建重建模型以重建云层覆盖地区的地表温度。

在重建模型中，首先确定滤波后月值影像中云污染像元的位置。遍历月值云污染像元对应的所有每日像元，保留其中的晴空像元，重构云污染的每日像元，最后将本月所有每日数据的平均值作为云污染月值像元的重建结果（图10-7）。将云污染的每日像元作为目标像元T_t，其重建过程如下。

1. 与目标像元时空信息匹配的站点数据填充目标像元

白天，云层遮挡能够降低到达地表的短波辐射使云覆盖下地表温度降低，在夜晚云层则阻挡夜间反射的长波辐射使地面温度升高。仅利用时空信息插值获得的结果为晴空条件下该像元的理论值，而不是地表真实的温度情况。与其他辅助数据土地覆盖、土壤湿度、风速等相比，地面站点数据最为可靠的地表温度记录，因此将它用于重建过程。

根据经纬度信息将已提取的与MODIS数据过境时刻匹配的站点数据与同一时相MODIS目标像元的空间位置匹配，将相同时空信息的站点地表温度值赋值给目标像元，得到经过站点数据赋值后的地表温度影像，并标记这些赋值像元用于下一步的重建过程。其中，匹配过程先为MODIS像元建立了经纬度查找表，以提高匹配效率。

2. 自适应阈值识别邻域相似像元

由于影响地表温度的因素（植被覆盖、太阳天顶角、微地形等）在不同地区变化很大，致使地表温度在不同地区相邻像元点的差异也可能很大。因此，如果使用固定的经验阈值，会造成有些地区相似像元数量过多，而有些地区数量不足，致使相似像元决策准则将有较大的偏差。因此，本研究使用自适应阈值φ^{τ}来确定每个待重建的目标像元的相似像元，如式10-2所示。

局部自适应阈值φ^{τ}以标准差为判定参数，表示目标像元周围一定局部窗口内的像元值的平滑度。当目标像元与周围的像元值越接近时，标准差φ^{τ}越小，在一定的局部窗口内平滑度就越高。判定阈值φ^{τ}及相似像元均是在参考影像中确定。参考影像为目标像元位置有值的最邻近时间的影像，若出现两幅时间最邻近的参考影像，则选择目标像元对应位置邻域范围晴空像元数量多的影像为最终的参考影像识别相似像元。同理，若参考影像中目标像元对应的邻近像元存在缺值，用距目标像元最邻近时间的晴空像元补齐进行相似像元的判断。假定目标像元在参考影像中对应的像元为P_t^{τ}，对P_t^{τ}的一定邻域窗口$w \times w$内的像元P_s^{τ}逐个检查，仅当参考影像中像元P_s^{τ}与P_t^{τ}的差值足够小，满足式10-3中描述的关系时，才将P_s^{τ}在目标图像中对应的像元确定为目标像元的相似像元。

$$\left|P_s^{\tau} - P_t^{\tau}\right| \leqslant \varphi^{\tau} , \qquad (10\text{-}2)$$

$$\varphi^{\tau} = \sqrt{\sum_{i=1}^{n}\left(P_s^{\tau} - \varepsilon\right)^2} , \qquad (10\text{-}3)$$

式中：P_t^{τ}为目标像元在参考影像中对应的像元，P_s^{τ}为P_t^{τ}附近一定邻域窗口的像元。φ^{τ}是用于确定相似像元的阈值。ε是局部区域所有像元的平均值，局部区域表示以目标像元为中心的较小的窗口。τ是参考影像。本研究将局部区域设置为以目标像元为中心的5像元×5像元的小窗口。

3. 相似像元权重系数的确定

对于待重建像元，并不是每个相似像元与其相似程度都相同，像元值之差越小，像元距离越近的像元更有可能具有相同的模型关系。所以，权重系数综合了像元值差异程度、像元距离两种相似程度确定。

两像元值的差异程度表示为式10-4。

$$d_1 = \left|T_s - T_t\right| \qquad (10\text{-}4)$$

两像元间的距离表示为式10-5。

$$d_2 = \sqrt{\left(x_{w/2} - x_s\right)^2 + \left(y_{w/2} - y_s\right)^2} \qquad (10\text{-}5)$$

相似程度可以表示为式10-6。

$$D_i = \ln\left(\left|T_s - T_t\right| + 1\right) \times \left(\sqrt{\left(x_{w/2} - x_s\right)^2 + \left(y_{w/2} - y_s\right)^2} + 1\right) \qquad (10\text{-}6)$$

式中：T_t和T_s分别为目标像元和相似像元的像元值，$(x_{w/2}, y_{w/2})$和(x_s, y_s)分别表示目标像元和相似像元的坐标，其中，$(x_{w/2}, y_{w/2})$为窗口大小为$w \times w$的窗口的中心像元，(x_s, y_s)为窗口内的某一相似像元。其中，对两像元值的差值取对数避免权重系数对像元值的差过于敏感。

值得注意的是，即使在云层较厚的情况下，来自气象站的地表温度数据受干扰最小，因而是地表温度值的最可靠记录。因此，地面站点赋值后的被确定为相似的像元是最具代表性的，与利用其他数据估算地表温度相比，它们能更好地反映云覆盖下地表温度的真实情况。为突出站点像元的对云覆盖像元结果的贡献，本文对地面站数据赋值后的像元增大了权重限制系数，进行了相对多倍的权重赋值，用式10-7表示。在选取部分站点赋值的标记像元进行模拟实验后，将地面站权重限制系数扩大为3，以更准确地估计目标像元。

$$W_i = \frac{\dfrac{A}{D_i}}{\sum_{i=1}^{n}\dfrac{A}{D_i}} \qquad (10\text{-}7)$$

式中：D_i表示相似像元与目标像元的相似程度，i表示用于重建过程的相似像元，i是晴空下的相似像元。A表示相似像元的权重限制系数，当相似像元i是晴空条件下的像元时，A为1，当相似像元i是地面站数据赋值后像元时，A为3，n是相似像元i的总数。

经过在不同地区和不同时间进行多次进行实验，邻域窗口$w \times w$被选择为包含19像元×19像元的窗口。

4. 云污染像元的重建

在目标影像中，以待重建的目标像元作为中心像元，利用基于像元相似度的衰减函数，将邻域窗口内的相似像元值按照相似程度加权得到目标像元的值，完成对缺失信息的重构，如式10-8所示。

$$T\left(x_{w/2}, y_{w/2}\right) = \sum_{i=1}^{m} W_i \times T\left(x_i, y_i\right) \quad (10-8)$$

式中：$T(x_{w/2}, y_{w/2})$表示在目标像元值，$T(x_i, y_i)$表示相似像元i的像元值，W_i表示相似像元i对目标像元的权重。

如果目标像元在邻域窗口内没有满足条件的足够相似像元时，则结合高程数据，使用高程-温度梯度回归的方法重建。总的来说，海拔对区域尺度地表温度的变化有显著影响，被认为是影响地表温度空间趋势的最重要因素。利用DEM数据和地表温度数据，基于邻近晴空像元建立线性回归关系，然后利用这些数据进行线性插值预测缺值像元。为回归过程保证具有统计意义，选择了用39像元×39像元大小的滑动窗口范围。

$$T_i = \alpha \times h_i + \beta \quad (10-9)$$

式中：T_i为重建后像元i的地表温度，单位为℃；h_i为像元i对应的高程值，单位为m；α为地表温度随高程变化的回归系数；β为估计截距。

二、精度验证

本研究使用未参与重建过程的地面站的观测数据验证重建模型的可行性。虽然与像元尺度匹配的地表温度值的获取一直是遥感产品验证的难题，但高精度的地面站点数据是现今大尺度区域进行精度验证中常用的可靠方式。分别从月和季节2个时间尺度对结果的精度进行验证，以确定数据的可靠性。

考虑到地表温度分布的复杂性，为了更好地凸显不同地区地表温度重建的精度情况，根据划分的六大区域分别验证精度情况，使用验证站点（本章第二节中的子集Ⅱ区）为采样点，分别提取了对应时刻相同经纬度位置的像元的MODIS地表温度值进行精度验证（图10-4）。

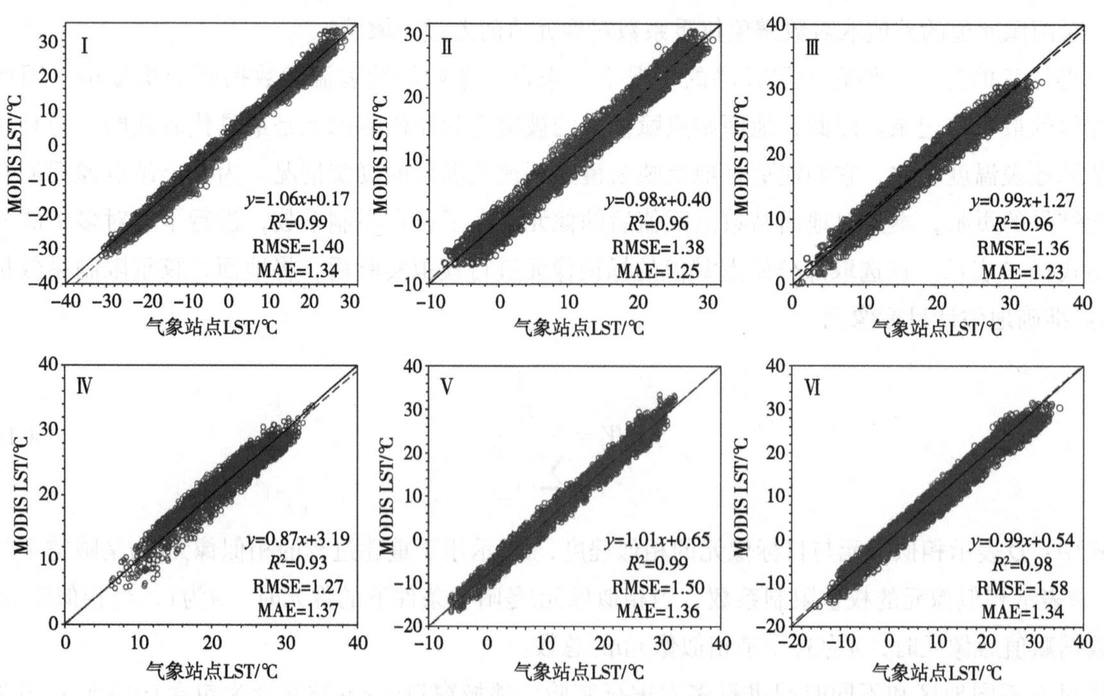

图10-4　地面站点地表温度与重建后MODIS地表温度的散点图

注：六大区域（Ⅰ东北区，Ⅱ华北区，Ⅲ华中-西南区，Ⅳ华南区，Ⅴ西北区和Ⅵ青藏区）。

利用相关系数（*R*）、均方根误差（RMSE）和绝对误差的平均值（MAE）3个参数对重建结果进行评价。由图10-7可知，各子区的MODIS地表温度数据与气象站数据吻合较好。R^2值为0.93～0.99，平均为0.97。RMSE平均为1.27～1.58℃，平均为1.42℃；MAE值为1.2～1.37，平均为1.32℃；其中，最大的RMSE误差值出现在地形复杂的Ⅵ青藏区的部分站点中，受中国西部地区的气象站相对较少，地形条件复杂，利用地面气象站重建云覆盖时的地表温度，中国西部地区的精度低于气象站密集的东部地区。

为了更清楚地了解数据的可靠性，阐明数据在使用时的局限性，进一步计算了季节性的误差，并与原始的季节地表温度数据进行比较。选取地形、气候条件不同的6个代表性区域，从中提取出区域内用于验证的站点，用于说明重建数据结果误差的分布情况。在季节尺度验证使用*RMSE*s比较6个代表性区域对6种MODIS数据（包括原始地表温度和重建的地表温度数据）与地面地表温度之间的进行对比。原始MODIS月地表温度数据直接使用，没有去除异常低值。对原始MODIS月地表温度影像，将季节对应的月平均地表温度数据为季节地表温度值，并且验证过程未使用月数据中的地表温度缺失值。

表10-5显示了对比验证的结果。与原始地表温度相比，重建后的地表温度平均RMSE从1.79℃下降到1.46℃，降幅达18%。其中，原始的和重建的地表温度均表现为夏季RMSE最大，秋季RMSE最小为1.07℃，表明原始和重建的地表温度具有较高的季节一致性。同时，对于重建后地表温度数据，夏季某些站点的RMSE显著高于其他季节。秋季平均RMSE最低，为1.07℃。冬季RMSE从0.04℃到3.81℃变化，平均为1.45℃。RMSE高的地区主要集中在西部地区（西北区的新疆、西北区内蒙古、青藏区），其他3个地区RMSE较低，表明西部地区受复杂的地形，稀疏的站点的影响使重建高精度的结果难度更大。

对于重建后的地表温度数据，东、西部地区季节性RMSE的差异较大。东部关键区（东北地区a区、华北地区b区）各站点的*RMSE*最大值出现在冬季，西部关键区大部分站点最大RMSE出现在炎热的夏季（其余4个区）。同时，对比结果表明，西部地区地面观测数据与地表温度数据的平均*RMSE*明显高于东部地区，东部地区（Ⅰ东北区、Ⅱ华北区的平均为1.04℃，西部地区（Ⅳ华南区、Ⅴ西北区、Ⅵ青藏区）的平均为1.69℃。西部复杂地形引起的地表温度空间变化差异大，可能是造成这些误差的原因。同时，在西北地区内蒙古的一些地区的地表温度与重建的地表温度之间出现了较大的RMSE，进一步表明复杂地形区的温度具有很大的空间异质性。

此外，表10-5所中6个代表性区域的选定地面站是地表温度显著线性上升/下降的区域，线性变化速率变化超过了其他地区，表明本研究提出的重建方法有效。

表10-5　季节尺度原始的MODIS LST误差（Orig.）与重建的MODIS LST误差对比（Recon.）

子区	关键区	编号	春季		夏季		秋季		冬季	
			Orig.	Recon.	Orig.	Recon.	Orig.	Recon.	Orig.	Recon.
Ⅰ东北区	a	50 758	2.11	1.48	1.36	1.23	1.16	0.61	3.80	3.81
Ⅰ东北区	a	50 658	2.33	1.03	1.61	0.63	0.29	0.27	4.32	3.20
Ⅰ东北区	a	50 756	3.51	0.23	1.03	0.43	0.51	0.26	3.91	3.52
Ⅰ东北区	a	50 656	0.65	0.65	0.90	0.92	0.42	0.04	3.63	3.67
Ⅰ东北区	a	50 548	0.82	0.89	1.09	0.61	0.51	0.40	0.15	0.15
Ⅱ华北区	b	54 525	3.11	2.26	3.30	2.23	2.11	1.51	2.11	0.94
Ⅱ华北区	b	54 527	1.30	1.11	1.24	1.25	0.93	0.54	2.36	0.14
Ⅱ华北区	b	54 518	3.64	1.64	0.52	0.51	0.45	0.15	0.71	0.04

续表

子区	关键区	编号	春季		夏季		秋季		冬季	
			Orig.	Recon.	Orig.	Recon.	Orig.	Recon.	Orig.	Recon.
Ⅱ华北区	b	54 511	1.06	1.26	0.33	0.32	0.50	0.66	1.07	1.27
Ⅱ华北区	b	54 624	1.99	1.55	1.15	0.49	0.84	0.33	0.40	0.46
Ⅱ华北区	b	54 623	0.13	0.06	0.48	0.17	1.31	1.06	2.65	2.02
Ⅳ华南区	c	59 431	1.71	2.73	0.12	0.06	1.05	1.02	2.91	2.91
Ⅳ华南区	c	59 242	2.0	1.08	2.52	1.86	0.03	0.09	2.91	2.59
Ⅳ华南区	c	59 037	1.08	0.73	1.26	0.94	0.78	0.78	1.00	1.01
Ⅳ华南区	c	59 228	0.92	0.38	1.99	1.75	1.61	0.84	0.75	0.28
Ⅳ华南区	c	59 446	2.01	1.30	0.97	0.78	0.49	0.49	2.40	2.39
Ⅴ西北区	d	53 336	3.88	3.88	3.04	3.04	3.53	2.81	1.90	1.82
Ⅴ西北区	d	53 446	2.00	2.01	3.78	3.18	1.96	1.65	0.35	0.35
Ⅴ西北区	d	53 602	4.48	4.28	3.91	3.75	3.97	3.47	1.65	1.65
Ⅴ西北区	d	53 513	1.55	1.48	5.33	5.15	5.01	4.93	2.04	2.24
Ⅴ西北区	e	51 730	3.01	2.97	4.09	5.08	1.48	1.06	2.63	2.10
Ⅴ西北区	e	51 716	0.80	0.75	0.47	0.15	0.74	0.09	0.66	0.32
Ⅴ西北区	e	51 810	2.33	1.29	1.20	0.76	0.33	0.32	1.24	0.28
Ⅴ西北区	e	51 811	0.57	0.57	0.52	0.90	0.62	0.36	1.34	0.39
Ⅵ青藏区	f	55 279	3.63	3.44	1.37	1.74	1.83	1.45	0.99	0.99
Ⅵ西藏区	f	55 591	1.76	1.79	5.56	4.08	2.99	2.59	1.95	0.41
Ⅵ西藏区	f	55 598	0.85	0.85	4.37	4.62	2.95	2.91	0.63	0.69
Ⅵ西藏区	f	56 106	0.52	0.58	1.44	1.44	0.88	0.68	2.11	1.99
平均			1.92	1.51	1.96	1.72	1.40	1.12	1.88	1.49

验证结果表明，重建后的新数据集与地面观测数据一致性良好，较好地消除了云等因素干扰而造成的低质量像元，实现了整个研究区域的完全覆盖。该数据集的精度和时空连续性明显优于原始MODIS月数据。此外，该数据集反映了云层覆盖下的真实地表温度，而非在假定晴天条件下重建地表温度，这比以往许多研究中所使用的方法要好。

第四节　地表温度的时空变化格局

基于重建的2003—2018年中国时空连续发中国地表温度数据集，利用基于像元的线性趋势分析法等方法，从不同的时间尺度具体分析了近16年中国地表温度的分布特征及时空演变格局。

一、研究方法

基于重建后的每月Terra/Aqua四幅时空连续的地表温度数据，计算得到了月平均、季平均和年平均的地表温度栅格影像，通过计算不同时间尺度地表温度的距平指数以研究近16年来研究地表温度的时间变化特征。使用基于像元的最小二乘线性回归方法，对每个像元地表温度计算线性倾向斜率，以综合反映地表温度的时空演变格局。最小二乘回归法表达式如式10-10所示。

$$\text{Slope}=\frac{\sum_{i=1}^{n}(iT_i)-\frac{1}{n}\sum_{i=1}^{n}i\sum_{i=1}^{n}T_i}{\sum_{i=1}^{n}i^2-\frac{1}{n}\left(\sum_{i=1}^{n}i\right)^2} \tag{10-10}$$

式中：Slope称为地表温度的年际变化率，i表示年份（$i=1，2，\cdots，16$），T_i是i年来地表温度的平均值，n是地表温度时间序列的长度，此处，n为16。当Slope值为正时，表示地表温度呈升温趋势；当Slope值为负时，表示地表温度呈下降趋势。

同时，本研究使用F检验的方法对地表温度变化趋势进行显著性检验，显著性水平表示了地表温度变化趋势的可置信程度，通过查找F分布表，确定了地表温度的变化趋势显著性的6个级别：极显著上升/下降、显著上升/下降、不显著上升/下降。F检验其表达式如下。

$$F=u\times\frac{n-2}{q} \tag{10-11}$$

$$u=\sum_{i=1}^{n}(\hat{y}_i-\bar{y})^2 \tag{10-12}$$

$$q=\sum_{i=1}^{n}(y_i-\hat{y}_i)^2 \tag{10-13}$$

其中，式10-11表示显著性检验的结果，式10-12表示时间序列变量的误差平方和，式10-13为变量的回归平方和，n是时间序列的长度，本研究$n=16$。$\hat{y}_i$为第i年地表温度的回归值（$i=1，2，\cdots，16$），y_i为第i年地表温度平均值，$\bar{y}$表示近16年地表温度的平均值。

二、地表温度时空分布格局

为了研究近年来地表温度的时间变化特征，对中国地区地表温度的不同年际和季节的地表温度平均值计算，并计算距平指数研究近16年来研究地表温度在时间上的变化特征（图10-5）。从图10-5中可知，近16年中国地区地表温度线性倾向率为0.005℃/年，总体呈微弱的升温趋势。近16年地表温度的最高值出现在2007年，达到9.26℃，中国地表温度在2012年最低，为8.40℃。年平均最低温和最高温的年份冬季地表温度均呈现显著的升温，增温幅度最大。但在2012年之后的4年，地表温度均较高，距平值为正。同时，该温度的最低值与1998—2012年全球变暖停滞期的结束事件相吻合。在进一步对

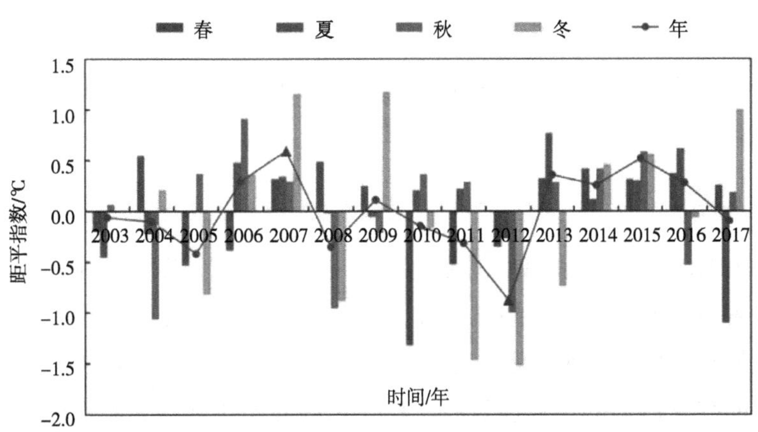

图10-5　2003—2018年中国年平均地表温度的距平指数

季节和月度尺度分析地表温度之后发现，2012年冬季出现大幅降温，特别是在1—2月，该年异常强盛的冬季风环流是主要的作用因素。四季地表温度中，夏季呈现微弱降温趋势，线性倾向率为-0.017℃/年，其他3个季节均表现为升温趋势。中国东部地区地表温度的空间分布纬度分异性明显，而在西部地区，受海拔高度及下垫面的影响更显著，海拔高度是地表温度变化的主控因子之一。

三、重建后地表温度时空演变特征

温度变化在不同的时间尺度（白天、夜晚、月份、季节和年际）和不同的空间尺度上具有显著差异。为了更好地了解不同地区地表温度的时空变化格局，本研究在年际，昼夜和季节尺度上基于像元分析了研究区地表温度的动态变化趋势，从而综合反映近16年来中国地表温度的时空演变格局。

（一）年际变化特征

为了更详细地了解不同地区地表温度的年际变化趋势，逐像元计算了2003—2018年地表温度的线性倾向斜率，具体请参见参考文献［严毅博，2021. 基于重构遥感数据的中国地表温度时空变化与驱动因素研究. 北京：中国农业科学院；毛克彪，严毅博，赵冰，等，2023. 中国地表温度时空变化及驱动因素分析. 灾害学，38（2）：60-73］。结果表明，在过去的16年中，中国年平均地表温度呈微弱的增加趋势，线性斜率为0.026，呈升温和降温趋势的像元分别占62.5%和37.5%。其中，18.1%的像元表现为显著的升温趋势（$P<0.05$），呈显著降温趋势的地区仅占7%（$P<0.05$）。不同气候区地表温度变化存在明显差异。在空间分布上，极显著升温的地区主要位于内蒙古高原、华北平原以及西藏地区的部分地区。显著降温的地区则分布在东北地区的松嫩平原附近以及华南的部分地区。

具体而言，对于Ⅰ东北区，多个地区均表现出了地表温度的下降趋势，其中显著降温区集中在东北平原内的松嫩平原附近。近年来，中国东北部分地区的降温趋势可能是受负北极涛动的影响，并与这一时期的西伯利亚高压（SH）和东亚海槽（EAT）以及强盛的东亚冬季风密切相关。另一方面，近年来，东北区的未利用土地转为耕地的面积持续增加。农作物面积的增加和灌溉产生的蒸散作用也会对地表温度产生降温的效果。如果东北地区的降温趋势持续将对农业生产工作造成威胁，应及时采取适当的预防和管理措施。在Ⅲ华中-西南区和Ⅳ华南区，部分地区地表温度也呈现出下降趋势，但多数地区不显著且降温幅度轻微，显著的降温出现在广西的部分地区（$-0.075<\text{Slope}<0$，$P<0.05$）。

在Ⅴ西北区，内蒙古高原的西部，河套平原的北部以及阿拉善高原的东部地表温度增加幅度最大（$\text{Slope}>0.10$，$P<0.01$），也是近16年中国地表温度升高趋势最大的地区。西北地区的气候干旱，高山冰雪融化是当地居民的重要水源。在西北大规模缺水的地区，气候变暖对当地水资源和生态环境的影响比其他地区更大。一方面，高温将释放更多的高山融水有助于增加地表径流，在一定程度上减轻了部分地区用水的压力。另一方面，在Ⅴ西北区，降水量和温度均显著增加，这对区域植被产生了积极的影响。变暖变湿有利于增加地表植被覆盖，改善当地土地沙漠化。在Ⅱ华北区和青藏地区也有较高的升温趋势（$\text{Slope}>0.075$，$P<0.05$），主要分布在Ⅱ华北区的东部以及Ⅵ西藏区的南部地区。

（二）昼夜变化特征

进一步对2003—2018年昼夜地表温度的变化趋势进行了探究，以确定中国地区昼夜地表温度变化速率的差异。昼夜地表温度的变化趋势差异显著，夜间全国地表温度变化趋势相对平缓，高达86.19%的像元变化斜率绝对值小于0.04，而昼间变化趋势在此区间的地区只占46.32%。昼间地表温度的变化趋势与年际地表温度的变化趋势的一致性更高，且变化趋势比年际地表温度变化更加显著。内蒙古高原的北部以及华北平原的大部分地区以及青藏高原的南部地区都表现出显著的变暖趋势，且升温速度较快（Slope>0.075，$P<0.05$）。Duan等（205）对西藏地区地面接收的太阳辐射的影响因素进行分析，结果表明，受白天云量迅速减少的影响，青藏高原南部日照时间增加。同时，人类生产活动也会导致昼间地表温度的增加。而Ⅰ东北区的白天变冷趋势较为显著，东南沿海地区表现出稳健的微弱变暖趋势。

（三）季节变化分析

为了进一步揭示地表温度的变化模式，还对不同季节地表温度的空间变化特征进行了分析。分析结果显示了2003—2018年地表温度的变化斜率，其6个不同区域的变化斜率均值也经过统计。结果表明，季节地表温度趋势之间存在显著的空间差异。2003—2018年，4个季节的变暖趋势是冬季最显著，增温面积最大（占70%），其次是春季和夏季，秋季的全国平均LST变化基本没有变化。

在春季，变暖区域主要集中在北部地区，而在南部地区的地表温度则观察到较弱的下降趋势。中国北方最大的变暖趋势出现在内蒙古高原附近地区（Slope>0.18，$P<0.01$）。此外，华北平原东部地区（特别是北京市和河北省附近的部分地区，$k>0.12$，$P<0.01$）也发生了快速变暖。对于华北平原，快速变暖会加剧干旱的情况，不利于华北平原的农作物，尤其是冬小麦的生长。与其他2个季节相比，夏季和秋季在全国范围内均表现出较弱的变暖趋势。冬季在西部（Ⅴ西北区和Ⅵ青藏区）的大部分地区均出现大幅的变暖趋势，这种大规模的快速升温模式是值得关注的。其中，冬季人类生产活动产生的温室气体和黑碳气溶胶的过量排放可能是快速变暖的重要原因。

第五节　地表温度驱动因素研究

地表温度作为地表能量通量变化的重要参数，是多种因素综合作用后的反映。尽管当前对地表温度变化的影响机制已经展开了一些研究，但这些研究主要集中于风速、太阳日照时数与辐射变化、土地利用/土地覆盖等方面，而对于其他的驱动因素进行综合深入研究的较少。因此，本研究主要针对影响地表温度的5个地表大气驱动因素：土壤水分、NDVI、云量、大气水汽含量、气溶胶，并结合海洋事件厄尔尼诺，研究多因素对中国地区地表温度变化的影响。

（一）数据源和数据处理

地表温度变化的影响因素众多，不同时间和地区的作用效果也存在差异。本研究利用2003—2018年覆盖研究区MODIS NDVI、土壤水分、云、大气水汽含量、气溶胶数据，分析了地表温度对5种驱动因素的响应。多种驱动因素在本章第二节中进行了介绍，此处不再赘述。

首先，对多种参数的影像进行预处理。MODIS植被指数产品以及云、大气水汽含量、气溶胶数据均经过了提取、裁剪、投影转换、按矢量裁剪等预处理。随后，考虑到MODIS地表温度数据与多种驱动因素数据分辨率不一致，将不同空间分辨率的研究数据进行了重采样，包括将1 km的NDVI和土壤水分数据重采样到5 600 m，将MODIS地表温度数据重采样到1°。最后，对于影像中存在的部分缺失值和异常低值，采用S-G滤波法进行了重建。

对于多元逐步回归分析，是通过构建了一个包含586个采样点的空间子集进行研究，其中已经将位于水体范围的点进行剔除。采样点随机分布于研究区以减少空间自相关对分析结果的影响，在NDVI、大气水汽含量、AOD和土壤水分时间序列影像中提取了采样点处的栅格像元值，同时提取了在DEM数据中采样点的高程，点的经纬度坐标作为回归模型的输入变量。

（二）数据分析方法

相关性分析是指对2个或多个变量要素的相互关系进行分析，它可以反映地理要素之间的密切程度，相关系数的正负符号表示一个要素对另一个要素的影响方向。本研究使用Pearson相关系数描述每个像元地表温度与多个驱动因素的相关关系。如式10-14所示。

$$R=\frac{\sum_{i=1}^{n}\left(x_i-\overline{x}\right)\left(y_i-\overline{y}\right)}{\sqrt{\sum_{i=1}^{n}\left(x_i-\overline{x}\right)^2}\sqrt{\sum_{i=1}^{n}\left(y_i-\overline{y}\right)^2}} \tag{10-14}$$

式中：x_i表示第i年的年平均地表温度，y_i表示某一驱动因素在第i年的平均值。x_i表示。$\overline{x}$表示x的期望值，$\overline{y}$为y的期望值。n代表时间序列的总年数为16年。对相关性的显著性使用F检验。

（三）地表和大气驱动因素研究

采用2003—2018年研究区域的年际地表温度、NDVI、土壤水分、气溶胶光学厚度、云量以及大气水汽含量时间序列数据，在IDL/ENVI中实现对年际尺度研究区NDVI、土壤水分、云量、大气水汽含量和气溶胶光学厚度与地表温度的相关性计算。分析结果反映了地表温度与不同驱动因素相关程度的空间分布情况。结果表明，地表温度与5种驱动因素之间具有一定的相关性，但是显著相关的区域较少。在整个研究区域，年地表温度与NDVI、土壤水分、云量、大气水汽含量和气溶胶光学厚度平均相关系数分别为0.14、−0.22、−0.394、−0.104和0.214。相比较而言，所有像元地表温度与云量的相关性方向最一致，总体呈现最大的负相关，但几乎无显著相关的区域。在所有因素中，地表温度与年NDVI有更显著的相关性，但不同区域间差异较大，因此，主要讨论地表温度与NDVI的相关性。从区域分布上看，在生长期较短的北方地区，显著相关的区域年际地表温度与NDVI正相关占主导地位，表明植被覆盖及其长期变化对地表温度有一定影响，而在生长期较长的南方地区，地表温度与NDVI整体为负的相关性且没有通过0.05显著性检验。有12.44%的区域显著正相关。负相关性主要集中位于Ⅲ华中–西南区和Ⅳ华南区，且没有通过显著性检验（P>0.1）。而对于季节温差大、生长季较短的北方地区和具有独特热力性质的青藏高原地区主要表现为正相关，表明该地区地表温度上升有利于植被生长，地表温度对NDVI具有良好的响应。

在相关性分析的基础上，建立多元逐步回归模型进一步量化多种驱动因素对地表温度长期趋势的贡献。回归模型采用的因变量包括前文中的驱动因子NDVI、大气水汽含量、气溶胶光学厚度和土壤水分5种参数，还添加了经度、纬度以及高程3种地理参数。本研究分别将地表温度数据和8种驱动因素数据的组合作为因变量和自变量引入线性回归模型，运用多元逐步回归的方法揭示地表温度变化和8种驱动因素数据之间的关系。

表10-6显示了地表温度与8个变量的回归结果。从表10-6中可知，本研究选择的8个变量对不同时相的地表温度的变化具有较好的解释力，可以解释80.3%的地表温度变化。通过对结果的分析发现，在8个变量中DEM和纬度是地表温度最主要的影响因素。NDVI作为能够定量表征植被生长季生长状况的重要依据，与地表温度的相关性相对较高，为负相关，表明植被覆盖度的增加会降低地表温度，其次是经度和大气水汽含量，而云量、气溶胶和土壤水分对地表温度的影响较小。

表10-6　中国地区地表温度与多驱动因素的逐步线性回归分析

自变量	线性模型结构	
	因变量	标准化系数
地表温度	DEM	−0.98
	纬度	−0.66
	NDVI	−0.29
	经度	−0.19
	大气水汽含量	0.13
	云量	−0.07
	气溶胶	−0.03
	SM	0.02
	决定系数	0.803
	均方误差	0.610

注：表中所有系数均通过了0.05的显著性检验。

（四）海洋驱动因素研究

在影响地表温度变化的海洋驱动因素方面，主要研究厄尔尼诺/南方涛动事件与地表温度之间的关系。

1. 相关概念

厄尔尼诺/南方涛动（El Niño/Southern Oscillation，ENSO）是赤道东太平洋耦合海-气系统中年际变化强信号，其主要通过西北太平洋反向气压影响东亚地区的大气环流。ENSO事件通常始于春末夏初，可通过影响西北太平洋异常反气旋影响中国的降水和温度，造成极端降水、极端高低温事件。通常将赤道东太平洋海表温度异常值（SSTA）进行统计计算作为厄尔尼诺事件或拉尼娜（反厄尔尼诺）事件的判定依据（表10-7）。海温距平值连续6个月及以上（可允许1个月低于0.5℃）高于0.5℃称为一次厄尔尼诺事件，反之低于-0.5℃称为一次拉尼娜事件。由于南方涛动指数（Southern Oscillation Index，SOI）一直是标志ENSO现象的重要指数之一，本研究将SSTA和SOI时间序列用来表征ENSO。

2. ENSO与地表温度的相关性分析

为了探究ENSO对中国地区地表温度的影响，本研究以2003—2018年的月地表温度均值计算得到的地表温度距平值，结合Niño3.4区海温指数、南方涛动指数分析了ENSO对地表温度的整体影响。

根据相关定义，近16年来，赤道东太平洋共发生4次厄尔尼诺事件、5次拉尼娜事件（表10-7），每次ENSO的强度存在差异，持续时间从5个月到18个月不等变化。其中，2014—2016年的拉尼娜是近16年中最强的ENSO事件，持续时间达到18个月，海表温度异常最高值达到2.94℃。从长时间序列看，厄尔尼诺暖相位所在年份Niño3.4区的海温异常的强度一般高于厄尔尼诺冷相位所在的年份，表明拉尼娜事件与拉尼娜事件的发生强度并不相同。ENSO的冷暖相位主要集中在秋冬季节，表现出非对称性的特点。其中，厄尔尼诺事件2次在秋季达到峰值，2次在冬季达到峰值，其余季节出现次数为0；拉尼娜事件2次在秋季达到最强，3次在冬季达到最强，其余季节为0（表10-7）。

表10-7 地表温度距平与厄尔尼诺年及拉尼娜年的关系

类型	年份	起止时间	长度	SSTA/℃	峰值/月	SOI/℃	地表温度年距平/℃
厄尔尼诺年	2004年	2004年8月至2005年1月	6	0.68	9	−2.75	−0.08
	2006年	2006年9月至2007年1月	5	0.87	12	−1.22	0.31
	2009年	2009年7月至2010年4月	10	1.07	12	−1.98	0.13
	2015年	2014年11月至2016年4月	18	1.57	11	−1.26	0.12
	平均			1.05		−1.80	0.12
拉尼娜年	2008年	2007年8月至2008年6月	11	−1.21	2	0.74	−0.33
	2010年	2010年6月至2010年4月	11	−1.31	10	0.70	−0.12
	2011年	2011年8月至2012年3月	8	−0.84	1	0.70	−0.29
	2016年	2016年7月至2016年11月	5	−0.59	10	−0.11	0.30
	2018年	2017年11月至2018年3月	5	−0.81	2	−1.31	−0.34
	平均			−0.95		0.14	−0.16

同时，表10-7和图10-6也对2003—2018年厄尔尼诺事件和拉尼娜事件发生时地表温度的变化情况进行对比和统计分析。结果表明，厄尔尼诺事件时，对应月份地表温度距平均值为0.34℃，正值出现的概率为76.74%，对应年地表温度距平均值为0.12℃，表明厄尔尼诺事件对地表温度有显著的升温作用。拉尼娜事件时，对应月份地表温度平均距平为-0.23℃，地表温度距平负值出现的概率为55.26%，小于厄尔尼诺事件时，月地表温度的距平绝对值。这表明ENSO发生时地表温度的影响有一定规律，厄尔尼诺事件时地表温度升高，拉尼娜事件时地表温度降低，而且从对应月份的地表温度的变化可知，地表温度变暖事件厄尔尼诺事件的影响更显著。

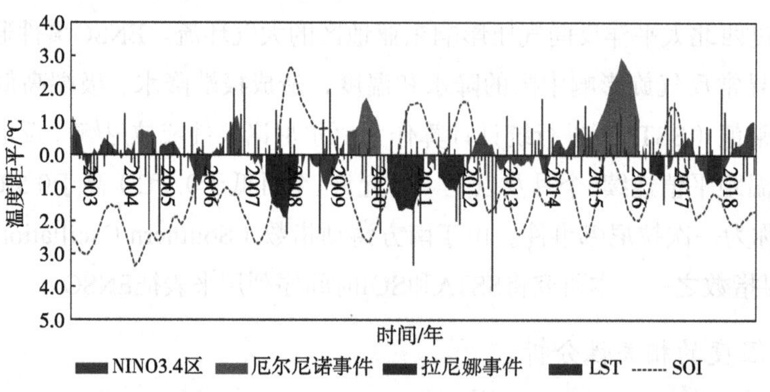

图10-6 2003—2018年中国地表温度与NINO3.4区温度距平值变化情况

为了更好地研究2种海洋指数与地表温度变化的相关关系，计算了2003—2018年中国月地表温度距平与海表温度异常（SSTA）和南方涛动（SOI）相关性（图10-7）。由图10-6可知，不同月份地表温度距平与海表温度异常和南方涛动的相关性差异显著。具体而言，1月地表温度距平与海温异常和南方涛动的相关性最好，1月地表温度距平与海温异常呈正相关，相关系数为0.41，1月地表温度距平与南方涛动呈负相关，相关系数为-0.50，这表明1月地表温度变化与ENSO有一定关系。10月地表温度也会受到ENSO的影响，该月份地表温度距平与海温异常和南方涛动也表现出较好的相关性，与1月不同的是，两者均与地表温度表现为正相关关系，相关系数分别为0.31和0.29。

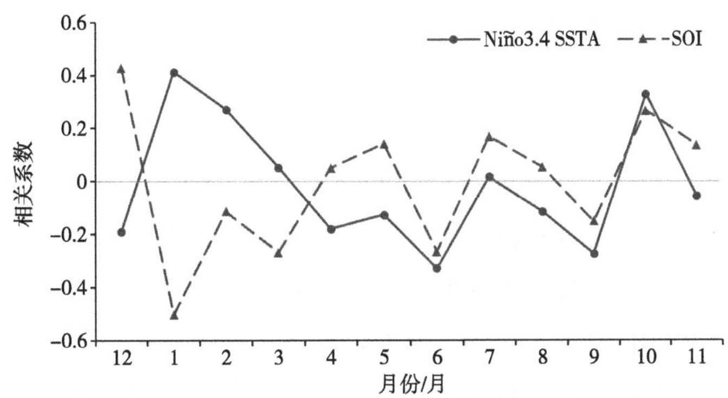

图10-7　2003—2018年中国月地表温度距平与海表温度异常（SSTA）和南方涛动（SOI）的相关性

第六节　小　结

一、结论

热红外反演的地表温度数据受云的影响显著，有云覆盖区域会造成地表温度信息的缺失。与以往利用时空信息重建晴空下的地表温度不同，本研究构建了地面站点数据与晴空像元值之间的融合模型用于重建云覆盖下的地表温度像元，更能代表被云污染区域的地表温度情况，在提高有云情况下，区域地表温度产品精度时更具优势。基于重建2003—2018年的地表温度数据，研究了近16年来中国不同气候区地表温度的时空变化格局，主要针对显著变化的区域进行了分析。同时，考虑到地表温度变化机制的复杂性，基于5种遥感地表温度驱动的时间序列数据和2种海洋指数数据，引入多元逐步回归算法以及皮尔逊相关系数法进行系统研究，定量分析了地表温度变化与多种因素的相关性及驱动作用。主要结论如下。

（1）基于气象站观测数据、DEM数据和Terra/Aqua-MODIS地面温度数据，通过时空信息匹配将站点数据填充MODIS缺失像元，然后用自适应阈值识别了遥感影像中相似晴空像元，同时，将更能代表云覆盖下地表温度的站点数据赋予相对多倍权重用于缺失像元的时空重建中，最终生产了2003—2018年时空连续的中国地表温度数据集。该方法有效重建了能够代表云层覆盖下的真实地表温度值，克服了过去只能晴空条件下重建地表温度的局限性。与未利用到重建过程的站点实测结果的对比分析表明，重建结果具有较高的精度，平均RMSE为1.42℃、MAE为1.32℃、R^2为0.97。

（2）所生产的中国地表温度数据集提供了详细的地表温度时空变化模式。研究表明2003—2018年中国地表温度波动呈上升趋势，平均每年上升0.026℃，不同气候区的地表温度变化趋势和显著性差异较大。地表温度上升和显著上升的地区占总面积的比例分别为62.5%和18.1%。地表温度显著增加的地区主要分布在西北地区、青藏高原地区和华北平原附近（Slope>0.05，P<0.05）。少部分显著降温的地区以松嫩平原附近降温幅度最大（Slope<-0.025，P<0.05）。年际昼夜地表温度变化表明，白天地表温度变化比夜间更为剧烈，对年际总体增温贡献更大。四季中，冬季地表温度增加趋势最大，其中以西北干旱半干旱区和青藏高原地区变化趋势最为显著。

（3）通过对多种驱动因素与地表温度的相关性分析结果表明，地表温度的变化在不同地区与各因素存在不同强度的响应关系。其中NDVI对地表温度影响的显著性最强，全国12.44%的地区通过了0.05显著性检验，其次是云量、大气水汽含量、气溶胶和土壤水分。对地表温度与ENSO的相关性研究发现，地表温度变暖事件厄尔尼诺事件的影响更为显著，对应月份地表温度距平正值出现的概率达

76.74%，在1月地表温度距平值与ENSO的相关性最好。

二、创新点

（1）针对云覆盖导致的热红外遥感影像存在的缺值问题，前人主要集中在利用晴空像元的时空信息和多元的辅助数据重建缺值像元的地表温度，重建的结果为无云条件下的理论值而非云覆盖下真实的地表温度。本研究通过结合地面站点观测地表温度与热红外反演地表温度的优势，提出了基于地面站点观测地表温度和晴空反演地表温度的融合模型，利用自适应阈值确定相似像元，在此基础上，用加权回归法建立缺值像元与晴空像元和站点观测数据之间的关系，有效重建了能反映云层覆盖下的真实地表温度值。

（2）对地表温度与不同驱动因素的相互关系进行了系统研究。由于地表温度在不同的时间和空间尺度复杂变化，不同的驱动因素与地表温度数据结合，更有利于充分理解和捕捉地表温度变化，同时完善地表温度对各因素变化的响应机制。

三、不足之处与展望

本章基于对云覆盖像元重建后的2003—2018年MODIS地表温度数据，阐述了中国不同地区地表温度的变化特征，探讨了地表温度与6种驱动因素的相关关系。但受地表温度数据分辨率的限制以及地表温度复杂的变化机制等原因，还需要在以下几个方面进行深入研究。

（1）重建过程中使用的地面观测站点的数量对于提高重建结果的精度非常重要。在今后的研究中应尽量多增加站点观测数据，特别是在地表覆盖类型多变、地势差异大的区域，使地面产品与卫星数据具有更高的一致性。

（2）重建后的地表温度数据集为中国5 km分辨率遥感数据，受分辨率较低的限制，目前的数据在小尺度应用时难度较大，这是今后工作中需要改进的地方。

（3）在对地表温度的驱动因素的研究中，还应考虑更多的因素，如太阳高度角、风速、降水、土地覆盖类型等因素对地表温度变化的影响，以便全面和综合地探究地表温度变化过程的影响因素及其作用机制。

参考文献：

柴荣繁，陈海山，孙善磊，2018. 基于SPEI的中国干湿变化趋势归因分析[J]. 气象科学，38（4）：423-431.

陈世发，2016. ENSO对韶关市1951—2013年降雨侵蚀力影响研究[J]. 地理科学（10）：1573-1580.

除多，洛桑曲珍，杨志刚，等，2017. 1981—2010年青藏高原降雪日数时空变化特征[J]. 应用气象学报，28（3）：292-305.

段四波，2016. 高空间分辨率全天候地表温度反演方法研究[D]. 北京：中国农业科学院.

郭飞燕，毕玮，郭飞龙，等，2017. 山东气候年际变化特征及其与ENSO的关系[J]. 海洋与湖沼，48（3）：465-474.

黄小燕，张明军，贾文雄，等，2011. 中国西北地区地表干湿变化及影响因素[J]. 水科学进展，22（2）：151-159.

李晓燕，翟盘茂，2000. ENSO事件指数与指标研究[J]. 气象学报（1）：101-110.

李召良，段四波，唐伯惠，等，2016. 热红外地表温度遥感反演方法研究进展[J]. 遥感学报（5）：899-920.

毛克彪，杨军，韩秀珍，等，2018. 基于深度动态学习神经网络和辐射传输模型地表温度反演算法研究[J]. 中国农业信息，30（5）：47-57.

孟祥金，毛克彪，孟飞，等，2019. 基于空间权重分解的降尺度土壤水分产品的中国土壤水分时空格局研究[J]. 高技术通讯，29（4）：402-412.

神祥金，2016. 中国温带草原退化草地气温与地温变化及其机理研究[D]. 北京：中国科学院研究生院（东北地理与农业生态研究所）.

王佳，钱雨果，韩立建，等，2016. 基于GWR模型的土地覆盖与地表温度的关系：以京津唐城市群为例[J]. 应用生态学报，27（7）：2128-2136.

徐涵秋，何慧，黄绍霖，2013. 福建省长汀县河田水土流失区植被覆盖度变化及其热环境效应[J]. 生态学报，33（10）：2954-2963.

徐建华，2002. 现代地理学中的数学方法[M]. 2版. 北京：高等教育出版社.

赵海龙，2007. 干旱区地表温度反演及其时空特征分析[D]. 乌鲁木齐：新疆大学.

曾超，2014. 时空谱互补观测数据的融合重建方法研究[D]. 武汉：武汉大学.

周婷，张寅生，高海峰，等，2015. 青藏高原高寒草地植被指数变化与地表温度的相互关系[J]. 冰川冻土，37（1）：58-69.

周义，覃志豪，包刚，2014. 热红外遥感图像中云覆盖像元地表温度估算研究进展[J]. 光谱学与光谱分析（2）：364-369.

ALLEN C D，MACALADY A K，CHENCHOUNI H，et al.，2010. A global overview of drought and heat-induced tree mortality reveals emerging climate change risks for forests[J]. *Forest Ecol. Manag.*，259（4）：660-684.

ANDRÉ C，OTTLÉ C，ROYER A，et al.，2015. Land surface temperature retrieval over circumpolar arctic using ssm/i-ssmis and modis data[J]. *Remote Sens. Environ.*，162：1-10.

BARRY B R G，1992. Mountain Weather and Climate[M]. Mountain weather and climate，Routledge.

BENALI A，CARVALHO A C，NUNES J P，et al.，2012. Estimating air surface temperature in Portugal using MODIS LST data[J]. *Remote Sens. Environ.*，124：108-121.

CAI R F，CHEN H S，SUN S L，2018. Attribution analysis of dry and wet change trend in China based on SPEI [J]. *Meteorol. Sci.*，38（4）：423-431.

COOPS N C，DURO D C，WULDER M A，et al.，2007. Estimating afternoon MODIS land surface temperatures（LST）based on morning MODIS overpass，location and elevation information[J]. International *J. Remote Sens.*，28（10）：2391-2396.

CROSSON W L，AL-HAMDAN M Z，HEMMINGS S N J，et al.，2012. A daily merged MODIS Aqua-Terra land surface temperature data set for the conterminous United States[J]. *Remote Sens. Environ.*，119：315-324.

DUAN A，XIAO Z，2015. Does the climate warming hiatus exist over the Tibetan Plateau? [J]. *Scientific Reports*，5（1）：1-9.

FAN X M，LIU H G，LIU G H，et al.，2014. Reconstruction of MODIS land-surface temperature in a flat terrain and fragmented landscape[J]. *Int. J. Remote Sens.*，35（23/24）：7857-7877.

GAO L, WEI J, WANG L, et al., 2018. A high-resolution air temperature data set for the Chinese Tian Shan in 1979—2016[J]. *Earth Syst. Sci. Data*, 10（4）: 2097-2114.

HANSEN J, RUEDY R, GLASCOE J, et al., 1999. GISS Analysis of Surface Temperature Changes[J]. *J. Geophys. Res.*, 104（D24）: 30997-31022.

HANSEN J, SATO M, RUEDY R, et al., 2006. Global temperature change[J]. *P. Nat. Acad. Sci.*, 103（39）: 14288-14293.

HENGL T, HEUVELINK G B M, TADIĆ M P, et al., 2012. Spatio-temporal prediction of daily temperatures using time-series of MODIS LST images[J]. *Theor. App. Climatol.*, 107（1/2）: 265-277.

HUANG X Y, ZHANG M J, JIA W X, et al., 2011. variation of dry and wet surface and its influencing factors in northwest China [J]. *Adv. Water Sci.*, 22（2）: 151-159.

KE L, DING X, SONG C, 2013. Reconstruction of time-series MODIS LST in central Qinghai-Tibet Plateau using geostatistical approach[J]. *IEEE Geosci. Remote Sens. Lett.*, 10: 1602-1606.

LI B, CHEN Y, SHI, X, 2012. Why does the temperature rise faster in the arid region of northwest China? [J]. *J. Geophys. Res. Atmos.*, 117（D16）: 1-7.

LI Z L, WU H, WANG N, et al., 2013. Land surface emissivity retrieval from satellite data[J]. *Int. J. Remote Sens.*, 34（9/10）: 3084-3127.

LIU X, ZHANG D, LUO Y, et al., 2012. Spatial and temporal changes in aridity index in northwest China: 1960 to 2010 [J]. *Theor. Appl. Climatol.*, 112（1/2）: 307-316.

MA X L, WAN Z, MOELLER C C, et al., 2000. Retrieval of geophysical parameters from moderate resolution imaging spectroradiometer thermal infrared data: Evaluation of a two-step physical algorithm[J]. *Appl. Optics.*, 39（20）: 3537-3550.

MAO K B, SHI J C, LI Z L, et al., 2007. A physics-based statistical algorithm for retrieving land surface temperature from AMSR-E passive microwave data[J]. *Sci. China Earth Sci.*, 50: 1115-1120.

MAO K B, YUAN Z J, ZUO Z Y, et al., 2019. Changes in global cloud cover based on remote sensing data from 2003 to 2012[J]. *Chinese Geogr. Sci.*, 29（2）: 306-315.

MARKUS M, DUCCIO R, MARKUS N. SURFACE, 2010. Temperatures at the continental scale: tracking changes with remote sensing at unprecedented detail[J]. *Remote Sens.*, 2: 333-351.

MCMILLIN L M, 1975. Estimation of sea surface temperature from two infrared pixel window measurements with different absorptions[J]. *J. Geophys. Res. Atmos.*, 80: 5113-5117.

NA F, GAO D X, WEN H L, et al., 2014. Mapping air temperature in the lancang river basin using the reconstructed MODIS LST data[J]. *J. Resour. Ecology*, 5: 253-262.

NETELER M, 2010. Estimating daily land surface temperatures in mountainous environments by reconstructed MODIS LST data[J]. *Remote Sens.*, 2: 333-351.

PRIGENT C, JIMENEZ C, AIRES F, 2016. Toward "all weather" long record, and real-time land surface temperature retrievals from microwave satellite observations[J]. *J. Geophys. Res. Atmos.*, 121（10）: 5699-5717.

SCHARLEMANN J P, BENZ D, HAY S I, et al., 2008. Global data for ecology and epidemiology: A novel algorithm for temporal fourier processing MODIS data[J]. *PLoS One*, 3: e1408-10. 1371.

SCHMUGGE T, 1978. Remote sensing of surface soil moisture[J]. *J. Appl. Meteorol.*, 17（10）: 1549-1557.

SUN L，CHEN Z，GAO F，et al.，2017. Reconstructing daily clear-sky land surface temperature for cloudy regions from MODIS data[J]. *Comput. Geosci.*，105：10–20.

SUN X，REN G，REN Y，et al.，2017. A remarkable climate warming hiatus over Northeast China since 1998[J]. *Theor. Appl. Climatol.*，9：1–16.

SUN Z，WANG Q X，BATKHISHIG O，et al.，2016. Relationship between evapotranspiration and land surface temperature under energy- and water-limited conditions in dry and cold climates[J]. *Adv. Meteorol.*（6）：1–9.

WAN Z，ZHANG Y，ZHANG Q，et al.，2004. Quality assessment and validation of the MODIS global land surface temperature[J]. *Int. J. Remote Sens.*，25（1）：261–274.

WANG K，SUN J，CHENG G，et al.，2011. Effect of altitude and latitude on surface air temperature across the Qinghai-Tibet Plateau[J]. *J. Mount. Sci.*，8（6）：808–816.

WANG K，WAN Z，WANG P，et al.，2007. Evaluation and improvement of the MODIS land surface temperature/emissivity products using ground-based measurements at a semi-desert site on the western Tibetan Plateau[J]. *Int. J. Remote Sens.*，28：2549–2565.

XU Y，SHEN Y，2013. Reconstruction of the land surface temperature time series using harmonic analysis[J]. *Comput. Geosci.*，61：126–132.

YAO T，2008. Map of glaciers and lakes on the Tibetan Plateau and the Surroundings[M]. Xi'an：Xi'an Cartographic Publishing House.

YU W，NAN Z，WANG Z，et al.，2015. An effective interpolation method for MODIS land surface temperature on the Qinghai-Tibet Plateau[J]. *IEEE J. Select. Top. Appl. Earth Observ. Remote Sens.*，8（9）：4539–4550.

ZENG C，SHEN H，ZHANG L，2013. Recovering missing pixels for Landsat ETM+ SLC-off imagery using multitemporal regression analysis and a regularization method[J]. *Remote Sens. Environ.*，131：182–194.

ZHOU L，DAI A，DAI Y，et al.，2009. Spatial dependence of diurnal temperature range trends on precipitation from 1950 to 2004[J]. *Clim. Dynam.*，32：429–440.

第十一章　基于被动微波土壤水分时间序列重建及时空变化分析

土壤水分是地球环境和气候系统中的重要变量之一，在水文过程、生物生态过程、生物地球化学过程中都起着非常关键的作用。被动微波遥感技术可以快速获取大面积地表土壤水分信息，但其粗糙的空间分辨率有很大的局限性。获得高空间分辨率土壤水分数据对作物估产、干旱探测、天气预报和水文模拟具有重要意义，本章将对土壤水分进行重构及时空变化分析。

第一节　引　言

随着人口的增长和社会的发展，人们对水资源的需求也日益增加。土壤水是一种非常重要且有很大储存量的可更新水资源。土壤水分（Soil moisture，SM），通常指储存在地球表层土壤中水的含量，一般用质量单位（g/cm^3）或体积单位（m^3/m^3）来表达，其中体积含水量更为常见，表示为土壤中水体积与土壤体积之比。据统计，土壤水分在全球总储量约有1.65×10^4 km^3，其中中国总储量约有3.36×10^3 km^3。在中国大陆地区，土壤水分对于总可更新水资源量占有相当大比重，尤其是在干旱及半干旱地区，陆面蒸散发总量可占总降水量的70%～90%，是河流径流量的数倍以上。土壤水分是联系地表水与地下水的纽带，是陆面生态系统和水循环的重要组成部分，其直接影响着水分下渗、地表径流、土壤蒸发和植被蒸腾等水文过程。土壤水分监测已广泛应用于水资源评估、干旱监测、作物估产、天气预报和水文模拟。作为地表水资源循环和大气能量平衡的关键变量之一，土壤水分是控制陆地和大气间物质、能量交换的一个关键参数，与大气湿度之间存在着直接的联系；同时土壤含水量还是水汽循环、气候环境变化的关键变量，影响着物质能量迁移、地表辐射平衡等。正是对全球和局部生态系统中的水文、气候、生物、地球化学循环过程的重要作用，土壤水分也在2010年正式被列为基本气候变量。

土壤水分变化特征可以反映土壤很多理化性质，土壤水分也对陆地生态系统起着举足轻重的影响。其中植被对土壤水分变化尤为敏感，土壤中水分含量过低，将导致土壤干旱，导致植被的供水不足，光合作用难以正常进行，从而影响光合作用的效率和质量，还会使土壤的盐类堆积、加速盐碱化，更严重时会导致植被的凋亡；土壤中水分含量过高，土壤通气性能恶化，微生物的活动受到影响，造成植被倒伏、病害滋生的现象。我国水资源利用量的80%左右被用于农业灌溉，农业的发展对水资源的需求量日益增大，因此对大尺度的土壤水分数据获取理论和方法上的研究，对我国预报河流洪水泛滥、农业灌溉、水文与气象建模都具有极其重要的意义。

由于土壤水分在地表分布具有较高的空间异质性和动态变化性，使得土壤含水量的观测工作存在一定阻碍，尤其是在气候、植被、地形以及土壤类型变化较为复杂多样的区域。传统土壤湿度测量方法主要通过在地面气象站使用土壤水分测量仪器野外现场测量。然而，站点野外实测土壤水分的精度受到地面站点数量的限制，并且在单个位置测量土壤湿度并不一定代表整个区域的实际土壤水分条件。随着遥感技术的发展，及时、高效地获取大范围地区准确的土壤水分信息变为现实。遥感监测土壤水分的优势是覆盖面积较大，受地理条件限制较少，可实现连续动态监测。

目前，对土壤水分的遥感监测可以分为可见光/热红外和微波2种方案。前者估计土壤水分间接通常使用热惯量和温度—植被等干旱指数来反映土壤水分分布。热惯量方法主要依据是湿土较干土有更高的热惯量，且温度一般更低。基于温度/植被的如异常植被指数（AVI）、植被状况指数（VCI）、温度条件指数（TCI）、温度植被干旱指数（TVDI）等。无论是热惯量还是一系列温度—植被指数，均可以估算土壤湿度，并且在局部地区具有较高的估计精度，然而，由于可见光/热红外遥感易受云雨天气影响，在大尺度地区，特别是海拔变化大、气候复杂、云雨天气多发的地区，其监测能力受到极大的限制。后者微波遥感（分为主动微波遥感和被动微波遥感）获取土壤水分信息的原理在于微波波段带宽对陆地表面的介电常数变化十分敏感。土壤中的水分可以引起土壤介电常数的变化，因此，干土和湿土的介电常数有很大差异，这种差异导致了土壤在微波频段发射率与反射率的不同。微波传感器通过接收、记录地表亮温，进而获取土壤的介电常数，并利用基于土壤物理混合模型进行土壤水分估算。微波遥感相较可见光、热红外具有全天候、重复周期短和受天气影响较小等优势，基于卫星微波遥感技术已成为当前大尺度区域上获取土壤水分的主要手段。当前微波传感器主要有雷达、散射计、辐射计等，其中搭载雷达散射计传感器多为主动微波遥感，搭载辐射计传感器多为被动微波遥感。主动微波中合成孔径雷达（Synthetic Aperture Radar，SAR）系统虽然空间分辨率可达十几米，但其时间分辨率较低，像ALOS卫星的重访周期为46 d，这很难匹配水文模型、天气预报系统等高时间动态的需求。散射计可以提供几十千米的空间分辨率和3～4 d的重访周期，但其受地表粗糙度和植被影响较大。根据主动微波的成像原理，传感器首先要向目标地物发射特定频率的电磁波，然后接收地物的后向散射回波信号，相当于主动微波要受双向传播过程的影响，这意味着主动微波受到干扰更多，其反演结果的不确定性也更高。

虽然较主动微波的雷达和散射计而言，被动微波所使用的辐射计观测空间分辨率更低。首先，由于相对于雷达主动发射的后向散射电磁波，地物自身向外辐射的电磁波信号强度往往很小，因此被动微波传感器只有观测像元在足够大的尺度上才能使得传感器接收到的地表辐射能量满足一定的信噪比要求。但是比起雷达散射计所需要处理的庞大数据量，被动微波在大尺度土壤水分观测中往往更有优势。被动微波遥感相较光学遥感而言，被动微波遥感估算土壤水分受云雨天气影响更小，同时相比主动微波，被动微波的反演结果更加稳定。但是被动微波遥感观测数据也存在一定的缺陷。首先，当被动微波遥感观测下垫面比较复杂时（如植被、水体、建筑物），土壤含水量的反演精度会受到影响，也会极大影响降尺度土壤含水量影像的空间覆盖度。因此，需要针对此类像元进一步提高反演算法精度。其次，由于受天线尺寸的影响，被动微波土壤水分像元的空间分辨率都比较粗。事实上，这些问题极大限制了被动微波遥感土壤水分的应用，如农业旱涝监测、水文、气候模型。

综上所述，如何利用现有技术来获得高空间分辨率、高精度、大尺度的土壤水分数据集对揭示气候变化，以及研究区域的农业、林业、牧业、渔业等与人类密切相关产业的影响机制；水热循环过程的定量化分析、有效改善气象预报，尤其是区域中长期预报的精度都具有重要的意义。目前，已有的被动微波土壤水分数据空间分辨率都比较低，往往难以满足水文模型、农业监测的需求。因此，为了克服被动微波空间分辨率较粗的不足、丰富观测区域内空间信息、构建基于高空间分辨率的遥感参量与低空间分辨率被动微波土壤降尺度关系模型，对被动微波土壤水分数据进行空间降尺度研究，从而克服传统监测方法的空间尺度效应，已成为当前资源遥感领域的研究热点。

第二节 国内外研究现状

一、星载被动微波土壤水分研究现状

从20世纪70年代开始，基于星载被动微波反演土壤水分方法与微波辐射计均有了长足的发展。国外以美国1978年Nimbus-7卫星搭载的SMMR（Scanning Multichannel Microwave Radiometer）为代表的一系列微波辐射计先后投入使用。Njoku等（1996）针对SMMR辐射计亮温数据提出了完整考虑大气成分、地表粗糙度和植被覆盖影响的地表土壤水分反演模型。1987年美国国防气象卫星计划（DMSP）所搭载的特种微波成像仪（Special Sensor Microwave/Image，SSM/I）通过记录陆地微波亮温，从而解译得到陆地土壤水分信息。随后，1988年美国NOAA系列卫星也载有先进微波探测计（Advanced Microwave Sounding Unit，AMSU），可用于测大气湿度轮廓线。

美国和日本联合发射的TRMM卫星，搭载了TMI微波成像仪。自2002年开始的AMSR（Advanced Microwave Scanning Radiometer）系列，包括美国对地观测系统EOS下午星Aqua的先进微波扫描辐射计（AMSR-E）及其后继传感器日本宇宙航空研究开发机构（JAXA）的“第一轮卫星计划—全球水圈变化观测卫星（GCOM-W1）上的第二代先进微波辐射成像仪（AMSR2）。2003年美国Coriolis卫星所搭载的Windsat传感器是全球第一颗星载极化微波辐射计，它主要用于海表风矢量观测，也可用于海温、土壤水分、水汽等的观测。

我国在微波空间探测研究领域起步较晚，近年来发展也十分迅速。2002年搭载在神舟四号（SZ-4）上的多波段微波辐射计（SFMR），可用于土壤水分、水汽、降水、积雪和海面温度的探测工作。2008年发射的风云三号（FY-3）气象卫星搭载的微波成像仪（MWRI）已有降水率、水汽、海冰、土壤水分、冰雪覆盖等产品。

上述基于星载的微波辐射计用于土壤水分监测的波段多为C波段（4～8 GHz）和（或）X波段（8～12 GHz）。理论上微波频率越低可探测土壤水分深度越深，如L波段（1～2 GHz）既可以穿透地下5 cm深度，也可以穿透低矮植被，且能够在黑暗中工作。相较于C波段，L波段还有独特的优势，它拥有一个受法律保护的独立无线电天文学波谱区，这可在很大程度上避免受到RFI的干扰。因此，以L波段为主要探测频段的被动微波辐射计越来越受到青睐，如2010年欧空局（ESA）SMOS（Soil Moisture and Ocean Salinity）卫星所搭载的合成孔径微波成像辐射计（MIRAS）和2015年美国NASA的土壤水分主动、被动（Soil Moisture Active Passive，SMAP）计划均搭载L波段，用以探测地表土壤水分信息。

二、微波土壤水分降尺度研究现状

在提高被动微波土壤水分的空间分辨率方面，国内外学者从各种技术角度进行了有益的尝试，目前降尺度模型方法及应用研究大致可以分为以下三大类：基于模型的方法；基于辅助地理信息数据的方法；基于多源卫星遥感数据融合的方法。在每个大类中，根据具体应用情况又可细分为若干种种类。

（一）基于模型的方法

基于模型的土壤水分降尺度方法可以具体分为2种类型：数理统计模型（如基于地统计学、多重分形或小波）和陆面模型，其中基于陆面模型又可分为数据同化法、陆面确定性降尺度法和陆面统计降尺度法以及同化数据法。无论是数理统计模型还是陆面模型，这里都需要考虑模型关系的时空普适性，即是否可以应用到更广泛的研究范围。基于陆面模型还要考虑输入的大量来自站点的数据，这无疑使模型降尺度方法应用时有很多限制条件。

（二）基于辅助地理信息数据的方法

基于辅助地理信息的降尺度方法主要根据土壤水分与地表其他参数（如地形、土壤属性和植被特征等）之间的空间分布的联系，并基于此来构建地统计或分形插值模型。在基于地理信息的降尺度方法中，地形最常被用作降尺度的辅助信息来源。然而，在建立地统计或分析插值模型时需要使用大量的原位观测的数据，并且具有明显的地域性。这显然限制了它们的适用性。

（三）基于多源卫星遥感数据融合的方法

相较于前两类降尺度方法，基于多源卫星遥感数据融合的降尺度方法多依靠遥感数据而不依赖站点观测，因而更适于对大尺度区域的土壤水分研究。根据融合数据的不同，又可分为主动和被动微波遥感数据结合的方法和基于光学和微波数据结合的方法。

1. 主动和被动微波遥感数据相结合的降尺度方法

Chauhan等（2003）提出利用主、被动微波数据结合的方法来计算土壤含水量，其结果通过野外实测土壤水分数据具有很高的精度，且不受植被有植被覆盖的影响。Lee等（2004）针对主、被动微波的特性，构建了基于后向散射系数、地表亮度温度及地表土壤水分、植被状况的前向模型；这里地表粗糙度根据类别被设定为固定值，通过迭代算法将表征前向模型模拟结果与卫星观测数据差值函数降到最小，获得了精度较高的土壤水分数据，但是这种方法需要较多的先验知识，同时在融合过程中需要输入大量的辅助数据，实施起来十分困难。研究者为SMAP专门开发了一套主被动结合降尺度算法，该算法有2个假定前提，即假设植被和地表粗糙度的影响在一定时间区间是固定的，引起辐射计所获取的亮温和后向散射系数变化的只是土壤水分单因素的变化；另一个是假设亮温度与散射系数之间的关系是线性代数，且斜率和截距的变化主要由土壤和植被所决定。随后，在此基础上利用高空间分辨率的雷达数据（9 km）对低空间分辨率的被动微波亮温数据（36 km）进行降尺度融合，得到9 km亮温数据，再利用单通道法对亮温数据进行土壤水分反演。

我国学者黄兴忠（1996）利用基尔霍夫标量近似下的双尺度模型和互异性原理得到热发射率，从而将主、动微波数据结合起来估算土壤湿度，其真实值与估算值之差为0.04 m^3/m^3。赵天杰等通过主、被动微波数据的相关性模型反演土壤水分，并利用地面同步测量数据对其验证，结果表明，该模型可以在充分保留主、被动微波遥感数据各自优势的前提下，同时避免了主被动遥感数据协同过程的尺度问题，为流域尺度的土壤水分监测提供了一种新的有效途径。

虽然主动、被动微波遥感数据结合降尺度方法能获得较好的结果，但是这种方法还存在着一些局限性。①主动微波的固有限制。主动微波对地表粗糙度、植被比较敏感，在数据融合过程中需要消除这些因素的影响，但是由于在大尺度反演时，获取详细的植被、地形等信息并非易事，这也极大地限制了主、被动微波融合的应用领域。②实际应用需求限制。主动微波遥感数据一般都比较昂贵，且需处理数据量大，处理过程也较为繁复。因此，这种方法不能满足对大尺度、高空间分辨率土壤湿度数据的广泛需求。

2. 光学与被动微波遥感数据相结合的降尺度方法

Chauhan等（2003）首先提出将AVHRR的可见光、近红外数据与SSM/I的被动微波土壤水分数据结合，达到降尺度的目的，得到高空间分辨率（1 km）的土壤水分数据，虽然反演得到的土壤湿度与地面验证结果存在很大误差，但在数量级和时空分布格局上与低分辨率的土壤湿度都较为一致，为光学遥感和被动微波遥感融合反演土壤水分数据奠定了基础。Merlin等（2005）使用AVHRR中的可见光、近红外和热红外的数据（植被覆盖度、土壤蒸散率等，分辨1 km）与SMOS（40 km）数据结合，利用L波段的辐射传输模型、热红外辐射传输模型和陆面模型和降尺度方程（泰勒一阶展开式）等模型，得到了10 km分辨率的土壤湿度，反演得到的土壤湿度与真实值的均方根误差为1.7%（v/v），相关系数为0.84。在此基础上，Merlin等（2008）使用3种植被覆盖度、3种土壤蒸散率和4种降尺度方程共36种组合算法，将L波段亮度温度模拟得到的SMOS土壤湿度数据（40 km）分解得到了4 km分辨率的土壤湿度，结果发现：混合二维导数的降尺度方法和指数模型的土壤蒸散量相结合的方法既能得到较小的误差，同时又具有较好的鲁棒性。这个组合反演得到的土壤湿度与真实值的均方根误差为0.012 m^3/m^3，相关系数为0.9，但输入参数较多、计算过程过于复杂。Kim等（2012）基于MODIS植被、地表反照率和温度产品得到了土壤湿度指数，并将该指数聚合到被动微波遥感对应的空间分辨率下，然后以该指数为权重因子实现AMSR-E土壤水分降尺度分解，其最大优势在于模型输入数据易于获取、计算简单，但对数据依赖性较强，精度控制难度大。娄利娇（2014）利用使用FY-3B的被动微波土壤湿度数据（25 km），结合MODIS提供的植被和温度等光学数据（1 km）和气象站点数据，以被动微波土壤湿度数据为像元内平均值，建立土壤湿度与光学数据的关系来表现微波像元内土壤湿度的差异，再通过Merlin提出的降尺度方程获得高空间分辨率（1 km）的土壤水分数据，结果与站点以及TVDI交叉验证均得到较好的一致性，其相关系数分别为0.4、0.66，但是这种方法在降尺度过程中需要使用与土壤成分密切相关的经验参数，在大尺度中精确确定不同地域土壤成分含量几乎是难以实现的。

曹永攀等（2011）基于MODIS的温度、植被指数产品构建了TVDI数据（1 km），利用统计降尺度方法，将AMSR-E 25 km空间分辨率的土壤湿度数据降尺度到1 km上，降尺度后的土壤水分均方根误差平均值为0.061 m^3/m^3。但这种方法在降尺度过程中忽略了像元内的空间异质性，反而增大了反演结果的不确定性。姚云军等（2011）首先根据植被覆盖状况使用MODIS数据将研究区划分为裸土、稀疏植被和密集植被3个类型，针对不同类型采用的不同的反演方法，得到的土壤湿度作为像元内的平均值；并以AMSR-E数据表示像元内土壤湿度分布的空间差异，进而得到了1 km分辨率的土壤湿度，与实测数据的相关系数为0.85。短波红外土壤湿度指数但这种方法在反演像元内平均值时，使用的是光学数据与土壤湿度实测值的统计模型，在大面积反演过程中，实测数据的采集难度较大、经济效益较低；因此该方法普适性较低。另外，王安琪等（2013）在北京市延庆区使用与Merlin相同的降尺度方法，进一步利用泰勒二阶展开式将被动微波土壤湿度数据（AMSR-E，25 km）分解为1 km，结果表明，反演得到的土壤湿度与TVDI的趋势相反，其相关系数为0.57，与实测土壤湿度的变化趋势基本一致。但这种方法计算得到的土壤湿度与真实值之间存在不明原因的随机性误差。

通过对以上各种降尺度方法的对比分析，基于目前实际情况的局限，模型降尺度将面临2个挑战。第一基于固定的统计模型关系如何能够应用到更多的降尺度过程，第二模型所需要的大量输入参数数据的获取本身就是一项难题。因此，模型降尺度并不是当前大区域微波土壤水分降尺度的优先选择。主、被动微波遥感数据结合虽能得到较为准确的结果，但主动微波数据价格较为昂贵且需要详细的地形、植被等信息，很难实现大范围的推广应用。随着卫星和实地测量的增加，降尺度方法的改进以及与新卫星数据的协同作用成为可能，从而允许开发可操作的高质量土壤水分产品。可见光和热红外遥感与微波遥感相比，其优势在于能够以更高的空间分辨率提供陆地表面参数，但是与之相对的是会受云层覆盖的影响，这与微波数据受云雨影响较小的特点恰恰相反。许多研究试图借助植被覆盖率和地表温度信息，以及从光学和/或热传感器获得的其他表面参数来降低微波土壤水分产品的空间分辨率。这些方法的总体思路是从高分辨率的可见光学/热红外数据中获得降尺度转换因子，然后利用该降尺度因子来改善粗分辨率微波土壤水分的土壤水分空间变异性。从以上研究可知，利用光学遥感数据和被动微波遥感数据相结合的降尺度方案，既发挥了光学遥感空间分辨率较高的优势，又充分保留了被动微波遥感对土壤水分变换敏感性高的优势，可以得到高空间分辨率和高精度兼备的土壤水分数据。

当前，对中小尺度降尺度方法的研究已经屡见不鲜，但是基于全国这样大尺度降尺度处理，构建长时间序列、高精度的土壤水分数据集研究仍然比较少。这对于分析我国整体干旱状况，指导农作物生产，具有重要价值。比起初始产品，降尺度土壤水分数据可以得到更详细的局部变化趋势，大尺度降尺度土壤水分难点主要是三个：一是降尺度方法的构建；二是大区域粗土壤水分的精度，尤其是地形气候变化较为复杂的中国区域；三是单一被动微波传感器数据时序长度有限，不足以用来分析长时间尺度（15年以上）的变化，需要融合多个被动微波传感器数据。

第三节 研究目标与内容

针对当前研究现状，本研究以AMSR-E、SMOS、AMSR2为被动微波土壤水分数据源，结合光学遥感构建了一套具有高空间分辨率、长时序的中国区域土壤水分数据集。第一，通过线性回归模型对3种微波土壤水分产品进行逐像元动态一致性范围匹配，使之融合为一套连续中国陆地区域土壤水分数据。第二，基于地表温度（Land surface temperature，LST）和归一化植被指数（Normalized difference vegetation index，NDVI）构建每月全国高分辨率的温度-植被干旱指数（Temperature Vegetation Drought Index，TVDI）。第三，依据土壤水分与TVDI的负相关性，利用高空间分辨率的TVDI建立空间权重分解模型对土壤水分进行逐像元降尺度分解，生成高空间分辨率的土壤水分月栅格产品数据集，从而克服了传统降尺度方法的空间尺度效应。同时，利用全国气象站点土壤水分数据对降尺度产品结果进行验证与控制，确保了降尺度数据集的准确性和可靠性。最后，利用该数据集产品研究2002—2018年中国陆域土壤水分的时空变化规律。

一、研究区概况

中国的大部分区域位于亚洲中部和东部，沿太平洋西海岸，受季风的影响，具有明显的季风气候特征。陆地面积为960万km^2，领土范围南北走向4.25°～53.55°N，东西走向73.50°～135.04°E。地势特点为西高东低，经纬度大及地形丰富，具有多样的气候特征，降水条件和干湿状况差异明显。在过去的几年中，中国的干旱灾害不断增加，干旱已成为最严重的自然灾害之一。工业、灌溉和家庭用水的快速增加导致水资源消耗的急剧增加，反过来又导致中国大部分地区特别是中国北方的干旱显著增加，因此，迫切需要提高对土壤水分的时空变异性的认识，量化干旱状况，建立一套具有较高空间分辨率的中国区域土壤水分数据集对研究我国十分有必要。为了研究中国不同地理区域的土壤水分时空分布，根据气候条件和地形将中国分为6个区域：Ⅰ东北季风区（NEM）、Ⅱ华北季风区（NCM）、Ⅲ华南季风区（SCM）、Ⅳ西南湿润区（SWH）、Ⅴ西北干旱区（NDW）和Ⅵ青藏高原区（QTP），具体请参见文献［孟祥金，2020. 基于被动微波遥感降尺度土壤水分产品融合研究. 济南：山东建筑大学；Meng X，Mao K，Meng F，et al.，2021. A fine-resolution soil moisture dataset for China in 2002—2018. Earth System Science Data，13: 3239-3261］。东北季风区（38～53°N，117～135°E）包括黑龙江以南、大兴安岭山脉以东和长城以北的地区。华北季风区（33～42°N，103～125°E），从内蒙古高原一直延伸到秦淮河的北部、东到黄海和渤海的东部、西到青藏高原的东部，具有典型的温带季风气候特征。华南季风区包括云贵高原以东、秦岭—淮河以南的季风区。该地区降雨充沛、河网密布，属典型的亚热带季风气候（105～123°N，20～33°E）。西南湿润地区（97～104°N，21～34°E）包括位于淮河和四川盆地以南的青藏高原和云贵高原。中国西南部降水丰富。西北干旱地区（37～55°N，73～126°E）包括大兴安岭以东的内蒙古高原，以及青藏高原以北的塔里木盆地西北部的广大干旱和半干旱地区。青藏高原地区（27～40°N，73～104°E）包括昆仑山—阿尔通山—七连山脉的南部，横断山脉西侧的区域，以及喜马拉雅山脉以北的整个青藏高原。

二、数据获取与预处理

（一）被动微波土壤水分数据

利用被动微波遥感数据观测土壤水分以来，越来越多的土壤水分研究开始基于星载遥感传感器平台，本文使用的土壤水分数据主要是来自AMSR系列日本航空航天局（JXAX）开发的三级标准土壤水分产品，湿度单位为m^3/m^3，初始分辨率为25 km。其中，先进的微波扫描辐射计-地球观测系统（The Advanced Microwave Scanning Radiometer-Earth Observing System，AMSR-E）传感器是一种被动式微波遥感仪，是对原来装载在ADEOS-Ⅱ卫星的AMSR传感器的改良，搭载在Aqua卫星上（有效服务期限2002年5月至2011年10月），且轨道是太阳同步近极轨道，轨道高度为约700 km。AMSR-E安装的微波辐射计是研究土壤湿度的首选仪器，不仅植被对信号衰减影响较小，受大气影响也很小。AMSR-E在微波频谱中具有6个波长（6.925 GHz、10.65 GHz、18.7 GHz、23.8 GHz、36.5 GHz和89 GHz）。

本研究采用日本宇宙航空研究开发机构（Japan Aerospace Exploration Agency，JAXA）的AMSR-E SMs L3土壤水分产品，时间序列为2002年6月至2011年10月，该产品是基于地表参数反演模型（Surface Parameter Inversion Model，LPRM）开发基于的土壤水分产品，空间分辨率为25 km。AMSR-E SM L3土壤水分产品采用查找表（Lookup Table，LT）法来反演土壤水分。JAXA算法假定植被的光学深度与植被含水量线性相关，并且植被含水量可由NDVI确定。首先，将后向辐射传输方案用于多个频率和极化产生的参数值（土壤和植被）的亮度温度，建立亮度温度数据集。其次，使用亮度温度数据集来创建查找表。最后，根据10.65 GHz数据和土壤湿度指数从36.5 GHz和10.65 GHz水平通道估算土壤湿度和植被含水量，根据地面监测网络验证结果显示JAXA产品可提供较高精度的土壤水分结果。

AMSR-2（The Advanced Microwave Scanning Radiometer 2）传感器搭载在日本“GCOM-W1”卫星上，发射于2012年5月。作为AMSR-E的后续卫星，AMSR-2与AMSR-E相比，其天线反射器天线半直径从1.6 m扩大到2.0 m，此外，AMSR-2多一个C波段（7.3 GHz）信道以减轻射频干扰的影响，并且通过改进热设计来提高亮度温度的校准精度。过境时间仍然为13:30、01:30，本研究所使用的AMSR-2土壤水分产品时间跨度为2012年7月至2018年12月。数据来源于JAXA实时发布的土壤水分产品（https://gcom-w1.jaxa.jp/）。同样采用LT法来反演土壤水分，由于AMSR2亮度温度校准的改进，JAXA算法对AMSR2数据产品均进行来了重新加工。JAXA AMSR2 3级土壤含水量数据产品，存在版本1.11（在此称为JX1）和版本2.21（在此称为JX2），由于JX1仅在2014年底之前可用；为了获得相同的季节数，本研究采用了2012年7月至2014年7月的土壤水分JX2产品。在JX1中，单个散射反照率基于最佳估算，而JX2的散射反照率则通过现场测量和植被校正进行了校准。尽管AMSR2产品的瞬时视场角约为50 km，但其标准产品分辨率分别为10 km和25 km两个版本。JAXA官方验证精度RMSE<0.06 m^3/m^3（在植被含水量小于等于1.5 kg/m^2的区域内）。

欧洲航天局（European Space Agency，ESA）的Soil Moisture Ocean Salinity（SMOS）卫星于2009年11月2日发射升空。该卫星沿太阳同步轨道传播，平均高度为758 km，在倾角98.44°的太阳同步轨道上运行，过境时间大约是当地时间06:00（升轨）和18:00（降轨），重访频率为2～3 d。这是第一颗配备具有孔径合成的微波成像辐射计（MIRAS），工作波段为L波段（1.4 GHz）用于监测土壤水分。凭借其基于二维干涉辐射计的创新技术，SMOS能够估算最深5 cm处的土壤湿度。本研究使用的是CATDS的SMOS-IC V105土壤水分数据产品，其时间序列范围为2011年10月至2012年6月，空间分辨率为0.25°。这里采用2个轨道的日平均值为当日土壤水分数据，为了与AMSR系列土壤水分数据匹配，根据有效值平均法将日数据平均聚合成月数据。SMOS-IC算法是由法国国家农业科学研究所（INRA）和生物技术研究中心（CESBIO）设计的，该算法基于L-MEB模型，并通过L-VOD将像素视为均匀像素。SMOS-IC产品是基于先前的SMOS Level 2土壤水分用户数据产品（土壤水分DUP2）算法设计的，用于进一步的质量过滤和重新定义。SMOS-IC将受射频干扰（Radio Frequency Interference，RFI）或土壤湿度影响的网格点数据质量指数（Data Quality Index，DQX）大于0.07的值丢弃，再利用使用DQX反向加权平均值将土壤水分DUP2数据分组到0.25°等面积网格上，并获得0.25°空间分辨率的SMOS-IC级产品。González-Zamora（2015）使用两个互补的小规模和大规模实验场网络和地表水平衡模型对该产品进行了全面评估。结果表明，SMOS-IC级土壤水分估算与同时间序列原位测量比较结果一致，Pearson相关系数和协议指数总计高于0.8，土地利用和土壤质地平均值均高于0.85，估计精度优于0.04 m^3/m^3。Al-Yaari等（2019）使用两个互补的小规模和大规模测试站点网络以及地表水平衡模型对SMOS-IC土壤水分产品进行了全面评估，结果表明SMOS-IC土壤水分与以前的同时土壤水分用户数据产品（第2和第3级）相比，该产品结果更贴近于现场测量值，皮尔逊相关系数和一致性指数（AI）均高于0.8。

土壤水分数据主要来自AMSR-E\2 Level 3和SMOS-IC，其湿度单位为m^3/m^3，空间分辨率为0.25°。本研究所涉及土壤水分产品均采用Equal-Area Scalable Earth Grid（EASE-Grid）投影方式，也称之为等面积可伸缩地球网格，由美国冰雪数据中心（Nation Snow and Ice Date Center，NSIDC）最先开发并广泛使用。EASE-Grid包含：全球圆柱等面积和南、北半球等面积方位角3种等面积投影方式。其中，全球圆柱等面积投影的行列号与经纬度的换算公式如下。

$$r = r_0 + R/C \times lambda \times \cos(30°) \tag{11-1}$$

$$s = s_0 - R/C \times \sin(phi) / \cos(30°) \tag{11-2}$$

式中：r为换算后的列号，r_0为原始的列号，这里取值619，s为换算后的行号，s_0为原始行号，这里取值为292.5，R为地球半径，R = 6 371.228 km；C是所对应的栅格大小；*Lambda*是经度，*phi*是纬度。二者均采用弧度制单位。将所有原始数据转换为*Albers*等面积投影。

（二）MODIS数据

Aqua卫星是地球观测系统（Earth Observing System，EOS）中的下午星，搭载中分辨率成像光谱仪（Moderate-resolution Imaging Spectroradiometer，MODIS）在大约1:30（降轨）和13:30（升轨）经过中国。由于MODIS具有高时间分辨率和良好的数据质量，它已被广泛用于监视各种环境资源状况调查，包括陆地、海洋和低层大气。在降尺度模型中，建立土壤水分与其他高分辨率地表变量之间的关系是至关重要的一步。Koike等（2004）使用植被与热的关系建立了微波光学/红外降尺度模型，以将AMSR-E土壤水分产品的空间分辨率优化到非常好的精度。Wang等（2016）使用类似的方法将土壤水分数据从0.25°分辨率提高到0.05°。Im等（2016）利用土壤水分和MODIS陆面产品之间的关系来提高AMSR-E土壤水分产品的分辨率。

在本研究中，使用了2种MODIS产品，即MODIS/Aqua月度LST（MYD11C3）和NDVI（MYD1C2）产品，它们均具有0.05°的空间分辨率，且同时搭载在Aqua卫星上，可以确保与微波土壤水分数据具有相同的传输时间。MODIS产品下载自美国地质调查局（USGS）的NASA土地过程分布式主动档案中心（LPDAAC）（https://lpdaac.usgs.gov/）。为了与土壤水分数据一致，所有数据均按昼夜产品求平均值，并通过一阶差分法消除了异常值。通过Python编程批量调用MRT软件对MODIS影像进行了裁剪投影转换处理，采用克拉索夫斯基椭圆球体坐标系，将原始数据转换为Albers等面积投影。

由于MODIS数据会受到未检测到的云和恶劣的大气条件的影响，从而造成数据不连续；为了弥补数据不足造成的误差，恢复数据的客观真实性，利用一阶差分法对异常值进行剔除后，再利用Savitzky-Golay（S-G）滤波器对重建2002—2018年的时间序列数据，对缺失数据空值进行插补处理，以提高数据质量。S-G滤波方法由Savitzky和Golay于1964年提出，该方法通过使用最小二乘算法对一组邻近值或相关光谱值进行平滑和重构，以减少由云和恶劣的大气条件引起的误差或噪声。S-G滤波也可以理解为移动窗口加权平均算法，以研究区域中的每个像素为单位，使用给定的高阶多项式在不同时间拟合每个单位的像素值，并且重建这组数据以弥补数据本身的缺点。具体方法如式11-3示。

$$Y_j^*=\sum_{-m}^{m}\frac{C_i\times Y_{j+1}}{N} \tag{11-3}$$

式中：Y_j^*是重构后的时间序列数据；Y是原始时间序列数据，C_i是-G滤波器多项式的拟合系数，即来自滤波器头部的第i个值的权重；N是滤波器处理数据的长度，即滑窗口中包含的数据点数，等于平滑窗口的大小（$2m+1$）；m的大小是平滑窗口大小的一半，N是滤波器所处理数据长度。本研究采用S-G滤波来重建MODIS NDVI和地表温度（LST）数据。在数据重建过程中，需要设置2个参数。第一个参数是m，即平滑窗口的一半宽度。m值越大，则对数据应用的平滑度越高。第二个参数是d，它是指定平滑多项式次数的整数，较小的d值将产生较平滑的结果，但可能会引入较大的偏差；较高的d值将减少滤波器的偏差，并可能“过度拟合”数据并产生较大的噪声。S-G滤波法的流程图如图11-1所示。

由于中国区域高程起伏较大，为了保证结果精度，在计算TVDI之前，需要对地表温度进行地形校正，以降低地形起伏对地表温度反演结果的影响；MODIS地表温度产品进行校正，校正过程可以用下式表示：

$$T_m=T_0+h\times\lambda \tag{11-4}$$

式中：T_m为地形校正后的地表温度，T_0为校正前的地表温度，h为某像元处的高程值，λ是高程对地表温度反演过程的平均影响系数（这里λ最佳取值为0.006℃/m）。

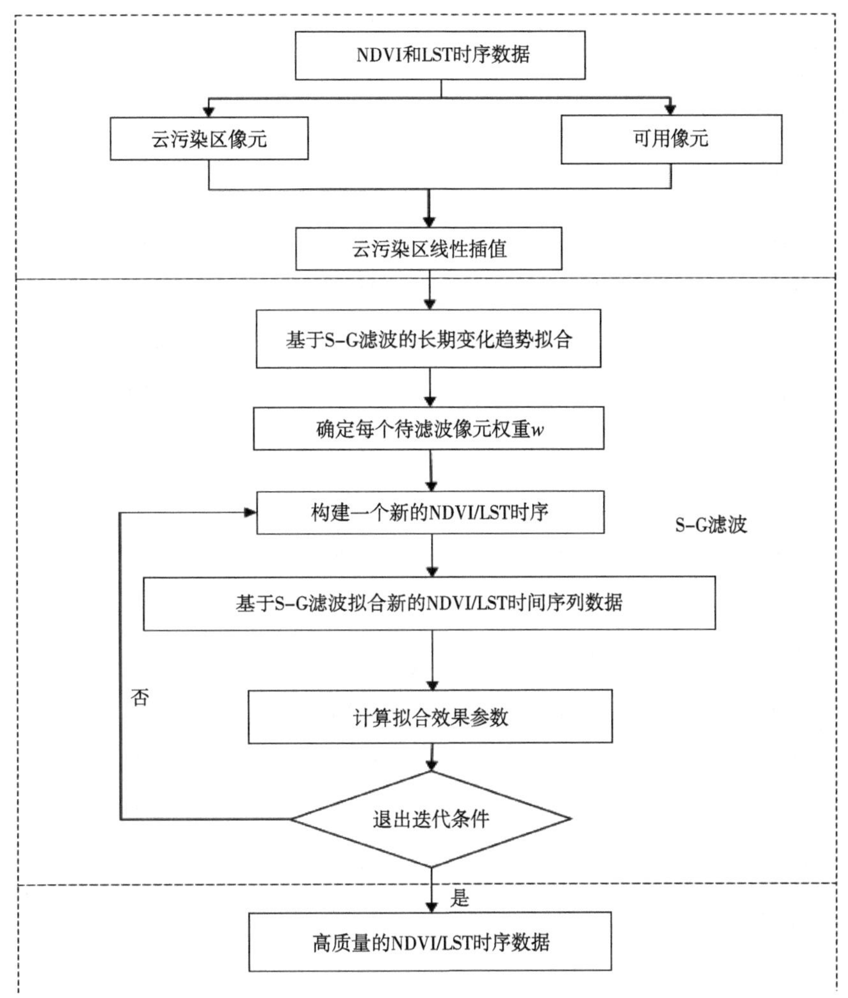

图11-1　Savitzky-Golay（S-G）滤波法流程

（三）气象和辅助数据

来自中国国家气象台（CNMS）和农业气象台站的土壤水分数据主要用于验证和控制降尺度土壤水分产品的精度。从703个站点获取每日每小时的不同深度土壤水分监测数据，基于每日卫星过境时最邻近的数据，并通过平均聚合成月度产品，以匹配卫星降尺度土壤水分产品。以本研究所使用的AMSR系列卫星为例，每日卫星在中国的过境时间为13:30和1:30，因此地面监测站点土壤水分数据每日数据由白天（13:00，14:00）和夜间（1:00，2:00）4个时刻的值求平均得到（表11-1）。在聚合计算时，剔除异常和不具有代表性的数据，评估筛选原则是确保所选数据能够反映影响遥感信号的所有物理状况。利用中国生态系统研究网（CERN）和高原土壤湿度和土壤温度（Tibet-Obs）观测的土壤水分活动来补充验证降尺度产品的精度。CNMS站位于不同区域，代表着不同的地表和气候条件。使用在0~10 cm深度处测量的原位土壤水分数据来研究卫星衍生的表面土壤水分估算值（土壤顶部5 cm）的准确性。验证工作是在整个区域（稀疏）和局部区域（密集）尺度上进行的。遥感反演数据以体积含水量表示，单位为m^3/m^3，农业气象台站和生态系统站土壤水分数据则用土壤相对湿度来表示，单位为%。在进行对比验证前，需要对实测土壤湿度站点数据进行单位转换来实现同量纲处理。通过分析得到站点土壤相对湿度到土壤体积含水量的转换公式：土壤体积含水量（%）= 土壤相对湿度 × 田间持水量 × 土壤密度，因此，应用该公式将各站点土壤湿度的统一到同一计量单位。表11-1展示了本研究中使用的空间数据集列表信息。

表11-1　CERN站点信息

序号	站点名	经度/°	纬度/°	高程/m	站点类型
1	阿克苏	80.85	40.67	1 028	农田
2	安塞	109.31	36.85	1 083	农田
3	常熟	120.38	31.50	3.1	农田
4	长武	107.67	35.25	1 200	农田
5	封丘	114.55	35.02	67.5	农田
6	环江	108.2	24.40	279	农田
7	海伦	126.63	47.43	236	农田
8	栾城	114.68	37.88	50.1	农田
9	拉萨	91.33	29.66	3 688	农田
10	千烟洲	115.07	26.74	76.4	农田
11	沈阳	123.4	41.52	49	农田
12	桃源	111.5	28.91	106	农田
13	禹城	116.6	36.95	22	农田
14	盐亭	105.45	31.27	420	农田
15	鹰潭	116.92	28.25	45	农田
16	大亚湾	114	23.67	38	海湾
17	胶州湾	120.3	36.10	21	海湾
18	三亚	109.47	18.27	3	海湾
19	策勒	80.7	37.01	1 306	沙漠
20	鄂尔多斯	110.18	39.50	1 270	沙漠
21	阜康	88	44.15	460	沙漠
22	临泽	100.12	39.33	1 375	农田
23	奈曼	120.7	42.92	363	沙漠
24	沙坡头	104.95	37.45	1 350	沙漠
25	哀牢山	101.02	24.54	2 481	森林
26	北京森林	115.43	39.97	1 248	森林
27	西双版纳	101.02	21.95	560	森林
28	长白山	127.09	42.40	738.1	森林
29	鼎湖山	112.53	23.17	90	森林
30	贡嘎山	101.88	29.60	2 950	森林
31	鹤山	112.9	22.70	90	森林
32	会同	109.75	26.83	541	森林
33	茂县	103.9	31.70	1 826	森林
34	神农架	110.4	31.50	1 700	森林

续表

序号	站点名	经度/°	纬度/°	高程/m	站点类型
35	海北	101.33	37.66	3 280	草地
36	内蒙古	116.7	43.60	1 267	草地
37	东湖	114.4	30.55	21	湖泊
38	太湖	120.2	31.60	10	湖泊
39	三江	133.5	47.60	55	湿地
40	北京城市	116.34	40.01	45	城镇
41	洞庭湖	112.8	29.50		湿地
42	鄱阳湖	116	29.28		湖泊
43	清原站	124.99	41.878	560~1 118	森林
44	普定站	105.750 8	26.366 9	1 100~1 400	喀斯特

表11-2　本研究中使用的空间数据集概述

数据集	卫星	时/空间分辨率	时序	描述
AMSR-E L3	Aqua	25 km/月	2002年6月至2011年10月	土壤水分
SMOS L3 SMDUP3	SMOS	25 km/月	2011年7月至2018年12月	土壤水分
AMSR2 L3	GCOM-W1	25 km/月	2012年7月至2018年12月	土壤水分
MOD11A1/MYD11A1	Aqua	5.6 km/月	2002年1月至2018年12月	LST
MOD13A2	Aqua	5.6 km/月	2002年6月至2016年12月	NDVI
SRTM	—	—	—	DEM
站点	—	—	2002年1月至2018年12月	土壤水分

三、多源微波土壤水分数据一致性校验

由于卫星传感器的使用寿命有限，为了获得更长的土壤水分数据集序列，一般需要使用多种传感器产品，其间空隙SMOS需要为土壤水分产品使用不同的卫星传感器。本研究使用的微波土壤水分数据来自不同遥感平台和机构的土壤水分数据产品，包括AMSR-E（2002年6月至2010年12月）、SMOS（2002年6月至2018年12月）、AMSR2（2002年6月至2018年12月）。由于不同传感器规格、过境时间、观测波段，以及反演算法的差异，造成相同位置和相同时间段的不同土壤水分观测结果并不完全一致。为了获得一套长时间序列的土壤水分数据，缩小多源数据之间的差异，在降尺度之前，基于重叠区间数据将非重叠区间数据校正到一个标准之下很有必要。因此，本研究以AMSR-E为基准使用线性回归模型对SMOS、AMSR2进行逐像元动态范围匹配，之后融合为一套产品。线性重匹配已被广泛用于重新标定土壤水分时间序列，以减少多源数据间的差异。总体而言，线性重新缩放方法是通过考虑参考数据集（X）与原始数据集（Y）之间的最一般线性关系来实现的，如式11-5所示。

$$Y^{*} = \mu_X + (Y - \mu_Y)C_Y \tag{11-5}$$

式中：Y^*是原始数据Y缩放后的值，μ_X和μ_Y分别是X、Y在计算时序内的平均值；C_Y是标量缩放因子

（在本研究中不考虑最大-最小的拟合）；在这里，采用Yilmaz等（2013）提出的一种线性方法来确定C_Y的大小。

$$C_Y = \rho_{XY}\sigma_X\sigma_Y \tag{11-6}$$

式中：$\sigma_X\sigma_Y$分别是X、Y的标准误差值，ρ_{XY}是X、Y之间的相关系数。

四、微波土壤水分数据降尺度方法

（一）构建LST-NDVI（TVDI）特征空间

TVDI是Sandholt等（2002）提出的一种温度植被干旱指数，可以很好地估算土壤表层水分状况，已被广泛应用于干旱监测。研究者发现地表温度和植被指数之间明显的负相关性，其二者值所构成的散点在图像上呈现三角形或梯形分布，因此又将这种现象称为“万能三角形”特征空间。TVDI是LST/NDVI的概念模型，以NDVI为自变量，LST为因变量而构建的特征空间。如图11-2所示，从横轴来看，从左到右，NDVI值逐渐增大，表示植被量也逐渐增大，从裸土到部分植被覆盖，再到全植被覆盖。最左侧的裸土部分，从上至下是由干到湿，土壤含水量最高状态时同时也对应最大蒸发量。当土壤状态为干燥时，负相关关系由最上面的那条边所决定，这是根据已知气候影响和地表类型下的温度最高边界值。温度—植被指数特征空间可以将温度和植被指数结合使用，使信息互补，在一定程度上消除土壤背景噪声。TVDI表达式如式11-7所示。

$$TVDI = \frac{T_s - T_{smin}}{T_{smax} - T_{smin}} \tag{11-7}$$

$$T_{smax} = a_1 + b_1 \times \mathrm{NDVI} \tag{11-8}$$

$$T_{smax} = a_2 + b_2 \times \mathrm{NDVI} \tag{11-9}$$

式中：T_s为研究区内的地表温度，单位为℃；T_{smin}为湿边的地表温度，$(a_2，b_2)$为“湿边”模型的模拟系数；T_{smax}为干边的地表温度，$(a_1，b_1)$为“干边”模型上的模拟系数。

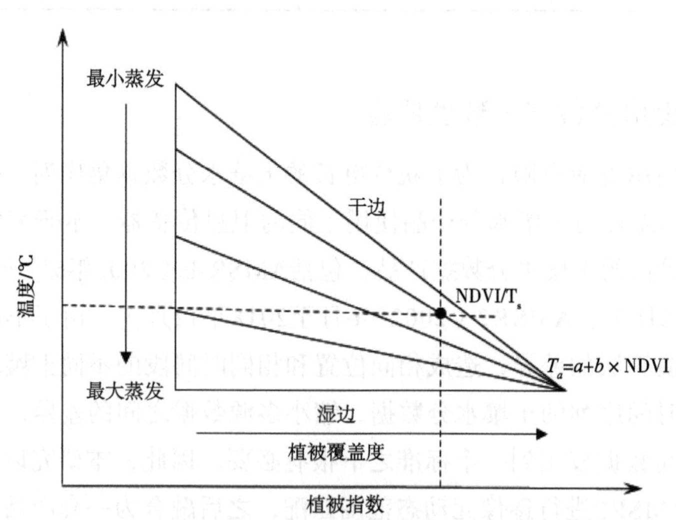

图11-2 “地表温度—植被指数”特征空间示意

（二）空间权重分解模型

研究表明，TVDI与土壤湿度呈显著的负相关，因此利用高分辨率的MODIS TVDI对低分辨率的土壤水分数据进行逐像元赋权重，然后构建空间权重分解模型，利用高空间分辨率的权重将低空间分辨率土壤水分产品分解成高空间分辨率的土壤水分产品。空间权重分解如式11-10所示。

$$SM_i = SM_j \times \frac{1 - TVDI_a}{1 - TVDI_b} \tag{11-10}$$

式中：SM_i是降尺度后生成高空间分辨率（5.6 km）的土壤水分数据像元值；SM_j是输入的低分辨率（25 km）的土壤水分数据像元值；$TVDI_a$是土壤水分a像元所对应MODIS像元的TVDI值；$TVDI_b$是土壤水分b像元所对应MODIS像元的TVDI平均值。

五、土壤水分降尺度结果

基于空间降尺度方法，使用MODIS TVDI数据一致性校正后的被动微波土壤水分数据集（2002年6月至2018年12月）进行逐像元空间权重降尺度。图11-3展示了2002年6月的降尺度前后研究土壤水分影像及其一条横切像元值。利用空间权重降尺度的土壤水分数据，可使结果整体上较好地保留了原始影像的空间分布规律，具体来看，降尺度后土壤水分数据影像在纹理上更加细腻，其横切波的像素值的曲线走势也表现出了更加高频的振荡变换。

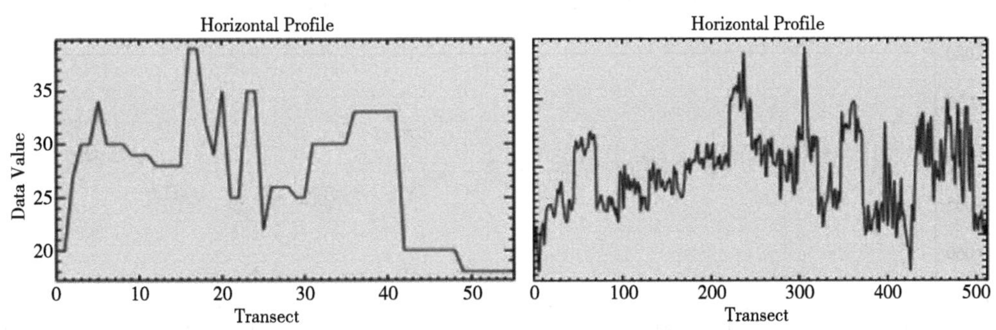

图11-3　降尺度土壤水分图像和原始土壤水分图像的比较

六、降尺度结果与站点数据的精度检验

在应用降尺度土壤水分之前，对产品的定量化验证工作也非常重要，因为在本研究中生产的是月度产品，因此在月份、季节和年度范围内对这些产品进行了验证。根据与地面站数据的比较，验证表明，降尺度后的土壤水分产品在月度、季节和年度尺度上具有较高的准确性（图11-4）。在这3个时间尺度上，地面测量的土壤水分值的整体分布均略高于降尺度的土壤水分，从图11-4土壤水分趋势线均在一次参考函数下可知。计算实测土壤水分值和微波遥感降尺度土壤水分值之间的相关系数，在年、季、月尺度上均表现出很强的相关性（R>0.8），说明降尺度结果的具有很高的可靠性。具体而言，在月度、季节和年度尺度下，R值分别约为0.826、0.882和0.901，而相应的RMSE分别为0.094 m^3/m^3、0.069 m^3/m^3和0.62 m^3/m^3。此外，按年尺度的偏差值0.033 m^3/m^3，而月偏差和季节偏差分别为0.058 m^3/m^3和0.013 m^3/m^3。

我国幅员辽阔，地形地势复杂，土壤水分空间分布具有很大的差异性，加上不同地域下垫面构成复杂程度不同，造成降尺度土壤水分的精度也会表现出很强的地域性。为了进一步验证土壤水分在中国不同空间范围内的精度，需要进一步根据6个自然分区，对不同地区土壤水分降尺度产品的均方根误差，偏差和相关系数结果进行的统计分析。如图11-5所示，当前的方框图表示每个指标的中位数（每个方框内的水平线），第一分位数和第三分位数Q3（由方框的底部和顶部表示）。降低的土壤湿度与原位测量密切相关，在12个月的大部分时间内R^2>0.52。具体而言，12月，降级的土壤水分产品的R^2值最差，RMSR最高（冬季的冰雪覆盖）。缩减的土壤水分产物与9月的实地测量显示出最好的相关性

（植被影响减弱）。从每个区域来看，与华北季风区和华南季风区相比，西南湿润区和青藏高原区的偏差值可变性更大。但其原因不尽相同，青藏高原常年积雪和冰雪覆盖，而华南地区则是水网中密布的雨水造成的。

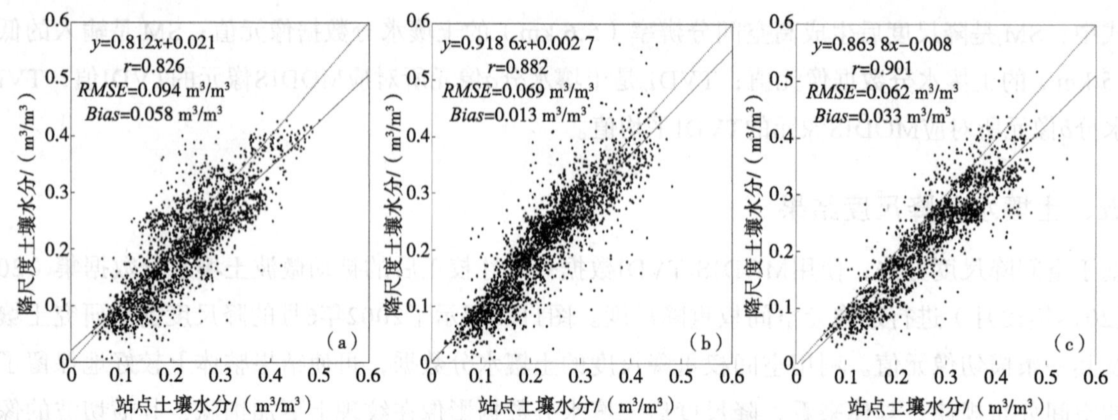

图11-4　在（a）月尺度、（b）季节尺度和（c）年尺度下，降尺度土壤水分和原位土壤水分测量值间的相关性

注：实线是趋势线，虚线是$y=x$参考线。

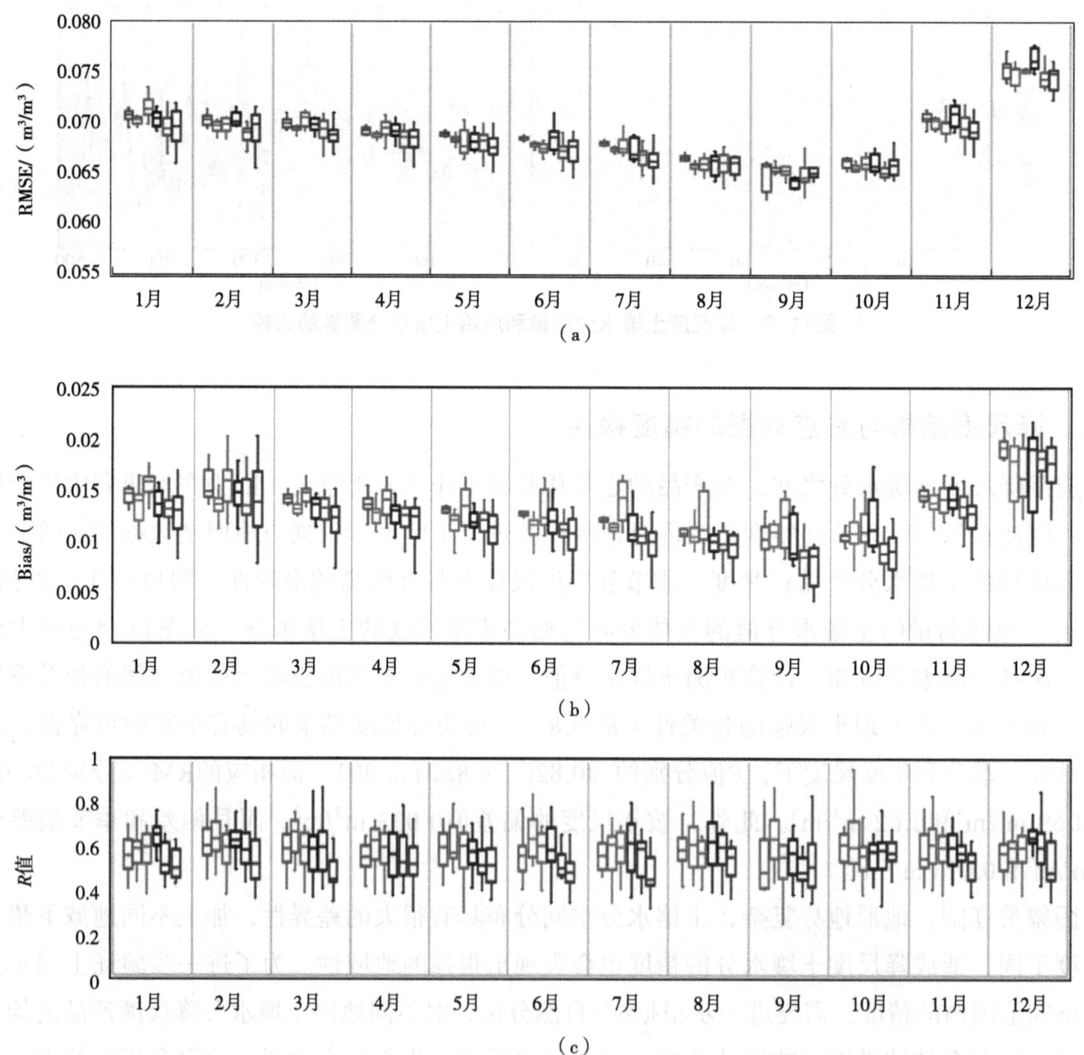

图11-5　降尺度土壤水分相对于每个区域的原位土壤水分的平均RMSE、Bias、*R*值

注：每月从左至右依次为东北季风区、华北季风区、华南季风区、华南湿润区、西北干旱区和青藏高原区。

七、降尺度结果在不同下垫面的泰勒检验

除上述各评估指标外，本研究还针对不同下垫面的生态站点数据对降尺度土壤湿度产品的归一化标准偏差（Normalized Standard Deviation，SDV）进行统计分析。为此，泰勒图用于统计总结相关结果的相关系数，RMSE和模拟结果与现场观测值之间在二维（2-D）上的单个点的标准偏差。这些统计对应关系包括相关性R、居中的RMSE（E）和SDV，其定义如下。

$$R = \frac{1}{N-1}\sum_{i=1}^{N}\left(\frac{T_i - T}{\sigma_T}\right)\left(\frac{L_i - L}{\sigma_L}\right) \tag{11-11}$$

$$\text{Bias} = \frac{1}{N}\sum_{i=1}^{N} T_i - L_i \tag{11-12}$$

$$\text{RMSE} = \sqrt{\frac{1}{N}\sum_{i=1}^{N}\left(T_i - L_i\right)^2} \tag{11-13}$$

$$E^2 = \text{SDV}^2 + 1 - 2\text{SDV} \times R \tag{11-14}$$

同样地，E还可以定义如下。

$$E^2 = \frac{\left(\text{RMSE}^2 - \text{Bias}^2\right)}{\sigma_L} \tag{11-15}$$

SDV值计算公式如下。

$$\text{SDV} = \frac{\sigma_T}{\sigma_L} \tag{11-16}$$

在泰勒图中，SDV和R分别表示为极坐标图中的径向距离和角度。因此，E表示泰勒图上到“观察值”的点的距离。距离越短，被验证产品与参考观测值之间的一致性就越好。在这项研究中只考虑了有显著相关性的验证值（$P<0.05$）。

针对在不同区域的不同土地覆被的地面站进行的原位站点地表土壤水分观测，对降尺度土壤水分产品的性能进行了全面评估。展示了在所选站点上的降尺度土壤水分产品的精度指标（包括R、SDV和中心RMSE）。如图11-6的泰勒图中，通常不同区域点在泰勒图中的分布并不均匀，这意味着降尺度后的土壤水分精度在不同站点之间的验证结果会有所不同。林地区域的站点经常出现在一个归一化SDV的圆圈之外，这表明植被覆盖较多的土壤水分降尺度精度要比其他地区更低，但其不确定性更高。

不同分区来看，在东部季风地区（包括东北季风区、华北季风区、华南季风区），降尺度的土壤水分产品与地面站的观测值具有很好的一致性，尽管存在少数变异性很大的站点，大多数相关性指数R值为0.6～0.9。在中国西部的青藏高原区和西北干旱区内，降尺度土壤水分产品与原位观测值之间具有稍差的相关性，而在植被面积较低的情况下，通常也可获得较大的相关性值，如一些农田、草地内观测站点的标准偏差值都在1.0以内。

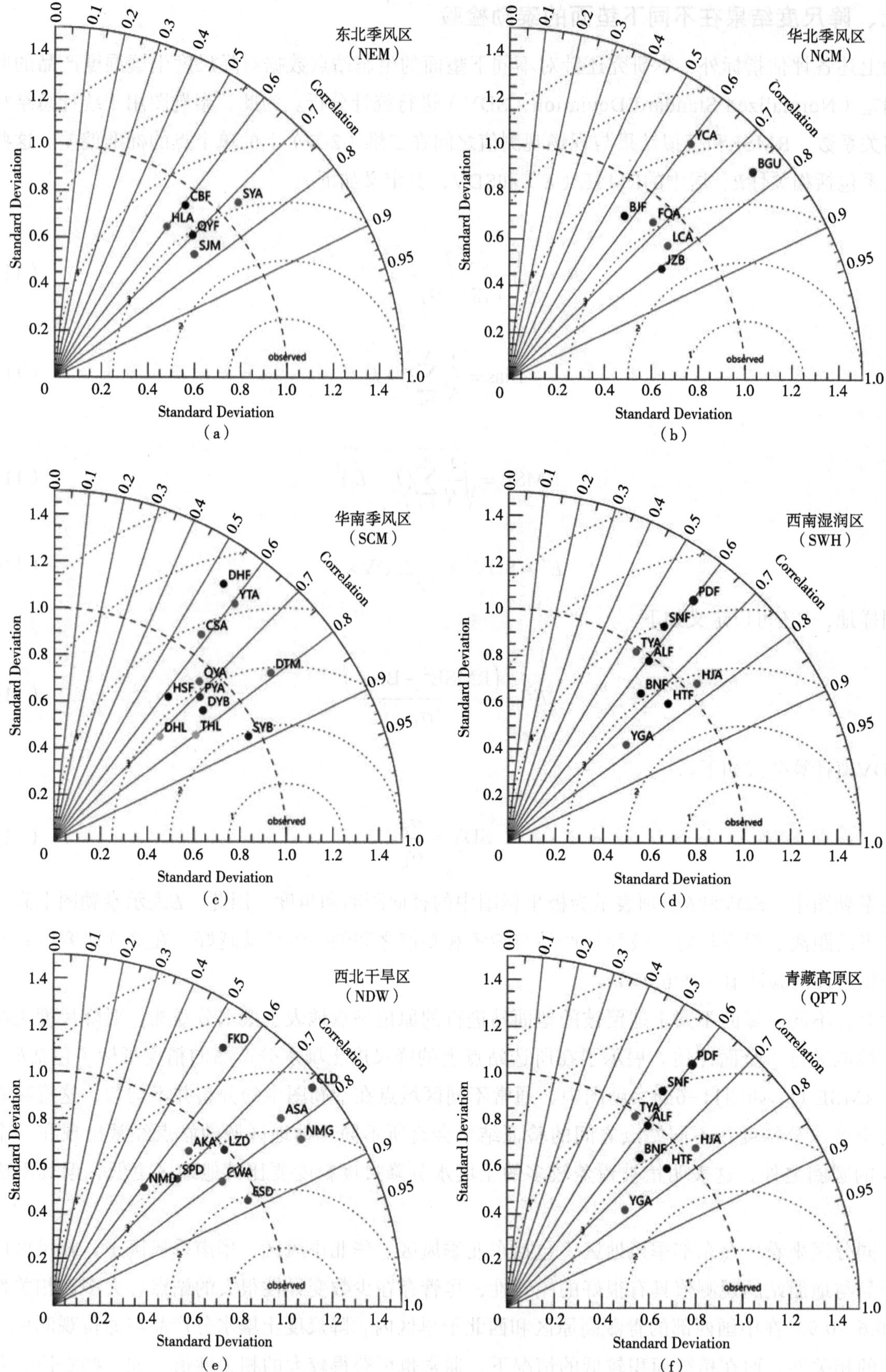

图11–6　不同区域降尺度土壤水分和现场测量之间的泰勒图统计比较

八、中国区土壤水分的时间变化规律

在过去的17年中，整体来看，全国平均土壤含水量约为0.911，并呈现总体下降趋势（$b=-0.167$，$r=0.750$，$P=0.05$）。该结果可以解释在全球普遍变暖的大背景下，温度升高导致蒸发增加，因此土壤中含水量下降。2002—2012年，土壤水分波动很小，但2013年之后，土壤水分含量急剧下降。此外，土壤水分含量最高和最低的年份分别是2004年（11.07%）和2016年（7.31%）。从每个分区的年均土壤水分含量来看，在过去的17年中，华南季风区的土壤水分值远远高于其他地区（平均值为16.46%）。在该地区，2002—2011年的值与全国平均值一致，而2011—2013年的值高于全国平均值。该地区土壤水分的显著下降，这表明它受季风影响的程度比中国其他地区更大。相反，受季风影响的华北季风区和东北季风区的年平均趋势则相对稳定。西南湿区位居第二，平均土壤含水量值为9.16%，其次是东北季风区和华北季风区，平均土壤含水量值分别为8.69%和8.44%。此外，西北干旱区和青藏高原地区的平均土壤水分平均值一直较低，分别为6.87%和6.34%。青藏高原地区土壤水分产品的准确性较低，主要是由于积雪影响较大。该分析表明，季风影响区（即东北季风区、华北季风区和华南季风区）的土壤水分含量比内陆（西北干旱区和西南湿润区）的土壤水分含量更敏感。华南季风区的平均土壤水分含量最高，变化也最明显。在整个研究期间，该区域显示出下降的趋势。该区域的下降率由（$b=-0.246$，$R=0.570$，$P=0.01$）定义，这比其他季风区要高得多。该地区城市的工业用水、生活用水和农业灌溉用水的持续增加是影响土壤水分减少的重要因素。华北季风区过去经历了更多的干旱，目前呈现下降趋势（$b=-0.383$，$R=0.621$，$P=0.05$）。因此，可以预见的是，华北的干旱将进一步加剧甚至引发一系列农业灾害。在过去的17年中，西南湿区和东北季风区的土壤水分含量略有下降，而西北干旱区则显示出略有增加的趋势（$b=0.04$，$R=0.651$，$P=0.05$）。研究区西北部的干旱状况对中国西北干旱区的生态，农业和畜牧生产具有积极意义。最后，尽管青藏高原地区的土壤水分略有下降，但下降并不明显。

为了更详尽分析降尺度表层土壤水分的总体长期的变化趋势，构建像元级时空动态变化模型。详细分析在2002—2018年降尺度后的土壤水分年度和季节的每月在像素水平上的动态变化斜率*Slope*，并基于显著性相关系数r来判断其显著性程度。动态变化斜率Slope可用式11-17计算得到，相关系数R则可由式11-18计算得到。

$$\text{Slope}=\frac{n\sum_{i=1}^{n}(iW_i)-\sum_{i=1}^{n}i\sum_{i=1}^{n}W_i}{n\sum_{i=1}^{n}i^2-\left(\sum_{i=1}^{n}i\right)^2} \tag{11-17}$$

$$R=\frac{n\sum_{i=1}^{n}(iW_i)-\sum_{i=1}^{n}i\sum_{i=1}^{n}W_i}{\sqrt{n\sum_{i=1}^{n}i^2-\left(\sum_{i=1}^{n}i\right)^2}\times\sqrt{n\sum_{i=1}^{n}W_i^2-\left(\sum_{i=1}^{n}W_i\right)^2}} \tag{11-18}$$

式中：Slope是研究时间序列区间土壤水分的趋势变化率；i是年份的数量，n是时间序列的长度（在本研究中$n=17$）；W_i表示第i年的土壤水分值。如果Slope为正，则表示土壤水分较上一时间增加，相反，Slope为负值表示土壤水分较上一时间减少，若Slope为0则较上一时间没有发生变化。R为研究时序内土壤水分变化与时序间的相关系数，R的绝对值越大，表示相关性越强。

在过去的17年中，中国的土壤水分变化表现出明显的地理和季节差异。不同的斜率表示不同的趋势。例如，Slope>0表示增加的趋势，较大的值表示更明显的变化，而Slope<0表示减小的趋势，较小的值表示更明显的变化，而Slope=0表示没有变化。以年度土壤水分含量为基础，中国总体土壤水分含量呈下降趋势；大幅减少面积占总面积的45.9%，大幅增加面积占总面积的17.5%。从不同区域看，

东北季风区长白山以西平原、华北季风区辽东半岛和山东半岛、东部沿海地区和长江中下游地区盆地、西南湿润地区的四川盆地和青藏高原南部地区的森林面积呈现出相对明显的下降趋势，变化的斜率超过0.3（R<-0.6），发生这种现象的主要原因是，在此期间，西南地区遇到了高温天气所导致的大量蒸发，这些条件在很大程度上造成了植物的局部缺水。相比之下，西北干旱区河西走廊南部，新疆南部和青藏高原北部的土壤水分含量显著增加。这些变化的斜率是0.2，小于R>0.5。从2002年到2018年，中国大部分地区的土壤水分含量呈下降趋势（西北干旱地区除外），这与图11-9中的分析结果一致。该结果表明，全国干旱风险将增加。可以预见，未来在西北干旱地区，其气候条件将变得更加湿润，这将缓解目前中国西北地区的干旱情况。此外，有效改善中国西北干旱地区的生态环境对中国的西部开发和“一带一路”倡议具有积极意义。

为了更好地了解中国各地土壤水分的含量变化，分析了不同季节，不同地区的土壤水分年变化的空间分布。在过去的17年中，中国土壤水分的总体变化表现出明显的季节性特征。春季，除东北平原、三峡水库地区和中部戈壁等地区外，土壤水分的下降速度相对较高。华南季风区80%以上的下降趋势不同，尤其是江淮地区，下降斜率高达0.3（相关性在0.7以上）。春季，四川盆地再次出现严重下降。此外，在华北季风区的辽东半岛，山东半岛和昆仑山脉东部，下降趋势主要是下降的斜率小于0.2（相关系数在0.5以上）。夏季，6个子区域土壤水分的异质性明显，西北干旱地区的黑龙江西北地区、西南湿润地区的云贵高原和华南长江平原发生了较大的变化趋势。季风区部分区域下降斜率在0.4以上（相关系数在0.7以上）。通常，由于年际热液和季风降水变化很大，东部受季风影响的区域变化很大。从春季到夏季，华南季风区土壤水分含量的波动范围明显扩大。通常，降水带在雨季发生变化，这些变化受夏季风控制，发生在珠江三角洲和长江三角洲的雨季。在雨季，总降水量约为年降水量的80%。秋季，东北季风地区黑龙江地区的土壤水分含量呈极显著下降趋势，下降斜率小于0.4（相关系数在0.7以上）。这种趋势延伸到西北干旱地区的内蒙古北部，下降斜率小于0.4，相关系数在0.5以上，并且在与西南湿润地区接壤的重庆丘陵地区也出现了明显的下降趋势，华南季风区，其值下降到小于0.3（相关系数在0.5以上）。此外，在华北和华南季风区的黄淮河地区，长江中下游和西南湿润地区四川盆地的土壤水分呈明显下降趋势，坡度呈下降趋势。在主要区域下降到小于0.4（相关系数在0.5以上）。在夏季和秋季，季风地区的趋势非常明显。尽管夏季和秋季季风地区发生了许多降雨事件，但降水的时空分布并不均衡。此外，长江中下游地区夏季以亚热带高压系统为主，在此期间发生大量蒸发，这可能是观测到下降的主要原因。冬季，土壤水分的变化不如其他季节显著。下降主要发生在中国西南部地区（如云南和广西西部），这在以前的研究中也已发现。除南部的植被区外，秋季的降水普遍较低，长江上游的三峡大坝有一个上升的趋势（斜率>0.4，R>0.7）。这个上升趋势的出现非常值得注意：三峡大坝在储存后很可能会对当地的土壤水分变化产生重大影响。华北季风区的环渤海地区和华南季风区的长江三角洲地区4个季节的变化趋势极高，这可能是由于广泛的城市化造成不透水地表面积迅速增加所造成的。相反，在受季风影响的地区，如青藏高原地区（西藏南部）和西北干旱地区（内蒙古东部），土壤水分含量增加。

由于土壤水分具有很强的变化性，因此，我们进一步对不同年份、月份土壤水分的时空变化进行了分析（图11-11）。每月平均变异性比季节和年度尺度的变异性更不稳定，尤其是在1月和7月。1月，中国北部受到欧亚高压中心的影响，而季风则在7月受到亚热带太平洋高压系统的控制。华南季风区特别容易受到极端天气事件的影响（例如，2015年发生了南方涛动，2006年和2015年发生了厄尔尼诺现象），导致中国中南部的夏季季风减弱和季风向南所带来的降雨。

第四节　小　结

土壤水分是陆地表面状态的关键部分，因为土壤水分不仅是全球水循环的主要驱动因素，而且还可能影响全球大气环流。定量获得的土壤水分信息不仅可以增强水资源管理、估算农业产量和监测干旱的能力，还可以改善气候预测。在实践中，土壤水分的变化将直接影响地表水的循环，改变地表反照率和蒸散量，影响地球-大气系统的水交换和能量通量。土壤水分还通过影响辐射来分布潜热通量和显热通量，导致湿空气对流和水平汇聚，并增加行星边界层的高度，从而影响高层大气的状态。整个地球-大气循环系统受土壤水分变化的影响，地面参数（主要是植被、地表温度和地表反射率）可以通过蒸散作用显著调节土壤水分的变化。陆地上大约65%的平均降水来自陆地表面的蒸散，特别是在内陆地区，该值甚至更高。植被通过蒸散量与土壤水分密切相关，植被减少或土壤干旱化将增加地表反照率，这将减少地表吸收的净短波辐射；反过来，这将进一步加强空气下沉运动并抑制降水。植被减少将加剧土壤干燥。当土壤水分降低时，土壤水分和表面温度之间的耦合是通过一系列间接过程实现的。如果出现异常，则可减少大气中蒸散量的水量。因此，表面吸收的净辐射对热变化更敏感，最终导致表面附近的温度升高。结果使大气中潜在的蒸发量增加。进而使土壤变得更干燥，极端干旱和热浪更加频繁地发生，持续时间更长并且变得更强。

本研究基于AMSR-E、SMOS和AMSR2微波产品的25 km空间分辨率，通过使用土壤水分和TVDI之间的负相关关系建立基于空间权重降尺度模型以进行土壤水分空间降尺度，以生成0.05°分辨率的长时间序列连续土壤水分产品。经地面实测数据验证，降尺度后的土壤水分数据集的准确性非常高（$R>0.8$），其精度受到多重因素影响，如季节、地形、下垫面。该数据用于土壤水分状态的时空综合分析，揭示了2002—2018年中国自然区域土壤水分的特征和差异。降尺度产品用于分析中国土壤水分的时空差异结果表明，我国的土壤水分变化具有明显的区域和季节特征。从整体上看，土壤水分呈下降趋势，在过去的17年中，中国的土壤水分有所波动。这些波动可分为2002—2011年的缓慢增长阶段、2011—2013年的强烈下降阶段、2014—2018年土壤水分稳定增长阶段，而2018年以后则出现缓慢下降阶段。可以得出结论，土壤水分的变化是地球-大气系统中多因素相互作用的结果，但是毫无疑问，地表土壤水分强烈地依赖于时间和空间，并且不断受到气象和地形因素的影响，如降水、温度、蒸发和植被覆盖。全球气候变化改变了中国热液资源的时空分布，进而导致了地球生物化学循环的变化。土壤水分是地球生化循环的重要组成部分，不仅是全球水循环的重要驱动因素，而且还可能影响全球大气循环。获得定量的土壤水分信息不仅可以增强水资源管理、农业生产力和干旱监测能力，还可以增强气候预测能力。研究土壤水分的高分辨率时空特征对于水资源管理、农业产量估算、干旱监测和气候变化等实际应用具有重要意义。

参考文献：

曹永攀，晋锐，韩旭军，等，2011. 基于MODIS和AMSR-E遥感数据的土壤水分降尺度研究[J]. 遥感技术与应用，26（5）：590-597.

戴立峰，张胜茂，2012. 等面积可伸缩地球网格投影分析与应用[J]. 海洋测绘（6）：21-23，36.

黄兴忠，1996. 利用主被动遥感数据估算土壤湿度和粗糙度的新方法[J]. 电波科学学报（1）：27-32.

娄利娇，2014. 被动微波遥感土壤湿度数据降尺度研究[D]. 长春：中国科学院研究生院（东北地理与农业生态研究所）.

王安琪，解超，施建成，等，2013. MODIS温度变化率与AMSR-E土壤水分的关系的提出降尺度算法推广[J]. 光谱学与光谱分析（3）：623-627.

夏自强，李琼芳，2001. 土壤水资源及其评价方法研究[J]. 水科学进展，12（4）：535-540.

杨军，董超华，卢乃锰，等，2009. 中国新一代极轨气象卫星——风云三号[J]. 气象学报，67（4）：501-509.

姚盼盼，2018. 微波遥感土壤水分时空扩展研究[D]. 北京：中国科学院大学.

姚云军，秦其明，赵少华，等，2011. 基于MODIS短波红外光谱特征的土壤含水量反演[J]. 红外与毫米波学报，30（1）：9-14，79.

易秀，李现勇，2007. 区域土壤水资源评价及其研究进展[J]. 水资源保护，23（1）：1-5.

张北赢，徐学选，李贵玉，等，2007. 土壤水分基础理论及其应用研究进展[J]. 中国水土保持科学，5（2）：122-129.

张升伟，姜景山，王振占，等，2005. 神舟4号飞船多频段微波辐射计及其应用[J]. 遥感技术与应用，（1）：72-77.

赵天杰，张立新，蒋玲梅，等，2009. 利用主被动微波数据联合反演土壤水分[J]. 地球科学进展，24（7）：769-775.

赵天杰，2012. 被动微波土壤水分[D]. 北京：北京师范大学.

ALBERGEL C，DORIGO W，BALSAMO G，et al.，2013. Monitoring multi-decadal satellite earth observation of soil moisture products through land surface reanalyses[J]. *Remote Sens. Environ.* 138：77-89.

AL-YAARI A，WIGNERON J P，DORIGO W，et al.，2019. Assessment and inter-comparison of recently developed/reprocessed microwave satellite soil moisture products using ISMN ground-based measurements[J]. *Remote Sens. Environ.*，224：289-303.

BINDLISH R，CROW W T，JACKSON T J，2009. Role of passive microwave remote sensing in improving flood forecasts[J]. *IEEE Geosci. Remote Sens. Let.*，6（1）：110-116.

BHAGAT S V，2014. Space-borne passive microwave remote sensing of soil moisture：a review[J]. *Recent Pat. Space Technol.*，4（2）：119-150.

BUSCH F A，JEFFREY D N，MICHAEL C，2012. Evaluation of an empirical orthogonal function-based method to downscale soil moisture patterns based on topographical attributes[J]. *Hydrol. Process.*，26（18）：2696-2709.

CHAUHAN N S，MILLER S，ARDANUY P，2003. Spaceborne soil moisture estimation at high resolution：A microwave optical/IR synergistic approach[J]. *Int. J. Remote Sens.*，24（22）：4599-4622.

CHEN C F，SON N T，CHANG L Y，et al.，2011. Monitoring of soil moisture variability in relation to rice cropping systems in the Vietnamese Mekong Delta using MODIS data[J]. *Appl. Geogr.*，31（2）：4600-475.

FANG B，LAKSHMI V，2014. Soil moisture at watershed scale：Remote sensing techniques[J]. *J. Hydrol.*，516（6）：258-272.

FENG Q，TIAN G L，LIU，et al.，2003. Research on the operational system of drought monitoring by remote sensing in China[J]. *J. Remote Sens.*，7：14-18.

GONZÁLEZ-ZAMORA A，SÁNCHEZ N，MARTÍNEZ-FERNÁNDEZ J，et al.，2015. Long-term SMOS soil moisture products：a comprehensive evaluation across scales and methods in the Duero Basin（Spain）[J].

J.Phy. Chem. Earth，（83/84）：123–136.

HAN E，MERWADE V，HEATHMAN G C，2012. Implementation of surface soil moisture data assimilation with watershed scale distributed hydrological model[J]. *J. Hydrol.*，416/417：98–117.

IM J，PARK S，RHEE J，et al.，2016. Downscaling of AMSR-E soil moisture with modis products using machine learning approaches[J]. *Environ. Earth Sci.*，75（15）：1120–1138.

IMAOKA K，KACHI M，FUJII H，et al.，2010. Global change observation mission（GCOM）for monitoring carbon，water cycles，and climate change[J]. *P. IEEE*，98（5）：717–734.

JEU R A M D，WAGNER W，HOLMES T R H，et al.，2008. Global soil moisture patterns observed by space borne microwave radiometers and scatterometers[J]. *Surv. Geophys.*，29（4/5）：399–420.

JUN W，LING Z W，Y W，et al.，2016. Improving spatial representation of soil moisture by integration of microwave observations and the temperature-vegetation-drought index derived from MODIS products[J]. *ISPRS J. Photogramm. Remote Sens.*，113：144–154.

KERR Y H，WALDTEUFEL P，RICHAUME P，et al.，2012. The SMOS soil moisture retrieval algorithm[J]. *IEEE Trans. Geosci. Remote Sens.*，50（5）：1384–1403.

KIM J，HOGUE T S，2012. Improving spatial soil moisture representation through integration of AMSR-E and MODIS products[J]. *IEEE Trans. Geosci. Remote Sens.*，50（2）：446–460.

KIM S，LIU Y Y，JOHNSON F M，et al.，2015. A global comparison of alternate AMSR2 soil moisture products：why do they differ? [J]. *Remote Sens. Environ.*，161：43–62.

KOGAN F N，1990. Remote sensing of weather impacts on vegetation in nonhomogeneous areas[J]. *Int. J. Remote Sens.*，11：1405–1419.

KOGAN F N，1995. Application of vegetation index and brightness temperature for drought detection[J]. Adv. Space Res.，15（11）：91–100.

KOIKE T，NAKAMURA Y，KAIHOTSU I，et al.，2004. Development of an advanced microwave scanning radiometer（AMSR-E）algorithm of soil moisture and vegetation water content[J]. *P. Hydrau. Eng.*，48：217–222.

LEE K H，ANAGNOSTOU E N，2004. A combined passive/active microwave remote sensing approach for surface variable retrieval using tropical rainfall measuring mission observations[J]. *Remote Sens. Environ.*，92（1）：112–125.

LIANG L，SUN Q，LUO X，et al.，2017. Long-term spatial and temporal variations of vegetative drought based on vegetation condition index in China[J]. *Ecosphere*，8（8）：e01919.

LIU Y Y，DORIGO W A，PARINUSSA R M，et al.，2012. Trend-preserving blending of passive and active microwave soil moisture retrievals[J]. *Remote Sens. Environ.*，123：280–297.

LOEW A，SCHLENZ F，2011. A dynamic approach for evaluating coarse scale satellite soil moisture products[J]. *Hydrol. Earth Syst. Sci.*，15（1）：75–90.

MAO K，SHI J，TANG H，et al.，2008. A neural network technique for separating land surface emissivity and temperature from aster imagery[J]. *IEEE Trans. Geosci. Remote Sens.*，46（1）：200–208.

MERLIN O，CHEHBOUNI A G，KERR Y H，et al.，2005. A combined modeling and multispectral/multiresolution remote sensing approach for disaggregation of surface soil moisture：application to SMOS configuration[J]. *IEEE Trans. Geosci. Remote Sens.*，43（9）：2036–2050.

MERLIN O, WALKER J P, CHEHBOUNI A, 2008. Towards deterministic downscaling of SMOS soil moisture using MODIS derived soil evaporative efficiency[J]. *Remote Sens.Environ.*, 112: 3935–3946.

MOHANTY B P, COSH M H, LAKSHMI V, et al., 2017. Soil moisture remote sensing: state-of-the-science[J]. *Vadose Zone J.*, 16 (1): 1-9.

MOLERO B, MERLIN O, MALBETEAU Y, et al., 2016. SMOS disaggregated soil moisture product at 1 km resolution: processor overview and first validation results[J]. *Remote Sens. Environ.*, 180 (SI): 361–376.

MORAN M S, PETERS-LIDARD C D, WATTS J M, et al., 2004. Estimating soil moisture at the watershed scale with satellite-based radar and land surface models[J]. *Can. J. Remote Sens.*, 30 (5): 805–826.

NJOKU E G, ASHCROFT P, CHAN T K, et al., 2005. Global survey and statistics of radio-frequency interference in AMSR-E land observations[J]. *IEEE Trans. Geosci. Remote Sens.*, 43 (5): 938–947.

NJOKU E G, ENTEKHABI D, 1996. Passive microwave remote sensing of soil moisture[J]. *J. Hydrol.*, 184: 101–129.

NJOKU E G, WILSON W J, YUEH S H, et al., 2003. Observations of soil moisture using a passive and active low-frequency microwave airborne sensor during SGP99[J]. *IEEE Trans. Geosci. Remote Sens.*, 40 (12): 2659–2673.

PETROPOULOS G P, IRELAND, G, BARRETT B, 2015. Surface soil moisture retrievals from remote sensing: current status, products & future trends[J]. *J. Phys. Chem. Earth*, 83/84: 36–56.

PRICE J C, 1990. Using spatial context in satellite data to infer regional scale evapotranspiration[J]. *IEEE Trans. Geosci. Remote Sens.*, 28 (5): 940–948.

RAHIMZADEH-BAJGIRAN P, OMASA K, SHIMIZU Y, 2012. Comparative evaluation of the vegetation dryness index (VDI), the temperature vegetation dryness index (TVDI) and the improved TVDI (iTVDI) for water stress detection in semi-arid regions of Iran[J]. *ISPRS J. Photogramm. Remote Sens.*, 68: 1–12.

SANDHOLT I, ANDERSEN J, RASMUSSEN K, 2002. A simple interpretation of the surface temperature/vegetation index space for assessment of soil moisture status[J]. *Remote Sens. Environ.*, 79 (2): 213–222.

SENEVIRATNE S I, CORTI T, DAVIN E L, 2010. Investigating soil moisture-climate interactions in a changing climate: a review[J]. *Earth Sci. Rev.*, 99 (3/4): 125–161.

SHEN X, MAO K B, QIN Q, et al., 2013. Bare surface soil moisture estimation using double-angle and dual-polarization L-band radar data[J]. *IEEE Trans. Geosci. Remote Sens.*, 51 (7): 3931–3942.

SRIVASTAVA, PRASHANT K, 2017. Satellite soil moisture: review of theory and applications in water resources[J]. *Water Resour. Manag.*, 31 (10): 3161–3176.

TAYLOR KARL E, 2001. Summarizing multiple aspects of model performance in a single diagram[J]. *J. Geophys. Res.*, 106 (D7): 7183.

WAGNER W, BLOSCHL G, PAOLO P, 2007. Operational readiness of microwave remote sensing of soil moisture for hydrologic applications[J]. *Water Policy*, 38 (1): 1–20.

WANG F, WANG Z, YANG H, et al., 2018. Capability of remotely sensed drought indices for representing the spatio-temporal variations of the meteorological droughts in the Yellow River Basin[J]. *Remote Sens.*, 10 (11) 1–18.

WANG J, LING Z, YANG W, et al., 2016. Improving spatial representation of soil moisture by integration of microwave observations and the temperature-vegetation-drought index derived from MODIS products[J]. *ISPRS J.Photogramm. Remote Sens.*，113：144−154.

Werbylo K L，Niemann J D，2014. Evaluation of sampling techniques to characterize topographically-dependent variability for soil moisture downscaling[J]. *J.Hydrol.*，516：304−316.

WIGNERON J P，KERR Y，WALDTEUFEL P，et al.，2007. L-band microwave emission of the biosphere（L-MEB）model：description and calibration against experimental data sets over crop fields[J]. *Remote Sens. Environ.*，107：639−655.

YILMAZ M T，CROW W T，2013. The optimality of potential rescaling approaches in land data assimilation[J]. *J. Hydrometeorology*，14（2）：650−660.

ZHAN X，HOUSER P R，WALKER J P，et al.，2006. A method for retrieving high-resolution surface soil moisture from hydros L-band radiometer and Radar observations[J]. *IEEE Trans. Geosci. Remote Sens.*，44（6）：1534−1544.

ZHAO S，CONG D，HE K，et al.，2017. Spatial-temporal variation of drought in china from 1982 to 2010 based on a modified temperature vegetation drought index（mTVDI）[J]. *Sci. Rep.*，7（1）：17473.

第十二章　中国蒸散发时空变化对农业干旱影响研究

蒸散发对农业影响很大，本章介绍了蒸散发反演方法，总结农业干旱监测技术发展进程，阐述了农业干旱对国民经济、农业生产的危害。基于现有研究成果，对MODIS ET模型反演精度偏低的情况进行了修正，并从蒸散发角度切入，探究其时空变化对农业干旱的影响，旨在为构建精度较高、范围较广的农业干旱监测模型提供新思路，进而为粮食安全生产提供了有效的预警。

第一节　选题背景及意义

我国降水分布极不平衡，南多北少、东多西少，水资源供需矛盾十分尖锐，平均2～3年就发生1次严重干旱灾害。中国作为农业大国，水资源浪费十分严重，并且农业用水效率低。人口数量高速增长、工业规模迅速扩张、城镇化进程不断加快，使水资源供需矛盾进一步加剧，干旱化问题日益突出。干旱灾害分布很广（Zhao et al.，2017）。西北地区东部受季风影响，全年均可能发生干旱灾害。由于华北地区农业生产对降水依赖性较强，因此降水量的小幅波动就可能引发旱灾。黄淮海地区是全国受旱面积较大的区域。西南地区干旱范围相对较小，但近年来出现了干旱发展的趋势（张强等，2011）。1970年以来，全球气候不断变暖，随着人类活动日益频繁，导致干旱等极端事件发生的频率和强度进一步提高（管晓丹等，2018）。我国农业自然灾害损失50%以上是由干旱灾害造成，它是影响我国农业生产最为严重的自然灾害，且近20年来有逐步加剧的趋势（王利民等，2018）。及时有效地监测预警干旱灾情，客观准确地评估其影响范围和灾害强度，科学有力地应对旱灾是当前亟待解决的重要课题。

降水和散发的不平衡会引发土壤供水不足，进而导致农作物正常生长发育受阻，这一现象称为农业干旱（高磊等，2007）。农业干旱主要与土壤湿度、作物生长期有效降水量以及作物需水量有关（谢江霞等，2008），受土壤特性、作物种类、气象条件、农业措施等因素影响。其中，造成农业干旱最直接的原因是降水量大幅减少，降水量的减少主要由大气环流异常引起。导致农业干旱的强度差异的直接原因是降水量和土壤水分的分布，两者受土壤地形因素影响。作物的需水量与耐旱能力由农作物品种特性及其发育期决定。当地的抗旱能力取决于人类活动因素，灌溉水平、农业生产措施、农业生产布局等差异，使农业干旱的危害程度各不相同。基于上述原理，农业干旱遥感监测一般考虑从土壤水分、冠层温度和植被指数等要素的时空变化特点中提取有效信息。

陆面蒸散发是流域散发的决定性因素，具体可细分为植被蒸腾、植被冠层截留蒸发和土壤蒸发（Chahine，1992；王松等，2018）。陆面蒸散发将陆地上超过60%的降水返回到大气中（Wang et al.，2012），是大气中水汽的主要来源。蒸散过程具有降温作用（杨秀芹等，2017），会消耗约3/5的地表净辐射（贺添等，2014）。因此，作为陆地水循环的关键变量，陆面蒸散发是联系地表能量平衡和陆地水循环的纽带（杨秀芹等，2015）。气候变化影响降水和蒸散发，进而影响可再生淡水资源（王松涛等，2017）。地表蒸散量在流域水量平衡中起着重要作用，研究蒸散发时空分布规律可以在一定程度上反映灾害情况，对干旱灾害监测和预警等方面具有重要的指导意义（范建忠等，2014）。

第二节　国内外研究进展

一、蒸散发反演研究进展

传统的蒸散发主要依赖于站点数据，反演结果多适用于点尺度或林地、农场等小尺度（郭淑海等，2015；张淑兰等，2011；闫人华等，2013），如何对大尺度的区域蒸散发进行估算一直是蒸散发研究中的难题。遥感影像时效性高、尺度大，且可获得丰富的地表参数，随着遥感技术的发展，蒸散发估算从点尺度不断向区域尺度发展，为非均质下垫面的面源蒸散发监测提供了新思路（曾丽红等，2010），使得区域蒸散发的研究取得突破性进展（张长春等，2004）。

目前，主流的蒸散发估算模型主要分为5类：地表能量平衡模型、经验模型、结合传统方法的遥感估算方法、基于地表温度-植被指数（Ts-VI特征空间方法）的遥感模型和陆面数据同化方法。

（一）地表能量平衡模型

基于地表能量平衡原理的遥感蒸散发模型主要利用热红外遥感数据估测蒸散量，可分为单层模型和双层模型（易永红等，2008）。单层模型首次定量描述地表能量转化过程，是最早使用卫星遥感数据估算蒸散量的方法；该模型对蒸散发反演结果存在高估（Sun et al.，1999）。双层模型针对其高估问题进行了修正，是对单层模型的改进，同时提高了植被覆盖稀疏地区的估算精度。地表能量平衡模型对区域环境要求较高，在情况比较复杂的非均质地表有局限性，导致蒸散发估算结果精度低。

（二）经验模型

经验模型（Jackson et al.，1977）在使用遥感数据估算陆面蒸散发初期发挥了重要作用，适合较小区域蒸散发反演。它是将通量站点观测数据和遥感数据结合，直接拟合蒸散量与地表参数的回归方程，进而估算区域蒸散发。该模型物理机制较为简单，估算蒸散发的结果具有一定的精度（Kalma et al.，2008；Jiménez et al.，2011），适用性广（Wang et al.，2008），但依赖地面观测数据，因此可移植性较差。

（三）结合传统方法的遥感估算方法

传统蒸散发反演方法对单点蒸散量的估算相对准确，但由于下垫面和水热传输具有非均匀性，在大尺度上的蒸散发反演效果较差。与传统方法相结合的遥感估算方法是对传统单点蒸散发反演方法的改进（Mu et al.，2011），利用遥感数据与站点数据结合，具有坚实的物理机制基础。随着遥感技术的高速发展，利用遥感技术反演地表参数，进而估算大区域尺度蒸散量，已经成为研究者们研究的重点（Fisher et al.，2008；Zhang et al.，2010；Liu et al.，2010）。与传统蒸散发反演方法相结合的遥感蒸散发模型有3种，分别为Penman-Monteith公式、Priestley-Taylor公式和互补相关模型。

（四）Ts-VI特征空间方法

1990年，Price首次提出地表温度-植被指数遥感模型。该模型主要利用地表温度和NDVI（Tucker et al.，1987）等参数间的关系进行反演。由于中纬度地区生长季时段内植被指数的变化范围较大，此时土壤湿度作为主要控制因素，因此该模型在此区域对蒸散量的反演精度较高。但该方法物理机制也不太完善，没有将由空气动力学差异引起的变化考虑在内，因此基于地表温度-植被指数遥感模型估算蒸散发的方法存在较大的不确定性。

（五）陆面数据同化方法

陆面数据同化方法是将陆面模拟模型与遥感观测数据结合（Li et al.，2009），主要利用遥感观测数据，是一种提高陆面模拟精度的方法。该方法融合多源、多精度、多分辨率的观测数据，能够同化所有蒸散发估算的可用信息，从而获得时空连续的水热通量的变量。使用数学算法，依照不同观测数据间误差关系的差异，优化模型状态变量，以此降低模型的不确定性，提高模拟精度（Margulis et al.，2002）。陆面数据同化方法对模型依赖性高，对计算要求也较高。

2011年，美国NASA研究团队基于Penman-Monteith模型并结合MODIS遥感数据对蒸散量进行估算，得到全球MODIS陆表蒸散发产品数据集（Mu et al.，2011）。该数据集模拟精度高，在世界范围内使用广泛，是蒸散发估算的重要成果。我国科研人员基于该产品进行了大量研究，对海南岛、鄱阳湖流域、黑河流域、渭河流域等区域蒸散发时空变化规律进行评估，并得到了较好的拟合结果（吴桂平等，2013；Hu et al.，2015；李伟光等，2016）。

二、农业干旱监测技术研究进展

根据形成的阶段不同，干旱可分为气象干旱、农业干旱、水文干旱和经济社会干旱（邹旭恺等，2010），四者之间相互影响。农业干旱是因外界环境因素造成农业生产对象体内水分亏缺，影响其正常生长发育，进而导致减产或失收的现象（崔宁博等，2016），气象干旱和水文干旱均会引发农业干旱。农业干旱的发生通常由降水和蒸散发失衡引起，其主要与土壤湿度、作物生长期有效降水量以及作物需水量有关（谢江霞等，2008），受气象条件、作物种类、土壤特性、农业措施等因素的影响。

农业干旱危害严重，传统监测手段主要依赖于站点数据，通过计算作物湿度指数（CMI）（商彦蕊，2004）、帕尔默干旱指数（PDSI）（李奇临等，2012）、标准降水指数（SPI）、地表水分供应指数（SWSI）等反映干旱强度及持续时间的干旱监测指数来划分旱情等级（姚远等，2019）。利用指数监测农业干旱具有较高真实性，然而该方法受限于空间范围，仅在点尺度适用，在区域尺度上难以对干旱细节进行监测。随着遥感卫星的发射，以及遥感数据具有覆盖范围广、容易获取、时效性高等特征，卫星监测农业干旱取得高速发展（Yan et al.，2014）。区别于传统农业灾害监测技术手段，基于遥感数据结合物理模型的干旱监测方法具有宏观性、时效性、动态性、经济性等优点，填补了传统农业干旱灾害监测方法在大尺度范围监测的空白，并得到广泛应用。

农业干旱遥感监测方法大体分为以光谱反射率为基础的状态监测方法和以作物生长模型为核心的模拟方法两大类（王利民等，2018）。前者能较好地反映土壤水分的变化，模型原理清晰，但受限于复杂的地表状况，普适性较差。后者基于叶面积指数等参数反演，利用作物模型同化，间接计算土壤水分含量（冯绍元等，2012；周彦昭等，2014），但由于作物模型过于复杂，难以大范围投入使用。柳钦火等（2007）利用AVHRR数据集和对应时段固定农业观测站测量资料，计算地表温度（LST）与植被指数（NDVI）的比值，通过分析该值与土壤湿度的定量关系，提出了土壤湿度估测的新方法，并利用该方法进行土壤湿度反演，进而对全国旱情进行监测与分析。唐巍等（2007）基于MODIS遥感数据，提出了一种高效且易于应用的农业干旱监测方法，并形成监测系统。美国干旱监测模型（USDM）是美国官方授权发布的每周干旱监测产品，Hao（2015）梳理分析近年来发展的综合干旱监测指数，指出该产品相对其他指数适用性较高；但受限于分辨率，其在区域尺度上的监测能力较弱。基于植被干旱响应指数（VegDRI），Wu等（2013，2015）建立了在中国区域适用的综合干旱监测模型，并根据作物不同生长期，提出了对应的干旱监测模型。

目前，主流的农业干旱遥感监测方法大多是通过监测土壤含水量，进而监测干旱灾情，这就导致在植被区部分模型无法适用，并且各模型均有其时空使用局限性（贾德伟等，2016）。基于现阶段风险管理对农业干旱监测的迫切需求和农业干旱监测的发展趋势，明晰农业干旱发生机理、识别农业干旱影响因素、拓展农业干旱监测模型时空尺度、耦合农业干旱定性与定量评估模型和提高遥感数据应用水平这5个方面可能成为今后农业干旱监测发展的重点研究方向（刘宪锋等，2015）。

第三节　研究目标与研究内容

陆面蒸散发是流域散发的决定性因素，具体可细分为植被蒸腾、植被冠层截留蒸发和土壤蒸发（Chahine，1992；王松等，2018）。陆面蒸散发将陆地上超过60%的降水返回到大气中（Wang et al.，2012），是大气中水汽的主要来源。蒸散过程具有降温作用（杨秀芹等，2017），会消耗约3/5的地表净辐射（贺添等，2014）。因此，作为陆地水循环的关键变量，陆面蒸散发是联系地表能量平衡和陆地水循环的纽带（杨秀芹等，2015）。气候变化影响降水和蒸散发，进而影响可再生淡水资源（王松涛等，2017）。地表蒸散量在流域水量平衡中起着重要作用，研究蒸散发时空分布规律可以从一定程度上反映灾害情况，对干旱灾害监测和预警等方面具有重要的指导意义（范建忠等，2014）。

本研究基于MODIS ET遥感蒸散发模型计算中国研究区蒸散量，分析该模型在我国的适用性及多年蒸散发时空变化规律。利用传统统计数据总结中国农业干旱时空分布特征，并结合土地覆盖类型，揭示耕地蒸散发规律及其与干旱灾害间的关系。在以往利用干旱指数进行干旱监测的基础上，探究蒸散发监测干旱灾害的可能性，为我国农业干旱灾害预警体系提供参考，进而为更精确地分析蒸散变化对粮食产量的影响作铺垫。

第四节　技术路线

本研究的技术路线如图12-1所示，本研究获取气象数据集、遥感数据集、灾情数据集和农作物数据集作为原始数据，对遥感数据进行拼接、裁剪、重采样等预处理，对传统数据进行数据清洗和质量控制。基于MODIS ET模型反演中国研究区陆面蒸散量，并进行精度验证和结果校正，利用校正后的反演结果分析2001—2018年我国蒸散发时空变化规律。同时，根据干旱评价指数公式，计算受灾率、成灾率、灾害强度指数和灾害异常指数，总结1949—2018年中国农业干旱时空分布特征。结合上述反演蒸散量结果和农业旱灾强度结果，佐以土地覆盖类型数据，分析2001—2018年中国耕地及粮食主产区蒸散变化，进而探究我国耕地蒸散变化对干旱的影响。

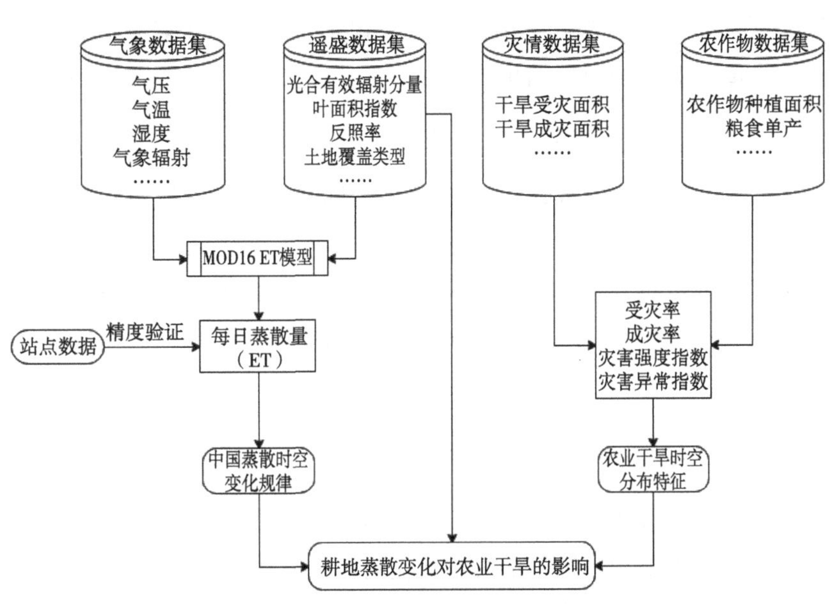

图12-1　农业干旱遥感监测的技术路线

第五节 基于MODIS的中国蒸散时空变化规律

一、数据与方法

（一）数据来源及处理

本章以中国为研究区，分析我国蒸散发时空变化规律，为揭示蒸散发与农业干旱灾害间的关系作铺垫。主要研究数据如下。

1. 2001—2018年全球8 d蒸散数据（表12-1）

MOD16是全球8 d（MOD16A2）和年度（MOD16A3）陆地生态系统蒸发蒸腾（ET）数据集，空间分辨率为0.5 km，覆盖全球109.03亿hm^2植被土地面积。基于Penman-Monteith方程的逻辑，包括每日气象再分析数据以及MODIS遥感数据产品的输入，例如植被属性动态、反照率和土地覆盖，属于四级MODIS土地数据产品。四级数据是通过分析模型和综合分析三级以下数据得出的结果数据，是统一的时间—空间栅格表达的变量，因此，MOD16产品继承了数据的完整性和一致性。该数据包含5个数据层，分别为复合蒸发蒸腾（ET）、潜热通量（LE）、潜在的复合蒸发蒸腾（PET）、潜在的潜热通量（PLE）以及质量控制（QC）数据，本研究主要使用ET数据。

表12-1 MODIS数据集说明

数据	周期	像素大小	单位	产品成熟度
MOD16A2	8 d	500 m	kg/（m^2·8 d）	第1阶段

2. 中国34个站点的实际蒸散量数据

使用网络爬虫从中国气象数据网（http://data.cma.cn/）、中国通量观测研究联盟（http://www.chinaflux.org/）和已发表的文献搜集数据，对所得数据进行整理和清洗，排除无效值较多及蒸散量明显有误的站点，将观测蒸散数据汇总到年尺度，单位转换为mm。最终选取34个观测站的蒸散量数据作为真值，对模型模拟结果的验证。

3. 中国区域范围的矢量文件

底图数据采用以WGS1984为地理坐标系的中国区域范围矢量图。

为了构建研究区范围的遥感影像数据库，对上述遥感数据进行包括影像拼接、影像裁剪、重采样及转投影等数据预处理，将同一时间范围的多景遥感影像拼接，采用双线性内插法进行重采样。转投影为Albers Equal Area WGS1984后，利用中国地区范围的矢量文件裁剪得到研究区内8 d蒸散发遥感影像数据库。

（二）研究方法

本章的研究内容主要为反演中国陆面蒸散量，并分析2001—2018年各年蒸散量、多年季节平均蒸散量及多年月平均蒸散量的时空变化规律，具体研究方法如下。

由于地表竖直方向的能量平衡，因此可以利用遥感手段估算蒸散发。忽略光合作用耗能和水平方向能量输入的能量平衡方程为式12-1（高彦春等，2008）。

$$R_n = H + \lambda E + G \qquad (12\text{-}1)$$

式中：R_n为净辐射（W/m^2），由太阳入射角、地表反照率、地表比辐射率、地表温度和大气下行辐射等确定；H为感热通量（W/m^2）；λE为潜热通量（W/m^2）；G为土壤热通量（W/m^2），通常由R_n和下垫面特征参数确定。能量平衡方程各项所需下垫面特征参数可以利用遥感数据获取。

1948年英国的科学家彭曼提出Penman-Monteith公式，该式是根据能量平衡原理和水汽扩散原理及空气的热导定律（梁友嘉等，2011）。由于它的准确性和易操作性，为地表蒸散量的估算开辟了一条严谨和标准化的新途径。结合8 d复合遥感数据、每日气象数据及土地覆盖数据，基于改进的Penman-Monteith公式计算陆面蒸散发（Cleugh et al.，2006；Fisher et al.，2008；Mu et al.，2011）。Penman-Monteith公式如式12-2所示。

$$\lambda E = \frac{(R_n - G) + \rho C_p \cdot \left[e_s(T_a) - e\right] / r_h}{\Delta + (1 + r_s / r_h) \cdot \gamma} \qquad (12\text{-}2)$$

式中：R_n为净辐射（W/m^2），G为土壤热通量（W/m^2），ρ表示空气密度，C_p为定压比热，$\left[e_s(T_a) - e\right]$是水汽压亏缺（VPD），$r_h$为热量自地表到大气中的空气动力学阻抗，$\gamma$为干湿球温度计常数，$\Delta$和$\gamma$均为$T_a$的函数。

总蒸散量是湿冠层表面蒸发，干燥的冠层表面的蒸腾作用和土壤表面蒸发量的总和。总蒸散量计算公式如式12-3所示。

$$\lambda E_{\text{total}} = \lambda E_{\text{wet}} + \lambda E_{\text{trans}} + \lambda E_{\text{soil}} \qquad (12\text{-}3)$$

式中：λE_{wet}为是冠层表面的蒸发量，λE_{trans}为植物蒸腾量，λE_{soil}为土壤实际蒸发量。

基于站点数据对MODIS ET模型的估测蒸散量进行验证，得到校正函数（式12-4）。

$$ET_{\text{mod\_c}} = 1.258 ET_{\text{mod}} + 66.707 \qquad (12\text{-}4)$$

式中：$ET_{\text{mod_c}}$为校正的蒸散量估测数据，ET_{mod}为MODIS ET模型输出的蒸散量估测数据。

利用最小二乘法，基于每个像元计算2001—2018年的年均蒸散量变化趋势，计算公式如式12-5所示。

$$b = \frac{ET_i \times \sum_{i=1}^{n} i - \left(\sum_{i}^{n} ET_i\right)\left(\sum_{i=1}^{n} i\right) / n}{\sum_{i=1}^{n} i^2 - \left(\sum_{i=1}^{n} ET_i\right)^2 / n} \qquad (12\text{-}5)$$

式中：b为斜率趋势，ET_i为第i年的年蒸散量，n为时间序列（$n = 18$）。

二、结果与分析

（一）模型验证

基于站点（表12-2）的实际观测蒸散量对遥感数据处理得到的模拟蒸散量进行验证，对每个站点采用双线性插值法根据相邻像元的有效值计算像元值，以此作为站点的模拟结果。利用Pearson相关分析模型统计34个站点实际蒸散量与模拟蒸散量的相关关系，相关系数（R）为0.896，相关性在$P<0.01$水平上显著，说明模型估测的蒸散量与实际蒸散量具有较强的相关性。进一步利用MODIS ET模型估测的蒸散量对站点蒸散量进行回归，回归斜率为1.258，由于斜率略大于1，为了估算的准确性，对模型输出数据进行校正（式12-4），得到改进的MODIS ET估测量。

表12-2 蒸散发观测站点描述

编号	站点名	省份	经度/°	纬度/°	土地覆盖类型
1	长白山	吉林	128.10	42.40	森林
2	鼎湖山	广东	112.53	23.17	
3	贡嘎山	四川	102.00	29.58	
4	关滩	甘肃	100.25	38.53	
5	赵县	河北	114.93	37.80	
6	老山	黑龙江	127.57	45.33	
7	勐仑	云南	101.27	21.93	
8	千烟洲	江西	115.06	26.74	
9	太湖源	浙江	119.34	30.18	
10	小浪底	河南	112.47	35.02	
11	西双版纳	云南	101.27	21.93	
12	岳阳	湖南	112.51	29.31	
13	库布齐	内蒙古	108.69	40.54	草地
14	阿柔	青海	100.46	38.04	
15	长岭	吉林	123.50	44.58	
16	多伦	内蒙古	116.28	42.05	
17	阜康	新疆	87.93	44.28	
18	海北	青海	101.30	37.60	
19	苏尼特左旗	内蒙古	113.57	44.08	
20	四子王旗	内蒙古	119.90	41.79	
21	天骏	青海	98.32	38.42	
22	通榆	吉林	122.52	44.59	
23	锡林浩特	内蒙古	116.33	44.13	
24	锡林郭勒	内蒙古	116.67	43.55	
25	定西	甘肃	104.58	35.55	耕地
26	馆陶	河北	115.13	36.52	
27	锦州	辽宁	121.20	41.15	
28	栾城	河北	114.67	37.83	
29	乌兰乌苏	新疆	85.82	44.28	
30	微山	山东	116.05	36.65	
31	武威	甘肃	102.85	37.87	
32	盘锦	辽宁	121.90	41.14	湿地
33	三江平原	黑龙江	133.52	47.58	
34	云霄	福建	117.42	23.92	

（二）中国蒸散发时空变化规律

2001—2018年我国年蒸散总量整体呈上升趋势，多年平均蒸散总量为27 000亿t，大致可以分为3个阶段。第一阶段为2001—2004年的波动阶段，年蒸散总量从2001年的25 200亿t增加到2003年的27 400亿t，增长率为8.92%；在2004年，年蒸散总量减少为25 600亿t，增长率为-6.75%，蒸散量波动幅度较为明显。第二阶段为2005—2010年的上升阶段，年蒸散总量从2005年的26 300亿t增加到2010

年的28 100亿t，增长率为6.80%。第三阶段为2011—2018年的波动上升阶段，年蒸散总量从2011年的26 800亿t增加到2014年的27 800亿t，增长率为3.80%；2014—2018年我国年蒸散总量几乎保持不变。

年均蒸散量的变化趋势与年蒸散总量一致，整体呈上升趋势，18年间的平均年均蒸散量为339.55 mm（图12-2）。

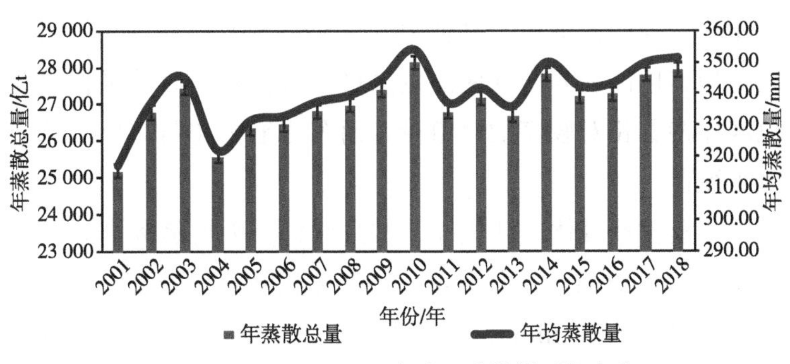

图12-2　2001—2018年中国蒸散量时间变化

我国年均蒸散量具有显著空间特征，呈现东南-西北逐渐降低的分布规律。全国年均蒸散量阈值为0~1 200 mm，华南地区和西南地区蒸散量最大，华北地区次之，东北地区和西北地区蒸散量最小。从空间上看，年均蒸散量的峰值重心具有在华南地区和西南地区变化的规律特征，2001年、2003—2004年、2008年、2013年、2017—2018年，年均蒸散量峰值重心出现在西南地区；2002年、2005—2007年、2009—2012年、2014—2016年，年均蒸散量峰值重心出现在华南地区。

根据式12-5计算我国多年年均蒸散量的变化率，得到年均蒸散量的变化率分布数据，可以看出，我国多年年均蒸散量总体变化不大，平均变化率为1.22。黑龙江西北部及南部和吉林北部、西南地区、华南沿海地区的蒸散量出现相对大幅的增加；西藏、内蒙古和华北部分地区蒸散量下降。从多年年均蒸散量的相关性来看，全国大部分地区蒸散发的相关性不大，平均相关系数为0.06，说明蒸散发的变化具有不确定性。黑龙江西北部和南部、吉林北部、西南地区、华南沿海地区蒸散发的相关性相对较高，表明这些地区在2001—2018年蒸散量逐年增加。

蒸散量与气候变化及降水相关，因此具有明显的季节特征。为了探究不同季节蒸散量的具体变化，对每日平均蒸散量按照所属不同季节进行叠加分析，得到2001—2018年中国各季蒸散量统计图（图12-3）。图表分析可知，我国夏季蒸散量最大，多年夏季平均蒸散量约为141.82 mm；春、秋次之，多年秋季平均蒸散量约为93.57 mm，多年春季平均蒸散量约为80.00 mm；冬季蒸散量最小，多年冬季平均蒸散量约为26.95 mm；不同季节的蒸散量年际变化不明显。

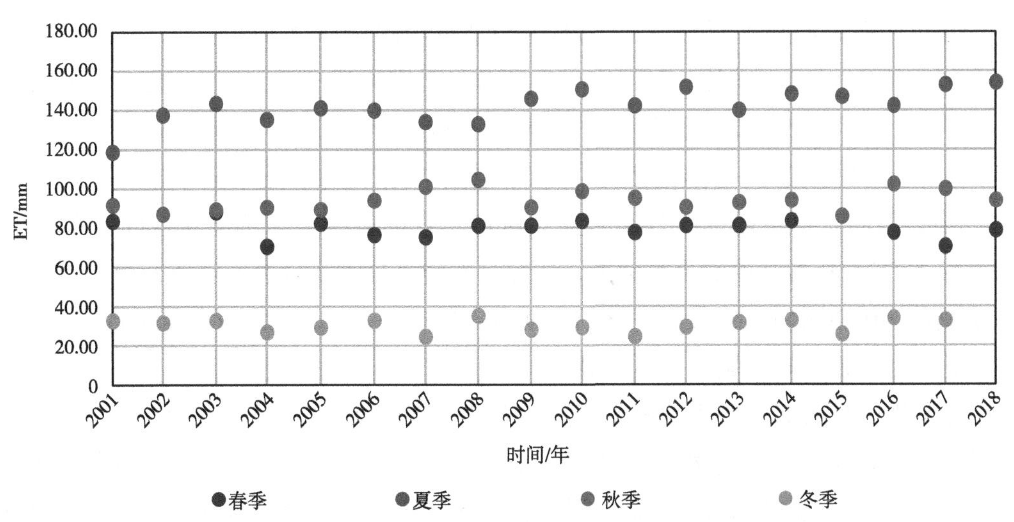

图12-3　2001—2018年中国各季蒸散量时间变化

为了直观地描述不同季节蒸散量的季间差异，对春、夏、秋、冬4个季节的多年平均蒸散量空间分布图统一显示范围，以蒸散量最大的夏季作为其值的分类标准，按照分位数法分类凸显空间分布差异。中国多年季节平均蒸散量阈值为0～500 mm，具有显著的空间分布特征，春季、夏季、秋季3个季节的蒸散量呈现东南-西北逐渐降低的变化规律，冬季由于整体蒸散量小，地域差异不明显。

春季华南地区具有相对较高的蒸散量，其他地区蒸散量不大；夏季除新疆和内蒙古外，全国其他省份的蒸散量都比较高，华南地区和西南地区的蒸散量最大；秋季蒸散量相比夏季有所下降，西南地区、华南地区和华北地区保持着相对较高的蒸散量，而东北地区和西北地区的蒸散量显著降低；冬季全国各省份的蒸散量达到谷值。

为进一步揭示不同季节蒸散量具体变化规律，按月对每日平均蒸散量进行叠加分析，得到2001—2018年中国各月蒸散量统计（图12-4）。分析可知，蒸散量随月份变化，具有明显的先上升后下降的特征。多年月平均蒸散量从1月的9.01 mm升高至7月的54.65 mm，增长率为506.55%；然后从7月的峰值降低为12月的10.21 mm，增长率为-81.32%。各年月际变化趋势大部分与多年月平均蒸散量变化趋势一致。

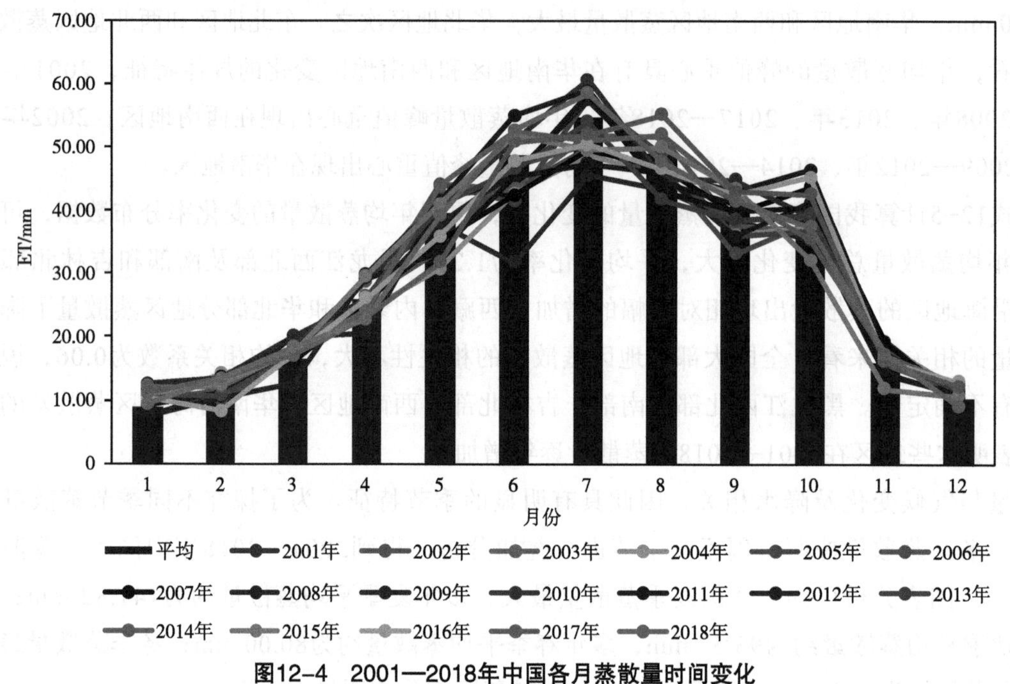

图12-4 2001—2018年中国各月蒸散量时间变化

从季节的角度来看，春季（3月、4月、5月）蒸散量从3月至5月逐渐增加，其间多年月平均蒸散量的增长率为139.60%。夏季（6月、7月、8月）蒸散量呈现小幅波动，7月达到全年蒸散量峰值。秋季（9月、10月、11月）蒸散量变化显著，9月和10月蒸散量变化不大，11月蒸散量大幅下降，增长率为-50.05%。冬季（12月、翌年1月、翌年2月）蒸散量基本持平，1月达到全年蒸散量谷值。

为了直观描述不同月份蒸散量的月间差异，对12个月的多年平均蒸散量空间分布图统一显示范围，以蒸散量最大的7月作为其值的分类标准，按照自然断点分类法分类凸显空间分布差异。中国多年月平均蒸散量阈值为0～160 mm，具有显著的空间分布特征，5—10月的蒸散量呈现东南-西北逐渐降低的变化规律，其他月份相对地域差异不明显。

5月广东南部及广西南部开始出现相对显著的蒸散，华南地区蒸散量也比较大。6月华南地区、西南地区东北部分地区蒸散量较为显著，华北地区、西北地区次之。7月、8月全国大部地区蒸散量较高，9月东北地区的蒸散量出现明显减少。10月华南地区、云贵和华北部分地区存在相对明显的蒸散，其他地区蒸散量开始下降。

第六节　农业干旱的时空分布特征

中国作为世界人口最多的国家，粮食安全一直是社会各界关注的头等大事。由于人口增长、水资源短缺、城市化造成耕地丧失、土壤退化和气候变化等因素的影响，保障粮食安全面临着更为严峻的形势（Tao et al.，2009；侯英雨等，2018）。农业气象灾害是各种不利天气现象和天气过程的总称，这些天气现象和天气过程直接或间接对农业生产造成负面影响，导致农业生物产量降低、品质下降（李铁男等，2010）。农业气象灾害的类型很多，具有频率高、强度大、波动范围大的特点。重大农业气象灾害对产量波动的直接影响可以达到18%，是制约粮食安全和国民经济发展的重要因素（卢爱刚等，2006；刘家福等，2011）。中国是全球典型的干旱灾害多发区，干旱灾害造成的损失巨大（李茂松等，2003），严重侵蚀着我国经济发展成果。农业生产活动对气候条件的依赖性更强，受干旱灾害影响尤其突出，是受干旱灾害影响最严重的领域之一（Grayson，2013），我国平均每年农业干旱受灾面积超过2 443万hm^2，每年因旱灾造成的粮食损失高达0.3亿t左右（杨春喜，1997），占自然灾害总损失的60%以上（张强等，2018）。由此可见，旱灾是影响我国农业生产最严重的农业气象灾害。

一、数据及方法

（一）数据来源及处理

由于缺少历年香港、澳门、台湾地区干旱灾害数据，因此以我国31个省（自治区、直辖市）作为研究区，底图数据采用以WGS1984为地理坐标系的中国区域范围地图。本研究主要分析我国省域干旱灾害的时空分布特征，利用计算机挖掘技术采集的基础数据包括1949—2018年（缺失1967年、1968年、1969年数据）旱灾造成的受灾、成灾面积，1949—2018年全国及省份尺度上农作物种植面积和粮食单产等数据。灾害数据来源于农业农村部种植业管理司官网的灾情数据库，农作物相关数据来源于农业农村部农作物数据库（农业农村部种植业管理司）。

查阅资料可知1967—1969年并未发生重大自然灾害，因此临近年份的数据具有参考意义。本研究针对这3年缺失的数据，采用线性拟合的方法对其进行补充。假设受灾率（x）与粮食单产年变化率（y_1）成反比，与成灾率（y_2）成正比，分别对1967—1969前后3年（即1964—1966年和1970—1971年）的粮食单产年变化率（y_1）、成灾率（y_2）与受灾率（x）进行相关性检验。粮食单产年变化率（y_1）和受灾率（x）的相关系数$R=0.707$，说明二者相关性较高，得到拟合方程$y_1=14.156-0.732x$；成灾率（y_2）与受灾率（x）的相关系数$R=0.713$，说明二者相关性也较高，得到拟合方程$y_2=0.461+0.322x$。通过拟合方程和已知数据可以推算出1967—1969年的受灾面积和成灾面积。

利用计算机挖掘技术分别从《中国统计年鉴》、网络平台及相关论文中抓取部分相关数据作为校验数据。鉴于时间跨度较大，数据来源不统一，为了保证数据之间的可比性，假设研究期内同一统计来源的数据资料统计方式、统计力度一致。交叉对比不同数据来源的同类型数据，两者相关性显著，表明所用数据可靠性高。

（二）研究方法

本章利用传统统计数据，以中国及各省（自治区、直辖市）为研究区，通过计算干旱受灾率、成灾率、灾害强度指数、灾害异常指数等相关参数，结合回归分析和Person相关分析等数学方法，定性和定量地分析我国1949—2018年干旱灾害时空动态变化特征。主要计算公式如下。

1. 受灾率或成灾率（M_i）

$$M_i = \frac{C_i}{S_i} \times 100\% \quad (12\text{-}6)$$

式中：M_i为第i年受灾率或成灾率，C_i为第i年受灾面积或成灾面积（hm^2），S_i为第i年农作物种植面积（hm^2）。当M_i表示第i年受灾率时，C_i表示第i年受灾面积；当M_i为第i年成灾率时，C_i表示第i年成灾面积。

2. 灾害强度指数（Q_i）

灾害强度指数是描述气象灾害对粮食生产单位面积致灾强度的参数，用某时段成灾面积与受灾面积的比值表示（王保生等，2006；武永峰等，2006）。

$$Q_i = \frac{C_{1i}}{C_{2i}} \times 100\% \quad (12\text{-}7)$$

式中：Q_i为第i年干旱灾害强度指数，C_{1i}为第i年成灾面积（hm^2），C_{2i}为第i年受灾面积（hm^2）。

3. 灾害异常指数（ζ_i）

灾害异常指数反映灾害严重程度和等级，是描述受灾率和成灾率偏离平均状态的参量（梁红梅等，2006）。

$$\xi_i = \frac{M_i - \overline{M}}{\sigma} = \frac{\dfrac{C_i}{S_i} - \dfrac{\sum_{i=1}^{b-a+1} \frac{C_i}{S_i}}{b-a+1}}{\sqrt{\dfrac{1}{b-a+1}\sum_{i=1}^{b-a+1}\left(\dfrac{C_i}{S_i} - \dfrac{\sum_{i=1}^{b-a+1}\frac{C_i}{S_i}}{b-a+1}\right)^2}} \quad i \in [1, b-a+1] \quad (12\text{-}8)$$

式中：ζ_i为第i年干旱受灾率或成灾率异常指数，M_i为第i年受灾率或成灾率（%），M为多年平均受灾率或成灾率（%），σ为受灾率或成灾率标准差，C_i为第i受灾面积或成灾面积，S_i为第i年农作物种植面积，a为干旱数据分析的起始年，b为干旱数据分析的结束年。当计算干旱受灾率异常指数时，公式内使用的各参数均为受灾相关量；当计算成灾率异常指数时，公式内使用的各参数均为成灾相关量。

二、结果与分析

（一）干旱灾害时间分布特征

本章统计分析了中国1949—2018年干旱灾害受灾情况，揭示我国近70年来年干旱灾害时间分布特征。受灾面积和成灾面积具有灾情轻重相间分布的特点，年际变化呈周期性波动（图12-5）。根据受灾、成灾面积的趋势线分布，将1949—2018年干旱灾害时序特征分为3个主要阶段：第一个为波动阶段，即1949—1970年，全国年均受灾面积由30.80万hm^2逐渐增加至3 059.15万hm^2，然后减少至572.34万hm^2；年均成灾面积由5.2万hm^2上升为1 604.34万hm^2，然后降低至193.13万hm^2。第二个为波动上升阶段，即1971—2000年，全国年均受灾面积由2 164.94万hm^2增加至4 054.52万hm^2，增长率为87.28%；年均成灾面积由448.54万hm^2上升为2 568.81万hm^2，增长率为472.70%。第三个为波动下降阶段，即

2001—2018年，全国年均受灾面积由3 841.92万hm^2减少至771.30万hm^2，增长率为-79.92%；年均成灾面积由2 369.81万hm^2下降为262.10万hm^2，增长率为-88.94%。

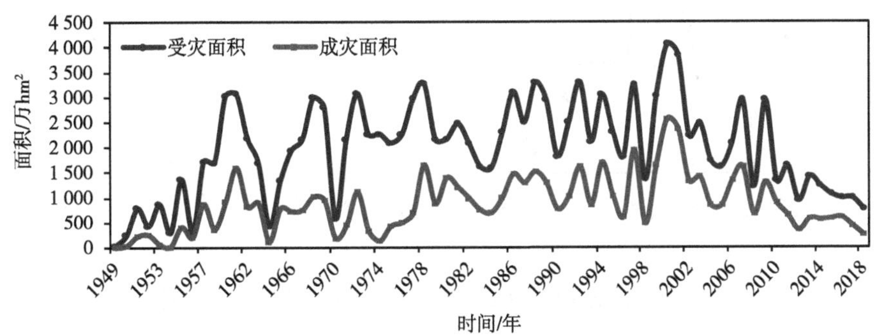

图12-5　1949—2018年中国干旱受灾面积和成灾面积变化

这表明自1949年以来，虽然全国农业干旱灾害有逐渐加重趋势，但自2000年起，受灾害影响的范围得到了有效控制。受灾面积和成灾面积随时间变化具有明显的同步性，受灾面积大的年份与成灾面积大的年份相对应，反之亦然。对70年间干旱受灾面积和成灾面积进行Pearson相关性检验，分析得出二者相关系数$R=0.862$（$n=70$），在置信度为0.01时，相关性是显著的，即两者相关程度高。该结果表明：干旱灾害对我国农业生产具有较大的威胁，一旦受灾则很大概率成灾。

对1949—2018年的干旱受灾率和成灾率进行Pearson相关性检验，受灾率和成灾率相关系数$R=0.858$（$n=70$），在置信度为0.01时，相关性是显著的，即两者相关程度高。该结果表明，受灾率和成灾率随时间的变化趋势具有一致性，两者均呈现明显的周期性波动特征（图12-6）。该结果可以很好地佐证数据处理时提出的关于成灾率与受灾率成正比这一假设的合理性和可行性。据《农业干旱预警等级》（GB/T 34817—2017），受灾率>20%为特大干旱、受灾率15%~20%为严重干旱、受灾率10%~15%为中度干旱。70年间，中国特大干旱的年份共计14年，占20.00%；严重干旱的年份共计15年，占21.43%；中度干旱的年份共20年，占28.51%；其中，发生特大干旱和严重干旱的年份共计29年，占41.43%。该结果表明，中国干旱灾害受灾率较高，危害较大的特大干旱和严重干旱所占比重较大。

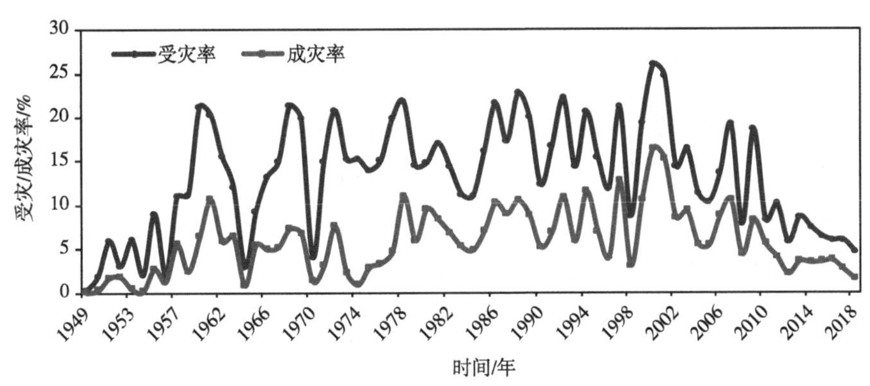

图12-6　1949—2018年中国干旱受灾率和成灾率年际变化

干旱灾害强度指数具有随时间波动上升的趋势（图12-7），灾害强度指数（y）随年份（x）变化的趋势线方程为$y=29.697+0.3838x$（$n=70$）。20世纪50年代初，干旱灾害强度指数仅为17.18%，至2000年，干旱灾害强度指数已上升到63.36%，即超过一半的农作物种植面积因干旱灾害成灾，涨幅高达268.80%。由此可见，尽管干旱灾害强度一直处于较大波动状态，但总体呈现上升趋势，干旱灾害对我国粮食生产的致灾强度越来越大。

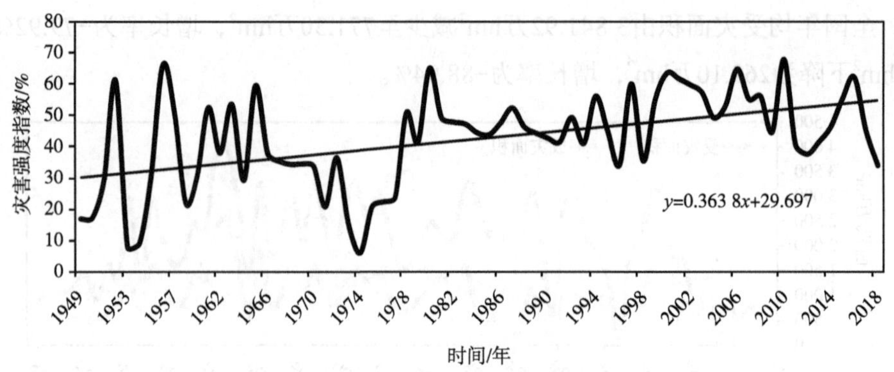

图12-7　1949—2018年中国干旱灾害强度指数年际变化

我国干旱受灾率异常指数和成灾率异常指数随时间波动变化，呈现周期性“正-负”交替的规律（图12-8）。取受灾率异常指数ξ>1.5时为特大干旱，0.5≤ξ<1.5时为严重干旱，0≤ξ<0.5时为中度干旱，ξ<0时为轻度干旱（李彬等，2009）。中国发生特大干旱的年份共计19年，严重干旱的年份共计10年，两者合计29年，占比41.43%；中度干旱的年份共9年，占比12.86%；其余32年均为轻度干旱，占比45.71%。该结果表明，我国农业干旱重灾年份较多，即重灾发生概率大，一旦干旱发生，危害十分严重。

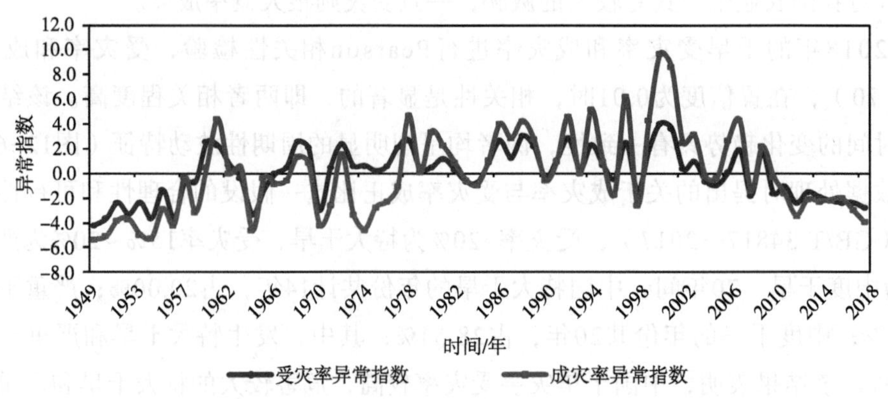

图12-8　1949—2018年中国干旱受灾率/成灾率异常指数年际变化

（二）干旱灾害空间分布特征

为了进一步探究我国1949—2018年干旱灾害的空间分布特征，本研究分别统计了中国31个省（自治区、直辖市）的历年平均受灾情况，根据自然间断点分级法将年平均受灾面积划分为5个等级。全国各省历年平均受灾面积分布呈“北重南轻、中东部重西部轻”的格局。其中山东、河南、河北、黑龙江、内蒙古和山西6个省份的平均受灾面积均超过130万hm^2，山东受灾程度最为严重；四川、安徽、吉林、辽宁、湖北、陕西和湖南历年平均受灾面积为80万～130万hm^2；甘肃、江苏、广西、云南和贵州历年平均受灾面积为45万～80万hm^2；广东、江西、重庆、新疆和浙江历年平均受灾面积为22万～45万hm^2；宁夏、福建、青海、天津、海南、北京、上海和西藏历年平均受灾面积均低于22万hm^2，西藏受灾程度最轻。

第七节　中国耕地蒸散变化对农业干旱的影响

农业干旱难以直接观测，因此，利用相关因子对其间接估测具有可行性和必要性。陆面蒸散发时空分布的研究在干旱灾害的监测和预警等方面具有重要的应用价值，蒸散发是水文过程和能量循环过程的重要组成部分，也是水热平衡联系的纽带（Allan et al.，1998；刘昌明等，2011）。在水循环过程中，下垫面和气候变化直接影响蒸散发（刘远等，2013）。干旱流域蒸散发对降水的敏感程度最高，其次是下垫面参数和潜在蒸散发；湿润流域蒸散发与干旱流域不同，其对下垫面参数最为敏感，其次是潜在蒸散发和降水。植被类型的差异也会影响流域蒸散发对降水、下垫面参数和潜在蒸散发的敏感程度，森林流域和混合流域蒸散发对降水和下垫面参数变化最敏感，草地流域蒸散发对降水的变化最敏感（张丹等，2016）。鉴于蒸散发在不同下垫面的表征及影响因素有所差异，为提高后续研究的精度和可信度，应根据不同下垫面分区讨论。

本章以中国耕地为研究区，利用前文修正后的中国陆面蒸散量数据集，结合土地覆盖类型数据，提取并分析我国耕地陆面蒸散发时空变化规律。进而探究耕地蒸散发与农业干旱灾害间的关系，以期为我国农业干旱预警体系提供参考。

一、数据与方法

（一）数据来源及处理

1. 2001—2018年中国蒸散年尺度数据

该数据源于第二章修正后的中国陆面蒸散量数据库。

2. 2001—2017年全球土地覆盖类型数据（表12-3）

MODIS土地覆盖类型产品（Land Cover data）基于一年的Terra和Aqua观测所得的数据，描述土地覆盖的类型，分辨率为0.5 km，属于三级数据。三级数据是以统一的时间-空间栅格表达的变量，具有完整性和一致性。该数据使用监督决策树分类法提取信息，包含5种不同的土地覆盖分类方案。结合中国土地类型特征及研究需求，采用IGBP全球植被分类方案并从中提取耕地土地类型。

表12-3　MODIS数据集说明

数据	周期	像素大小	单位	产品成熟度
MCD12Q1	每年	500 m	类	第2阶段

为了构建中国耕地研究区范围的蒸散量遥感影像数据集，对上述遥感数据进行包括影像拼接、影像裁剪、重采样及转投影等数据预处理。将同一时间范围的多景遥感影像拼接，采用最邻近法进行重采样。转投影为Albers Equal Area WGS1984后，利用中国地区范围的矢量文件裁剪得到我国土地覆盖类型遥感影像数据集。

3. 2001—2018年中国农业干旱数据

该数据源于本研究第三章清洗补充后的干旱灾情数据集。

（二）研究方法

本章的研究内容主要为分析2001—2018年中国耕地蒸散量时空变化规律，并探究耕地蒸散发对农业干旱的影响，具体研究方法如下。

由于不同变量具有不同的度量单位，在研究变量间关系时，需要对其进行归一化处理，使变量变为无量纲量，计算公式如下。

$$X' = \frac{X - X_{min}}{X_{max} - X_{min}} \quad (12\text{-}9)$$

式中：X'为变量归一化后的值，取值范围为0～1；X_{max}为该变量2001—2018年最大值；X_{min}为该变量2001—2018年最小值；X为该变量2001—2018年实际值。

二、结果与分析

（一）中国耕地蒸散发时空变化规律

通过对2001—2017年MODIS土地覆盖数据的分析，从中提取出各年中国耕地地块并统计耕地面积变化（图12-9）。图表中可以直观地看出，17年来中国耕地面积整体呈现先增加后减少趋势。2001—2004年，耕地面积从1.430亿hm^2增加至1.457亿hm^2，增长率为1.88%；随后，耕地面积开始波动减少，截至2017年末，我国耕地面积为1.421亿hm^2，增长率为-2.48%。

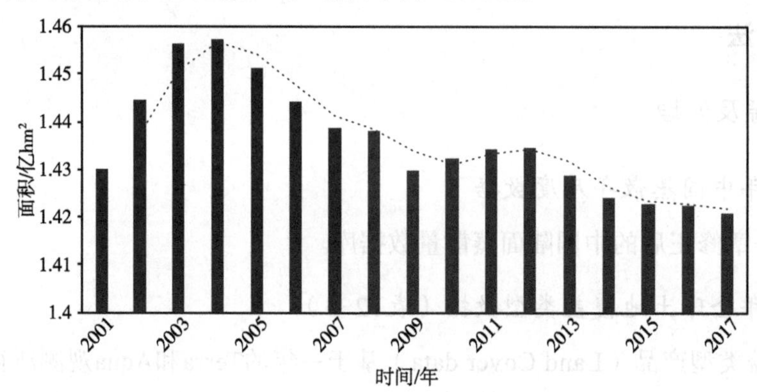

图12-9　2001—2017年中国耕地面积变化

基于中国耕地地块，结合三江平原、松嫩平原、黄淮海平原、长江中游及江淮地区和四川盆地五大粮食主产区所处位置，将耕地划分为五大部分进行蒸散发特征分析。分别利用2001—2017年中国耕地土地利用类型图提取对应年份的年均蒸散量图，得到中国耕地各年年均蒸散量图。其中2018年中国年均蒸散量利用基于2017年中国耕地利用类型修正后的2018年土地覆盖类型估测数据进行提取，由于2014—2017年耕地变化幅度很小，而2018年又无重大土地利用类型变化，因此结合统计数据对2017年耕地地块修正得到2018年耕地地块这一方法具有较高的可行性和可信度。

2001—2018年我国耕地年蒸散总量整体呈略微上升趋势，多年平均蒸散总量为4 250亿t（图12-10）。波动性变化较大，分别于2003年、2006年、2008年、2010年、2014年和2016年出现蒸散量极大值，其中最大值为2010年的4550亿t；蒸散量极小值出现于2004年、2007年、2009年、2012年和2015年，其中最小值为2001年的3 840亿t。耕地年均蒸散量的变化趋势与耕地年蒸散总量一致，整体呈上升趋势，18年间平均年均蒸散量为339.55 mm（图12-10），波动性变化规律与耕地年蒸散总量相同。

在五大粮食主产区中，长江中游及江淮地区年均蒸散量最大，18年平均蒸散量为421.10 mm；四川盆地和黄淮海平原次之，分别为416.81 mm和347.89 mm；三江平原和松嫩平原相对年均蒸散量最小，分别为261.59 mm和252.53 mm（图12-11）。

我国耕地年均蒸散量具有显著空间特征，呈现东南-西北逐渐降低的分布规律。全国耕地年均蒸散量阈值为0～1 200 mm。从空间上看，耕地年均蒸散量的峰值重心基本出现在长江中游及江淮地区和四川盆地范围内。

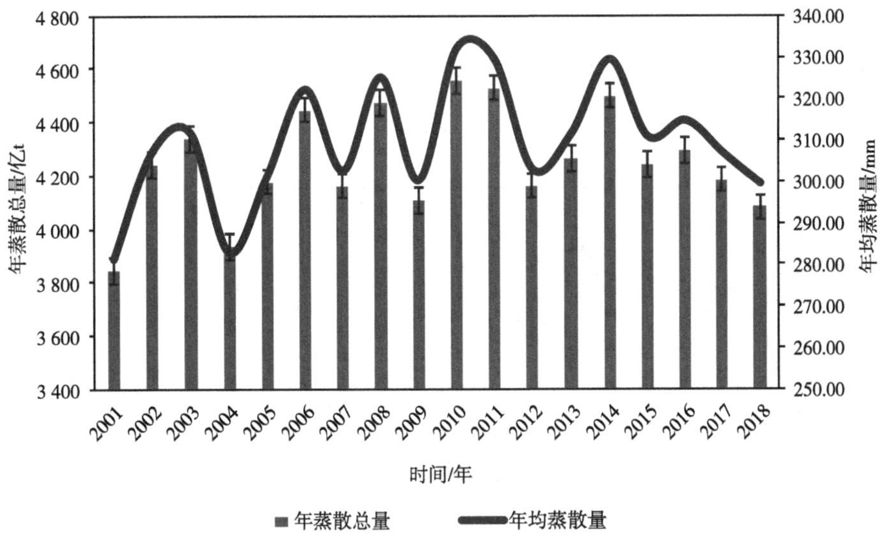

图12-10　2001—2018年中国耕地蒸散量时间变化

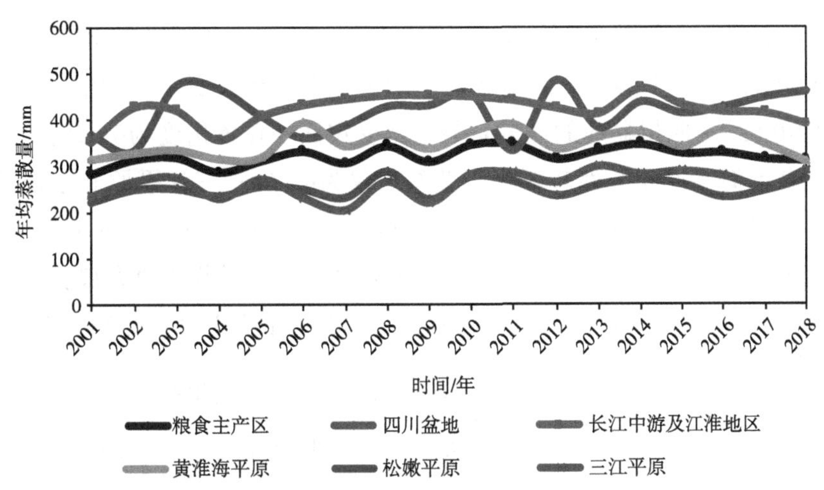

图12-11　2001—2018年中国粮食主产区年均蒸散量变化

（二）耕地蒸散变化与干旱灾害的关系

由于农业干旱灾害无法直接观测，而陆地蒸散发时空变化规律不仅可以加深对陆面过程的认识，同时在干旱灾害的监测和预警等方面具有重要的应用价值，因此研究中国耕地（粮食主产区）蒸散量变化及对应区域的受灾情况间的关系具有重要意义。为了直观地观察蒸散量对干旱灾害的作用机制，将2001—2018年中国耕地多年平均蒸散量统计作图，同时提取同时段同地域的干旱受灾信息，导出多年平均受灾面积分布图。从文献［杨艳颖，毛克彪，韩秀珍，等，2018. 1949—2016年中国旱灾规律及其对粮食产量的影响. 中国农业信息30（5）：76-90；杨艳颖，2021. 中国蒸散时空变化对农业干旱影响研究. 北京：中国农业科学院］分析可以看出，在蒸散量峰值重心出现的长江中游及江淮地区和四川盆地，受灾面积相应也比较大，两者分布具有一致性。同时，黄淮海平原的多年平均蒸散量较高的地区，干旱受灾面积也较大。但在三江平原及松嫩平原，两者的相关性并不突出，这可能是由于东北地区地理位置原因，冰雪覆盖期长，蒸散量小；而其作为粮食主产区，一旦受灾影响范围较大，因此两者没有呈现正相关趋势。

进一步定量分析五大粮食主产区逐年耕地蒸散发特征与对应年份干旱灾害间的关系，探究耕地蒸散发对干旱灾害的响应程度。由于蒸散发和受灾面积具有不同的度量单位，因此对二者进行归一化处理，得到2001—2018年中国粮食主产区耕地归一化蒸散量和归一化受灾面积间关系（图12-12）。结果显示，18年间中国粮食主产区耕地归一化蒸散量和归一化受灾面积整体呈现正相关，仅在2001年、2007—2010年呈现相反的变化趋势。因此，从长时间序列上，蒸散发对干旱灾害具有一定的响应。

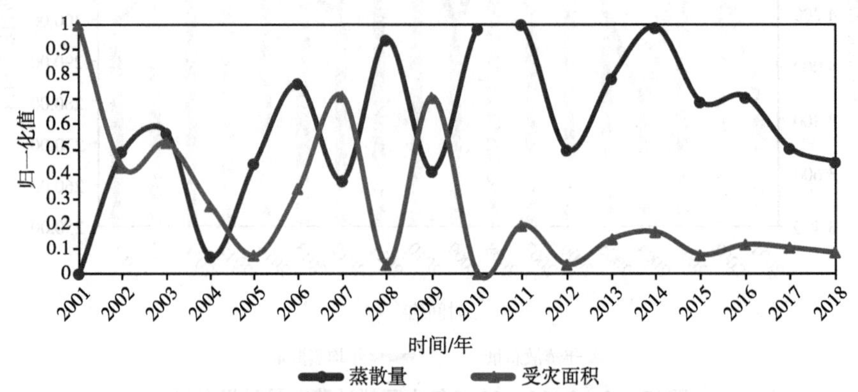

图12-12 2001—2018年中国粮食主产区耕地归一化蒸散量和归一化受灾面积间关系

分别对五大粮食主产区的蒸散量和干旱受灾面积进行Pearson相关性统计分析，得到相关系数表（表12-4）。结果显示，长江中游及江淮地区的蒸散量与干旱受灾面积在置信度为0.01时，相关性是显著的，相关系数为0.627；四川盆地的蒸散量与干旱受灾面积在置信度为0.05时，相关性是显著的，相关系数为0.567；黄淮海平原相关性较弱，相关系数仅为0.160；三江平原和松嫩平原的蒸散量与干旱受灾面积呈现较强的负相关，在置信度为0.01时，相关系数分别为-0.711和-0.618。该结果与上文从空间角度定性分析的结论相符，表明在长江中游及江淮地区和四川盆地两大粮食主产区，蒸散发对干旱有较强的响应，因此在特定的下垫面，以蒸散发为基准对干旱灾害进行监测具有一定的可行性。

表12-4 五大粮食主产区蒸散发与干旱灾害间相关性

粮食主产区	长江中游及江淮地区	四川盆地	黄淮海平原	三江平原	松嫩平原
相关系数	0.627**	0.567*	0.160	−0.711**	−0.618**

注：**表示在置信度（双测）为0.01时，相关性是显著的；*表示在置信度（双测）为0.05时，相关性是显著的。

第八节 小 结

干旱作为有其自身发展规律的自然现象，对我国粮食生产具有明显的制约效应，各农业干旱灾害指标对粮食灾损的解释力较强，对粮食产量估测具有参考作用。开展不同地域空间农业干旱灾害的变化规律研究，建立和完善农业灾害预警体系，可以提高应对农业干旱灾害的能力，进一步为粮食进出口提供指导意见，这是未来亟待加强的研究重点。

农业干旱难以直接观测，利用其他相关因子对其间接估测具有可行性和必要性。干旱灾害的频繁发生与流域水量平衡的变化密切相关，地表蒸散量在流域水量平衡中起着重要作用。传统的蒸散发估算多适用于点尺度或林地、农场等小尺度，遥感技术覆盖面积广、时间更新快，且可以获得丰富的地表参数。经过多年的发展，基于能量平衡原理的遥感蒸散模型已经成为在大尺度非均匀下垫面准确反演蒸散量的主流方法。因此，研究蒸散量的时空变化不仅可以加深对陆面过程的认识，而且在干旱灾害监测预警中具有重要的应用价值。研究中国不同下垫面蒸散发变化规律同时辅助其他变量，能为农业干旱监测预警进而估测粮食产量提供新的思路和方法。

本研究在MODIS ET模型基础上，对反演的陆面蒸散量进行精度验证并对结果修正，得到在中国研究区模拟精度更高的陆面蒸散量数据集。通过不同时间尺度的分析，对中国陆面蒸散发的时空变化规律进行总结。同时，运用网络爬虫搜集干旱灾害数据，进行数据清洗等预处理，并提出受灾率与粮食单产年变化率成反比、与成灾率成正比的合理假设，补充整理得到1949—2018年间完整的干旱灾害数据集，分析70年来我国农业干旱的发生规律及分布特征。考虑到不同下垫面的影响，提取耕地作为新研究区，分析中国耕地蒸散时空变化规律，探究耕地地表类型蒸散发与农业干旱灾害间的关系，主要结论如下。

（1）基于MODIS ET模型反演的陆面蒸散量在中国研究区模拟精度较高，与站点实际蒸散量的相关系数为0.896，但存在低估现象，修正的拟合公式为$ET_{\mathrm{mod_}c}=1.258ET_{\mathrm{mod}}+66.707$。

（2）2001—2018年中国陆地年总蒸散量和年均蒸散量总体呈上升趋势，2004—2010年蒸散量存在较为明显的上升趋势；2010年后，蒸散量整体变化不大。18年间的平均年均蒸散量为339.55 mm，多年平均蒸散总量为27 000亿t。不同季节之间蒸散发差异较大。夏季的蒸散量较高，多年夏季平均蒸散量约为141.82 mm；春、秋次之，多年秋季平均蒸散量约为93.57 mm，多年春季平均蒸散量约为80.00 mm；冬季蒸散量最小，多年冬季平均蒸散量约为26.95 mm，各季蒸散量的年际变化不明显。蒸散量随月份变化具有明显的先上升后下降的特征，多年月平均蒸散量7月达到峰值，1月达到谷值，各年月际变化趋势大部分与多年月平均蒸散量变化趋势一致。中国陆地蒸散发在空间上呈东南—西北逐渐减少的分布特征，高值区位于华南地区和西南地区，其次是华北地区，低值区位于东北地区和西北地区。高值区和低值区的峰值重心变化范围基本不变。

（3）我国农业干旱灾害呈现周期波动性、成灾受灾同步性和干旱危害日趋严重性的基本特征，成灾率与受灾率的相关系数$R=0.858$。干旱轻重灾情交替出现，一般成灾率较高，发生特大干旱和严重干旱的年份所占比重较大，合计29.23%，其中，2000年受灾面积最大，为4 054.52万hm^2。同时，旱灾对粮食生产的致灾强度越来越大，即单位受灾面积的成灾范围越来越大，造成的灾损越来越高，说明防范农业旱灾的压力也越来越大。干旱的发生具有空间特征，全国各省历年平均受灾面积分布呈“北重南轻、中东部重西部轻”的格局。北方地区的受灾率和成灾率一般高于南方，中东部地区受灾率和成灾率一般高于西部地区。在北方地区中，以山东受灾率最为高；在南方地区中，以四川受灾率最高；全国范围内，西藏受灾程度最轻。西藏地区虽然占地面积大，但农作物种植面积非常小，这一点很好地解释其地处西部受灾率却最低的原因。

（4）2001—2018年全国耕地年蒸散总量整体呈略微上升趋势，多年平均蒸散总量为4 250亿t，波动性变化较大。耕地年均蒸散量的变化趋势与耕地年蒸散总量一致，整体呈上升趋势，18年间平均年均蒸散量为339.55 mm，波动性变化规律与耕地年蒸散总量相同。全国耕地年均蒸散量空间上呈现东南-西北逐渐降低的分布规律。五大粮食主产区中，长江中游及江淮地区年均蒸散量最大，四川盆地和黄淮海平原次之，三江平原和松嫩平原相对年均蒸散量最小。

（5）在长江中游及江淮地区和四川盆地，蒸散发和干旱灾害具有较强的相关性。其中，长江中游及江淮地区，蒸散发与干旱灾害的相关系数为0.627；四川盆地，蒸散发与干旱灾害的相关系数为0.567。这表明蒸散量较高的地区，受灾面积相应也比较大，因此利用蒸散发对干旱灾害进行监测可以获得较好的结果。但在三江平原及松嫩平原，两者的相关性并不显著，应当更多关注降水量等其他影响干旱灾害的因子。

受限于科研时间和经验，本研究还存在一些不足，需要在今后的科研工作中进一步深入完善。首先，基于MODIS ET模型的陆面蒸散反演在中国区域存在低估现象，虽然在本研究中对其进行修正，但并未考虑到不同下垫面的差异。线性拟合法虽然简化了大区域尺度科学问题研究的计算量，但其修正后的模拟结果在某些地表类型可能并非最优解。同时，MODIS ET模型的估算结果在中国西北部分地区存在数据缺失，国内基于GLASS算法的估算结果对这部分区域数据进行了补充，但该算法的模拟结果空间分辨率低于MODIS ET模型，虽然在全国范围的模拟精度高，但部分地表类型的模拟精度（尤其是耕地）反而低。综合考虑分辨率及本研究反演精度需求等因素，选择MODIS ET模型作为本文的研究方法，合理构建判别算法，将两者反演结果择优结合，是未来研究的方向。

此外，仅依靠蒸散发来预测农业干旱还存在很大改进空间。干旱的本质是蒸散量和降水量的差值超过环境承载阈值，而农业干旱在此基础上还应考虑作物品种、作物不同生长期需水量及灌溉水平等多方面因素。对于其他因素对我国农业干旱的作用机理及如何选择影响因子加入预测模型并设置影响权重有待进一步研究。

参考文献：

崔宁博，赵璐，胡笑涛，等，2016. 四川省典型种植制度下农业干旱风险研究[J]. 四川大学学报（工程科学版），48（4）：8-16.

范建忠，李登科，高茂盛，2014. 基于MOD16的陕西省蒸散量时空分布特征[J]. 生态环境学报，23（9）：1536-1543.

冯绍元，马英，霍再林，等，2012. 非充分灌溉条件下农田水分转化SWAP模拟[J]. 农业工程学报，28（4）：60-68.

高磊，覃志豪，卢丽萍，2007. 基于植被指数和地表温度特征空间的农业干旱监测模型研究综述[J]. 国土资源遥感（3）：1-7.

高彦春，龙笛，2008. 遥感蒸散发模型研究进展[J]. 遥感学报（3）：515-528.

管晓丹，石瑞，孔祥宁，等，2018. 全球变化背景下半干旱区陆气机制研究综述[J]. 地球科学进展，33（10）：995-1004.

郭淑海，杨国靖，李清峰，等，2015. 新疆阿克苏河上游高寒草甸蒸散发观测与估算[J]. 冰川冻土，37（1）：241-248.

贺添，邵全琴，2014. 基于MOD16产品的我国2001—2010年蒸散发时空格局变化分析[J]. 地球信息科学学报，16（6）：979-988.

侯英雨，何亮，靳宁，等，2018. 中国作物生长模拟监测系统构建及应用[J]. 农业工程学报，34（21）：165-175，312.

贾德伟，周磊，黄灿辉，等，2016. 基于可见光和红外遥感的农业干旱监测方法研究进展[J]. 科技创新与应用（32）：13-15.

李彬，武恒，2009. 安徽省农业旱灾规律及其对粮食安全的影响[J]. 干旱地区农业研究，27（5）：18-23.

李茂松，李森，李育慧，2003. 中国近50年来旱灾灾情分析[J]. 中国农业气象，24（1）：7-10.

李奇临，范广洲，周定文，等，2012. 综合气象干旱指数在2009—2010年西南干旱的应用[J]. 成都信息工程学院学报，27（3）：267-272.

李铁男，李莹，郎景波，2010. 黑龙江省旱灾对粮食安全影响的分析研究[J]. 节水灌溉（12）：84-86，89.

李伟光，易雪，蔡大鑫，等，2016. 基于MOD16蒸散量的海南岛干旱特征分析[J]. 自然灾害学报，25

（5）：176–183.
梁红梅，刘会平，宋建阳，等，2006. 广东农业旱灾的时间分布规律及重灾年份预测[J]. 自然灾害学报，15（4）：79–83.
梁友嘉，徐中民，2011. 基于系统动力学的黑河中游地区FAO Penman-Monteith模型评价研究[J]. 草业科学，28（1）：18–26.
刘昌明，张丹，2011. 中国地表潜在蒸散发敏感性的时空变化特征分析[J]. 地理学报，66（5）：579–588.
刘家福，李京，梁雨华，等，2011. 亚洲典型区域暴雨洪灾风险评价研究[J]. 地理科学，31（10）：1266–1271.
刘宪锋，朱秀芳，潘耀忠，等，2015. 农业干旱监测研究进展与展望[J]. 地理学报，70（11）：1835–1848.
刘远，周买春，陈芷菁，等，2013. 基于S-W模型的韩江流域潜在蒸散发的气候和植被敏感性[J]. 农业工程学报，29（10）：92–100，294.
柳钦火，辛景峰，辛晓洲，等，2007. 基于地表温度和植被指数的农业干旱遥感监测方法[J]. 科技导报（6）：12–18.
卢爱刚，葛剑平，庞德谦，等，2006. 40a来中国旱灾对ENSO事件的区域差异响应研究[J]. 冰川冻土，28（4）：535–542.
商彦蕊，2004. 农业旱灾研究进展[J]. 地理与地理信息科学（4）：101–105.
唐巍，覃志豪，秦晓敏，2007. 农业干旱遥感监测业务化运行方法研究[J]. 遥感应用（2）：37–41，103.
王保生，刘文英，黄淑娥，2006. 江西省旱涝灾害风险评估与农业可持续发展[J]. 气象与减灾研究，29（2）：43–47.
王利民，刘佳，杨玲波，等，2018. 农业干旱遥感监测的原理、方法与应用[J]. 中国农业信息，30（4）：32–47.
王松，田巍，刘小莽，等，2018. 不同蒸散发产品在汉江流域的比较研究[J]. 南水北调与水利科技，16（3）：1–9.
王松涛，王大康，金晓娟，2017. 新疆和田–若羌地区区域蒸散量估算[J]. 西北水电（5）：1–4.
吴桂平，刘元波，赵晓松，等，2013. 基于MOD16产品的鄱阳湖流域地表蒸散量时空分布特征[J]. 地理研究，32（4）：617–627.
武永峰，李茂松，蒋卫国，2006. 不同经济地带旱灾灾情变化及其与粮食单产波动的关系[J]. 自然灾害学报（s1）：205–210.
谢江霞，张丽华，2008. 基于遥感的农业干旱监测模型研究[J]. 安徽农业科学，36（8）：3460–3462.
闫人华，熊黑钢，张芳，2013. 夏秋季绿洲–荒漠过渡带芨芨草地蒸散及能量平衡特征研究[J]. 中国沙漠，33（1）：133–140.
杨春喜，1997. 农业大丰收水利做贡献[J]. 黑龙江金融（12）：8–9.
杨秀芹，孙恒，王燕，等，2017. 基于EOF的淮河流域地表蒸散发时空格局变化分析[J]. 安徽农业科学，45（2）：197–199.
杨秀芹，王磊，王凯，2015. 基于MOD16产品的淮河流域实际蒸散发时空分布[J]. 冰川冻土，37（5）：1343–1352.
姚远，陈曦，钱静，2019. 遥感数据在农业旱情监测中的应用研究进展[J]. 光谱学与光谱分析，39（4）：1005–1012.
易永红，杨大文，刘钰，等，2008. 区域蒸散发遥感模型研究的进展[J]. 水利学报（9）：1118–1124.

张丹，梁康，聂茸，等，2016. 基于Budyko假设的流域蒸散发估算及其对气候与下垫面的敏感性分析[J]. 资源科学，38（6）：1140-1148.

张强，韩兰英，王胜，等，2018. 影响南方农业干旱灾损率的气候要素关键期特征[J]. 科学通报，63（23）：2378-2392.

张强，张良，崔显成，等，2011. 干旱监测与评价技术的发展及其科学挑战[J]. 地球科学进展（7）：763-778.

张淑兰，于澎涛，王彦辉，等，2011. 泾河上游流域实际蒸散量及其各组分的估算[J]. 地理学报，66（3）：385-395.

张长春，魏加华，王光谦，等，2004. 区域蒸发量的遥感研究现状及发展趋势[J]. 水土保持学报（2）：174-177，182.

曾丽红，宋开山，张柏，等，2010. 松嫩平原不同地表覆盖蒸散特征的遥感研究[J]. 农业工程学报，26（9）：233-242，388.

周彦昭，周剑，李妍，等，2014. 利用SEBAL和改进的SEBAL模型估算黑河中游戈壁、绿洲的蒸散发[J]. 冰川冻土，36（6）：1526-1537.

邹旭恺，任国玉，张强，2010. 基于综合气象干旱指数的中国干旱变化趋势研究[J]. 气候与环境研究，15（4）：371-378.

ALLAN R G，PEREIRA L S，RAES D，et al.，1998. Crop evapotranspiration-guidelines for computing crop water requirements[Z]. *FAO Irrigation and Drainage*，56：1-5.

CHAHINE M T，1992. The hydrological cycle and its influence on climate[J]. *Nature*，359（6394）：373-380.

CLEUGH H A，LEUNING R，MU Q Z，et al.，2006. Regional evaporation estimates from flux tower and MODIS satellite data[J]. *Remote Sens. Environ.*，106（3）：285-304.

FISHER J B，TU K P，BALDOCCHI D D，2008. Global estimates of the land-atmosphere water flux based on monthly AVHRR and ISLSCP-Ⅱ data，validated at 16 FLUXNET sites[J]. *Remote Sens. Environ.*，112（3）：901-919.

GRAYSON M，2013. Agriculture and drought[J]. *Nature*，501：S1.

HAO Z，2015. Drought characterization from a multivariate perspective：a review[J]. *J.Hydrol.*，527：668-678.

HU G C，LI J，2015. Monitoring of evapotranspiration in a semi-arid inland，river basin by combining microwave and optical remote sensing observations[J]. *Remote Sens.*，7（3）：3056-3087.

JACKSON R D，REGINATO R J，IDSO S B，1977. Wheat canopy temperature：a practical tool for evaluating water requirements[J]. *Water Resour. Res.*，13（3）：651-656.

JIMÉNEZ C，PRIGENT C，MUELLER B，et al.，2011. Global intercomparison of 12 land surface heat flux estimates[J]. *J. Geophys. Res.*，116（D2）：3-25.

KALMA J D，MCVICAR T R，MCCABE M F，2008. Estimating land surface evaporation：a review of methods using remotely sensed surface temperature data[J]. *Surv. Geophys.*，29（4/5）：421-469.

LI Z L，TANG R L，WAN Z M，et al.，2009. A review of current methodologies for regional evapotranspiration estimation from remotely sensed data[J]. *Sensors*，9（5）：3801.

LIU S，BAI J，JIA Z，et al.，2010. Estimation of evapotranspiration in the Mu Us Sandland of China[J]. *Hydrol. Earth Syst. Sci.*，14（3）：573-584.

MARGULIS S A，MCLAUGHLIN D，ENTEKHABI D，et al.，2002. Land data assimilation and estimation of soil moisture using measurements from the southern great plains 1997 field experiment[J]. *J. Int. Bus. Stud.*，38（12）：0331.

MU Q Z，HEINSCH F A，ZHAO M S，et al.，2007. Development of a global evapotranspiration algorithm based on MODIS and global meteorology data[J]. *Remote Sens. Environ.*，111（4）：519–536.

MU Q Z，ZHAO M S，RUNNING S W，2011. Improvements to a MODIS global terrestrial evapotranspiration algorithm[J]. *Remote Sens. Environ.*，115（8）：1781–1800.

SUN J L，MASSMAN W，GRANTZ D A，1999. Aerodynamic variables in the bulk formulation of turbulent fluxes[J]. *Bound.-Lay. Meteorol.*，91（1）：109–125.

TAO F L，YOKOZAWA M，LIU J Y，2009. Climate change，land use change，and China's food security in the twenty-first century：an integrated perspective[J]. *Climatic Change*，93（3）：433–445.

TUCKER C J，CHOUDHURY B J，1987. Satellite remote sensing of drought conditions[J]. *Remote Sens. Environ.*，23（2）：243–251.

WANG K C，LIANG S L，2008. An improved method for estimating global evapotranspiration based on satellite determination of surface net radiation，vegetation index，temperature，and soil moisture[J]. *J. Hydrometeorol.*，9（4）：712–727.

WANG K C，DICKINSON R E，2012. A review of global terrestrial evapotranspiration：observation，modeling，climatology，and climatic variability[J]. *Rev. Geophys.*，50（2）：1–54.

WU J J，ZHOU L，LIU M，et al.，2013. Establishing and assessing the integrated surface drought index（ISDI）for agricultural drought monitoring in mid-eastern China[J]. *Int. J. Appl. Earth Obs.*，23：397–410.

WU J J，ZHOU L，MO X Y，et al.，2015. Drought monitoring and analysis in China based on the integrated surface drought index（ISDI）[J]. *Int. J. Appl. Earth Obs.*，41：23–33.

YAN N N，WU B F，BOKEN V K，et al.，2014. A drought monitoring operational system for China using satellite data：design and evaluation[J]. *Geomat. Nat. Haz. Risk*，1（7）：264–277.

ZHANG K，KIMBALL J S，NEMANI R R，et al.，2010. A continuous satellite-derived global record of land surface evapotranspiration from 1983 to 2006[J]. *Water Resour. Res.*，46（9）：1–21.

ZHAO S，CONG D，HE K，et al.，2017. Spatial-temporal variation of drought in China from 1982 to 2010 based on a modified temperature vegetation drought index（mTVDI）[J]. *Sci. Rep.*，7（1）：17473.

第十三章　几种干旱监测方法对2013年我国南方干旱的监测分析

2013年夏季，我国南方地区经历了高温和干旱天气，其中江南大部分地区、华南北部最高气温和平均气温都超过历史同期最高纪录，南方地区38℃以上的炎热天气日数为近50年来出现之最。2013年7月鄱阳湖和洞庭湖水体面积比2012年同期分别减少25%和34%。本章将通过气象和遥感的监测方法监测2013年夏季（7—8月）南方地区干旱的发生和变化情况，同时将国家气候中心的综合气象干旱监测数据用于对比分析。

第一节　数据来源和研究区域概况

一、数据来源

（1）降水数据使用热带降水测量卫星（Tropical Rainfall Measuring Mission，TRMM）携带的被动微波影像仪（Microwave Imager，TMI）获取的降水数据（Imaoka等，2000）。对TMI日降水数据进行合成周和月尺度的降水数据，并进行裁剪，投影转换，对同一区域的像元对应的降水值进行提取，形成时间序列的空间降水分布，用于计算SPI值。

（2）用于遥感监测的MODIS每月地表温度产品MOD11C3和植被指数产品MOD13C2来源于戈达德飞航中心（Goddard Space Flight Center，http://modis.gsfc.nasa.gov/）（VIIRS数据历史观测数据较短，用该数据计算的平均NDVI和LST数据不如MOIDS较长的时间数据获取的平均值更能反映实际情况，故本节在监测中未使用VIIRS数据）。本研究对该数据进行投影转换，将等经纬度投影转换到Albert投影，对数据进行裁剪，获取了研究区域对应的数据，计算了2000—2013年同一月份同一像元的LST和NDVI的平均值。

二、研究区域概况

我国2013年夏季大旱主要由大气环流异常特征，副热带高压异常稳定、偏少的台风活动、夏季风明显偏弱造成，其主要影响的区域为我国南方区域。主要包含了我国南方的主要11个省份，研究区各省份年均降水量均大于1 000 mm，降水分布和时间受季风影响显著，其中长江中下游易遭受伏旱天气的影响，华南地区受干旱的影响较小。

根据统计部门的数据显示，2013年夏季南方干旱对农业生产造成了巨大的危害。2013年湖南省粮食减产80.75万t，同比下降2.7%（http://finance.chinanews.com/cj/2014/01-21/5763544.shtml），贵州省2013年粮食产量1 029.99万t，比2012年下降了4.6%（http://www.sei.gov.cn/ShowArticle.asp?ArticleID＝239346），湖北省棉花产量较2012年减产8.56万t，下降了15.7%（http://news.cnhubei.com/xw/jj/201403/t2853877.shtml），江西省棉花总产较2012年减产14.0%（http://www.jxstj.gov.cn/News.shtml?p5＝4446638），重庆市夏粮产量153.61万t，相比2012年减少0.4%，总体上以湖南省和贵州省受灾最为严重。

第二节　VCI、SVI和NDVI-Ts指监测分析

根据对2013年南方干旱发生和发展的记录，整个南方地区的干旱发生和变化过程如下。

（1）在降水和气温这2个气象要素上。6月中旬，黄淮西部、江淮、江汉、西南和江南北部等地气温比常年同期偏高1～4℃，降水量较常年同期减少30%～80%；7月，我国长江中下游、西南等地区的气温较同期偏高约2℃，降水减少20%～80%；到8月上旬降水异常偏少和气温异常偏高的情况一直在持续，直到中旬开始缓解（段海霞等，2013）。

（2）在干旱发展变化上，7月初并无十分明显干旱，7月中旬干旱开始在贵阳地区发生，至7月下旬贵阳地区干旱加重并且逐渐东移进入湖南地区；8月初干旱中心移动到湖南地区，8月中旬干旱扩大到江浙一带，8月下旬各地区干旱逐渐减弱，整体上最为干旱的时间段为7月20日至8月初。

从国家气候中心获取的2013年7—8月中旬全国气象干旱综合监测图（http://cmdp.ncc-cma.net/influ/dust.php）与条件植被指数（CVI）、标准植被指数（SVI）和条件温度植被指数（TVDI）对南方地区7—8月干旱监测的结果进行对比分析，具体请参见文献［Xia L，Zhao F，Mao K，et al.，2018. SPI-based analyses of drought changes over the past 60 years in China's major crop-growing areas. Remote Sensing，171（10）：1-15；夏浪，2016. 多途径的干旱监测方法研究. 北京：中国农业科学院］。综合气象干旱监测结果是采用的CI指数计算获取的，CI指数综合考虑了降水、地表蒸散对干旱的影响，因此监测获取的干旱结果与实际的气象干旱可能存在一定的延迟。同理，CVI、SVI和TVDI指数在计算中均采用NDVI来进行干旱的监测，而降水的缺乏对于植被长势影响这一过程也存在一个时差，且对于不同的地表类型，不同的植被，其影响时间亦不相同。总体上，两种监测结果并不十分具有可对比性，一个是植被实际长势受干旱影响的反应，另一个是综合气象干旱。但全国气象干旱综合监测图在反映干旱的变化趋势和范围上是准确的，只是在监测得到干旱的发生时间与其他监测指数获取的干旱发生变化时间存在一定的差异。为此，在后续的干旱监测范围准确度上，使用全国气象干旱综合监测图获取的范围和整个实际的干旱变化过程作为参照，对比其他干旱监测指数的监测结果的准确性。

对比CVI、SVI和TVDI监测结果与实际的干旱发展情况可知，SVI在湖北省北部地区的干旱监测存在一定的夸大情况，CVI对干旱的整体监测情况估计偏低，而TVDI则能够较好地对干旱进行整体上的监测。3种方法对湖南省8月的干旱情况均能进行相应的反应，但在监测精度上存在一定的差异，如SVI和TVDI相对准确，CVI监测旱情较轻。总体上，三者在江浙一带的干旱监测结果较为相似。TVDI对贵州中部地区的干旱监测情况不如SVI和CVI准确，监测得到的旱情较轻。

我国南方地区夏季7 d无雨即成旱，并且南方地区的干旱从7月20日已经开始发生，但CVI、SVI和TVDI三种方法均没有很好地监测到7月的干旱，尤其是贵州地区的干旱。这一方面显示出基于植被指数的干旱监测方法存在一定的滞后性，并不适用于实时的干旱监测。另一方面，也说明基于植被指数的干旱监测方法对于不同的下垫面的敏感性是不同的。例如山区覆盖植被和平原地区的种植作物其对干旱的响应程度是不同的，这将会导致不同的植被指数，因而对于CVI、SVI和TVDI这几种干旱监测方法，其干旱的监测结果在不同区域上是没有可比性的。但在大尺度区域上，CVI、SVI和TVDI还是能够满足农业生产中干旱监测的应用。

第三节 基于SPI指数的监测分析

Palmer干旱监测方法在使用前需要对不同的站点进行参数标定，进而获取Z指数的相应参数因子。Palmer方法计算比较复杂，主要的原因在于此。一方面，Palmer指数在存在干湿转换异常时，不能较为及时地进行反映，且计算的结果在不同的站点不具有较好的可比性。另一方面，降水相比气温等干旱监测参数，其发生的随机性更大，通常插值后的结果可能与实际情况存在一定的差异。在不精细获取干旱变化规律的情况下，小于30年的降水数据也可用于SPI计算来夏季干旱监测（计算SPI进行夏季干旱监测）。为此，本节使用TRMM降水数据来进行SPI计算，以获取2013年南方夏季的干旱分布和发生情况。

遥感图像具体请参见文献［Xia L，Zhao F，Mao K，et al.，2018. SPI-based analyses of drought changes over the past 60 years in China's major crop-growing areas. Remote Sensing，171（10）：1-15；夏浪，2016. 多途径的干旱监测方法研究. 北京：中国农业科学院］，用基于月尺度的TMI降水数据计算获取的我国南方地方2013年7—8月的干旱情况。从遥感图像可以看出，7月的干旱区域主要发生在我国的南方的湖南、贵州和浙江地区，8月整体的干旱情况得以减轻。湖南和贵州整个区域几乎都遭受了大旱的影响，其中贵州中西部，湖南的西南区域遭受了特旱。整体上，两图反映的干旱区域与实际情况较为相符，能够较为准确地进行干旱的监测分析。但8月的干旱监测结果与实际情况存有一定的差异，仅从结果上看其低估了对应干旱的严重程度。这是因为，本研究选取的是月时间尺度的SPI指数，即使用月累积降水来反映月尺度上的干旱发生变化趋势，因此，如果8月上半旬干旱，而下半旬得到较为充足的降水补充，则整月的干旱监测结果将与实际不相符合。为此，缩小实际尺度，计算了周时间尺度的SPI指数。在8月的第1周和第2周，干旱发生的地区主要集中在湖南、江西和浙江的部分区域，且从第1周到第2周，整体上干旱出现了减弱的趋势。从第2周到第3～4周，干旱逐渐减弱。这一趋势是与实际干旱监测情况相符的。基于降水数据的SPI指数相比于CVI、SVI、TDVI、CI指数，其仅仅依靠降水数据，不需要依靠其他因子的反馈，如蒸散和PDSI中的持水量等，因此在干旱的反映上是最为敏感的。

上述分析表明，不同的干旱监测指数，不同的监测区域，其监测获取的干旱情况存在不同的时间延迟或程度上的差异。气象干旱仅仅从气象指标上考虑干旱的发生，而气象干旱对实际的生产和生活的影响在不同地区又是存在差异的。例如，在相对往期，同样的百分比降水缺乏情况下，城市和粮食主产区的耐受程度是不一样的，同为粮食产区的不同作物对不同的降水缺乏的反映也是不相同的。而对农业干旱的监测则需要考虑得更多，如不同的地理位置、不同的土壤含水量、不同的作物耐旱性，而现阶段对于农业干旱的监测还是较为单一的，有些直接采用气象方法。若要使得干旱监测更好地为农业生产服务，提供合理的抗旱数据和实施方案，则更多的精力要花在精细化的、符合农业生产监测和预警的农业干旱指数的研究上。

第四节 近60年来我国粮食主产区干旱变化趋势分析

短时期的干旱监测对于抗旱、粮食产量和保证人民正常生活具有重要意义，如使用遥感和气象方法监测分析2013年夏季南方干旱。长期的干旱变化规律对于区域生态环境变化、区域安全和粮食保障具有重要的指导意义，而对于粮食主产区干旱变化规律的分析，对合理地制定我国主产区的农业种植制度、水利建设规划和粮食安全规划具有重要的影响。为此，本章侧重于针对我国粮食主产区的干旱分析，主要采用气象观测站点数据和TRMM降水数据，以及遥感数据作为辅助数据，基于SPI方法对粮食主产区近60年的干旱变化规律进行了分析研究。

一、数据来源和研究区域

（一）数据来源和预处理

（1）选用的气象数据《中国地面气候资料日值数据集》来源于气象数据共享网（http://data.cma.gov.cn/），共包含752个基本、基准地面气象观测站及自动站1951年以来的日值数据集，数据起始时间为1951—2013年。由于该数据集的部分站点存在部分缺测情况，而对于区域干旱变化规律分析，SPI计算所需气象站点数据的要求较高，因此对该数据进行了筛选。对1952—2013年的降水或气温数据存在任意一天缺测的站点，或测量值存在异常的站点进行了去除，对日值数据进行了合成，获取月时间尺度的降水数据。

（2）遥感数据则使用热带降雨测量卫星（Tropical Rainfall Measuring Mission，TRMM）携带的被动微波影像仪（Microwave Imager，TMI）获取的降水数据。对TMI月平均降水数据进行裁剪，投影转换，对同一区域的像元对应的降水值进行提取，形成时间序列的空间降水分布，用于计算SPI值。

（二）研究区域概况

根据国务院2010年12月21日公布的《全国主体功能区规划》对全国农业战略格局的规划，本研究对该规划中对中国中、东部区域的粮食主产区的近60年干旱时空分布进行了分析。各粮食主产区由于所处地理位置不同，受季风影响的时间和季风类型也不尽相同，例如西南地区受来自印度洋的西南季风和来自太平洋的夏季风的共同影响，华南地区、长江中下游、黄淮海和东北地区均主要受太平洋的夏季风的影响，但主要的雨季开始时间是从南往北逐渐变化（表13-1）。

表13-1　研究区各主产区主要的降水月份、年平均降水量和主要的作物类型

主产区	主要降水月份/月	年平均降水量/mm
东北	7—9	500~750
黄淮海	7—9	400~800
长江中下游	5—8	1 000~1 600
华南	3—9	1 500~2 000
西南	5—10	1 000~2 000

二、整体概况

不同时间尺度的SPI指数可以用于监测降水减少对不同生境造成的影响。1~3个月内的短期时间尺度可以用于气象干旱的监测和早期预警，干旱严重性的评估；6~24个月时间尺度可以用于监测水文、水库和地表水含量受降水减少变化造成的影响。长时间序列中干旱的发生周期和变化特征进行分析，宜选用6~24个月时间尺度的SPI指数。本研究使用12个月的时间尺度来计算站点的SPI值，并且使用10年的滑动来统计获取站点的SPI值。

如图13-1所示，东北主产区在20世纪60年代前降水充沛，干旱发生的频次极低。20世纪70年代作为东北主产区干湿转换的时间节点，自此东北主产区进入了长达20年的干旱时期，其中1980年左右达到最旱时期。进入20世纪90年代，降水相对增多，干旱有所缓解。20世纪90年代末，降水再次减少，干旱程度加重，且此次的干旱严重程度远大于20世纪80年代发生的干旱。在2010年左右，降水逐渐增加，干旱得到一定缓解，但仍然处于相对干旱的状态。

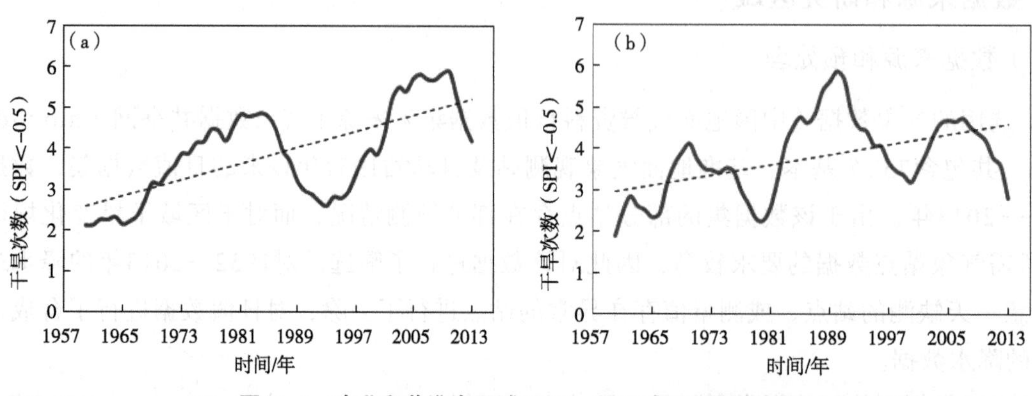

图13-1　东北和黄淮海区域1957—2013年SPI滑动变化

黄淮海主产区20世纪60年代前，干旱发生的频次降低，整个区域较为湿润，20世纪60—70年代干旱强度增强，并于20世纪70年代达到最强，在随后的10年，干旱强度减弱。20世纪80年代后，降水逐渐减少，干旱强度增强，于20世纪90年代左右达到最大，此后10年干旱强度减弱，旱情在2000年左右减弱到最轻。进入21世纪后，黄淮海主产区的旱情再次增强，但严重程度远不如20世纪90年代，且在2010年后干旱发生频次逐渐降低。

总体上，在北方的粮食主产区，东北主产区在20世纪80年代和21世纪初，黄淮海主产区在20世纪70年代、90年代和21世纪初的干旱程度达到最严重时期，在进入2010年后干旱发生的发生频次有所下降，但与20世纪50—60年代相比，仍处于相对干旱的时期。

如图13-2所示，长江中下游主产区在20世纪50年代相对湿润，随后20年进入了一个极度干旱时期，此次干旱在70年代达到最严重的干旱程度，在随后10年旱情相对缓解。从20世纪70年代后，长江中下游区域的干旱逐渐得到缓解，随后10年的干旱有所增强，但不显著，且总体上呈下降趋势。20世纪末，该地区进入相当湿润的时期。在进入20世纪后干旱逐渐增强，2013年整个长江中下游地区在夏季遭遇了较强的夏季干旱。

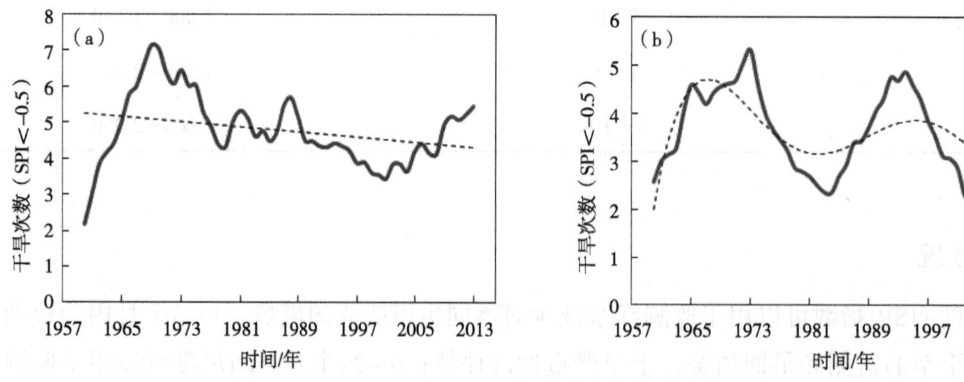

图13-2　长江中下游区域1957—2013年SPI的10年滑动变化

华南地区的干旱呈现出较为规律的变化，其可能原因是该区域受来自太平洋的季风影响最大，而夏季风的强弱变化则能控制该区域干旱的发生情况。该区域在20世纪60—70年代出现了近60年来的最大强度干旱，其持续时间长，强度为也最大。在20世纪70年代末，该区域干旱有所缓解，并于20世纪

80年代中期处于相对湿润的时期。随后的10年干旱强度增大，在20世纪90年代初达到最大强度。进入21世纪后，干旱强度进入近60年来最低时期，2005年后干旱发生频次开始增加，又进入一个相对干旱的时期。

总体上，在西南和华南粮食主产区，干旱的发生时期较为一致，在20世纪60—70年代，干旱的发生频次在近60年来最高。20世纪末两地区进入了相对湿润的时期，随后干旱的发生频次逐渐增强。

如图13-3所示，四川盆地在20世纪60年代进入一个短的、程度并不严重的干旱时期。在随后10年，干旱逐渐得到缓解，且在之后的30年内干旱的发生频次变化不大，但呈缓慢增强的趋势。20世纪70年代到80年代降水量处于相对较为稳定的时期，随之带来的旱情也较弱。从20世纪80年代后，旱情逐渐增强，并于20世纪90年代末达到最旱时期。进入21世纪后干旱得到缓解，但在2008年前后旱情逐渐增强，出现了近60年内最严重旱情。

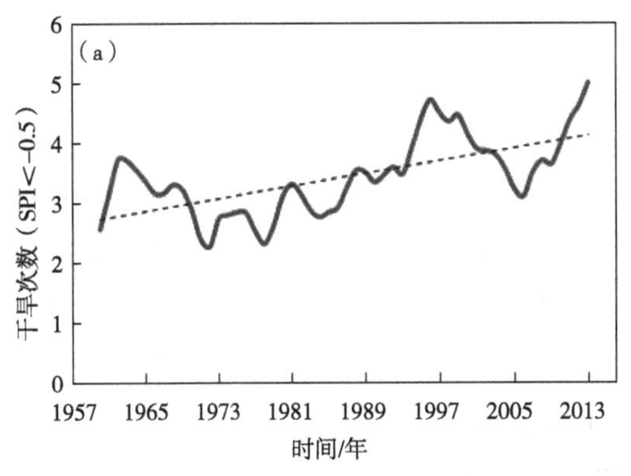

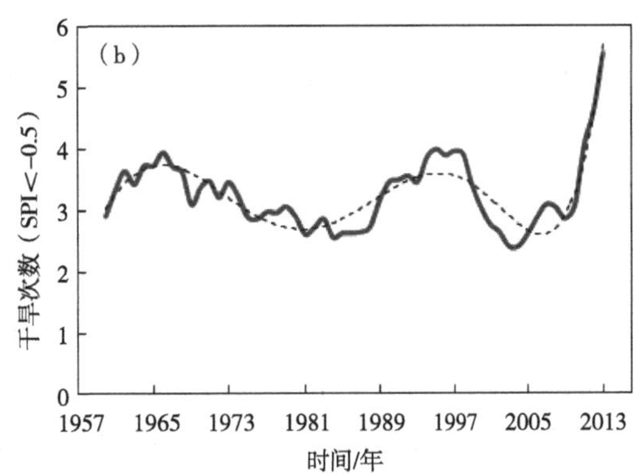

图13-3 四川盆地和西南地区1957—2013年SPI的10年滑动变化

西南地区的干旱变化趋势与四川盆地较为相似。在20世纪60年代中期出现了强度较低的干旱期，随后的20年内，干旱发生的趋势逐渐减弱。20世纪90年代该区域降水发生变化，随后该区域进入了相对干旱的时期，且于20世纪90年代中期干旱强度达到最强。进入21世纪，干旱强度减弱，2010年后干旱强度增强，出现了近60年最严重的旱情。

总体上，四川盆地和西南粮食主产区两地的干旱发生趋势较为相似，在20世纪60年代、90年代出现了一定程度的干旱，且在2010年后干旱显著增强，其余时段干旱发生频次较低，且总体上低于其他粮食主产区的干旱发生频次。

整体上，在干旱发生周期上，华南地区干旱发生周期约为20年；长江中下游干旱发生规律不显著；西南地区和四川盆地干旱发生频次较低，规律不显著；黄淮海地区干旱发生规律不明显；东北地区干旱发生周期约25年。从各区域所处的干湿环境来看，各区域在局部地区干旱均有发生，严重程度也不相同。但总体上，整个南方地区处于逐渐干旱时期，北方则处于由旱转湿的时期。其中，南方西南地区和四川盆地主产区处于本次干旱的最旱时期，长江中下游和华南主产区也有逐渐旱化的趋势，东北和黄淮海主产区则由旱向湿润逐步过渡，但总体上还是较为干旱。这些趋势与2010年前研究者对中国干旱变化的整体趋势是相似的（张庆云等，1991；王菱等，2004；王遵娅等，2004；马柱国等，2005；施能等，1995；陈隆勋等，2004；杨建平等，2002）。

三、区域不同等级干旱发生频次

不同等级的干旱对农业生产的影响是不同的，若重旱或特旱的发生频次高则粮食产量所受的影响可能最大。分析近60年来粮食主产区的干旱变化情况后，对不同等级干旱的发生频次和时间分布情况进行分析。

表13-2是研究区不同等级干旱的发生频次。由此可知，四川盆地干旱的发生频次是最低的，总体发生频次仅为0.291，西南地区干旱发生频次最大，达到0.308。从不同等级干旱发生的频次上看，四川盆地不同等级干旱发生概率均未达到最大，特旱、重旱、中旱、轻旱分别发生在长江中下游、华南、西南和黄淮海地区。

表13-2　我国6大粮食产区近60年干旱等级统计　　单位：次/年

干旱等级	四川盆地	长江中下游	黄淮海	东北	西南	华南
（-0.5，-1.0）轻旱	0.138	0.140	0.166	0.152	0.149	0.147
（-1.5，-1.0）中旱	0.084	0.084	0.082	0.088	0.096	0.082
（-2.0，-1.5）重旱	0.042	0.041	0.039	0.042	0.045	0.048
（-10，-2.0）特旱	0.027	0.028	0.015	0.021	0.019	0.025
合计	0.291	0.293	0.303	0.303	0.308	0.301

从干旱等级对农业生产的影响程度上来看，在水利设施较为完善时，轻旱和中旱对农业生产的影响较小。但是在重旱和特旱发生且连旱时，即使水利设施较为完善，农业生产可能也遭遇极其严重损失。在分析不同区域、不同等级干旱发生变化时，本研究将两者进行合并，按照SPI值分别为（-∞，-1.5）、［-1.5，-1.0）、［-1.0，-0.5）（对应的干旱等级分别为轻旱、中旱、重旱）对不同粮食主产区的干旱发生情况进行对比分析，结果如图13-4所示。

图13-4a显示东北主产区20世纪60年代以来，不同等级干旱发生概率的趋势是相同的，轻旱发生概率大的年份，严重干旱发生的概率也大。在黄淮海主产区（图13-4b），轻旱与严重干旱发生的规律并无相应联系，轻旱在近60年内的变化较为平缓，而重旱则呈现一定的震荡周期，约为20年。总体上，两粮食主产区在近60年最旱时期为2005年左右，且在进入2010年后重旱发生频次逐渐下降，这与先前的有关该地区干旱发生规律研究的结果相似。

图13-4c显示长江中下游主产区轻旱的发生规律较为明显，周期约为20年，但与重旱的发生规律并无明显联系。该地区从20世纪90年代后，重旱的发生概率逐渐升高，且上升的速度远大于中旱发生的增速，仍然不如20世纪60—70年代重旱发生的程度严重。

华南主产区（图13-4d）不同程度的干旱变化规律较为一致，变化周期在20年左右摆动。该主产区在20世纪70年代重旱的发生概率最大，进入21世纪后重旱的发生概率在逐渐增强，但尚未到达近60年最为严重的干旱时期。根据历史统计数据，长江中下游主产区和华南主产区在60—70年代发生极其严重的干旱，对粮食生产造成了极大影响。这与图13-4c和图13-4d的重旱显示一致。

图13-4e和图13-4f分别是四川盆地和西南地区不同等级干旱变化情况。四川地区轻旱的发生规律并无明显变化，仍然在一定区间内；中旱的发生规律也一直在1次/年附近摆动，20世纪80年代后开始以很小的变化趋势增强。变化最为明显的是重旱，20世纪80年代后与中旱一样逐渐增强，至21世纪初，重旱的发生概率变化趋势极其显著，并于2009年后逐渐增强，并达到近60年来重旱的顶点。西南粮食主产区的干旱在进入21世纪以来，不同等级的干旱变化均较为明显，但最为突出的是重旱的变化在2010年后异常增强。

图13-4c、图13-4e和图13-4f中，重旱的发生变化与轻旱和重旱发生并无很显著关系，而在图13-4a、图13-4b和图13-4d中，关系较为相似。而根据前人研究和历史统计资料显示，图13-10中的重旱发生时期与实际干旱发生期相符，因此，本研究认为SPI<-1.5对于影响粮食生产较大的干旱监测是最

为适宜的，而-1.5<SPI<-0.5可能在某些地区存在一定的偏差。

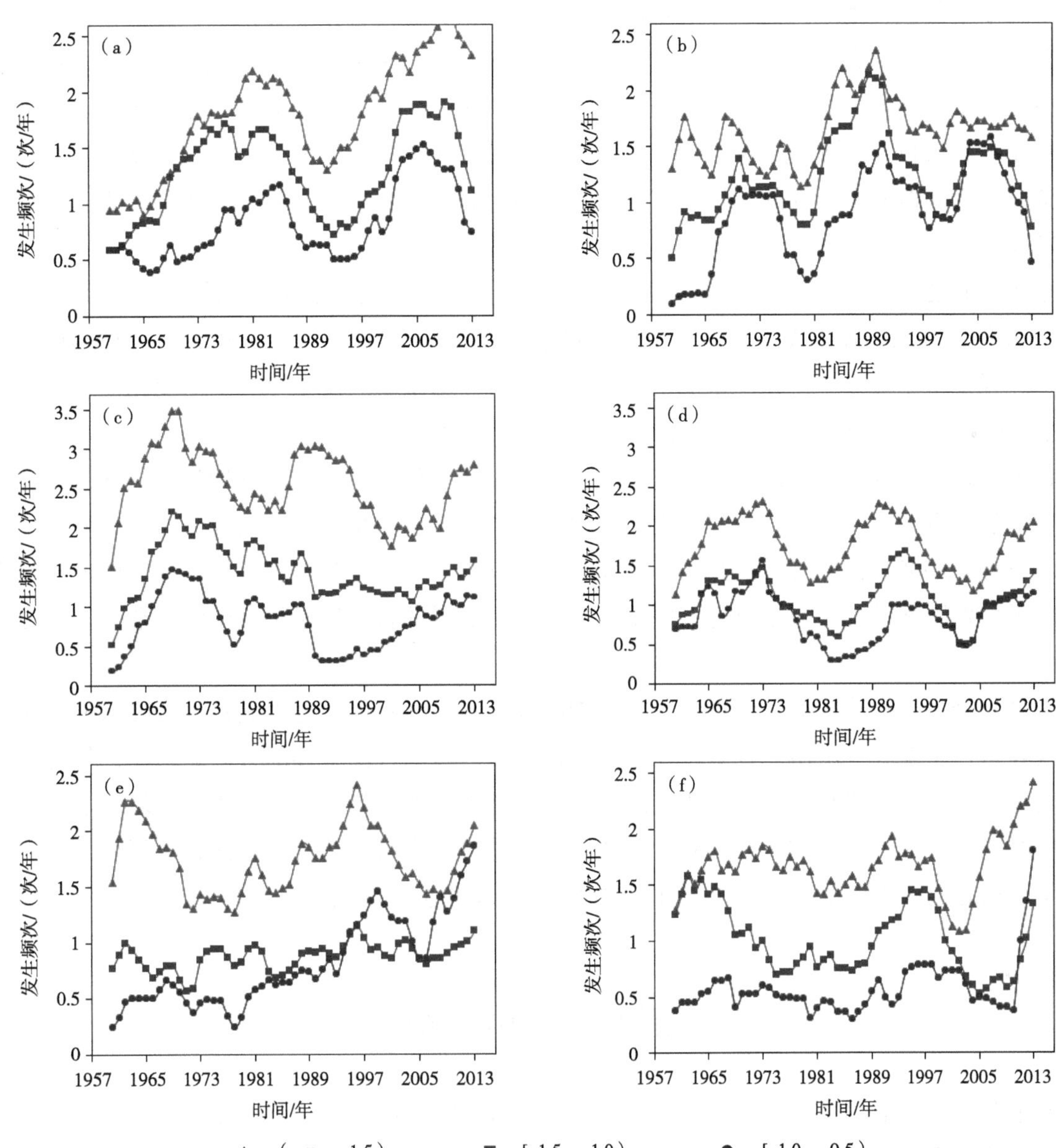

图13-4　SPI值分别为（-∞，-1.5）、[-1.5，-1.0）、[-1.0，-0.5）的粮食主产区干旱变化趋势

注：a为东北地区；b为黄淮海粮食主产区；c为长江中下游地区；d为华南粮食主产区；e为四川盆地；f为西南粮食主产区。

四、基于TRMM降水数据的SPI空间分析

使用TRMM降水数据计算了1998—2013年的主产区SPI<-0.5干旱发生次数（5年累积次数）。具体遥感图像分析请参见［Xia L，Zhao F，Mao K，et al.，2018. SPI-based analyses of drought changes over the past 60 years in China’s major crop-growing areas. Remote Sensing，171（10）：1-15；夏浪，2016. 多途径的干旱监测方法研究. 北京：中国农业科学院］。从整体上来看，东北主产区的干旱发生趋势在1998—2013年间逐渐减弱，在2008—2013年干旱的发生次数在整个主产区极低。黄淮海主产区的干旱发生次数总体上也呈下降趋势，在1998—2002年，干旱发生次数较高，之后2003—2007年、2008—2013年（该时间段是6年的干旱发生次数）。长江中下游主产区整体上干旱逐渐在增强，在1998—2002年，干旱主要发生在北部地区。长江中下游主产区北部地区因与黄淮海主产区相近，因此

可以认为是北部地区受黄淮主产区干旱的影响。在2003—2007年、2008—2013年，长江中下游主产区干旱发生逐渐增强。华南主产区干旱发生次数总体上较低，且主要集中在该主产区的西部。西南主产区干旱在2007年前发生次数较低，且面积较小；在2008年后，在发生次数和面积上均有极度的提升。

整体上，中国粮食主产区的干旱发生情况在1998—2013年由北到南逐渐变化，1998—2002年主要集中在东北主产区和黄淮海主产区，在随后的5年内，东北和黄淮海主产区干旱发生次数逐渐减轻，长江中下游、华南和西南主产区的干旱发生次数在增加。2008—2013年，干旱发生的严重程度逐渐往西南方向发展。

在整个粮食主产区内，干旱发生从北往南或者从南往北变化一次的时间周期约为15~20年。在1998—2002年，东北和黄淮海主产区干旱程度强于南方的4个粮食主产区，2008—2013年则南方粮食主产区干旱程度重于北方主产区。事实上，前人研究者在对很大尺度上中国干旱变化规律的研究中也发现北旱则南涝、南涝则北旱的规律（郭锐等，2009；李健，2005）。

在各个粮食主产区，局部的重旱均有发生，但从上述分析来看，西南和四川盆地的重旱在近年来逐渐异常增强值得关注。同样，研究者也对该地区的干旱发生因素进行了研究分析，有多种不同的结果（李永华等，2009；尹晗等，2013）。事实上，对其他地区的干旱分析一样，前人研究者对中国不同区域的干旱发因素进行了大量研究，但受限制于观测资料的长度和干旱发生的复杂性，并无十分明确的结论。

干旱是一个多因素造成的气候现象，在影响降雨的各因素不能较好地满足地区降水需求时，则表现出气候异常，干旱或者洪涝。在最近几十年来，中国区域的气温呈逐渐升高的趋势，气温的升高势必会加剧地表蒸散。东北和黄淮海主产区的干旱虽然呈现下降趋势，但是总体上还是处于近60年来的相对较旱时期，其他位于南方区域的粮食主产区干旱趋势呈现增强趋势。因此，本研究认为，在接下来的10年，东北地区的干旱趋于缓和，而南方地区的干旱将会逐渐增强。

第五节　小　结

在当前气候的变化、极端事件不断增多且经济全球化的背景下，区域的干旱对全球粮食安全具有极大的威胁。准确地监测干旱发生时间和空间分布、干旱等级和发展趋势，特别是粮食主产区的干旱变化，对于保障粮食安全，制定应对策略和长期规划具有重要的意义。本研究通过分析干旱监测方法、反演干旱监测参数和应用相应干旱监测方法对我国干旱进行监测分析，主要有如下结论。

（1）对前人干旱监测研究方法进行了相应的总结和对比分析表明，遥感干旱在干旱监测上能够更好地获取干旱发生的空间分布范围，但相比气象干旱其监测精度较低，且受数据源的影响，监测获取的干旱信息是由植被的受水分胁迫后所反映出的长势状况构成，其往往具有较长的时间延迟，另外受地域位置和植被类型的影响而表现出不同的干旱信息。在几种气象干旱指数中，SPI指数计算简单，适于大范围的干旱监测对比分析。对于半经验的Palmer指数，前期的校正是十分重要的，如果能够进行前期参数校正，考虑多因素的Palmer指数相比SPI和SPEI两指数具有更高的监测精度。

（2）对新型的VIIRS传感器获取遥感干旱监测参数反演研究表明，通过联合MODIS水汽数据反演地表温度是可行的，且基于模拟的精度验证表明，本研究提出的反演方法精度不低于1 K，基于地面站点的观测数据对比验证表明，本反演算法的精度不低于1.49 K。对中国区域的云掩码反演算法进行目视解译表明云监测的精度不低于85%，满足其他遥感产品和农情监测中对掩码精度的要求。但本研究并没用研究不同分辨率的VIIRS数据和MODIS数据的同化，这对于农情干旱监测中数据的一致性是非常重要的。另外，由于时间紧迫，并没有使用云参数来实现干旱的监测，在后续工作中应进行相应的研究。

（3）通过对南方2013年夏季干旱分析的研究表明，受月份内降水随机分布影响，周时间尺度的干旱监测（周）和月时间尺度在反映干旱发生方面具有不同的灵敏性。基于周时间尺度TRMM降水数据的SPI指数能够较好地获取干旱信息，VCI、SVI和TVDI三种遥感干旱监测方法中，TVDI综合表现最好，SVI在部分区域（湖北）存在一定的夸大情况，CVI对干旱的整体监测情况估计偏低。总体上遥感干旱监测时延较大。

（4）对我国近60年东部粮食主产区的干旱变化研究表明，21世纪初以西南地区和四川盆地主产区受旱最为严重，长江中下游和华南主产区在20世纪60—70年代重旱发生最为严重，东北和黄淮海主产区在2005年左右重旱发生程度最为严重。在各粮食主产区干旱发生趋势上，位于南方的主产区在近年来趋向于逐渐干旱化，其中西南和四川主产区干旱存在下降的趋势，而长江中下游和华南主产区干旱发生趋势在增强；位于北方的主产区则进入一个由干旱转入相对湿润的时期。使用TMI降水数据计算的近15年干旱空间分布状态表明，中国干旱的发生从北往南或者从南往北变化一次的时间周期为15~20年，在空间上，北旱则南涝、南涝则北旱的规律较为明显。

从现阶段人类应对气候变化的实际表现和效果上来看，人类目前还不具备控制大区域气候变化的能力。因此，本研究认为，近10年来，全球极端气候事件的逐渐增多背景下，在人类生产生活与有限的水资源供需矛盾不可避免的前提下，加大水利资源设施的投入，发展节水型农业，培育抗旱能力强的作物品种，提高工业用水效率和构建抗旱减灾综合体系是应对接下来一段时间的干旱较为合理的方向。

参考文献：

曹永强，张兰霞，张岳军，等，2012. 基于CI指数的辽宁省气象干旱特征分析[J]. 资源科学，34（2）：265-272.

陈方藻，刘江，李茂松，2011. 60年来中国农业干旱时空演替规律研究[J]. 西南师范大学学报（自然科学版）（4）：111-114.

陈隆勋，周秀骥，李维亮，2004. 中国近80年来气候变化特征及其形成机制[J]. 气象学报，62（5）：634-646.

程静，陶建平，2010. 全球气候变暖背景下农业干旱灾害与粮食安全——基于西南五省面板数据的实证研究[J]. 经济地理，30（9）：1524-1528.

程宇，陈良富，柳钦火，等，2006. 基于MODIS数据对不同植被覆盖下土壤水分监测的可行性研究[J]. 遥感学报，10（5）：783-788.

段海霞，王素萍，冯建英，2013. 2013年夏季全国干旱状况及其影响与成因[J]. 干旱气象（3）：633-640.

段海霞，王素萍，冯建英，等，2014. 2014年夏季全国干旱状况及其影响与成因[J]. 干旱气象（5）：872-880.

冯强，田国良，王昂生，等，2005. 基于植被状态指数的全国干旱遥感监测试验研究（Ⅱ）——干旱遥感监测模型与结果分析部分[J]. 干旱区地理，27（4）：477-484.

冯强，2001. 中国干旱遥感监测系统的研究[D]. 北京：中国科学院遥感应用研究所.

郭锐，智协飞，2009. 中国南方旱涝时空分布特征分析[J]. 气象科学，29（5）：598-605.

何英彬，唐华俊，杨鹏，等，2010. 不同政策情景下荒漠化地区土地耕作适宜性评价[J]. 农业工程学报，26（10）：319-324.

华北平原水分胁迫与干旱研究4课题组，1991. 作物水分胁迫与干旱研究[M]. 郑州：河南科学技术出版社.

李健，2005. 南涝北旱与北涝南旱[J]. 中国科技纵横（9）：178.

李茂松，李森，2003. 中国近50年旱灾灾情分析[J]. 中国农业气象，24（1）：7-10.

李明志，袁嘉祖，2004. 近600年来我国的旱灾与瘟疫[J]. 北京林业大学学报（社会科学版），2（3）：40-43.

李艳，王鹏新，刘峻明，等，2014. 基于条件植被温度指数的冬小麦主要生育时期干旱监测效果评价Ⅲ. 干旱对冬小麦产量的影响评估[J]. 干旱地区农业研究（5）：218-222.

李永华，徐海明，2009. 2006年夏季西南地区东部特大干旱及其大气环流异常[J]. 气象学报，67（1）122-132.

刘建刚，谭徐明，万金红，等，2011. 2010年西南特大干旱及典型场次旱灾对比分析[J]. 中国水利（9）：17-19.

刘立文，张吴平，段永红，等，2014. TVDI模型的农业旱情时空变化遥感应用[J]. 生态学报，34（13）：3704-3711.

刘良明，向大享，文雄飞，等，2009. 云参数法干旱遥感监测模型的完善[J]. 武汉大学学报（信息科学版），34（2）：207-209.

刘巍巍，安顺清，刘庚山，等，2004. 帕默尔旱度模式的进一步修正[J]. 应用气象学报，15（2）：207-216.

马柱国，黄刚，甘文强，等，2005. 近代中国北方干湿变化趋势的多时段特征[J]. 大气科学，29（5）：671-681.

孟猛，宗美娟，2012. 中国20世纪干旱化趋势分析[J]. 干旱区研究，29（2）：257-261.

齐述华，王长耀，牛铮，2003. 利用温度植被旱情指数（TVDI）进行全国旱情监测研究[J]. 遥感学报（5）：420-427.

齐述华，王长耀，牛铮，等，2004. 利用NDVI时间序列数据分析植被长势对气候因子的响应[J]. 地理科学进展，23（3）：91-99.

杞人，2011. 干旱肆虐：非洲之角饱受饥荒之灾[J]. 生态经济（10）：8-13.

秦鹏程，刘敏，万素琴，等，2014. 气象干旱综合监测指数在湖北的本地化应用及其适用性分析[J]. 气象科技，42（2）：341-347.

盛夏，孙龙祥，郑庆梅，2004. 利用MODIS数据进行云检测[J]. 解放军理工大学学报（自然科学版），5（4）：98-102.

施能，陈家其，屠其璞，1995. 中国近100年来4个年代际的气候变化特征[J]. 气象学报，53（4）：431-439.

苏红，刘峻明，王春艳，等，2014. 基于时间序列MODIS LST产品的重构研究[J]. 中国农业科技导报，16（5）：99-107.

覃志豪，徐斌，李茂松，等，2005. 我国主要农业气象灾害机理与监测研究进展[J]. 自然灾害学报，14（2）：61-69.

王道龙，钟秀丽，李茂松，等，2006. 20世纪90年代以来主要气象灾害对我国粮食生产的影响与减灾对策[J]. 灾害学，21（1）：18-22.

王家成，杨世植，麻金继，等，2006. 东南沿海MODIS图像自动云检测的实现[J]. 武汉大学学报（信息科学版），31（3）：270-273.

王菱，谢贤群，李运生，等，2004. 中国北方地区40年来湿润指数和气候干湿带界线的变化[J]. 地理研究，23（1）：45-54.

王鹏新，龚健雅，李小文，2001. 条件植被温度指数及其在干旱监测中的应用[J]. 武汉大学学报（信息科学版），26（5）：412-418.

王鹏新，吴高峰，白雪娇，等，2015. 基于Landsat数据的条件植被温度指数空间升尺度转换方法[J]. 农业机械学报，46（7）：264-271.

王遵娅，丁一汇，何金海，等，2004. 近50年来中国气候变化特征的再分析[J]. 气象学报，62（2）：228-236.

卫捷，马柱国，2003. Palmer干旱指数、地表湿润指数与降水距平的比较[J]. 地理学报，58（Z1）：117-124.

夏浪，毛克彪，马莹，等，2014. 基于可见光红外成像辐射仪数据的地表温度反演[J]. 农业工程学报，30（8）：109-116.

夏浪，毛克彪，孙知文，等，2013. Suomi NPP VIIRS数据介绍及其在云检测上的应用分析[J]. 地球科学进展（5）：271-276.

夏浪，毛克彪，孙知文，等，2014. 基于DNB验证的VIIRS夜间云检测方法[J]. 国土资源遥感（3）：74-79.

夏浪，毛克彪，孙知文，等，2014. 针对NPP VIIRS数据的云检测方法研究[J]. 中国环境科学（3）：574-580.

向大享，2011. 云参数法干旱遥感监测模型研究[D]. 武汉：武汉大学.

许玲燕，王慧敏，段琪彩，等，2013. 基于SPEI的云南省夏玉米生长季干旱时空特征分析[J]. 资源科学，35（5）：1024-1034.

杨建平，丁永建，陈仁升，等，2002. 50a来我国干湿气候界线的空间变化分析[J]. 冰川冻土，24（6）：731-736.

杨军，许健民，董超华，2011. 风云气象卫星40年：国际背景下的发展足迹[J]. 气象科技进展，1（1）：6-13.

杨曦，武建军，闫峰，2009. 基于地表温度 植被指数特征空间的区域土壤干湿状况[J]. 生态学报，29（3）：1205-1216.

尹晗，2013. 中国西南地区干旱气候特征及2009—2012年干旱分析[D]. 兰州：兰州大学.

尹晗，李耀辉，2013. 我国西南干旱研究最新进展综述[J]. 干旱气象，31（C1）：182-193.

余涛，田国良，1997. 热惯量法在监测土壤表层水分变化中的研究[J]. 遥感学报，1（1）：24-31.

张庆云，陈烈庭，1991. 近30年来中国气候的干湿变化[J]. 大气科学，15（5）：72-81.

张元元，2011. 应用FY-2地表蒸散产品监测西南特大干旱[J]. 气象，37（8）：999-1005.

庄少伟，左洪超，任鹏程，等，2013. 标准化降水蒸发指数在中国区域的应用[J]. 气候与环境研究，18（5）：617-625.

邹旭恺，任国玉，张强，2010. 基于综合气象干旱指数的中国干旱变化趋势研究[J]. 气候与环境研究，15（4）：371-378.

BECKER F，LI Z L，1990. Towards a local split window method over land surfaces[J]. *Remote Sens.*，11（3）：369-393.

BOEGH E，SØGAARD H，HANAN N，et al.，1999. A remote sensing study of the NDVI-Ts relationship and the transpiration from sparse vegetation in the sahel based on high-resolution satellite data[J]. *Remote Sens. Environ.*, 69（3）: 224–240.

CARLSON T N, GILLIES R R, PERRY E M, 1994. A method to make use of thermal infrared temperature and NDVI measurements to infer surface soil water content and fractional vegetation cover[J]. *Remote Sens. Rev.*, 9（1/2）: 161–173.

COLL C, CASELLES V, SOBRINO J A, et al., 1994. On the atmospheric dependence of the split-window equation for land surface temperature[J]. *Int. J. Remote Sens.*, 15: 105–122.

COLL C, CASELLES V, VALOR E, et al., 2012. Comparison between different sources of atmospheric profiles for land surface temperature retrieval from single channel thermal infrared data[J]. *Remote Sens. Environ.*, 117: 199–210.

DAI A, TRENBERTH K E, KARL T R, 1998. Global variations in droughts and wet spells: 1900–1995[J]. *Geophys. Res. Lett.*, 25（17）: 3367–3370.

DAI A, TRENBERTH K E, QIAN T, 2004. A global dataset of palmer drought severity index for 1870—2002: relationship with soil moisture and effects of surface warming[J]. *J. Hydrometeorol.*, 5（6）: 1117-1130.

DUAN S B, LI Z L, TANG B H, et al., 2014. Generation of a time-consistent land surface temperature product from MODIS data[J]. *Remote Sens.Environ.*, 140: 339–349.

HUTCHISON K D, IISAGER B D, HAUSS B, 2012. The use of global synthetic data for pre-launch tuning of the VIIRS cloud mask algorithm[J]. *Int.J. Remote Sens.*, 33（5）: 1400–1423.

IMAOKA KEIJI, ROY W, 2000. Spencer. Diurnal variation of precipitation over the tropical oceans observed by TRMM/TMI combined with SSM/I[J]. *J. Climate*, 13（23）: 4149–4158.

JIANG G M, LI Z L, NERRY F, 2006. Land surface emissivity retrieval from combined mid-infrared and thermal infrared data of MSG-SEVIRI[J]. *Remote Sens.Environ.*, 105: 326–340.

JIMÉNEZ-MUÑOZ J C, SOBRINO J A, 2003. A generalized single-channel method for retrieving land surface temperature from remote sensing data[J]. *J. Geophys. Res.*, 108: 4688–4695.

KARNIELI A, AGAM N, PINKER R T, et al., 2010. Use of NDVI and land surface temperature for drought assessment: merits and limitations[J]. *J. Climate*, 23（3）: 618–633.

KOUTROULIS A G, VROHIDOU A E K, TSANIS I K, 2011. Spatiotemporal characteristics of meteorological drought for the island of Crete[J]. *J. Hydrometeorol.*, 12（2）: 206–226.

LI H, SUN D, YU Y, et al., 2014. Evaluation of the VIIRS and MODIS LST products in an arid area of Northwest China[J]. *Remote Sens. Environ.*, 142: 111–121.

LI Z L, BECKER F, 1993. Feasibility of land surface temperature and emissivity determination from AVHRR data[J]. *Remote Sens. Environ.*, 43（1）: 67–85.

LI Z L, PETITCOLIN F, ZHANG R H, 2000. A physically based algorithm for land surface emissivity retrieval from combined mid-infrared and thermal infrared data[J]. *Sci. China Technol. Sci.*, 43: 23–33.

LI Z L, TANG B H, WU H, et al., 2013. Satellite-derived land surface temperature: current status and perspectives[J]. *Remote Sens. Environ.*, 131: 14–37.

LIN W, WEN C, 2012. Characteristics of multi-timescale variabilities of the drought over last 100 years in Southwest China[J]. *Adv. Meteorol. Sci. Technol.*, 2（4）: 21–26.

LONG D，SCANLON B R，FERNANDO D N，et al.，2012. Are temperature and precipitation extremes increasing over the US high plains[J]. *Earth Interact.*，16（16）：1-20.

MAO K B ，TANG H J，ZHANG L X，et al.，2008. A Method for Retrieving Soil Moisture in Tibet Region By Utilizing Microwave Index from TRMM/TMI Data[J]. *Int. J. Remote Sens.*，29（10）：2905-2925.

MAO K B，SHI J，LI Z，et al.，2007. A physics-based statistical algorithm for retrieving land surface temperature from AMSR-E passive microwave data[J]. *Sci. China Earth Sci.*，50（7）：1115-1120.

MCKEE T B，DOESKEN N J，KLEIST J，1993. The relationship of drought frequency and duration to time scales[C]//Proceedings of the 8th conference on applied climatology. Boston，MA：American Meteorological Society，17（22）：179-183.

MCMILLIN L M，1975. Estimation of sea surface temperature from two infrared window measurements with different absorptions[J]. *J.Geophys. Res.*，80：5113-5117.

MU Q，ZHAO M，KIMBALL J S，et al.，2013. A remotely sensed global terrestrial drought severity index[J]. *Bull. American Meteorol. Soc.*，94（1）：83-98.

OTTL C，STOLL M，1993. Effect of atmospheric absorption and surface emissivity on the determination of land surface temperature from infrared satellite data[J]. *Int. J. Remote Sens.*，14（10）：2025-2037.

PRATA A J，1993. Surface temperatures derived from the advanced very high resolution radiometer and the along track scanning radiometer theory[J]. *J. Geophys. Res.*，98：16689-16702.

PRICE J C，1977. Thermal inertia mapping：a new view of the earth[J]. *J. Geophys. Res.*，82（18）：2582-2590.

PRICE J C，1984. Land surface temperature measurements from the split window channels of the NOAA 7 advanced very high resolution radiometer[J]. *J. Geophys. Res.*，89：7231-7237.

PRICE J C，1990. Using spatial context in satellite data to infer regional scale evapotranspiration[J]. *IEEE Trans. Geosci. Remote Sens.*，28（5）：940-948.

QIN Z，KARNIELI A，BERLINER P A，2001. Mono-window algorithm for retrieving land surface temperature from Landsat TM data and its application to the Israel-Egypt border region[J]. *Int. J. Remote Sens.*，22：3719-3746.

QUIRING S M，GANESH S，2010. Evaluating the utility of the Vegetation Condition Index（VCI）for monitoring meteorological drought in Texas[J]. *Agr. Forest Meteorol.*，150（3）：330-339.

RICHARD R，HEIM J R，2002. A review of twentieth-century drought indices used in the United States[J]. *Bull. Amer. Meteor. Soc.*，83（8）：1149-1165.

SAUNDERS R W，KRIEBEL K T，1998. An improved method for detecting clear sky and cloudy radiances from AVHRR data[J]. *Int. J. Remote Sens.*，9：123-150.

SHEFFIELD J，WOOD E F，RODERICK M L，2012. Little change in global drought over the past 60 years[J]. *Nature*，491（7424）：435-438.

SOBRINO J A，COLL C，CASELLES V，1991. Atmospheric correction for land surface temperature using NOAA-11 AVHRR channels 4 and 5[J]. *Remote Sens. Environ.*，38（1）：19-34.

SOBRINO J A，JIMÉNEZ-MUÑOZ J C，2005. Land surface temperature retrieval from thermal infrared data：An assessment in the context of the Surface Processes and Ecosystem Changes Through Response Analysis（SPECTRA）mission[J]. *J. Geophys. Res.*，110：D16103.

SOBRINO J A，SÒRIA G，PRATA A J，2004. Surface temperature retrieval from along track scanning radiometer 2 data：algorithms and validation[J]. *J. Geophys. Res.*，109：D11101.

STRABALA K I，ACKERMAN S A，1994. Cloud properties inferred from 8-12 μm data[J]. *Appl. Meteor.*，33：212-229.

SUN D，PINKER R T，2007. Retrieval of surface temperature from the MSG-SEVIRI observations：Part I. Methodology[J]. *Int. J. Remote Sens.*，28：5255-5272.

TANG B H，LI Z L，2008. Retrieval of land surface bidirectional reflectivity in the mid-infrared from MODIS channels 22 and 23[J]. *Int. J. Remote Sens.*，29：4907-4925.

THORNTHWAITE C W，1931. The climate of North America according to a new classification[J]. *Geogr. Rev.*，21：633-655.

THORNTHWAITE C W，1948. An approach toward a rational classification of climate[J]. *Geogr. Rev.*，38（1）：55-94.

VICENTE-SERRANO S M，BEGUERÍA S，LÓPEZ-MORENO J I，2010. A multiscalar drought index sensitive to global warming：the standardized precipitation evapotranspiration index[J]. *J. Climate*，23（7）：1696-1718.

WAN Z，DOZIER J，1996. A generalized split-window algorithm for retrieving land-surface temperature from space[J]. *IEEE Trans. Geosci. Remote Sens.*，34：892-905.

WAN Z，LI Z L，1997. A physics-based algorithm for retrieving land-surface emissivity and temperature from EOS/MODIS data[J]. *IEEE Trans. Geosci. Remote Sens.*，35：980-996.

WAN Z，2008. New refinements and validation of the MODIS land-surface temperature/emissivity products[J]. *Remote Sens. Environ.*，112（1）：59-74.

WAN Z，2014. New refinements and validation of the collection-6 MODIS land-surface temperature/emissivity product[J]. *Remote Sens. Environ.*，140：36-45.

XIA L，MAO K B，MA Y，et al.，2014. An algorithm for retrieving land surface temperatures using VIIRS data in combination with multi-sensors[J]. *Sensors*，14（11）：21385-21408.

XIONG X，STORVOLD R，STAMNES K，et al.，2004. Derivation of a threshold function for the advanced very high resolution radiometer 3. 75 mm channel and its application in automatic cloud discrimination over snow/ice surfaces[J]. *Int. J. Remote Sens.*，25（15）：2995-3017.

YU M，LI Q，HAYES M J，et al.，2014. Are droughts becoming more frequent or severe in China based on the standardized precipitation evapotranspiration index：1951—2010[J]. *Int. J. Clim. atol.*，34（3）：545-558.

ZHAI J，SU B，KRYSANOVA V，et al.，2010. Spatial variation and trends in PDSI and SPI indices and their relation to streamflow in 10 large regions of China[J]. *J. Climate*，23（3）：649-663.

ZHANG A，JIA G，2013. Monitoring meteorological drought in semiarid regions using multi-sensor microwave remote sensing data[J]. *Remote Sens. Environ.*，134：12-23.

ZOU X K，ZHAI P M，ZHANG Q，2005. Variations in droughts over China：1951—2003[J]. *Geophys. Res. Lett.*，32（4）：L0407.

第十四章　中国自然灾害时空分布特征及粮食灾损研究

我国是一个自然灾害频发的国家，研究其自然灾害变化的时空特性及对粮食生产的影响具有重要意义。本章先基于Python语言编程获取1949—2015年我国省域自然灾害受灾、成灾、绝收面积，利用受灾、成灾、绝收面积，构建灾害强度指数，分析不同灾种的时序特征分异，利用网络密度、全局趋势面分析、空间探索分析等方法分析不同灾种在省域空间的分布特征及冷热区；然后获取1949—2015年我国31省（自治区、直辖市）粮食种植面积、农作物种植面积、粮食单产、粮食总产数据，通过粮食灾损估算模型、定义粮食灾损率，计算并分析中国粮食损失时空特征及其时空变化特征。

第一节　引　言

自然灾害是当今学术界乃至全球人民普遍面临的难题之一，其影响严重制约经济、社会的可持续发展，甚至威胁人类生存。20世纪80年代以来，国际社会高度关注自然灾害问题。1981年成立了国际风险协会（SRA），从事灾害风险分析与评估、管理与对策研究；1987年联合国确立“国际减轻自然灾害十年”（IDNDR），旨在最大限度地降低灾害损失、唤起国际重视、推动各地区做好防灾减灾措施；2009年确立每年“10月13日”为“国际减灾日”。中国幅员辽阔、地理环境复杂、气候波动大、生态稳定性差、灾害类型多、频次高、强度大，是世界上受自然灾害影响最为严重的国家之一。2016年1—8月，我国各类自然灾害直接造成1.37亿人受灾、1 074人死亡、270人失踪、624万人次紧急转移安置、直接经济损失2 983亿元。因此，探索我国境内自然灾害灾情空间分布态势，揭示自然灾害的主要灾种的时空演变规律，为国家制定防灾减灾、备灾、救灾等规划提供理论依据，具有重要的现实意义。

“灾害无情，人有情”诠释了自然灾害恐怖的摧残性，及人类抵御灾害的决心，为此学术界对自然灾害展开大量研究。首先，研究者对自然灾害的理论与实践进行了讨论与探索，为后来系统研究自然灾害奠定了理论基础；其次，学者们对灾种的危险性程度进行评估、不同历史阶段自然灾害的空间特征与格局进行分析、孕灾环境与致灾因子分析、不同灾种区域组合规律研究、减灾救灾标准演变与评价等方面都进行了不同程度的探索与深入。最后，在灾害理论方面研究集中体现致灾因子论、孕灾环境论、承灾体论、成灾机制、灾害学科体系的构建等方面的探索；灾害危险性程度评价由单一灾种评价（如洪涝、干旱、气象干旱、泥石流）向混合灾种评价（如区域综合灾害评价、气象灾害评价）过渡；对自然灾害时空特征的研究主要从公元前180—1949年、1990—1991年、2000—2011年等不同历史时期角度展开研究；关于自然灾害的区域组合规律研究，李炳元等（1996）基于地学区划、灾害自身区划等原则，将我国划分3个一级区、12个二级区并进行宏观组合分析；减灾救灾标准演变与评价研究主要从减灾救灾标准现状与存在问题、区域差异、国内外完备性对比分析评价等方面进行研究。从当前的研究来看，对不同历史时期的灾害研究集中在中华人民共和国成立前及最近20年，数据多采用经济、人口统计指标，鲜有基于不同程度受灾面积、粮食单产、种植面积、粮食总产等数据去研究1949—2015年我国自然灾害组合规律及其对粮食生产的影响，农业技术及社会经济快速发展背景下灾害分布及其对粮食影响的时空格局演变的研究更为缺乏。为此，本研究基于计算机数据挖掘与深度学习，利用Python语言编程爬取农业农村部网站相关自然灾害数据库数据、农作物数据库，为了规避单从某种面积分析导致结论的片面性，构建灾害强度指数（多种面积加权百分比）进行灾害时序变化特征研究，运用网络密度、空间探索数据分析方法，研究不同灾种在各省域的空间分布特征及区域组合规律，透视不同灾害的时空分布差异；同时运用粮食灾损估算模型，估算粮食灾损量、粮食灾损率，剖析多灾种对粮食生产影响规律，为中国建立有效的防灾减灾体系、农业粮食生产布局提供理论基础。

第二节　数据来源与方法

一、数据来源

由于历年港澳台自然灾害的统计数据缺失，本研究主要选择了我国大陆地区31个省（自治区、直辖市）为研究区，主要研究大陆省域洪涝、旱灾、风雹、低温、台风5种常见的自然灾害的时空分异特征及其对粮食生产的影响，灾害数据主要以农业农村部种植司网站的自然灾害数据库数据为主，并结合1949—2015年《中国统计年鉴》、中国社会经济发展数据库中自然灾害数据辅助补充，粮食数据主要来源于农业农村部农作物数据库。农业农村部自然灾害数据库主要包括1949—2015年洪涝、旱灾、风雹、低温灾害的受灾、成灾、绝收面积，2001—2015年台风灾害的受灾、成灾、绝收面积；农业农村部农作物数据库主要包括1949—2015年粮食种植面积、农作物种植面积、粮食单产、粮食总产等数据（缺失1967年、1968年和1969年数据）。

二、研究方法

1. 网络密度

网络密度（Network Density）是社会网络分析中最基本、最直观的度量指标，本研究网络密度用来描述各省域与自然灾害中不同灾种受灾的紧密程度。

2. 三维趋势面分析

三维趋势面分析是ArcGIS地统计分析中的一种提供数据的三维透视图的方法。省域的位置绘制在x、y平面上，z维中的杆的高度代表省域受灾面积，其次将z值将会作为散点图投影到x、z平面和y、z平面上，最后，根据投影平面上的散点图，采用二阶多项式拟合。空间趋势面揭示了不同灾种受灾面积空间总体的变化趋势，适用于大尺度研究。

3. 探索性空间数据分析（ESDA）

探索性空间数据分析（ESDA）包括全局Moran’sI指数和局部Moran’sI指数（LISA）。本研究全局Moran’sI指数基于ArcGIS10.2软件，分析不同灾种省域空间分布的相关性特征，引入其优化Getis-Ord G_i^*功能模块，分析不同灾种在省域空间上的冷热分布规律。

全局Moran’sI指数，公式如下。

$$I=\frac{\sum_{i=1}^{n}\sum_{j=1}^{n}w_{ij}\left(x_i-\overline{x}\right)\left(x_j-\overline{x}\right)}{S^2\sum_{i=1}^{n}\sum_{j=1}^{n}w_{ij}} \tag{14-1}$$

$$S^2=\frac{1}{n}\sum_{i=1}^{n}\left(x_i-\overline{x}\right)^2 \tag{14-2}$$

$$\overline{x}=\frac{1}{n}\sum_{i=1}^{n}x_i \tag{14-3}$$

式中：n为研究单元份数；w_{ij}为空间权重矩阵，将其空间邻近定义为1，不相邻定义为0；x_i与x_j为i与j空间单元的属性值；I取值范围[-1，1]，I>0表明空间呈显著正相关，值越大空间集聚态势越强；I<0表明空间呈显著负相关，值越小空间极化态势越强；I=0表明空间不相关，呈无规律随机分布。

选用局部空间关联指数Getis-Ord G_i^*探索自然灾害中不同灾种受灾面积在空间分布的冷点与热点集聚区，探究其空间极化格局特征与模式，公式如下。

$$G_i^*\left(d\right)=\sum_{j=1}^{n}w_{ij}\left(d\right)x_j\bigg/\sum_{j=1}^{n}x_j \tag{14-4}$$

$$Z\left(G_i^*\right)=\left(G_i^*-E\left(G_i^*\right)\right)\bigg/\sqrt{Var\left(G_i^*\right)} \tag{14-5}$$

式中：w_{ij}（d）仍为i与j间的空间权重矩阵；$Z\left(G_i^*\right)$是对G_i^*（d）进行标准化处理的值，$E\left(G_i^*\right)$与$Var\left(G_i^*\right)$分别为G_i^*的数学期望与变异系数；Z（G_i^*）为正表征空间上趋向于热点高值集聚区，为负表征空间上趋向于冷点低值集聚区。

4. 灾害强度指数（Q）

农作物成灾面积即因灾害造成作物减产30%以上的播种面积，农作物绝收面积即因灾害造成作物减产70%以上的播种面积，分别赋权重0.3、0.7于成灾面积、绝收面积，构建灾害强度指数Q如式14-6所示。

$$Q=\frac{0.3C+0.7J}{S}\times 100\% \tag{14-6}$$

式中：C为成灾面积，J为绝收面积，S为受灾面积，Q为灾害强度指数。

5. 粮食灾损的估算模型

20世纪末，从粮食产量影响因素出发基于粮食产量统计资料，国内学者构建了估计粮食灾损量的统计模型，取得了一定的研究成果。近些年，相关国内研究主要通过比重法来估算粮食灾损量，本研究选用比重法估算粮食灾损量，其公式如下。

$$S_c=\sum_{i=1}^{n}S_{ci}=\sum_{i=1}^{n}\left(R_i\times A_{i1}\times y_i\times P_1+R_i\times A_{i2}\times y_i\times P_2+R_i\times A_{i3}\times y_i\times P_3\right) \tag{14-7}$$

式中：S_c为灾损量，n为省份数量，S_{ci}为第i个省份的粮食灾损量，R_i为第i个省份粮食种植面积占农作物种植面积的比例，A_{i1}、A_{i2}、A_{i3}分别为轻灾、中灾和重灾的农作物面积（轻灾：由于自然灾害造成的粮食损失在10%~30%；中灾：粮食损失在30%~70%；重灾：粮食损失大于70%），y_i为该省份当年的粮食单产水平，P_1、P_2和P_3分别为受灾、成灾和绝收粮食产量减产程度，根据受灾、灾和绝收的定义，利用中值法确定其值分别为20%、50%和85%。灾损量S_c与当年粮食总产量的比值则定义为当年灾损率。

第三节　结果与分析

一、自然灾害时序变化特征

（一）合计灾害时序变化特征

为明确我国省域1949—2015年灾情变化时序特征，基于Python语言编程爬取农业种植司网络公布的自然灾害数据库数据，本研究主要从多种灾害合计受灾、成灾、绝收3种不同受灾程度角度出发，利用Origin 9.1软件画图工具得到合计灾情1949—2015年折线图，用数据分析工具功能的多曲线平均线作为全国自然灾害变化趋势线（图14-1）。根据自然灾害受灾、成灾的趋势线走势，本研究将省域1949—2015年自然灾害时序特征大概分为3个阶段：1949—1970年为波动阶段，1970—2000年为波动上升阶段，2000—2015年为波动下降阶段；受灾面积、成灾面积趋势线除最高峰值不同步外，其整体趋势具有趋同性，整个合计受灾面积趋势线最高波峰位于1959—1961的三年困难时期，而合计成灾面积最高波峰则位于1999—2002年；1970—2000年绝收面积趋势线整体呈现波动式上升，2000年达到峰值，2001—2015年趋势线开始波动下降。

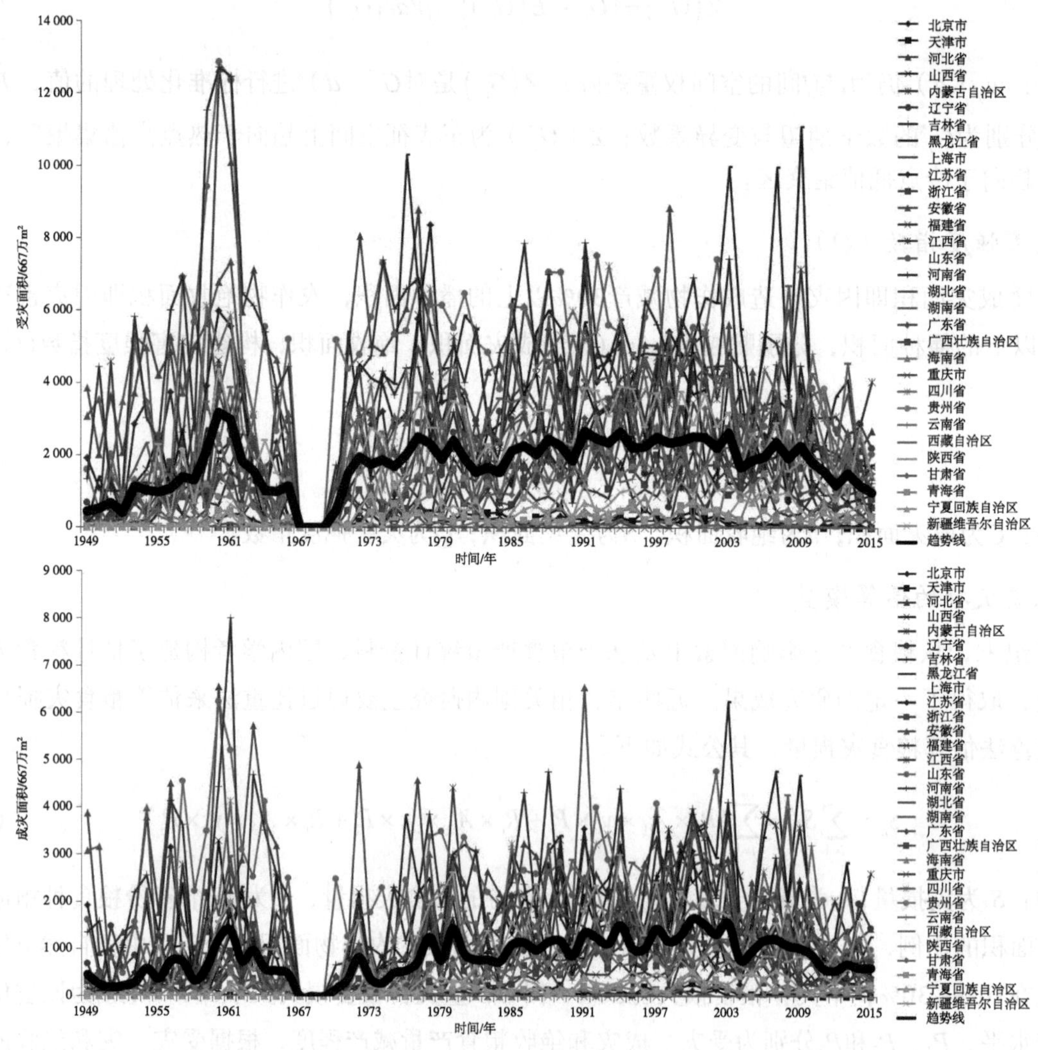

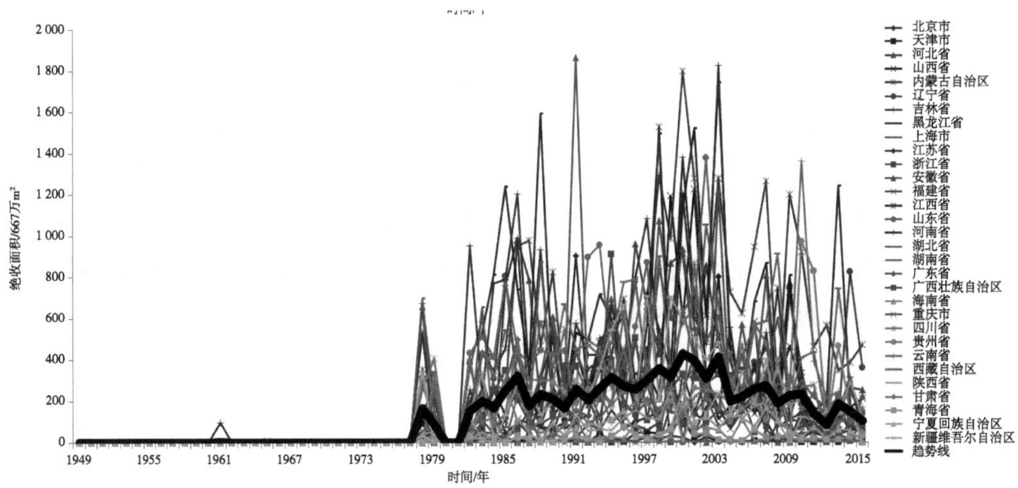

图14-1　1949—2015年灾害合计面积变化曲线

为了比较1949—2015年受灾严重程度的变化，本文引入灾害强度指数Q，利用Origin9.1软件作受灾程度折线图，研究受灾程度变化特征。结果显示：1949—1969年期间全国灾害强度指数呈波动下降趋势，1956、1960、1962年呈波动上浮态势（处于三年困难时期前后），1951年、1953年、1958年显露波动下沉状态；1970—2000年期间全国灾害强度指数呈波动上升阶段，2000年左右达到峰值，1972年、1978年、1984年、1986年呈波动上浮趋势，历史上这些年份都发生了一定程度旱灾、洪涝、台风等特大灾害；2001—2010年全国灾害强度指数呈明显高频波动下降趋势，2003年、2006年、2008年呈上扬状态；2001—2015年全国受灾面积呈相对减少趋势（图14-2），但受灾强度指数呈上升趋势，灾害强度指数能够更好地揭示自然灾害真实的演变特征。

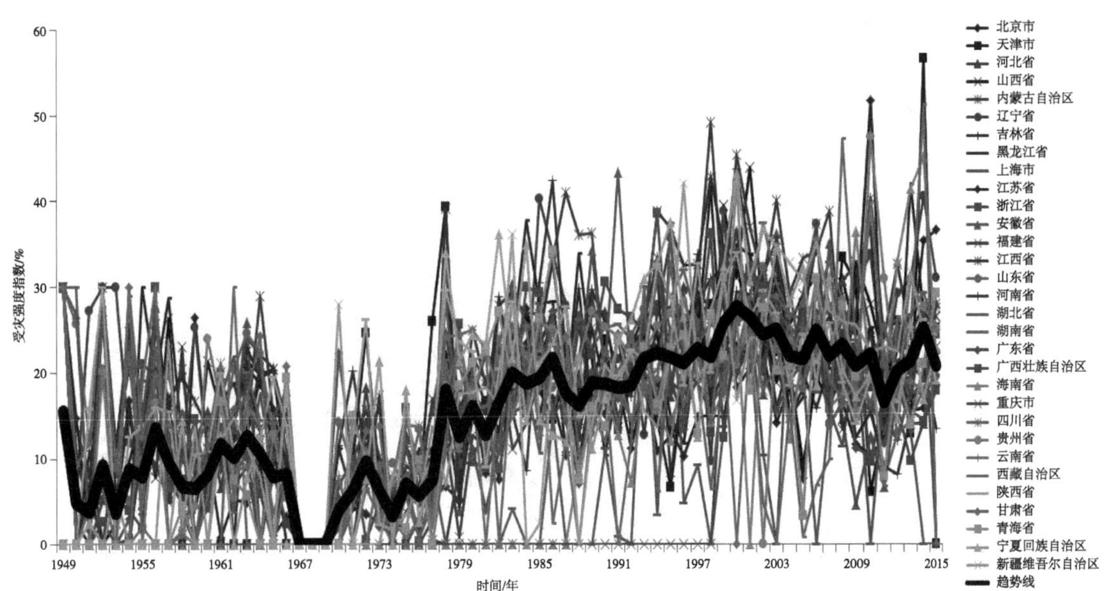

图14-2　1949-2015年灾害强度指数

（二）不同灾种的时序变化特征

为了明晰1949—2015年不同灾种的时序变化特征，利用Origin 9.1软件分别做不同灾种的受灾面积、灾害强度指数图，通过比较分析不同曲线的异常点、趋势线、拐点，进行了不同灾种的时序变异特性分析。

1. 洪涝灾害时序特征分析

洪涝受灾面积与灾害程度时间序列上呈现一定程度的异步性，且灾害强度更加明显地刻画了洪涝的演变特征。通过分析洪涝受灾面积图，1949—1968年洪涝受灾处于高频波动阶段，1969—1991年洪涝受灾呈现波动上升态势，1992—2015年洪涝受灾表现出高频波动下降趋势，其中1991年洪涝受灾面积达到历年来的峰值。1949—2015年灾害强度指数图表明，1949—1968年洪涝灾害强度指数波动下降，1969—2002年灾害强度指数呈波动上升走势，洪灾受灾程度不断严重，2002年达到灾害程度峰值，2003—2009年灾害强度指数波动下降，2010—2015年洪涝受灾面积逐渐减少，但是灾害严重强度指数呈波动上升趋势。

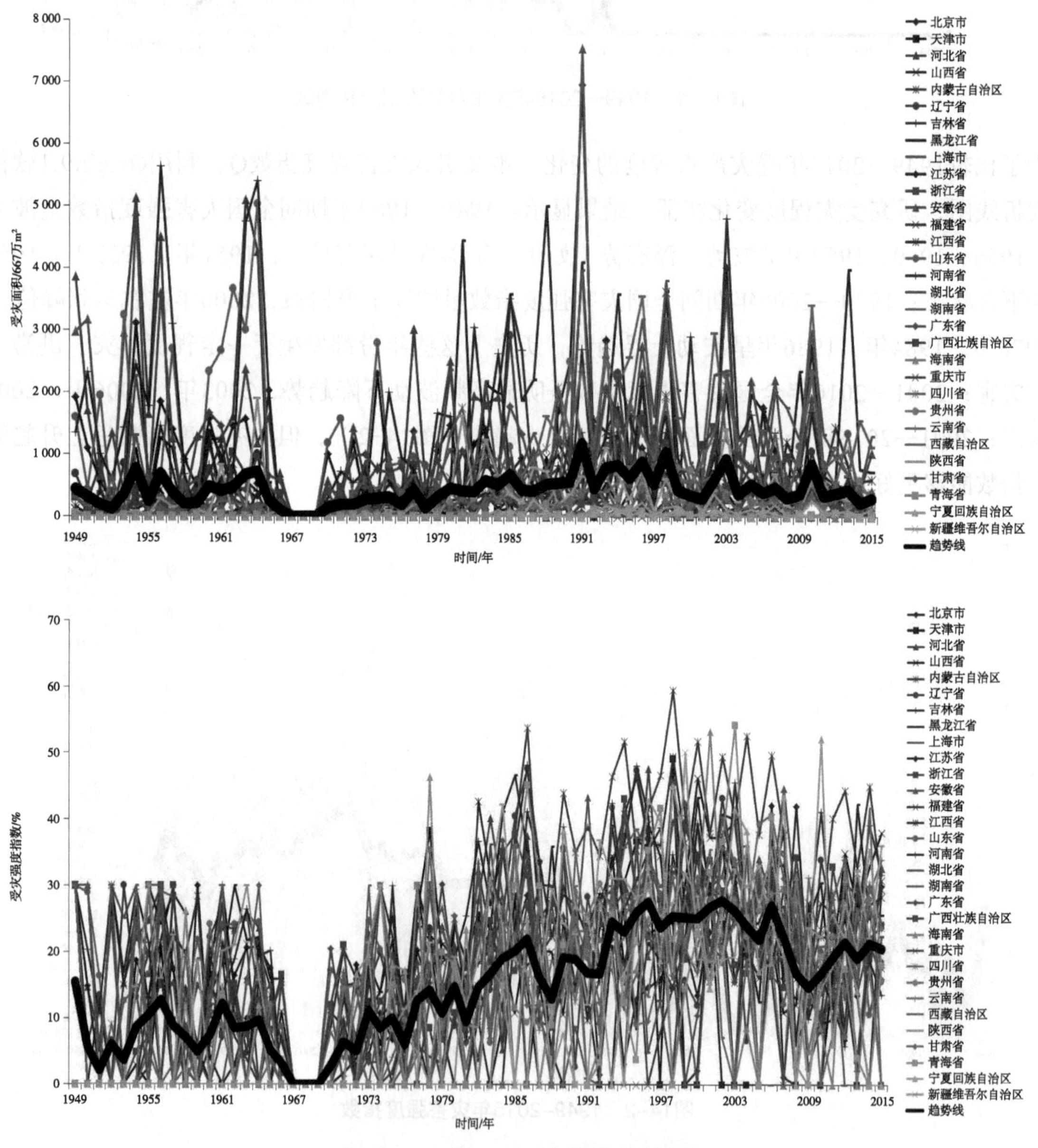

图14-3　1949—2015年洪涝灾害趋势

2. 旱灾时序特征分析

旱灾受灾面积与灾害强度指数长时序性具有较强的同步性。旱灾受灾面积与灾害强度指数在1949—1961年、1969—2000年呈波动上升趋势，1962—1968年、2001—2015年呈现波动下降趋势；1959—1961年三年旱灾形成一个小波峰，2000年全国旱灾受灾面积与旱灾强度指数达到最大值。

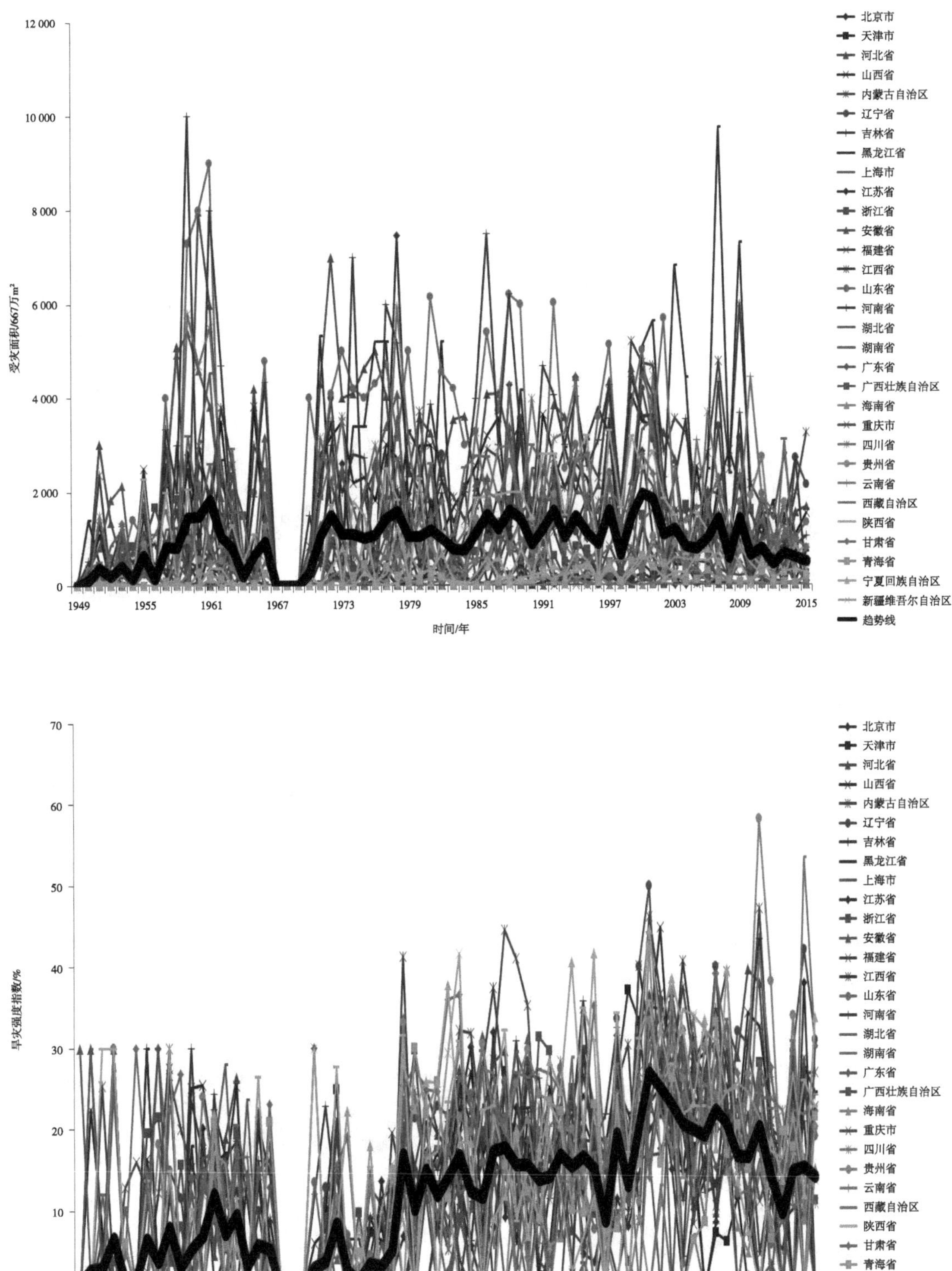

图14-4　1949—2015年旱灾趋势

3. 风雹灾害时序特征分析

1949—2015年全国风雹灾害受灾面积呈高频小幅波动趋势，风雹灾害强度指数显现出高频波动上升趋势，2015年风雹灾害强度指数达到最大值。1967—2002年灾害强度指数增加速度逐渐放缓，波动频率加大，呈对数函数曲线形式，2000—2015年灾害强度指数呈现线性递增趋势。

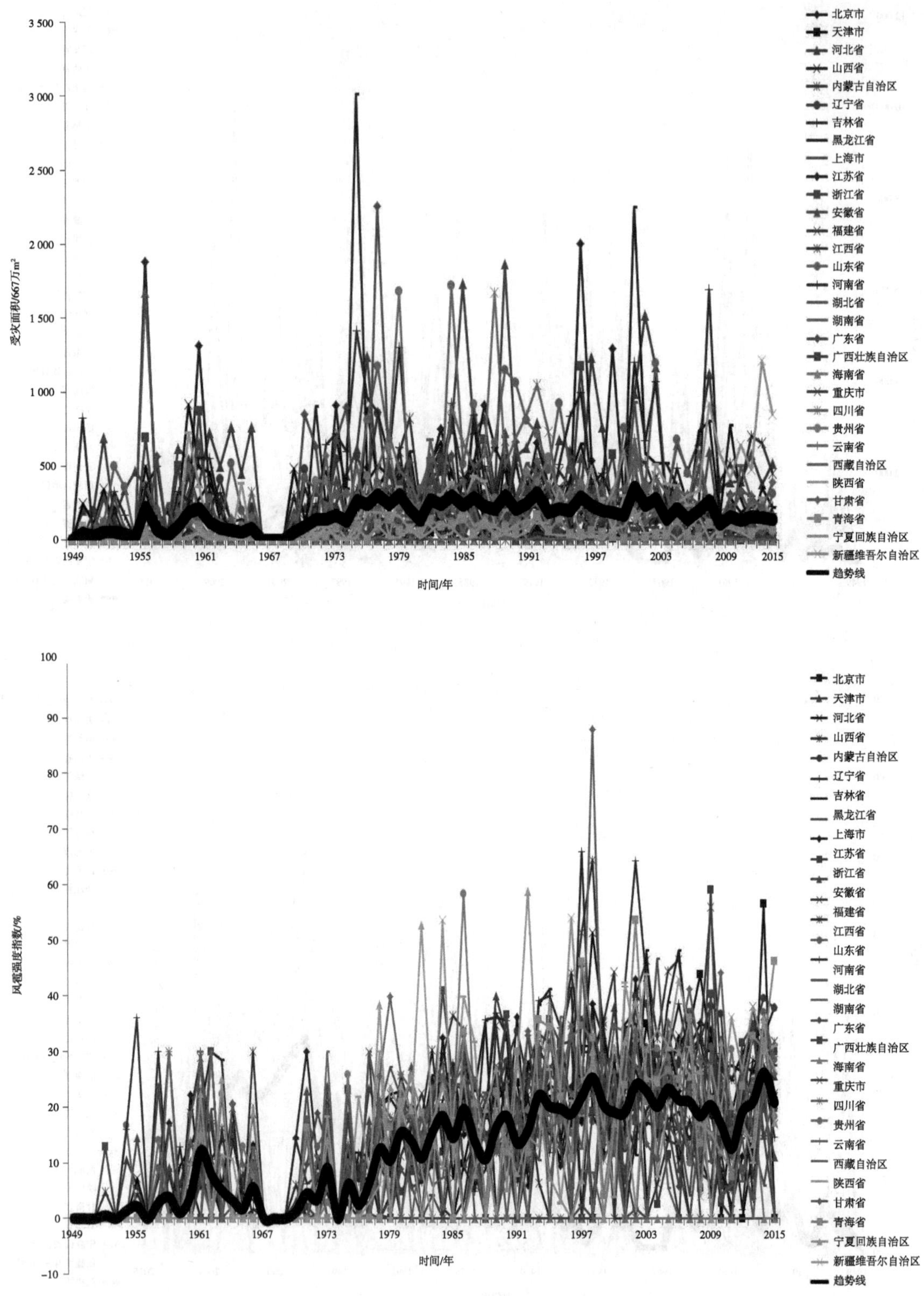

图14-5 1949—2015年风雹灾害趋势

4. 低温（冷冻）灾害时序特征分析

1949—2015年全国低温受灾面积和低温灾害强度指数呈微弱的上升趋势，但4个年份（1953年、1977年、1998年、2008年）低温受灾明显，2008年全国低温受灾面积达到峰值。受灾异常年份1953年、1977年、1998年、2008年期间分别相差24年、21年、10年，表明异常低温受灾周期逐渐缩短，异常低温灾害频发的态势初露端倪。

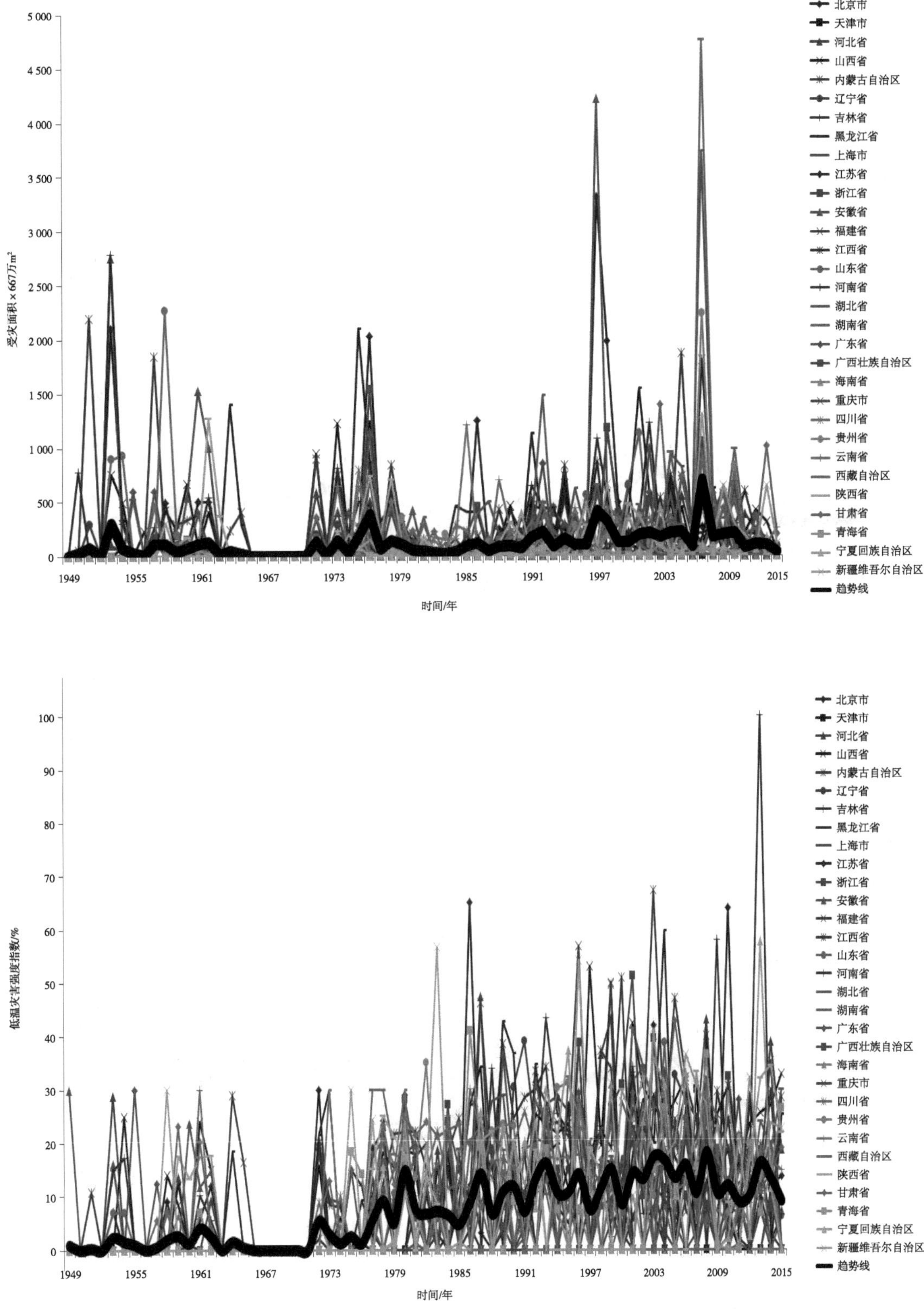

图14-6　1949—2015年低温灾害曲线

5. 台风灾害时序特征分析

2001—2015年台风灾害受灾面积和灾害强度指数呈波动趋势，具有同步性。2005年、2012年全国台风受灾严重，其间相距8年；2001—2004年全国台风受灾微弱，波动较小，2010年全国台风受灾面积、受灾强度指数都达到最小值，2010—2015年全国台风灾害强度指数逐渐递增。

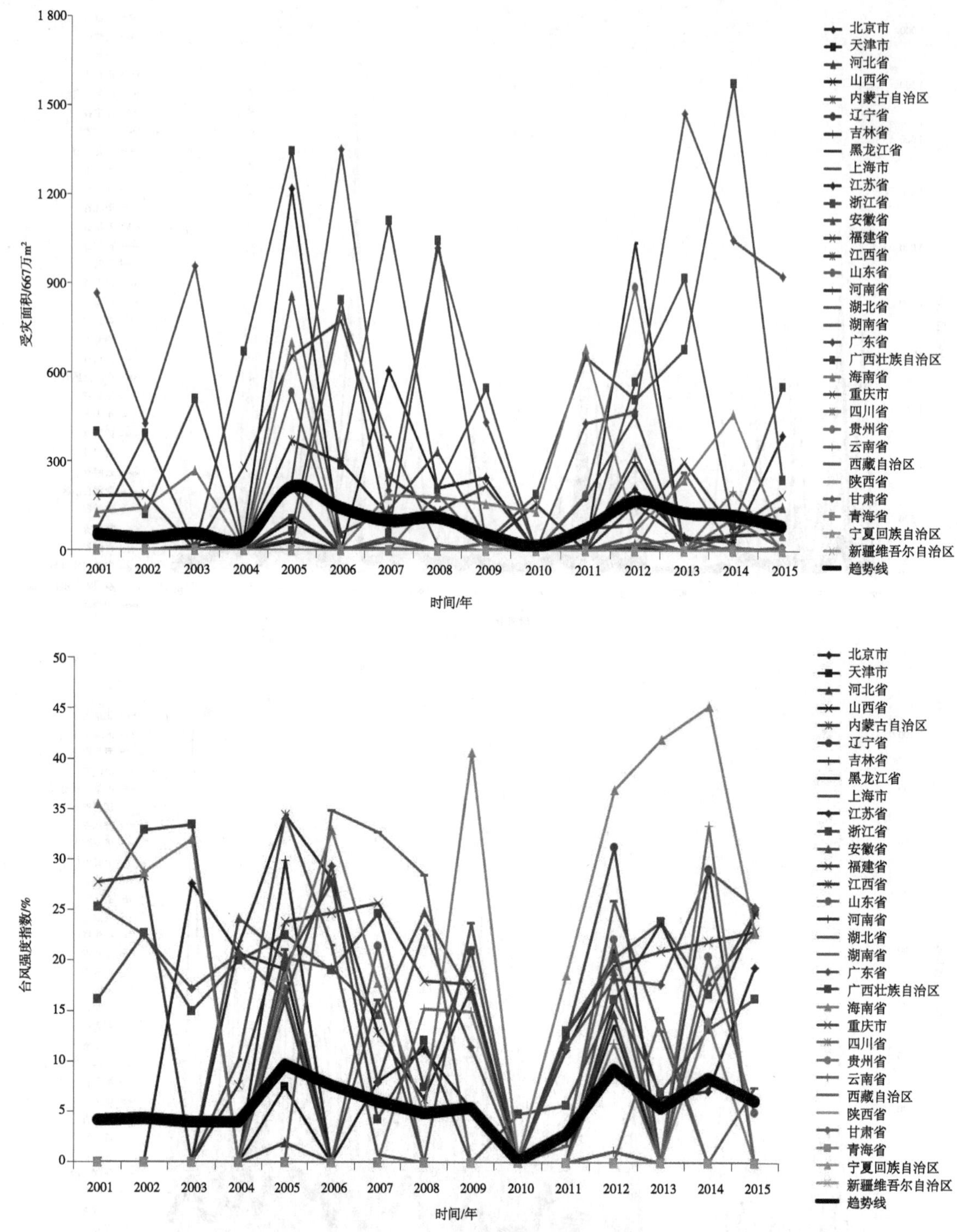

图14-7 2001—2015年台风灾害曲线

二、自然灾害空间分异特征研究

（一）灾种-省域网络密度与联系

首先，为了研究自然灾害-省域网络密度联系强度，通过降低时间维度，不断累加1949—2015年受灾面积，首先运用UCINET软件计算其网络密度；1949—2015年受灾总面积-省域整体网络密度为37 763.363 3，5种灾害-省域平均网络密度为22 220.39，而不同灾种的网络密度排序为旱灾（62 055.945 3）>洪灾（28 949.615 2）>平均值（22 220.39）>风雹（11 019.060 5）>低温

（7 757.097 7）>台风（1 320.241 9），表明中国主要受旱灾、洪涝灾害比较严重，风雹、低温灾害次之，台风受灾密度较小。

其次，为了更好地分析我国不同灾种省域空间网络密度分布情况，运用Netdraw软件分析全国灾情与省份的网络联系（图14-8），根据网络联系的强弱（连线越粗，受灾面积越大），将灾情分为4个等级（轻度受灾、中度受灾、重度受灾、极度受灾），图14-8中正方形大小表示灾种的中心性大小，中心性越大表明此灾种影响越严重；1949—2015年全国省域灾情层级分布特征明显，集中分布在重度受灾（10个省份）、极度受灾（9个省份），其次8个轻度受灾省份，4个中度受灾省份；受灾严重省份多为粮食主产区（河北、黑龙江、安徽、山东）、生态脆弱区（内蒙古、陕西、甘肃），受灾程度较弱地区主要分布在经济发展两极区（北京、上海等经济发达区，西藏、新疆等经济欠发达地区）；全国受洪涝、旱灾影响较大，台风影响范围较小。最后，根据全国七大自然地理分区，分别通过分析每个地区灾种-省域网络密度联系，分析该地区灾种的分布状况及其影响大小；结果如下：

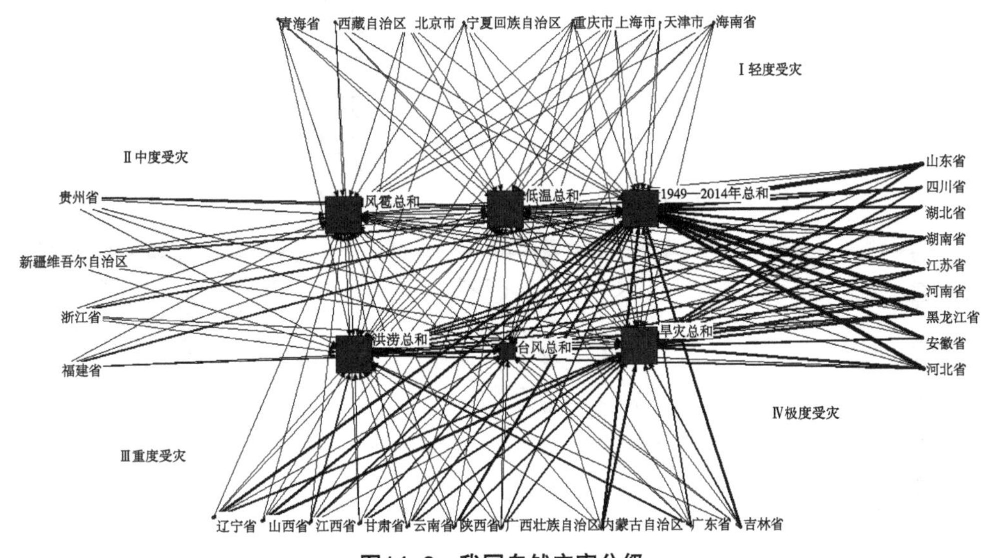

图14-8　我国自然灾害分级

华北地区：由图14-9a可知，河北省-灾害总和之间连线最粗，表明河北省长时间序列多灾种受灾面积总和最大，河北省主要旱灾、洪涝、风雹影响较大，低温、台风相对较弱；内蒙古-灾害总和、山西省-灾害总和的连线粗细次之，主要受旱灾、低温影响（冬季寒流影响）较大；北京、天津受灾程度最弱，且不同灾种受灾面积差异不显著；旱灾、洪涝、风雹、低温对华北地区受灾影响较大，并呈递减趋势，台风对河北、天津影响较大，对华北地区其他省域影响不明显。

东北地区：图14-9b可知黑龙江省长时间序列多灾种受灾面积累加最大（15 734万hm^2），吉林省受灾面积次之（9 284万hm^2），辽宁省受灾面积最小（8 048万hm^2）；洪涝、旱灾、风雹、低温、台风等灾害对东北地区产生影响差异显著，其中旱灾影响最大，洪涝、风雹、低温次之，台风影响最小。

华东地区：不同省域受灾面积总和差异明显，图14-9c显示山东、安徽、江苏与灾害总和的连线相对较粗，表明其受灾面积较大，江西、福建、浙江次之，上海受灾面积最小；山东、安徽、江苏主要受洪涝、旱灾影响较大，江西主要受洪涝灾害影响较大，福建、浙江受台风影响较大，上海受多种灾害影响较小，且以洪涝为主，其他灾种差异不显著。

华中地区：河南受灾面积总和尤为突出，湖北、湖南受灾面积相对均衡（图14-9d）；旱灾、洪涝、风雹是河南主要受灾灾种，旱灾、洪涝、低温是湖北、湖南主要受灾灾种，湖南相比其他省份，遭受台风的影响较大。

华南地区：广东、广西相比海南受灾面积总和差异悬殊，海南受灾面积总和相对较小；洪涝、旱灾、风雹在广东、广西表现出强势灾种区域组合态势，低温、风雹、台风在海南省域呈现侵略性组合趋势（图14-9e）。

西南地区：四川是西南地区主要重灾省域，云南、贵州受灾面积次之，西藏、重庆受灾最弱（图14-9f）；不同灾种在西南地区分布差异明显，旱灾主要发生在云南、贵州、四川、重庆，台风主要发生在云南、贵州、重庆，风雹主要发生在云南，旱灾、低温主要发生在西藏地区。

西北地区：陕西、甘肃受灾面积较大，新疆、宁夏受灾次之，青海受灾最弱；灾种分布特征明显，陕西主要受旱灾和洪涝的影响，新疆、宁夏受干旱影响为主，青海与宁夏主要受风雹的影响较大，台风对西北地区影响不显著（图14-9g）。

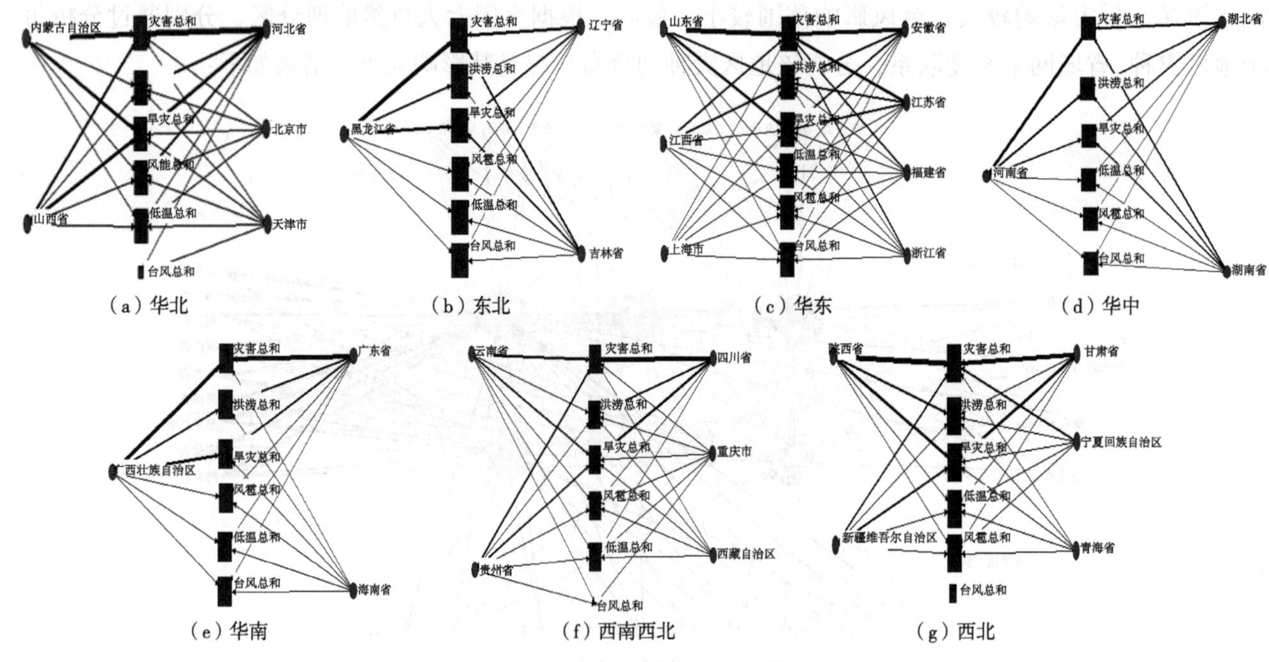

（a）华北　（b）东北　（c）华东　（d）华中
（e）华南　（f）西南西北　（g）西北

图14-9　自然灾害-省域网络密度

（二）灾害省域空间分布特征

1. 省域空间灾害面积特征

为刻画1949—2015年不同灾种累积受灾面积在全国省域空间的数量分布状况，利用前期爬取的不同灾种的面积数据，通过ArcGIS10.2软件分别绘制31省（自治区、直辖市）的不同灾种受灾面积总和的堆叠图和饼状图具体请参见文献［赵映慧，郭晶鹏，毛克彪，等，2017. 1949—2015年中国典型自然灾害及粮食灾损特征. 地理学报，72（7）：1261-1276］，通过可视化更直观地反映省域空间不同灾种受灾面积总和的数量空间分布特征。结果显示：全国省域累积受灾面积分布呈“北重南轻、中东部重西部轻”格局，灾种分布由北—南、西—东逐渐复杂，南涝北旱，且东南部呈现“多灾并发”特征；河北、山东、河南、黑龙江四个省份堆叠图最高，表明其累积受灾面积数量最大，且都以旱灾受灾为主，洪涝、风雹受灾次之，相比之下，低温、台风受灾面积略显微不足道；北京、天津、重庆、西藏、青海、宁夏、上海7个省（自治区、直辖市）堆叠图较低，说明其受灾面积总和数量较少，但其灾种区域分布特征明显，北京、天津受灾面积主要由旱灾、洪涝、风雹共同造成，重庆、西藏、青海、宁夏主要受旱灾、洪涝、低温、风雹影响，上海主要洪涝为主，其他灾种则差异不明显。

2. 不同灾种省域空间趋势变化

采用ArcGIS10.2软件中的全局趋势面分析法，以正东和正北方向为*X*和*Y*轴，以不同灾种省域空间累积受灾面积为*Z*轴，制作三维透视图，更好地揭示我国省域不同灾种累积受灾面积在空间上的变化趋势特征（图14-10）。结果表明：自然灾害累积受灾面积总和空间分布趋势上，东西方向由西—东呈幂函数递增趋势，南北方向上呈中部>南部>北部、二次倒“U”形分布趋势；洪涝灾害空间分布趋势上，东西方向上由东—西呈抛物线曲线递减，西部洪涝受灾不显著，南北方向上呈“中部>南部>北部”，递减趋势平缓；旱灾累积受灾面积空间分布趋势上，东西方向上“东部＝中部>西部”，递减趋势微弱，南北方向上“中部>北部>南部”，南部鲜受旱灾影响，递减趋势明显；风雹灾害累积受灾面积空间分布上，东西方向上由西—东呈指数函数曲线递增，中部—东部递增明显，南北方向上“北部>中部>南部”，呈线性递减趋势，递减趋势显著；低温灾害累积受灾面积空间分布上，东西方向上“中部低东西高”，但差异不显著，南北方向上“中部>北部>南部”，南北差异显著，中部—南部递减趋势显著；台风灾害累积受灾面积空间分布上，东西方向上由东—西呈递减趋势，整体受灾影响较小，递减趋势微弱，南北方向上由北—南呈指数函数曲线递增，递增显著，南北差异明显。

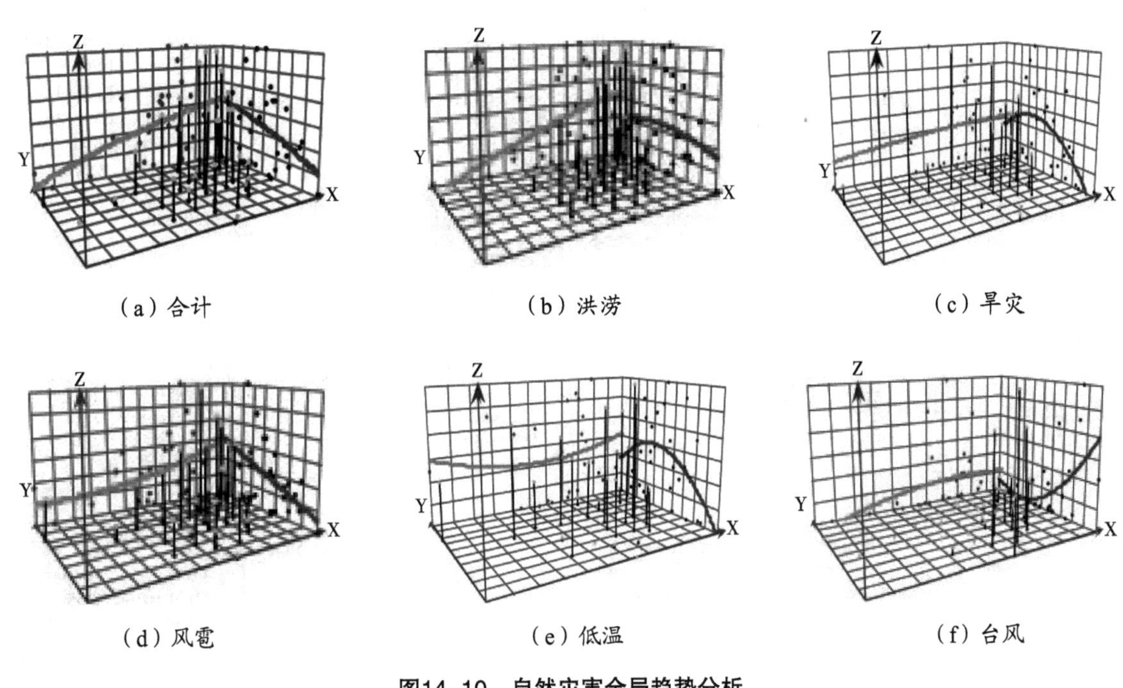

图14-10　自然灾害全局趋势分析

3. 自然灾害全局空间相关性分析

为了更全面地反映我国省域不同灾种空间分布差异与格局分布特征，本研究运用ArcGIS10.2软件，应用*G*统计量分析了不同灾种省域空间分布的集聚性特征。由图14-11可知，自然灾害受灾面积总和的全局*G*统计量值为0.075 268（$P<0.1$），表明我国自然灾害发生在省域空间具有90%显著水平的空间集聚特征，呈空间正相关；洪涝、台风灾害的*G*统计量值分别为0.089 017（$P<0.01$）、0.109 471（$P<0.05$），反映出洪涝、台风在省域空间分布上分别有99%、95%显著水平的空间集聚特性；旱灾、风雹、低温灾害的*G*统计量值分别为0.072 803（$P>0.1$）、0.067 230（$P>0.1$）、0.068 274（$P>0.1$），表明旱灾、风雹、台风空间分布呈现比较随机特性，集聚特性不明显。

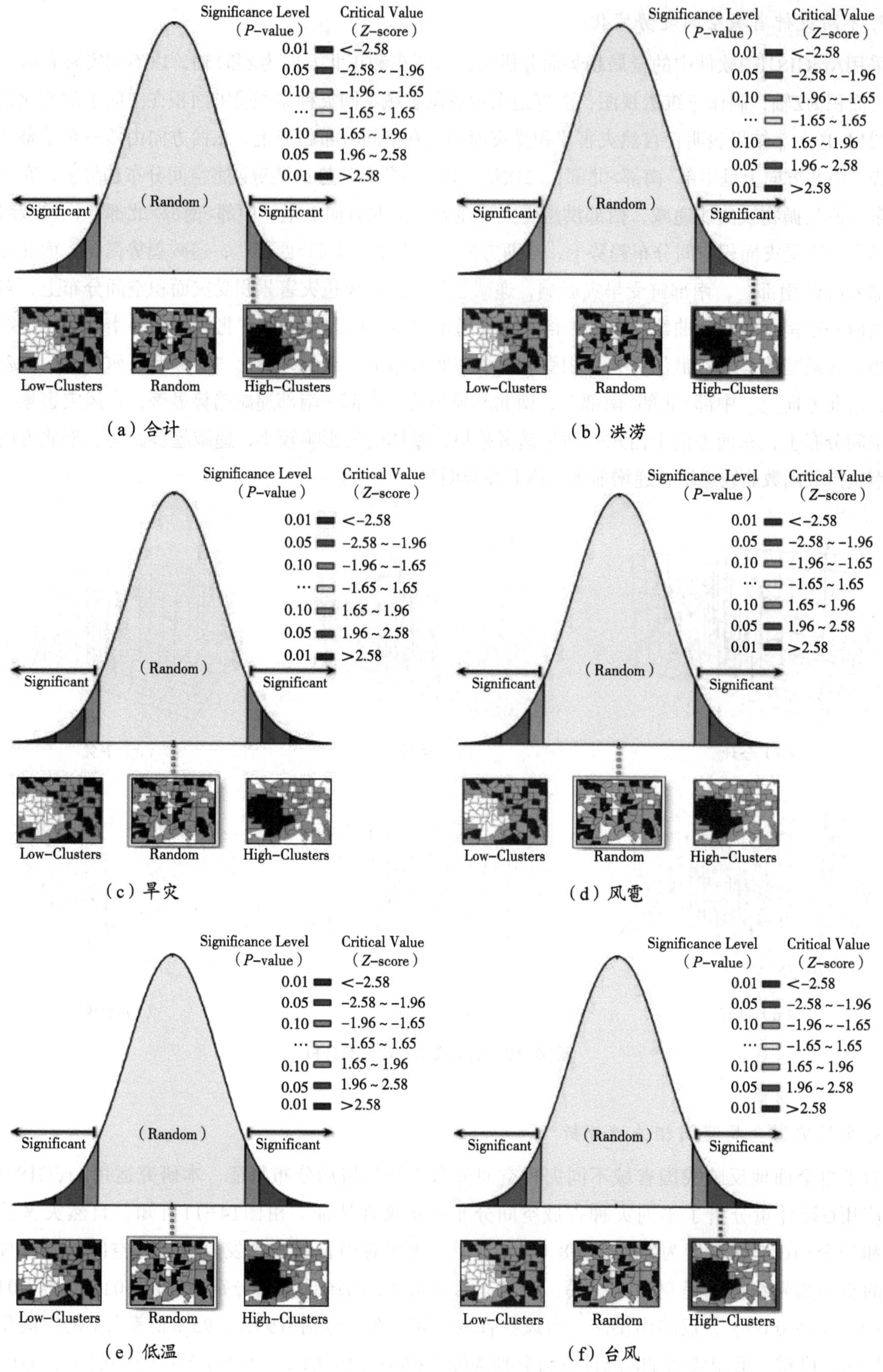

图14-11 不同灾种空间相关性分析

4. 灾害空间分布热点分析

利用ArcGIS10.2软件中的空间优化热点分析工具将我国不同灾种的省域空间受灾区的聚类格局

划分为冷点区、次冷区、次热区、热点区与胡焕庸线叠加分析。具体请参见文献［赵映慧，郭晶鹏，毛克彪，等，2017. 1949—2015年中国典型自然灾害及粮食灾损特征. 地理学报，72（7）：1261-1276］，我国自然灾害空间冷热区分布具有一定地带性特征，除旱灾、雹灾外其他灾种的冷区、次冷区主要集中分布在胡焕庸线西侧，热区、次热区聚集在胡焕庸线东侧，其中大陆31个省（自治区、直辖市）中多种灾害受灾面积总和、洪涝、旱灾、风雹、低温、台风的冷点、次冷点、次热点、热点区的数量比分别为7：10：4：10、8：10：7：6、6：7：10：8、4：8：13：6、6：9：7：9、8：9：6：8。

自然灾害受灾面积总和的热点区主要分布在华北、华东的大部分地区及黑龙江省，次热点分布在陕西、重庆、江西、吉林，次冷点主要分布在内蒙古、辽宁、宁夏及西南、华东部分地区，冷点区主要分布在华南、西北大部分地区及西藏。

洪涝灾害的热点区主要分布在长江中下游地区，次热点主要分布在重庆、湖南、上海、浙江、福建、黑龙江、吉林，次冷点主要分布在华北、华南、西南大部分地区，冷点主要分布在内蒙古、辽宁及西北、西南部分地区。

旱灾的热点区主要分布在华北、西北的部分地区，次热点分布在长江中下游地区及东北地区，次冷区主要分布在福建、湖南、江西、重庆、四川、青海，冷点主要分布在新疆及西南、华南地区。

风雹灾害热点区主要分布在山东、江苏、江西及华中地区，次热点主要分布在华北、华东、东北、西南等部分地区，次冷点分布在内蒙古及西北地区，冷点分布在西藏、辽宁。

低温灾害的热点区主要分布在华北、华中及东北地区，次热点发生在云南及西北地区，次冷点主要发生在西南、华东地区，冷点集中分布在西藏、华南地区。

台风热点区集中在华东部分地区及华南地区，次热点集中在西南、华东部分地区，次冷点、冷点集中分布在内陆地区，并不断递进。

三、粮食灾损研究

（一）自然灾害对粮食生产的影响

为了分析自然灾害对1949—2015年中国粮食产量的影响特征，运用粮食灾损估算模型，分别计算中国31个省份不同灾害对粮食生产的影响，并作不同省份的粮食灾损量变化图、灾损率变化图（图14-12、图14-13）、不同灾种影响占比变化雷达图（图14-14）。结果表明，比较图14-12、图14-13可知，1949—2015年自然灾害对粮食影响时序特征大概分为3个阶段：1949—1970年、1970—2000年、2000—2015年。1949—1970年间，除1959—1961年三年左右时间具有较大的粮食损失量、损失率外，中国年均粮食灾损变化不大，稳定在较低水平；1970—2000年我国年均粮食灾损呈线性递增趋势，增幅明显；2000年我国省份平均粮食灾损量（330万t）、灾损率（24.8%）均达到最大值，2001—2015年我国平均粮食灾损量呈波动下降态势。同时，1949—2015年中国单年灾损率大于50%的省份有吉林（2次）、山西（2次）、安徽（1次）、青海（1次）、海南（1次），时间多发生在2000年左右，2000年青海灾损率达到全国最大值65.3%。1949—2015年中国不同灾种对粮食生产影响比重排序为旱灾灾损量>洪灾灾损量>风雹灾损量>低温灾损量>其他灾损量>台风灾损量；图14-14可知，1949—2015年间中国共有6年洪灾灾损量占总灾损量大于50%，除1960年左右3年时间中国受干旱影响较大外，1949—1966年中国的粮食损失主要由洪灾造成，其中1949年、1950年、1954年、1964年洪灾灾损均占到总灾损70%以上，1949年洪灾灾损占比最大（99.36%），1998年洪灾对农业生产最为严重，中国洪灾粮食灾损量高达4 987.09万t；其中，1949—2015年中国共有36年旱灾灾损量占总灾损量超过50%，2000年旱灾最为严重，最大占比为76.47%；历年来，中国风雹灾损占比最大值为1990年16.90%，2008年低温占比历年最大（38.63%）。

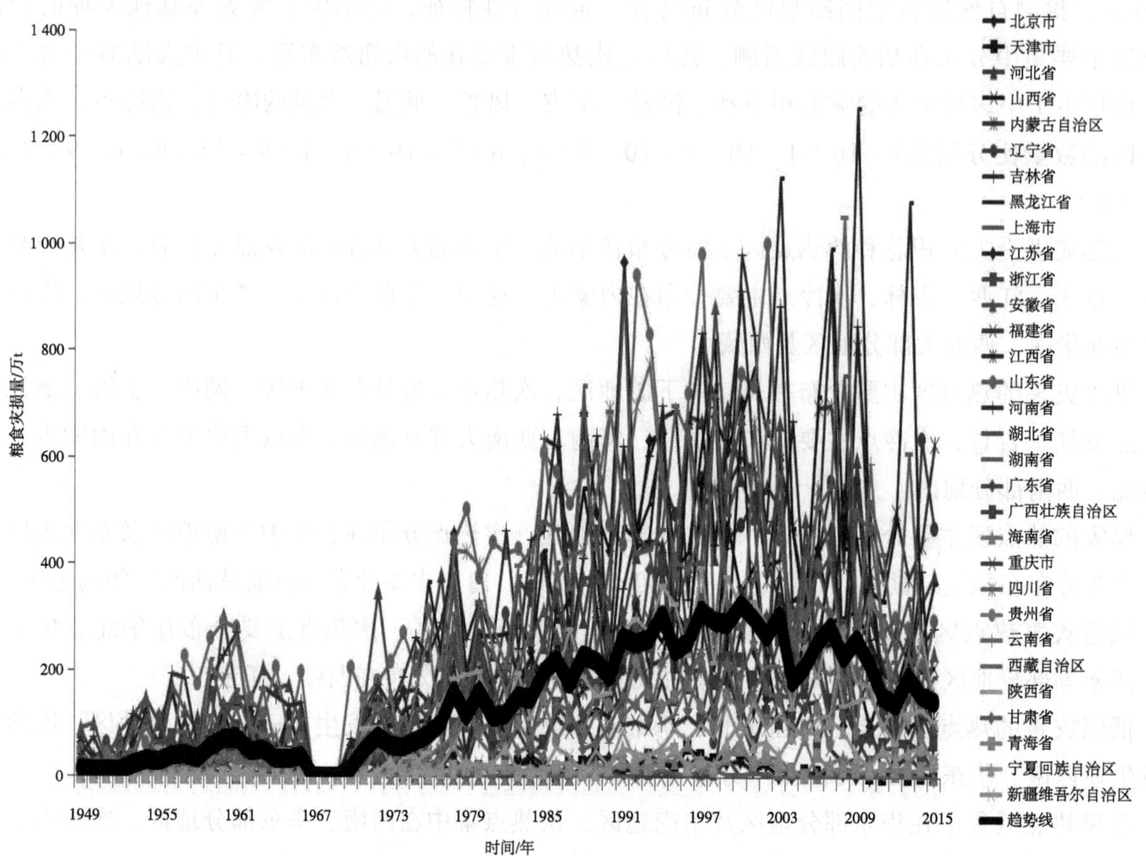

图14-12　1949—2015年粮食灾损量变化

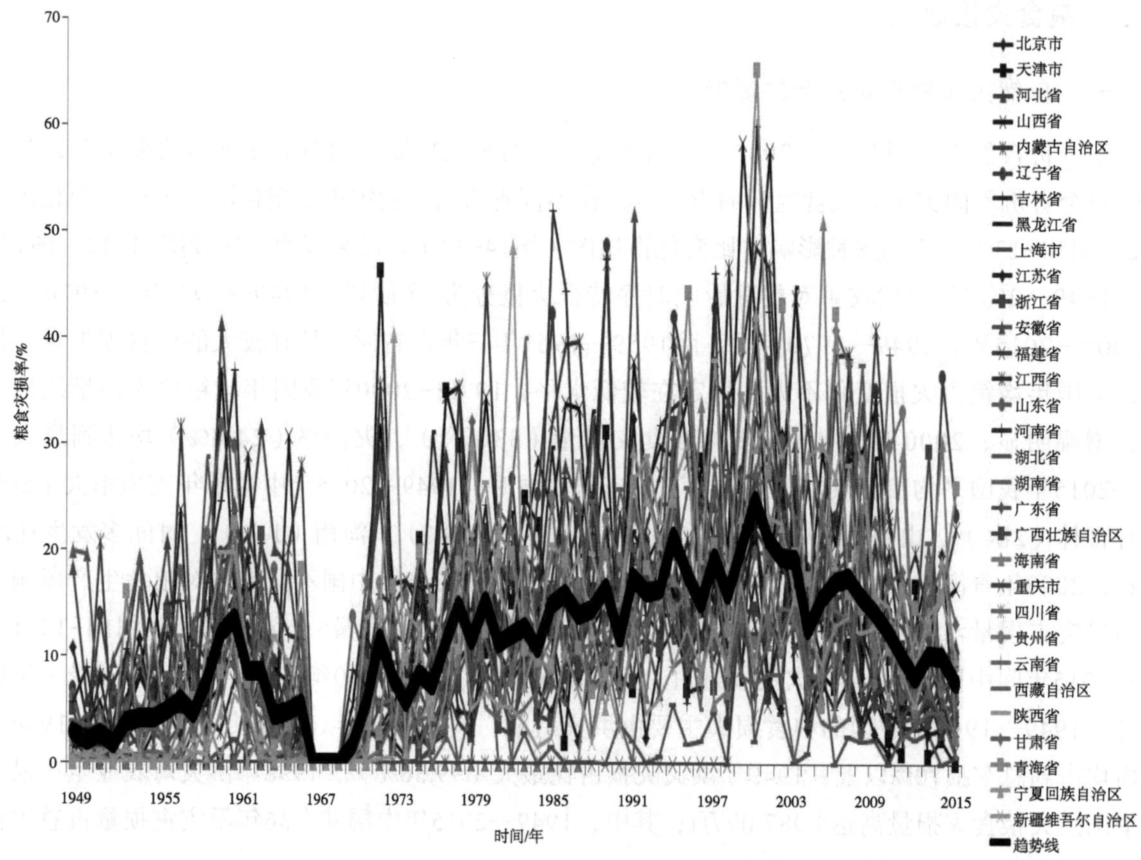

图14-13　1949—2015年粮食灾损率变化

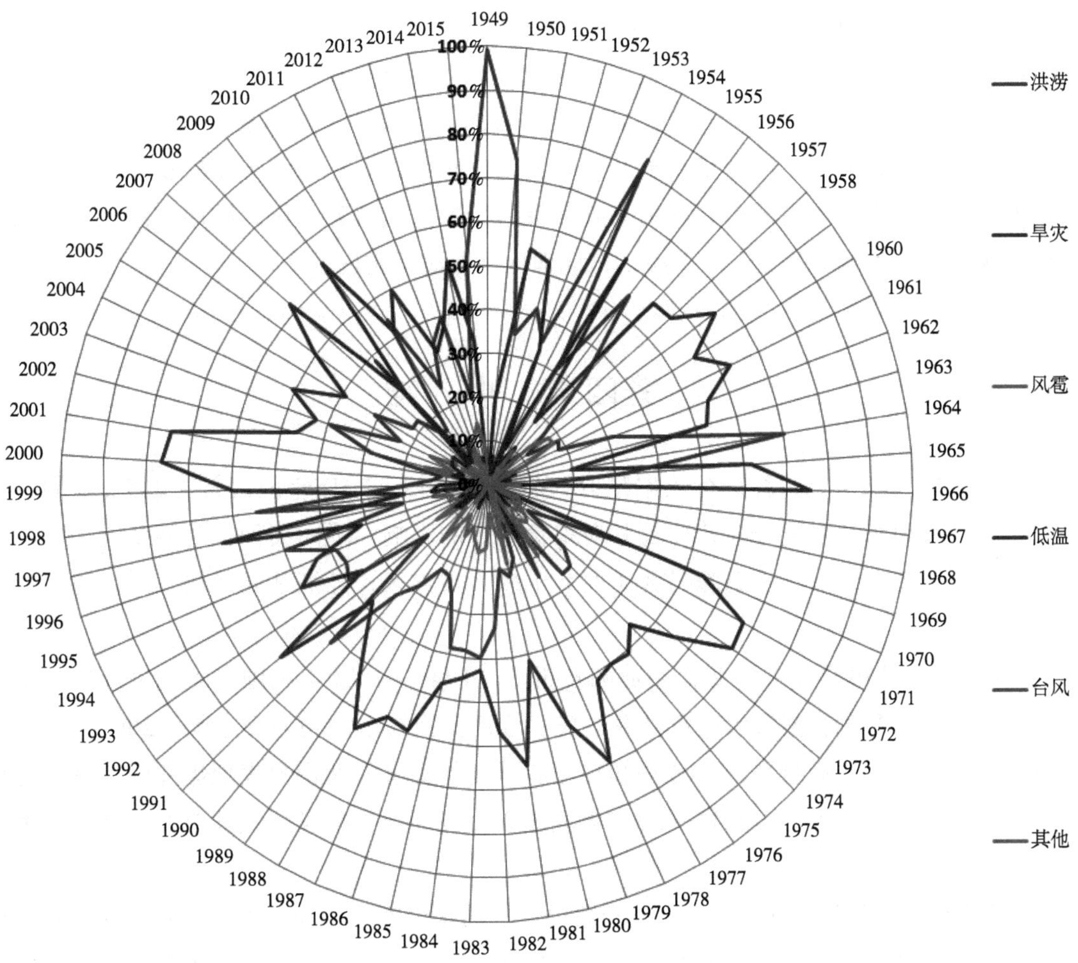

图14-14　1949—2015年不同灾种灾损占比变化

（二）粮食灾损空间特征

自然灾害对中国粮食生产具有重要的影响，为了分析中国粮食灾损空间分布特征，通过计算不同阶段自然灾害对中国粮食生产的年平均灾损量、灾损率，进行空间可视化分析，具体请参见文献［赵映慧，郭晶鹏，毛克彪，等，2017. 1949—2015年中国典型自然灾害及粮食灾损特征. 地理学报，72（7）：1261-1276］。基于前文自然灾害对粮食产量影响时序特征分析可知，时序特征大概分为3个阶段：1949—1970年、1970—2000年、2000—2015年，故分别计算不同阶段中国省份的年均灾损量、灾损率。结果显示：1949—1970年河北、山东、河南省份的年均灾损量比较大，其他省份年均灾损量相对较小，华北地区省份的年均灾损率较大，此阶段华北地区受灾相对较为严重，年均灾损率达到10%～15%；相比1949—1970年这一阶段，1970—2000年中国省年均灾损量、灾损率都呈现出大幅度提升，且受灾重心逐渐开始向北方移动，山西、内蒙古、辽宁、吉林等省份受灾较为严重，年均灾损率达到20%～25%；相比前2阶段，2000—2015年的年均灾损量、灾损率略微上升，中国粮食受灾重心大体向西北移动，西北地区的粮食年均灾损率均达到22%～30%，而环渤海地区的年均粮食灾损率下降，在10%～13%，且最近十几年南方地区的湖南、湖北粮食受灾比较明显；不同地区之间粮食灾损差异较大，华中、华北部分地区、西北、东北地区的年平均粮食灾损量、灾损率明显大于京津地区、长三角、珠三角、西南地区的年平均值；不同省份之间粮食灾损差异特征明显，1949—1970年河北省粮食灾损最为严重，1970—2000年山东省粮食受自然灾害影响明显，2000—2015年黑龙江、内蒙古粮食灾损最为严重，2000—2015年黑龙江平均灾损量（640.79万t）大于2015年宁夏（372.6万t）、西藏（100.63万t）与青海（102.72万t）粮食总产量之和。综上，1949—2015年中国粮食的最大年均粮食的灾损量、灾损率分别由130.15万t增大到640.79万t、由15.97%到28.95%，自然灾害对中国粮食产量产生越来越严重的影响。通过对粮食灾损的空间特征分析，为响应“国家粮食丰产增效科技创新”计划、保证国家粮食安全，本研究建议未来应逐步做好宁夏、青海、内蒙古、湖南、湖北等省份的防灾减灾工作，湖南、湖北主要预防洪涝灾害，西北地区主要预防干旱及突发性雹灾，东北地区主要防旱防内涝。

第四节　小　结

通过计算机Python语言编程进行数据爬取，并分析1949—2015年我国常见的5种不同自然灾害的受灾、成灾、绝收面积的时空分异特征及其对粮食生产的影响，不同灾种在时间变化、空间分布特征明显，农业种植区（东北）、生态脆弱区（西北）多为重灾区，经济基础薄弱、人烟稀少地区多为轻灾区。

（1）2000年为我国自然灾害变化趋势的转折点。1949—1970年我国自然灾害经历一个小的波动周期，1970—2000年我国自然灾害受灾面积、灾害强度指数均呈波动上升态势，2001—2015年我国自然灾害受灾面积呈明显下降趋势，2001—2015年我国自然灾害强度指数表现出先降后升的趋势，其中2011年为灾害强度指数的拐点，2011—2015年我国灾害强度指数呈显著线性单调递增，灾害程度逐渐恶化。

（2）不同灾种的受灾面积、灾害强度指数最值点的年份不尽相同，不同灾种时序变化特征差异明显。洪涝、旱灾、风雹、低温、台风受灾面积最大值年份分别是1991年、2000年、2002年、2008年、2005年，灾害强度指数最大值年份分别为2002年、2000年、2015年、2008年、2005年，旱灾、低温、台风灾害受灾面积最大与灾害强度最大相吻合。

（3）不同灾种空间分布上具有一定地带性特征。中国主要受灾的灾种排序：旱灾>洪灾>风雹>低温>台风，七大片区受灾特征差异显著，灾种在省域空间分布由北—南逐渐多样化，东南部省域呈现多灾并发格局；不同灾种受灾面积在由西—东、南—北的空间变化曲线各异、特征明显，这些特征与省域地理位置、经济产业关系密切。

（4）洪涝受灾面积、台风受灾面积在省域空间分布上具有较强的正相关关系，呈显著集聚分布模式，说明这些灾种发生与孕灾环境（地理位置、气候条件）关系更为密切，自然灾害受灾面积总和、旱灾、风雹、低温等灾种受灾面积在省域空间分布上，相关性显著水平较低，呈随机分布格局；我国自然灾害空间冷热区分布具有一定地带性特征，不同灾种受灾面积空间上冷区、次冷区主要集中分布在胡焕庸线西北侧、次热区聚集在胡焕庸线东南侧。

（5）旱涝灾害对粮食生产影响较大，且全国粮食灾损的重心逐渐北移。1949—2015年中国粮食的灾损量、灾损率均呈先上升后下降的趋势，2000年达到峰值；旱灾灾损量占总灾损量50%～76.01%的年份共出现36次，洪灾仅6次占总灾损大于50%；吉林、山西、安徽、青海等省份单年灾损率多次达到50%以上，黑龙江、山东、河北等省份的粮食灾损量比较大。

（6）宁夏、青海、内蒙古、黑龙江、湖南、湖北等省份未来应逐步加强自然灾害防护。湖南、湖北主要预防洪涝灾害，西北地区主要预防干旱及突发性雹灾，东北地区主要防旱防内涝。相关的农业农村部门应从自然灾害预警、防灾减灾、灾后救援、农业保险等多方面对灾害热点区、粮食主产区制定专项保护方案，以确保国家粮食安全。

本研究通过计算机Python编程语言获取农业种植司公布的数据，构建灾害强度指数分析自然灾害的时序特征，利用网络密度、ESDA、粮食灾损估算模型等方法研究自然灾害的空间特征及其对粮食生产的影响，取得了一定进展，但由于资料受限、技术方法不完善，后续研究仍待逐步提高。随着计算机数据挖掘与深度学习逐渐智能化，有关自然灾害时空分布研究的数据应由农业、人口、经济等传统的统计数据向网络、新闻、社交等多源数据过渡，方法应由传统地学方法结合（循环、卷积）神经网络构建空间识别模型，逐步完善自然灾害时空规律的研究与监测体系；研究自然灾害发生机制同样具有重大意义，自然灾害的暴发是气候变化引起的，究其本源是地表温度变化，人类活动、植被变化、星体间空间位置的移动（如地潮、海潮、气潮）都会导致地表温度的变化，而不应仅仅停留在自然灾害暴发与人口、GDP、降水、城市化率等因素方面的相关性研究，努力从宇宙空间的大尺度分析灾害暴发驱动机制将是未来研究努力拓展的方向。

参考文献：

曹罗丹，李加林，叶持跃，等，2015. 明清时期浙江沿海自然灾害的时空分异特征[J]. 地理研究，33（9）：1778-1790.

程维明，夏遥，曹玉尧，等，2013. 区域泥石流孕灾环境危险性评价-以北京军都山区为例[J]. 地理研究，32（4）：595-606.

费振宇，孙宏巍，金菊良，等，2015. 近50年中国气象干旱危险性的时空格局探讨[J]. 水电能源科学，32（12）：5-10.

高茂盛，范建忠，吴清丽，2012. 旱涝灾害对陕西省粮食生产的影响研究[J]. 中国农业大学学报，17（3）：149-153.

顾西辉，张强，张生，2016. 1961—2010年中国农业洪旱灾害时空特征、成因及影响[J]. 地理科学，36（3）：439-447.

李炳元，李钜章，王建军，1996. 中国自然灾害的区域组合规律[J]. 地理学报，51（1）：1-11.

李文娟，覃志豪，林绿，2010. 农业旱灾对国家粮食安全影响程度的定量分析[J]. 自然灾害学报，19（3）：111-118.

廖永丰，赵飞，王志强，等，2013. 2000—2011年中国自然灾害灾情空间分布格局分析[J]. 灾害学，28（4）：55-60.

刘斌涛，陶和平，刘邵权，等，2015. 川滇黔接壤地区自然灾害危险度评价[J]. 地理研究，33（2）：225-236.

刘毅，杨宇，2012. 历史时期中国重大自然灾害时空分异特征[J]. 地理学报（3）：291-300.

史培军，1996. 再论灾害研究的理论与实践[J]. 自然灾害学报，5（4）：6-14.

史培军，2002. 三论灾害研究的理论与实践[J]. 自然灾害学报，11（3）：1-9.

孙才志，姜楠，张翔，2009. 基于改进型扩散函数内集-外集模型的辽宁省旱灾风险评价[J]. 安全与环境学报（2）：181-184.

谭春萍，杨建平，杨圆，等，2015. 宁夏回族自治区干旱致灾危险性时空变化特征[J]. 灾害学，30（2）：89-93.

王静爱，史培军，王平，等，2006. 中国自然灾害的时空格局[M]. 北京：科学出版社.

王静爱，史培军，朱骊，1994. 中国主要自然灾害致灾因子的区域分异[J]. 地理学报，49（1）：18-26.

袁艺，2011. 2000—2007年省级区域自然灾害灾情分析[J]. 自然灾害学报，20（1）：156-162.
张军，覃志豪，李文娟，等，2011. 1949—2009年中国粮食生产发展与空间分布演变研究[J]. 中国农学通报，27（24）：13-20.
赵思健，2012. 自然灾害风险分析的时空尺度初探[J]. 灾害学，27（2）：1-6，18.
赵映慧，郭晶鹏，毛克彪，等，2017. 1949—2015年中国典型自然灾害及粮食灾损特征[J]. 地理学报，7（72）：1261-1276.
周扬，李宁，吴吉东，2013. 中国自然灾害减灾救灾标准的演变特点[J]. 自然灾害学报，22（1）：1-9.
周扬，李宁，吴吉东，等，2012. 中国自然灾害减灾救灾标准完备性评价[J]. 资源科学，34（9）：1741-1749.
DU X D，JIN X B，YANG X L，et al.，2015. Spatial-temporal pattern changes of main agriculture natural disasters in China during 1990—2011[J]. *J.Geogr. Sci.*，25（4）：387-398.
JIA H C，PAN D H，WANG J A，et al.，2016. Wang Risk mapping of integrated natural disasters in China[J]. *Nat Hazards*，80：2023-2035.
LANSIGAN F P，DE LOS SANTOS W L，COLADILLA J O. 2000. Agronomic impacts of climate variability on rice production in the Philippines[J]. *Agr. Ecosyst. Environ.*，82：129-137.
LI C J，CHAI Y Q，YANG L S，et al.，2016. Spatio-temporal distri bution of flood disasters and analysis of influencing factors in Africa[J]. *Nat Hazards*，82：721-731.
LIU Y，YANG Y LI L，2012. Major natural disasters and their spatio-temporal variation in the history of China[J]. *J. Geogr. Sci.*，22（6）：963-976.
QUAN R S，2015. Risk assessment of flood disaster in Shanghai based on spatial-temporal characteristics analysis from 251 to 2000[J]. *Environ. Earth Sci.*，72：4627-4638.

第十五章 星球轨道位置与全球气候和生态系统变化关系研究

对全球二氧化碳、全球温度变化、全球大气水汽和全球植被变化进行分析，分析结果表明，全球水汽分布与温度变化同时影响植被时空分布，水汽变化和植被时空变化影响着全球温度变化，同时调节或者部分抵消了二氧化碳“温室效应”的影响，使地球对温度变化具有自我调节功能。通过天体运行轨道分析，提出地球温度变化主要由地球在太阳系中的轨道能级位置决定，气象（天气）和生态系统时空变化是地球内部系统为适应天体运行（太阳系和银河系）轨道位置变化的主要内在调节形式的理论。通过建立太阳系围绕银河系的运行简单模型图，提出地球磁场逆转或者大的变化主要是由于太阳和其他星体运行轨道位置临界点转换而形成（类似地球的春分、夏至、秋分和冬至），地球等星体运行轨道呈椭圆形主要是由于太阳同时也在运动造成。地球各板块运动、地球上不同时期各种生物的出现、迁移和消失是由天体运行轨道位置决定。在此基础上提出了建立以开普勒定律和万有引力定律以及广义相对论为基础的全球气候变化和生态系统理论，此理论思想的提出为大时空尺度空间气候变化和生态系统模型研究开辟了新的研究途径和新的学科研究方向，对空间气候变化和灾害预测以及生态物种时空演化等研究具有重大意义。

第一节 引 言

由自然和人的因素引起的地球系统功能的全球尺度的变化，包括大气与海洋环流、水循环、生物地球化学循环以及资源、土地利用、城市化和经济发展等的变化，在改变人类赖以生存的自然环境的同时，也对经济社会发展产生了深刻的影响，如何应对全球的这种变化，实现可持续发展，是当前人类社会发展面临的重大挑战。联合国政府间气候变化专门委员会（IPCC）于2007年发布的第四次评估报告指出，1906—2005年地球表面增温0.74℃，许多科学家认为1750年人类社会工业化以来，人类活动使得大气中的水汽、二氧化碳、氧化亚氮、甲烷和臭氧等温室气体增加，特别是20世纪中叶以来大气中二氧化碳等温室气体浓度迅速增加，其综合效果导致全球气候变暖。基于对人类活动导致全球变暖及未来气候变化可能对人类造成严重影响的科学认识，以《联合国气候变化框架公约》和《京都议定书》的签订和实施为标志，科学家们认为如果不采取措施对二氧化碳进行减排，温度持续升高将会危及人类的可持续发展。甚至认为如果全球气温升高1.5~2.5℃，地球上20%~30%的现有生物物种将会面临灭绝危险，极端气候事件发生的强度和频率可能增加，人类社会系统也因此受到重大影响。

科学家预测，随着太阳系在银行系运行位置的变化，地球即将面临新的冰川期。人类现在并没有足够的能力去控制和预测气候变化，科学家甚至还没有弄清楚气候变化的真正原因，而人类排放产生的二氧化碳对全球温度长周期的变化影响相对比较小。地球是一个极其复杂的生态系统，地球在其漫长的变化中，气候不断发生着变化，包括太阳辐射变化、火山爆发等。在气候自然变化中，由于观测资料和观察范围有限以及受研究手段的局限，人们还没有弄清楚气候变化的真正原因。科学家们认为最重要的是大气与海洋环流等的变化，环流变化是造成区域尺度气候要素变化的主要原因，大气与海洋环流的变化影响陆面变化。但人们没有深究大气和海洋环流为什么会发生，地震和火山爆发的真正原因是什么。只有解开这个疑问，人们才能对气候变化有更深的理解。近年来，大部分科学家认为人类燃烧矿物燃料及毁林等导致大气中温室气体浓度增加、硫化物气溶胶浓度变化和土地利用变化，由此引起地球气候变暖。本研究认为这些都不是气候变化的主因，并由此提出气候变化研究应该突破以二氧化碳为中心的研究范畴，毛克彪等（2016）将气候变化研究分两个层次的系统：第一个是以地球系统为核心的系统，比如现在的水循环和碳循环及低碳经济发展模式研究等；第二个系统是考虑了其他行星轨道变化导致与地球之间的引力场、磁场变化及太阳辐射变化，从而引起地球系统水循环（包括大气水汽、降水和洋流等）和地球内部岩浆运动异常的系统外研究。目前大多数的研究都是集中在第一个层次的研究，从某种程度上讲，系统外的变化决定了系统内的变化，本研究将对此做更系统的论述。

第二节　地球系统内部气候变化和生态系统自我调节

在过去30年中，为进一步认识全球变化的机制、减缓和适应气候变化、减轻气候变暖不利影响，研究人员做了许多研究。IPCC第四次评估报告（AR4）指出，全球变暖主要是人为排放二氧化碳等造成的。这些气体主要源于化石能源的使用、土地利用变化以及森林的破坏，为此全球多次召开气候变化会议，制定了相关减排措施和政策。对全球二氧化碳统计分析表明，全球二氧化碳呈逐年增加趋势，如图15-1所示。

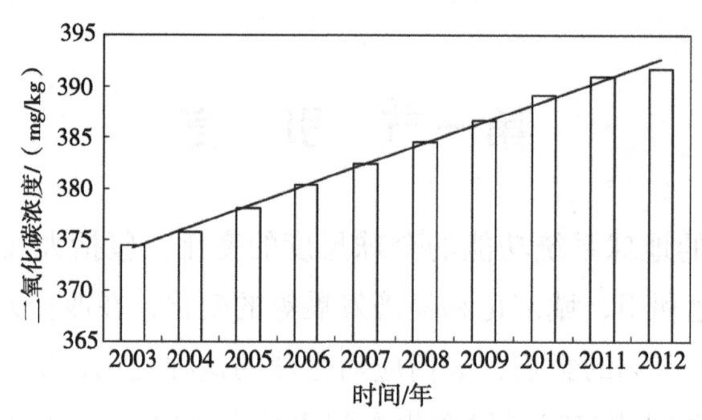

图15-1　全球二氧化碳浓度变化

大气中的二氧化碳浓度增加，地球温度应该持续增加。为克服传统全球气候变化研究利用全球气象站点进行内插计算全球温度的缺陷，利用全球中分辨率成像光谱仪（moderate-resolution imaging spectroradiometer，MODIS）地表温度产品数据进行了统计分析，如图15-2所示。MODIS每天可以4次获得全球地表温度数据，具有速度快，覆盖面广的特点，而且测量标准一致。

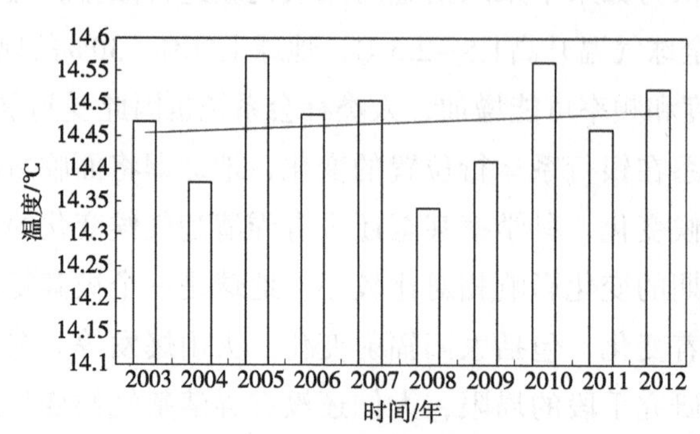

图15-2　全球地表温度年变化

从图15-2可以看出，温度最高年份是2005年，最低年份是2008年，全球地表温度并没有随二氧化碳的增加而持续升高，而是波动变化。图15-2说明地球温度变化不是由二氧化碳决定和左右的，至少可以说明二氧化碳不是起主要作用。大气水汽也是一种非常重要的温室气体，按照常理二氧化碳升高，温度升高，大气饱和度升高，大气水汽含量应该升高。利用全球MODIS水汽数据进行了统计分析，如图15-3所示。从图15-3可以看出，近年来全球水汽含量呈波动变化，但整体呈下降趋势。二氧化碳和水汽都是温室气体，说明水汽的整体下降趋势从某种程度上部分抵消了二氧化碳上升的增温效应。是什么原因导致水汽含量整体呈下降趋势和地球温度呈波动形式变化？因此，本研究提出地球温度变化主要是由地球在天体运行轨道中的位置决定，地球系统温度具备自我调节能力。

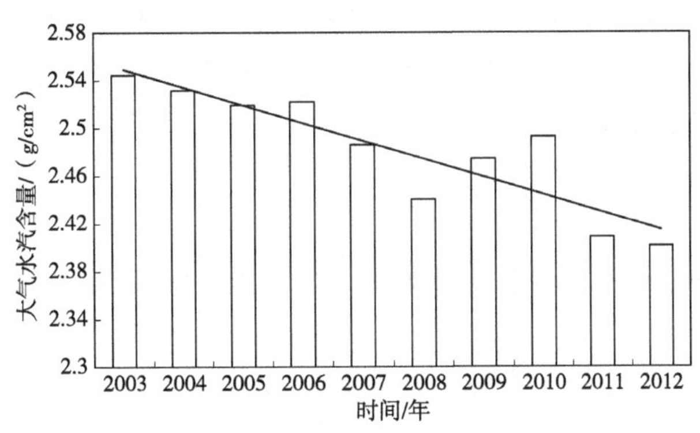

图15-3 全球平均水汽年变化

在地球随太阳运动过程中，由于地球不是一个均匀球体，旋转过程中，保持一个倾角（23.44°）使得全球不同地方获取的太阳辐射不一致，海陆分布差异很大。为适应星体轨道运行所需要的能量（温度），地球通过水汽运动（降水）和云的遮挡使得全球不同地方的热量分布进行即时调整。2003—2012年全球温度空间变化、全球水汽分布变化和植被空间分布变化请参见参考文献［毛克彪，左志远，朱高峰，等，2016. 全球气候和生态系统变化与星体轨道位置变化关系研究. 高技术通讯，（10）：890-899］。近10年来，北半球略有降温，特别是北美洲西北部与太平洋交界的地区，太平洋赤道附近地区降温明显，但北高纬北冰洋地区有升温趋势，这可能也是导致最近几年开发北极的直接原因。南半球整体略有增温，但在澳大利亚东部和非洲南端降温明显。海洋上空特别是北半球部分和位于赤道地区的太平洋西部水汽下降比较明显。水汽也是一种重要的温室气体，水汽的下降和空间分布变化调节了全球温度的空间分布和变化趋势。植被是生态系统中最重要的组成部分之一，本研究对植被空间分布变化进行了分析。北高纬地区、北美洲东北部、亚洲东部、澳大利亚东部、印度半岛西部和非洲南端植被增加明显。赤道地区、北美洲东南部、南美洲、非洲中部、亚洲中部等植被呈下降趋势。赤道地区的植被每年以0.11%速度在减少（水汽在此也减少），北高纬植被每年以0.17%的速度在增加（水汽在此相应增加）。

植物会通过光合作用吸收空气中二氧化碳和释放氧气，以及通过蒸腾作用影响周围环境的温度。植被时空变化受温度的影响，但同时也在调节温度变化，2003—2012年春夏秋冬季节平均变化图15-5请参见参考文献［毛克彪，左志远，朱高峰，等，2016. 全球气候和生态系统变化与星体轨道位置变化关系研究. 高技术通讯（10）：890-899］。除赤道地区外，南北半球植被随四季变化非常明显，四季变化主要是由地球位于太阳不同轨道位置决定的。植被时空变化受天体运行轨道的影响可以从日常生活中得到证明，植被在昼夜的生长完全不同，这是地球自转造成。另外，在不同农时种植不同的农作物，错过农时将很难丰收。虽然现在大棚可以种植蔬菜，但在不适宜的季节种植，蔬菜的味道相差很大，这也直接说明蔬菜生长受季节影响很大，而季节变化则直接由天体轨道运行位置决定，即植被的生长在很大程度上受天体运行轨道位置影响。从某种程度上讲，农作物长势、旱涝发生、粮食产量等也是由天体运行轨道位置决定。

全球生态系统特别是植被时空变化受温度、二氧化碳和水汽等时空变化影响很大，季节变化明显。昼夜和季节变化是由地球自转和围绕太阳公转所处的轨道位置共同决定。由此可以得出植被甚至整个生态系统每时每刻的变化也是由地球在太阳系中的轨道位置变化决定，地球上每天的天气变化是由太阳系中的所有星体（包括月亮）运行轨道综合影响形成的。气候变化和生态系统是由天体运行轨道位置决定，特别是植被大规模的空间变化，人为因素影响很小，不同地区植被增加或减少主要是由于星体周期变化，磁场引力变化等引起的。本研究提出地球各板块运动、地球上生态系统中每个物种的出现、迁移和消失在某种程度也是由星体引力和磁场变化等因素决定，即由星体运行轨道位置决定。引力场和磁场的变化直接影响到各物种在自然界的生存能力，主要原因是各种物种都是由分子原子构成，都受到引力和磁场的作用。

第三节　地球气候变化和生态系统外部变化由星体运行轨道位置决定

全球二氧化碳浓度呈上升趋势，全球平均水汽年变化呈下降趋势，但全球平均温度呈现波动变化。说明水汽和其他气体变化部分抵消了二氧化碳温室效应的影响，地球能够通过大气水汽（降水）、云、植被、洋流、火山爆发、地震等实现温度自我调节，地球的气候变化和生态系统变化是由其在太阳系所处的能级决定。图15-4是太阳系各星体运行模拟图。由于人类早期缺乏观测技术和数据，对地球气候变化（温度变化等）难以做出准确的定量分析。本研究通过另外一个角度来分析地球的温度变化是由天体运行轨道位置决定。地球每天24 h气温变化不是呈正弦或者余弦函数变化。凌晨时气温最低，中午时气温最高。据观察白天二氧化碳少，晚上二氧化碳多。说明二氧化碳变化不是温度一天变化的主要原因，地球每天的温度变化真正的原因是地球自转，太阳刚出来时气温很低，那是因为夜晚没受到太阳的光照，地面和大气都已冷却下来了，到了中午大气和地面都被加热了，并且此时太阳光是直射，被大气反射掉的能量最少，温度最高。

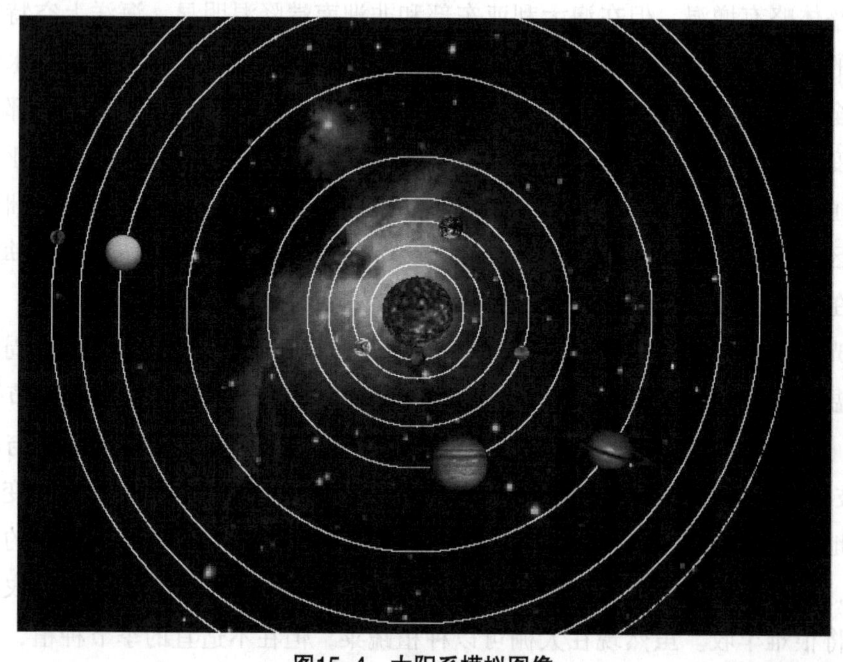

图15-4　太阳系模拟图像

地球一年温度随春夏秋冬周期变化，温度变化是由于地球绕太阳公转形成。二氧化碳浓度随着春夏秋冬四个季节依次降低，即使观测资料和观测范围不足一年的情况下，人们也不会认为一年四季的温度变化是由二氧化碳变化引起的。地球上的四季不仅是温度的周期性变化，而且是昼夜长短和太阳高度的周期性变化。昼夜长短和正午太阳高度的改变决定了温度的变化。四季的递变全球不是统一的，北半球是夏季，南半球是冬季；北半球由暖变冷，南半球由冷变热。从春分经夏至到秋分，北半球处于夏半年，南半球处于冬半年。这些变化都是由于地球围绕太阳公转时轨道位置决定。地球自转和公转运动的结合产生了地球上的昼夜交替、四季变化和五带（热带、南北温带和南北寒带）的区分。由于地球自转运动，产生了日、月、星辰的东升西落现象和昼夜的更替以及由此而引起的地表各种过程的日变化。通过日变化和年变化分析，地球气温日变化与年内季节变化主要是由于地球自转和公转决定的，确切地说是一种天文现象，轨道变化引起的。

进入工业化时代后，地球每年的二氧化碳年内都在变化，但年际之间一直在增加，地球温度年际之间也是变化的（有高有低），并不是随着二氧化碳的增加而相应增加。特别是近10年，地球表面温度变化几乎已经停止。这是什么原因导致的？地球上的每天的气象变化万千是什么原因导致或者什么力量驱动的？如果太阳系中只有太阳和地球，地球上的气候变化就非常有规律，地球绕着太阳做圆周运动。但太阳系里面有很多高速运行的行星并且大部分各自还有卫星，而且地球和各个星体并不是均匀的球体，各个星球不同部分引力场和磁场是不一样的，这就使得地球受到的引力和磁场都在做微小的调整，各个板块之间相互挤压，水汽（降水）和云的运动是地球平衡过程中的主要表现形式，从而使得地球上每天的气象变化都不一样。太阳系是以太阳为中心，和所有受到太阳引力约束的天体的集合体：8颗行星、已知的卫星至少165颗、3颗已经辨认出来的矮行星，以及数以亿计的太阳系小天体。太阳系里面的每颗行星的运动都满足开普勒三定律、万有引力定律以及广义相对论。虽然总的合力是指向太阳，但其他星体轨道变化导致引力方向和大小变化，从而地球自转和公转速度每天都在做微小的变化。根据开普勒定律，地球离太阳近时速度加快，离太阳远时则相反。地球不同的组成部分比如气候变化和生态系统对来自不同方向的星体引力和太阳辐射的变化反应是不一样的，微小变化时主要是靠水汽（降水）、云以及洋流运动来进行自我调整，这就是大气和洋流运动的根本原因。人们最熟悉的是月亮会引起地球潮汐变化，这就形成了每天不一样的天气。地核内部也存在巨大的能量，引力大小和方向变化是控制地球内部能量喷发的开关，在引力平衡的过程中，需要通过火山爆发和地震等释放能量。当几个星体的引力合力即将处于临界（最大或者最小并且方向改变）状态时，如果合力方向（临界点）急剧改变无法通过洋流等变化逐步释放得到平衡，地球板块之间的地震带薄弱地区或者火山口就剧烈释放能量，表现为强烈地震或者火山爆发，天体合力方向改变和逐步离开后地球增加或者减少动能。天体合力方向急剧改变是地震前后地磁场略有变化的原因，地震与火山爆发是地球将能量释放出来，直到地球得到的动能与地球势能平衡，地震（火山爆发）及余震就逐渐减弱，直到地震（火山爆发）结束。地球各板块移动与相互挤压也是由于星体轨道位置变化引起的，由于人类的观测技术有限，因而找到那些对地球影响比较大的天体是人类今后预防地球某些重大自然灾害（地震、火山、台风等）的关键。开普勒定律和牛顿万有引力定律可以帮助我们找到那些天体，大地震爆发周期长说明天体的运行周期长，爆发时间长短可以判断天体合力方向变化的时间长短，震级大小可以判断天体对地球引力作用大小。洋流的周期运动也是天体周期运动的结果，是天体引力作用于地球，地球能量释放能量改变海水温度自我调整适应的结果。海洋是一个巨大的温泉系统，其温度变化主要是天体周期运行通过引力大小控制地热（海底火山爆发）释放多少，从而调节气候变化。厄尔尼诺现象和拉尼娜现象的产生就是由于某几个不同天体周期影响的结果。

由于星球之间的距离变化造成引力场和磁场变化，从而进一步造成地球在太阳系中所处的能级轨道发生变化。引力变化导致地球自转和公转速度变化，由于地球不是一个均匀的球体，各个地方增速或者减速不同，地球各板块之间相互摩擦从而引起地震释放能量，另外加上海水保持惯性运动，从而引起摩擦，造成海水温度变化（增温或者降温），同时使得一方海面升高或者降低产生洋流。不同星球之间的引力作用产生的潮汐力和地球海洋底下地热释放热量的差异，引起气候变化研究中最典型的现象厄尔尼诺现象、拉尼娜现象和太平洋十年涛动，这是由于地球外的其他星体周期运动造成引力场或者磁场周期性地发生变化，比如有一颗或者几颗行星周期性地运转导致引力场有微小的变化。由于海面温度和运动方向异常，海面和大气作用从而引起大气变化异常，强行改变水循环的先前模式，破坏平衡引起飓风等自然灾害。目前，绝大多数研究是系统内研究，但考虑星体运行轨道的系统外研究可能更重要。地球的磁场变化是由其本身在天体中运行的轨道位置所决定，如果把太阳比做原子核，那么地球只是围绕太阳转的一个的电子。磁场或者引力场变化驱动云、大气中水汽和地壳岩浆异常运动，破坏了平衡导致自然灾害（如台风和大范围降雪以及地震等）发生。这一结论可以从灾害周期性发生得出，因为天体也是周期性运转。比如月亮围绕地球转，地球围绕太阳转，太阳围绕银河系中心转，银河系又围绕另外一个更大的天体系统在转。这些不同级别的天体在不同的体系里都有各自的周期表现：对于地球围绕太阳这个级别系统而言，地球表现为春夏秋冬周期性发生；对于太阳围绕银河系中心这个级别的周期系统而言，地球表现为大的冰川期、大暖期及中间过渡期等交替出现，地球围绕太阳的角色跟月亮围绕地球相似。这点可以从太阳黑子周期性地出现来得到证实，因为太阳很可能受另外一个更高级的系统影响，跟地球一年四季变化相似，而且太阳黑子也是对地球的辐射影响产生周期性影响。对于更高级别和更长的周期，人类可能还没有记录，还需要进一步研究和观测。因此，气候变化基本上可以断定，地球本身有一个调节系统，人类在这个系统里面有一定的干扰作用，但比起地球外的大系统而言，人类的作用几乎可以忽略。大的气候变化周期是由行星的运行周期和所处的轨道位置决定。太阳系中行星位置微小的变化引起的引力场和磁场的变化对地球产生非常大的影响，周期甚至是上百年上千年，太阳系外的影响上千万年或者上亿年。

第四节　以大数据思维建立综合气候变化和生态系统模型

以太阳作参照系，地球自转引起地球气温日变化，地球围绕太阳公转引起气候季节变化。以银河系做参照系，太阳也存在自转和公转，而地球则有相应的周期变化。银河系在宇宙中本身也有自转和公转，地球则有更大的气候变化周期。银河系也并不是孤立的，在宇宙中还存在像银河系一样的河外星系。图15-7是本研究提出的一个简化的银河系运行模型。假定银河系中只有太阳系，太阳和地球是均匀球体。如果太阳是静止的，太阳系中只有太阳和地球，很容易理解地球应该是做匀速圆周运动，地球上四季就没有变化。现在让太阳沿着一个类似地球椭圆轨迹运动起来，那么地球不可能再保持做匀速圆周运动，由于太阳带着地球向前运动，地球同时围绕太阳运动，这就会形成相对运动，两种运动的叠加形成了椭圆运动，并且使得地球速度在不同轨道位置发生变化，近日点和远日点的连线是太阳运行前进的方向。太阳位于地球椭圆轨道的一个焦点上是由于太阳围绕银河系运动决定的。为什么围绕太阳公转的行星基本上位于一个平面上，这也是由太阳运动方向决定，其他行星的运行需要和太阳运行的方向保持一致。各个行星并不是完全在一个平面上，这是由于各个行星之间彼此存在引力影响且平衡的结果。由于太阳系中行星较多，而且各行星并不是均匀球体，各个星体之间相互影响和周期不一致，所以各星体也并不是的严格的椭圆形轨道，地球上的气候和生态系统变化是星球轨道运行变化过程中自我平衡调节的表现形式之一。

本研究认为太阳绕银河系运行的轨道周期类似地球绕太阳公转规律，地球磁场变化是由太阳在银河系中的轨道位置变化决定的，磁场逆转是由于太阳像地球一样处于椭圆临界点时，就像地球的春分、夏至、秋分和冬至变化一样。特别是运动方向完全相反时，类似地球的夏至和冬至位置时，磁场变化最大。太阳像地球一年春夏秋冬一样变化，不同的季节不同的物种相继复苏和沉寂来看，不同物种的出现、迁移和消失是由天体运行轨道位置决定的，换个角度说，生命的出现和消失是由宇宙天体运行轨道位置决定。如果太阳的周期是大约2.2亿年，根据银河系运行简化模型图（图15-5），一个季节大约是5500万年，人类处于其中一个季节的某一小段。由于银河系中有很多类似太阳系的其他星系相互影响，使得气候和生态系统变化更加复杂。这点可以从地球地质挖掘考古得到证明，地球的气候变迁直接或者间接地与各种不同级别天体大的运行周期吻合，这更进一步证实了地球的气候变化是由于天体运行轨道变化引起。人类在地球上的作用对气候变化影响非常小的，二氧化碳的变化主要在局部时间段内起一个微调作用，对长周期的气候变化不起决定作用。

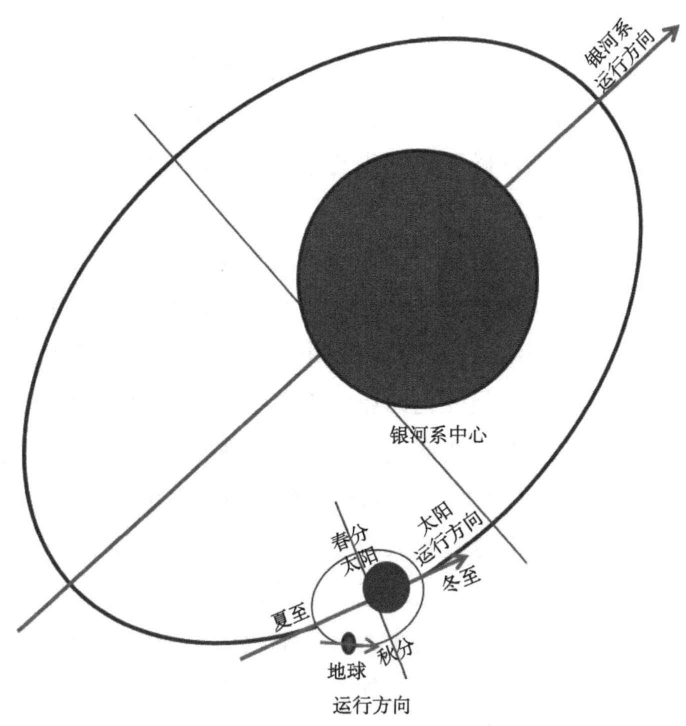

图15-5　简化银河系运行模型

德国天文学家开普勒在17世纪提出了关于行星运动的三大定律：椭圆定律、面积定律和调和定律。椭圆定律所有行星绕太阳的轨道都是椭圆，太阳在椭圆的一个焦点上；面积定律行星和太阳的连线在相等的时间间隔内扫过相等的面积；调和定律所有行星绕太阳一周的恒星时间（T_i）的平方与它们轨道长半轴（R_i）的立方成比例。后来学者们把第一定律修改为：所有行星的轨道都属于圆锥曲线，而太阳在它们的一个焦点上。第二定律只在行星质量比太阳质量小得多的情况下才是精确的。考虑到行星也吸引太阳，经过修正后的第三定律的精确公式如下。

$$\frac{\frac{a_1^3}{T_1^2}}{\frac{a_2^3}{T_2^3}}=\frac{1+\frac{m_1}{m_a}}{1+\frac{m_2}{m_a}} \qquad (15\text{-}1)$$

式中：m_1和m_2为两个行星的质量；m_a为太阳的质量。牛顿于1687年在《自然哲学的数学原理》上发表的万有引力定律。普适的万有引力定律描述为任意两个质点有通过连心线方向上的力相互吸引。该引力大小与它们质量的乘积成正比与它们距离的平方成反比，与两物体的化学组成和其间介质种类无关，用式15-2表示。

$$F = \frac{GMm}{r^2} \tag{15-2}$$

式中：F为两个物体之间的引力，G为万有引力常量，M为物体1的质量，m为物体2的质量，r为两个物体之间的距离（大小）（r表示径向矢量），F的单位为N，M和m的单位为kg，r的单位为m，常数G近似地等于$6.67 \times 10^{-11}\ \mathrm{N \cdot m^2/kg^2}$。万有引力定律把地面上物体运动的规律和天体运动的规律统一起来了，对以后物理学和天文学的发展具有深远的影响。它第一次解释了一种基本相互作用的规律，在人类认识自然的历史上树立了一座里程碑。牛顿的力学和开普勒三大定律的有效结合，可以预测天体的运行轨道、运动速度、旋转周期，从而能够预测某一时刻到天体在空间中的位置，能够应用到天体探测、卫星发射等领域。万有引力定律反映了一定历史阶段人类对引力的认识，在19世纪末发现，水星在近日点的移动速度比理论值大，广义相对论计算给出了更精确的结果。广义相对论还能较好地解释谱线的红移和光线在太阳引力作用下的偏转等现象，这说明广义相对论的引力理论比经典的引力理论进了一步。本研究提出将牛顿力学和开普勒三大定律以及广义相对论有效结合，在研究天体运行轨道位置的基础上，将这些理论应用到气候变化和生态系统演化研究领域，进一步分析地球轨道位置变化对地球气候和生态系统（包括物种演化）的影响。

太阳和银河系中所有的星体在运行过程中都在做自我调整。地球每天的天气（气象）和长时间的气候变化都是一种天文现象，全球变化只是地球在太阳系运动过程中的自我调节过程中表现形式。地球的春夏秋冬气候变化就是地球在围绕太阳公转过程中处于轨道不同位置决定的，在传统气候变化研究中已经无意识地考虑了轨道位置对气候变化的影响。系统外（轨道位置）的变化决定了系统内（地球）气候和生态系统变化。星球之间的距离变化导致引力场和磁场变化，从而影响了太阳辐射变化，地球在太阳系中所处的能级轨道发生变化。地球的势能和动能发生变化，会通过调整大气水汽（降水）、云、洋流运动以及改变地球内部能量释放引起海水温度的变化来适应，比如厄尔尼诺现象和拉尼娜现象就是海水温度周期变化引起的。这是地球外的其他星体周期运动导致引力场或者磁场周期性地发生变化导致的，这种微小的变化对地球的水循环影响很大，会引起台风和飓风等自然灾害。目前科学家做的绝大多数研究是系统内研究，但系统外的研究更重要。地球的引力场和磁场变化是由其本身在天体中运行的轨道所决定的。极端气候变化事件很可能是由于其他行星或者天体靠近或者远离造成磁场和引力场发生变化引起的，特别是那些突然受某种外力作用，比如彗星等星体脱离原来的运行轨道，或者由于运行轨道所需要的能量进行能级跃迁释放或吸收能量等。地球上的各种物质密度不一样，引力和磁场变化引起地球系统局部变化不一致，进一步驱动云和大气中水汽，洋流以及地壳岩浆运动，极端情况下破坏平衡导致发生自然灾害。为此，我们提出以大数据思维建立综合气候变化模型（图15-6），以开普勒三定律、万有引力定律及广义相对论为基础建立一个以太阳或者银河系为中心的引力和磁场变化模型，模拟各星体轨道位置变化过程中磁场和引力方向变化以及太阳辐射变化怎样驱动地球大气水汽（云）、洋流运动和岩浆运动等引起每天不同的天气变化，特别是模拟星体轨道位置变化导致引力场和磁场方向突变引起地震和火山爆发，从而更加准确地预报重大自然灾害。由于星体运行周期长，人类缺乏观测数据和观测技术，因而可利用地球极端气候周期变化反推天体运动规律和发现新的天体，用大数据思维在考虑星体轨道位置变化的基础上建立复杂气候变化和生态物种演化时空模型，是未来地学等领域研究的趋势。此理论思想的提出为空间气候变化和生态系统模型研究开辟了新的研究途径和新的学科研究方向，对空间气候变化和灾害预测以及生态物种时空演化等研究具有突破性的重大意义。

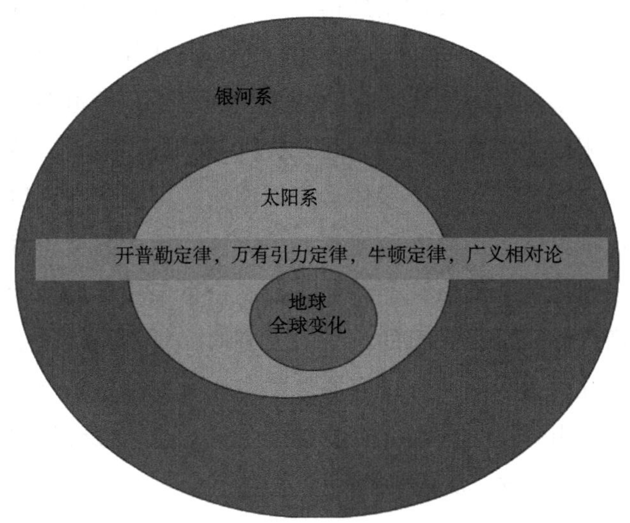

图15-6　基于大数据思维的综合气候变化和生态系统模型框架

第五节　小　结

通过全球遥感数据分析和星球轨道分析表明：地球气候（天气）变化主要是由地球在太阳系和银河系中的轨道位置所处能级决定，地球内部能够自我调节温度。月亮围绕地球转，地球围绕太阳转，太阳围绕银河系中心转，银河系又围绕另外一个更大的天体系统在转。这些不同级别的天体在不同的体系里都有各自的周期表现：地球自转表现为白天黑夜；对于地球围绕太阳这个级别系统而言，地球表现为春夏秋冬是周期性发生；对于太阳围绕银河系中心这个级别的周期系统而言，地球表现为冰期和间冰期。地球气候变化是由于星体轨道变化造成与地球之间的引力场和磁场变化，从而引起地球系统水循环（包括大气水汽、云、降水和洋流等）和地球内部岩浆运动；地球的热能和动能发生变化，地球各板块之间相互摩擦，以及地核会通过地热等形式释放热量引起海水温度的变化。年内短时间内的洋流等周期变化主要是受太阳和月球引力和磁场的影响。年际之间大的变化主要是由于其他周期更长的天体引力和磁场叠加在太阳及月球引力与磁场上一起对地球影响的结果。天体运行过程中都遵循开普勒三定律和万有引力定律，每个天体在高速运转（自转和公转）的过程中，各个天体无时无刻不在通过吸收或者释放能量调整自己的状态，从而达到新的动态平衡。对于地球来说，大气、洋流、地震和火山爆发等就是地球在高速运行过程中自我调整能量的形式。当人类释放大量的二氧化碳导致温度升高时，地球为了维持自身的稳定，会通过调节大气水汽、云空间变化和其他气体成分变化或者火山爆发释放气溶胶到大气中或者调节海洋底下火山爆发的大小改变海水温度，从而调节温度变化。地球各板块移动与相互挤压，以及地球生态系统的时空变化（包括物种的出现、迁移和消失）和气候变化都是由于星球轨道位置变化引起的。通过对全球遥感数据和天体运行轨道分析，首次提出了地球气候（特别是地球温度变化）和生态系统时空变化主要是由天体运行轨道位置决定的理论。

人类在气候变化和生态系统大时空尺度变化中有一定的扰动作用，更多的是被动地适应气候变化。总之，地球在通过某种内在方式进行自我调节，从而适应天体运行轨道位置变化平衡的需要。地球每天的天气（气象）和长时间的气候变化都是一种天文现象，极端天气是由对地球作用的天体引力大小和方向突然改变或者变化幅度太大引起的。人类在地球系统内部的作用是非常小的，特别是人类排放产生的二氧化碳对全球温度变化影响相对比较小，主要起微调或者扰动作用。当然，节约能源和减少大气污染还是非常必要的，而且人类的剧烈排放二氧化碳或者其他破坏会导致地球内部调节更加剧烈，自然灾害频率和强度就会增加，从而影响人类生存。以开普勒三定律和万有引力定律以及广义相对论为基础，建立一个以太阳或者银河系为中心的模型和理论，模拟在行星运动和在外来星球干扰情况下，磁场和引力以及太阳辐射变化怎样驱动地球大气和洋流等运动，特别是地震和火山爆发，从而更加准确预报天气和重大自然灾害。由于星体运行周期长，人类缺乏观测数据和观测技术，可以利用地球极端气候周期变化反推天体运动规律和发现新的天体，用大数据思维建立大尺度时空气候变化和生态物种演化模型是未来地学等领域研究的趋势。此理论思想的提出为大时空尺度空间气候变化和生态系统模型研究开辟了新的研究途径和新的学科研究方向，对空间气候变化和灾害预测以及生态物种时空演化等研究具有突破性的重大意义。未来的气候变化研究需要多个领域专家一起合作建立以太阳系或者银河系为中心的天气引力变化模型，在此基础上进一步模拟天体引力变化怎么样驱动地球大气、洋流运动，以及地震和火山爆发，从而预测灾害发生。

参考文献：

毛克彪，胡德勇，黄健熙，等，2010. 针对被动微波数据AMSR-E数据的土壤水分反演算法[J]. 高技术通讯，20（6）：651-659.

毛克彪，王道龙，李滋睿，等，2009. 利用AMSR-E被动微波数据反演地表温度的神经网络算法[J]. 高技术通讯，19（11）：1195-1200.

毛克彪，左志远，朱高峰，等，2016. 全球气候和生态系统变化与星体轨道位置变化关系研究[J]. 高技术通讯（10）890-899.

秦大河，2014.气候变化科学与人类可持续发展[J]. 地理科学进展，7（33）：874-883.

秦大河，陈振林，罗勇，等，2007. 气候变化科学的最新认知[J]. 气候变化研究进展，3（2）：63-73.

徐冠华，葛全胜，宫鹏，等，2013. 全球变化和人类可持续发展：挑战与对策[J]. 科学通报，58：2100-2106

IPCC，2007. Climate change 2007：the physical science basis. contribution of working group I to the fourth assessment report of the intergovernmental panel on climate change[M]. Cambridge：Cambridge University Press.

MAO K B，CHEN J M，LI Z L，et al.，2017. Global water vapor content decreases from 2003 to 2012：an analysis based on MODIS Data[J]. *Chinese Geogr. Sci.*，27（1）：1-7.

MAO K B，MA Y，TAN X L，et al.，2017. Global surface temperature change analysis based on MODIS data in recent twelve years[J]. *Adv. Space Res.*，59：503-512.

MAO K，LI Z，CHEN J M，et al.，2016. Global vegetation change analysis based on MODIS data in recent twelve years[J]. *High Technol. Lett.*，22（4）：343-349.

MAO K，MA Y，XU T R，et al.，2015. A new perspective about climate change[J]. *Sci. J. Earth Sci.*，5（1）：12-17.

第十六章　结语与展望

第一节　结　语

一、结论

本项研究在分析现有针对热红外、微波遥感的地表温度和土壤水分反演方法的基础上，深入研究了ASTER、MODIS、VIIRS、AMSR-E数据的地表温度和AMSR-E土壤水分反演方法。虽然ASTER拥有5个热红外波段，MODIS拥有8个热红外波段数据，但对于地表温度的反演，在大气透过率和地表发射率已知的情况下，使用其中的两个波段就足够了。根据热红外辐射在大气的传输特点，ASTER的第10至14波段的两两组合，MODIS热红外数据的第31和32波段最适合于用来进行地表温度的反演。本项研究提出了适合于ASTER/MODIS两个热红外波段数据的地表温度反演方法及其基本参数（大气透过率和地表发射率）估计方法。大气透过率主要是从MODIS的近红外波段数据反演得到大气水汽含量，并进而根据水汽含量与热红外波段大气透过率的关系来进行估算。由于是从同一颗卫星，同一景MODIS数据中获得大气水汽含量，因此本项研究提出的大气透过率估计方法保证了地表温度反演过程中所需大气参数的同步获取。对于地表发射率的估计，也是从同一景ASTER和MODIS数据的可见光波段和近红外波段来进行估计。因此，通过MODIS的可见光波段、近红外和中红外波段数据，完全可以获得地表温度反演所需要的基本参数，从而可以用ASTER的第11～14波段的两两组合、MODIS的第31、32热红外波段数据来反演地表温度，形成针对ASTER数据和MODIS数据的劈窗算法。在以往的单窗和劈窗算法中，通常假定发射率已知，这使得地表温度的反演精度在先验知识不够的地区受到限制。由于发射率在8.475～11.65 μm范围内发射率变化很小，而且在局部范围内近似线性，因此本研究针对此情况用ASTER的第11、12、13和14波段建立辐射方程组，同时对相应的发射率建立线性方程组。联立方程从而形成针对ASTER数据的地表温度和发射率同时反演的多波段算法。用MODIS数据的第29、31、32波段建立辐射方程组，同时对相邻波段的发射率建立线性方程组。联立形成针对MODIS同时反演地表温度和发射率的多波段算法。由于计算的复杂性，采用神经网络优化计算。热红外遥感已经被广泛地应用于地表温度反演，但热红外遥感受天气的影响非常大，在实际应用中有时难以保证精度。从美国宇航局（NASA）提供的温度产品分析，可知大部分的温度产品60%以上的地区受到云的影响，这给实际应用带来了很大的局限。由于被动微波能穿透云层，并且受大气的影响非常小，可以克服热红外遥感的一些缺点。因此，研究如何利用被动微波数据来反演地表温度就显得非常迫切。针对对地观测卫星多传感器的特点，借助MODIS地表温度产品来从被动微波数据中反演地表温度。研究适合于被动微波数据AMSR-E的地表温度反演算法。土壤水分是地球科学中各个分支中一个重要的参数，尤其是在水文学和气象学中，它是许多模型所涉及的基本参数。因而，反演土壤水分和研究土壤水分分布有着特别重要的意义。遥感，特别是微波遥感是监测土壤含水量的最有效的手段之一，它为短周期、不同区域尺度土壤水分制图提供了可能，这些都是传统的地面土壤水分测量无法做到的。

综上所述，本项研究的主要结论可以总结如下。

（一）针对VIIRS云监测算法研究

为了获得新型红外成像辐射仪套件（Visible Infrared Imager Radiometer Suite，VIIRS）传感器准确的云掩码数据，克服当前VIIRS云检测算法在中国区域存在的部分缺陷。本研究通过分析当前较为成熟的中分辨率光谱成像仪（Moderate Resolution Imaging Spectroradiometer，MODIS）云掩码算法，结合VIIRS传感器的波段特性，提出了适合中国区域的云检测算法，针对1.38 μm高（卷）云检测算法在高海拔区域存在的限制，本研究使用BT_{11}亮温进行辅助检测，降低因低水汽含量造成的误报；针对当前VIIRS M12-M13云检测阈值在我国存在误报的问题，对M12-M13差值云检测在我国适用范围和阈值进行了分析讨论，并使用BT_{11}亮温辅助M12-M13进一步克服地表二项性反射造成的干扰。使用中国区域的两景数据进行应用分析表明，BT_{11}亮温辅助1.38 μm高（卷）云检测能够较好地抑制地表污染，BT_{11}亮温辅助M12-M13差值云检测比当前VIIRS M12-M13云检测能更好地抑制误报。通过人工解译，将检测结果和解译结果做了对比分析，实例数据检测精度均高于85%，能够满足当前云检测精度要求。

（二）针对ASTER数据的地表温度和发射率反演算法研究

根据对地观测卫星传感器的特点，提出了适合于ASTER数据的地表温度的劈窗算法。即先对Planck方程进行线性简化；然后从MODIS的近红外波段反演大气水汽含量，通过建立大气水汽含量与ASTER热红外波段透过率的关系，从而可以从同一颗星上计算得到透过率，使透过率的求算精确到每个像元，保证了透过率求算的实时性。同时利用ASTER可见光和近红外对地表进行分类，然后通过JPL提供的光谱数据库来获得每种地物的发射率。最后用大气模拟校正法对算法的验证表明该算法可行，在参数没有误差的情况，精度在1℃以下。

在劈窗算法中，通过地面分类信息来确定地表发射率。但在地表分类精度不能保证或者地表类型不能确定时，劈窗算法就有一定的局限性。针对这种情况，本研究提出了针对ASTER数据的同时反演地表温度和发射率的多波段算法。即选择ASTER的第11、12、13和14建立辐射传输方程组，然后通过分析ASTER热红外波段数据发射率的特点，建立了ASTER4个热红外波段发射率的线性关系，从而得到了6个未知数和6个方程。因为大气辐射传输模型模拟保证了地球物理参数之间的物理关系，而神经网络则内含了分类信息和优化计算的能力。因此，大气辐射传输模型和神经网络复合来反演地表参数是当前反演技术的一个进步。利用MODTRAN4模拟数据精度分析评价表明精度很高，精度在0.25℃以下。最后进行实例应用分析，在使用AST09、AST08、AST05产品作为补充训练数据集后，相对于AST08产品，地表温度误差在0.1℃以下，相对于AST05产品，波段11/12/13/14发射率的误差在0.001以下。

（三）针对MODIS数据的地表温度和发射率反演算法研究

针对EOS/MODIS数据的特点，提出了一个实用的劈窗算法，即在分析MODIS的多个热红外波段的基础上，选择最适合反演地表温度的第31、32波段建立热辐射传输方程组。通过对MODIS第31、32波段的热辐射强度和温度之间的关系进行计算，对Planck函数的线性简化方法，同时简化了辐射方程组。这个算法包含了两个必要的参数，即大气透过率和发射率。MODIS传感器中有5个近红外波段被设计用来反演大气水汽含量，而热红外波段的大气透过率主要受大气水汽含量的影响。因此，先反演大气水汽含量，然后通过MODTRAN模拟大气水汽含量和热红外波段大气透过率的关系计算得到

MODIS 31/32的透过率。由于是从同一景MODIS数据中获得大气水汽含量，因此本研究提出的大气透过率估计方法保证了地表温度反演过程中所需大气参数的同步获取。对于地表发射率的估计，也是从同一景MODIS数据的红波段和近红外波段来进行估计。因此，通过MODIS的可见光波段、近红外和中红外波段数据，完全可以获得地表温度反演所需要的基本参数。最后用国际上通用的大气模拟验证对文中的方法进行了参数敏感性分析，分析表明该算法对大气水汽含量和发射率都不敏感，特别是大气水汽含量的误差在-80%～130%时，地表温度的反演误差在0.19～1.1℃，并且从实际影像反演中确认了这一结论。最后对算法精度进行了评价，当用大气模拟得到的透过率时，精度为0.32℃；当透过率是从大气水汽含量的指数关系计算得到时，精度为0.32℃；当透过率是从大气水汽含量的线性关系计算得到时，精度为0.49℃。

本研究详细地讨论了从MODIS1B数据中同时反演地表温度和发射率的病态问题，用JPL提供的大约160种地物分析了在MODIS 29/31/32波段范围发射率之间的关系，分析了地表温度、大气平均作用温度、星上亮度温度之间的关系，以及分析了透过率与大气水汽含量之间的关系。由于地球物理参数之间存在着相互制约关系，这些关系不能严格地用数学方法来描述，这就决定了大气辐射传输模型和神经网络的集成是解决地球物理参数（地表温度和发射率）病态反演问题的最好方法之一。

使用MODTRAN4来生成模拟数据训练和测试神经网络。测试结果表明，RM-NN能够很好地解决病态反演问题。对于MODIS数据，当使用两个隐含层和每个隐含层节点数为800时精度最高。我们用训练好的神经网络对山东半岛地区的MODIS1B数据进行了地表温度和发射率反演。与MODIS产品比较表明MODIS1KM产品高估了发射率和低估了地表温度，MODIS5KM产品低估了发射率和高估了地表温度。RM-NN反演结果更接近于MODIS5KM产品。以MODIS1KM产品为参照，进行回归修正后RM-NN反演结果与MODIS1KM产品的平均误差大约是0.36℃。本研究的目的是要证明RM-NN能够被用来精确地同时反演地表温度和发射率。本研究的算法克服了以往反演中方程不足的缺点。当然，更多验证分析需要将来做更多的野外工作，从而使本研究的算法适用更多的情况。

另外，根据第五章针对ASTER数据地表温度和发射率反演算法和第六章针对MODIS地表温度和发射率反演算法研究分析，可以得到另外一个结论。当用神经网络反演地表温度时，要精确地从热红外的星上亮温同时反演地表温度和发射率的精度，至少需要三个热红外波段的星上亮温和大气水汽含量或者至少有四个热红外波段的星上亮温作为神经网络的输入参数。辐射传输模型（MODTRAN）+高精度地面观测数据与深度学习的结合在解决地表温度和发射率（地球物理参数）反演问题上具有里程碑的意义。

（四）针对VIIRS地表温度反演算法研究

对可见光红外成像辐射仪（visible infrared imager radiometer suite，VIIRS）传感器缺乏水汽通道的特点，联合Aqua卫星搭载的中分辨率成像光谱仪（moderate-resolution imaging spectroradiometer，MODIS）数据提出了基于分裂窗算法的VIIRS地表温度反演方法。对地表发射率和大气透过率这2个关键参数的获取进行了详细分析，选取了处于作物生长期的2013年6月4日VIIRS数据进行实例验证分析。结果表明，与全国气象数据比较该文算法在大尺度上能够较好地获取中国地表温度；与MODIS数据温度产品在高温产粮区比较，本研究算法与MODIS温度产品精度较一致，两者差值小于1 K。使用MODTRAN软件对算法的精度进行了模拟评价验证，分析表明，在一定的水汽和地表发射率条件下，算法反演精度一般保持在1 K内，平均误差为0.431 K，误差标准偏差为0.247 K。能够为农业干旱、作物长势等农情信息监测提供所需的地表温度数据。

（五）针对AMSR-E数据的地表温度反演算法研究

在分析Aqua卫星多传感器特征的基础上，利用MODIS的温度产品和AMSR-E不同通道之间的亮度温度建立反演地表温度的反演方程，从而克服了以往需要测量同步数据的困难。并为不同传感器之间的参数反演的相互校正和综合利用多传感器的数据提供实际应用和理论依据。通过各通道的回归系数分析表明，不同的地表覆盖类型的辐射机制是不同的。要精确地反演地表温度，至少对地表分成三种覆盖类型，即雪覆盖的地表、非雪覆盖的地表和水覆盖的地表。通过AIEM物理模型模拟分析表明，干燥土壤的发射率变化很小，土壤的粗糙度和土壤水分变化引起发射率的变化可以通过不同通道的发射率（亮温）之差与土壤水分含量的关系得到消除。以MODIS地表温度产品作为评价标准，对于验证的样本数据，本研究建立的统计方法的精度在2～3℃。为了提高算法的实用性，还需要进一步对云覆盖和不同辐射机制的地表类型的混合像元进行研究。另外，微波的发射率是土壤水分反演的关键参数，在对微波地表温度反演的基础上，可以进一步利用发射率做土壤水分反演研究。

以辐射传输方程为基础，我们简单地分析了微波辐射传输的特性。在微波波段，地表发射率不是一个稳定的常数，它对土壤水分非常的敏感。这也是微波被认为是反演土壤水分最好的方法之一的原因，但这给地表温度的反演带来了困难。另外，N个频率的微波辐射测量具有N+1个未知数（N发射率和LST），因此地表温度反演是一个典型的病态反演问题。而且，发射率主要受介电常数的影响，而介电常数主要是土壤水分，物理温度，土壤纹理以及其他因素（如植被的类型和结构及分布）的影响。这些使得开发一个反演地表温度通用的物理算法变得非常的困难。幸运地，地球物理参数之间是相互影响，相互关联的，这一点可以从Q/P和Q/H模型看出来。为了准确地反演地表温度，至少需要建立四个反演方程。由于地面非常的复杂，由理论模型模拟的数据不可能非常好地描述实际情况。神经网络不需要推导具体的反演规则，这些条件决定了神经网络是微波地表温度反演的最佳选择。首先，用理论模型（AIEM）模拟分析，用模拟数据和神经网络反演计算表明反演的标准误差在2℃以下，从而证明神经网络能够很好地被用来反演地表温度。然后，利用多传感器和多分辨率的优势来获得与AMSR-E像元相匹配的地表数据。由于MODIS和AMSR-E两个传感器在同一颗卫星上，MODIS地表温度反演的算法已经相对比较成熟，而且验证表明其产品精度比较高。因此，MODIS地表温度产品给获得大尺度的AMSR-E地表数据带来了机会，而且可以通过部分MODIS像元的平均值来获得AMSR-E中存在云的地表数据。分析结果表明，神经网络能够被很好地从被动微波数据AMSR-E中反演地表温度。当使用5个频率（10个通道）时，反演结果的精度最高，而且结果最稳定，主要原因可能是通道越多可以更好地消除土壤湿度、粗糙度、大气和其他因素的影响。相对于MODIS温度产品，反演的误差在2℃以下。同时我们用北美通量数据进行了评价。利用微波模型+高精度的同化数据+地面高精度的观测数据与深度学习结合，并进一步将地表温度和土壤水分互相作为先验知识反演地表温度和土壤水分在微波地球物理参数反演上具有里程碑的意义。

（六）针对AMSR-E的土壤水分反演算法研究

本研究对土壤水分反演的理论基础进行了分析，并用AIEM模型针对被动微波数据AMSR-E进行了模拟分析。模拟结果表明，在给定粗糙度条件下，土壤水分和发射率存在很好的线性关系；在不同的土壤水分条件下，均方根高度和相关长度对发射率的影响基本相同。本研究定义了极化指数，模拟数据表明，18.7 GHz与10.7 GHz的垂直极化指数与土壤水分有很好的关系，而且部分地消除了土壤粗糙度的影响，*R*-Square大约0.98。同时，我们推导了标准化微波指数近似等于标准化亮温指数。分析表明通过标准化发射率指数和标准化微波指数建立土壤水分反演算法是可行的。对算法进行敏感性分析表明，当有降水时，算法比较敏感。用SMEX02的实验数据验证分析表明，相对于实验数据，算法精度大约是25.9%。算法低估了土壤水分，因此需要用实测数据对反演结果做进一步修正。修正后的精度为6.5%。最后，对中国地区的两景AMSR-E进行了实际反演分析，结果表明微波指数可以用来监测土壤水分的变化。假定植被为裸露地表，然后通过实测数据进行修正来反演土壤水分。另外，对于被动微波的大尺度像元来讲，几乎每个像元都是混合像元。因此，通微波指数的经验算法，根据当地的实际情况进行合理的修正是非常必要的。

（七）1949—2015年我国自然灾害时空分布特征及粮食灾损研究

我国是一个自然灾害频发的国家，研究其自然灾害演变特征及对粮食生产影响分析，对实现中国社会经济可持续发展、解决中国粮食安全问题具有重要意义。本研究先基于Python语言编程获取1949—2015年我国省域自然灾害受灾、成灾、绝收面积，利用受灾、成灾、绝收面积构建灾害强度指数分析不同灾种的时序特征分异，利用网络密度、全局趋势面分析、空间探索分析等方法分析不同灾种在省域空间的分布特征及冷热区；然后获取1949—2015年我国31省（自治区、直辖市）粮食种植面积、农作物种植面积、粮食单产、粮食总产数据，通过粮食灾损估算模型、定义粮食灾损率，计算并分析中国粮食损失时空特征，研究时空变化特征。结果表明：相比受灾面积曲线，本文构建的灾害强度指数能够更好地揭示自然灾害时序演变特征；2000年是中国自然灾害时序变化特征的转折点，1949—2000年我国自然灾害面积和强度均呈波动上升态势，2000—2015年我国自然灾害面积呈波动下降趋势，但是我国灾害强度指数先降后升（2011年为拐点）；不同灾种受灾面积、强度指数的最值年份差异明显，灾种间变化特征差异显著，极端灾害发生越来越频繁；中国主要受灾的灾种排序旱灾>洪灾>风雹>低温>台风，其中旱灾、洪灾受灾占比较大，不同区域受灾特征差异显著；不同灾种间省域空间全局趋势变化特征明显，区域受灾面积东部>西部，北部>南部，且北部灾种单一、南部多灾并发；自然灾害受灾总和、旱灾、雹灾、低温空间上全局相关性不显著，呈随机模式分布，洪涝、台风在空间分布上具有显著的全局正相关性，呈集聚模式，我国自然灾害空间分布具有地带性特征，不同灾种空间冷热点分布区域特性明显，热点、次热点主要集中分布在胡焕庸线东南侧，冷点、次冷点则分布在胡焕庸线西北侧；1949—2015年中国年粮食灾损量、灾损率先上升后下降，2000年为拐点（粮食灾损量为330万t、灾损率23.6%），全国粮食灾损重心逐渐北移，灾损率大于50%的省份多分布在北方；1949—2015年旱灾灾损占比最大，最高达76.47%，灾损占比大于50%的灾种中有旱灾（36次）、洪灾（6次）。

（八）星球轨道变化与全球气候和生态系统变化研究

对全球二氧化碳、全球温度变化、全球大气水汽和全球植被变化进行了分析，分析结果表明全球水汽分布与温度变化同时影响植被时空分布，水汽变化和植被时空变化影响着全球温度变化，同时调节或者部分抵消了二氧化碳温室效应的影响，使得地球对温度变化具有自我调节功能。通过天体运行轨道分析，提出地球温度变化主要由地球在太阳系中的轨道能级位置决定，气象（天气）和生态系统时空变化是地球内部系统为适应天体运行（太阳系和银河系）轨道位置变化的主要内在调节形式的理论。通过建立太阳系围绕银河系的运行简单模型图，提出地球磁场逆转或者大的变化主要是由于太阳和其他星体运行轨道位置临界点转换而形成（类似地球的春分、夏至、秋分和冬至），地球等星体运行轨道呈椭圆形主要是由于太阳同时也在运动造成。地球各板块运动、地球上不同时期各种生物的出现、迁移和消失是由天体运行轨道位置决定。在此基础上提出了建立以开普勒定律和万有引力定律以及广义相对论为基础的全球气候变化和生态系统理论，此理论思想的提出为大时空尺度空间气候变化和生态系统模型研究开辟了新的研究途径和新的学科研究方向，对空间气候变化和灾害预测以及生态物种时空演化等研究具有重大意义。

对于地表温度演算的精度的评价，通常采用两种方法：大气模拟数据和地面测量法数据法。大气模拟数据法是用大气模型软件如LOWTRAN/MODTRAN等对一定地表温度下的热辐射传导进行模拟，首先求算卫星高度观测到的热辐射，其中包括大气影响和辐射面的影响，然后用上述各算法反演地表温度，比较两者之间的差距可知算法的误差。因模拟过程中有关参数均已知，将这一误差代表各算法的绝对精度。由于现实情况非常复杂，绝非大气模型所能全部描述。地面测量数据是指实地测量卫星飞过天空时的实际地表温度和相应大气条件，然后根据卫星数据用上述各算法推算地表温度，两者比较可知其误差。这应该是最佳方法，但这一方法可行但实际操作非常的困难。对于土壤水分反演的验证，通常是采用实际测量比较法，土壤水分的变化相对地表温度还是比较稳定的，因此测量相对容易一些。但由于地表的不均一性和植被的影响，使得在地表复杂的地方精度评价非常的困难。

由于反演结果和参照标准缺乏一致性，所以算法的精度评价是遥感反演中一个热点，也是一个难点。对于反演结果精度很难得到精确的评价，最主要的原因是很难获得同步实测数据。其次是尺度效应问题，尤其对于AMSR-E、MODIS、NOAA/AVHRR。对于性质比较均一的地表来说，其结果评价相对还是比较容易的。但对于复杂的陆地表面，精度评价就显得非常的困难。主要原因是混合像元问题，其地表的非均一性使得温度反演显得非常的复杂。目前一个研究热点组分温度反演。另外的一个影响因素就是地形的影响，植被冠层的影响等。因此，发射率很难确定，在很多地表温度反演算法中，假定发射率为定值是很不严密的。

对于MODIS和AMSR-E影像，影响反演精度评价的主要原因如下。MODIS像元尺度达1 km和AMSR-E分辨率大约25 km，如何在卫星飞过的瞬间测量到与卫星像元相匹配的地表数据，难度相当大。当然还存在相片校正等许多问题需要考虑。对于如何提高地表温度反演精度温度，主要考虑以下因素。

1. 混合像元问题

对于大尺度的遥感影像，例如MODIS，AMSR-E，存在大量的混合像元。在以往大多数研究中，通常是假定每个像元为纯净像元，且同温。事实上，对于MODIS 1 km，AMSR-E 24 km × 24 km尺度的像元，像元内部的不同目标物体之间存在温差，例如植被和裸地，水体和陆地之间。到目前为止还没有方法能解决在一般非等温的、粗糙的表面且受大气影响的混合像元这一难题。

2. 地形的影响

对于地形比较复杂的地球表面，地形起伏是影响地表温度反演的精度主要因素之一。在高低不平起伏较大的地区，如果没有精确的DEM资料，对从相邻像元反射来的热辐射和辐射角度的影响不进行订正，则很难精确估算地表温度和土壤水分。

3. 植被结构与植被分布

作为植被的组成成分，比如树叶、树枝、树干等的空间分布，构成了树冠结构的多样性，从而导致了热辐射的多样性。另外，混合像元中不同植被和裸地以及水体的不同组合可能会得到同一种信号。这些使得温度和植被覆盖下的土壤水分反演更加复杂。

二、创新之处

（1）通过利用同极化不同频率微波指数克服粗糙度的影响，建立了标准极化微波指数模型，提高了土壤水分反演精度；发明了一套利用GPS地面反射信号估算土壤水分的仪器和方法，填补了国内地面高空估算大面积土壤水分微波仪器的空白；提出利用卡曼滤波迭代优化方法估算窄波段、宽波段发射率及大气水汽含量，提高了反演精度。

土壤水分不但是干旱监测中非常重要的参数，而且其变化影响热辐射和发射率变化，从而影响地表温度的反演精度。以往人们通过同一个频率不同极化建立微波指数与土壤水分建立统计关系计算土壤水分，同频率不同极化的微波指数受土壤粗糙度的影响很大。我们通过研究发现，不同频率V极化的微波指数能较好地消除粗糙度的影响，从而提出并建立了新的不同频率同极化标准化微波指数模型，在此基础上建立了被动微波土壤水分反演方法。该方法通过比值法克服了以往需要同步获得大尺度地表温度的困难，且分析表明，通过标准化发射率指数和标准化微波指数建立土壤水分反演方法精度较高，反演误差降低了10%，得到国际同行认可。通过实际对比应用，被农业农村部农情监测系统和呼伦贝尔国家草地长势监测系统作为土壤墒情的业务监测算法。为了进一步验证和提高土壤水分反演算法精度和实用性，发明了一套利用GPS地面反射信号反演土壤水分的装置和方法，估算误差为0.02 m^3/m^3，该装置和方法通过在地面一定高度架设信号接收器接收GPS地面反射信号，通过建立模型获得土壤水分与反射信号的关系全天候获得土壤水分参数，填补了国内在地面一定高度获得大面积土壤水分参数仪器的空白，解决了星上土壤水分验证时地面点观测难以匹配且缺乏代表性的难题。

发射率地表温度反演过程非常重要的关键参数，以往主要通过两种方式计算发射率：一是通过地表类型分类赋予固定的发射率值，不随时间变化，从而限制了气候变化等模型的估算精度；二是通过局部线性关系和比值法来计算发射率。针对以往算法的缺点，提出了利用卡曼滤波迭代优化方法提高了窄波段和宽波段估算发射率方法。针对ASTER数据误差在0.009以内，MODIS数据估算误差在0.010以内。（国际相关研究精度为0.02）。为蒸散发和农情监测模型等提供了有效手段和技术支撑。

大气水汽含量是地表温度反演过程中计算透过率的关键参数，也是农业旱情监测的主要参数，我们提出了一种用卡曼滤波迭代优化方法从遥感数据反演大气水汽含量的新方法。该方法克服了NASA传统比值法在水汽比较低和比较高时反演不敏感的缺陷，通过利用迭代优化提高了不同地表类型条件下反演方法的适用性。用MODIS数据反演分析表明，该方法还很好地简化了传统方法复杂的反演过程，减少了反演结果的不确定性，平均误差0.12 g/cm^2。与美国宇航局（NASA）提供的产品比较表明，在大气水汽含量低于1.0 g/cm^2和高于3.5 g/cm^2时，反演精度提高15%以上。

（2）首次提出利用先验知识和人工智能方法直接从遥感数据大面积估算近地表空气温度反演方法，提高了空气温度反演的精度和时效性。

近地表空气温度不但是影响大气平均作用温度的关键参数，也是能量平衡和气候变化研究里一个非常重要的参数。由于近地表空气温度受时间和空间，以及地表情况的影响，至今还没有一种方法能够很好地估计近地表空气温度的空间分布。目前，在气候变化研究里公知的三种获得近地表空气温度的方法，一是基于能量平衡的物理方法。物理方法需要空气动力学阻抗，以及地表状态（包括水、土壤和植被的状态等），这几个参数难以获取；二是经验方法，利用GIS对气象站点获得的近地表空气温度进行插值得到近地表空气温度的分布图。当气象站点不是很多而且不是均匀分布（特别是在山区）时，插值得到的结果不是很好；三是利用热红外波段与地面站点进行统计回归的经验算法，这种经验算法在时间和空间上不具备平移性，即需要在不同空间和时间重新采集数据进行统计修正系数。本研究首次提出利用地表温度和发射率作为先验知识，建立迭代优化的人工智能方法，从而使得直接从遥感数据大面积反演近地表空气温度的反演方法变得通用，误差大约1℃。

（3）在晴空条件下，通过利用近红外波段估算大气水汽含量，克服了以往算法需要从气象站点获得水汽的困难，提出了地表温度和发射率分步反演的新劈窗算法，简化了反演过程，提高了反演精度；针对多热红外波段数据，通过建立邻近波段发射率之间的关系，克服方程不足的困难，提出了同时反演地表温度和发射率的多波段反演算法，并利用深度学习神经网络进行优化计算，大大提高了反演精度和算法适用性。

针对两个波段的热红外数据，从热辐射传输方程出发，通过理论推导，提出了地表温度和发射率分步反演的新方法。第一步，在对不同热红外波段建立辐射传输方程组的基础上，对Planck函数进行线性简化，简化辐射方程组；第二步，利用可见光波段PV指数计算不同热红外地表发射率；第三步：利用近红外波段估算大气水汽含量，并计算热红外波段大气透过率；第四步，估算地表温度。该算法被国内外许多科研人员采用，理论精度为0.32℃。

针对多个波段的热红外数据，继续提出了同时反演地表温度和发射率的多波段方法。利用不同热红外波段发射率之间的关系建立邻近波段发射率之间的函数关系，从而得到与未知数相同的方程组数，解决了热红外地表温度和发射率同时反演方程不足的病态问题。该方法进一步利用大气辐射传输模型模拟保证了地球物理参数之间的物理关系和神经网络内含分类信息和优化计算的能力，从而提高了地表温度和发射率同时反演精度。大气辐射传输模型与神经网络复合来反演地球物理参数是当前反演技术一个很大进步。具体针对高分辨率ASTER数据5个热红外波段的特征，提出了针对ASTER数据同时反演地表温度和发射率的反演算法，分析表明，理论误差在0.25℃以下，波段11/12/13/14发射率的误差在0.001以下。针对中分辨率MODIS数据，利用了地表温度、近地表空气温度、大气平均作用温度、星上亮度温度之间的关系，以及透过率与大气水汽含量之间的关系，提出了针对MODIS数据同时反演地表温度和发射率的多波段算法，克服了美国NASA同时反演地表温度和发射率产品反演算法需要大量参数做复杂运算的缺陷，分析表明本研究的算法理论精度平均误差在0.4℃以内，发射率的平均误差在0.008以内。NASA发表的理论精度为0.4～0.5℃，发射率误差为0.009，而且NASA该产品算法需要同时运用白天和晚上的热红外数据，假定地表发射率不变，使得算法不够稳定（两次数据之间可能突然降雨或者降雪）。本研究提出的算法只用同一景数据，减少了算法的复杂性，通过优化迭代运算使算法比较稳定。

（4）提出了全天候的被动微波数据的地表温度反演方法，解决了有云情况下热红外无法准确反演地表温度的难题。并进一步提出了将土壤水分和地表温度互相作为先验知识和基于深度学习的人工智能算法，使得微波地表温度和土壤水分反演从理论和精度上都达到了一个新的高度。

全球平均每天有60%～70%的地表受云影响，热红外在云覆盖地区很难获得地面信息，为了克服这一缺点。在分析Aqua卫星多传感器特征的基础上，提出利用MODIS温度产品和AMSR-E不同通道之间的亮度温度建立反演地表温度的反演模型。从而克服了以往需要同步测量地面温度数据的困难，并为不同传感器之间的参数反演的相互校正和综合利用多传感器的数据提供实际应用和理论依据，解决了有云情况下热红外无法准确反演地表温度的难题。通过分析发现不同的地表覆盖类型的辐射差异比较大。精确反演地表温度至少把地表分成三种覆盖类型（雪覆盖的地表、非雪覆盖地表和水覆盖地表），建立的统计方法的误差在2℃左右。国际相关研究精度为2～3℃。在此基础上，利用多传感器的优势和人工智能方法，进一步提高精度和使得算法通用化，并且将土壤水分作为先验知识，深度学习迭代优化将地表温度和土壤水分反演的精度提高到了一个新的高度。将微波模型+高精度同化数据+高精度地表观测数据和深度学习结合，将地表温度和土壤水分互相作为先验知识进行迭代优化计算，使得微波地表温度和土壤水分反演达到了一个新高度，这一方法具有里程碑的意义。

（5）提出了云覆盖下的地表温度重建方法。针对以往的研究难以重建云覆盖下地面真实的地表温度的难题，基于地面站点观测数据对云覆盖下地表温度的强代表性，建立了融合站点观测数据和无云部分热红外地表温度的有效重建模型，获得了2003—2018年高精度的MODIS地表温度数据集。基于重建的地表温度数据，研究了近16年来地表温度的时空变化格局。同时，考虑到地表温度变化机制复杂，基于五种遥感地表温度驱动因素的时间序列数据和两种海洋指数数据，探讨了多种驱动因素与地表温度变化的相关性及驱动作用。主要工作和结论如下。基于站点观测数据的精度高和不受云影响，能够反映云覆盖下真实地表温度的优势，建立了站点观测地表温度与晴空可用的地表温度之间的有效融合模型获得了2003—2018年时空连续的地表温度数据集。该数据集有效重建了能够代表云层覆盖下的真实地表温度值，克服了过去只能在假定无云条件重建地表温度的局限性。使用独立的站点观测数据进行精度验证，结果表明，重建结果具有较高的精度，平均RMSE为1.42℃，MAE为1.32℃，R^2为0.97。数据集已经发布，可以供全球的用户下载。利用重建后的数据探究了近16年来地表温度的时空变化模式，捕捉到了多个显著线性变化的区域。根据逐像元的线性趋势分析结果表明，全国62.5%的地区地表温度呈上升趋势，其中18.1%的地区显著上升（$P<0.05$），主要分布在内蒙古高原中西部地区、西藏的南部地区以及黄淮海平原附近，且升温幅度较大，变化斜率Slope>0.075。而具有显著的降温趋势的区域主要集中在松嫩平原附近地区以及华南的部分区域，但降温幅度不大（-0.075<Slope<-0.05）。系统地研究了地表温度与五种驱动因素的相关性，并探讨了地表温度对厄尔尼诺现象（ENSO）的响应。研究发现，在五种驱动因素中，NDVI与研究区地表温度表现为最好的相关性，总体为负的相关关系，其次是云量和大气水汽含量，而气溶胶和土壤水分对地表温度的影响较小。同时，对地表温度与ENSO的相关性研究发现，地表温度受暖事件El Niño事件的影响更为显著，对应月份地表温度距平正值出现的概率达76.74%，主要体现在秋冬季节，其中以1月地表温度距平与ENSO的相关性最好。

（6）提出了土壤水分重构和降尺度方法。本研究利用线性匹配方法，以AMSR-E 3级数据为基准，将SMOS、AMSR2被动微波土壤水分数据统一校正到相同时间，相同观测深度。并结合地面站数据，重构大面积的缺失像素和无效像素，从而确保整个数据集在中国地区是连续、完整的。然后利用TVDI与土壤水分负相关关系，建立了基于TVDI的空间权重分解模型将AMSR-E、SMOS、AMSR2一致性校正后的微波遥感土壤水分数据空间分辨率从25 km降尺度到5.6 km。主要得到以下结论：新的高分辨率土壤水分数据集克服了光学和微波数据源之间的多源数据时间匹配问题，同时消除了不同传感器观测误差之间的差异，并具有更高的空间分辨率。验证分析表明，新数据集与原位观测值高度一致（在月份、季节和年度尺度上，相关系数R分别为0.826、0.882和0.901）；利用降尺度土壤水分数据集分析了2002—2018年中国区域土壤水分的时空变化格局。在过去的17年中，中国的土壤水分表现出周期性波动和下降趋势（斜率为-0.167，R为0.750，P=0.05），中国华北季风区和华南季风区的江淮一带、长江三角洲地区以及环渤海区呈现快速下降趋势；而青藏高寒区北部西北干旱区南部地区却有显著上升趋势，可以概括为“南湿，北干，西增，东减”。从不同季节看，春季至冬季土壤水分发生了显著变化，土壤水分的季节变化主要受地球降水的影响；而在西北干旱区逐年递增的降水使得该区域的土壤水分呈现某种上升的态势，这将有效缓解西北干旱地区的干旱灾害。研究表明，借助MODIS LST/NDVI产品的被动微波的降尺度方法得到的土壤水分效果较好，可以满足中国区域中大尺度参量变化研究的需求，又可以获得更详细的局部细节信息，可为相应的科学研究提供参数。但是降尺度后某些区域的土壤湿度与实测数据在精度上要略低于原土壤湿度产品，需要提高降尺度被动微波土壤水分数据的质量，某些参数的选取和质量评价也应考虑的问题之一。

（7）中国蒸散发时空变化规律研究。本研究对MODIS ET模型反演的陆面蒸散量进行修正，分析中国陆面蒸散发时空变化规律；同时，完善1949—2018年干旱灾害数据集，分析我国农业干旱分布特征；进而探究耕地蒸散发变化对农业干旱的影响。主要研究结果如下。基于MODIS ET模型反演的陆面蒸散量在中国研究区模拟精度较高，与站点实际蒸散量的相关系数为0.896，但存在低估现象。2004—2010年蒸散量存在较为明显的上升趋势；2010年后，蒸散量整体变化不大。不同季节之间蒸散发差异较大。夏季的蒸散量较高，春、秋次之，冬季蒸散量最小，各季蒸散量的年际变化不明显。蒸散量随月份变化具有明显的先上升后下降的特征，多年月平均蒸散量7月达到峰值，1月达到谷值。我国陆地蒸散发在空间上呈东南—西北逐渐减少的分布特征。我国农业干旱灾害呈现周期波动性、成灾受灾同步性和干旱危害日趋严重性的基本特征，成灾率与受灾率的相关系数R=0.858。干旱轻重灾情交替出现，一般成灾率较高，发生特大干旱和严重干旱的年份所占比重较大。干旱的发生具有空间特征，呈"北重南轻、中东部重西部轻"的格局。在北方地区中，以山东受灾率最为高；在南方地区中，以四川受灾率最高；全国范围内，西藏受灾程度最轻。2001—2018年全国耕地年蒸散总量整体呈略微上升趋势，波动性变化较大。耕地年均蒸散量的变化趋势与耕地年蒸散总量一致。全国耕地年均蒸散量空间上呈现东南—西北逐渐降低的分布规律。五大粮食主产区中，长江中游及江淮地区年均蒸散量最大，四川盆地和黄淮海平原次之，三江平原和松嫩平原相对年均蒸散量最小。在长江中游及江淮地区和四川盆地，蒸散发和干旱灾害具有较强的相关性，相关系数分别为0.627和0.567。这表明蒸散量较高的地区，受灾面积相应也比较大，因此利用蒸散发对干旱灾害进行监测可以获得较好的结果。但在三江平原及松嫩平原，两者的相关性并不显著。

（8）长时间序列自然灾害时空分布特征及粮食灾损研究。通过长时间序列的降水数据分析了我国近60年来粮食主产区的干旱变化规律。在各主产区的重旱发生时间分布上，21世纪初以西南地区主产区受旱最为严重，长江中下游和华南主产区在20世纪60—70年代重旱发生最为严重，东北和黄淮海主产区在2005年左右重旱发生程度最为严重。从各粮食主产区干旱发生趋势上来看，位于南方的主产区在近年来趋向于逐渐干旱化，其中西南和四川主产区干旱存在下降的趋势，而长江中下游和华南主产区干旱发生趋势在增强；位于北方的主产区则进入一个由干旱转入相对湿润的时期。使用TMI降水数据计算的近15年干旱空间分布状态表明，中国干旱的发生从北往南或者从南往北变化一次的时间周期为15~20年，在空间上，北旱则南涝，南涝则北旱的规律较为明显。

（9）提出星球轨道与全球气候和生态系统变化研究新理论。近年来，研究当前气候变化预测模型存在的问题，通过对星体轨道和全球遥感数据分析发现：近年来大气水汽呈减少趋势，发现全球北高纬植被和水汽同时增加，赤道地区植被和水汽同时减少，从而首次得出全球水汽分布与温度变化是一样也是对植被大时空分布方面是起主要决定性作用因素之一的结论。通过对全球温度、二氧化碳、植被和水汽数据分析首次提出地球的温度是由地球在太阳系中的轨道能级位置决定的结论；大的生态系统空间变化是地球内部系统为适应空间天体运行（太阳系和银河系）变化的内在调节形式。地球上生态系统大的时空分布受大气水汽时空分布影响很大，同时也是由天体运动轨道位置决定结论。大气水汽、降雨植被通过吸收和排放二氧化碳同时调节二氧化碳和温度变化。为此，提出以大数据思维建立综合气候变化模型：以开普勒三定律和万有引力定律为基础，建立一个以太阳或者银河系为中心的引力和磁场变化模型，模拟在行星运动过程中，磁场和引力方向变化以及太阳辐射变化怎样驱动地球大气水汽（云）、洋流运动和岩浆运动等、从而引起每天不同的天气变化，特别是模拟引力场和磁场方向突变引起地震和火山爆发，从而更加准确地预报重大自然灾害。由于星体运行周期长，人类缺乏观测数据和观测技术，可以利用地球极端气候周期变化反推天体运动规律和发现新的天体，用大数据思维建立复杂气候变化和生态物种演化时空模型是未来地学等领域研究的趋势。

通过对星球轨道和全球气候变化分析，提出了两个理论。提出地球温度变化主要由地球在太阳系中的轨道能级位置决定，气象（天气）和生态系统时空变化是地球内部系统为适应天体运行（太阳系和银河系）轨道位置变化的主要内在调节形式的理论；提出了建立以开普勒定律和万有引力定律以及广义相对论为基础的全球气候变化和生态系统理论。这两个理论的提出为大时空尺度空间气候变化和生态系统模型研究开辟了新的研究途径和新的学科研究方向，对空间气候变化和灾害预测以及生态物种时空演化等研究具有重大意义。

第二节　展　望

从热红外遥感和被动微波遥感数据中反演地表温度和土壤水分是一个很复杂的问题，要提高其反演精度，涉及遥感过程的每个环节。首先是遥感器的波段设置和遥感器对热辐射的灵敏度，遥感平台的飞行高度和遥感器的对地观测角度也不同程度地影响着热辐射的遥感观测；其次是遥感数据的处理分析方法的发展，这是提高遥感热红外和微波数据应用的时效性的关键；最后是遥感反演方法的研究，尤其是地表温度和土壤水分反演所需参数的估计。目前，人类对此已经有比较深入的认识，对非均一像元以及像元的尺度效应等进行了理论探讨。为了解决反演的"病态"问题，引入了先验知识理论。随着遥感技术和人类对遥感机理认识的进步，地表温度和土壤水分反演的精度将会进一步提高，从而加快热红外和微波遥感理论方法的发展和热红外和微波遥感的实际应用。

被动微波遥感就在环境遥感中发挥积极作用，被动微波遥感也可以用于反演地面温度及植被含水量等地表参数，但其相对光学遥感最大的优势还在于其反演土壤水分的能力上，因此，被动微波遥感对地表参数的反演研究重点通常是围绕着土壤水分的反演展开的，同时，地面温度和植被含水量作为土壤水分反演中的一种过程产品，它可以由其他传感器得到，也可以和土壤水分一起作为待反演参数，由微波辐射计亮温数据反演得到。目前，针对AMSR-E被动微波遥感数据的地表温度反演算法的研究还很少，其主要原因是对于微波的地表辐射机理研究还不是很成熟，而且由于空间分辨率的影响，使得地面实测资料的获得非常困难。虽然微波受大气的影响很小，但地表温度的反演本身是个病态反演。主要原因是土壤地表发射率在微波波段并不是一个稳定的常数，而是随土壤水分的变化而变化。地表发射率在热红外波段变化非常小，但受大气的影响非常大。热红外分辨率比空间分辨率要比微波要高，因此微波和热红外存在一些互补性。

目前，被动微波遥感反演地表温度和土壤水分依然是当前的一个研究热点和难点。我们通过利用微波模型+高精度同化数据+高精度地面观测数据与深度学习相结合，并且将地表温度和土壤水分互相作为先验知识将微波地表温度和土壤水分反演技术推到了一个新的高度。将来还可以进一步研究，尤其是要结合光学、热红外的优势。随着微波传感器技术的发展、对地表微波辐射机理的深入理解及反演模型和算法的完善，被动微波遥感监测地表温度和土壤水分将会有越来越广阔的应用前景。大尺度的土壤水分变化对于建立全球的水循环模型很重要，进而可以预测气候变化和洪涝监测。传统的地面测量站网络不能满足大尺度土壤水分的时间、空间变化研究的需要。而微波在土壤水分反演方面具有独特的优势。可以说，通过被动微波遥感技术监测地表温度和土壤水分时空变化规律，将大大提高和完善水文和气象模型的预报精度，并为农业生产和灾害监测提供准确的数据，因而将在气候、气象、水文、农业、环境灾害等领域有十分重要的应用价值。

陆面数据同化已逐步成为当前地球科学研究的新方向，它综合利用了地表观测、卫星以及模型等数据，对陆面模型和卫星参数反演输出进行同化处理，在一定程度上解决了陆地表面观测数据稀少、数据精度不高、分布不均的问题。同时可以提高卫星参数反演的精度。随着全球和大尺度的陆面数据同化系统的逐步建立，观测资料的不断更新积累，也给陆面数据同化系统的研发带来了新的挑战。改进和发展数据同化算法，使卫星陆面参数同化向高时间、空间分辨率方向发展；同时有效的评价和估计模型和背景场误差方法、解决地理空间自相关性、提高数据的精度等均是当前国内外的研究热点和同化发展趋势。这使得空间数据挖掘和空间数据仓库与数据同化集成也成为一个重要的研究方向。

对全国自然灾害研究构建灾害强度指数分析自然灾害的时序特征，利用网络密度、ESDA、粮食灾损估算模型等方法研究自然灾害的空间特征及其影响，取得一定进展，但由于资料受限、技术方法不完善，后续研究仍待逐步提高。随着计算机数据挖掘与深度学习逐渐智能化，有关自然灾害时空分布研究的数据应由农业、人口、经济等传统的统计数据向网络、新闻、社交等多源数据过渡，方法应由传统地学方法结合（BP、卷积）神经网络构建空间可视化模型，逐步完善自然灾害时空规律的研究体系；研究自然灾害发生机制同样具有重大意义，自然灾害的暴发是气候变化引起的，究其本源是地表温度变化，人类活动、植被变化、星体间空间位置的移动（如地潮、海潮、气潮）都会导致地表温度的变化，而不应仅仅停留在自然灾害暴发与人口、GDP、降水、城市化率等因素方面的相关性研究，努力从宇宙空间大尺度分析灾害暴发驱动机制将是未来研究努力拓展的方向。

对于星体轨道与气候变化研究，由于星体运行周期长，人类缺乏观测数据和观测技术，可以利用地球极端气候周期变化反推天体运动规律和发现新的天体，用大数据思维建立大尺度时空气候变化和生态物种演化模型是未来地学等领域研究的趋势。星体轨道位置决定全球气候和生态系统大尺度时空变化的理论提出为大时空尺度空间气候变化和生态系统模型研究开辟了新的研究途径和新的学科研究方向，对空间气候变化和灾害预测以及生态物种时空演化等研究具有突破性的重大意义。未来的气候变化研究需要多个领域专家一起合作建立以太阳系或者银河系为中心的天气引力变化模型，在此基础上进一步模拟天体引力变化怎么样驱动地球大气、洋流运动，以及地震和火山爆发，从而预测灾害发生。

参考文献：

陈良富，庄家礼，徐希孺，等，2000. 非同温像元热辐射有效比辐射率概念及其验证[J]. 科学通报，45（1）：22-29.

韩丽娟，2006. 同化MODIS地表温度产品和陆面过程模型研究地表蒸散[D]. 北京：北京师范大学.

李小文，汪骏发，王锦地，2001. 多角度与热红外对地遥感[M]. 北京：科学出版社.

李小文，王锦地，1999. 地表非同温像元发射率的定义问题[J]. 科学通报，44（15）：1612-1617.

毛克彪，覃志豪，陈晓燕，等，2003. 基于WEBGIS的电子商务数据挖掘研究[J]. 测绘学院学报（3）：180-182.

毛克彪，覃志豪，李海涛，等，2002. 基于空间数据仓库的空间数据挖掘研究[J]. 遥感信息，68（4）：19-26.

毛克彪，覃志豪，李昕，等，2004. 空间数据挖掘与GIS集成及应用研究[J]. 测绘与空间地理信息，27（1）：14-18.

毛克彪，2004. 针对MODIS数据的地表温度反演方法研究[D]. 南京：南京大学.

毛克彪，田庆久，2002. 空间数据挖掘技术及应用研究[J]. 遥感技术与应用（4）：198-206.

毛克彪，左志远，朱高峰，等，2016. 全球气候和生态系统变化与星体轨道位置变化关系研究[J]. 高技术通讯（10）：890-899.
秦军，2005. 优化控制技术在遥感反演地表参数中的研究与应用[D]. 北京：北京师范大学.
徐希孺，庄家礼，陈良富，2000. 热红外多角度遥感和反演混合像元组分温度[J]. 北京大学学报（自然科学版），36（4）：555-560.
徐希孺，陈良富，庄家礼，2002. 基于多角度热红外遥感的混合像元组分温度演化反演方法[J]. 中国科学D辑，31（1）：81-88.

附　录

附录1　谱写农业灾害遥感新篇章

——记中国农业科学院农业资源与农业区划研究所毛克彪研究员/教授

《科学中国人》　本刊记者　武光磊

路漫漫其修远兮，吾将上下而求索。中国农业科学院农业资源与农业区划研究所研究员毛克彪所求索的，是在农业遥感领域上的突破。多年来，他以精湛的学识，丰富而成熟的科研能力在农业遥感领域潜心研究，取得了重大成果，为许多专业学科建立了联系，指引了前行的道路与方向。

"遥感是从远外探测仪器接收来自目标地物的电磁波信息，通过对信息的处理，揭示出目标物的特征、性质及其变化。"毛克彪解释道。在这样的定义下，意味着遥感可以实现信息收集和分析的定时、定量和定位，表现出客观性强、不易受人为干涉的特点，更方便决策。至于他所从事的农业遥感技术，则是多种学科交叉综合的结果，依托于空间科学、地球科学、信息科学和农学等，为人类从多方位、宏观的角度去认识农业提供了新方法和新手段。毛克彪就是运用卫星遥感技术快速准确地获取大面积、长时间序列的地表温度和土壤水分，具有重大的科学意义，同时也具有重要的社会经济价值，把农业科学化提升到一个新的水平。

潜心研究填补专业空白

毛克彪于1977年出生在湖南，现为中国农业科学院农业资源与农业区划研究所研究员（优秀青年一级人才），宁夏大学的客座教授。从儿时起，勤学苦练就成为一种良好特质渗透进了毛克彪的人生习惯中。走上工作岗位后，他依然保持着吃苦耐劳的好作风和坚韧不拔的性格，边工作边学习，踏出一串坚实的足迹，写下一串令人叹服的履历：他主持或作为核心成员参与各类国家重大、重点等科研项目近20项。在国内外期刊和国际会议发表论文100余篇，专著2部，获得授权发明专利10余项，为国家重大自然灾害监测做出突出贡献，2016年5月被授予"全国优秀科技工作者"称号。毛克彪是一位在学术界研究思维非常活跃的学者，在遥感和计算机等七个专业学习过，像他一样的科研人员大抵都思路开阔，不拘一格，不会因为岁月的逝去而消沉，也不因时代的更迭而泯灭，他们会用智慧的头脑与娴熟的能力在科研的道路上撑起一片天。

毛克彪的研究兴趣聚焦于农业大数据、气候变化、农业遥感、微波、热红外遥感、空间数据挖掘及GIS应用等方面。他在每项研究中都会发现问题，并运用所学知识和团队并肩解决问题。

"举一个例子"，毛克彪说，地表热辐射在通过大气达到卫星传感器的过程中，主要受地表类型和土壤水分，近地表空气温度和大气水汽含量的影响。氮磷钾溶解在土壤水分里面，土壤水分的变化会影响介电常数变化，从而改变发射率，发射率变化会影响地表的辐射效率，而地表温度变化又会决定土壤水分的蒸发速度，从而影响与近地表空气的能量交互，改变近地表空气温度；近地表空气温度的变化影响大气剖面，继而决定大气平均作用温度；在地表热辐射经过大气时，被大气水汽吸收，然后达到卫星传感器。"因此，我们可以看出在利用单波段热红外传感器准确计算地表温度过程中，必须满足三个条件：获取大气水汽含量计算大气透过率；获取近地表空气温度估算大气平均作用温度；已知地表类型和土壤水分准确估算地表发射率。不同参数之间相互耦合，必须系统地考虑不同参数之间的关系。”因此，毛克彪提出深度学习与物理模型及统计模型相互结合（耦合）是解决多个参数综合反演的最佳方法。

以往大部分研究人员只集中在辐射传输方程中某一个部分的改进提高反演精度，毛克彪为了系统性提高地表温度反演精度，在地表温度、发射率、土壤水分、近地表空气温度和大气水汽等5个关键参数以及空间气候变化方面都做了大量创新研究工作。在土壤水分反演精度方向上，他建立了标准极化微波指数模型，提高了土壤水分反演精度；还研制了一套利用GPS地面反射信号估算土壤水分的仪器和方法，有效地部分解决了国内地面高空估算大面积土壤水分与遥感同步匹配问题。

俗话说“万丈高楼平地起”，做任何事都是需要一点一点累积而成的，科学研究更是如此。在此后的工作与调研中，毛克彪潜心研究，寓教于学，开拓创新地提出观点并给予实施，填补了国内众多领域的空白。

积极创新再造新高度

2007年，当意气风发的毛克彪从中国科学院遥感应用研究所博士毕业后，就一头扎进农业遥感领域，凭的就是这一股奉献青春和智慧的勇气与决心。

2014—2015年，毛克彪设计完成了“基于遥感研究2013年夏季高温干旱对我国粮食生产影响”的课题，并获得了国家自然科学基金的资助；2016年，他主持基于遥感研究气候变化背景下农业旱灾时空变化对粮食生产影响的课题，申请了国家自然科学基金，目前项目也在如火如荼地进行，预计2019年完成。

我们了解到土壤水分不但是干旱监测中非常重要的参数，而且其变化会影响热辐射和发射率变化，从而影响地表温度的反演精度。以往人们通过同一个频率不同极化建立微波指数与土壤水分建立统计关系计算土壤水分，毛克彪通过研究发现，不同频率V极化的微波指数能较好地消除粗糙度的影响，从而提出并建立了新的不同频率同极化标准化微波指数模型，在此基础上建立了被动微波土壤水分反演方法。该方法通过比值法克服了以往需要同步获得大尺度地表温度的困难，且利用这种方法反演误差降低了10%。为了进一步验证和提高土壤水分反演算法精度和实用性，毛克彪发明了一套利用GPS地面反射信号反演土壤水分的装置和方法，该方法填补了国内在地面一定高度获得大面积土壤水分参数仪器的空白，解决了星上土壤水分验证时地面点观测难以匹配且缺乏代表性的难题，为农业和草原生态监测提供了强大的技术支持。

毛克彪始终把创新贯穿在地面温度遥感定量反演及农业应用项目的进程中，为了提高空气温度反演的精度和时效性，他首次提出利用地表温度和发射率作为先验知识和人工智能方法，直接从遥感数据大面积估算近地表空气温度反演的方法。使得直接从遥感数据大面积反演近地表空气温度的反演方法变得通用，误差大约1℃（同类国际刊物发表精度是2～3℃），应用效果明显并有了很多代表性成果。在此基础上，进一步利用大气水汽含量作为先验知识提高近地表空气温度反演精度，还获得国家和国际发明专利2项。

毛克彪还在晴空条件下，通过利用近红外波段估算大气水汽含量，克服了以往算法需要从气象站点获得水汽的困难，提出了地表温度和发射率分步反演的新劈窗算法，简化了反演过程，提高了反演精度；针对多个波段的热红外数据，克服方程不足的困难，通过建立邻近波段发射率之间的关系，继续提出了同时反演地表温度和发射率的多波段反演算法，通过利用深度学习与辐射传输模型和统计方法相耦合解决了地表温度和发射率反演及分离的难题，大大提高了反演精度和算法适用性。

生命无止境，科研的脚步不会停止，毛克彪也一直都在前行。在热红外无法准确反演地表温度的问题上，他提出了全天候的被动微波数据的地表温度反演方法，利用深度学习解决了有云的情况下热红外无法准确反演地表温度的重大难题。特别是对被动微波土壤水分和地表温度相互纠缠的机理做了深入的研究，提出了建立土壤水分和地表温度互为先验知识和利用深度学习交叉迭代解决被动微波土壤水分和地表温度反演的难题。全球平均每天有60%～70%的地表受云影响，热红外在云覆盖地区很难获得地面信息，为了克服这一缺点，他在分析Aqua卫星多传感器特征的基础上，提出利用MODIS温度产品和AMSR-E不同通道之间的亮度温度建立反演地表温度的反演模型。从而克服了以往需要同步测量地面温度数据的困难，并为不同传感器之间的参数反演的相互校正和综合利用多传感器的数据提供实际应用和理论依据，解决了有云情况下热红外无法准确反演地表温度的难题。在精确反演地表温度上，建立的统计方法的误差在2℃左右，国际相关研究精度为2～3℃。毛克彪在此基础上，利用多传感器的优势和人工智能方法，进一步提高精度和使得算法通用化，获得国家和国际发明专利3项。

提出新理论

近年来，毛克彪研究当前气候变化预测模型存在的问题，首次提出了建立以星球轨道变化为基础，和建立基于大数据和万有引力空间（星体轨道变化）气候变化和大生态系统模型的理论思想。他通过对太阳系星体运行轨道（如下图所示）和全球遥感等数据证明：地球温度和水汽以及其他气候和生态系统变化主要是由地球在太阳系和银河系中的轨道位置所处能级决定，地球内部能够自我调节温度，人类对地球长周期的变化影响不大，当然二氧化碳的排放对地球温度在短期内有一定的扰动作用。他举了一个简单证明就是地球一天24小时温度变化是由地球自转决定的，每年春夏秋冬温度和植被四季变化是地球绕太阳公转决定的，更长周期的温度和植被大时空变化主要是由太阳和其他星体轨道位置变化决定，二氧化碳对地球温度变化影响相对比较小。

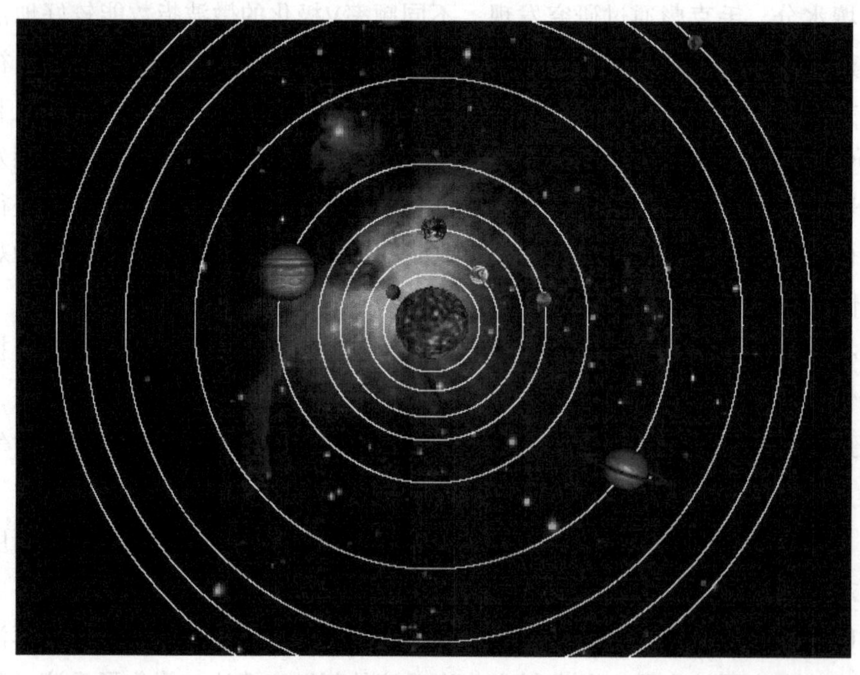

天体周期运动引起地球气候变化

大气中的二氧化碳浓度增加，按照常理大气温度升高，大气水汽饱和度增加，温度继续升高，反复叠加，温度会持续增加；然而显示情况是全球温度是波动变化，另外有数据分析表明部分时段大气中的水汽含量下降，这部分抵消了二氧化碳的影响，另外不同轨道的影响使得地球温度并不是直线上升（如下图所示）。

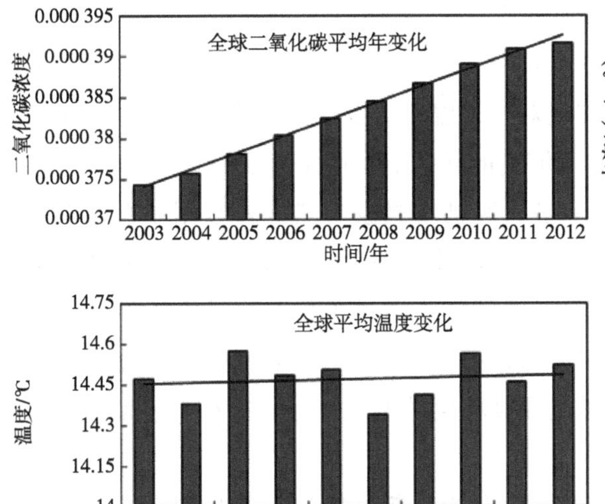

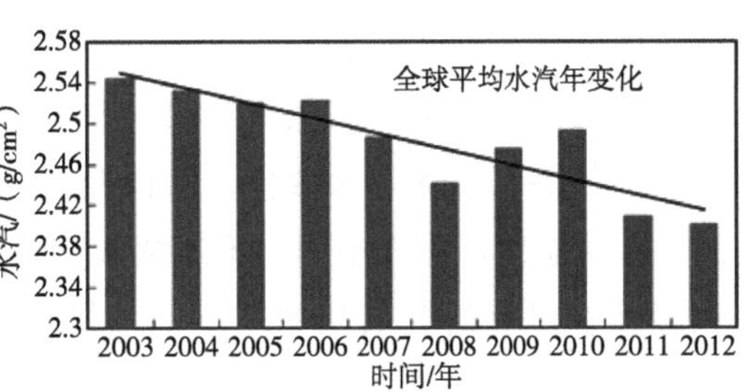

全球平均二氧化碳浓度呈上升趋势，全球平均水汽年变化呈下降趋势，但全球平均温度呈现波动变化。说明水汽和其它气体变化部分抵消了二氧化碳变化的影响，地球能够自我调节温度，地球的温度是由其在太阳系所处的能级决定。

毛克彪提出地球气候（包括气象）和生态系统时空变化主要是由地球在太阳系和银河系中的轨道位置所处的能级决定。另外当人类释放大量的二氧化碳导致温度升高时，地球为了维持自身的稳定，就会通过部分调节大气水汽和其他气体成分变化或者火山爆发释放气溶胶到大气中或者调节海洋地下火山爆发的大小改变海水温度，从而调节温度变化。另外，毛克彪通过分析全球植被遥感数据研究发现全球的植被也随“星体轨道变化-气候变化-温度变化-二氧化碳变化-水汽变化”而变化，赤道地区的植被每年以0.11%速度在减少（水汽在此也减少），北高纬植被每年以0.17%的速度在增加（水汽在此相应增加）。植被大规模时空变化人为因素影响很小，不同地区增加或减少主要是由于星体周期变化，磁场引力变化等引起的。他同时提出地球上的每个物种的出现、迁移和消失在某种程度也是由星体引力和磁场变化及周期等因素决定，引力场和磁场的变化直接影响到各物种在自然界的生存能力，主要原因是各种物种都是由分子原子构成，都受到引力和磁场的作用。总的来说，所有的这些变化都是由于星球轨道位置决定的。

为此，通过对全球温度，二氧化碳，植被和水汽数据分析首次提出地球气候和生态系统变化主要是由地球在太阳系中的轨道能级位置决定的理论；地球上生态系统（植被物种分布）大的时空分布受大气水汽时空分布影响很大，同时也是由天体运行轨道位置决定的结论，地球上气候（包括天气）和生态系统变化主要是适用天体运行轨道位置变化的内在调节形式表现；并在此基础上提出了建立以开普勒定律和万有引力定律以及广义相对论为基础的全球气候变化和生态系统理论思想。毛克彪提出以大数据思维建立终极气候变化和大生态系统模型：以开普勒三定律和万有引力定律及广义相对论为基础，建立一个以太阳或者银河系为中心的引力和磁场变化模型，模拟在行星运动过程中，轨道位置变化如何引起磁场和引力方向变化以及太阳辐射变化怎样驱动地球大气水汽（云）、洋流运动和岩浆运动等、从而引起每天不同的天气和生态系统变化，特别是模拟轨道位置变化引起的引力场和磁场方向突变如何导致地震和火山爆发，从而更加准确地预报重大自然灾害。由于星体运行周期长，人类缺乏观测数据和观测技术，可以利用地球极端气候周期变化反推天体运动规律和发现新的天体，用大数据思维建立复杂气候变化模型和生态物种演化模型是未来地学等领域研究的趋势。此理论思想的提出为星球空间气候变化和生态系统模型研究开辟了新的研究途径和新的学科研究方向，对空间气候变化变化和灾害预测以及生态物种演化等研究具有突破性的重大意义。

为农业遥感添砖加瓦

孔夫子在几千年前就曾说过“学而不厌，诲人不倦”，在求知路上，我们应该孜孜以求，永不止歇。毛克彪在对待农业遥感技术上也始终秉持着严于律己、宽以待人的态度。

毛克彪在地面温度遥感定量反演及农业应用这个项目上付出很大的心血，他在研究中发现如何将被动微波遥感与热红外遥感相融合，取长补短，实现对地表温度的全天候、高空间分辨率遥感反演，在解决目前遥感温度产品在空间上不连续和分辨率不够高的问题上显得尤为重要。

毛克彪就在已有研究成果的基础上，打算进一步研究被动微波与热红外数据联合反演地表温度的容和算法，构建高空间分辨率且空间上连续的温度产品。并准备利用静止气象卫星和地面观测站点数据，建立温度变化函数，从而利用不同时段的卫星温度产品通过函数关系计算连续的小时温度产品。在这两方面的基础上，毛克彪还萌生了要研究如何选择多颗卫星建立归一化方法的想法，这样一来就可为我国农业提供长时间序列的高空间、高时间和高精度的温度产品，提高灾害监测和粮食估产精度。

在具体操作过程中，毛克彪提出首先应进行相关数据的前期收集和地面观测的准备工作，建立研究所需要的基础数据库。然后针对FY-3和VIIRS数据的新特征，提出对数据适合的地表温度反演算法，以应对MODIS数据不足的情况。并且可以利用被动微波数据对云覆盖的区域进行地表温度反演，进行精度校验，计算相对准确的区域平均温度。再者要充分利用插值和人工智能方法对热红外获得的地表温度和被动微波反演得到的表面温度进行更好融合，以便获得高空间分辨率的温度数据。其次还要利用静止气象卫星和区域气象站点观测数据，对区域表面温度进行拟合，获得每天温度变化函数。最后利用不同卫星数据产品，提出归一化函数，构建长时间序列的温度产品数据，可以分析十多年高温干旱对粮食生产的影响，从而进一步找到相关解决方法，对保障粮食产量及安全问题至关重要。

毛克彪还在地面温度遥感定量反演及农业应用这个项目上提出了很多具有前瞻性与开拓性的观点，他针对FY-3/VIIRS新数据特征，计划提出新的算法，利用热红外高空间分辨率优势和被动微波数据全天候各自的优势，提出融合算法获得高空间分辨率的温度数据；他还在这个项目上准备利用静止气象卫星和气象站点观测数据获得每天24小时温度变化的函数，利用不同时间段的遥感温度产品计算区域每个小时的温度产品数据，为气候变化模型提供更高时间分辨率的温度参数。这样一来，就可建立高空间分辨率的热红外与被动微波融合的反演算法，还可建立温度变化函数获得以小时分辨率的区域温度数据库，以帮助提高农业灾害监测和农作物估产精度，保障国家粮食安全。

为应对极端事件和粮食安全献计献策

五年前毛克彪研究员领导的农业大数据课题组通过课题（国家自然科学基金：基于遥感研究气候变化背景下农业旱灾时空变化对粮食生产影响；农业农村部专项：国内外农业大数据应用跟踪研究）开始研究和关注我国粮食存储变化问题，认为目前“藏粮于民”应对极端灾害事件和稳定物价具有重要作用。

首先，国家地方储备粮食减少。自2001年起，我国粮食供给实行市场化，各地粮食局人员裁撤、功能转换，由过去的储备供给转向市场调节，部分地方的粮库转租给商业机构甚至拍卖。由于我国粮食连年丰收，部分地方粮食收购部门和商业机构出于利益和成本考虑，“低价进、高价出”，地方粮食储备大幅减少，有的地方甚至减少35%以上。

其次，民间粮食储备减少。在2000年以前，几乎每户农村家庭家都有一个小粮仓，存够平均半年的粮食。按照平均每人每天消耗0.8斤（1斤=500 g）粮食，8亿农村人至少储备了1 171亿斤粮食。2010年之后，特别是新农村建设加速的最近五年，农村房屋结构已经大变样，过去每家每户的小粮仓基本消失。特别是农村的年轻人，许多人在城镇买房，80%以上的农村家庭已经不再储备粮食。抽样调查显示，农村减少的粮食储备多达750亿斤。2000年前城镇居民一般每次购买一袋50～100斤的粮食，近年来由于超市的袋装粮食逐步递减，现在城镇居民家中余粮基本与超市袋装粮食大小一致，多为每袋10斤。初步估算，近年我国民间粮食减少接近我国一半人口半年的粮食储备量。

种粮面积减少。由于种粮利润不大，甚至要给予补贴，一些地方不够重视粮食生产，部分省份采用进口代替生产，造成本地农民生产积极性不高，很多地方改种果树等经济作物，比如四川、云南、贵州、广西等多个省份。对部分地区抽查发现，当地大量农田低价流转或抛荒，农村青壮年大量外流。

极端事件导致粮食保障不足。2020年新冠疫情期间，产粮大省湖北从黑龙江调粮，一些偏远农村发生粮荒。新冠疫情还加剧国际粮食贸易波动，加上中美贸易摩擦，对我国的粮食生产和农业发展战略影响比较大。与此同时，极端灾害天气进入周期性的高发期。研究表明，气候变化有准60年的拉马德雷冷暖位相交替周期（“拉马德雷”是一种高空气压流，分别以“暖位相”和“冷位相”两种形式交替在太平洋上空出现，每种现象持续20～30年），2000年以来全球进入拉马德雷冷位相，预计会延长至2030年。

粮食浪费严重，危机意识缺乏。改革开放以来百姓生活持续改善，中老年人的饥荒意识逐渐淡薄，没有挨饿经历、不知种粮辛苦的年轻人不珍惜粮食，餐桌浪费严重。潜在产量不等于实际产量。近年来“藏粮于技”“藏粮于地”取得很大进展，国家建设了一批高标准农田，粮食单产已有大幅提高。但是，“藏粮于技”“藏粮于地”只表明我们有高产的潜力，不等于真正的产量，只有地里种了才有粮食；粮食生产具有周期性，不能把潜在的产量当成真正的粮食。

为应对极端事件、消除粮食隐患，毛克彪等建议中央和地方在实施“藏粮于技”“藏粮于地”的同时，实行“藏粮于民”，形成“三藏战略”。“藏粮于技”主要是指种子改良技术和农业机械规模现代化；“藏粮于地”主要是指保护耕地和提高耕地质量，建设高标准农田；“藏粮于民”主要是指鼓励农村家庭和城镇家庭分别储备和保持3～6个月和1～2个月的余粮。“藏粮于民”是粮食安全稳定器，可有效缓解粮食存储压力、增强应对各种灾害的能力，以稳定物价、保持社会稳定。城乡互保，有条件的城镇居民可利用各自的渠道，根据自家的具体情况与农民签订互帮协议，即城市居民每年提前向农村居民预付购买够自家一年口粮的资金，以稳定农民收入、鼓励农民种粮。长期稳定地推行“三藏战略”可以确保我国粮食安全。

此外，他们建议实行兵团种粮、建立现代化的蔬菜种植基地，以提高粮食生产和国家粮食安全保障能力。基于平等自愿原则逐步实现农民土地参股，在全国设置东北、华北、西北、华中、西南和东南六大兵团种粮基地，实行国家种粮。蔬菜生长受气候变化影响比较大，建立在城乡接合带建立能抗极端灾害的蔬菜大棚，以应对极端气候、调节蔬菜价格。

正所谓：“国以民为本，民以食为天。”粮食既是关系国计民生和国家经济安全的重要战略物资，也是人民群众最基本的生活资料。粮食安全与社会的和谐、政治的稳定、经济的持续发展息息相关。毛克彪就是这样一步一个脚印实现着人生的积累也奉献着自身对农业遥感事业的无限热爱，用辛勤的汗水与智慧的浇灌为农业遥感事业添砖加瓦，熠熠生辉。相信他在享受身心磨砺之后，终会守得云开见月明，也将继续描绘更美的彩虹蓝图，用最朴素的岁月装点最灿烂的科研人生。

附录2　极端气候灾害与藏粮于民及乡村振兴民间计划研究

毛克彪[1, 2*]，田世英[2]，袁紫晋[1]，王涵[1]，谭雪兰[2]

（1. 中国农业科学院农业资源与农业区划研究所，北京　10081；2. 湖南农业大学资源环境学院，湖南　长沙　410128；3. 中国农业科学院农业信息研究所，北京　100081）

摘　要：【目的】2018年中美贸易战和气候变化对我国粮食生产影响非常大，旱涝等极端气候事件、病虫害频繁发生，极端气候变化的逐渐加剧必将给我国未来粮食生产带来许多严峻的挑战。由于极端灾害发生的地域偏远地区和时间紧迫性特点，为缓解我国粮食安全压力，促进我国乡村振兴，非常有必要研究和提出民间粮食保障和乡村计划振兴计划。【方法】通过对极端气候自然灾害特点的分析，提出适合我国农村特点的藏粮于民及乡村振兴民间计划的措施和战略，建立城乡居民互保协议，盘活我国农村经济。【结果】总体上贸易战和极端气候对我国不同农产品影响程度不同，但都处于可控范围；随着近年来极端气候事件增多，保护农业生产显得非常重要。【结论】贸易战事件是对我国农业生产能力的一次重大考验，为应对未来的自然灾害影响的不确定因素，必须尽快启动藏粮于民和乡村振兴的民间计划，保障我国粮食安全，加速乡村振兴。

关键词：中美贸易战；自然灾害；藏粮于民；乡村振兴

引　言

由于美国农业机械化种植程度非常高，成本低廉，是我国主要农产品进口国家之一。2018年3月，美国政府计划对中国进口商品征收关税。为应对美国对我国贸易限制措施，商务部宣布拟对自美进口部分产品加征关税以平衡损失，其中包括大豆和肉制品等众多农产品，这对我国农产品供给产生一定的影响，我们在基于中美贸易战与自然灾害背景下我国农业发展的战略调整研究论文中进行了重点阐述[1]，在此不再详细论述。另外，近年来，极端气候变化对粮食生产的影响越来越大，极端气候事件加剧将给我国未来粮食生产带来许多严峻的挑战。我国地处东亚季风气候带，地形气候条件复杂多样，粮食生产对区域气候条件和水热要素时空分布的依赖性很大。全球气候变化，无论是变暖还是变冷，以及温室气体浓度变化，都将促使我国粮食主产区水热资源要素的时空分布格局变化，加剧局部地区的灾害性要素形成，特别是极端气候事件将对我国粮食产量、种植制度、生产结构和地区布局产生深远影响。

因此在中美贸易战背景下，分析极端气候自然灾害对我国农业发展的影响，及时提出藏粮于民和乡村振兴民间计划，对于发展农业生产、维护国家粮食安全、实施乡村振兴战略具有重大意义。

1　极端气候成因观点

从2008年中国南方大冰灾以来，特别是中美贸易战背景下极端气候变化的研究显得越来越重要。毛克彪等提出气候变化研究应该分成两个层次系统[2-5]：一个层次主要是以地球系统为核心的系统内研究，比如现在的气候变化模式、水循环和碳循环等研究，以及提出来的低碳经济发展模式等等；另外一个层次是考虑其他行星轨道变化导致与地球之间的引力场和磁场变化，从而引起地球系统水循环（包括大气水汽、降水和洋流等）和地球内部岩浆运动异常引起地热释放等的系统外研究。从某种程度上讲，星球运行的轨道位置变化决定地球系统内部的变化，天气和生物圈等系统的变化是为了适应系统外的变化。由于星球之间的距离和运行速度及方向变化造成引力场和磁场变化，从而进一步造成地球在太阳系中所处的能级轨道发生变化。引力变化造成地球自转和公转速度变化，由于地球不是一个均匀的球体，各个地方增速或者减速不同，地球各板块之间相互摩擦从而引起地震释放能量和火山喷发释放地球内部热量；另外加上海水保持惯性运动，从而引起摩擦导致海水温度变化（增温或者降温），同时使得一方海面升高或者降低产生洋流。由于不同星球之间的引力作用产生的潮汐力差异，并且引发海洋底火山间歇性喷发等原因综合引起海水温度周期性变化，从而引起气候变化研究里最典型的现象，即厄尔尼诺现象和拉尼娜现象。地球外的其他星体周期运动导致引力场或者磁场周期性地发生变化，比如有一颗或者几颗大的行星有一颗或者几颗小的卫星在周期性的运转导致引力场有微小的变化。这种微小的变化对地球的自转和公转的速度产生微小的变化，直接作用于海洋和大气水汽，由于不同地方速度变化不一样，这可以解释为什么不同层的海水运动方向和势位变化。潮汐力使得海洋不同部分的速度变化引起摩擦和地球内部岩浆运动变化释放热能引起海水增温。海面和大气作用，由于海水运动方向和海水温度变化异常，从而引起大气变化异常，强行改变水循环的固有模式，破坏平衡引起飓风等自然灾害。我们目前做的绝大多数研究是假定地球不受外面干扰和固有的大气模式下的系统内研究，但系统外的研究更重要。地球的磁场变化是由其本身在天体中运行的轨道所决定的，如果把太阳比作原子核，那么地球只是围绕太阳转的一个的电子。极端气候变化事件是由于其他行星或者天体靠近或者远离造成磁场和引力场发生变化而引起的，特别是那些突然受某种外力作用，比如彗星等星体脱离原来的运行轨道，或者由于运行轨道所需要的能量进行能级跃迁释放或吸收能量等造成。地球上的各种物质和密度都不一样，引力和磁场变化引起地球系统局部变化不一致。特别是磁场或者引力场变化驱动云和大气中水汽以及地壳岩浆异常运动，破坏平衡导致发生自然灾害（比如台风和大范围降雪以及地震等）。这一结论可以从灾害周期性发生得到，因为天体也是周期性运转[2-5]。比如月亮围绕地球转，地球围绕太阳转，太阳围绕银河系中心转，银河系又围绕另外一个更大的天体系统在转。这些不同级别的天体在不同的体系里都有各自的周期表现：对于地球围绕太阳这个级别系统而言，地球表现为春夏秋冬是周期性发生；对于太阳围绕银河系中心这个级别的周期系统而言，地球表现为大的冰川期和大暖期以及中间过渡期等交替出现，地球围绕太阳的角色跟月亮围绕地球相似。这点可以从太阳黑子周期性地出现来得到证实，因为太阳受另外一个更高级的系统影响，跟地球一年四季变化相似，而且太阳黑子也是周期对地球的辐射影响产生周期性影响；对于更高级别和更长的周期，我们人类记录很少，还需要进一步研究和观测。因此，气候变化基本上可以断定，地球本身有一个调节系统，人类在这个系统里面有一定的干扰作用，但比起地球外的大系统而言，人类的作用几乎可以忽略，地球系统内部的气候变化是适应外部系统变化的内在调节表现形式。大的气候变化周期是由银河系和太阳系中各行星运行周期和所处的轨道位置决定。行星位置微小的变化引起的引力场和磁场的变化对整个地球产生的影响并不大，但地球系统内部为适应星球的轨道变化而局部发生极端气候事件。因此毛克彪等在此基础上提出建立以开普勒定律和万有引力定律以及广义相对论为基础的全球气候变化和生态系统研究理论，内容主要包括[2-6]：地球温度变化主要由地球在太阳系中的轨道能级位置决定，气象（天气）和生态系统时空变化是地球内部系统为适应天体运行轨道位置变化的主要内在调节形式的理论。地球磁场逆转或者大的变化主要是由于太阳和其他星体运行轨道位置临界点转换而形成，地球等星体运行轨道呈椭圆形主要是由于太阳同时也在运动造成。地球各板块运动、地球上不同时期各种生物的出现、迁移和消失是由天体运行轨道位置决定。这个理论的提出为空间气候变化和生态系统模型等研究开辟了新的研究途径和新的学科研究方向，对大尺度空间气候变化变化和灾害预测以及生态物种演化等特别是极端气候变化研究等具有重大意义，对推动天文物理学与地理学相结合，追寻地理学的本源具有重要的意义[3]。

最近几年，全球极端气候变化事件持续增多。遥感在灾害监测和气候变化研究中起的作用越来越重要，但我们认为在加强系统内气候变化和遥感监测研究[6-7]的同时，要发射其他遥感卫星监测地球和观测太空中其他行星以及其他星云位置的引力场和磁场的变化，从而分析监测和预测地球极端气候变化事件。另外，由于目前人类的观测技术受到限制，我们还可以通过地面极端气候和地震等异常来反推天体的运行等规律，从而发现新的天体及其运行规律。二氧化碳在全球气候变暖中起到的作用可能并不是非常重要，只是起一个微调作用。因为地球内部本身有一个生态调节循环系统，只要人类不破坏循环中的某一个环节，那么我们无须过多担心。地球气温变化幅度主要是由地球在整个宇宙系统里所处的大周期或者运行轨道位置所决定。比如2008年初的中国南方的冰灾，2009年底与2010年初北半球冰雪灾害同时伴随着地震频繁发生（特别是海地地震），这些都是由于地球和其他行星的运行轨道变化引起引力场变化，从而造成地球上空的水汽和云的变化以及海水温度变化等引起的。

2 藏粮于民与乡村振兴民间计划

2009年秋以来，我国西南五省份百年不遇的大旱，北方的寒春（暴风雪），再到南方300年不遇到的洪涝（暴风雨），都会让人深感当前气候的异常。极端气候事件具有影响范围大、强度大、不可躲避性的特点，尤其是对于受制于自然环境的农业生产，极端天气事件的影响几乎是不可避免的。另外，随着极端天气的增多，多种自然灾害的发生频率增加，从而导致粮食生产的不稳定，提高了农业生产成本。全球在2010年局部区域气候都不稳定，比如说中国，2010年初的冰雪灾害，接下来南方旱灾、地震，现在南方的暴雨等，有些地方是绝收的。全球其他地区或多或少地相似，因此全球农作物产量大面积普遍减产。虽然部分国家比如澳大利亚称小麦仍能增产多少斤，但由于各个国家粮食贸易策略问题，所以各个国家官方报道的数据并不是非常可靠，有些不能用来做决策。我们国家需要重视这个问题，提前进行粮食储备，包括增加进口和减少出口。因为未来的几年里，农业气象灾害可能会越来越多，农作物产量也会越来越不稳定。最近一些年来，由于交通和技术发展比较快，人们对饥荒的意识已经有些淡薄，特别是年轻一代，浪费比较严重。因此，建议国家在广播和电视里做一些节约粮食宣传，让大家有一个防患意识，提前储备一些必要的粮食等农副产品物资。对于粮食储备分为三个等级：一是国家储备；二是地方储备；三是城镇居民和农民储备。国家是战略储备，地方是长期储备，农民是应急储备。农民储备是非常重要的，过去农民储备的粮食可以维持到来年新粮，但现在农民已经不再储备粮食，很多农民甚至自己买粮食吃。现在气候不稳定，自然灾害比较多，有可能下一个季节是绝收，所以农民要增加储粮意识。农民储备非常重要，因为当灾害发生的时候，交通有可能中断，就像2008年初，那种冰雪灾害导致部分偏远地区交通中断。当然，为了提高储粮技术，需要一些专业人员介绍和研究粮食储备方法和设备，特别是在南方潮湿地区需要改进粮食储备技术。另外，蔬菜也是受气候变化影响很大的，我们要在城乡接合带建立能抗击极端气候的大棚来种植蔬菜，从而调节蔬菜价格。2008年初气候稍微变化，蔬菜价格就猛涨。如果灾害时间再持续长一点，粮食和蔬菜供给问题就比较大。各地在城郊缓冲区需要建立小型抗极端气候的蔬菜大棚，有条件的地方应该立即启动。

在过去的几年中，国家提出了乡村振兴战略，足以体现国家的重视，但仍能不能阻挡乡村的日益衰落，农村大片土地荒芜，人烟稀少。这会带来一个严重的问题，我们自己产的粮食不够吃，大量依赖进口等，特别是粮食和蔬菜种子依赖国外严重。全球气候变化剧烈，自然灾害持续增加，而我们的乡村却日益凋敝，抗自然灾害打击能力最强的其实是广大农村，城市只要断电断水就转不动了。乡村振兴不是国家整几个大项目就能解决的，乡村振兴需要全社会的人特别是高级知识分子的支持和参与。从今年开始，我们提出藏粮于民和乡村振兴民间计划：号召在城市中生活的有条件的居民与农村的亲戚朋友签订互帮协议，城中居民每年给农村亲戚朋友2 000元左右（够一家人购买一年口粮的资金），让他们为城市居民储备2 000元的粮食。如果发生了自然灾害，那农村居民就将储备的粮食送给城市居民；如果没有发生自然灾害，就让农村居民来年把陈粮用来养鸡、养鸭或者喂猪或者酿酒等，同时提供一些农副产品（腊鱼、腊肉等）给城市居民。新年继续提供他们2 000元储备新的粮食，往复循环，藏粮于民。乡村振兴需要全国人民一起参与，这样不但可以预防将来的重大自然灾害，粮食等物价上涨，还能让城市居民每年吃到放心的农副产品，对城市居民并没有损失。这样变相支持了乡村振兴，也保障自家的基本口粮，最重要的是预防大的自然灾害和国际粮价浮动，同时盘活了农村经济，为国家发展和乡村振兴做出了自己的贡献。

3 结论与讨论

近些年由于生活条件大为改善，人们储备粮食的意识已经非常淡薄，甚至农民也是买粮食吃。农民自己不储备粮食，遇到大的自然灾害粮食安全保障会出现一定的问题。全球自然灾害会持续增加，粮价因此会大幅上升。在过去的几年中，国家提出了乡村振兴战略，但这仍能不能阻挡乡村的日益衰落，农村土地荒芜。这会带来一个严重的问题，我们自己产的粮食不够吃，大量依赖进口等，特别是粮食和蔬菜种子依赖国外严重。全球气候变化剧烈，自然灾害持续增加，城市抗打击能力差，只要断水断电城市就不能正常运转。为增强城市对自然灾害的抗打击能力，必须得提高乡村的供给保障能力。乡村振兴不是国家实施几个大项目就能解决的，乡村振兴需要全社会的人特别是城市居民的支持和参与。因此我们提出藏粮于民和乡村振兴的民间计划，呼吁和号召城乡居民利用各自的渠道根据自家的具体情况与农民签订互帮协议，即城市居民每年向农村居民提供可以购买够自家一年口粮的资金，在受灾年份农村居民为城市居民提供粮食，如未遇自然灾害，则将粮食用来养鸡养鸭等，农民为城市居民提供农副产品，往复循环，藏粮于民，避免了受国际粮价大幅波动的影响。这样相当于城市居民向农村居民交了预付款订购了粮食或农副产品，打通了农民产品销售困难的渠道，盘活了农村经济，为乡村振兴开辟了一条新渠道。

种粮收益低，农民种粮积极性不高。为了提高粮食生产能力和保障国家粮食安全和农民基本生活水平。我们建议逐步实现农民土地参股，在全国设置东北，华北，西北，华中，西南，东南六大兵团种粮基地实行国家种粮，解决全国基本口粮问题，特别是摆脱粮食和蔬菜种子对国外依赖问题要优先解决。大的气候变化是由天体运行轨道决定，相对而言，人类的作用太小了，人类只能被动适应或者主动规避灾害，但几乎不能改变自然灾难的发生。举个例子，人类可以提前几天或者几小时知道哪儿要地震，但改变不了地震的发生。当太阳处于活跃周期辐射增强时，我们没法减弱太阳的辐射强度和轨道距离，只能主动穿防辐射的衣服。气候变化不确定性很难准确进行预测，如果全球极端气候事件持续增加，问题比较严重，但这种持续的可能性还是很大的。建议地方农业农村部门和地方农民要未雨绸缪，现在开始启动储备，发展抗极端气候事件打击的硬设施，保障人们的正常生活。加强国家农业科研基地建设和建立粮食和蔬菜生产基地，推动现代农业产业技术体系建设和新能源技术研发，应对极端气候变化。

参考文献：

[1] 严毅博，毛克彪，曹萌萌，等. 基于中美贸易战与自然灾害背景下我国农业发展的战略调整研究[J]. 中国农业信息，2018，30（5）：46-57.

[2] 毛克彪，左志远，朱高峰，等. 全球气候和生态系统变化与星体轨道位置变化关系研究[J]. 高技术通讯，2016，26（11）：890-899.

[3] 毛克彪. 农业气象遥感关键参数反演算法及应用研究[M]. 北京：中国农业科学技术出版社，2017.

[4] Mao K，Ma Y，Tan X，et al. Global surface temperature change analysis based on MODIS data in recent twelve years[J]. *Advance Space Research*，2017，59：503-512.

[5] Mao K，Ma Y，Xu T，et al. A new perspective about climate change[J]. *Scientific Journal of Earth Science*，2015，5（1）：12-17.

[6] Xia L，Zhao F，Mao K，et al. SPI-Based analyses of drought changes over the past 60 years in China's major crop-growing areas[J]. *Remote Sensing*，2018，171（10）：1-15.

[7] Mao K，Chen J，Li Z，et al. Global water vapor content decreases from 2003 to 2012：an analysis based on MODIS Data[J]. *Chinese Geographical Science*，2017，27（1）：1-7.

附录3　关于应对极端事件和推动“藏粮于民和节约粮食”及实施“三藏战略”建议

（被中央和地方采纳）

实施“藏粮于民，节约粮食”，确保粮食安全

近年来，我国居民储粮意识已经淡薄，甚至农民家庭也直接购买粮食吃，自己不再储备日用粮食，如遇到突发事件应急能力差。全球气候变化剧烈，突发事件持续增加，为响应国家提出的乡村振兴战略，保障粮食安全。毛克彪、李全新、冯仲科、郭中华和覃志豪等专家建议推动“藏粮于民和节约粮食”及实施“三藏战略（藏粮于技、藏粮于地和藏粮于民）”，并纳入国家和地方粮食安全基本保障法，以提高我国粮食响应极端事件的反应能力，减轻国家和地方应急压力，稳定物价，确保社会稳定。

这五位专家分别来自中国农业科学院农业资源与农业区划研究所、北京林业大学和宁夏大学。5年前他们开始相关课题研究和关注我国粮食存储变化问题，认为目前“藏粮于民和节约粮食”应对极端灾害事件和稳定物价具有重要作用。

首先，国家地方储备粮食减少。自2001年起，我国粮食供给实行市场化，各地粮食局人员裁撤、功能转换，由过去的储备供给转向市场调节，部分地方的粮库转租给商业机构甚至拍卖。由于我国粮食连年丰收，部分地方粮食收购部门和商业机构出于利益和成本考虑，“低价进、高价出”，地方粮食储备大幅减少，有的地方甚至减少35%以上。

其次，民间粮食储备减少。2000年之前，几乎每户农村家庭家都有一个小粮仓，存够平均半年的粮食。按照平均每人每天消耗0.8斤粮食，8亿农村人至少储备了1 171亿斤粮食。2010年之后，特别是新农村建设加速的最近五年，农村房屋结构已经大变样，过去每家每户的小粮仓基本消失。特别是农村的年轻人，许多人在城镇买房，80%以上的农村家庭已经不再储备粮食。抽样调查显示，农村减少的粮食储备多达750亿斤。2000年前城镇居民一般每次购买一袋50～100斤的粮食，近年来由于超市的袋装粮食逐步递减，现在城镇居民家中余粮基本与超市袋装粮食大小一致，多为每袋10斤。初步估算，近年我国民间粮食减少接近我国一半人口半年的粮食储备量。

种粮面积减少。由于种粮利润不大，甚至要给予补贴，一些地方不够重视粮食生产，部分省份采用进口代替生产，造成本地农民生产积极性不高，很多地方改种果树等经济作物，比如四川、云南、贵州、广西等多个省份。对部分地区抽查发现，当地大量农田低价流转或抛荒，农村青壮年大量外流。

极端事件导致粮食保障不足。2020年新冠疫情期间，产粮大省湖北从黑龙江调粮，一些偏远农村发生粮荒。新冠疫情还加剧国际粮食贸易波动，加上中美贸易摩擦，对我国的粮食生产和农业发展战略影响比较大。与此同时，极端灾害天气进入周期性的高发期。研究表明，气候变化有准60年的拉马德雷冷暖位相交替周期（“拉马德雷”是一种高空气压流，分别以“暖位相”和“冷位相”两种形式交替在太平洋上空出现，每种现象持续20年至30年），2000年以来全球进入拉马德雷冷位相，预计会延长至2030年。

粮食浪费严重，危机意识缺乏。改革开放以来百姓生活持续改善，中老年人的饥荒意识逐渐淡薄，没有挨饿经历、不知种粮辛苦的年轻人不珍惜粮食，餐桌浪费严重。

潜在产量不等于实际产量。近年来“藏粮于技”“藏粮于地”取得很大进展，国家建设了一批高标准农田，粮食单产已有大幅提高。但是，“藏粮于技”“藏粮于地”只表明我们有高产的潜力，不等于真正的产量，只有地里种了才有粮食；粮食生产具有周期性，不能把潜在的产量当成真正的粮食。

我们认为凡事预则立、不预则废。为应对极端事件、消除粮食隐患。毛克彪等提出在实施“藏粮于技和藏粮于地”的同时，实行“藏粮于民”和推动粮食节约，从而形成“三藏战略（藏粮于技、藏粮于地和藏粮于民）”保护我国粮食安全和应对极端事件。“藏粮于技”主要是指种子改良技术和农业机械规模现代化；“藏粮于地”主要是指保护耕地和提高耕地质量，建设高标准农田；“藏粮于民”主要是指除了国家和地方以及企业储备必要的粮食外，每个家庭根据自家的情况始终保持家中存储一定的余粮，起到应急缓冲和稳定物价的作用。

藏粮于民。鼓励农村家庭和城镇家庭分别储备3～6个月和1～2个月的余粮。此举是粮食安全稳定器，可有效缓解粮食存储压力、增强应对各种灾害的能力，以稳定物价、保持社会稳定。

节约粮食。在全国特别是餐厅等推动“节约粮食，光盘行动”，在电视和学校等做一些宣传，让大家有一个防患意识，提前储备一些必要的粮食等农副产品。

城乡互保。有条件的城镇居民可利用各自的渠道，根据自家的具体情况与农民签订互帮协议，即城市居民每年提前向农村居民预付购买够自家一年口粮的资金，以稳定农民收入、鼓励农民种粮。

农户科学储粮工程建设。响应党中央的号召，加快农户科学储粮工程建设，研发和推广小户储粮设备，农民恢复储备自家用粮的传统习惯，夯实和稳定国民经济的压舱石。

城郊抗极端天气的蔬菜大棚建设：蔬菜也是受气候变化影响很大的，我们要在城乡接合带建立能抗击极端气候的大棚来种植蔬菜，从而调节蔬菜价格。

推动“三藏战略”实施，应对极端事件。快速实现农业现代化，让农民种地有收益，确保我国粮食安全。

由于我们的工作引起了国家重视，本人被国家粮食和物资储备局聘为国家粮食和物资储备安全应急专家组成员。

聘　书

兹聘请毛克彪同志为国家粮食和物资储备安全应急专家组专家，任期五年，自2023年6月至2028年5月。

特发此证，以兹证明。

国家粮食和物资储备局

2023年6月12日

附录4　全国农业农村经济快速升级转型与三藏战略深入实施

——以湖南省为例

（发表在《人民日报》人民号）

湖南省，位于我国中南部，地处长江中游，拥有丰富的自然资源和优越的气候条件，适宜多种农作物如水稻、芦笋、茶叶、柑橘等的种植，这些作物在这里得以良好生长，产出高品质的农产品。因此，湖南的农村地区以其特色农产品如湘米、湘茶、湘橙、湘莲及高品质的猪肉而闻名，特别是在有机和绿色农业方面具有显著优势。近年来，湖南大力推进乡村旅游和农业体验项目，通过规划建设多条生态旅游路线，成功地将自然景观和农业生产融入旅游发展中，吸引了大量国内外游客。这些发展不仅促进了地方经济的增长，也为全国乡村振兴战略的实施提供了宝贵经验，使湖南成为新兴的乡村旅游目的地。

结合湖南在水稻、芦笋、茶叶、柑橘、莲子、猪肉、油茶和油菜籽及有机农业方面的资源优势，我们认为开发一个综合性的农业旅游品牌，将茶叶品鉴、橙子采摘、水稻田体验、莲子采摘及有机农业教育等活动整合在一起，是十分可行且有利的。通过这样的规划措施，不仅可以进一步丰富湖南的旅游内容和体验，还能有效促进农业与旅游的深度结合，为湖南的经济发展和乡村振兴注入新的活力。同时，这也是推动我们提出的“三藏战略（藏粮于技、藏粮于地和藏粮于民）”深入实施的重要举措。我们希望湖南的未来发展能够获得更多的关注和支持，共同为湖南的繁荣作出贡献。当前，我国农业农村正处于转型升级的关键时期，这一规划不仅能为湖南带来新的发展机遇，也能为其他地区的乡村发展提供借鉴和参考。农业农村的稳定发展是国家持续发展的基石，请大家针对各自家乡的情况进行斧正，根据不同地域优势和特色产业制定相应的措施，坚持科技创新，各村形成具有地方特色的产品—产业—产业链和发展订单农业模式，从而一起快速推动和助力我国农业农村的升级转型。

（一）农业农村经济发展升级转型建议

1.加强品牌建设与宣传推广，发展“专精特新”农产品

尽管目前湖南省的长沙酱板鸭、沅江芦笋、浏阳豆豉、安化黑茶、桃江贡菊、炎陵黄桃、湘莲、湘西腊肉、衡山毛峰茶、邵阳绞股蓝、武冈卤豆腐、平江香干、常德香米、津市牛肉粉、慈利脐橙、永兴冰糖橙、江永香芋、靖州杨梅、新邵黄桃、吉首猕猴桃和张家界莓茶等已被评为国家地理标志产品，但湖南还有许多其他优质产品，例如郑金柠山茶油、安化黑茶、攸县香干、湘潭龙虾、常德稻虾、赫山茯苓、邵阳剁椒、汝城黄姜、靖州杨梅、宁远柿饼、洪江冰糖橙、君山银针、涟源豆腐、武冈卤菜和吉首猕猴桃等。湖南的各农村区域可以充分利用其独特的自然景观和深厚的文化底蕴，来发展和宣传自身的“专精特新”农产品。通过建立官方网站和维护活跃的社交媒体平台进行在线推广，同时，结合旅游手册、海报等线下宣传材料进行全面的品牌宣传。此外，通过积极参与国内外旅游展览和与旅行社建立合作伙伴关系，可以有效扩大湖南乡村旅游的市场影响力。这些措施的目的是吸引更多游客来到湖南体验其自然风光和文化魅力，有效提高当地乡村的知名度和吸引力。通过这样的全

方位宣传策略，湖南的各农村区域努力塑造成为引人注目的旅游目的地，吸引更多人的注意和兴趣。同时，各村也应经常学习荷兰等多个国家和地区的农业发展经营模式，针对自己的优势和劣势制定更加适应本地的发展模式和品牌。

2. 持续推动农业“守正创新和科技引领”战略

湖南省虽然在农业科技领域已取得一定成就，但提升空间依然广阔。凭借丰富的农业资源和优越的地理条件，通过“守正创新—科技引领”战略，可以进一步提升农业生产效率和产品质量，促进区域经济的持续发展。湖南应充分利用先进农业科技，特别是精准农业、智慧农机和无人机技术。精准农业技术能够实时监测土壤、气候和作物生长情况，从而制定科学的种植方案，提升农作物产量和品质。智慧农机的引进则能大幅提高农业机械化水平，减少人工成本。无人机技术在农田巡查、病虫害防治和农药喷洒方面的应用，不仅提高作业效率，还减少环境污染，保障农产品生态安全。此外，湖南应设立农业科技创新实验室和孵化中心，鼓励本地企业、高校和科研机构合作，推动农业新技术的研发和转化。通过这些平台，促进农业技术创新和应用，提升农业科技含量。湖南还应积极参与国内外农业科技展览和交流活动，借鉴先进国家和地区的农业发展经验，结合本地实际进行创新和改进。

3. 推行农业“产业化”，建立农产品—产业链—产业集聚区和发展“定单农业”模式

湖南省已取得显著的农业发展成就，但产业化程度仍有提升空间。利用湖南省丰富的农业资源和地理优势，推进农业产业化能够显著提升生产效率和产品附加值，进而促进区域经济的持续增长。湖南应建立专业化、规模化的农业企业，推动农产品标准化生产和品牌化销售，通过产业化经营实现农产品的集约化生产，降低成本，增强市场竞争力。此外，湖南需发展农产品的初级和深加工产业链，如利用郑金柠山茶油、湘茶、湘橙、湘莲等高质量农产品，生产高附加值的健康食品和保健品。规划建设农业产业集聚区亦是关键，如在岳阳、张家界等地区建设以茶叶、水果为核心的产业集聚区，吸引加工、包装、物流等相关企业入驻，形成产业链集群，实现资源共享和信息互通，提升产业链整体效益。同时，湖南应推广“定单农业”模式，与大型食品加工企业和超市建立供销合作，保障销售渠道，减少市场风险，确保农产品有稳定销路，从而降低农民种植风险，提高农民收入。这些策略共同推动湖南农业向现代化、高效率方向发展，为地区经济带来可持续的动力。

4. 丰富节庆内容，引进“稻田绣球”等模式提升观赏体验

湖南省可以充分利用其丰富的自然资源和独特的文化遗产，策划并实施多元化的节日庆典和文化展览活动，以增强旅游的吸引力并提升游客的整体体验。例如，湖南可以定期举办橘花节、湘茶文化节、莲花节、辣椒文化节等活动，不仅展示湖南乡村的自然风貌，而且通过地方特色的戏剧、民族舞蹈和传统工艺品展示等文化表现形式，让游客能够全面欣赏到湖南的独特自然与文化景观。这些丰富多彩的节庆和文化展示活动，不仅极大地丰富了旅游的内容和参与度，还为游客提供了深入了解湖南地方传统与文化的宝贵机会，有效吸引了更多人到访探索湖南的乡村魅力。此外，湖南还可以引进“稻田绣球”等创新模式，将传统农业与现代观赏体验结合起来，进一步丰富旅游项目。稻田绣球不仅是一种新颖的景观艺术，还能在稻田中构建色彩斑斓的图案和标志，创造出视觉冲击力强的田园景观。游客可以参与稻田绣球的制作过程，体验农耕文化，同时享受乡村的宁静与美丽。这种互动性强、充满趣味的项目，不仅使游客与湖南的自然环境产生深度连接，还促进了农业旅游的融合发展。

5. 强化环保意识与生态旅游推广

湖南省加强环保意识和生态旅游的推广，以实现旅游业的可持续发展。湖南省拥有丰富的自然景观和生物多样性，这为发展生态旅游提供了独特的资源。省内的各个乡村可以通过采取措施，强化环

保意识并推广生态旅游。在旅游发展的同时，重视生态保护，通过合理划定生态保护区域，限制旅游开发的强度，避免过度商业化和不当使用土地。这些措施将确保湖南省自然资源的长期可持续利用。积极开发和推广如徒步赏鸟、生态摄影、林中瑜伽等生态旅游项目，这些活动不仅使游客能够亲近自然、体验大自然的壮丽之美，同时也有助于提升游客对环境保护的意识和参与。组织生态教育活动，如自然环境讲座、野外生态体验课程等，教育游客和当地居民如何科学观察自然、理解生态系统的运作，以及如何参与到环境保护中来。鼓励旅游业者采用绿色环保的经营模式，通过获取生态旅游或绿色旅游认证，提升旅游服务的环保标准。与当地社区合作，鼓励居民参与旅游管理和生态保护，确保旅游活动与当地社区的利益和环保目标相符合，共同构建一个环境友好的旅游新模式。

6. 推动农业知识普及和体验活动

湖南省可以充分利用其丰富的农业资源，举办一系列农业知识普及和体验活动，旨在提升旅游活动的教育意义和参与体验。在湖南省的各个村落中，可以设立专门的农业体验区，允许游客参与实际的农作活动，如插秧、收割、采摘果实等。这种亲身体验活动不仅让游客学习到农业知识，还能亲手体验传统和现代农耕技术。通过举办工作坊和现场教学，由专业农业技术人员向游客讲解不同作物的种植技术和管理方法。这不仅增加了旅游的教育内容，也提高了农业技术的传播效率。组织展示活动，如传统农具的使用演示、土地耕作方法、农产品加工技术等，让游客深入了解湖南省的农业特色和文化遗产。建立现代农业科技展示中心或实验基地，展示高科技农业设备和先进农业技术如智能温室、水培和无土栽培技术等。这将帮助提高农产品质量，并服务于国家的“藏粮于技”战略。通过使用高科技农业技术和可持续的农业实践，改善传统农产品的品质和产量，提供更高品质的农产品给游客和市场。

7. 提升基础建设与设施完善

为了提升游客的整体体验，湖南省的各乡村将致力于强化基础设施的建设和完善，包括交通联络、住宿服务、餐饮质量及公共卫生设施等方面的全面升级。加强道路建设和维护，确保交通便利，让游客可以轻松到达并游览各大景点。对现有的乡村道路进行升级改造，保证道路的安全性和通行效率。鼓励当地居民利用传统建筑改造为民宿，提供具有湖南地方特色的住宿体验。同时，通过提供培训和技术支持，帮助民宿业主提升服务质量和运营能力。对公共卫生设施进行严格的管理和维护，确保旅游区域内的洗手间、休息区和其他公共设施干净、安全、便利。特别是在旅游高峰期，增加设施的清洁频次，确保游客舒适度。确保餐饮服务提供高质量、符合卫生标准的食品。对地方特色餐厅进行定期检查，鼓励使用本地农产品，提供健康、安全的餐饮体验。建立健全的应急服务系统，包括医疗急救、交通救援等，确保游客在遇到紧急情况时能够得到快速有效的帮助。

8. 促进乡村民宿业务增长

湖南省的各村正在积极促进乡村民宿业务的扩展，旨在鼓励当地居民利用未被占用的房产开设民宿，为游客提供一种独具地方风情的住宿体验。地方政府和村委会应提供必要的培训和技术支持，帮助民宿主学习现代酒店管理技能、客户服务及市场营销技巧。这将确保民宿主能够提供高水平的服务质量，同时维持民宿的特色和个性。制定并实施有利于民宿业发展的政策，例如简化注册流程、提供税收优惠和财政补贴等，以降低经营民宿的门槛和成本。利用地方的旅游推广机构和在线平台，加强对湖南乡村民宿的营销和宣传，提升其在国内外游客中的知名度。改善乡村地区的基础设施，如交通、水电供应、互联网接入等，提高游客的居住舒适度，吸引更多的游客前来体验。鼓励民宿业主与当地农业、手工艺和其他文化活动的从业者合作，提供综合的旅游体验，如农场体验、传统工艺教学等，从而增加游客的参与度和满意度。建立民宿质量监管体系，确保所有民宿均符合安全、卫生和服务质量的标准，保护消费者权益，提升行业整体形象。

9. 推广有机特色美食与产品开发

湖南省的各村计划推出以当地特有的农产品如茶油、茶叶、湘莲、辣椒、柑橘、莲藕、黑猪肉及香椿为主要原料的有机美食和产品系列。这一策略旨在利用湖南丰富的自然资源和独特的文化底蕴，开发出一系列健康且具有地方特色的食品。例如：利用当地优质的茶叶资源，开发出多种茶叶产品，包括传统的茶饮、茶叶蛋糕、茶味冰淇淋等创新美食。将湘莲和莲藕加工成创新小吃如糖藕、藕粉及其他藕制品，以及莲子粥和莲子糕等传统美食，同时探索其在健康食品和营养补充品中的应用。开发辣椒为基础的多种产品，如辣椒酱、干辣椒、辣椒油等，利用湖南人对辣味的喜爱推广到更广泛的市场。柑橘可加工成果汁、果酱、蜜饯及其他柑橘风味的糖果和甜点，同时探索其在健康饮品中的新用途。以其独特的口感和香气开发香椿酱、香椿油及香椿拌面等传统与现代结合的美食。

10. 开展特色植物摄影比赛

湖南省的各村计划利用其丰富的自然风光，开展一系列以茶花、湘莲、柑橘花、茶叶、荷叶荷花以及水稻为主题的摄影比赛，旨在吸引摄影爱好者和专业摄影师的广泛参与。比赛将围绕湖南的四季变化、乡村日常生活以及农耕景象等多个维度展开，以捕捉和展示该地区独特的自然美和文化特色。各赛事以不同植物为主题，如春季的柑橘花、夏季的荷花、秋季的水稻金黄和冬季的茶园霜叶，每个季节都有其独特的自然景观和文化活动。这一活动不仅为摄影技术爱好者提供了一个展示才华的平台，还鼓励当地居民和游客通过摄影更深入地了解和欣赏自然与文化的结合。优秀作品将在各类展览、旅游宣传册和在线平台展出，通过精选的摄影作品向外界展现湖南乡村的绚丽景色和丰富文化。利用这些活动提升湖南省的知名度，增强旅游吸引力，促进了更广泛的社会关注及旅游活动。

11. 开展钓鱼比赛

湖南省的各村将发挥其丰富的水域资源优势，筹办系列钓鱼竞赛，目的是吸引钓鱼爱好者及广泛游客的积极参与。比赛将通过设立多种奖项，如最重鱼奖、最多鱼种奖和最佳技巧奖，不仅增加比赛的趣味性和挑战性，还搭建一个展示钓鱼技能的平台。选取湖南省内的知名湖泊和河流作为比赛场地，如洞庭湖、资水等，这些地点因其丰富的鱼类资源而闻名。在比赛中加强环保教育，鼓励参赛者实行“捕后放生”等可持续钓鱼实践，保护水域生态。比赛期间，还可以举办相关的渔业展览、钓鱼技术讲座、水产品品鉴会等活动，进一步吸引游客并推广当地的渔业文化。通过钓鱼比赛提升当地乡村的旅游吸引力，吸引更多游客莅临，同时助力当地渔业经济的推广与发展，为湖南省的经济注入新的动力。

12. 开展柑橘采摘和品质比拼大赛

湖南省的各村计划利用其丰饶的柑橘园资源，组织一系列柑橘采摘及品质比拼大赛，旨在吸引柑橘爱好者和广大游客的广泛参与。比赛将设置例如最佳风味奖、最大果实奖等多样化奖项，增添活动的趣味性和竞争性。这不仅激励参与者展示他们的柑橘种植和品鉴技巧，也为观众提供了更多元的参与和观赏体验。此类活动有助于推广湖南的柑橘产业，通过大赛展示不同品种的柑橘，促进农业资源的有效利用，并显著提升湖南乡村的旅游魅力。组织柑橘采摘活动，让游客亲身体验从树上采摘新鲜柑橘的乐趣，同时了解柑橘的种植、收获和后期处理过程。通过品质比拼大赛激励农户和生产者不断追求更高品质的柑橘产品，促进品种改良和栽培技术的创新。通过这些活动进一步推动当地柑橘经济的发展，为湖南省的经济增长注入新活力。同时，活动也为当地居民提供额外的收入来源和就业机会。利用社交媒体、旅游网站和当地旅游办公室的资源，广泛宣传这些活动，吸引更多国内外游客前来参与和体验。通过这一系列活动，湖南省不仅为游客提供了丰富的休闲娱乐选项，也开辟了农业经济发展的新途径，并通过持续的品鉴和改良活动，提升湖南柑橘产业的整体水平和竞争力，实现“藏粮于技”的战略目标。

13. 紫云英等绿肥推广活动

湖南省将发挥其自然资源优势，大力推广种植紫云英等绿肥作物，以促进有机农业的发展。组织绿肥种植技术工作坊，邀请农业专家分享关于绿肥作物的种植技术、土壤改良方法以及有机农业实践经验。这将帮助农民和农业企业提高对绿肥作用与价值的理解。在紫云英盛开季节，举办美景观赏会，吸引游客及有机农业爱好者参观，体验绿肥作物带来的生态美及其对环境的益处。通过发放资料、举办公开讲座和社区互动活动，普及绿肥作物在提升土壤肥力、促进生态农业循环利用中的关键作用。制定激励计划和支持政策，鼓励农户种植绿肥作物，如提供种子补贴、技术支持和市场销售渠道建设。帮助农户获取有机农业认证，并开发绿肥作物相关的市场产品，如紫云英茶、生态肥料等，增加农户的收益来源。结合当地教育资源，向学校和社区推广环保和可持续农业的知识，提高公众对有机农业和生态保护的认识。通过这些活动，湖南省不仅可以提升农作物的质量和产量，还能建立一个更加健康、可持续的农业生态系统。这将为有机农业的长远发展奠定坚实的基础，同时也为实现“藏粮于地”和“藏粮于技”提供基础保障，增强地区的食品安全和生态平衡。

14. 建立有机非转基因茶油和油菜籽榨油厂及相关产品

随着消费者对健康食品需求日增，湖南省拟筹建专门的有机非转基因茶油和油菜籽压榨工厂，致力于生产符合最高品质标准的非转基因茶油和菜籽油，并实行限量销售策略。在湖南省选择适合种植油茶和油菜的区域，建设有机非转基因油茶和油菜籽压榨工厂。工厂将采用先进的压榨技术和质量控制系统，确保生产出高品质的茶油和菜籽油。此项计划旨在响应市场对安全、健康食用油的强烈需求，同时借此机遇在食品安全和健康生活方面树立和增强湖南乡村的品牌形象。通过明确的品牌定位和专注的市场营销策略，塑造湖南省茶油（比如益阳郑金柠山茶油）和菜籽油的独特品牌。确保所有生产流程符合国内外有关有机和非转基因产品的认证标准，以增强消费者对产品的信任和接受度。实行限量销售策略，将产品定位于高端市场，以满足对高品质生活有追求的消费群体的需求。鼓励当地农民参与油茶和油菜的种植和管理，提供技术支持和市场保障，使农民能够从中受益，同时增强社区对项目的支持和参与。在生产过程中采取环保措施，如使用节能技术和废物回收程序，减少对环境的影响。通过这些措施，湖南省不仅能够满足消费者对优质食用油的追求，还有机会在健康食品市场竞争中脱颖而出。这一措施不仅助力提升地区农业的经济效益，也进一步加强了湖南作为健康生活推动者的社会责任和品牌价值。

15. 创建有机非转基因水稻及其他农作物生产基地

湖南省各村计划建立专门的有机非转基因水稻生产基地和仓储，采用生态农业的先进理念，以保障种植的水稻达到最高的品质和安全标准。在湖南省选定适合水稻种植的区域建立有机非转基因水稻基地，采用生态友好的农业技术和管理方法，确保水稻生产过程自然纯净，无化学污染。为了保证大米的新鲜度和品质，建立现代化的大米加工工厂，负责基地水稻的加工与包装。加工工厂应配备最新技术设备，以实现从脱壳到研磨、包装的全自动化流程。通过建立品牌和营销策略，加强产品在市场中的竞争力。利用线上线下销售渠道，推广有机非转基因水稻的健康和环保优势，满足消费者对优质大米的需求。实施从田间到餐桌的完整供应链管理，确保每一环节的质量控制，提供透明的产品追溯系统，增强消费者信任。通过村级仓储储备一定量的粮食，完善“藏粮于民”战略计划，增强地区粮食安全保障，减少因市场波动带来的风险。激励和支持当地农户参与有机水稻种植，提供必要的技术培训和经济激励，帮助农户转型升级，提高收入。通过这些综合性措施，湖南省不仅能满足市场对健康、安全食物的需求，同时也为当地经济注入新的活力，开辟经济增长的新途径。此外，这些活动还将帮助提升湖南省在有机农产品市场的品牌形象和竞争力。

16. 开展年度有机美食大赛和优秀农产品美食作品拍卖会

湖南省各村计划每年由当地食品企业（如湖南辣妹子食品股份有限公司、湖南鑫海股份有限公司和湖南平芝农业科技开发有限公司、湖南黑茶集团、湖南益阳郑金柠茶油有限公司、湖南天瑞食品有限公司、益阳市东鹏食品有限公司、益阳市金芙蓉食品有限公司和益阳市恒丰食品有限公司等）联合赞助和牵头举办食品品鉴大赛，评委来自各地游客。定期举办有机美食比赛，邀请厨师、美食爱好者、本地居民以及游客利用当地的有机农产品进行美食创作。参赛者将有机会亲自到田间挑选新鲜的有机原料，动手制作富有创意的有机美食。活动将涵盖从原料采购到美食制作再到作品评选的全过程，由专业评委团和现场观众投票选出胜出的佳肴，确保比赛的公平性和参与感。优秀的农产品美食作品可以在现场拍卖给相关食品公司或成立新的食品公司，这不仅展示了湖南省丰富的有机农产品，还促进了美食文化的传播。通过比赛和拍卖活动，增强公众对有机食品价值的了解，提升湖南省有机农产品的品牌形象。获奖的美食将有机会在当地餐馆中推广，为游客提供独一无二的饮食体验。该活动将吸引更多游客前来体验湖南的有机美食和乡村旅游，进一步促进当地的旅游业和经济发展。加强与本地及外地食品企业、媒体和旅游机构的合作，共同推广和支持这一活动，确保其影响力和持续性。通过这些综合性措施，湖南省不仅能够展示其有机农产品的独特魅力和美食文化，还能进一步促进当地旅游与经济的发展，提升各村的品牌形象和市场竞争力。

17. 茶叶品鉴与文化交流活动

湖南省利用其丰富的茶叶种植资源，省内各市联合定期举办茶叶品鉴及茶文化交流活动，吸引广大茶文化爱好者参与。组织茶叶品鉴活动，展示湖南特色茶叶品种，如安化黑茶、君山银针、毛尖等。邀请茶艺师进行现场表演和指导，提升品鉴体验。通过茶文化讲座、茶艺表演和互动体验，深入介绍湖南茶文化的历史、茶叶的制作工艺和品饮方法。促进参与者对茶文化的理解与欣赏。邀请茶农、茶叶专家和科研人员参加，分享最新的茶叶种植和加工技术，探讨茶叶品质改良的方法，激励茶农和生产者追求更高品质的茶叶。通过茶叶品鉴和文化交流活动，提高湖南茶叶的知名度和美誉度，增强市场竞争力。建立品牌形象，吸引更多消费者和茶叶爱好者关注和购买湖南茶叶。与益阳市安化县等茶叶主产区加强合作，资源共享，共同推动湖南茶产业的发展。定期举办联合活动，扩大影响力和市场覆盖面。利用媒体和社交平台广泛宣传茶叶品鉴和文化交流活动，吸引更多参与者。制作宣传资料，介绍湖南茶叶的独特魅力和文化底蕴。通过这些活动，湖南省不仅能够展示其丰富的茶叶资源和独特的茶文化，还能促进茶叶产业的持续发展和提升，增强市场竞争力，推动当地经济和文化的共同繁荣。

18. 提升湖南省农民的科技和管理能力

湖南省计划组织开展技术培训和教育活动，提升农民的现代农业生产技能和管理水平。培训内容涵盖种植技术、精准施肥、病虫害防治、水肥一体化管理等现代农业技术，旨在提高农民的实际操作能力。通过建立农业科技示范基地和农技推广站，展示和推广先进的农业生产技术和管理经验，为农民提供参观学习和实地体验的机会，激发其学习和应用新技术的积极性。此外，湖南省将充分利用信息技术手段，如农业APP、智能农业设备等，帮助农民获取实时市场信息、天气预报和农业技术指导，从而提高农民的决策能力和生产效率。通过数字化工具，农民能够实时监控作物生长情况、优化资源利用，做出精准的生产管理决策，提升农业生产的精细化水平。为进一步提高整体效益和竞争力，湖南省将推动建立农民合作社和农业合作组织，通过集中采购农资、共享先进技术和管理经验，提升农产品生产的规模效益。合作社还将为农民提供技术支持、市场信息和销售渠道，帮助他们更好地应对市场变化，提高农业生产的经济效益。提升农民的科技和管理能力是促进湖南省农村产业结构调整的关键步骤。这将有助于培育和发展具有地方特色和市场潜力的农产品，推动农村经济由传统向现代、由规模向效益转变。通过技术培训和信息化支持，农民能够掌握先进的种植和养殖技术，有效管理农业生产过程，减少资源浪费，提高作物和畜禽的产量和品质。

19. 创新营销模式，引入直播带货和旅游打卡

湖南省的各村应积极利用新媒体和互联网技术刷新其营销策略。通过直播平台展示各村的特色农产品，如湘米、湘茶、湘橙、湘莲等，以及独特的手工艺品和旅游景点。邀请知名主播和当地达人进行直播，介绍产品的种植过程、制作工艺和独特之处，激发消费者的购买兴趣。在村内设置多个旅游打卡点，如茶园、橘园、荷花池和传统农耕展示区等，设计独特的拍照背景和标志性景观，吸引游客拍照留念。鼓励游客通过社交媒体分享自己的游览体验和难忘时刻，创建特色主题标签，组织线上活动如摄影比赛和分享有奖等，提升湖南省乡村的网络知名度和吸引力。制作短视频和纪录片，展示湖南乡村的自然美景、风土人情和农产品特色，通过抖音、快手、B站等平台进行推广，吸引更多的关注和流量。结合线上的宣传和直播带货，组织线下体验活动，如农产品采摘节、手工艺制作体验等，让消费者在亲身体验中增加对产品的认同感和购买意愿。为村民提供直播技巧、网络营销和社交媒体使用等方面的培训，提高村民的参与度和技能水平，推动新媒体营销的普及和应用。通过这些创新营销模式，湖南省不仅能有效放大乡村的市场影响，还将促进当地旅游和特色产品销售的增长，为乡村经济带来新的生机与活力。现代营销技术和社交媒体的结合，将进一步推动湖南省乡村经济的快速发展和品牌提升。

20. 建立村级仓储物流配送体系

湖南省各村需要建立一个有效的村级仓储物流配送体系，旨在为购买本地产品的游客提供快捷方便的送货服务。在各村建立仓储中心，配备现代化的仓储设备和管理系统，确保农产品和手工艺品的储存环境良好，保持产品的质量和新鲜度。与专业物流服务提供商合作，建立高效的配送网络。通过整合物流资源，实现村级仓储中心与省内外主要城市的无缝连接，确保所有购买的商品都能安全且迅速地送达游客手中。提供多样化的配送服务选项，如次日达、定时送等，满足不同游客的需求。同时，开设在线订单追踪系统，让游客实时了解配送进程，提高购物体验的透明度和满意度。通过建立电商平台和微信小程序，将村级仓储物流系统与线上销售渠道相结合，游客不仅可以在现场购买，还能通过线上平台进行下单和配送。为村民提供仓储管理和物流配送的专业培训，提升本地人员的技能水平，确保物流体系的高效运行。同时，制定严格的管理制度，保证配送过程中的安全和服务质量。通过高质量的配送服务，提升游客对湖南乡村品牌的认知度和好感度。定期收集游客反馈，持续改进服务质量，增强游客的信任和忠诚度。通过建立这样一个村级物流配送体系，湖南省各村不仅能够更紧密地与游客建立联系，促进本地产品的销售，还能提升游客对湖南乡村品牌的认知度和好感度，为当地经济和旅游业注入新的活力。这项服务将显著提高游客的购物便利性和满意度，推动湖南乡村经济的持续健康发展。

21. 维护消费者权益，严格禁止假冒伪劣产品

湖南省各村应致力于构建一套严密的市场管理机制，保护消费者权益，确保所有在村内销售的产品均符合国家标准和高质量要求。设立专门的市场监管机构，制定严格的市场管理制度，确保所有销售的产品经过严格的质量检验和认证，杜绝假冒伪劣商品的出现。建立常规的产品质量检查和抽检机制，确保产品质量稳定。对不合格产品进行严肃处理，保护消费者的合法权益。通过法律手段打击假冒伪劣产品，设立投诉和举报机制，鼓励消费者积极维权。同时，通过宣传教育活动，提高商家和消费者的法律意识和质量意识，营造诚信经营的市场环境。为商家提供相关法律法规、产品质量控制等方面的培训，帮助他们提升产品质量和服务水平，规范经营行为。建立消费者权益保护平台，提供咨询、投诉和调解服务，及时解决消费者在购物过程中遇到的问题，确保消费者权益不受侵害。努力建立一个公正和信誉的市场氛围，让消费者能够放心购买湖南省各村的产品，增强对本地产品的信心。通过这些措施，湖南省各村不仅能有效保护消费者的权益，还能提升市场的整体信誉度和吸引力，促进本地经济的健康发展。维护消费者权益将为湖南省各村的长期繁荣奠定坚实的基础，推动乡村经济的持续进步。

22. 建立民主、公平、公正透明的合作社机制

湖南省各村应建立一个基于民主、公平、公正和透明原则的合作社体系，确保每位村民都能自主选择加入、共同努力、分享利益，并参与合作社的监管。合作社应由村民共同出资建立，并努力争取国家及社会的财政支持，确保合作社的资金来源多样化，减少商业资本的干预，保持合作社的独立性和自治性。建立严格的资金使用和管理制度，确保每一笔资金的使用都公开透明，接受全体成员的监督和审核，防止资金滥用。合作社的运作应建立在诚信和契约精神之上，追求优质高效的目标。确保每位成员都能够平等参与合作社的管理和决策，共同分享合作社的发展成果。鼓励各村培育出具有独特性的合作社理念，深刻理解农业对于基础经济的重要性，始终将质量放在首位，尊重自然法则，致力于环境友好、健康且可持续的发展道路。在条件允许的地方，合作社应实施机械化规模化生产和集约化管理，通过集中资源、优化生产流程和提高资源利用效率，促进农业生产的现代化。规模化生产将使合作社能够更好地应对市场变化，降低生产成本，增加农产品的市场竞争力。合作社应注重科学规划和技术创新，提高土地和其他农业资源的使用效率，同时注重环境保护和可持续发展。这一模式不仅增强了合作社的内部凝聚力和外部竞争力，也为村民带来了更多的收益和福祉。每位成员都有权利和义务参与合作社的管理和监督，确保合作社的决策和运作符合全体成员的利益，提升合作社的透明度和公信力。通过这些举措，湖南省各村将能够建立一个强大且可持续发展的农业合作社。这不仅促进了农村经济的健康发展，也提升了村民的经济收入和生活质量，为实现乡村振兴奠定坚实基础。合作社的成功运行将成为湖南省农业现代化和可持续发展的重要支撑力量。

23. 乡村经济的发展主体在于乡村本身，村干部带动村民以合作社为主体

乡村经济发展的核心在于激活乡村内部的生产力，而村干部和合作社的作用至关重要。村干部不仅是推动经济发展的领导者，也是激励村民共同参与的关键力量。他们应积极宣传和推动合作社的发展模式，带领村民集合资源、共享利益。通过建立以合作社为主体的发展模式，使个体农户能够超越传统的小规模经营，通过集体力量实现规模化种植、统一管理和品牌化销售，大幅提升产品的市场竞争力。合作社应为村民提供技术培训、信息交流等服务，增强农户的自我发展能力和应对市场变化的灵活性。通过科学种植、合理管理和现代化技术的应用，提升农业生产效率和产品质量。在村干部的带领下，合作社成为连接村民与市场的桥梁，不仅直接提升了农产品的销售渠道和价值，也为乡村

经济的多元化拓展了新路径。合作社的成功运作能够吸引更多的外部投资和政策支持，适当引进人才为乡村经济的持续发展注入新的动力。政府应提供相应的政策支持和资金扶持，确保合作社的稳步发展。通过合作社推广现代农业技术和管理模式，实现从传统农业向现代农业企业的转变。合作社应注重科学规划和技术创新，提高资源利用效率，推动农业生产的现代化。合作社模式不仅能带动经济发展，还能增强社区的凝聚力和合作精神。通过共同努力和利益共享，村民们将更加团结，形成强大的内部动力。通过以合作社为主体，村干部和村民共同努力，湖南省的乡村经济发展将实现从传统农业向现代农业企业的转变，为实现乡村振兴战略目标奠定坚实基础。通过这些措施，湖南省的各村将能够有效激活乡村内部的生产力，提升农业生产效率和市场竞争力，推动乡村经济的多元化和可持续发展，最终实现乡村振兴的目标。

通过实施前述策略，湖南省各村可以将其独特的有机与非转基因农业资源转化为具有显著影响力的乡村旅游品牌。建立完善的农产品产业链和产业集聚区，推动农业的规模化、标准化和品牌化经营。这不仅将显著提升湖南农业的整体水平和市场竞争力，还将为乡村经济的可持续发展注入强大动力。通过集聚区的建设，实现农业生产、加工、销售的一体化，提升产品附加值，增强市场竞争力。集聚区的完善设施和现代化管理将为农业现代化和高质量发展提供关键支持。突出有机与非转基因农产品的特性，打造健康、安全的农产品品牌。这不仅为地方经济发展和村民收入提供了新的增长路径，而且显著增强了湖南在促进健康生活和可持续农业实践方面的吸引力。以有机和非转基因产品为核心，发展特色乡村旅游，结合农业观光、农事体验和生态旅游，吸引更多游客。利用新媒体和互联网技术，创新营销模式，提升乡村旅游品牌影响力。在全球消费者越来越追求健康和环境保护的背景下，湖南各村应抓住这一趋势，通过国际认证和市场推广，吸引全球消费者的关注，带来长远的发展机遇。农业农村经济的快速转型升级，需要村干部具备“先天下之忧而忧，后天下之乐而乐”的为民谋福精神。村干部应带领村民共同发展，集合资源、共享利益，推动乡村经济的繁荣。确立“分蛋糕的人必须最后拿蛋糕”的制度保障，以确保政策落实能够达到预期效果，保障村干部的责任和利益分配的公平性，从而为乡村的长期繁荣奠定坚实基础。通过这些综合性的措施，湖南省将有效推动农业和乡村旅游的融合发展，提升乡村经济的整体水平和市场竞争力，推动乡村振兴战略的深入实施。湖南省各村通过创新发展模式和完善管理机制，将实现从传统农业向现代农业企业的转变，带来经济和社会的双重效益。

（二）地方政府在农业农村经济发展中的作用建议

为进一步提升地方政府在推动乡村经济增长中的管理作用，我们提出一系列针对政府职能与角色的深化建议。这些建议旨在通过政府的积极介入和支持，优化乡村发展战略，包括政策支持、合理分权、民主集中、公正监管和专家咨询等方面。这样的举措期望能够激发湖南省乡村的内在活力，促进经济的自主发展，同时保障社会公平与公正，为实现乡村振兴目标提供坚实的政策和管理基础：

1. 强化政府在乡村经济发展规划中的引导作用

为确保湖南省乡村发展的方向和步骤与整体的经济社会进步目标保持一致，地方政府在乡村规划领域的作用不可或缺。通过提供专业的指导和有力的支持，地方政府致力于使每一份乡村发展规划都显得科学合理，确保其既符合乡村自身的发展需求，又与更广泛的地区发展策略相吻合。此外，政府特别强调在推动经济增长的同时，必须兼顾生态保护和文化传承，防止在追求速度和效益的过程中忽视了对环境的保护和对历史文化遗产的维护。这种做法旨在避免因快速发展而带来的资源过度开发和文化价值流失，保证乡村发展既环境友好又文化丰富。地方政府的这一系列举措，确保了乡村发展规划的全面性和长远性，为实现可持续发展和文化多样性保护提供了坚实保障。通过这样的综合策略，旨在引导乡村朝着更加繁荣、和谐、民主和可持续的方向前进。通过科学规划，湖南省地方政府能够有效引导乡村经济的发展，使其不仅在经济上实现增长，更在社会、文化和生态方面取得全面进步。

2. 建立多层次民主沟通机制

为确保政策的有效性和适应性，以及时识别并快速解决湖南省乡村发展中遇到的各种问题，建立一个多维沟通平台成为政府的重要任务。这个沟通平台覆盖了乡村的各个层面，包括乡村带头人、农民代表、当地企业以及社会组织，旨在构建一个全方位、多角度的民主沟通机制。政府通过定期安排座谈会、听证会等形式的交流活动，主动听取来自不同群体的声音和建议。这样做不仅有助于政府更准确地把握乡村的需求和挑战，更能确保制定出的政策既符合乡村的实际情况，也得到广泛的社会支持。通过增强政策的透明度和鼓励公众参与，这一机制能够有效提升政府工作的开放性和民主性，进一步促进乡村经济的健康发展和社会和谐。此举不仅强化了政府与乡村社区之间的联系，还为实现真正意义上的乡村振兴奠定了坚实的基础。通过多层次的民主沟通机制，湖南省将能够更有效地推动乡村经济的全面发展，使乡村社区更加繁荣、和谐和可持续。

3. 优化服务型政府构建，取消特权

为构建一个以民为本的服务型政府，湖南省各政府部门正积极改革，将自身从传统的管理角色转变为服务提供者，旨在为公众带来更为高效和便利的服务体验。这一转变涉及多项具体举措，包括但不限于简化繁杂的行政审批程序，建立集多项服务于一体的综合服务窗口，以及充分利用现代互联网技术，优化服务流程，提高服务响应速度。这些改进措施大大减轻了乡村企业和广大农民的办事负担，有效降低了他们的经营成本和时间成本。更重要的是，通过这样的努力，政府激发了乡村经济的内生动力，为乡村发展注入了新的活力。这种以服务为导向的政府构建方式，不仅增强了政府与民众的互信，还促进了公共服务质量的整体提升，为打造亲民、高效、民主和透明的政府环境做出了贡献，进一步推动了乡村振兴和社会和谐的实现。通过取消特权，建议取消食堂干部窗口，与民一致。优化服务，湖南省政府将更好地支持乡村经济发展，实现高效、便捷的公共服务，为全面推进乡村振兴提供坚实的保障。

4. 建立健全乡村民主监督体系

为了确保乡村治理的规范性和高效性，湖南省地方政府正致力于构建和完善一个全面的乡村民主监督体系。这一体系的核心目标是加强对乡村经济活动的全方位监管，积极预防和严厉打击任何违法和违规行为，从而维护乡村发展的良好秩序。重要的是，政府同时致力于推进治理透明化进程，比如通过公开财政预算细节、重大建设项目的招标信息等关键数据，让公众能够更直接地参与和监督政府工作。这些措施不仅有助于提升政府决策和执行工作的透明度，还能显著增强政府的公信力，建立起政府与民众之间的互信基础。通过实施这些策略，湖南省地方政府期望能够创造一个公正、透明、民主和可靠的乡村治理环境，为乡村经济的健康发展提供坚实保障，同时促进社会公平正义，加强民众对政府工作的满意度和信任度。

5. 推动乡村治理民主现代化

在当今信息化快速发展的时代背景下，将现代信息技术应用于乡村治理成为提升治理效率和质量的关键举措。湖南省地方政府正积极倡导并支持乡村深度融合大数据、云计算等先进信息技术，目标是通过技术手段革新乡村管理模式，提高治理的科学性和精准性。具体措施包括指导乡村构建智能化管理平台，该平台能够实现跨领域的资源整合和信息共享，确保民主决策的数据支撑和服务的精确投放。这样的智能化治理不仅显著提升了乡村民主管理的效率，还大大增强了政府对乡村发展的引导和支持能力，促进了乡村经济的高质量增长。通过实施这些策略，湖南省地方政府期望能够推动乡村治理民主现代化，加快乡村经济社会的全面进步，为实现乡村振兴战略目标奠定坚实的技术和民主管理基础。

6. 专家咨询与人才引进

为充分激发和利用外部智力资源，加速湖南省乡村经济的发展，地方政府将采取积极策略，重点聘请那些根植于本地、在中央或高等院校以及企业等单位积累了丰富知识和经验的专家。这些专家不仅深刻理解家乡的文化和经济背景，而且具备为家乡贡献自己力量的热忱。他们将被邀请回乡，为乡村的经济规划和发展提供专业的咨询与指导，从而确保乡村发展策略既科学又切合实际。此举措的一个显著优点在于，它不会对地方政府造成额外的财政负担，因为专家的聘用并不涉及薪酬问题，仅以发放聘书及地方政府颁发的荣誉证书作为对他们贡献的认可和鼓励。通过这种方式，不仅能够最大限度地发挥外部专家的智力优势，促进乡村经济策略的优化和创新，还能增强专家对家乡的归属感和责任感，共同推动湖南省乡村经济的健康、持续发展。

7. 政策指导与提高审批效率

在推进湖南省乡村经济发展的战略中，地方政府扮演着至关重要的角色，特别是在政策指导和激励措施的实施上。通过精心设计的策略，地方政府将部分决策权下放给乡村，赋予它们在发展策略上的更大自主性。这一举措不仅仅是权力的简单转移，而是一个全面的促进计划，旨在让乡村根据自己的实际情况和需求，制定出符合自身特色的发展路径。地方政府在这个过程中，不放弃监管和指导的职责，而是通过审定乡村的发展计划后负责其执行，确保每一项政策都能够有效地促进乡村的持续发展。这种做法大大增强了乡村在自我发展过程中的主动性和创造性，为乡村经济的自主发展提供了坚实的基础。通过这样的策略实施，乡村不仅可以在经济上实现自力更生，还能在社会和文化领域展现出更大的活力和创新能力，为实现乡村全面振兴提供了强有力的支持。

8. 公平竞赛的监督

在推进湖南省乡村发展和增强农村社区活力的过程中，地方政府扮演了关键的监督和支持角色，特别是在组织各类比赛和赛事方面。通过对这些活动的严格监督，政府确保了比赛的每一个环节都能公正无私地进行，从而保障了所有参与者的利益和权益。为了进一步提升这些活动的认可度和影响力，政府还会为获奖者颁发官方认证的证书，这不仅是对他们技能和成就的认可，更是一种鼓励和激励。这种做法显著提高了活动的公信力，并成功地激发了乡村社区以及广大农民参与的热情，创造了一个积极向上的氛围。通过这样的努力，不仅促进了农民技能的提升，也为乡村产品质量的提高铺平了道路，进一步推动了乡村经济的发展和农村社区的活力。地方政府的这一策略有效地促进了乡村之间的健康竞争，加速了乡村振兴和农业现代化的步伐。

9. 合作社的公正监管

在湖南省乡村经济的稳定与快速发展过程中，合作社的作用不容忽视。为了确保这些合作社能够健康、公正地成长，地方政府采取了严格的监管措施。关键在于实施公平公正和民主的管理原则，并建立起一整套透明的人事和财务管理体系。这种做法的目的在于深化合作社内部成员之间的互信，确保每一位成员都能在公平的环境下共同努力，提高管理效率，同时增强经济收益。更重要的是，透明公正的运作机制极大地提升了合作社在村民心中的吸引力，鼓励了更多村民加入和支持合作社的发展。随着合作社成为越来越多村民共同努力的平台，不仅促进了合作社自身的经济效益，还加强了社区的凝聚力，为湖南省乡村经济的全面发展注入了新的活力。通过地方政府的这一系列努力，合作社成为推动乡村经济发展的重要力量，展现了乡村振兴战略中合作社不可替代的角色和价值。

10.加强自主学习和自我提升以及乡村人才引进

在湖南省当前的乡村振兴进程中，面对诸多复杂的任务与挑战，政府正积极部署一系列创新性措施，旨在全面强化乡村人才培养及引进体系。特别关注的是，政府鼓励并组织各村合作社的成员深入学习和借鉴国际上在农业发展上的成功经验，特别是它们的经营理念和时代背景。这一策略不仅着眼于提升乡村人才的自主学习和自我提升能力，也旨在通过国际视野和先进模式的引入，促进本土农业技术和管理水平的全面提升。政府已经出台了一系列精心设计的政策，以吸引那些对农业有深厚理解、热爱乡村生活并愿意投身乡村振兴事业的高素质人才。这包括实施乡村振兴人才支持计划，提供专业的职业技能培训，以及创造实践和创新的平台，从而建立起一个强大的乡村人才库。这些努力不仅增强了乡村对人才的吸引力，也极大提升了当地人才的职业技能和创新能力，为乡村的经济与社会发展注入了持续的新动力。

湖南省地方政府在推动乡村经济增长中发挥了复合角色：推动者、协调者、服务提供者及严格监管者。这种多角色的扮演，确保了乡村经济发展的健康和规范性，为乡村振兴战略的深入实施奠定了坚实基础。首先，地方政府的政策支持和管理措施全面，强化了政府在乡村经济发展中的核心作用。这不仅体现在直接的政策支持和监管保障上，更在于对乡村自治能力的重视与培育。通过激发乡村内在活力，促进资源的高效配置，地方政府尊重并支持乡村的自主发展权。此外，湖南省政府通过农业合作社等实体经济组织的建设和优化，有效利用了乡村资源，实现了精细化管理。这些措施不仅促进了乡村社会的和谐与经济的繁荣，还增强了乡村社区的凝聚力，为经济的持续健康发展提供了坚实基础。在全球经济一体化和科技迅速发展的背景下，建立良性经济循环体系显得尤为重要。地方政府需制定合理的游戏规则，如规定企业利润超过一定额度时，只能提取部分利润，余下的需继续投入生产和研发。这种规则有助于保障经济的可持续发展，促进企业和行业的长远健康成长。最后，湖南省地方政府的实践强调了各级干部需具备“先天下之忧而忧，后天下之乐而乐”的为民服务精神，同时依赖“分蛋糕的人最后拿蛋糕”的公开透明的民主制度保障，确保乡村经济快速且成功地实现转型升级。这些努力加快了乡村振兴战略的实施，为实现湖南省乡村经济的现代化和可持续发展创造了条件。

补充说明：

前面我们撰写了《给全国农业农村经济快速转型升级的建议——以湖南省沅江市为例》，该建议受到了广泛好评。许多地方主动联系我们，希望合作申报国家项目，或推动方案的落地实施。我们撰写这份建议的主要目的是为地方政府和乡镇提供新思路，推动大家改变传统理念。如果大家无法在理念和认知上更新对传统模式的认识，仅仅追求短期利益，这种模式是不可持续的。有人认为，如果我们不推动落地，这就是纸上谈兵。然而，我们坚信，农业的出路在于全民，特别是农民的觉醒。农民需要主动学习，尤其是借鉴国外的先进经验。只有当农民自己思考并决定自己的未来，才能真正实现转型升级。他们需要认识到，建立合作社，实现规模化和高效化，是解决问题的关键。当前，有时许多瓜果蔬菜在田间腐烂，但超市价格却居高不下，这就需要农民明白，只有通过建立合作社等实体经济组织，与其他团体谈判，才能获得更多利益。大家必须认识到，诚信和契约精神是发展的基石。同时，建立透明、公正、公开的民主管理和监督制度，才能确保可持续发展。如果这些基础未能建立，即便短期内部分地区取得了经济收益，从长远来看，效果也将十分有限。农业的发展不能依赖政府兜底，而是需要农民自身的觉醒和努力。我们主要是希望推动大家思考并改变观念。地方有专长于落地实施的团队，可以快速推动方案的落实。

附录5　全国适当发展都市农业和推动“三藏战略”实施降低食品安全隐患建议

近期，化工油罐车混装食用油事件引发了对食品安全的关注。城市扩张速度过快，人口过多且高度聚集，导致食品供应面临挑战，供给难以满足需求。城市化进程加速使农业用地减少，都市周边农业生产面积缩减，产量减少。农民为提高产量，可能过度使用化肥和农药，增加有害残留。人口密度增加对食品供应链提出更高要求。城市人口快速增长使食品需求量增加，供应链难以快速适应。在运输和储存过程中，为确保食品的新鲜度和外观，使用保鲜剂、防腐剂等化学物质，但这些物质可能对健康产生不利影响。供应链的各个环节难以全面监管，从农田到餐桌，多个环节的加工、运输和储存都可能成为隐患源头。监管难以覆盖所有环节，一些不法商家进行非法添加和掺假行为，增加风险。城市人口的聚集使食品需求多样化。为了满足不同人群的需求，生产商需要提供更多的不同产品，使用更多添加剂和防腐剂，以延长保质期和改善口感。这些添加剂虽然在规定范围内使用是安全的，但长时间、大量摄入可能对健康产生累积影响。城市化进程带来了交通和物流的压力。为了满足居民的食品需求，食品需要在短时间内从生产地运送到消费地。运输工具的选择和运输条件的控制可能影响食品安全。例如，冷链运输不当会导致食品变质，长途运输中的颠簸可能导致包装破损，增加污染风险。

为解决这些问题，我们提出适当发展都市农业是解决当前食品安全的重要选项。都市农业可以增加城市食品供应的稳定性和安全性，每个都市需要考虑规划建设自己的粮油及蔬菜生产基地，有效利用城市空间，提高居民生活质量。都市农业可以利用闲置土地和空间，发展屋顶农业、社区花园和垂直农场，在城市内部生产新鲜的蔬菜、水果和草药，减少对长途运输的依赖，保证食品的新鲜度和安全性。此外，都市农业能够缩短供应链，减少中间环节的风险。通过在城市内部进行农业生产，食品从田间到餐桌的距离大大缩短，运输和储存过程中的污染和损耗风险降低，增加食品的可追溯性和透明度。都市农业还能增强社区凝聚力和居民健康意识，促进绿色环保和可持续发展。本文提出适当发展都市农业和推动“三藏战略（藏粮于地、藏粮于技和藏粮于民）”，保障食品和粮食安全，让大家吃饱、吃好和吃得安全。政府、企业和居民应共同努力，推动都市农业发展，为建设更健康、更可持续的城市贡献力量。我国都市农业正处于转型升级的关键时期，各都市的规划不仅能为本市带来新的发展机遇，也能为其他城市提供有益借鉴。食品安全是人类生存最基本的需求，也是国家持续发展的基石。各城市应结合自身实际情况进行调整。依托地域优势和特色产业制定相应措施，坚持科技创新，形成具有地方特色的都市农产品产业链和订单农业模式，共同推动我国都市农业的快速升级转型。都市农业发展建议如下：

1. 都市非转基因有机粮油和蔬菜生产基地布局，推动“三藏战略”深入实施

为了减少食品安全风险和减少运输成本，各都市应在都市周边积极筹建专门的有机非转基因粮油和蔬菜生产基地，以满足市场对高品质、健康食品的需求。通过建立这些生产基地，城市不仅可以保障居民健康，还能在激烈的市场竞争中占据优势地位。在粮油生产方面，都市应致力于生产符合最高品质标准的非转基因食用油、酱油和醋。为确保产品质量，所有生产流程必须严格遵循国内外关于有机和非转基因产品的认证标准。这不仅能增强消费者对产品的信任和接受度，还能提升品牌的市场竞

争力。此外，相关企业应积极引进先进的生产技术，提升生产效率和产品质量，确保产品在市场上具有明显的优势。有机蔬菜基地的建设同样重要，这些基地应围绕城市周边区域布局，方便产品的运输和供应。在有机蔬菜生产过程中，要严格控制农药和化肥的使用，确保蔬菜的纯天然无污染。为此，政府和企业应联合制定详细的有机种植标准和规范，并进行定期检查和监督，确保生产过程的每一个环节都符合有机认证要求。在推动有机非转基因粮油和蔬菜生产的过程中，鼓励周边农民参与相关原料的种植和管理至关重要。政府和企业应提供技术支持和市场保障，帮助农民掌握有机种植技术，提高农产品的附加值。通过这种合作模式，农民不仅可以增加收入，还能提升农业生产的可持续性。这种双赢的模式，不仅增强了社区对项目的支持和参与，也有助于推动当地农业的现代化发展。环保措施是建设有机非转基因粮油和蔬菜生产基地的重要一环。生产企业应采用节能技术和废物回收程序，减少对环境的影响。例如，可以使用太阳能发电、雨水收集系统等绿色技术，降低生产过程中的能源消耗和废水排放。同时，应加强废弃物的分类处理和回收利用，减少对自然环境的破坏。这不仅符合现代环保理念，也能提升企业的社会责任形象。

2. 政策支持与法律保障

政策支持与法律保障是都市农业发展的基础。首先，政府应制定明确的都市农业发展政策，包括土地使用、资金支持、技术推广和市场准入等具体规定，确保都市农业在城市化进程中有足够的发展空间和资源。其次，完善法律法规体系，为都市农业提供法律保障。这些法律应明确都市农业的定义和范围，规定用地性质和使用方式，保护用地不被侵占或改作他用，并设定环保要求，确保不对城市环境造成负面影响。此外，政策支持应包括财政和税收优惠措施。政府可以通过补贴、低息贷款和税收减免等方式，降低都市农业的生产和运营成本，吸引更多企业和个人参与。特别是在初期发展阶段，财政支持对项目启动和运作至关重要。技术支持和推广也是关键。政府可以设立专项资金，支持技术研发和推广应用，同时鼓励高校、科研机构与企业合作，开发高效、环保的都市农业技术，提高生产效率和产品质量，增强市场竞争力。政策和法律还应促进市场建设和品牌推广。政府可以制定市场准入标准，建立质量认证体系，举办农产品展销会，帮助都市农业产品进入市场，逐步建立地方特色品牌，提高市场知名度和消费者认可度。最后，政策和法律保障应包括监管和评估机制。政府应建立健全的监管体系，定期评估政策实施效果，及时调整和完善措施，确保都市农业健康持续发展。通过有效监管和评估，及时发现和解决问题，优化政策和法律框架，保障都市农业的长远发展。

3. 规划与土地利用

规划与土地利用是都市农业发展的关键。首先，政府应在城市总体规划中明确都市农业的定位，将其纳入城市发展的重要组成部分。科学规划部分城市用地为农业用地，确保都市农业在城市化进程中有足够的发展空间和资源支持。在具体实施中，应根据地理条件、人口密度和生态环境等因素，合理划分农业用地。利用城市周边的空地、荒地和未开发的绿地进行农业生产，并通过屋顶绿化、垂直农场等创新形式在城市内部创造农业用地。这不仅提高了土地利用效率，还美化了城市环境，改善了城市生态。政府应出台相关政策，保护和支持都市农业用地的长期稳定性。通过制定土地使用条例，明确规定都市农业用地的性质和使用方式，防止其被随意侵占或改作他用。同时，建立土地租赁和补偿机制，为都市农业项目提供长期稳定的土地资源。在土地利用规划中，应注重多功能综合利用。都市农业不仅应满足生产需求，还应具备休闲、观光、教育等多种功能。通过建设社区花园、农业公园和教育农园，增加城市绿化面积，提高居民的生活质量和环境意识。这类项目在东京和首尔等地取得了显著成效，既提供了新鲜农产品，又成为市民休闲娱乐的重要场所。此外，应加强土地利用的监管和评估。政府应定期检查农业用地的使用情况，确保其符合规划要求，并建立评估机制，根据实际情况及时调整规划，提高土地利用效率和可持续性。最后，规划与土地利用应充分考虑城市发展的长期需求。政府应进行前瞻性研究，预测人口增长和土地需求变化，预留足够的农业用地。通过科学规划和合理利用土地资源，确保都市农业在城市发展中的持续稳定，为居民提供安全、优质的农产品，提升城市的可持续发展水平。

4. 多功能都市农业设计

多功能都市农业是现代城市农业发展的新趋势，不仅满足居民对新鲜农产品的需求，还具有教育、观光和休闲等功能，促进城市的可持续发展。首先，多功能都市农业在生产方面利用城市内部和周边土地，提供新鲜、安全的农产品，缩短食品供应链，减少运输损耗和污染，提高食品安全性。其次，多功能都市农业在教育方面通过建设教育农园和学校农场，让学生参与农业生产活动，增强他们对自然和农业的了解，提高环保意识和动手能力。观光功能是多功能都市农业的重要组成部分。建设观光农场和农业公园，吸引游客参观和体验农业生产过程，增加农业收入，推动地方经济发展。游客可以购买新鲜农产品，亲身体验种植和收获的过程，增加旅游吸引力。休闲功能也是多功能都市农业的一大亮点。在农业园区内设置休闲娱乐设施，如儿童游乐场、休闲小径、垂钓区等，为城市居民提供休闲娱乐的好去处，促进社区融合和居民身心健康。此外，多功能都市农业还促进社区建设和社会互动。社区花园和合作农场等项目不仅提供新鲜农产品，还为居民提供社交和合作的平台，增强社区凝聚力。通过共同种植和维护花园，居民关系更加紧密，社区氛围更加和谐。为了实现多功能都市农业的发展，政府应制定相关政策，提供资金和技术支持，鼓励企业和社区参与。同时，应加强宣传和教育，提高公众对多功能都市农业的认识和参与度。

5. 科技创新与推广

科技创新与推广是推动都市农业发展的重要动力。通过增加科技研发投入和推广先进技术，可以提升生产效率和产品质量，满足城市居民对高品质农产品的需求。首先，政府应加大对都市农业科技研发的资金投入，支持科研机构和企业进行技术创新。设立专项研究基金，鼓励高校、科研院所和农业企业合作，开发适合都市农业的高效、环保技术，如垂直农业、水培和无土栽培，提高土地和水资源的利用效率。其次，推广先进的农业设备和智能化管理系统。利用物联网、人工智能和大数据，实现农业生产的智能化和精准化管理。例如，智能温室和自动灌溉系统可以根据环境条件自动调节，提高作物生长效率和质量。政府还应推广适合都市农业的环保技术，减少化肥和农药的使用，推动有机农业和生态农业技术，保护城市环境和居民健康。为了确保科技创新成果的推广，政府应建立健全技术推广体系。通过技术培训、示范推广和交流合作等活动，提高农民和农业企业的技术水平和应用能力。同时，加强国际科技合作，引进和借鉴国外先进农业技术和经验，提升我国都市农业的科技水平。最后，科技创新和推广还需加强宣传和教育，提高公众的科技意识和参与度。通过媒体宣传、科普讲座和公众体验活动，让更多人了解和参与都市农业科技创新，提高社会对科技农业的支持和认可。

6. 水资源管理

水资源管理是都市农业发展的关键因素之一。通过实施高效节水灌溉技术和优化城市水资源管理，可以提高水资源利用率，保障都市农业的可持续发展。首先，政府应推广高效节水灌溉技术，如滴灌、喷灌和微灌系统。这些技术能精准控制灌溉用水量，减少浪费，提高灌溉效率。都市农业项目广泛采用滴灌技术，显著降低了用水量，同时提高了作物产量和质量。其次，应加强雨水收集和再利用系统的建设。在建筑屋顶和公共设施中安装雨水收集装置，将雨水储存用于农业灌溉和园林绿化，缓解城市供水压力，利用自然降水资源。社区花园和屋顶农场通过雨水收集系统，减少对自来水的依赖，推动水资源的可持续利用。此外，推广废水处理和再生利用技术。将生活废水经过处理后用于农业灌溉和园林绿化，减少水资源浪费，解决城市废水处理问题。都市农业项目将处理过的废水用于灌溉，节约水资源，保护环境。为了确保这些技术的实施，政府应制定相关政策和标准，支持高效节水灌溉技术和水资源再利用系统的应用。通过提供财政补贴和技术支持，降低企业和农民的实施成本，促进节水技术的普及。同时，应加强对水资源管理的宣传和教育，提高公众的节水意识和参与度。通过节水宣传活动、示范点和推广节水技术，让更多人了解和参与水资源管理。最后，政府应建立健全水资源管理的监测和评估体系。定期监测水资源利用情况，评估节水技术的效果，及时调整和优化管理措施，确保水资源的高效利用和可持续管理。水资源管理部门定期对节水灌溉项目进行监测和评估，改进技术和管理措施，提高水资源利用效率。

7. 生态与有机农业

生态与有机农业在都市农业中至关重要，通过减少化肥和农药的使用，可以保护城市生态环境，提高农产品的质量和安全性。首先，政府应制定并推广生态和有机农业的标准和规范，明确定义、生产要求和认证流程，通过严格的认证体系确保生产过程符合标准，提高产品的市场竞争力和消费者信任度。其次，政府应提供财政和技术支持，鼓励农民和企业采用生态和有机农业技术。通过提供有机肥料、生物农药和生态种植技术的补贴和培训，降低生产成本，提高生产积极性。推广成功案例和示范项目也是关键。通过建设生态农业示范园和有机农场，展示先进技术，供农民和企业学习借鉴。这些示范园区不仅展示高效环保的农业技术，还通过参观和培训活动推广生态农业理念和技术。为促进生态和有机农业的发展，应加强市场建设和品牌推广。政府可以举办有机农产品展销会，建立专卖店和电商平台，帮助有机农产品进入市场，提高市场知名度和消费者认可度。教育和宣传也是推动生态和有机农业发展的重要手段。通过媒体宣传、学校教育和社区活动，提高公众对生态农业和有机农业的认识和支持。最后，建立健全的监管和评估体系，确保生态和有机农业的可持续发展。政府应定期检查和评估项目，确保其符合标准，不断改进政策和措施，促进持续健康发展。

8. 社区参与和合作

社区参与和合作是都市农业发展的重要组成部分。推动社区参与都市农业项目，如社区花园和屋顶农场，不仅提高农业生产效率，还增强社区凝聚力和居民参与度，为城市生活带来积极变化。首先，社区花园和屋顶农场为居民提供了共同参与农业活动的机会，不仅限于种植和收获，还包括学习农业知识、培养环保意识和增强社区合作精神。通过共同劳动和互动，居民关系更加紧密，社区凝聚力显著提升。其次，社区农业项目提高居民的食品安全意识和健康水平。在参与种植过程中，居民体验无化肥、无农药的有机种植方式，了解食品生产全过程，增强对食品安全的认识。社区花园项目还组织农业知识讲座和环保活动，提高居民的健康和环保意识。此外，社区农业项目为城市居民提供休闲娱乐的新方式。通过参与农业活动，居民在忙碌的城市生活中找到宁静的绿洲，享受自然乐趣，缓解压力。屋顶农场不仅生产新鲜蔬菜，还成为居民休闲放松的好去处，广受欢迎。为了推动社区参与和合作，政府应提供政策和资金支持。通过提供启动资金、场地租赁优惠和技术培训，降低居民参与门槛，鼓励更多人加入社区农业项目。社区花园项目提供大量资金支持和技术指导，确保项目顺利开展并取得成功。同时，政府应加强宣传和推广，提升社区农业项目的知名度和吸引力。通过媒体报道、社区活动和示范项目，让更多居民了解社区农业的好处，激发参与热情。社区花园项目通过丰收节、开放日等活动吸引大量居民参与，效果显著。最后，社区农业项目应注重长期维护和管理。通过建立社区自治组织或合作社，制订合理的管理制度和维护计划，确保项目的持续发展。社区花园项目通过建立居民自治组织，实现自我管理和维护，确保项目长期稳定运行。

9. 教育与培训

教育与培训是提升都市农业从业人员专业技术水平和管理能力的关键。通过加强教育和培训，可以推动都市农业的可持续发展，提高农业生产效率和质量。首先，政府应建立专门的教育培训机构和项目，为都市农业从业人员提供系统化培训课程，包括现代农业技术、有机种植、病虫害防治、节水灌溉和市场营销等。农业培训中心提供针对性强的课程，帮助农民掌握最新农业技术和管理方法。其次，应加强与高校和科研机构的合作，开发和推广适合都市农业的教育培训课程。通过联合科研机构和大学，利用其科研资源和专业知识，提升培训的科学性和实用性。大学开设都市农业相关专业和课程，培养专业人才，为都市农业发展提供智力支持。此外，政府应鼓励企业和社会组织参与教育培训，增加培训资源和渠道，提升培训效果。农业企业和非政府组织（NGO）通过合作，举办农业技术培训班和现场示范活动，为农民提供实践操作机会，显著提升他们的技术水平和管理能力。为了确保培训效果，政府应制定认证和考核标准，对培训课程和机构进行认证和评估，确保培训内容和质量符合标准。同时，建立从业人员考核机制，通过考试和评估检验培训效果，确保从业人员真正掌握所学知识和技能。政府对参与培训的农业从业人员定期考核并颁发证书，确保其具备专业资格。此外，应推广在线教育和远程培训，利用互联网和信息技术，为更多从业人员提供学习机会。通过在线课程、视频讲座和互动平台，解决传统培训方式在时间和地域上的限制，扩大培训覆盖面。农业培训机构开设在线课程，为无法亲自参加培训的农民提供便利。最后，应重视实践培训和现场指导。理论知识重要，但实际操作和现场经验更为关键。政府和培训机构应定期组织实地考察和实践活动，让从业人员在真实环境中操作和学习。农业培训项目通过与当地农场合作，安排学员进行实习和实践，取得良好效果。

10. 市场建设与品牌推广

市场建设与品牌推广是都市农业发展的重要环节。通过建立销售渠道和品牌，可以提升产品的市场竞争力和消费者认可度，推动都市农业的可持续发展。首先，政府应支持和引导都市农产品的市场建设。通过设立农产品市场、展销会和销售点，为都市农产品提供稳定的销售渠道。在市区内设立直销市场和社区农贸市场，方便市民购买新鲜的本地农产品，同时为农民提供直接销售的平台，减少中间环节，增加农民收入。其次，应推动电子商务平台的建设和发展。通过线上销售平台，拓宽农产品销售渠道，使消费者方便购买优质的都市农产品。都市农民通过与电商平台合作，开展线上销售和配送服务，扩大销售范围，增加销售额。品牌推广是提升农产品市场竞争力的重要手段。政府和企业应共同努力，打造地方特色农产品品牌。通过品牌建设，提升产品附加值和市场认可度。都市农业项目应重视品牌建设，通过质量控制和品牌宣传，打造知名品牌，赢得消费者信任。此外，应加强品牌的宣传和推广。通过电视、网络、报纸和社交媒体等渠道进行宣传，提高品牌知名度。政府举办农产品展销会和品牌推介会，展示和推广本地优质农产品，提高消费者认知度和认可度。政府还应制定相关政策，支持品牌建设和市场推广。通过资金支持和政策优惠，鼓励农民和企业进行品牌建设和市场推广活动。政府为品牌农产品提供专项资金支持，帮助农民和企业开展市场推广活动，取得良好效果。建立农产品质量认证体系也是品牌建设的重要环节。通过质量控制和认证，确保农产品质量和安全，提高品牌公信力。建立完善的质量认证体系，对符合标准的产品授予认证标志，提高消费者信任度和购买意愿。最后，应加强国际市场的开拓。通过参加国际农产品展会和贸易洽谈会，扩大都市农产品的国际影响力和市场份额。农业部门积极参与国际展会，推广本地优质农产品，开拓国际市场，为都市农业的发展注入新动力。

11. 金融支持与投资引导

金融支持与投资引导是推动都市农业发展的关键措施，通过提供资金保障和吸引社会资本投资，可以促进都市农业快速发展和规模化经营。首先，政府应设立专项基金，支持基础设施建设、技术研发和市场推广等方面。专项基金帮助解决启动资金不足问题，促进新技术的应用和推广。其次，政府应提供低息贷款和其他金融优惠政策，降低融资成本。通过与银行和金融机构合作，提供低息贷款、贷款担保和风险补偿服务，帮助农民和企业获得更多融资渠道和优惠条件。此外，政府应鼓励社会资本投资都市农业。通过政策引导和激励措施，吸引私人资本、风险投资和社会企业参与。政府可以通过税收优惠、投资补贴和利润分红等方式，降低投资风险，提高回报率，增强投资意愿。为了确保金融支持和投资引导的有效实施，政府应建立健全管理和监督机制。制定资金使用规定和监督制度，确保专项基金和低息贷款合理使用，防止资金挪用和浪费。定期对项目资金使用情况进行审计和评估，提高资金使用效率。政府还应加强对农民和企业的金融知识培训，提高融资能力和风险管理水平。通过金融知识讲座、投资指导和咨询服务，帮助农民和企业掌握金融工具和融资策略，提升竞争力和可持续发展能力。最后，应加强国际金融合作，借鉴国际经验，引进国际资本，推动都市农业发展。通过与国际金融机构和投资者合作，扩大融资渠道，提升国际化水平，促进都市农业的快速发展。

12. 智能化与信息化管理

智能化与信息化管理是推动都市农业现代化和可持续发展的重要手段。通过引入物联网和大数据技术，可以实现智能管理，提高生产效率、资源利用率和产品质量。首先，物联网技术可以实现对农业环境和生产过程的实时监控和管理。通过在农田、温室和垂直农场中安装传感器，收集土壤湿度、温度、光照和二氧化碳浓度等数据，农民可以精准调控农作物生长。垂直农场利用物联网技术精确控制环境参数，显著提高了作物的产量和品质。其次，大数据技术为农业决策提供科学依据。通过分析农业数据，可以发现影响作物生长的关键因素，优化种植方案，提高生产效率。都市农业项目利用大数据分析，优化种植时间和灌溉方案，提高了生产效益。智能化管理系统简化农业管理流程，提高管理效率。引入智能温室管理系统、自动化灌溉系统和无人机巡田系统等设备，减少人工劳动，提高生产自动化水平。智能温室管理系统实现了环境的自动调控，减少了人工干预，提高了生产效率和产品质量。信息化管理平台实现农业信息的共享和交流。通过搭建农业信息化平台，农民可以获取最新的农业技术、市场行情和政策信息，提升管理水平和市场应变能力。政府建立农业信息服务平台，帮助农民应对市场变化和生产挑战。为了推动智能化与信息化管理，政府应提供政策和资金支持。设立专项资金，支持物联网和大数据技术在都市农业中的应用，降低实施成本。政府为采用智能化管理系统的项目提供资金补贴，促进技术推广和应用。同时，政府应加强技术培训和推广，提高农民和管理者的技术水平。通过培训班、示范推广和技术交流会，帮助农民掌握物联网和大数据技术，提高实际应用能力。最后，政府应鼓励科研机构和企业进行技术创新，开发适合都市农业的智能化和信息化管理系统。通过产学研合作，推动技术成果的转化和应用，提高科技水平和竞争力。科研机构与农业企业合作，开发了多种智能管理系统，适用于都市农业。

13. 科研合作与技术转移

科研合作与技术转移是推动都市农业创新发展的重要途径。通过与国内外科研机构合作，研发和推广都市农业技术，可以提升科技水平和竞争力。首先，政府应推动与国内外知名科研机构的合作，建立合作研究平台，联合高校、科研院所和农业企业，开展多学科研究，开发先进技术和设备。国内外大学和研究机构合作成立了都市农业研究中心，专注于垂直农业、无土栽培和智能温室等技术的研发。其次，推动技术转移和成果转化。政府应设立专项基金，支持科研成果的产业化应用，搭建技术转移平台，促进科技成果转化为实际生产力。政府设立科技转化基金，支持科研机构和企业合作，将先进技术应用到实际生产中。此外，政府应组织技术交流和示范推广活动。通过科技交流会、技术培训班和现场观摩活动，推动国内外先进农业技术的交流和推广。定期组织农业技术交流会，邀请专家分享最新研究成果和技术经验，提高农民和企业的技术水平。国际合作也是推动都市农业技术进步的重要途径。政府应参与国际科技合作项目，引进国外先进技术和管理经验，提升本地农业科技水平。通过与多个国家的农业科研机构和企业合作，引进垂直农业和水培技术，推动都市农业发展。为确保科研合作与技术转移顺利实施，政府应提供政策支持和资金保障。通过优惠政策，鼓励科研机构和企业合作研发，提供资金支持，降低科研和技术转移成本。政府为合作项目提供资金补贴和税收优惠，促进积极参与。另外，政府应加强知识产权保护，鼓励创新研发。通过完善知识产权法律法规，保护科研成果和技术创新，激发科研人员和企业的创新积极性。建立知识产权保护体系，保障合法权益，促进技术创新。最后，政府应加强对科研合作与技术转移的监管和评估。通过健全监管机制，确保科研合作项目和技术转移的质量和效果，定期评估项目进展，调整和优化政策措施。政府对科研合作项目进行定期评估，确保资金和资源的有效利用，提高科研合作与技术转移的效率。

14. 基础设施建设

基础设施建设是推动都市农业发展的重要保障。完善供水、排水、交通、电力等基础设施，可以为农业生产提供必要支持，提升生产效率和产品质量，促进可持续发展。首先，供水和排水设施是重中之重。完善的供水系统确保农作物获得充足水分。政府应投资建设高效节水灌溉系统，如滴灌、喷灌和微灌系统，提高水资源利用效率。完善的排水系统可以防止积水和土壤盐碱化，保护农业用地生产能力。其次，交通基础设施对都市农业发展至关重要。便捷的交通网络加快农产品运输，减少损耗，确保新鲜度和市场供应。政府应加大对城市农业区域的道路建设和维护，改善交通条件，降低物流成本，提高市场竞争力。电力供应是都市农业基础设施的重要组成部分。现代都市农业依赖高科技设备，如温室控制、照明和自动化灌溉系统，这些设备需要稳定电力供应。政府应确保农业区域有可靠电力，同时推动可再生能源的应用，降低对传统能源的依赖。此外，信息通信基础设施对推动智能化农业管理具有重要意义。建设高速互联网和物联网平台，实现农业生产全过程监控和管理，提升生产效率和产品质量。政府在示范农场中引入物联网技术，实现土壤湿度、温度和光照的实时监测和远程控制，提高农业生产智能化水平。为了确保基础设施建设的顺利实施，政府应提供政策和资金支持。设立专项资金，支持供水、排水、交通、电力和信息通信等基础设施建设与维护，降低农民和企业成本。政府为基础设施建设提供大量资金支持，确保各项设施正常运转和持续改善。同时，政府应加强对基础设施建设项目的监管和评估。制定严格建设标准和监管制度，确保建设质量和使用效果，及时发现和解决问题，提高管理和维护水平。政府对所有基础设施建设项目进行严格监督和评估，确保资金有效利用和项目顺利实施。

15. 示范项目与推广

示范项目与推广在都市农业发展中起重要作用。通过创建和推广成功的示范项目，可以带动更多农户和企业参与，推广先进农业技术和管理模式，推动都市农业全面发展。首先，政府应选择具备良好基础和发展潜力的区域作为示范项目试点。通过投入资金和资源，建立高标准的都市农业示范园区，配备智能温室、滴灌系统和自动化管理系统，展示高效生产模式。这些园区结合生产、教育和观光功能，不仅展示先进农业技术，还吸引游客和学习者，取得显著成效。其次，示范项目应注重技术培训和知识传播。通过现场观摩、技术培训和经验交流活动，向农民和企业传授先进种植技术和管理经验。邀请农业专家和科研人员参与建设和指导，确保技术科学性和实用性。示范项目应结合地方特色和资源优势，探索适合本地的都市农业发展模式。通过因地制宜的创新，为不同地区提供可借鉴的经验和模式。例如，一些示范项目结合城市空间有限的特点，发展垂直农业和屋顶农场，为高密度城市提供有效农业解决方案。为了推动示范项目的推广，政府应建立信息共享平台和推广机制。通过媒体宣传、网络平台和农业展览等渠道，广泛宣传示范项目的成功经验和成果，吸引更多人关注和参与都市农业。提供政策支持和资金保障，鼓励农民和企业复制和推广成功经验，通过贷款、补贴和税收优惠等政策，降低投资风险和成本，促进先进技术和模式普及。最后，政府应建立健全的评估机制，定期评估示范项目的实施效果。通过科学评估，发现和解决问题，不断优化和改进示范项目的技术和管理模式，提高推广效果，确保项目高质量实施和可持续发展。

16. 文化与旅游结合

文化与旅游结合是提升都市农业附加值的重要途径。通过结合地方文化和旅游资源，发展具有地方特色的农业观光旅游，可以增加农业收入，丰富城市居民的生活体验，促进地方经济发展。首先，政府应鼓励和支持都市农业与地方文化的融合，发掘本地独特文化资源，打造地方特色农业旅游品牌。都市农场结合传统文化，开展茶道体验、花道展示等活动，让游客感受传统文化魅力。其次，政府应促进都市农业与旅游产业的合作，打造多功能农业观光园区。这些园区提供农业生产观摩和体验，并结合休闲娱乐、教育科普等功能，吸引更多游客。农业观光园区建设农产品展示馆、农业科技馆和儿童农场等设施，提供多样化旅游体验，增加农业附加值。此外，政府应加强基础设施建设，提升农业观光项目的接待能力和服务水平。通过改善交通、住宿、餐饮等配套设施，为游客提供便捷舒适的旅游体验，提高游客满意度和重游率。为了提高农业观光旅游的吸引力，政府应积极举办各类农业文化节庆活动，如农产品采摘节、花卉节和农耕文化节等，吸引游客参与，提升农业观光旅游的知名度和影响力。同时，政府应鼓励农民和农业企业创新农业观光项目的内容和形式，通过互动体验、教育培训和创意活动，增加趣味性和参与性。一些农场开设农耕体验课程和DIY农产品制作活动，让游客亲身参与农业生产，体验农耕乐趣。最后，政府应建立健全管理和服务体系，确保农业观光旅游的可持续发展。通过制定政策和标准，加强对农业观光项目的管理和监督，确保项目的质量和安全。政府对所有农业观光项目进行资质审查和定期检查，确保规范运作和持续发展。

17. 食品安全与质量控制

食品安全与质量控制是都市农业发展的核心。建立健全的食品安全监管体系，可以确保都市农产品的质量和安全，提升消费者信心和市场竞争力。首先，政府应制定和实施严格的食品安全法律法规，明确生产、加工、运输和销售各环节的安全标准和要求。通过立法保障食品安全，使农民和企业有法可依。政府通过严格法规，对农产品种植、收获、包装和销售各环节进行全面规范，确保食品安全。其次，应建立完善的食品安全监管机构和机制。政府应设立专门的监管部门，负责日常监控和管理，通过定期抽查和突击检查，防止不合格农产品流入市场。多层次监管机制，从市政府到区政府再到社区，层层把关，确保监管无死角。此外，政府应推广和应用现代科技手段，提高监管效率和精度。引入大数据、物联网和区块链技术，实现对农产品生产全过程的追溯和监控。通过物联网技术，实现对农作物生长环境的实时监控，通过区块链技术，建立农产品追溯系统，消费者可通过扫描二维码了解生产、加工和运输信息，提升透明度和可信度。为确保农产品质量，政府应加强对农民和农业企业的培训和指导。通过定期举办培训班和技术交流会，传授科学种植、病虫害防治和安全生产知识，提高食品安全意识和管理水平。同时，政府应建立严格的检测和认证体系，对农产品进行定期检测和质量认证。通过标准化检测实验室和第三方认证机构，确保农产品符合安全标准。上市前必须经过严格的质量检测和认证，确保每批次产品安全合格。最后，政府应加大对食品安全违法行为的打击力度。通过制定严厉的处罚措施，对违法行为进行严厉打击，震慑不法分子，保障消费者权益。政府对食品安全违法行为采取零容忍态度，一经发现，立即严惩，确保监管的权威性和公信力。

18. 资源循环与废弃物利用

资源循环与废弃物利用是推动都市农业可持续发展的关键。通过资源化利用农业废弃物，发展循环经济，可以提高资源利用效率，减少环境污染，实现绿色农业生产。首先，政府应制定政策，鼓励和支持农业废弃物的资源化利用。通过财政补贴和税收优惠，鼓励农民和企业处理和再利用农业废弃物。政府提供专项资金支持废弃物处理设施的建设和运营，推动资源化利用项目的发展。其次，应推广先进的农业废弃物处理技术。通过引进堆肥、沼气和生物质能源等技术，将农业废弃物转化为有用资源。利用堆肥技术，将作物残渣和动物粪便制成有机肥料，提高土壤肥力；通过沼气技术将废弃物转化为清洁能源，减少对传统能源的依赖。此外，政府应加强宣传和教育，提高农民和公众的环保意识。通过培训班、技术交流会和宣传活动，传授废弃物处理和资源化利用的知识和技能，帮助农民掌握先进处理技术，提高资源利用效率。为了推动资源循环与废弃物利用，政府应建立完善的回收和利用体系。设立专门的回收站和处理中心，建立废弃物回收网络，确保农业废弃物妥善处理和再利用，提高处理效率。同时，政府应推动农业产业链的循环发展。通过促进农产品加工副产品和废弃物的综合利用，形成产业链闭环，提高资源利用效率。食品加工企业将副产品深加工制成饲料和肥料，推动资源循环利用。政府还应支持科研机构和企业进行技术创新，开发新型资源化利用技术。通过提供科研资金和政策支持，鼓励研发和推广适合都市农业的资源循环利用技术。科研机构通过技术创新开发高效的农业废弃物处理设备和工艺，为资源循环利用提供技术保障。最后，政府应加强对资源循环利用项目的监管和评估。通过科学评估体系，定期评估项目实施效果，确保资源循环利用的可持续发展，确保环境和经济效益。

19. 社会福利与就业促进

社会福利与就业促进是都市农业发展的重要目标。通过发展都市农业，不仅增加就业机会，改善居民收入，还能促进社会和谐，为城市的可持续发展做出贡献。首先，都市农业为城市居民提供了大量就业机会。随着项目增多，种植、管理、销售等环节需要大量劳动力。政府可以通过政策引导和资金支持，鼓励失业人员、低收入群体和老年人参与都市农业工作。社区花园和屋顶农场项目优先雇用社区内的失业人员和老年人，解决他们的就业问题，增强社区凝聚力。其次，都市农业有助于改善居民收入。通过参与都市农业生产，居民不仅获得劳动报酬，还可以通过销售农产品获得额外收入。都市农场项目通过设立农产品直销市场和社区支持农业项目，帮助农民和居民直接对接市场，提高销售收入，改善经济状况。此外，都市农业促进社会和谐。通过发展社区花园、家庭农场和教育农园，居民共同参与农业生产和管理，增加交流互动机会，增强社区凝聚力和互助精神。社区花园项目通过共同种植和收获活动，美化社区环境，促进邻里交流与合作。为了推动都市农业发展，政府应提供政策和资金支持，鼓励社会各界参与。通过设立专项资金、提供低息贷款和税收优惠，降低投资和运营成本，吸引更多企业和个人参与。政府为都市农业项目提供资金支持，帮助农民和企业进行基础设施建设和技术升级，提高竞争力。同时，政府应加强培训和教育，提高居民参与能力。通过农业技术培训班、实地考察和交流活动，帮助居民掌握现代农业技术和管理方法，提高生产效率和产品质量。政府定期举办农业技术培训班，为参与居民提供技术支持和指导，提升生产和管理水平。最后，政府应加强对都市农业项目的监管和评估，确保项目可持续发展。通过建立评估体系，定期评估项目实施效果，及时发现和解决问题，确保社会效益和经济效益。政府对所有项目进行严格监督和评估，确保质量和效益，推动都市农业持续健康发展。

20. 国际交流与合作

国际交流与合作在都市农业发展中起着至关重要的作用。通过与其他国家和地区的交流与合作，可以借鉴国际先进经验，提升本地农业技术水平，推动可持续发展。首先，政府应积极参与国际农业组织和会议。通过参与全球和区域性的农业论坛、研讨会和展览会，了解国际都市农业的最新发展趋势和技术创新。政府代表团需参加国际农业展览会和技术交流会议，学习他国成功经验，应用于本地实践。其次，建立国际合作研究项目。政府可以与国外知名农业研究机构和大学合作，开展联合研究，解决都市农业发展的技术难题。研究机构与欧美大学合作，开展垂直农业和智能温室研究，提高技术水平和创新能力。此外，政府应推动国际技术转移和引进。通过与国外先进农业企业合作，引进新技术、新设备和新模式，提升本地都市农业的竞争力。政府应提供政策支持和资金保障，设立专项资金，支持国际合作项目，降低企业和研究机构的合作成本。政府还应加强对外宣传，提升本地都市农业的国际影响力。通过举办国际农业展览会和技术交流会，展示本地农业技术和成果，吸引国际合作伙伴。政府每年举办国际都市农业展览会，邀请世界各地专家、学者和企业参加，促进国际技术交流和合作。此外，应鼓励本地农业企业和农民参与国际交流活动。通过组织考察团和培训班，让本地农业从业者实地考察和学习国外先进经验，提高技术水平和管理能力。政府组织多次农业考察团，带领农民和企业家前往欧美考察学习，取得良好效果。最后，政府应建立健全的国际合作管理机制。制定合作规范和标准，加强对合作项目的管理和监督，确保合作项目顺利进行和成果有效应用。政府对所有国际合作项目进行严格管理和评估，确保资金和资源的有效利用，提高合作项目成功率。

21. 持续发展与环保意识

持续发展与环保意识在都市农业中至关重要。通过推动可持续发展和提高环保意识，可以确保农业生产对环境友好，实现资源的有效利用，促进城市绿色发展。首先，政府应制定可持续发展政策和规划。通过立法和政策引导，推动都市农业向绿色、低碳和高效方向发展，涵盖土地利用、水资源管理和废弃物处理等方面，确保农业活动的环境友好和资源利用效率。其次，推广可持续农业技术。引进和推广有机种植、无土栽培、生态养殖等绿色技术，减少化肥和农药的使用，降低农业对环境的负面影响。例如，广泛应用有机种植技术，避免使用化学农药和肥料，提高土壤质量和农产品安全性；推广无土栽培技术，提高水资源利用效率，减少对土地的依赖。此外，政府应加强环境教育和宣传，提高公众环保意识。通过媒体宣传、社区活动和学校教育等途径，普及环保知识，倡导绿色生活方式。政府组织环保主题的社区活动和教育讲座，提高市民环保意识，学校开设环保课程，让学生从小树立环保意识。为了推动可持续发展，政府应提供财政和技术支持。设立专项资金和技术培训，帮助农民和企业采用绿色技术和环保措施。政府为采用有机种植和生态养殖的农民提供补贴，通过技术培训班和示范项目，传授绿色农业技术，提高生产能力和环保意识。同时，政府应建立科学的评估和监测机制。定期监测和评估农业项目的环境影响，确保可持续发展目标的实现。政府对都市农业项目进行环境影响评估，确保符合环保标准，建立农业环境监测系统，实时监测农业活动对环境的影响，及时调整管理措施。最后，推动国际交流与合作，借鉴其他国家在可持续农业方面的成功经验。通过与国际组织和国外研究机构的合作，引进先进的环保技术和管理经验，提高本地都市农业的可持续发展水平。政府参与国际农业环保合作项目，学习借鉴其他国家先进做法，推动本地都市农业的绿色发展。

22. 支持小规模农场

支持小规模农场在都市农业中具有重要意义。通过鼓励和支持小规模家庭农场和市民农园，提供技术和资金支持，可以提升农业生产的多样性和灵活性，促进城市居民参与和社区凝聚力。首先，政府应制定政策，鼓励小规模农场的发展。通过税收优惠、财政补贴和土地使用政策，降低小规模农场的运营成本，吸引市民参与。提供租金补贴和税收减免，鼓励市民在闲置土地和屋顶开设家庭农场和市民农园，丰富城市农业形式和内容。其次，提供技术支持和培训，帮助小规模农场提高生产效率和管理水平。政府可以组织农业专家和技术人员，定期提供技术指导和培训课程，传授先进的种植技术和管理经验。通过农业推广中心，为市民提供种植技术培训和咨询服务，帮助解决生产中的技术难题，提高农作物产量和质量。此外，政府应设立专项资金，支持小规模农场的发展。通过低息贷款和创业资金，帮助市民解决启动资金不足的问题。设立都市农业专项基金，为有意开设家庭农场和市民农园的市民提供低息贷款和创业补贴，降低投资风险，促进小规模农场快速发展。为了提高小规模农场的市场竞争力，政府应帮助建立销售渠道。通过农产品直销市场、社区支持农业项目和在线销售平台，帮助小规模农场的产品直接进入市场，增加销售收入。社区农贸市场和农产品直销点，方便市民购买新鲜本地农产品，同时增加家庭农场销售额。同时，政府应鼓励小规模农场与社区活动相结合，增强社区凝聚力。通过组织社区农园活动和农产品节，促进市民之间的互动和合作，提升社区和谐度。社区花园项目通过定期举办种植和收获活动，让市民共同参与农业生产，增强社区成员关系和合作精神。为了确保小规模农场的可持续发展，政府应建立健全管理和评估体系。通过标准化管理制度和定期评估机制，确保小规模农场的生产和管理符合规范，提高农产品质量和安全性。对所有注册的小规模农场进行定期检查和评估，确保其符合城市农业相关标准和要求。

23. 利用闲置空间

利用闲置空间发展都市农业可以提升城市绿化面积和农业生产，促进社区可持续发展和居民生活质量。首先，政府应制定政策，鼓励和支持利用闲置空间进行农业。通过相关法规明确闲置土地和建筑空间的使用标准，鼓励市民和企业将闲置空间用于农业生产。政策引导和财政支持可以激励市民在阳台、屋顶和社区空地上开设小型农场和花园，增加城市绿化率和居民参与度。其次，提供技术和资金支持。政府应组织农业专家提供种植技术指导，帮助市民选择适合的作物和种植方法，提高生产效率和质量。设立专门的都市农业咨询服务中心，为市民提供免费技术培训和咨询，帮助他们在闲置空间上成功开展农业生产。此外，政府应通过宣传和教育，提高市民对利用闲置空间进行农业生产的认识和兴趣。通过媒体宣传、社区活动和学校教育，传授利用闲置空间种植农作物和花卉的好处，激发参与热情。举办社区花园比赛和绿色阳台评选活动，鼓励市民积极参与。为了确保利用闲置空间进行农业生产的顺利实施，政府应建立完善的管理和监督机制。制定标准化管理制度，对闲置空间的利用进行规范和指导，确保农业生产安全和环保。对所有利用闲置空间进行农业生产的项目进行备案管理和定期检查，确保符合城市农业相关标准和要求。同时，政府应推动企业和社会组织参与利用闲置空间发展农业。提供政策和资金支持，鼓励企业和社会组织在城市中建设屋顶花园、垂直农场和社区农园，增加城市绿化面积和农业产出。企业在办公楼屋顶建设现代化垂直农场，美化环境并为员工提供新鲜农产品。利用闲置空间开展都市农业还能增强社区凝聚力和居民环保意识。通过共同参与农业生产，居民可以加强互动和合作，促进社区和谐稳定。社区花园项目组织居民共同种植和管理，美化社区环境，增强居民环保意识和社区归属感。

24. 政策引导与社会参与

政策引导与社会参与在推动都市农业发展中至关重要。通过制定明确政策和有效宣传，可以提高市民对都市农业的认知和参与，促进可持续发展。首先，政府应制定有利于都市农业发展的政策，包括土地利用、资金支持、技术培训和市场准入，为市民和企业提供指导和保障。政府应明确规定城市闲置土地和屋顶可用于农业生产，提供财政补贴和税收优惠，鼓励参与。其次，政府应加强社会宣传，提高市民对都市农业的认知。通过电视、广播、报纸和社交媒体宣传都市农业的好处，组织农业节日、社区活动和媒体报道，激发市民参与热情。此外，政府应开展多样的教育活动，培养市民特别是青少年的农业兴趣和环保意识。在学校开设农业课程、组织农场参观、举办种植比赛，让学生体验农业生产过程，理解农业与环境的关系。学校设立小型农场，让学生在实践中学习农业知识，培养动手能力和环保意识。为了推动广泛参与，政府应推广社区农园、屋顶花园和市民农场等项目。提供场地和资源，鼓励市民在社区中共同参与农业生产，增加互动和合作。政府支持居民在闲置土地上开设社区农园，改善城市环境，增强社区凝聚力。政府还应鼓励企业和非营利组织参与都市农业项目。通过政策引导和资金支持，推动企业和社会组织在城市中建设农业项目，增加城市绿化面积和农业产出。企业在办公楼屋顶建设垂直农场，为员工提供新鲜农产品，美化城市环境。同时，政府应建立公众参与机制，听取市民和社会组织的意见和建议。通过设立意见箱、举办听证会、开展调查问卷等方式，了解市民需求，及时调整和优化政策。政府定期举办市民座谈会，听取居民对都市农业项目的反馈和建议，提升政策针对性和有效性。

25. 物流体系建设

物流体系建设是确保都市农业产品高效供应和市场竞争力的重要环节。完善的物流体系可以保证产品快速、低损耗运输，提高供应链效率，提升农产品质量和消费者满意度。首先，政府应制定针对都市农业的物流政策和规划。建立覆盖全市的农产品物流网络，包括仓储、运输、配送等环节，确保农产品快速、安全地到达市场和消费者手中。政府在物流政策上明确了农产品绿色通道，减少中间环节，加快物流速度，保障农产品新鲜度。其次，完善冷链物流系统是关键。政府应提供资金和技术支持，鼓励企业建设冷库和冷链运输设施，确保农产品在运输过程中保持新鲜。通过推动冷藏车队和冷库网络的建立，减少农产品损耗。此外，推动智能物流技术的应用可以提高效率。引入物联网、大数据和区块链技术，实现物流全过程的实时监控和管理。物流企业利用物联网技术监控运输车辆和货物状态，及时调整运输路线，避免延误和损耗。大数据分析优化物流路径和配送计划，提高物流效率。为了提升物流体系的效率，政府应鼓励多方合作，构建共享的物流平台。整合各类物流资源，形成物流企业、农业合作社和零售商的合作网络，提高物流体系的整体效率和服务水平。政府支持建立农产品物流合作社，通过资源共享和统一管理，提高运输效率和市场供应能力。同时，应加强物流基础设施建设，改善交通和仓储条件。政府应投资建设和维护物流专用道路、港口和仓储设施，确保农产品物流通畅高效。建设农产品运输通道，减少运输时间和成本。最后，政府应制定农产品物流标准和规范，确保各环节规范操作和安全保障。通过推广操作规范和质量标准，提高物流服务质量，减少运输过程中的损耗和污染。政府制定了农产品冷链物流操作规范，明确各环节操作流程和质量要求。

26. 发展教育农园

发展教育农园是提升青少年农业知识和环保意识的有效途径。通过推广教育农园项目，青少年能亲身体验农业生产过程，增强对自然环境的理解和保护意识，促进城市可持续发展。首先，政府应制定支持教育农园的政策和规划。通过提供资金和技术支持，鼓励学校和社区建立教育农园。这不仅让学生接触和了解农业，还能培养动手能力和团队合作精神。其次，学校应将教育农园纳入课程体系。通过融入农业知识和环保教育，学生可以在理论学习的基础上结合实际种植活动，深化对知识的理解和应用。学校将农业种植和环境科学作为选修课，学生在校内农园中种植蔬菜和花卉，了解植物生长过程和生态系统运作，增强环保意识。此外，社区应积极参与和支持教育农园项目。通过设立公共农园，鼓励家庭和居民参与农业活动，提高社区绿化率，增强居民互动和合作。社区通过设立公共教育农园，组织家庭和居民共同参与种植和管理，促进社区凝聚力和环保意识。为确保教育农园项目的顺利实施，政府应提供专业的技术培训和指导。通过组织农业专家和教育工作者，定期为学校和社区提供技术支持和培训，帮助他们掌握科学的种植方法和管理技巧。农业推广机构为参与项目的学校和社区提供专业培训和咨询服务，提高项目实施效果。同时，政府应推广成功案例和经验，激发更多学校和社区参与教育农园项目。通过举办展示会、经验交流会和评比活动，分享成功案例和经验，提高项目影响力和吸引力。政府定期举办教育农园展示会，展示各学校和社区的成果，鼓励更多参与。教育农园还应与其他环保项目结合，形成综合性的环境教育体系。例如，将农园项目与垃圾分类、资源回收等环保活动结合，让学生在农业实践中学习环保知识，形成系统的环境保护意识。

27. 绿色屋顶和墙体

绿色屋顶和墙体在都市农业中具有重要作用。通过在建筑屋顶和墙体上进行绿化，发展垂直农业，可以增加城市绿化面积，改善环境质量，有效利用城市空间，提升居民生活质量。首先，政府应制定支持绿色屋顶和墙体项目的政策和规划，提供财政补贴和税收优惠，鼓励建筑业主和开发商采用绿色屋顶和墙体技术。政府提供补贴和税收减免，吸引建筑业主参与，增加城市绿化面积，美化城市景观。其次，推广垂直农业技术，提高绿色屋顶和墙体的效益。引进先进的垂直种植技术，如水培、气培和无土栽培，提高植物生长效率和产量。都市垂直农场利用现代农业技术，在建筑墙体上成功种植蔬菜和花卉，为居民提供新鲜农产品，美化建筑外观。政府应加强技术支持和培训，帮助建筑业主和居民掌握绿色屋顶和墙体的建设和维护技术。通过组织专家提供技术指导和培训，确保项目顺利实施和长期维护。政府设立专业咨询机构，为绿色屋顶和墙体项目提供技术支持和培训，确保项目质量和效果。为推广绿色屋顶和墙体项目，政府应开展广泛的宣传和教育活动。通过媒体宣传、社区活动和示范项目，向市民普及绿色屋顶和墙体的好处和实施方法，提高公众环保意识和参与热情。政府举办绿色建筑展示会和社区讲座，展示成功案例和实施步骤，激发市民参与兴趣。同时，应建立激励机制，奖励在绿色屋顶和墙体项目中表现突出的建筑和社区。通过设立绿色建筑奖项和评比活动，表彰和奖励在项目实施中取得显著成效的单位和个人，树立榜样，推动更多人参与。政府每年举办绿色建筑评选活动，奖励表现突出的建筑和社区，增强公众参与积极性。最后，绿色屋顶和墙体项目应与城市规划和生态建设相结合。将这些项目纳入城市总体规划，确保其与城市生态和谐发展。政府在城市规划中明确规定绿色屋顶和墙体的比例和布局，确保其合理配置，提升城市整体绿化水平。

28. 合作社与集体经济

合作社与集体经济在都市农业发展中扮演关键角色，能够提升农业生产组织化和市场竞争力，增加农民收入，促进社会和谐。政府应制定支持合作社和集体经济发展的政策和法规，提供税收优惠和财政补贴，鼓励农民组建合作社并参与集体经济活动，专项政策应提供资金和技术支持，以提升农业生产效率和效益。同时，政府应提供培训和技术支持，通过专家农业技术培训和管理咨询，帮助合作社和集体经济组织提升管理水平和技术能力。农业培训中心应提供种植技术、市场营销和财务管理培训，增强合作社市场竞争力。政府还应推动合作社和集体经济的市场化运作，建设农产品批发市场、电子商务平台和物流配送中心，帮助合作社直接对接市场，提升销售渠道和市场覆盖率。农产品直销市场和在线销售平台能减少中间环节，增加农民收入。为了增强市场竞争力，政府应鼓励合作社之间的联合，通过组建合作社联盟，实现资源共享和优势互补。合作社营销联盟通过统一品牌、联合营销和集中采购，增强市场议价能力和市场占有率。政府应加强对合作社和集体经济组织的监督和管理，建立规范的管理制度和评估体系，确保透明运作和健康发展，维护合作社成员的利益。最后，政府应大力宣传和推广成功案例，通过媒体宣传、经验交流会和示范项目，展示合作社和集体经济的成功经验和模式，提高农民参与积极性。合作社发展论坛和展示会分享成功案例，激发农民参与合作社的热情。

29. 消费者教育

消费者教育在推动都市农业发展中起着关键作用，通过多种途径加强消费者教育，可以提高公众对都市农业产品的认识和信任，增加市场需求，促进都市农业的可持续发展。首先，政府应制定消费者教育的战略和计划，包括明确的目标、内容和实施途径，涵盖都市农业产品的安全性、营养价值和环保效益等方面。利用多种媒体平台进行广泛宣传，通过电视、广播、报纸、网络和社交媒体等渠道，宣传都市农业的优势和产品特点。政府可以通过电视节目和社交媒体展示都市农场的运作和绿色农产品，增强公众信任。此外，政府应组织各种形式的公众参与活动，如农场开放日、农产品品鉴会和农业科普讲座，让消费者亲身体验都市农业的生产过程和产品质量，定期组织市民参观城市农场，了解农产品从种植到收获的全过程，提高公众对都市农业产品的信任。政府还应加强与学校和社区的合作，在教育体系中融入都市农业的内容。通过在学校课程中增加农业知识，组织学生参观农场，培养青少年的农业兴趣和环保意识。学校课程中加入都市农业和环保教育，并组织学生定期参观城市农场，增强对农业的了解和认同。同时，应推广和普及农产品认证标识，通过制定严格的认证标准和标识系统，确保都市农业产品的质量和安全，让消费者能够识别和信任这些产品。政府推广有机农产品认证标识，确保经过认证的农产品符合有机种植标准，提高消费者信任度。最后，政府应支持和鼓励非营利组织和社会团体参与消费者教育。通过与这些组织合作，开展多样化的教育活动，扩大覆盖面和影响力。非营利组织可以通过举办农产品展销会和农业讲座，向公众普及都市农业知识，提高消费者对都市农业产品的认知和信任。

30. 应急储备与供应保障

应急储备与供应保障在都市农业中至关重要。通过建立应急储备机制，可以确保突发情况下城市食品供应的稳定和安全，提高应急响应和抗风险能力。首先，政府应制定全面的应急储备政策和计划，明确储备目标、内容和管理办法，确保措施有序实施。政府已制定详细的应急储备计划，涵盖储备品种、储备量和储备地点，确保紧急情况下有足够的食品供应。其次，建立现代化的应急储备设施。政府应投资建设低温仓储、冷链物流和自动化管理系统，确保农产品在储备期间保持新鲜和安全。政府建设了多个高标准农产品储备中心，配备先进设备和智能管理系统，确保储备农产品的质量和安全。此外，政府应制定具体操作流程和标准，包括储备农产品的入库、出库、轮换和管理等环节，确保储备食品在需要时迅速有效地投入市场。政府制定了严格的储备管理标准，对储备农产品的入库检查、储存条件和定期轮换等环节进行了详细规定，确保食品质量和安全。为了提高应急储备效率，政府应与本地农场和农业企业建立紧密合作关系，通过签订合作协议，明确应急供应责任和保障措施，确保紧急情况下迅速调配本地农产品。政府与本地农场和农业企业建立了应急供应合作机制，确保及时调配和供应农产品。政府还应定期组织应急演练和培训，提高相关人员的应急响应能力。通过模拟突发情况下的应急储备和供应流程，确保相关人员熟悉操作规程，提高应急处理能力。政府定期组织应急演练，模拟自然灾害和其他突发事件下的食品供应应急响应，提升相关部门和人员的应急处置能力。最后，政府应开展广泛的宣传和教育活动，增强公众的应急意识。通过媒体宣传、社区活动和学校教育，提高市民对食品应急储备和供应保障的认识和理解，增强公众的应急准备意识。政府通过媒体报道、社区讲座和学校课程，普及应急储备知识，提高市民的应急意识和参与度。

31. 都市开展年度粮油品质和有机美食大赛

都市开展年度粮油品质和有机美食大赛旨在促进城市与农村的互动，提升当地有机农产品的知名度和价值，同时丰富城市居民的饮食文化生活。每年，由民间组织和政府部门共同举办的粮油品质和食品品鉴大赛成为各大城市的一大亮点。评委不仅仅是来自专业领域的专家学者，还特别邀请了来自各地的游客，确保比赛结果的公正性和广泛性。大赛中定期举办的有机美食比赛更是吸引了大量关注。比赛邀请了各地厨师、美食爱好者、本地居民以及游客共同参与，他们需要利用当地的新鲜有机农产品进行创意美食制作。参赛者们在比赛开始前，亲自前往都市周边的有机农场或田间，挑选最优质的原材料。这一过程不仅让参赛者亲身体会到有机农产品的生产过程和新鲜度，也增加了他们对农产品品质的信任和了解。比赛正式开始后，参赛者们将使用挑选的原材料进行美食创作，从原料处理到烹饪技巧，再到摆盘艺术，每一个环节都充分展示了他们的才华和创意。比赛不仅仅是对美食的较量，更是对参赛者创新能力和综合素质的考验。所有的美食作品都将进行公开展示，由专业评委和现场观众共同投票选出优胜者。评委的专业评价与观众的现场反馈相结合，确保了比赛的公平性和透明度。此外，比赛期间还设置了丰富的互动环节，观众可以亲身参与一些简单的美食制作体验，了解有机农产品的独特魅力。对于那些在比赛中脱颖而出的优秀作品，不仅可以在现场进行拍卖，还可能被相关食品公司看中，进行商业化生产推广。甚至一些创新的美食作品还可以催生新的食品公司，带动当地的有机农产品经济发展。

通过这样的比赛，都市居民不仅能够享受到美味的有机食品，还能增强他们对有机农业的认知和支持。同时，比赛也为当地农民提供了一个展示自己产品的平台，提高了农产品的市场价值。长远来看，这种形式的比赛将有助于推动有机农业的发展，促进城乡互动，构建更加健康和可持续的食品供应链。都市开展年度粮油品质和有机美食大赛，不仅是一场美食的盛宴，更是一场文化和经济的交流，通过比赛，城市与农村建立了更紧密的联系，共同推动了有机农业的发展和食品文化的繁荣。这样的活动不仅丰富了都市居民的生活，也为农村经济注入了新的活力，最终实现城乡共同繁荣的目标。

总结

这些建议旨在提升我国都市农业的可持续发展水平，保障食品安全，增强城市居民的福祉。发展都市农业可以提供就业机会和经济收益，尤其是为失业人员和低收入群体创造新收入来源，同时促进城市经济多样化。首先，都市农业项目直接创造大量就业机会。家庭农场、社区花园和屋顶农场需要人力进行种植、维护和管理，适合失业人员和低收入群体。其次，发展农产品加工产业扩大就业机会和经济收益。城市内的小型农产品加工厂可以将新鲜农产品加工成高附加值的产品，如酱料、罐头和健康零食，延长保质期，增加产品多样性和市场竞争力。此外，建立和发展农贸市场促进本地农产品销售，提高农民收入。农贸市场为城市居民提供新鲜、优质农产品，同时为农民提供直接销售的平台，减少中间环节，增加利润。农业观光也是都市农业的重要方向。开发农场参观、采摘体验和农业科普教育项目，不仅增加农民收入，还能吸引游客，带动相关服务业发展。都市农业保障食品安全和粮食安全。城市内部生产减少了长途运输对食品新鲜度和安全性的影响，提高食品质量和安全性。本地生产的农产品易于质量监控和追溯，增强消费者信心。都市农业通过深入实施“三藏战略”和严格的生产管理和质量控制，确保高品质和安全性，为城市居民提供可靠食品保障。

附录6　著者个人简历

毛克彪，博导，研究员/教授，贺兰山特聘学者，全国神农英才，中国农业科学院杰出青年英才、中国农业科学院优秀青年一级人才，全国优秀科技工作者，国家粮食和物资储备安全应急专家组专家。

邮箱：maokebiao@126.com；maokebiao@caas.cn

主要从事交叉学科研究和推动人工智能在地学及农学中的应用，提出了人工智能地球物理参数反演范式理论和判定条件，提出了热红外遥感多参数反演范式理论和一体化反演技术，同时给出了遥感参数（地表温度、发射率、近地表空气温度、土壤水分、大气水汽含量）等反演范式条件，发表论文150余篇（第一作者80余篇）。以第一人获得茅以升科技奖—北京市青年科技奖1项、中国产学研促进奖1项、中国农业科学院青年科技创新奖1项、中国农业科学院建院60周年卓越奉献奖1项、中国农业资源与区划学会科技进步奖一等奖1项、中国产学研创新成果一等奖1项和中国地理信息产业特等奖1项；研发的数据集获得全国2021年度“十大最具价值年度数据集”“2021年度十佳数据”，研究团队被评为“全国2021年度十大最有贡献的数据团队”和“数据共享优秀科研团队”，2022年获得中国国际大数据博览会优秀成果奖1项，2023年获得中国国际大数据博览会领先科技成果奖1项和中国遥感优秀成果奖一等奖1项。作为参与人获得国家科技进步奖二等奖2项、神农中华科技进步奖一等奖1项。通过灾害时空变化分析和预测，提出了新时期的“藏粮于民与粮食节约行动”建议被中央和地方采纳，并结合“藏粮于技和藏粮于地”进一步提出了“三藏战略”理论和方法，得到社会各界人士认可。为应对极端事件和保障我国粮食安全，长期致力于推动“三藏战略（藏粮于民、藏粮于技和藏粮于地）”。

工作和教育背景：

2007.5—至今

中国农业科学院农业资源与区划所草地生态遥感室，主要从事人工智能、农业大数据，农业和草地生态遥感、粮食安全与气候变化、地表参数反演和数据同化等应用方面的研究。

2012.12—2013.9

访问科学家：Department of Geography and Program in Planning University of Toronto，Canada.

2004.9—2007.4

中国科学院遥感应用研究所 地图学与地理信息系统 获博士学位

主修课程：微波遥感，数字图像，遥感物理，微波遥感，地理信息系统。

主要研究方向：微波和热红外遥感的辐射机理研究，具体包括地表温度反演、土壤水分反演等，空间数据挖掘。

2001.9—2004.7

南京大学　地图学与地理信息系统　获硕士学位

主修课程：遥感，地理信息系统，图像处理，数据挖掘，电子商务，数据库设计与开发；主要研究方向：热红外遥感，GIS（地理信息系统），数据挖掘。

1997.9—2001.7

东北师范大学　城市规划与区域开发　获学士学位

主修课程：城市规划与区域开发。本科期间，几乎修完计算机系所有课程，修完中国科学技术大学工商管理函授专业，并获结业证书。

获得国内外授权发明专利25项，其中代表性的发明专利如下：

1. Mao Kebiao，et al.，Instrument and method for monitoring the soil moisture change by using GPS ground reflection signal，Patent number：2021105440，2021.

2. Mao Kebiao，et al.，Soil moisture inversion method based on deep learning，Patent number：2021105982.（基于深度学习的土壤水分反演算法）

3. Mao Kebiao，et al.，A High Spatial-Temporal Resolution Method for Near-Surface Air Temperature Reconstruction，Patent number：2021105536，2021.（高时空分辨率气温重构方法）

4. Mao Kebiao，et al.，Land surface temperature estimation method based on expert knowledge model data driving and machine learning，Patent number：2021105120，2021.（基于深度学习的地表温度反演方法）

5. Mao Kebiao，et al.，Method for Simultaneously Retrieving Surface Temperature and Emissivity from Remote Sensing Data Based on Deep Learning，Patent number：2021105287.（利用机器学习同时反演地表温度和发射率方法）

6. Mao Kebiao，et al.，Method of Retrieving Surface Temperature from Passive Microwave Remote Sensing Data AMSR-E，Patent number：2021105233.

7. Mao Kebiao，et al.，Method for Reconstructing global Surface Temperature，Patent number：2021105817，2021.（全球表面温度重构方法）

8. Mao Kebiao，et al.，Risk Assessment Method of Winter Wheat and Summer Maize Disaster，Patent number：2021105767.（冬小麦和夏玉米风险评估方法）

9. Mao Kebiao，et al.，Method for Retrieving Land Surface Temperature from FY-3D/MERSI-2 Data，Patent number：2021105579，2021.（FY-3D地表温度反演算法）

10. Mao Kebiao，et al.，A Simultaneous Inversion Method of Soil Moisture and Surface Temperature Based on Model-Data Driven and Deep Learning，Patent number：2021105771.（基于深度学习同时反演地表温度和土壤水分的反演方法）

主导完成了4套数据集，已在国际数据平台上发布（*为通信作者，#为并列第一作者）：

1. Fang Shu，Mao Kebiao*#（毛克彪），Xia Xueqi，Wang Ping，Shi Jiancheng，M. Bateni，Sayed，Xu Tongren，Cao，Mengmeng，& Heggy，Essam（2021）. A Daily near-surface Air Temperature Dataset for China from 1979—2018（Version 1.0）[Data set]. Zenodo. https://doi.org/10.5281/zenodo.5502275 .（中国气温数据集）

2. Bing Zhao，Kebiao Mao*#（毛克彪），YuLin Cai，Jiancheng Shi，Zhaoliang Li，Zhihao Qin，& Xiangjin Meng.（2019）. A combined Terra and Aqua MODIS land surface temperature and meteorological station data product for China from 2003-2017（version 1.1）[Data set]. Zenodo. https://doi.org/10.5281/zenodo.3528024 .（陆面温度数据集）

3. Mengmeng cao，Kebiao Mao*#（毛克彪），Yibo Yan，Jiancheng Shi，Han Wang，Tongren Xu，Shu Fang，& Zijin Yuan.（2021）. A New Global Gridded Sea Surface Temperature Data Product Based on Multisource Data（1.0）[Data set]. Zenodo. https://doi.org/10.5281/zenodo.4419804 .（全球海面温度数据集）

4. Xiangjin Meng，Kebiao Mao*#（毛克彪），Fei Meng，Jiancheng Shi，Jiangyuan Zeng，Xinyi

Shen, Yaokui Cui, Lingmei Jiang, & Zhonghua Guo.（2021）. A fine-resolution soil moisture dataset for China in 2002~2018（3.0）[Data set]. Zenodo. https://doi.org/10.5281/zenodo.4738556 .（中国土壤水分数据集）

发表专著和论文（*为通信作者，#为并列第一作者）：

1. 毛克彪. 基于热红外和微波数据的地表温度和土壤水分反演算法研究. 北京：中国农业科学技术出版社，2007.

2. 毛克彪. 农业气象遥感关键参数反演算法及应用研究. 北京：中国农业科学技术出版社. 2017.

3. Wang H，Mao K#*，Shi J，Bateni S M，Altantuya D，Sainbuyan B，Bao Y. A normal form for synchronous land surface temperature and emissivity retrieval using deep learning coupled physical and statistical methods. International Journal of Applied Earth Observation and Geoinformation，2024，127：1-18.

4. Cao M，Mao K#*，Bateni S M，Jun C，Shi J，Du Y，Du G. Granulation-based LSTM-RF combination model for hourly sea surface temperature prediction. International Journal of Digital Earth，2023，16（1）：3838-3859.

5. Mei R，Mao K#*，Shi J，Nielson J，Bateni S M，Meng F，Du G. A novel physics-statistical coupled paradigm for retrieving integrated water vapor content based on artificial intelligence. Remote Sensing，2023，15（17）：4250.

6. Mao K*，Wang H，Shi J，Heggy E，Wu S，Bateni S M，Du G. A general paradigm for retrieving soil moisture and surface temperature from passive microwave remote sensing data based on artificial intelligence. Remote Sensing，2023，15（7）：1793.

7. Du B，Mao K#*，Bateni S M，Meng F，Wang X，Guo Z，Jun C，Du G. A novel fully coupled physical-statistical-deep learning method for retrieving near-surface air temperature from multisource data. Remote Sensing，2022，14（22）：5812.

8. Wang P，Mao K#*，Meng F，Qin Z，Fang S，Bateni S M. A daily highest air temperature estimation method and spatial-temporal changes analysis of high temperature in China from 1979 to 2018. Geoscientific Model Development，2022，15：6059-6083.

9. Guo J，Mao K#*，Yuan Z，Qin Z，Xu T，Bateni S M，Zhao Y，Ye C. Global food security assessment during 1961-2019. Sustainability，2021，132：1-18.

10. Yuan Z，NourEldeen N，Mao K#*，Qin Z，Xu T. Spatiotemporal change analysis of soil moisture based on downscaling technology in Africa. Water，2022，14：1-21.

11. Fang S，Mao K#*，Xia X，Wang P，Shi J，Bateni S M，Xu T，Cao M，Heggy E，Qin Z. Dataset of daily near-surface air temperature in China from 1979 to 2018. Earth System Science Data，2022，14：1413-1432.

12. Wang H，Mao K#*，Yuan Z，Shi J，Cao M，Qin Z，Duan S，Tang B. A method for land surface temperature retrieval based on model-data-knowledge-driven and deep learning. Remote Sensing of Environment，2021，265：1-19.

13. Meng X，Mao K#*，Meng F，Shi J，Zeng J，Shen X，Cui Y，Jiang L，Guo Z. A fine-resolution soil moisture dataset for China in 2002-2018. Earth System Science Data，2021，13：3239-3261.

14. Yan Y，Mao K#*，Shen X，Cao M，Xu T，Guo Z，Qing B. Evaluation of the influence of

ENSO on tropical vegetation in long time series using a new indicator. Ecological Indicators, 2021, 129: 1–22.

15. Cao M, Mao K[#*], Yan Y, Shi J, Wang H, Xu T, Fang S, Yuan Z. A new global gridded sea surface temperature data product based on multisource data. Earth System Science Data, 2021, 13: 2111–2134.

16. CaoM, Mao K[#*], Shen X, Xu T, Yan Y, Yuan Z. Monitoring the Spatial and Temporal Variations in The Water Surface and Floating Algal Bloom Areas in Dongting Lake Using a Long-Term MODIS Image Time Series, Remote Sensing, 2020, 3622（12）: 1–31.

17. Zhao B, Mao K[#*], Cai Y, Shi J, Li Z, Qin Z, Meng X. A combined Terra and Aqua MODIS land surface temperature and meteorological station data product for China from 2003–2017. Earth System Science Data, 2020, 12: 2555–2577.

18. Noureldeen N, Mao K[*], Mohmed A, Yuan Z, Yang Y. Spatio-temporal drought assessment over Sahelian Countries from 1985 to 2015. Journal of Meteorological Research, 2020, 34: 760–774.

19. Yan Y, Mao K[#*], Shi J, Piao S, Shen X, Dozier J, Liu Y, Ren H, Bao Q. Driving forces of land surface temperature anomalous changes in North America in 2002–2018. Scientific Reports, 2020, 6931（10）: 1–13.

20. He X, Xu T, Xia Y, Bateni S M, Guo Z, Liu S, Mao K, Zhang Y, Feng H, Zhao J. A bayesian three-cornered hat（BTCH）method: improving the terrestrial evapotranspiration estimation. Remote Sensing, 2020, 12（5）: 878.

21. Ge F, Yan T, Zhou L, Jiang Y, Li W, Fan Y, Wang Y, Mao K, Wu. Impact of sea ice decline in the Arctic Ocean on the number of extreme low-temperature days over China. International Journal of Climatology, 2020, 40: 1421–1434.

22. NourEldeen N, Mao K[#*], Yuan Z, Shen X, Xu T, Qin Z. Analysis of the spatiotemporal change in land surface temperature for a long-term sequence in Africa（2003–2017）. Remote Sensing, 2020, 12（3）: 488.

23. Zhao J, Xu T[*], Xiao J, Liu S, Mao K, Song L, Yao Y, He X, Feng H. Responses of water use efficiency to drought in Southwest China. Remote Sensing, 2020, 12（1）: 199.

24. Wang H, Mao K[#*], Mu F, Shi J, Yang J, Li Z, Qin Z. A split window algorithm for retrieving land surface temperature from FY-3D MERSI-2 data. Remote Sensing, 2019, 11（18）: 2083.

25. Meng X, Mao K[#*], Meng F, Shen X, Xu T, Cao M. Long-term spatiotemporal variations in soil moisture in North East China Based on 1 km resolution downscaled passive microwave soil moisture products. Sensors, 2019, 19（16）: 3527.

26. Tan J, NourEldeen N, Mao K[#*], Shi J, Li Z, Xu T, Yuan Z. Deep learning convolutional neural network for the retrieval of land surface temperature from AMSR2 data in China. Sensors, 2019, 19（13）: 2987.

27. Mao K[#*], Yuan Z, Zuo Z, Xu T, Shen X, Gao C. Changes in global cloud cover based on remote sensing data from 2003 to 2012. Chinese Geographical Science, 2019, 29（2）: 306–315.

28. Guo J, Mao K[#*], Zhao Y, Lu Z, Lu X. Impact of climate on food security in Mainland China: a new perspective based on characteristics of major agricultural natural disasters and grain loss.

Sustainability，2019，869（11）：1-25.

29. Xu T，He X，Bateni S M，Aulignec T，Liu S，Xu Z，Zhou J，Mao K. Mapping regional turbulent heat fluxes variational assimilation of land surface temperature data from polar orbiting satellites. Remote Sensing of Environment，2019，221：444-461.

30. Shen X，Wang D，Mao K[#*]. Anagnostou E，Hong Y. Inundation extent mapping by synthetic aperture radar：a review. Remote sensing，2019，879（11）：1-17.

31. Mao K[#*]，Zuo Z，Shen X，Xu T，Gao C，Liu G. Retrieval of land-surface temperature from AMSR2 data using a deep dynamic learning neural network. Chinese Geographical Science，2018，28（1）：1-11.

32. Han J，Mao K[#*]，Xu T，Guo J，Zuo Z，Gao C. A soil moisture estimation framework based on the CART algorithm and its application in China. Journal of Hydrology，2018，561：65-75.

33. Ge F，Mao K[#*]，Jiang Y，Wang L，Xu T，Gao C，Zuo Z. Regional climate change after the commissioning of the three gorges dam：a case study for the middle reaches of the Yangtze River. Climate research，2018，75：33-51.

34. Xia L，Zhao F，Chen L，Zhang R，Mao K[#*]，Kylling A，Ma Y. Performance comparison of the MODIS and the VIIRS 1. 38 μm cirrus cloud channels using libRadtran and CALIOP data. Remote Sensing of Environment，2018，206：363-374.

35. Xia L，Zhao F，Mao K[#*]，Yuan Z，Zuo Z，Xu T. SPI-Based analyses of drought changes over the past 60 years in China's major crop-growing areas. Remote Sensing. 2018，171（10）：1-15.

36. Mao K[#*]，Ma Y，Tan X，Shen X，Liu G，Li Z，Chen J，Xia L. Global surface temperature change analysis based on MODIS data in recent twelve years. Advance Space Research，2017，59：503-512.

37. Mao K[#*]，Shen X，Zuo Z，Ma Y，Liu G，Tang H. An advanced radiative transfer and neural network scheme and evaluation for estimating water vapor content from MODIS data. Atmosphere，2017，8（8）：139.

38. Mao K[#*]，Chen J，Li Z，Ma Y，Song Y，Tan X，Yang K. Global water vapor content decreases from 2003 to 2012：an analysis based on MODIS Data. Chinese Geographical Science，2017，27（1）：1-7.

39. Mao K[#*]，Li Z，Chen J，Ma Y，Liu G，Tan X，Yang K. Global vegetation change analysis based on MODIS data in recent twelve years. High Technology Letters，2016，22（4）：343-349.

40. Shen X，Humberto J V，Efthymios I N，Emmanouil N A，Hong Y，Hao Z，Zhang K，Mao K[#*]. GDBC：A tool for generating global-scale distributed basin morphometry. Environmental Modelling & Software，2016，83：212-223.

41. Mao K[#*]，Ma Y，Xu T，Liu Q，Han J，Xia L，Shen X，He T. A New Perspective about Climate Change. Scientific Journal of Earth Science，2015，5（1）：12-17.

42. Mao K[#*]，Ma Y，Shen X，Xia L，Tian S，Han J，Liu Q. A method for retrieving soil moisture from GNSS-R by using experiment data. High Technology letters，2015，21（2）：219-223.

43. Xia L，Zhao F，Ma Y，Sun Z，Shen X，Mao K[#*]. An improved algorithm for the detection of cirrus clouds in the Tibetan Plateau using VIIRS and MODIS data. Journal of Atmosphere and Oceanic Technology，2015，32：2125-2129.

44. Shen X, Yang H, Qin Q, Jeffrey B, Mao K[#*]. A semi-physical microwave surface emission model for soil moisture retrieval. IEEE Transaction on Geoscience and Remote Sensing, 2015, 53 (7): 4079-4090.

45. Xia L, Mao K[#*], Ma Y, Zhao F, Jiang L, Shen X, Qin Z. An algorithm for retrieving land surface temperature using VIIRS data in combination with multi-sensors. Sensors, 2014, 14: 21385-21408.

46. Mao K[#*], Ma Y, Xia L, Chen W Y, Shen X, He T. Global aerosol change in the last decade: An analysis based on MODIS data. Atmospheric Environment, 2014, 94: 680-686.

47. Xu T, S. M. Bateni, Liang S, Entekhabi D, Mao K[#*]. Estimation of surface turbulent heat fluxes via variational assimilation of sequences of land surface temperatures from geostationary operational environmental satellites. Journal of Geophysical Research-atmosphere, 2014, 119: 10780-10798.

48. Liu G, Fan J, Zhao F, Mao K[#*], Dou C. Monitoring elevation change of glaciers on Geladandong Mountain using TanDEM-X SAR interferometry. Journal of Mountain Science, 2017, 14 (5): 859-869.

49. Mao K[#*], Ma Y, Shen X, Xia L, Sun Z, He T, Xia L, Xu T. The study of estimation method of broadband emissivity from EOS/MODIS data. High Technology letters, 2014, 21 (1): 88-91.

50. Mao K[#*], Ma Y, Xia L, Shen X, He T, Zhou G. A neural network method for monitoring snowstorm: a case study in Southern China. Chinese Geographical Science, 2014, 24 (5): 599-606.

51. Shen X, Mao K[#*], Qin Q, Hong Y, Zhang G. Bare surface soil moisture estimation using double-angle and dual-polarization L-band radar data. IEEE Transaction on Geoscience and Remote Sensing, 2013, 51 (7): 3931-3942.

52. Mao K[#*], Ma Y, Shen X, Li B, Li C, Li Z. Estimation of broadband emissivity (8-12μm) from ASTER data by Using RM-NN. Optics Express, 2012, 20 (18): 20096-20101.

53. Shi J, Du Y, Du J, Jiang L, Chai L, Mao K[#*], Peng Xu, Ni W, Xiong C, Liu Q, Liu C, Guo P, Cui Q, Li Y, Chen J, Wang A, Luo H, Wang Y. Progresses on microwave remote sensing of land surface parameters. Science China Earth Science, 2012, 55 (7): 1052-1078.

54. Mao K[#*], Ma Y, Shen X, Li B, Li C, Li Z. The monitoring analysis for the drought in China by using an improved MPI method. Journal of Integrative Agriculture, 2012, 11 (6): 1048-1058.

55. Mao K[#*], Li S, Wang D, Zhang L, Tang H, Wang X, Li Z. Retrieval of land surface temperature and emissivity from ASTER1B data using dynamic learning neural network. International Journal of Remote Sensing, 2011, 32 (19): 5413-5423.

56. Mao K[#*], Li H, Hu D, Wang J, Huang J, Li Z, Zhou Q, and Tang H. Estimation of water vapor content in near-infrared bands around 1 μm from MODIS data by using RM-NN. Optics Express, 2010, 18 (9): 9542-9554.

57. Mao K[#*], Tang H, Wang X, Zhou Q, Wang D. Near-surface air temperature estimation from ASTER data using neural network. International Journal of Remote Sensing, 2008, 29 (20): 6021-6028.

58. Mao K[#*], Shi J, Tang H, Li Z, Wang X, Chen K. A neural network technique for separating land surface emissivity and temperature from ASTER imagery. IEEE Transaction on Geoscience and

Remote Sensing, 2008, 46（1）: 200-208.

59. Mao K[#*], Shi J, Li Z, and Tang H. An RM-NN algorithm for retrieving land surface temperature and emissivity from EOS/MODIS data. Journal of Geophysical Research-atmosphere, 2007, 112（D21102）: 1-17.

60. Mao K[#*], Shi J, Li Z, Qin Z, Li M, Xu B. A physics-based statistical algorithm for retrieving land surface temperature from AMSR-E passive microwave data. Science in China（Series D）, 2007, 7: 1115-1120.

61. Mao K[#*], Tang H, Zhang L, Li M, Guo Y, Zhao D. A method for retrieving soil moisture in Tibet Region by utilizing microwave index from TRMM/TMI data. International Journal of Remote Sensing, 2008, 29（10）: 2905-2925.

62. Mao K[#*], Qin Z, Shi J, Gong P. A practical split-Window algorithm for retrieving land surface temperature from MODIS data. International Journal of Remote Sensing, 2005, 26: 3181-3204.

63. Huang J, Zeng Y, Wu W, Mao K[#*], Xu J, Su W. Estimation of overstory and understory leaf area index by combining hyperion and panchromatic QuickBird data using neural network method. Sensor Letters, 2011, 9（3）: 964-973.

64. Huang J, Zeng Y, Kuusk Andres, Wu B, Dong L, Mao K[#*], Chen J. Inverting a forest canopy reflectance model to retrieve the overstorey and understorey leaf area index for forest stands. International Journal of Remote Sensing, 2011, 32（22）: 7591-7611.

65. Su C, Fu B, Wei Y, Lü Y, Liu G, Wang D, Mao K[#*], Feng X. Ecosystem management based on ecosystem services and human activities: a case study in the Yanhe watershed. Sustainability Science, 2012, 7（1）: 17-32.

66. Mao K[#*], Ma Y, Zuo Z, Jiao Y, Wang F, Liu Q, Sun Z. Global water vapor content and vegetation change analysis based on remote sensing data. International Geoscience and Remote Sensing Symposium, 2016, 17: 5205-5208.

67. Guo J, Chen H, Zhao Y, Mao K[#*], Li N, Zhu L. A dataset of major agricultural disasters and disaster losses in China（1949-2015）. China Scientific Data, 2018, 3（2）: 1-7.

68. Mao K[#*], Ma Y, Zuo Z, Wang F, Jiao Y, Shen X, Liu Q. Which year is the hottest or coldest from 2001 to 2012 based on remote sensing data. International Geoscience and Remote Sensing Symposium, 2016, 16: 5213-5216.

69. Mao K[#*], Jiang L, Liu Y, Wang D, Tang H. Retrieval analysis of snow depth from AMSR-E data in complex weather conditions. IITA International Conference on Geoscience and Remote Sensing 2010, 8（V1）: 177-180.

70. Mao K[#*], Gao C, Han L, Zhang W, Tang H. The drought monitoring in China by using AMSR-E data. IITA International Conference on Geoscience and Remote Sensing, 2010, 8（V1）: 181-184.

71. Mao K[#*], Zhang M, Wang J, Tang H, Zhou Q. The study of soil moisture retrieval algorithm from GNSS-R. IITA Conference on Geoscience and Remote Sensing, 2008, 12: 1-5.

72. Mao K[#*], Wang J, Zhang M, Tang H, Zhou Q. An AMSR-E monitoring of snowstorm -disaster in South-China in 2008 Year. IITA Conference on Geoscience and Remote Sensing, 2008, 12: 10-15.

73. Mao K[#*], Shi J, Tang H, Guo Y, Qiu Y, Li L. A neural-network technique for retrieving land surface temperature from AMSR-E passive microwave data. International Geoscience and Remote Sensing Symposium, 2007.

74. Mao K[#*], Qin Z, Li M, Zhang L, Xu B, Jiang L. An algorithm for surface soil moisture retrieval using the microwave polarization difference index. International Geoscience and Remote Sensing Symposium, 2005.

75. Mao K[#*], Shi J, Li Z, Qin Z, Wang X, Jiang L. A multiple-band algorithm for separating land surface emissivity and temperature from ASTER imagery. International Geoscience and Remote Sensing Symposium, 2005.

76. Mao K[#*], Shi J, Qin Z, Gong P, Liu W, Xu L. A multiple-band algorithm for retrieving land-surface temperature and emissivity from MODIS data. International Geoscience and Remote Sensing Symposium, 2005.

77. Mao K[#*], Shi J, Li Z, Qin Z, Jia Y. Land surface temperature and emissivity retrieved from the AMSR passive microwave data. International Geoscience and Remote Sensing Symposium, 2005.

78. Mao K[#*], Qin Z, Xu B, Li M, Wang J, Wu S. The influence analysis of water content for the accuracy of practical split-window algorithm. International Geoscience and Remote Sensing Symposium, 2005.

79. Mao K[#*], Shi J, Qin Z, Gong P. An advanced and optimized split-window algorithm for retrieving land-surface temperature from ASTER data. International Symposium on Physical Measurements and Signatures in Remote Sensing, 2005.

80. Mao K[#*], Shi J, Li Z, Qin Z, Gong P. A physics based on statistics algorithm for retrieving land surface temperature and soil moisture from AMSR-E passive microwave data. International Symposium on Physical Measurements and Signatures in Remote Sensing, 2005.

81. Wu S, Mao K[#*], Du J, Xu L, Wang J. The potential of TRMM/PR data to monitor snow in Tibetan Plateau. International Geoscience and Remote Sensing Symposium, 2005.

82. Xu L, Shi J, Mao K[#*]. Estimating snow albedo in Tibetan plateau using MODIS, Proceedings of SPIE. The International Society for Optical Engineering, 2005.

83. Guo Y, Shi J, Mao K[#*]. Surface temperature effect on soil moisture retrieval from AMSR-E data. International Geoscience and Remote Sensing Symposium, 2007.

84. 毛克彪[*]，张晨阳，施建成，王旭明，郭中华，李春树，董立新，吴门新，孙瑞静，武胜利，姬大彬，蒋玲梅，赵天杰，邱玉宝，杜永明，徐同仁. 基于人工智能的地球物理参数反演范式理论及判定条件.智慧农业（中英文），2023，5（2），161-171.

85. 毛克彪[*]，袁紫晋，施建成，武胜利，胡德勇，车进，董立新. 基于大数据的遥感参数人工智能反演范式理论形成与工程技术实现. 农业大数据学报，2023，5（4）：1-12.

86. 毛克彪，罗贝，袁紫晋. 给全国农业农村经济快速转型升级的建议——以湖南省沅江市为例. 人民日报-人民网，2024. 5. 15：1-18.

87. 毛克彪，李春树，郭中华，孙学宏，袁紫晋，罗贝. 依托宁夏独特的自然条件加速农产品品牌战略升级 推动“三藏战略”快速转型. 人民日报-人民网，2024. 6. 12：1-13.

88. 毛克彪，罗贝，袁紫晋. 湖南省“三藏战略”深入推广与农业农村经济快速转型升级. 人民日报-人民网，2024. 6. 25：1-20.

89. 毛克彪，袁紫晋，罗贝. 甘肃“三藏战略”深入实施加速推动农业农村经济快速转型升级. 人民日报-人民网，2024. 7. 4：1-19.

90. 任鹏博，毛克彪*. 基于上下文编码器的图像修复算法. 高技术通讯，2023，33（9）：947-956.

91. 黄东瑞，毛克彪*，郭中华，徐乐园，胡泽民，赵瑞. 几种神经网络典型模型综述. 高技术通讯，2023，33（8）：860-871.

92. 毛克彪*，严毅博，赵冰，袁紫晋，曹萌萌. 中国地表温度时空变化及驱动因素分析. 灾害学，2023，38（2）：60-73.

93. 毛克彪*，严毅博，曹萌萌，袁紫晋. 北美洲地表温度数据重建及时空变化分析. 自然资源遥感，2022，34（4）：203-215.

94. 杨昌智，毛克彪*，孙一丹，王一帆，王平，郭中华. 北斗信号GNSS-R土壤湿度反演研究进展. 高技术通讯，2022，32（11）：1196-1201.

95. 孙一丹，郭中华，杨昌智，毛克彪*，辛晓平，王一帆，王平. GNSS信号估算大气可降雨系统原理及应用进展，中国农业资源与区划，2022，43（9）：50-59.

96. 梅茹玉，毛克彪*，杜宝裕，孟飞. 河北省冬小麦-夏玉米干旱灾害风险评估. 中国农业资源与区划，2022，43（7）：216-231.

97. 王一帆，毛克彪*，杨昌智，郭中华，袁紫晋，王平. GPS精准测量技术在农业生产中的应用分析，农业展望，2022，18（3）：94-98.

98. 王平，毛克彪*，郭中华，孙一丹，杨昌智，王一帆. GPS/北斗双模接收机在精细农业中的应用分析，农业展望，2021，17（12）：150-155.

99. 袁紫晋，毛克彪*，曹萌萌，王涵，方舒，王平. 国内外农业大数据发展的现状与存在的问题，中国农业信息，2021，33（3）：1-12.

100. 王平，毛克彪*，孟飞，袁紫晋. 中国东海海表温度时空演化分析. 国土资源遥感，2020，32（4）：227-235.

101. 毛克彪*，田世英，袁紫晋，王涵，谭雪兰. 乡村振兴战略视域下极端气候灾害与藏粮于民计划分析和展望. 农业展望，2019（8）：47-51.

102. 曹萌萌，毛克彪*，严毅博，崔京路，袁紫晋，Nusseiba. 基于MODIS 数据的洞庭湖水体和水华时空变化研究. 中国环境科学，2019，39（6）：2523-2531.

103. 孟祥金，毛克彪*，孟飞，师春香，赵冰，袁紫晋. 基于空间权重分解的降尺度土壤水分产品的中国土壤水分时空格局研究. 高技术通讯，2019，29（4）：402-412.

104. 毛克彪*，杨军，韩秀珍，唐世浩，袁紫晋，高春雨. 基于深度动态学习神经网络和辐射传输模型地表温度反演算法研究. 中国农业信息，2018，30（5）：47-57.

105. 严毅博，毛克彪*，许世卫，田世英，曹萌萌，袁紫晋. 基于国际贸易与自然灾害背景下的中国农产品供需平衡展望. 农业展望，2019（6）：76-82.

106. 杨艳颖，毛克彪*，韩秀珍，杨军，郭晶鹏. 1949—2016年中国旱灾规律及其对粮食产量的影响. 中国农业信息，2018，30（5）：76-90.

107. 赵冰，毛克彪*，蔡玉林，王涵，孟祥金，袁紫晋. 农业大数据关键技术及应用进展. 中国农业信息，2018，30（6）：25-34.

108. 崔京路，毛克彪*，陈日清，曹萌萌，袁紫晋，唐世浩. 基于高分辨率遥感影像的农作物灾损评估研究. 中国农业信息，2018，30（6）：63-70.

109 安悦，周国华，贺艳华，毛克彪，谭雪兰. 基于“三生”视角的乡村功能分区及调控——以长株潭地区为例. 地理研究，2018，37（4）：695-703.

110. 葛非凡，毛克彪*，蒋跃林，姜立鹏，范玉芬，王一舒，谭雪兰，李建军. 三峡大坝运行后长江中下游流域气温与植被变化特征及原因分析. 气候变化研究进展，2017，13（6）：578-588.

111. 韩家琪，毛克彪*，葛非凡，郭晶鹏，黎玲萍. 分类回归树算法在土壤水分估算中的应用. 遥感信息，2018，33（3）：46-53.

112. 毛克彪*，左志远，朱高峰，唐华俊，赵映慧，马莹. 全球气候和生态系统变化与星体轨道位置变化关系研究. 高技术通讯，2016，26（11）：890 - 899.

113. 赵映慧，郭晶鹏，毛克彪*，项亚楠，李怡函，韩家琪，吴馁. 1949—2015年中国典型自然灾害及粮食灾损特征. 地理学报，2017，72（7）：1261-1276.

114. 付秀丽，黎玲萍，毛克彪*，谭雪兰，李建军，孙旭，左志远. 基于卷积神经网络模型的遥感图像分析. 高技术通讯，2017，27（3）：203-212.

115. 谭雪兰，于思远，欧阳巧玲，毛克彪，贺艳华，周国华. 快速城市化区域农村空心化测度与影响因素研究——以长株潭地区为例. 地理研究，2017，36（4）：684-694.

116. 毛克彪*. 把脉极端气候——保护粮食安全. 科学大观园，2016（8）：24-26.

117. 黎玲萍，毛克彪*，付秀丽，马莹，王芳，刘勍. 国内外农业大数据应用研究分析. 高技术通讯，2016（4）：414-422

118. 刘勍，毛克彪*，马莹，韩家琪，夏浪. 农业大数据浅析及与Web GIS结合应用. 遥感信息，2016，31（1）：124-128.

119. 刘勍，毛克彪*，马莹，谭雪兰，韩家琪，黎玲萍，夏浪. 基于农业大数据可视化方法的中国生猪空间流通模式. 地理科学，2017，37（1）：118-124.

120. 葛非凡，毛克彪*，蒋跃林，谭雪兰，赵映慧，夏浪. 华东地区夏季极端高温特征及其对植被的影响. 中国农业气象，2017，38（1）：42-51.

121. 郭晶鹏，毛克彪*，赵映慧，左志远，陈冬冬. 我国蔬菜价格研究进展. 北方园艺，2016（23）：180-186.

122. 夏浪，毛克彪*，孙知文，马莹，赵芬. 基于DNB验证的VIIRS夜间云检测方法. 国土资源遥感，2014，26（3）：74-79.

123. 夏浪，毛克彪*，马莹，孙知文，赵芬. 基于可见光红外成像辐射仪数据的地表温度反演. 农业工程学报，2014，8（4）：109-116.

124. 夏浪，毛克彪*，孙知文，马莹. 针对NPP VIIRS数据的云检测方法研究. 中国环境科学，2014，34（3）：574-580.

125. 夏浪，毛克彪*，孙知文，马莹. Suomi Npp VIIRS数据介绍及其在云检测上的应用分析. 地球科学前沿，2013（3）：1-6.

126. 毛克彪*，施建成，李召良，覃志豪，李满春，徐斌. 一个针对被动微波数据AMSRE数据反演地表温度的物理统计算法. 中国科学D辑，2006，36（12）：1170-1176.

127. 施建成，杜阳，杜今阳，蒋玲梅，柴琳娜，毛克彪，徐鹏，倪文俭，熊川，刘强，刘晨洲，郭鹏，崔倩，李云青，陈晶，王安琪，罗禾佳，王殷辉. 微波遥感地表参数反演进展. 中国科学D辑，2012，42（6）：814-842.

128. 毛克彪*，马莹，夏浪，沈心一. 用MODIS数据反演近地表空气温度的RM-NN算法. 高技术通讯，2013，23（5）：462-466.

129. 毛克彪*，胡德勇，黄健熙，张武，张立新，邹金秋，唐华俊. 针对被动微波数据AMSR-E数据的土壤水分反演算法. 高技术通讯，2010，20（6）：651-659.

130. 毛克彪*，王道龙，李滋睿，张立新，周清波，唐华俊，李丹丹. 利用AMSR-E被动微波数据反演地表温度的神经网络算法. 高技术通讯，2009，19（11）：1195-1200.

131. 毛克彪*，王建明，张孟阳，唐华俊，周清波. 基于AIEM和实地观测数据对GNSS-R反演土壤水分的研究. 高技术通讯，2009，3（19）：295-301.

132. 毛克彪*，覃志豪，施建成，宫鹏. 针对MODIS数据的劈窗算法研究. 武汉大学学报（信息科学版），2005（8）：703-708.

133. 毛克彪*，覃志豪，宫鹏，余琴. 劈窗算法精度评价及参数敏感性分析. 中国矿业大学学报，2005（3）：318-322.

134. 毛克彪*，覃志豪，施建成. 用MODIS影像和劈窗算法反演山东半岛的地表温度. 中国矿业大学学报（自然科学版），2005（1）：46-50.

135. 毛克彪*，唐华俊，周清波，马柱国. 实用劈窗算法的改进及大气水汽含量对精度影响评价. 武汉大学学报（信息科学版），2008，33（2）：116-119.

136. 毛克彪*，王建明，张孟阳，周清波，马柱国. GNSS-R信号反演土壤水分研究分析. 遥感信息，2009（3）：92-97.

137. 毛克彪*，马莹. 正视极端气候与粮食安全. 财经月刊，2011（407）：100-102.

138. 马莹，毛克彪. 全球天灾回顾与前瞻. 财经月刊，2012（419）：81-83.

139. 毛克彪*，唐华俊，周清波，王建明，马柱国. 利用被动微波数据AMSR-E对2008年中国南方雪灾监测分析. 中国农业资源与区划，2009，30（1）：46-50.

140 毛克彪*，唐华俊，陈仲新，王永前. 一个用神经网络优化的针对ASTER数据反演地表温度和发射率的多波段算法. 国土资源遥感，2007，73（3）：18-22.

141. 毛克彪*，唐华俊，周清波，陈仲新，陈佑启，覃志豪. 用辐射传输方程从MODIS数据中反演地表温度的方法. 兰州大学学报（自然科学版），2007，43（4）：12-17.

142 毛克彪*，唐华俊，李丽英，许丽娜. 一个从MODIS数据同时反演地表温度和发射率的神经网络算法. 遥感信息，2007，92（4）：9-15.

143. 毛克彪*，唐华俊，周清波，陈佑启. 被动微波遥感土壤水分反演研究综述. 遥感技术与应用，2007，22（3）：466-470.

144. 毛克彪*，唐华俊，周清波，陈仲新，陈佑启，赵登忠. AMSR-E微波极化指数与MODIS植被指数关系研究. 国土资源遥感，2007（1）：27-31.

145. 毛克彪*，唐华俊，陈仲新，邱玉宝，覃志豪，李满春. 一个针对ASTER数据的劈窗算法. 遥感信息，2006（5）：7-11.

146. 毛克彪*，施建成，覃志豪，宫鹏，徐斌，蒋玲梅. 一个针对ASTER数据同时反演地表温度和比辐射率的四通道算法. 遥感学报，2006（4）：593-599.

147. 毛克彪*，覃志豪，徐斌. 被动微波土壤水分反演模型研究. 测绘与空间地理信息，2005（5）：12-15.

148. 毛克彪*，施建成，李召良，覃志豪，贾媛媛. 用被动微波AMSR数据反演地表温度及发射率方法研究. 国土资源遥感，2005（3）：14-18.

149 毛克彪*，覃志豪，李满春，徐斌. AMSR被动微波数据介绍及主要应用研究领域分析. 遥感信息，2005（3）：63-66.

150. 毛克彪*，施建成，覃志豪，宫鹏，徐斌. 从MODIS数据中同时反演地表温度和比辐射率的多波段算法研究. 兰州大学学报（自然科学版）（专辑），2005（6）：49-55.

151. 毛克彪*，覃志豪，秦晓敏，高懋芳. 中国中部地带乡镇企业发展战略研究. 经济地理，2004（增刊）：286-290.

152 毛克彪*，覃志豪，徐斌. 针对ASTER数据的单窗算法. 测绘学院学报，2005（1）：40-42.

153. 毛克彪*，覃志豪，王建明，武胜利. 针对MODIS数据的大气水汽含量及31和32波段透过率计算. 国土资源遥感，2005（1）：26-30.

154. 毛克彪*，覃志豪. 用MODIS影像反演环渤海地区的大气水汽含量. 遥感信息，2004（4）：47-49.

155. 毛克彪*，覃志豪，刘伟. 用MODIS影像和单窗算法反演环渤海地区的地表温度. 空间与测绘，2004（6）：23-25.

156. 毛克彪*，覃志豪. 大气辐射传输模型及MODTRAN中大气透过率计算. 空间与测绘，2004，27（2）：1-3.

157. 毛克彪*，覃志豪，张万昌. 针对ETM基于BP网络模型的像元分解研究. 遥感信息，2004，74（2）：27-30.

158. 毛克彪*，覃志豪，李昕，李海涛. 空间数据挖掘与GIS集成及应用研究. 测绘与空间地理信息，2004，27（1）：14-18.

158. 毛克彪*，覃志豪，张万昌. 一个基于SOFM网络模型的遥感图像分类方法. 遥感技术与应用，2003（6）：399-402.

160. 毛克彪*，覃志豪，陈晓燕，李昕. 基于WEBGIS的电子商务数据挖掘研究. 测绘学院学报，2003（3）：180-182.

161. 毛克彪*，覃志豪，李海涛，周若鸿. 基于空间数据仓库的空间数据挖掘研究. 遥感信息，2002，68（4）：19-26.

162. 毛克彪*，田庆久. 空间数据挖掘技术及应用研究. 遥感技术与应用，2002（4）：198-206.

基于人工智能地球物理参数反演范式理论和方法讲座视频链接：

（1）提出了基于人工智能耦合物理和统计方法的地球物理参数反演范式理论和判定条件（视频讲座：https://www.bilibili.com/video/BV1H14y197Je?t=5.1）。

（2）提出了基于人工智能同时反演土壤水分和地表温度范式（视频讲座：https://b23.tv/Ln7PQhO）。

（3）提出了基于人工智能同时反演地表温度和发射率范式（视频讲座：https://v.douyin.com/DH91RfF/）。

（4）提出了基于人工智能反演近地表空气温度范式（视频讲座：https://v.douyin.com/DHH5Md9/）。

（5）提出了基于人工智能反演大气水汽含量范式（视频讲座：https://www.bilibili.com/video/BV1H14y197Je?t=5.1）。

附录7　荣誉与奖项

以作者为第一人获得荣誉和代表性奖如下。

证　书

国科奖社证字第0191号

毛克彪 同志

为表彰在政产学研协同创新工作中作出突出贡献的单位和个人，科技部和国家科技奖励办批准，设立了中国产学研合作创新与促进奖。

经评审，授予你2016年中国产学研合作促进奖。

特颁此证。

中国产学研合作促进会

2016年11月

证书号：20165032

中国农业科学院
CHINESE ACADEMY OF AGRICULTURAL SCIENCES

荣誉证书

毛克彪 同志：

荣获中国农业科学院建院60周年卓越奉献奖。

特发此证，以资鼓励！

中国农业科学院
二〇一七年五月二十六日

中国农业科学院农业资源与农业区划研究所 毛克彪 同志：

荣获二〇一六年度茅以升科学技术奖——北京青年科技奖

北京茅以升科技教育基金会
二〇一七年三月二十五日

中国农业资源与区划学会

科学技术奖励证书

项目名称：农业遥感关键气象参数反演算法研究

奖励等级：一等奖

获 奖 者：毛克彪

2019年01月30日

证书号：2018-R-1-02-01

国科奖社证字第0198号

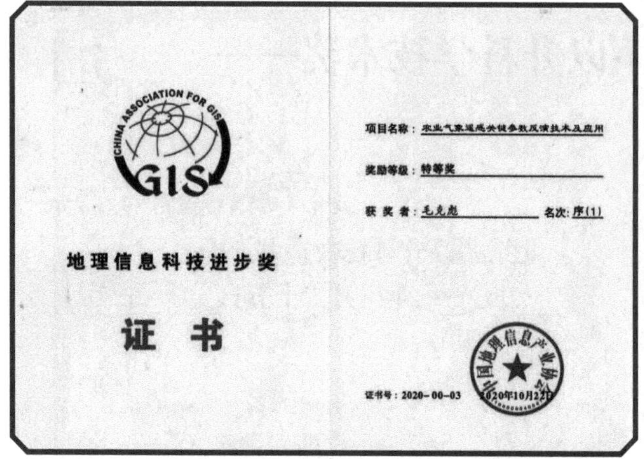
地理信息科技进步奖

证 书

项目名称：农业气象遥感关键参数反演技术及应用

奖励等级：特等奖

获 奖 者：毛克彪 名次：序(1)

证书号：2020-00-03

2020年10月22日

荣誉证书

HONORARY CREDENTIAL

2021年度

数据共享优秀科研团队

农业遥感研究团队（负责人：毛克彪）

为表彰贵团队为生态科学数据开放共享作出突出贡献，特颁此证。

国家生态科学数据中心

二〇二二年二月

国科奖社证字第0191号

2019年中国产学研合作创新成果奖

获奖证书

为表彰在产学研合作中取得的重要创新成果，特颁发此证书。

项目名称：农业气象遥感关键参数反演技术及应用

奖项等级：一等奖

完成单位：中国农业科学院农业资源与农业区划研究所、国家气象中心、北京师范大学、华南师范大学

主要完成人：毛克彪、毛留喜、蒋玲梅、徐同仁、何延波、田世英、覃志豪、王洪桥、刘桂林、袁紫晋

证书号：20199043

中国产学研合作促进会

2019年12月

中国农业科学院

科学技术成果奖

证书

为表彰中国农业科学院科学技术成果奖获得者，特颁发此证书。

成果名称：农业遥感关键气象参数反演算法研究

奖励类别：青年科技创新奖

获 奖 者：毛克彪

二〇一七年十一月十日

证书编号：2017-QN-11-12-R01

国家科学技术奖励工作办公室《社会科技奖励名录》奖励编号:0298

CERTIFICATE OF AWARD

获奖证书

基于热红外遥感反演
和气象数据融合的地表温度产品重建技术

中国农业科学院农业资源与农业区划研究所

荣获

2022中国国际大数据产业博览会

领先科技成果

“优秀项目”

完成人：毛克彪，施建成，杨军，王旭明，毛留喜，郭中华，孟飞，曹萌萌，王涵，袁紫晋

中国国际大数据产业博览会组委会

2022年5月26日

荣誉证书

HONORARY CREDENTIAL

数据集 基于MODIS的地表温度长时间序列数据集重建 在首届优秀共享开放遥感数据集征集活动中，表现优秀，数据应用价值突出，被评为“十大最具价值年度数据集”。

获奖者：毛克彪、赵冰、蔡玉林、施建成、李召良、覃志豪、孟祥金、沈心一、郭中华

特发此证，以资鼓励。

优秀共享开放遥感数据集征集活动组委会

2022 年 03 月 04 日

荣誉证书

HONORARY CREDENTIAL

中国农业科学院农业资源与农业区划研究所毛克彪团队：

在首届优秀共享开放遥感数据集征集活动中，您们团队贡献突出，表现优秀，被评为“十大最有贡献的数据团队”。

特发此证，以资鼓励。

优秀共享开放遥感数据集征集活动组委会

2022 年 03 月 04 日

数博会

BIG DATA EXPO

2023领先科技成果奖

获奖成果：基于人工智能的农业气象遥感关键参数反演技术及应用

获 奖 者：宁夏大学、中国农业科学院农业资源与农业区划研究所、中国科学院国家空间科学中心、北京大学、国家卫星气象中心、北京师范大学

授牌单位：中国国际大数据产业博览会组委会

授牌日期：2023年5月26日

备案编号：0298

证 书 号：2023-LX-07

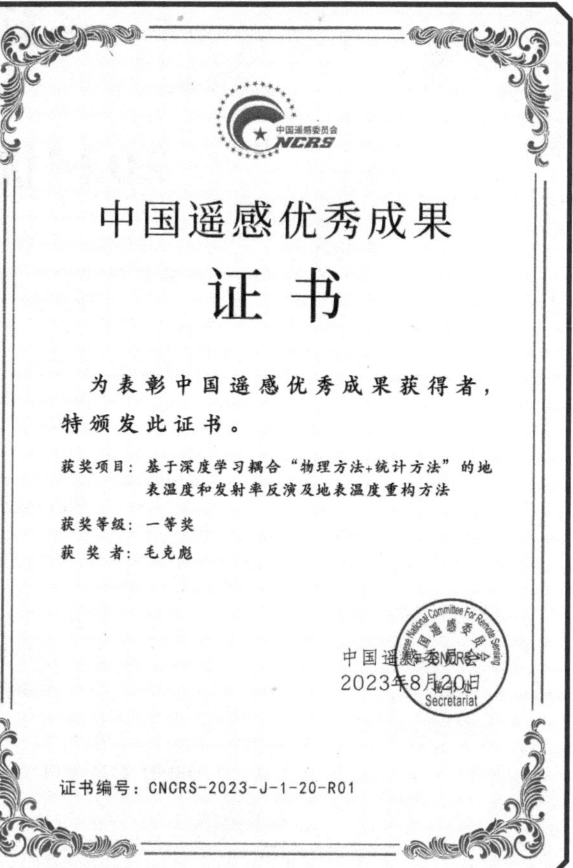

中国遥感委员会

NCRS

中国遥感优秀成果

证 书

为表彰中国遥感优秀成果获得者，特颁发此证书。

获奖项目：基于深度学习耦合“物理方法+统计方法”的地表温度和发射率反演及地表温度重构方法

获奖等级：一等奖

获 奖 者：毛克彪

中国遥感委员会

2023年8月20日

证书编号：CNCRS-2023-J-1-20-R01

2024优秀科技成果

成果名称：遥感参数AI反演范式理论与多参数一体化反演技术

申报单位：中国农业科学院农业资源与农业区划研究所，中国科学院国家空间科学中心，宁夏大学，国家卫星气象中心

项目完成人：毛克彪、王　涵、施建成、袁紫晋、孙学宏、武胜利、沈心一、吴陈昊、杨昌智、徐龙昊

授牌单位：中国国际大数据产业博览会组委会

授牌日期：2024年8月28日

证书号：2024YX-13-D1